"十二五"普通高等教育本科国家级规划教材

工程光学

（第2版）

韩军 刘钧 编著

国防工业出版社

·北京·

内 容 简 介

本书以信息光电科学与技术类专业工程训练要求为起点，系统地介绍了应用光学和波动光学的基本思想、理论基础、概念要点及其近代发展情况，凸显经典光学理论与现代光电技术的有机联系。

全书分为上、下两篇，共13章。上篇为应用光学，在光线模型的基础上，以光在介质中的成像规律及光学系统的设计与评价为主线，内容包括几何光学的基本定律与成像概念、球面和球面系统、理想光学系统、平面与平面系统、光学系统中的光束限制、光度学和色度学基础、光线的光路计算、光学系统的像差、典型光学系统；下篇为波动光学，在光的电磁本质基础上，以光在介质中的传播规律为主线，内容包括波动光学通论、光的干涉理论及其应用、光的衍射理论及其应用、光在晶体中的传播以及光学的近代发展（包括激光、薄膜光学、信息光学、二元光学）。

本书既可作为高等学校以信息光电技术为主要专业特色的测控技术与仪器、光电信息科学与技术、应用物理等专业本科生教材，也可供有关工程技术人员参考。

图书在版编目(CIP)数据

工程光学／韩军，刘钧编著． —2版． —北京：
国防工业出版社，2016.2
"十二五"普通高等教育本科国家级规划教材
ISBN 978 – 7 – 118 – 10744 – 9

Ⅰ．①工… Ⅱ．①韩…②刘… Ⅲ．①工程光学 –
高等学校 – 教材 Ⅳ．①TB133

中国版本图书馆 CIP 数据核字(2016)第 019026 号

※

*国防工业出版社*出版发行
（北京市海淀区紫竹院南路23号　邮政编码100048）
涿中印刷厂印刷
新华书店经售

*

开本 787×1092　1/16　印张 27¾　字数 691 千字
2016年2月第2版第1次印刷　印数 1—4000 册　定价 58.00元

（本书如有印装错误，我社负责调换）

国防书店：(010)88540777　　发行邮购：(010)88540776
发行传真：(010)88540755　　发行业务：(010)88540717

前　言

本书是在作者2012年出版的《工程光学》基础上，经过补充、完善，重新编写而成的，被列入"十二五"普通高等学校本科国家级规划教材。

"工程光学"是光电信息类专业的专业基础课程，在学生工程创新能力培养体系中承担着先导性和示范性的作用。为适应我国高等工程教育规模的快速扩展和实施建设创新型国家战略，学生工程创新能力培养被高等学校普遍重视，开展了形式多样的教育教学改革和实验，取得了一批重要的教育教学成果。本次修订正是在充分借鉴近年来高等工程教育教学成果的基础上进行的。

本书以光电信息类专业工程训练要求为起点，从经典光学理论的技术应用角度，系统地介绍了应用光学和波动光学的基本思想、理论基础、概念要点及其近代发展情况。在内容安排上，既包含经典光学理论和光学系统，又涉及现代光学的发展及其应用，努力反映光学的现代面貌，在学生知识体系中承担着沟通经典理论与现代应用的桥梁作用。通过本课程的学习可较全面地掌握经典光学基本理论和实际应用技术，使学生在学习过程中掌握工程光学的基本理论、计算，学会分析、设计光学系统；使学生在掌握经典光学理论的基础上，对现代光学系统原理及特性有更进一步认识，为今后研究、开发信息光电系统打下基础。

全书分为上、下两篇，共13章。上篇为应用光学，共9章，在光线模型的基础上，以光在介质中的成像规律及光学系统设计与像质评价为主线，内容包括几何光学的基本定律与成像概念、球面和球面系统、理想光学系统、平面与平面系统、光学系统中的光束限制、光度学和色度学基础、光线的光路计算、像差、典型光学系统等方面的基本内容，建议讲授48~64学时；下篇为波动光学，共4章，在光的电磁本质基础上，以光在介质中的传播规律为主线，内容包括波动光学通论、光的干涉理论及其应用、光的衍射理论及其应用、光在晶体中的传播以及光学的近代发展（包括激光、薄膜光学、信息光学、二元光学）等方面的基本内容，建议讲授48~64学时。

本书第1~9章由西安工业大学刘钧教授编写，第11章、12章、13章（除13.6节外）由西安工业大学韩军教授编写，第10章由路绍军博士改编，13.6节由郭荣礼博士编写，全书由韩军教授统稿。

本次修订过程中要感谢段存丽副教授校对了本书的部分文稿，参与了习题选配工作。也要感谢张玉虹博士、邓立儿博士以及其他选用2012年出版《工程光学》的读者，他们在使用过程中提出了许多宝贵的意见。

本书既可作为高等学校以信息光电技术为主要专业特色的测控技术与仪器、光电信息科学与技术、应用物理等专业本科生的教材，也可供有关工程技术人员参考。

作者

2015-11-10

目 录

上篇 几何光学

第1章 几何光学的基本定律与成像概念 ·· 1
  1.1 基本概念 ·· 1
  1.2 几何光学的基本定律 ·· 2
    1.2.1 几何光学的基本定律 ·· 2
    1.2.2 全反射 ··· 3
    1.2.3 光路的可逆性原理 ·· 3
  1.3 费马原理 ·· 4
  1.4 物、像的基本概念与完善成像条件 ·· 6
    1.4.1 光学系统的基本概念 ··· 6
    1.4.2 物和像的概念 ·· 6
    1.4.3 完善成像条件 ·· 7
  习题 ·· 9

第2章 球面和球面系统 ·· 10
  2.1 光线经单个折射球面的折射 ·· 10
    2.1.1 符号规则 ··· 10
    2.1.2 光线经单个折射球面的实际光路的计算公式 ··································· 11
    2.1.3 光线经单个折射球面近轴光路的计算公式 ······································ 12
  2.2 单个折射球面成像放大率及拉赫不变量 ··· 13
    2.2.1 垂轴放大率 ·· 13
    2.2.2 轴向放大率 ·· 13
    2.2.3 角放大率 ··· 14
    2.2.4 三个放大率之间的关系 ·· 15
    2.2.5 拉赫不变量 J ··· 15
  2.3 共轴球面系统 ·· 15
    2.3.1 转面公式 ··· 15
    2.3.2 共轴球面系统的拉赫公式 ·· 16
    2.3.3 共轴球面系统的放大率公式 ·· 17
  2.4 球面反射镜 ·· 17
    2.4.1 反射球面镜的物像位置公式 ·· 17
    2.4.2 反射球面镜的成像放大率 ·· 17
    2.4.3 反射球面镜的拉赫不变量 ·· 18

  习题 ·· 18

第 3 章 理想光学系统 ··· 19
 3.1 理想光学系统的基本特性 ·· 19
 3.2 理想光学系统的基点和基面 ··· 20
 3.3 理想光学系统的物像关系式 ··· 21
   3.3.1 牛顿公式 ·· 21
   3.3.2 高斯公式 ·· 22
 3.4 理想光学系统两焦距之间的关系及拉赫公式 ··· 22
   3.4.1 理想光学系统两焦距之间的关系 ·· 22
   3.4.2 理想光学系统的拉赫公式 ·· 23
 3.5 理想光学系统的放大率 ··· 23
   3.5.1 垂轴放大率 ·· 23
   3.5.2 轴向放大率 ·· 24
   3.5.3 角放大率 ··· 25
   3.5.4 三放大率之间的关系 ·· 25
 3.6 光学系统的节点和节平面 ·· 25
 3.7 光学系统的图解求像 ·· 27
 3.8 光学系统的光焦度 ·· 29
 3.9 理想光学系统的组合 ·· 30
   3.9.1 双光组组合 ·· 30
   3.9.2 多光组组合 ·· 32
 3.10 望远镜系统 ··· 34
 3.11 透镜与薄透镜 ··· 36
   3.11.1 单个折射球面的基点和基面 ·· 36
   3.11.2 透镜的基点和基面 ·· 37
   3.11.3 薄透镜 ·· 40
   3.11.4 实际的光学系统基本量的计算 ·· 41
 习题 ·· 42

第 4 章 平面与平面系统 ··· 43
 4.1 平面反射镜 ·· 43
   4.1.1 单平面镜成像 ·· 43
   4.1.2 双平面镜 ··· 44
 4.2 平行平板 ·· 45
 4.3 反射棱镜 ·· 47
   4.3.1 反射棱镜的分类 ·· 47
   4.3.2 反射棱镜的展开 ·· 50
   4.3.3 反射棱镜成像方向的判定 ·· 51
 4.4 折射棱镜 ·· 51
 4.5 光楔 ··· 53
 习题 ·· 54

第5章 光学系统中的光束限制 ... 55
5.1 光阑及其作用 ... 55
5.2 孔径光阑、入射光瞳和出射光瞳 ... 56
5.3 视场光阑、入射窗和出射窗 ... 57
5.4 光学系统的景深 ... 59
5.5 远心光路 ... 63
习题 ... 64

第6章 光度学和色度学基础 ... 65
6.1 光度学的基础知识 ... 65
6.1.1 光通量 ... 65
6.1.2 发光强度 ... 67
6.1.3 光照度和光出射度 ... 68
6.1.4 光亮度 ... 70
6.2 光传播过程中光学量的变化规律 ... 71
6.2.1 在同一介质的元光管中光通量和光亮度的传递 ... 71
6.2.2 光束经界面反射和折射后的光通量和光亮度的传递 ... 72
6.2.3 成像系统像面的光照度 ... 73
6.3 光通过光学系统时的能量损失 ... 75
6.4 色度学的基础 ... 77
6.4.1 颜色的视觉 ... 77
6.4.2 颜色匹配实验和颜色的表示方法 ... 79
6.4.3 CIE 标准照明体和标准光源 ... 86
习题 ... 87

第7章 光线的光路计算 ... 88
7.1 概述 ... 88
7.2 光线的光路计算 ... 88
7.2.1 子午面内的光线光路计算 ... 89
7.2.2 轴上点远轴光线的光路计算 ... 90
7.2.3 轴外点子午面内远轴光线的光路计算 ... 91
7.2.4 光线经过平面时的光路计算 ... 92
7.2.5 沿轴外点主光线细光束的光路计算 ... 94
习题 ... 95

第8章 光学系统的像差 ... 96
8.1 轴上点的球差 ... 96
8.1.1 球差概述 ... 96
8.1.2 光学系统的球差分布公式 ... 98
8.1.3 单个折射球面的球差分布系数，不晕点 ... 101
8.1.4 单个折射球面产生的球差正负和物体位置的关系 ... 102
8.1.5 初级球差 ... 104
8.1.6 薄透镜和薄透镜系统的初级球差 ... 105

- 8.1.7 平行平板的球差 ·· 107
- 8.2 正弦差和彗差 ··· 108
  - 8.2.1 正弦条件和赫歇尔条件 ··· 108
  - 8.2.2 等晕成像和等晕条件 ·· 110
  - 8.2.3 正弦差的分布 ·· 113
  - 8.2.4 薄透镜和薄透镜系统的初级正弦差 ································· 114
  - 8.2.5 彗差概述 ··· 115
  - 8.2.6 光学系统结构形式对彗差的影响 ····································· 117
- 8.3 像散与像面弯曲（场曲）··· 119
  - 8.3.1 像散 ·· 119
  - 8.3.2 像面弯曲（场曲）和轴外球差 ··· 120
- 8.4 畸变 ··· 124
- 8.5 色差 ··· 125
  - 8.5.1 位置色差、色球差和二级光谱 ·· 126
  - 8.5.2 倍率色差 ··· 128
- 习题 ··· 129

第9章 典型光学系统 ··· 131
- 9.1 眼睛的构造及光学特性 ··· 131
  - 9.1.1 眼睛的构造 ··· 131
  - 9.1.2 眼睛的调节和适应 ··· 132
  - 9.1.3 眼睛的缺陷和校正 ··· 133
  - 9.1.4 眼睛的分辨率和瞄准精度 ·· 134
  - 9.1.5 双目立体视觉 ·· 135
- 9.2 放大镜 ·· 137
  - 9.2.1 放大镜的放大率 ·· 137
  - 9.2.2 放大镜的光束限制和视场 ·· 138
- 9.3 显微镜系统 ·· 139
  - 9.3.1 显微镜的基本原理 ··· 139
  - 9.3.2 显微镜的放大率 ·· 139
  - 9.3.3 显微镜的结构 ·· 140
  - 9.3.4 显微镜的光束限制 ··· 141
  - 9.3.5 显微镜的景深 ·· 143
  - 9.3.6 显微镜的分辨率和有效放大率 ··· 145
  - 9.3.7 显微物镜 ··· 145
  - 9.3.8 显微镜的照明系统 ··· 148
- 9.4 望远镜系统 ·· 149
  - 9.4.1 望远镜的一般特性 ··· 149
  - 9.4.2 望远镜系统的结构形式 ·· 150
  - 9.4.3 望远镜系统的视觉放大率 ·· 150
  - 9.4.4 望远镜系统的分辨率和工作放大率 ································ 151

  9.4.5 望远镜系统的主观亮度 ········· 151
  9.4.6 望远镜的光束限制 ············ 153
  9.4.7 望远物镜 ··················· 155
  9.4.8 目镜 ······················ 159
 9.5 摄影系统 ························ 164
  9.5.1 摄影系统的光学特性 ··········· 164
  9.5.2 摄影镜头 ··················· 169
  9.5.3 放映和投影镜头 ·············· 176
  9.5.4 放映和投影系统的照明 ········· 181
 9.6 光学系统的外形尺寸计算 ············ 183
  9.6.1 转像系统和场镜 ·············· 184
  9.6.2 带有对称透镜转像系统的望远镜 ··· 185
习题 ································· 187

下篇 波动光学

第 10 章 波动光学通论 ················ 188
 10.1 波的概念与光的电磁理论基础 ········ 188
  10.1.1 波的概念 ·················· 188
  10.1.2 光的电磁理论基础 ············ 189
 10.2 波的数学描述 ···················· 195
  10.2.1 波的实数表示与时空周期性 ····· 195
  10.2.2 波的复数表示与复振幅 ········· 202
  10.2.3 波的矢量表示 ··············· 205
 10.3 波的叠加 ························ 206
  10.3.1 波的独立传播原理与叠加原理 ··· 206
  10.3.2 同频率简谐波叠加的一般分析及干涉概念 ··· 207
  10.3.3 两列同频率、同向振动的平面波的叠加 ··· 208
  10.3.4 两列同频率、同向振动、反向传播的平面波的叠加——光驻波 ··· 211
  10.3.5 两列同频率、振动方向互相垂直、同向传播的平面波的
     叠加——椭圆偏振光的形成及特征 ··· 213
  10.3.6 两列频率相近、同向振动、同向传播的平面波的叠加——光学拍 ··· 217
 10.4 光的偏振态 ······················ 219
  10.4.1 完全偏振光——线偏振光，圆偏振光，椭圆偏振光 ··· 220
  10.4.2 非偏振光——自然光 ··········· 221
  10.4.3 部分偏振光及偏振度 ·········· 222
  10.4.4 偏振片及其光强响应 ·········· 223
 10.5 波的傅里叶分析及时空域中的反比关系 ··· 226
  10.5.1 傅里叶分析 ················ 226
  10.5.2 波在空域和时域中的反比关系 ··· 229

  10.6 光在两种各向同性介质界面的反射与折射 …………………………………… 231
    10.6.1 电磁场的连续条件与反射和折射定律 ……………………………… 232
    10.6.2 反射与折射时光的振幅比——菲涅耳公式 ………………………… 233
    10.6.3 反射与折射时光的能流比与光强比 ………………………………… 236
    10.6.4 反射光与折射光的相位变化 ………………………………………… 239
    10.6.5 反射光与折射光的偏振态 …………………………………………… 242
    10.6.6 全反射与倏逝波 ……………………………………………………… 244
  习题 ……………………………………………………………………………………… 248

第 11 章 光的干涉理论及其应用 ……………………………………………………… 250
  11.1 双光束干涉的一般理论 ……………………………………………………… 250
    11.1.1 产生光波干涉的条件 ………………………………………………… 250
    11.1.2 双光束干涉的一般理论 ……………………………………………… 252
  11.2 分波面双光束干涉装置与杨氏实验 ………………………………………… 257
    11.2.1 分波面双光束干涉 …………………………………………………… 258
    11.2.2 分波面双光束干涉的其他实验装置 ………………………………… 260
    11.2.3 干涉条纹清晰程度的影响因素 ……………………………………… 264
  11.3 分振幅双光束干涉 …………………………………………………………… 269
    11.3.1 平板分振幅干涉 ……………………………………………………… 270
    11.3.2 等倾干涉 ……………………………………………………………… 271
    11.3.3 等厚干涉 ……………………………………………………………… 274
  11.4 双光束干涉仪 ………………………………………………………………… 279
    11.4.1 迈克尔逊干涉仪 ……………………………………………………… 279
    11.4.2 斐索干涉仪 …………………………………………………………… 283
    11.4.3 马赫-曾德尔干涉仪 ………………………………………………… 284
    11.4.4 赛格纳克干涉仪 ……………………………………………………… 285
  11.5 平行平板的多光束干涉 ……………………………………………………… 287
    11.5.1 多束光干涉的光强分布 ……………………………………………… 288
    11.5.2 多光束干涉仪 ………………………………………………………… 292
    11.5.3 多光束干涉的应用 …………………………………………………… 295
  11.6 薄膜光学简介 ………………………………………………………………… 297
    11.6.1 单层光学膜 …………………………………………………………… 298
    11.6.2 多层光学膜 …………………………………………………………… 301
  习题 ……………………………………………………………………………………… 304

第 12 章 光的衍射理论及其应用 ……………………………………………………… 307
  12.1 衍射的基本原理及分类 ……………………………………………………… 307
    12.1.1 衍射现象概述 ………………………………………………………… 307
    12.1.2 惠更斯-菲涅耳原理及平面屏衍射理论 …………………………… 308
    12.1.3 衍射问题的近似处理及分类 ………………………………………… 312
  12.2 菲涅耳衍射 …………………………………………………………………… 315
    12.2.1 菲涅耳衍射的分析方法 ……………………………………………… 315

     12.2.2 圆孔、圆屏及某些环扇形孔径的衍射 …… 318
     12.2.3 菲涅耳波带片 …… 322
  12.3 矩孔和单缝的夫琅和费衍射 …… 326
     12.3.1 夫琅和费衍射装置 …… 326
     12.3.2 夫琅和费衍射公式的意义 …… 326
     12.3.3 矩孔衍射 …… 329
     12.3.4 单缝衍射 …… 331
  12.4 圆孔夫琅和费衍射与光学仪器分辨率 …… 333
     12.4.1 夫琅和费圆孔衍射 …… 333
     12.4.2 光学成像系统的衍射和分辨本领 …… 335
  12.5 夫琅和费双缝和多缝衍射 …… 340
     12.5.1 双缝衍射光强的计算 …… 340
     12.5.2 多缝的干涉和衍射 …… 342
  12.6 衍射光栅与光栅光谱仪 …… 345
     12.6.1 平面衍射光栅 …… 345
     12.6.2 闪耀光栅 …… 348
     12.6.3 光栅光谱仪 …… 351
  12.7 夫琅和费衍射的一般性质及其他孔径的衍射 …… 352
     12.7.1 夫琅和费衍射的一般性质 …… 352
     12.7.2 某些其他孔径的夫琅和费衍射 …… 353
  12.8 全息技术 …… 354
     12.8.1 全息原理和全息图种类 …… 354
     12.8.2 全息技术应用举例 …… 357
  12.9 傅里叶光学 …… 359
     12.9.1 概述 …… 359
     12.9.2 薄透镜的傅里叶变换性质 …… 359
     12.9.3 光学傅里叶变换 …… 361
     12.9.4 光信息处理及其应用 …… 363
  12.10 二元光学 …… 364
     12.10.1 概述 …… 364
     12.10.2 二元光学的特点 …… 365
     12.10.3 二元光学器件的制作 …… 366
     12.10.4 二元光学的应用 …… 366
  12.11 近场光学 …… 368
     12.11.1 概述 …… 368
     12.11.2 近场光学原理 …… 369
     12.11.3 近场光学应用举例 …… 370
  习题 …… 370

第 13 章 光在晶体中的传播 …… 372
  13.1 平面光波在晶体中的传播特性 …… 372

  13.1.1 晶体双折射 ······ 372
  13.1.2 平面光波在晶体中的传播特性 ······ 374
  13.1.3 单轴晶体中的波面——惠更斯假设 ······ 384
  13.1.4 平面波在单轴晶体内的传播——惠更斯作图法 ······ 385
  13.1.5 单轴晶体中的光路计算 ······ 387
 13.2 晶体光学器件 偏振光的检验 ······ 388
  13.2.1 晶体光学器件 ······ 388
  13.2.2 偏振光的检验 ······ 397
 13.3 偏振光的干涉 ······ 400
  13.3.1 平行偏振光的干涉 ······ 400
  13.3.2 会聚偏振光的干涉 ······ 403
 13.4 偏振态及其变换的矩阵描述 ······ 405
  13.4.1 偏振态的表示——琼斯矢量 ······ 406
  13.4.2 正交偏振 ······ 407
  13.4.3 偏振器件的表示——琼斯矩阵 ······ 408
  13.4.4 利用琼斯矢量和琼斯矩阵的运算 ······ 411
 13.5 晶体的磁光、电光和声光效应 ······ 412
  13.5.1 旋光和磁光效应 ······ 412
  13.5.2 电光效应 ······ 416
  13.5.3 声光效应 ······ 421
 13.6 偏振光仪器 ······ 425
  13.6.1 旋光仪 ······ 425
  13.6.2 椭偏仪 ······ 426
  13.6.3 光测弹性仪 ······ 428
  13.6.4 偏光显微镜 ······ 429
 习题 ······ 430
参考文献 ······ 432

上篇 几何光学

第1章 几何光学的基本定律与成像概念

人们在制造光学仪器和解释一些光学现象的过程中,总结出了适于光学工程技术应用的几何光学理论。几何光学把光在均匀介质中的传播用几何上的直线来表示,即认为光是能够传播能量的几何线"光线",几何光学就是以光线来研究光在介质中传播的理论。

1.1 基本概念

1. 光波

光是一种电磁波,其振动方向和光的传播方向垂直,为横波。

从本质上讲,光和一般的无线电波并无区别,只是波长不同而已。波长在400nm ~ 760nm范围内的电磁波能为人眼所感知,称为"可见光"。超出这个范围的电磁波,人眼就感受不到了。电磁波按波长分类的情况如图1 – 1所示。

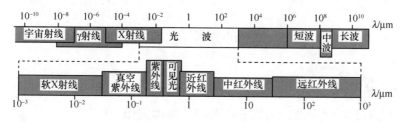

图1 – 1 电磁波谱

光和其他电磁波一样,在真空中以同一速度 c 传播,$c = 3 \times 10^8$ m/s。在空气中光速也近似为此值。而在水、玻璃等透明介质中,光的传播速度比在真空中慢,且速度随波长不同而改变,其速度、波长和频率的关系如下:

$$v = \lambda \cdot \nu$$

2. 发光点

本身发光或被其他光源照明后发光的物体称为发光体(或光源)。当发光体(光源)的大小和其辐射距离相比可以忽略不计时,该发光体就可认为是发光点或点光源。在几何光学中,发光点被抽象为一个既无体积又无大小的几何点,任何被成像的物体都是由无数个这样的发光点所组成的。

3. 光线

在几何光学中,光线被抽象为既无直径又无体积而有方向的几何线,其方向代表光能的传播方向。

几何光学研究光的传播,也就是研究光线的传播。利用光线的概念,可以把复杂的能量传输和光学成像问题归结为简单的几何运算问题。目前使用的光学仪器,绝大多数是应用几何光学原理(即把光看作"光线")设计出来的。

4. 波面

光波是电磁波,任何光源都可看作波源,光的传播正是电磁波的传播。光波向周围传播,在某一瞬时,其振动相同的各点所构成的曲面称为波面。波面可分为平面波、球面波或任意曲面波。

在各向同性的介质中,光沿着波面法线方向传播,所以可以认为光波波面法线就是几何光学中的光线。

5. 光束

与波面对应的法线(光线)集合称为"光束"。对应于波面为球面的光束称为同心光束,它发自一点或会聚于一点(图1-2(a));与平面波对应的光束称为平行光束,无穷远处发光点发出的是平行光束(图1-2(b));对于波面为非球面的曲面,它所对应的光束称为像散光束(图1-2(c))。

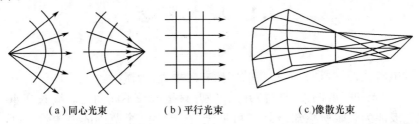

(a)同心光束　　　(b)平行光束　　　(c)像散光束

图1-2　光束与波面的关系

1.2　几何光学的基本定律

1.2.1　几何光学的基本定律

从光线的观点出发,几何光学可以归纳为四个基本定律。

1. 光的直线传播定律

在各向同性的均匀介质中,光线是沿着直线传播的,这就是光的直线传播定律。这是一种常见的普遍规律,可以用来很好地解释影子的形成、日蚀、月蚀等现象。即使最精密的天文测量、大地测量和其他许多测量,也都把这一定律看成是精确的。但是,当光在传播过程中遇到很小的不透明屏障或通过细孔时,光的传播将偏离直线,这就是物理光学中所描述的光的衍射现象。可见,光的直线传播定律只有光在均匀介质中无阻拦地传播时才成立。

2. 光的独立传播定律

当多束光线通过空间某一点时,各光线传播不受其他光线的影响,称为光的独立传播定律。当两束光会聚在空间某点时,其作用为简单的相加。利用这条定律,可以使我们对光线传播情况的研究大为简化,因为在研究某一光线传播时,可以不考虑其他光线对它的影响。

光的独立传播定律只对不同发光点发出来的光线来说是正确的,即对非相干光来说是正确的。而对于相干光,由于光的干涉作用,独立传播定律就不再适用。

3. 光的反射定律和折射定律

如图 1-3 所示,当一束光投射到两种透明介质的光滑分界面上时,将有一部分光能反射回原来的介质,这部分光线称为反射光线;另一部分光能则通过分界面射入第二种介质中,这部分光线称为折射光线。光线的反射和折射分别遵循光的反射定律和折射定律。

1) 反射定律

入射光线、反射光线和投射点处界面法线三者共面,且入射光线和反射光线对称于法线,入射角和反射角绝对值相等,即
$$I = -I''$$

我们规定角度符号以锐角来量度,由光线转向法线,顺时针方向旋转形成的角度为正,反之为负。

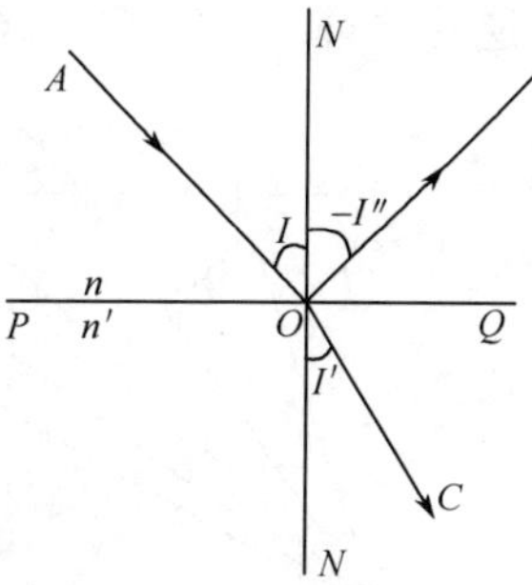

图 1-3 光的反射和折射

2) 折射定律

入射光线、折射光线和投射点法线三者共面,且入射角和折射角的正弦之比与入射角的大小无关,仅由两种介质的性质决定。对于一定波长的光线而言,在一定压力和温度条件下,入射角和折射角的正弦之比等于后一种介质与前一种介质的折射率之比,即
$$\frac{\sin I}{\sin I'} = \frac{n'}{n}$$

式中:n 和 n' 分别是入射和折射介质的折射率。

上式中,若令 $n' = -n$,即得 $I' = -I$,此即反射定律的形式。这说明,反射定律可以看作是折射定律的特殊情况。这在几何光学中是有重要意义的一项推论。

1.2.2 全反射

全反射是光线传播的另一重要现象。一般情况下,光线射至透明介质的分界面时,将同时发生反射和折射现象。但在特定条件下,界面可将入射光线全部反射回去,而无折射现象,这就是光的全反射。

如图 1-4 所示,当光线由光密介质(折射率高的介质)进入光疏介质(折射率低的介质)时,$n' < n$,入射角增大到某一值 I_m 时,折射角 I' 达到 90°,按折射定律,有
$$\sin I_m = \frac{n'}{n}\sin I' = \frac{n'}{n}\sin 90° = \frac{n'}{n}$$

此入射角 I_m 称为临界角。当入射角大于临界角时,光线便全部反射回原来的介质,这种现象就是所谓的全反射现象。

全反射现象在光学仪器中有广泛的应用。例如用全反射棱镜代替平面反射镜可以减少光能的反射损失(图 1-5)。因为全反射棱镜在理论上可以反射全部的入射光能,而平面反射镜不能使光线全部反射,大约有 10% 的光线将被吸收,并且,平面镜上所镀的反射膜还容易变质和损伤。光纤也是利用全反射原理来传输光的(图 1-6)。光纤由高折射率的芯子和低折射率的包层构成,使得入射角大于临界角的光线能连续发生全反射,直至传输到光纤的另一端,从而保证能量损失非常小。

1.2.3 光路的可逆性原理

如图 1-3 所示,若光线在折射率为 n' 的介质中沿 CO 方向入射,则由折射定律可知,折射

光线必定沿着 OA 方向出射。同样,如果光线在折射率为 n 的介质中沿 BO 方向入射,则由反射定律可知,反射光线也一定沿 OA 方向出射。由此可见,光线的传播是可逆的,这就是光路的可逆性原理。

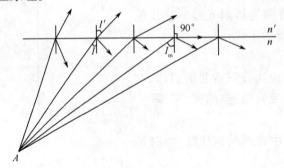
图 1-4 光的全反射现象

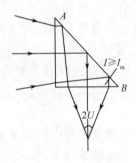
图 1-5 全反射直角棱镜

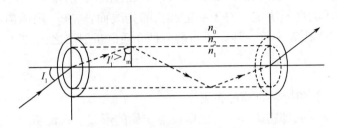
图 1-6 光纤的全反射传光原理

1.3 费马原理

几何光学的基本定律描述了光线的传播规律。费马原理从光程的角度来阐述光的传播规律,更简明,也更具普遍意义。

设光在均匀介质中的传播速度为 v,若把 Δt 时间间隔内光在该介质中所走过的几何路程表示为 s,则有

$$s = v \cdot \Delta t$$

再把这段时间间隔内光在真空中所走过的路程记为 L,则有

$$L = c \cdot \Delta t = \frac{c}{v} v \Delta t = ns$$

式中: c 为真空中的光速; n 为介质的折射率。

可见,光在介质中所走过的几何路程与介质的折射率 n 的乘积 ns,具有鲜明的物理意义,其值等于光在相同的时间间隔内在真空中所走过的路程。我们把光在介质中经过的几何路程 s 和该介质的折射率 n 的乘积定义为光程,用字母 L 表示。

我们知道,在均匀介质中光是沿直线方向传播的。设光在非均匀介质中传播,即介质的折射率 n 是位置的函数,则光在该介质中经过的几何路程不是直线而是一条空间曲线,如图 1-7 所示,这时,从 A 点到 B 点的总光程可用曲线积分来表示,即

$$L = \int_A^B n(s) \mathrm{d}s$$

式中:s 为路径的坐标参量;$n(s)$ 为路径 AB 上 s 点处的折射率。

费马原理指出:光线从 A 点到 B 点,是沿着光程为极值(极大、极小或恒值)的路径传播的。其数学表达式为

$$\delta L = \delta \int_A^B n(s)\,ds = 0$$

即光程的一次变分为零。费马原理又称为"极值光程定律"。

费马原理的意义在于它概括了光的传播规律,是几何光学的理论基础。光在均匀介质中的直线传播及在平面界面上的反射和折射,都是光程最短的例子。前文所述的光的直线传播、反射和折射定律均可由费马原理导出。对于均匀介质,根据两点间直线为最短的几何公理,应用费马原理可直接解释光沿直线传播的必然性。同样根据该几何公理,由图 1-8 也可得到反射定律。

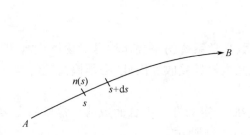

图 1-7 非均匀介质中的光线与光程 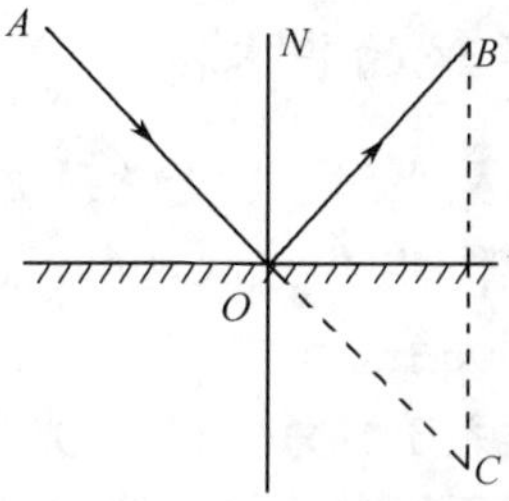　　图 1-8 利用费马原理证明反射定律

折射的情况如图 1-9 所示。从 A、B 点分别作界面的垂线 AP、BQ,并令其长度分别为 y_1 和 y_2。则 A 点到 B 点的光程为

$$(AOB) = n \cdot AO + n' \cdot OB = n\sqrt{x^2 + y_1^2} + n'\sqrt{(L-x)^2 + y_2^2}$$

光程的极值条件为

$$\frac{d(AOB)}{dx} = 0$$

由上面的光程公式求导并化简即可得折射定律:

$$\Rightarrow \quad \begin{array}{c} n\sin I - n'\sin I' = 0 \\ n\sin I = n'\sin I' \end{array}$$

可见,在以平面为界面的情况下,光线是按光程为极小值的路径传播的。但按费马原理,光也可能按光程为极大值或常量的路径传播。当以曲面为界面时,随曲面的性质和曲率的不同,实际光程可能是极小、极大或常量。如图 1-10 所示的以 F 和 F' 为焦点的椭球反射面,由椭球面的性质可知,由 F 点发出的所有光线经该面反射后必聚焦于 F' 点。而且光程为常量,即

$$(FF') = FM + MF' = 常数$$

这样的面,对 F 和 F' 点来说,为等光程面。

图 1-10 中还给出了两个均与椭球面相切于 M 点而曲率不等的反射面 PQ 和 ST,前者曲率大于椭球面,后者曲率小于椭球面。FM 和 MF' 也是这两个面的入射光线和反射光线。显然,光程 (FMF') 对 PQ 面为极大值,而对 ST 面为极小值。

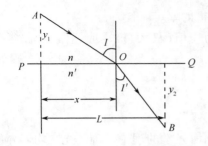 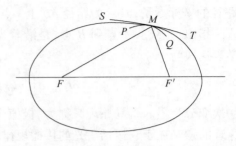

图 1-9 利用费马原理证明折射定律　　图 1-10 费马原理用于证明光程为稳定值的示意图

1.4 物、像的基本概念与完善成像条件

1.4.1 光学系统的基本概念

光学仪器的核心部分是光学系统。大多数光学系统的主要作用是对物体成像,即将物体通过光学系统成像,以供人眼观察、照相或被光电器件接收。因此,必须搞清楚物像的基本概念和它们的相互关系。

所有的光学系统,都是由一些光学零件按照一定的方式组合而成的。常见的光学零件有透镜、棱镜、平行平板和反射镜等,其截面如图 1-11 所示。

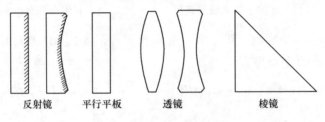

图 1-11 常用的光学零件

组成光学系统的各光学零件的表面曲率中心在同一条直线上的光学系统称为共轴光学系统,连接各曲率中心的直线称为光轴,此光轴也是整个光学系统的对称轴。相应地,也有非共轴光学系统。由于大多数光学系统是共轴光学系统,所以本书重点讨论共轴光学系统。

1.4.2 物和像的概念

如图 1-12(a)所示,若以 A 为顶点的入射光束经光学系统的一系列表面折射或反射后,变为以 A' 为顶点的出射光束,我们就称 A 为物点,A' 为物点 A 经该系统所成的像点。图中的物、像点是由实际光线相交而成的,是实物成实像的情况。若物像点由光线的延长线相交而成,则称为虚物点和虚像点。图 1-12(b)中,A 是虚物点,A' 是虚像点,是虚物成虚像的情况。

综上所述,由实际入射(出射)光线会聚所成的物点(像点)称为实物点(实像点),由这样的点构成的物(像)称为实物(实像)。由实际入射(出射)光线的延长线会聚所成的物点(像点)称为虚物点(虚像点),由这样的点构成的物(像)称为虚物(虚像)。

需要指出的是,实像可以被眼睛或其他光能接收器(如照相机底片、屏幕、CCD、CMOS 等)所接收;而虚像可以被眼睛观察,不能被其他光能接收器所接收。

物和像是相对而言的,前面光学系统所生成的像,即为后一个光学系统的物。

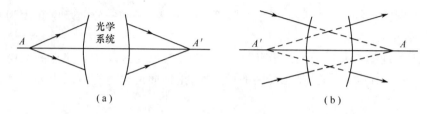

图 1-12 物、像的虚实

在阐明了物像概念和它们的虚实性后,我们引入物像空间的概念。凡物所在的空间称为物空间;凡像所在的空间称为像空间。若规定光线自左向右行进,则整个光学系统第一面左方的空间为实物空间,第一面右方的空间为虚物空间;整个光学系统最后一面右方的空间为实像空间,最后一面左方的空间为虚像空间。可见,物空间和像空间是可以无限扩展的,它们都占据了整个空间。那种认为只有整个光学系统第一面左方的空间才是物空间、光学系统最后一面右方的空间才是像空间的看法显然是错误的。

需要注意的是,在进行光学系统光路计算时,物空间介质的折射率均须按实际入射光线所在的系统前方空间介质的折射率来计算,像空间介质的折射率则均须按实际出射光线所在的系统后方空间介质的折射率来计算,而不管它们是实物点还是虚物点,是实像点还是虚像点。例如图 1-12(b)中的虚物点 A,尽管从位置来说在系统后方,但物空间介质的折射率仍按指向 A 点的实际入射光线所在空间(系统前方空间)介质的折射率计算;同理,虚像点 A' 对应的像空间介质的折射率,则按实际出射光线所在空间(系统后方空间)介质的折射率计算。

根据实际光线光路可逆现象,如果把像点 A' 看作物点 A,则由 A' 点发出的光线必相交于物点 A, A 就成了 A' 通过光学系统成的像,A 和 A' 仍然满足物像共轭关系。

1.4.3 完善成像条件

一个发光点或实物点总是发出同心光束,与球面波相对应。一个像点也是由与球面波对应的同心光束汇交而成,并称完善像点。光学系统入射波面与出射波面之间的光程是相等的,因此要能够将物点 A_1 完善成像于 A'_k,必须实现 A_1 与 A'_k 之间的等光程。所以,等光程是完善成像的物理条件。

图 1-13 所示为由 k 个表面组成的光学系统,它将物点 A_1 成像于 A'_k。如果 A'_k 是完善像点,则由 A_1 到 A'_k 之间任何光路的光程必须相等,即

$$(A_1 A'_k) = n_1 \cdot A_1 O_1 + n_2 \cdot O_1 O_2 + \cdots + n'_k \cdot O'_k A'_k$$
$$= n_1 \cdot A_1 E_1 + n_2 \cdot E_1 E_2 + \cdots + n'_k \cdot E_k A'_k = 常数$$

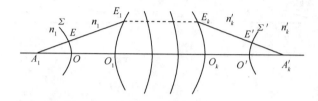

图 1-13 完善成像

实际上,要实现对某一给定点的等光程成像,只需用单个反射或折射界面就能满足,这种单个界面称为等光程面。

例1 有限距离物点 A 反射成像于有限距离的 A' 点,只需一分别以 A 和 A' 为其焦点的椭球面就能达到要求。

例2 无限远物点 A 反射成像于有限距离的 A' 点,只需一以 A' 为焦点的抛物面就能达到要求,如图 1-14 所示。反之,根据光路的可逆性,抛物面镜也可将有限距离物点成像于无穷远处。

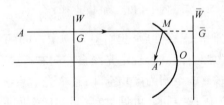

图 1-14 无限远处物点 A 与有限距离处点 A' 之间的等光程面

例3 有限距离物点 A 折射成像于有限距离的 A' 点,如图 1-15 所示,须满足:
$$(AA') = n \cdot AE + n' \cdot EA' = n \cdot l + n' \cdot l' = 常数$$
设 E 点的坐标为 (x, y),则由上式可写出 E 点的轨迹方程为
$$n'[l' - \sqrt{(l'-x)^2 + y^2}] + n[l - \sqrt{(l+x)^2 + y^2}] = 0$$
这是一个四次曲线方程,为卵形线。以此曲线绕 AA' 旋转而成的曲面称为卵形面,就是 A 和 A' 之间的等光程面。

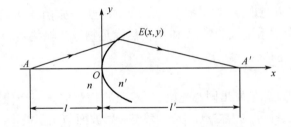

图 1-15 有限距离处的点 A 折射成像于有限距离处点 A' 的等光程面

例4 上例中,令物或像点之一位于无穷远,等光程条件可化为二次曲线。若令像点 A' 在无穷远处,如图 1-16 所示,则该二次曲线为
$$n'x + n[l - \sqrt{(l+x)^2 + y^2}] = 0$$

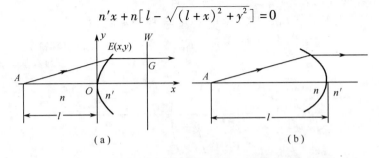

图 1-16 有限距离处的点 A 折射成像于无限远处的等光程面

由该二次曲线可见,$n < n'$ 和 $n > n'$ 两种情况下的等光程面分别为双曲面和椭球面。

实际上,上述等光程面由于加工困难,且当它们对有限大小的物体成像时,轴外点并不满足等光程条件而不能对其完善成像,因此很少应用。实际的光学系统大多由容易加工的球面组成,当它们满足一定条件时,能对有限大小的物体等光程成像。这将在以后详加讨论。

一个被照明的物体(或自发光物体)总可以看成由无数多个发光点或物点组成,每一个物点发出一个球面波,与之相对应的是一束以该物点为中心的同心光束。如图1-13所示,如果该球面波经过光学系统后仍为球面波,那么对应的光束仍为同心光束,则称该同心光束的中心为物点经过光学系统所成的完善像点。物体上每一个点经光学系统所成的完善像点的集合就是该物体经过光学系统后的完善像。

习 题

1.1 已知光在真空中的速度为 3×10^8 m/s,求光在以下各介质中的速度:水($n=1.333$),冕玻璃($n=1.51$),重火石玻璃($n=1.65$),加拿大树胶($n=1.526$)。

1.2 一个玻璃球,折射率为1.73,入射光线的入射角为60°,求反射光线和折射光线的方向,并求折射光线和反射光线间的夹角。

1.3 一玻璃平板厚200mm,其下放一直径1mm的圆金属片,在平板上放一圆纸片与平板下金属片同心,则在平板上任何方向观看金属片全被纸片挡住,设平板玻璃的折射率 $n=1.5$,问纸片最小的直径应为多少?

第2章 球面和球面系统

2.1 光线经单个折射球面的折射

绝大部分的光学系统是由球面和平面（折射面和反射面）组成的，同时大部分情况下它们的球心位于一条直线上，组成共轴球面系统。

光线经过光学系统是逐面进行折射和反射的，解决了单个折射球面的计算，就可以方便地过渡到整个系统的计算。单个折射球面是组成光学零件的基础单元，因此，研究光线经单个球面的折射，是研究一般光学成像的基础。

包含光轴的平面称为子午面（或含轴面），本章主要讨论子午面内的光线的光路计算公式。

2.1.1 符号规则

如图 2-1 所示，折射球面 OE 为两种介质 n 和 n' 的分界面，C 为折射球面的球心，OC 为球面曲率半径，以 r 表示。通过球心的直线为光轴，光轴与球面的交点 O 称为顶点。

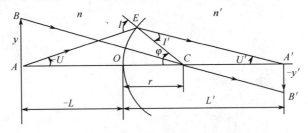

图 2-1 光线经过单折射球面的折射

从光轴上一物点 A 发出一条光线，经球面折射后交光轴于 A' 点，则称 A' 点为 A 点的像。所以，成像问题实质上就是光线的传播问题，只要能求得物点发出光线的光路，就能知道物经过光学系统所成的像。

如图 2-1 所示，在子午面内入射到球面的光线，其位置可由两个参量来确定：一个是顶点 O 到光线与光轴交点 A 的距离，以 L 表示，称为截距；另一个是入射光线与光轴的夹角 $\angle EAO$，以 U 表示，称为孔径角。光线 AE 经过球面折射以后，交光轴于 A' 点。光线 EA' 的确定也和 AE 相似，以相同字母表示两个参量，仅在字母右上角加"'"以示区别，即 $L' = OA'$ 和 $U' = \angle EA'O$，也称为截距和孔径角。为便于区分，L 和 U 称为物方截距和物方孔径角，L' 和 U' 称为像方截距和像方孔径角。

为了确切地描述光路中各种量值和光组的结构参量，并使以后导出的公式具有普遍适用性，必须对各种量值作符号上的规定。几何光学中的符号规则如下：

（1）沿轴线段：如 L、L' 和 r，以球面顶点 O 为原点，如果由原点到光线与光轴的交点和到球心的方向与光线的传播方向相同，其值为正，反之为负。光线的传播方向规定自左向右。

(2) 垂轴线段:如 y 和 y',在光轴之上者为正,光轴之下者为负。

(3) 光线与光轴的夹角 U 和 U':以光轴为起始边,从锐角方向转向光线,顺时针为正,逆时针为负。

(4) 光线和法线的夹角 I 和 I':以光线为起始边,从锐角方向转向法线,顺时针者为正,逆时针者为负。

(5) 光轴与法线的交角 φ:规定光轴为起始边,由光轴转向法线,顺时针为正,逆时针为负。

(6) 折射面的间隔 d:由前一面的顶点到后一面的顶点,其方向与光线方向相同者为正,反之为负。在纯折射系统中,d 恒为正值。

必须指出,符号规则是人为规定的,但一经定下,就要严格遵守。只有这样,才能够依据光路图导出正确而具有普遍意义的公式,并在应用这些公式时获得正确的结果。

对同一种情况,不同的符号规则将导出不同形式的计算公式;反之,不同的情况,若按规定的符号规则,必能导出完全相同的公式。

2.1.2 光线经单个折射球面的实际光路的计算公式

光线经单个折射球面的光路计算,是指在给定单个折射球面的结构参量 n、n' 和 r 时,由已知入射光线的坐标 L 和 U,求出出射光线的坐标 L' 和 U'。

如图 2-1 所示,在 $\triangle AEC$ 中,应用正弦定理可得

$$\frac{\sin(-U)}{r} = \frac{\sin I}{-L + r}$$

或

$$\sin I = \frac{L - r}{r} \sin U \qquad (2-1)$$

由折射定律得

$$\sin I' = \frac{n}{n'} \sin I \qquad (2-2)$$

由图可知

$$\varphi = I + U = I' + U'$$

所以

$$U' = I + U - I' \qquad (2-3)$$

同样,在 $\triangle A'EC$ 中应用正弦定理,有

$$\frac{\sin U'}{r} = \frac{\sin I'}{L' - r}$$

整理得像方截距为

$$L' = r + r \frac{\sin I'}{\sin U'} \qquad (2-4)$$

式(2-1)~式(2-4)就是子午面内光线光路的基本计算公式,也称为实际光路的计算公式。当 n、n'、r 和入射光线的参量 L、U 已知时,即可求出相应的 L' 和 U'。

由公式可知,当 L 为定值时,L' 是角 U 的函数。在图 2-2 中,若轴上物点 A 发出同心光束,由于各光线具有不同的 U 角值,所以光束经球面折射后,将有不同的 L' 值,也就是说,在像方的光束不和光轴交于一点,即失去了同心性。因此,当轴上一宽光束经球面折射成像时,其

像一般是不完善的,这种现象称为"球差"。

若物点位于物方光轴上无限远处,此时它发出的光束可认为是平行于光轴的平行光束,即 $L=-\infty$, $U=0$,如图2-3所示。此时,光线的入射角可按下式计算:

$$\sin I = \frac{h}{r} \qquad (2-5)$$

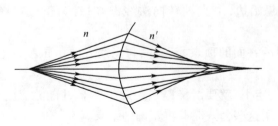

图2-2 轴上点成像的不完善性　　图2-3 无限远轴上点经过单折射面折射

2.1.3 光线经单个折射球面近轴光路的计算公式

上节的讨论表明,轴上物点以宽光束经单个折射球面折射所成的像是不完善的。也就是说,一个物点经折射球面所成的像不是一个点,而是一个弥散斑。

在实际光路的计算公式中,若以细光束成像,即 U 角非常小,其相应的 I、I' 和 U' 也非常小,则这些角的正弦值可以近似地用弧度来代替,这时的相应角度以小写字母 u、i、i' 和 u' 来表示。这种很靠近光轴的光线称为近轴光,光轴附近的这个区域称为近轴区。

近轴光线的光路计算公式可从式(2-1)～式(2-4)直接以弧度代替角度的正弦获得,其中的有关量用小写字母表示,则有

$$\left.\begin{array}{l} i = \dfrac{l-r}{r}u \\[4pt] i' = \dfrac{n}{n'}i \\[4pt] u' = i + u - i' \\[4pt] l' = r + r\dfrac{i'}{u'} \end{array}\right\} \qquad (2-6)$$

当光线平行于光轴时,式(2-5)变为

$$i = \frac{h}{r} \qquad (2-7)$$

由式(2-6)可以看出,不论 u 为何值,l' 为定值,这表明由轴上点以细光束成像时,其像是完善的,常称为高斯像,高斯像的位置由 l' 决定。通过高斯像点而垂直于光轴的像面称为高斯像面,构成物像关系的一对点称为共轭点。

对于近轴光,存在下列关系式:

$$lu = l'u' = h \qquad (2-8)$$

由式(2-6)还可推出以下公式:

$$n\left(\frac{1}{r} - \frac{1}{l}\right) = n'\left(\frac{1}{r} - \frac{1}{l'}\right) = Q \qquad (2-9)$$

$$n'u' - nu = \frac{n'-n}{r}h \qquad (2-10)$$

$$\frac{n'}{l'} - \frac{n}{l} = \frac{n'-n}{r} \tag{2-11}$$

式(2-9)具有不变量形式,称为阿贝不变量,用 Q 表示。它表明,单个折射球面物方和像方的 Q 值相等,其大小与物像共轭点的位置有关。式(2-10)表示近轴光经球面折射前后的孔径角 u 和 u' 的关系;式(2-11)表示折射球面成像时物像位置的关系。已知物 l 或像 l' 的位置,便可求出相应的共轭的像 l' 或物 l 的位置。

2.2 单个折射球面成像放大率及拉赫不变量

前面讨论了轴上物点经折射球面成像的情况,说明了轴上点只有以近轴光束成像才是完善的。下面将讨论物平面在近轴区成像的情况。

如果物平面是靠近光轴的垂轴平面,以细光束成像,就可以认为其像面也是垂直于光轴的,成的像是完善像,称为高斯像。否则,若物平面的区域较大,其像面将是弯曲的,即像差理论中所说的像面弯曲问题。

折射面对有限大小的物体成像时,就产生了像的放大率问题,像的虚实、正倒问题。

2.2.1 垂轴放大率

如图 2-4 所示,在折射球面的近轴区,垂轴小线段(用以表示垂轴小面积)AB,通过折射球面成像为 $A'B'$,AB 用 y 表示,$A'B'$ 用 y' 表示,则像的大小与物的大小之比称为垂轴放大率或横向放大率,以 β 表示,有

$$\beta = \frac{y'}{y} \tag{2-12}$$

由图中 $\triangle ABC$ 和 $\triangle A'B'C$ 相似,可得

$$\frac{-y'}{y} = \frac{l'-r}{-l+r}$$

由式(2-9)可将上式改写为

$$\beta = \frac{y'}{y} = \frac{nl'}{n'l} \tag{2-13}$$

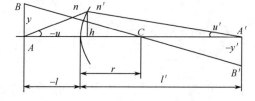

图 2-4 近轴区有限大小物体经过单折射球面的成像

上式表明,折射球面的垂轴放大率仅取决于介质的折射率和物体的位置,而与物体的大小无关。在 n、n' 一定的条件下,当物体的位置改变时,像的位置和大小也随着改变。

当 $\beta < 0$ 时,l 和 l' 异号,表示物和像处于球面的两侧,此时物体成倒像,像的虚实与物体一致,即实物成实像或虚物成虚像。

当 $\beta > 0$ 时,l 和 l' 同号,表示物和像位于球面的同一侧,此时物体成正像,像的虚实与物体相反,即实物成虚像或虚物成实像。

当 $|\beta| > 1$ 时,为放大像,即像比物大;当 $|\beta| < 1$ 时,为缩小像,即像比物小。

2.2.2 轴向放大率

上面讨论的是垂轴物体的放大率问题。通常物体沿光轴方向也有一定的大小,故它经球面成像后还有一个轴向放大率的问题。设物点沿光轴方向移动一微小距离 dl,相应地像移动 dl',则轴向放大率定义为 dl' 与 dl 的比值,以 α 表示,有

$$\alpha = \frac{dl'}{dl} \tag{2-14}$$

对于单个折射球面,轴向放大率公式可由式(2-11)微分并整理得到,即

$$-\frac{n'dl'}{l'^2} + \frac{ndl}{l^2} = 0$$

$$\alpha = \frac{dl'}{dl} = \frac{nl'^2}{n'l^2} \tag{2-15}$$

两边同乘以 $\frac{n}{n'}$,经整理得

$$\alpha = \frac{n'}{n}\beta^2 \tag{2-16}$$

上式表明了垂轴放大率与轴向放大率之间的关系。它表明,如果物体为一立方体,由于垂轴放大率 β 与轴向放大率 α 不同,其像就不再是立方体。此外,还可看出,对折射球面而言,轴向放大率永远为正,这表示物点沿轴移动,其像点以同方向沿轴移动。

必须指出,式(2-15)和式(2-16)只有在 dl 很小时才适用。在图2-5中,若物点沿轴移动的有限距离可以用始末两点 A_1 和 A_2 的截距差 $l_2 - l_1$ 来表示,相应的像点移动的距离用 $l'_2 - l'_1$ 来表示,则此时的轴向放大率以 $\overline{\alpha}$ 表示,有

$$\overline{\alpha} = \frac{l'_2 - l'_1}{l_2 - l_1} \tag{2-17}$$

由

$$\frac{n'}{l'_2} - \frac{n}{l_2} = \frac{n'-n}{r} = \frac{n'}{l'_1} - \frac{n}{l_1}$$

变形并代入式(2-17)得

$$\overline{\alpha} = \frac{n'}{n}\beta_1\beta_2 \tag{2-18}$$

式中:β_1 和 β_2 分别为物在 A_1 和 A_2 两点的垂轴放大率。

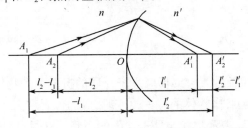

图2-5 物点沿轴移动有限距离的轴向放大率

2.2.3 角放大率

在近轴区以内,通过物点的光线经过光学系统后,必然通过相应的像点,这样一对共轭光线与光轴的夹角 u' 和 u 的比值,称为角放大率,以 γ 表示,有

$$\gamma = \frac{u'}{u} \tag{2-19}$$

由于

$$lu = l'u' = h$$

因此代入式(2-19)得

$$\gamma = \frac{u'}{u} = \frac{l}{l'} \tag{2-20}$$

两边同乘以 $\frac{n'}{n}$，并利用式(2-13)得

$$\gamma = \frac{n}{n'} \cdot \frac{1}{\beta} \tag{2-21}$$

上式表明，角放大率只与共轭点的位置有关，而与光线的孔径角无关。

2.2.4 三个放大率之间的关系

利用式(2-16)和式(2-21)可得到三个放大率之间的关系：

$$\alpha\gamma = \frac{n'}{n}\beta^2 \cdot \frac{n}{n'}\frac{1}{\beta} = \beta \tag{2-22}$$

2.2.5 拉赫不变量 J

将式(2-8)代入式(2-13)又可得出

$$\frac{y'}{y} = \frac{nu}{n'u'}$$

变换上式，得

$$nuy = n'u'y' = J \tag{2-23}$$

上式称为拉赫公式，J 称为拉赫不变量。它说明了实际光学系统在近轴区内成像时，在一对共轭平面内，物高 y、孔径角 u 和介质折射率 n 的乘积为一常数。

拉赫不变量在光学设计中具有重要的作用。为了设计出一定垂轴倍率的光学系统，在物方参数 nuy 固定的条件下，常常利用这一性质通过改变像方孔径角 u' 的大小来改变 y' 的数值，使得 y' 与 y 的比值满足系统设计的要求。

2.3 共轴球面系统

前面我们对单个折射球面的成像问题进行了详细的讨论，并导出了子午面内光线的光路计算公式和放大率公式。必须指出，单个折射球面不能用来作为一个基本的成像元件（反射镜作为折射的特例，可以由单个面构成一个基本成像元件），基本成像元件是至少由两个折射球面或非球面所组成的透镜（或系统）。为加工方便，绝大部分透镜是由球面透镜组成的。本节讨论共轴球面系统的成像问题。若解决球面系统的成像问题，只需重复应用单个折射球面公式与球面系统的每一个面即可。为此，应当首先解决如何由一个面过渡到下一个面的转面计算问题。

2.3.1 转面公式

图 2-6 所示为由 k 个面组成的一个共轴球面光学系统的结构，它由下列结构参数所确定：

(1) 各球面的曲率半径 $r_1, r_2, \cdots, r_k$；
(2) 各表面顶点的间隔 $d_1, d_2, \cdots, d_{k-1}$（$k$ 个面之间共有 d_{k-1} 个间隔）；

(3) 各表面间介质的折射率 $n_1, n_2, \cdots, n_{k+1}$(由 k 个面共隔开$(k+1)$种介质)。

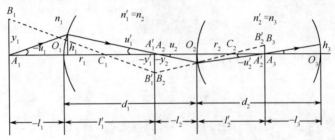

图 2-6 共轴球面光学系统的成像

在上述结构参数给定后,即可进行共轴球面系统的光路计算和其他有关的计算。显然,第一个面的像空间就是第二个面的物空间。也就是说,高度为 y_1 的物体 A_1B_1 用孔径角为 u_1 的光束经过第一面折射成像后,其像就是第二个面的物 A_2B_2,其像方孔径角 u_1' 就是第二个面的物方孔径角 u_2,其像方折射率 n_1' 就是第二个面的物方折射率 n_2。同样,以此类推,第二个面到第三个面之间,第三个面到第四个面之间,$\cdots$,第$(k-1)$个面到第 k 个面之间都有这样的关系,即

$$\left.\begin{array}{l} n_2 = n_1', n_3 = n_2', \cdots, n_k = n_{k-1}' \\ u_2 = u_1', u_3 = u_2', \cdots, u_k = u_{k-1}' \\ y_2 = y_1', y_3 = y_2', \cdots, y_k = y_{k-1}' \end{array}\right\} \quad (2-24)$$

各面截距的过渡公式,由图 2-6 可直接求出:

$$l_2 = l_1' - d_1, l_3 = l_2' - d_2, \cdots, l_k = l_{k-1}' - d_{k-1} \quad (2-25)$$

上述转面公式(2-24)和式(2-25)对近轴光适用,对远轴光也同样适用,即

$$\left.\begin{array}{l} n_2 = n_1', n_3 = n_2', \cdots, n_k = n_{k-1}' \\ U_2 = U_1', U_3 = U_2', \cdots, U_k = U_{k-1}' \\ L_2 = L_1' - d_1, L_3 = L_2' - d_2, \cdots, L_k = L_{k-1}' - d_{k-1} \end{array}\right\} \quad (2-26)$$

这就是式(2-1)~式(2-4)光路计算公式的转面公式。

当用式(2-10)进行光路计算时,还必须求出光线在折射面上入射高度 h 的过渡公式。利用式(2-24)的第二式和式(2-25)的对应项相乘,可得

$$l_2 u_2 = l_1' u_1' - d_1 u_1', l_3 u_3 = l_2' u_2' - d_2 u_2', \cdots, l_k u_k = l_{k-1}' u_{k-1}' - d_{k-1} u_{k-1}'$$

故

$$h_2 = h_1 - d_1 u_1', h_3 = h_2 - d_2 u_2', \cdots, h_k = h_{k-1} - d_{k-1} u_{k-1}' \quad (2-27)$$

2.3.2 共轴球面系统的拉赫公式

整个系统的拉赫公式,利用式(2-23)和式(2-24)可得

$$n_1 u_1 y_1 = n_2 u_2 y_2 = n_3 u_3 y_3 = \cdots = n_k' u_k' y_k' = J \quad (2-28)$$

此式表明,拉赫不变量不仅对一个折射面的两个空间是不变量,而且对整个光学系统的每一个面的每一个空间都是不变量。

拉赫不变量 J 是光学系统的一个重要特征量。J 值大,表示系统对物体成像的范围大,能对每一个物点以大孔径角光束成像。这一方面表示光学系统能传输的光能量大;另一方面,后文将会介绍,成像光束的孔径角还与光学系统的分辨率有关。孔径角越大,分辨能力越强,从

信息的观点来看,就是传递的信息量更大。所以,J 值越大,光学系统就具有更强大的功能。

2.3.3 共轴球面系统的放大率公式

对于整个共轴球面系统的三个放大率,很容易证明系统的放大率等于各个折射面相应放大率的乘积：

$$\left.\begin{array}{l} \beta = \dfrac{y'_k}{y_1} = \dfrac{y'_1}{y_1}\dfrac{y'_2}{y_2}\cdots\dfrac{y'_k}{y_k} = \beta_1\beta_2\cdots\beta_k \\[2mm] \alpha = \dfrac{\mathrm{d}l'_k}{\mathrm{d}l_1} = \dfrac{\mathrm{d}l'_1}{\mathrm{d}l_1}\dfrac{\mathrm{d}l'_2}{\mathrm{d}l_2}\cdots\dfrac{\mathrm{d}l'_k}{\mathrm{d}l_k} = \alpha_1\alpha_2\cdots\alpha_k \\[2mm] \gamma = \dfrac{u'_k}{u_1} = \dfrac{u'_1}{u_1}\dfrac{u'_2}{u_2}\cdots\dfrac{u'_k}{u_k} = \gamma_1\gamma_2\cdots\gamma_k \end{array}\right\} \quad (2-29)$$

将单个折射球面的放大率公式代入上式,即可求得

$$\beta = \dfrac{n_1 l'_1}{n'_1 l_1}\dfrac{n_2 l'_2}{n'_2 l_2}\cdots\dfrac{n_k l'_k}{n'_k l_k} = \dfrac{n_1 l'_1 l'_2 \cdots l'_k}{n'_k l_1 l_2 \cdots l_k} \quad (2-30)$$

应用公式(2-8),有

$$\beta = \dfrac{y'_k}{y} = \dfrac{n_1 u_1}{n'_k u'_k} \quad (2-31)$$

$$\alpha = \dfrac{n'_1}{n_1}\beta_1^2 \dfrac{n'_2}{n_2}\beta_2^2 \cdots \dfrac{n'_k}{n_k}\beta_k^2 = \dfrac{n'_k}{n_1}\beta_1^2\beta_2^2\cdots\beta_k^2 = \dfrac{n'_k}{n_1}\beta^2 \quad (2-32)$$

$$\gamma = \dfrac{n_1}{n'_1}\dfrac{1}{\beta_1}\dfrac{n_2}{n'_2}\dfrac{1}{\beta_2}\cdots\dfrac{n_k}{n'_k}\dfrac{1}{\beta_k} = \dfrac{n_1}{n'_k}\dfrac{1}{\beta_1\beta_2\cdots\beta_k} = \dfrac{n_1}{n'_k}\dfrac{1}{\beta} \quad (2-33)$$

三个放大率之间的关系仍为 $\alpha\gamma = \beta$。因此,整个光学系统各放大率公式及其相互关系与单个折射球面完全相同。这充分说明,单个折射球面的成像特性具有普遍意义。

2.4 球面反射镜

光学系统经常要用到球面反射镜。前面曾经指出,反射是折射的特例,即反射定律可视为折射定律在 $n' = -n$ 时的特殊情况,因此,在折射面的公式中,只要使 $n' = -n$,便可直接导出反射球面相应的公式。

2.4.1 反射球面镜的物像位置公式

将 $n' = -n$ 代入式(2-11),可得球面反射镜的物像位置公式为

$$\dfrac{1}{l'} + \dfrac{1}{l} = \dfrac{2}{r} \quad (2-34)$$

其物像关系如图 2-7 所示,其中图 2-7(a)和图 2-7(b)分别为凹面镜($r<0$)、凸面镜($r>0$)对有限距离的物体成像。

2.4.2 反射球面镜的成像放大率

同理,将 $n' = -n$ 代入式(2-13)、式(2-15)和式(2-21),即可得到球面反射镜的三种放大率公式,即

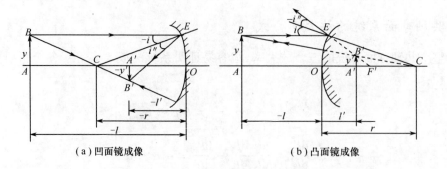

(a) 凹面镜成像　　　　　　(b) 凸面镜成像

图 2-7　球面反射镜的成像

$$\left.\begin{array}{l}\beta = \dfrac{y'}{y} = -\dfrac{l'}{l} \\[6pt] \alpha = \dfrac{\mathrm{d}l'}{\mathrm{d}l} = -\beta^2 \\[6pt] \gamma = \dfrac{u'}{u} = -\dfrac{1}{\beta}\end{array}\right\} \qquad (2-35)$$

由上式可知,球面反射镜的轴向放大率恒为负值,这说明,当物体沿光轴移动时,像总是以相反方向沿轴移动。当物体经偶次反射时,轴向放大率为正。

当 $\beta<0$ 时,由式(2-35)可知,l 与 l' 同号,此时,实物成实像,虚物成虚像,如图 2-7(a) 所示;当 $\beta>0$ 时,l 与 l' 异号,此时实物成虚像,虚物成实像,如图 2-7(b) 所示。

当物体位于球面反射镜的球心时,由式(2-34)得到 $l'=l=r$,并由式(2-35)得到球心处的放大率为 $\beta=\alpha=-1$,$\gamma=1$。

2.4.3　反射球面镜的拉赫不变量

以 $n'=-n$ 代入式(2-23),可得球面反射镜的拉赫不变量为

$$J = uy = -u'y' \qquad (2-36)$$

习　题

2.1　一个玻璃球直径为 400mm,玻璃折射率 $n=1.5$,球中有两个小气泡,一个正在球心,另一个在半径的 1/2 处,沿两气泡连线方向从球的两边观察两个气泡,它们应在什么位置？若在水中($n=1.33$)观察时,它们应在什么位置？

2.2　一个玻璃球直径为 60mm,玻璃折射率 $n=1.5$,一束平行光射在玻璃球上,其会聚点应在什么位置？

2.3　一折射面曲率半径 $r=150\text{mm}$,$n=1$,$n'=1.5$,当物距 l 分别为 $-\infty$、-1000mm、-100mm、0、100mm、150mm 和 1000mm 时,垂轴放大率 β 应为多少？

第 3 章　理想光学系统

3.1　理想光学系统的基本特性

光学系统多用于对物体成像。由上一章可知,未经严格设计的光学系统只有在近轴区才能成完善像。由于在近轴区成像范围和光束宽度均趋于无限小,因此没有很大实用意义。

实际的光学系统要求对一定大小的物体,以一定宽度的光束成近似完善的像。为了估计和比较实际光学系统成像质量是否符合完善像的条件,需要建立一个模型,使之满足:物空间的同心光束经光学系统后仍为同心光束,或者说,物空间的一点通过系统成像后仍为一点。这个模型称为理想光学系统,它对任意大的物体,以任意宽的光束成像都是完善的。

理想光学系统理论是在 1841 年由高斯提出来的,所以理想光学系统理论又称为"高斯光学"。

在各向同性的均匀介质中,对于理想光学系统的物像关系,应具备以下特性:

(1) 点成点像。物空间的每一点,在像空间必有且只有一个点与之相对应,这样的两个对应点称为物像空间的共轭点(图 3 - 1 中的 A、A' 点)。

(2) 线成线像。物空间的每一条直线,在像空间必有且只有一条直线与之相对应,这样的两条对应直线称为物像空间的共轭线(图 3 - 1 中的 BC 和 $B'C'$)。

(3) 平面成平面像。物空间的每一个平面,在像空间必有且只有一个平面与之相对应,这样的两对应平面称为物像空间的共轭面(图 3 - 1 中的 P 和 P' 面)。

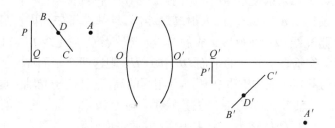

图 3 - 1　理想光学系统的物像关系

由此推广,如果物空间上任意一点 D 位于直线 BC 上,那么其在像空间的共轭点 D' 也必位于共轭线 $B'C'$ 上。同样,物空间中一个同心光束必对应像空间中另一同心光束。上述这种点对点、直线对直线、平面对平面的成像,称为共轭成像。

共轭成像理论是理想光学系统的理论基础,它只是基本假设,实际中是不存在这样的理想光学系统的。显然,理想光学系统是实际光学系统的努力方向,因此搞清楚理想光学系统的基本特征,对寻求某些方面接近于理想光学系统的实际系统是有益的。在设计实际光学系统时,人们常采用理想光学系统所抽象出来的一些光学特性和公式来进行实际光学系统的初始计算,以使实际光学系统的设计成为可能,并使其计算得以简化,质量得到提高。

在实际光学系统的近轴区可以满足共轭成像理论,因此,在进行光学系统设计时,往往以其近轴区成像性质来衡量该系统的质量。

3.2 理想光学系统的基点和基面

根据理想光学系统的特性,如果在物空间有一条和光学系统光轴平行的光线射入到理想光学系统,则在像空间必有一条光线与之相共轭。

如图 3-2 所示,O_1 和 O_k 两点分别是理想光学系统第一面和最后一面的顶点,FO_1O_kF' 为光轴。在物空间有一条平行于光轴的直线 AE_1 经光学系统折射后,其折射光线 G_kF' 交光轴于 F' 点,另一条物方光线 FO_1 与光轴重合,其折射光线 O_kF' 无折射地仍沿光轴方向射出。由于像方 G_kF'、O_kF' 与物方 AE_1、FO_1 相共轭,因此,交点 F' 为 AE_1 和 FO_1 交点的共轭点,它位于物方无穷远的光轴上,所以 F' 是物方无穷远轴上点的像,所有其他平行于光轴的入射光线均会聚于点 F',点 F' 称为光学系统的像方焦点(或称后焦点、第二焦点)。显然,像方焦点是物方无限远轴上点的共轭点。

同理,点 F 称为光学系统的物方焦点(或称前焦点、第一焦点),它与像方无穷远轴上点相共轭。任意一条过 F 点的入射光线经理想光学系统后,出射光线必平行于光轴。

通过像方焦点 F' 且垂直于光轴的平面,称为像方焦平面(像方焦面);通过物方焦点 F 且垂直于光轴的平面,称为物方焦平面(物方焦面)。显然,物方焦平面的共轭面在无穷远处,物方焦平面上任何一个物点发出的光束,经理想光学系统出射后必为一平行光束;同样,像方焦平面的共轭面也位于无穷远处,任何一束入射的平行光,经理想光学系统出射后必会聚于像方焦平面上的某一点。

必须指出,焦点和焦面是理想光学系统的一对特殊的点和面。物方焦点 F 和像方焦点 F' 彼此之间不共轭,同样,物方焦平面和像方焦平面也不共轭。

如图 3-3 所示,延长入射光线 AE_1 和出射光线 G_kF' 得到交点 Q',同样,延长直线 BE_k 和 G_1F,可得交点 Q。设光线 AE_1 和 BE_k 的入射高度相同,且都在子午面内。显然点 Q 和点 Q' 是一对共轭点。点 Q 是光线 AE_1 和 FG_1 交成的"虚物点";点 Q' 是光线 BE_k 和 G_kF' 交成的"虚像点"。过点 Q 和点 Q' 作垂直于光轴的平面 QH 和 $Q'H'$,则这两个平面亦相互共轭。由图可知,位于这两个平面内的共轭线段 QH 和 $Q'H'$ 具有相同的高度,且位于光轴的同一侧,故其垂轴放大率 $\beta=+1$。我们称垂轴放大率为 +1 的这一对共轭面为主平面,其中的 QH 称为物方主平面(或前主面、第一主面),$Q'H'$ 称为像方主平面(或后主面、第二主面)。物方主平面 QH 与光轴的交点 H 称为物方主点,像方主平面 $Q'H'$ 与光轴的交点 H' 称为像方主点。

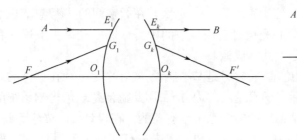

图 3-2 理想光学系统的焦点

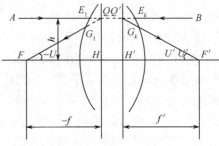

图 3-3 理想光学系统

主点和主平面也是理想光学系统的一对特殊点和面。它们彼此之间是共轭的。

自物方主点 H 到物方焦点 F 的距离称为物方焦距(或前焦距、第一焦距),用 f 表示;自像方主点 H' 到像方焦点 F' 的距离称为像方焦距(或后焦距、第二焦距),以 f' 表示。焦距的正负是以相应的主点为原点来确定的,若由主点到相应焦点的方向与光线传播方向相同,则焦距为正,反之为负。图 3-3 所示情况为 $f<0,f'>0$。

由 $\triangle FQH$、$\triangle F'Q'H'$ 得到物方焦距和像方焦距的表达式为

$$f = \frac{h}{\tan U} \qquad (3-1)$$

$$f' = \frac{h}{\tan U'} \qquad (3-2)$$

一对主点和一对焦点构成了光学系统的基点,一对主面和一对焦面构成了光学系统的基面,它们构成了一个光学系统的基本模型,如图 3-4 所示。对于理想光学系统,不管其结构(r,d,n)如何,只要知道其焦距值和焦点或主点的位置,其性质就确定了。利用理想光学系统的主点和焦点,可方便地对理想光学系统进行图解法求像和解析法求像,这在后面将会谈到。

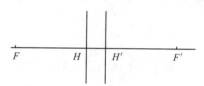

图 3-4 理想光学模型

3.3 理想光学系统的物像关系式

已知一理想光学系统的基点、基面位置。当物体的位置和大小一定时,即可用解析法求出像的位置和大小。为了导出有关的物像位置公式,先要确定物像的有关参数。

3.3.1 牛顿公式

如图 3-5 所示,大小为 y 的物体 AB 经理想光学系统后,其像 $A'B'$ 的大小为 y'。系统中 F、F'、H、H' 的位置均为已知。

牛顿公式中物体 AB 的物距 x 是以物方焦点 F 为原点,物距 x 的正负号按以下规则判定,若由物方焦点 F 到物点 A 的方向与光线传播方向一致,则物距 x 为正,反之为负。图 3-5 中的物距 x 为负。同样,像距 x' 是以像方焦点 F' 为原点至像点 A',若与光线的传播方向一致为正,反之为负。图 3-5 中的像距 x' 为正。

由 $\triangle BAF$ 和 $\triangle RHF$ 相似,可得

$$\frac{-y'}{y} = \frac{-f}{-x} \qquad (3-3)$$

同样,在 $\triangle Q'H'F'$ 和 $\triangle B'A'F'$ 中有

$$\frac{-y'}{y} = \frac{x'}{f'} \qquad (3-4)$$

由此可得

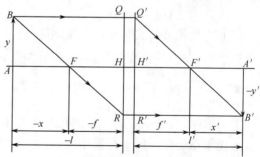

图 3-5 理想光学系统的物像关系式导出图

$$xx' = ff' \qquad (3-5)$$

这就是以焦点为原点的物像位置公式,称为牛顿公式。

3.3.2 高斯公式

高斯公式的物像位置是相对于理想光学系统的主点来确定的。如图 3-5 所示,以 l 表示物点 A 到物方主点 H 的距离;以 l' 表示像点 A' 到像方主点 H' 的距离。方向规定以主点为原点,如果由 H 到 A 或由 H' 到 A' 的方向与光线的传播方向一致为正,反之为负。

将

$$x = l - f \quad x' = l' - f'$$

代入牛顿公式,整理得

$$lf' + l'f = ll'$$

两边同除以 ll',有

$$\frac{f'}{l'} + \frac{f}{l} = 1 \tag{3-6}$$

上式就是以主点为原点的物像位置公式,称为高斯公式。

3.4 理想光学系统两焦距之间的关系及拉赫公式

3.4.1 理想光学系统两焦距之间的关系

图 3-6 所示为物体 AB 经理想光学系统成像的关系图,轴上物点 A 发出的光线 AQ 与光轴交角为 U,交物方主面于 Q,入射高度为 h。AQ 的共轭光线 $Q'A'$ 交像方主面于 Q',和光轴交角为 U'。

由直角三角形 AQH 和 $A'Q'H'$ 可得

$$h = (x + f)\tan U = (x' + f')\tan U'$$

将式(3-3)和式(3-4)代入上式,整理得

$$-yf\tan U = y'f'\tan U' \tag{3-7}$$

对于理想光学系统,无论 U 角有多大,上式均成立。因此,当 AQ 和 $Q'A'$ 是近轴光时,上式同样成立,表示为

$$-yfu = y'f'u' \tag{3-8}$$

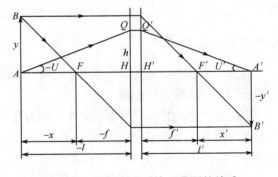

图 3-6 理想光学系统两焦距的关系

将上式与拉赫公式 $nyu = n'y'u'$ 相比较,可得光学系统物方和像方两焦距之间的关系式为

$$\frac{f'}{f} = -\frac{n'}{n} \tag{3-9}$$

上式表明,光学系统的像方焦距与物方焦距之比等于相应介质折射率之比。

当光学系统位于同一介质中时(一般位于空气中),因为 $n' = n$,故两焦距的绝对值相等,但符号相反,即

$$f' = -f \tag{3-10}$$

此时牛顿公式可以写成

$$xx' = -f'^2 \tag{3-11}$$

高斯公式可以写成

$$\frac{1}{l'} - \frac{1}{l} = \frac{1}{f'} \tag{3-12}$$

若光学系统中包括反射面,则两焦距之间的关系由反射面的个数决定,设反射面的数目为 k,则可把式(3-9)写成如下更一般的形式:

$$\frac{f'}{f} = (-1)^{k+1} \frac{n'}{n} \tag{3-13}$$

当 $n' = n$ 时,有

$$f' = (-1)^{k+1} f$$

由上式可知,折射系统以及具有偶数个反射面的反射系统和折反射系统,物方焦距和像方焦距异号;当具有奇数个反射面时,物方焦距和像方焦距同号。

3.4.2 理想光学系统的拉赫公式

将式(3-9)代入式(3-7),即可得到理想光学系统的拉赫公式,即

$$ny\tan U = n'y'\tan U' \tag{3-14}$$

此式对任何能成完善像的光学系统均适用。也就是说,它是系统对任意大小的物体,用任意宽光束成完善像的普遍公式。

3.5 理想光学系统的放大率

和近轴区成像一样,理想光学系统的放大率依然可分为垂轴放大率、轴向放大率和角放大率。

3.5.1 垂轴放大率

理想光学系统的垂轴放大率定义为像高 y' 与物高 y 之比,即

$$\beta = \frac{y'}{y} \tag{3-15}$$

将式(3-3)和式(3-4)代入上式,得

$$\beta = \frac{y'}{y} = -\frac{f}{x} = -\frac{x'}{f'} \tag{3-16}$$

此式为以焦点为原点的垂轴放大率公式。

以主点为原点的垂轴放大率公式也可由牛顿公式转化而来。将牛顿公式 $x' = \frac{ff'}{x}$ 两边同时加上 f',有

$$x' + f' = \frac{ff'}{x} + f' = \frac{f'}{x}(f + x)$$

因 $l' = x' + f'$, $l = x + f$,故有 $l' = \frac{f'}{x} l$,即 $x = \frac{f'}{l'} l$,代入式(3-16)可得

$$\beta = -\frac{fl'}{f'l} \tag{3-17}$$

将两焦距的关系式(3-9)代入,得

$$\beta = \frac{nl'}{n'l} \quad (3-18)$$

此式与近轴区放大率公式(2-13)完全一样,说明理想光学系统的性质可在实际光学系统的近轴区中得到体现。

当光学系统位于同一介质(如空气)中时,其垂轴放大率可写成

$$\beta = -\frac{f}{x} = -\frac{x'}{f'} = \frac{f'}{x} = \frac{x'}{f} = \frac{l'}{l} \quad (3-19)$$

由垂轴放大率公式(3-16)和式(3-19)可知,垂轴放大率随物体位置而异,某一垂轴放大率只对应一个物体位置。在不同共轭面上,垂轴放大率是不同的。而在同一对共轭面上,垂轴放大率是常数,因此像与物是相似的。

理想光学系统的成像特性主要表现在像的位置、大小、正倒和虚实上。引用上述公式可描述任意位置物体的成像性质。

3.5.2 轴向放大率

当轴上物点 A 沿光轴移动一微小距离 dx(或 dl)时,相应的像平面也会移动一相应的距离 dx'(或 dl'),那么理想光学系统的轴向放大率 α 定义为 dx'(或 dl')与 dx(或 dl)之比,即

$$\alpha = \frac{dx'}{dx} = \frac{dl'}{dl} \quad (3-20)$$

轴向放大率 α 可通过微分牛顿公式或高斯公式得到。现对牛顿公式进行微分,得

$$xdx' + x'dx = 0$$

即

$$\alpha = \frac{dx'}{dx} = -\frac{x'}{x} \quad (3-21)$$

上式右边乘以 $\frac{ff'}{ff'}$,并用垂轴放大率公式,可得

$$\alpha = -\frac{x'}{x} = -\frac{x'}{f'} \frac{f}{x} \frac{f'}{f} = -\beta^2 \frac{f'}{f} = \frac{n'}{n} \beta^2 \quad (3-22)$$

上式表明,此式与近轴区放大率公式(2-16)亦完全相同,且 $\alpha > 0$,则物、像沿光轴的移动方向一致。

如果光学系统在同一种介质中,则式(3-22)简化为

$$\alpha = \beta^2 \quad (3-23)$$

上式表明,如果物体在沿轴方向有一定的长度(如为一小立方体),则因垂轴和沿轴方向的放大率不等,其像不再为一立方体,除非物体处于 $\beta = \pm 1$ 的位置。

必须指出,上面的公式只对沿轴的微小线段适用。若是沿轴方向的有限线段,则其轴向放大率以 $\bar{\alpha}$ 来表示,应为

$$\bar{\alpha} = \frac{\Delta x'}{\Delta x} = \frac{x_2' - x_1'}{x_2 - x_1}$$

或

$$\bar{\alpha} = \frac{\Delta l'}{\Delta l} = \frac{l_2' - l_1'}{l_2 - l_1}$$

式中:Δx 和 Δl 为物体沿光轴的移动量。例如,物点相对于焦点的位置由 x_1 移动到 x_2,其移动量为 $\Delta x = x_2 - x_1$;$\Delta x' = x_2' - x_1'$ 为像点相应的移动量。由式(3-16)得

$$x_2' = -\beta_2 f', \quad x_1' = -\beta_1 f'$$

$$x_2 = -\frac{f}{\beta_2}, \quad x_1 = -\frac{f}{\beta_1}$$

代入上面 $\bar{\alpha}$ 的表示式,并利用式(3-9),得

$$\bar{\alpha} = \frac{x_2' - x_1'}{x_2 - x_1} = -\beta_1\beta_2\frac{f'}{f} = \frac{n'}{n}\beta_1\beta_2 \tag{3-24}$$

如果光学系统在同一种介质中,则可得

$$\bar{\alpha} = \beta_1\beta_2$$

轴向放大率公式常用在仪器系统的装调计算及像差系数的转面倍率等问题中。

3.5.3 角放大率

理想光学系统的角放大率 γ 定义为像方孔径角 U' 的正切与物方孔径角 U 的正切之比,即

$$\gamma = \frac{\tan U'}{\tan U} \tag{3-25}$$

由图 3-6 可知,$l\tan U = l'\tan U'$,故

$$\gamma = \frac{\tan U'}{\tan U} = \frac{l}{l'} \tag{3-26}$$

将式(3-14)代入上式,得

$$\gamma = \frac{\tan U'}{\tan U} = \frac{ny}{n'y'} = \frac{n}{n'}\frac{1}{\beta} \tag{3-27}$$

可见,理想光学系统的角放大率 γ 只和物体的位置有关,而与孔径角无关。在同一对共轭点上,所有像方孔径角的正切与之相应的物方孔径角的正切之比恒为常数。当一光学系统的垂轴放大率确定后,其轴向放大率和角放大率也就确定了。

3.5.4 三放大率之间的关系

将式(3-22)与式(3-27)相乘,即可得到三种放大率之间的关系为

$$\alpha\gamma = \beta \tag{3-28}$$

3.6 光学系统的节点和节平面

在理想光学系统中,角放大率为 +1 的一对共轭点称为节点。这一对共轭点,在物空间的节点为物方节点,在像空间的为像方节点,分别用字母 J 和 J' 表示。它的物理意义是,过节点的入射光线经过系统后出射光线方向不变,彼此平行,如图 3-7 所示。

过物方节点并垂直于光轴的平面称为物方节平面,过像方节点并垂直于光轴的平面称为像方节平面。

节点和节平面是理想光学系统的一对特殊的点和面,与焦点和焦平面、主点和主平面统称为理想光学系统的基点和基面。

将式(3-9)、式(3-16)代入式(3-27),整理得

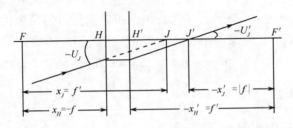

图 3-7 过节点的光线

$$\gamma = \frac{x}{f'} = \frac{f}{x'} \tag{3-29}$$

由节点的定义得

$$\gamma_J = \frac{x_J}{f'} = \frac{f}{x'_J} = +1$$

因此

$$x_J = f' \quad x'_J = f \tag{3-30}$$

对比主面,有

$$\beta_H = -\frac{f}{x_H} = -\frac{x'_H}{f'}$$

$$\Rightarrow x_H = -f \quad x'_H = -f'$$

若光学系统位于同一种介质中,即 $n = n'$,则由式(3-9)得 $f = -f'$,所以可得出以下结果:

$$x_H = f' = x_J \quad x'_H = f = x'_J \tag{3-31}$$

因而节点和主点重合。光学系统的物空间和像空间的折射率一般是相同的,因此可利用过节点的共轭光线方向不变这一性质方便地用作图法求像,如图 3-8 所示。

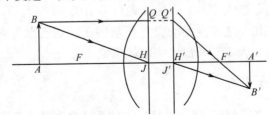

图 3-8 $n = n'$ 时过主点的光线

由于节点在同一介质中具有入射光线和出射光线彼此平行的特性,因此经常用它来测定光学系统的基点位置。如图 3-9(a)所示,一束平行于光轴的光线入射于光学系统,经光学系统后,其出射光线将会聚于像方焦点 F',即其像点 A' 和焦点 F' 重合。由于光学系统通常位于空气中,因此,它们的节点和主点也相重合。若绕通过像方节点 J' 且垂直于纸面的轴线摆动光学系统,摆动的角度如图 3-9(b)中的 θ 所示,则根据节点的性质,过像方节点 J' 的出射光线仍维持原状,即出射光线 $J'A'$ 的位置和方向与图 3-9(a)所示的位置和方向一样,A' 点不因光学系统摆动而变化。假如转轴不通过点 J',则当光学系统转动某一角度时,J' 及 $J'A'$ 光线的位置也将随之改变,因而像点 A' 的位置跟着改变,产生上下摆动。利用这一性质,一边摆动光学系统,同时连续改变转轴位置,并观察像点,当像点不动时,转轴的位置便是像方节点的位置。颠倒光学系统,重复上述操作,便可得到物方节点位置。绝大多数光学系统都放在空气中,所以节点的位置就是主点的位置。

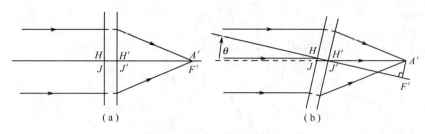

图 3-9 节点位置的测定

3.7 光学系统的图解求像

已知一个理想光学系统的主点和焦点的位置,根据它们的性质,对物空间给定的点、线和面,用图解法可求出其像。这种方法称为图解法求像。

常用的图解法求像方法有如下两种(图 3-10):

(1) 平行于光轴的入射光线,经光学系统折射后的出射光线通过像方焦点 F';
(2) 通过物方焦点 F 的光线,经过光学系统折射后的出射光线平行于光轴。

当光学系统在空气中时,其节点和主点重合,如图 3-11 所示。由轴外物点 B 引一条光线通过主点 H(即节点 J),其共轭光线一定通过后主点 H'(即后节点 J'),且与物方光线 BH 平行。

有时为了作图方便,需要知道任意光线经光学系统折射后的方向,则可根据焦平面性质作图,归结如下:

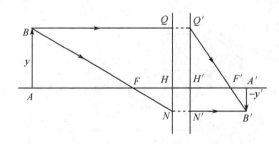
图 3-10 理想光学系统图解求像

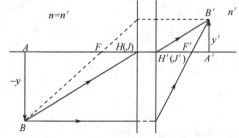
图 3-11 $n=n'$ 时过主点的光线

(1) 入射光线可认为是由轴外无限远物点发出的平行光束(斜光束)中的一条。过前焦点作一条辅助光线与该线平行,即两条光线构成斜平行光束,它们应会聚于像方焦平面上的一点,这一点即为辅助光线经光学系统后出射的光线(平行于光轴)与焦平面的交点。因此可方便地找到所求光线的方向(图 3-12(a))。

(2) 入射光线可认为是由前焦点上一点发出来的光束中的一条。因此,可以从该光线和前焦面的交点引出一条和光轴平行的辅助光线,它经光学系统后应通过后焦点,这条光线的方向即为所求光线的方向,因二者在像方是相互平行的(图 3-12(b))。

图 3-13 所示为几种利用基点、基面的图解求像的情况。

图 3-13(a)为正光组,B 点在物方焦面上,其像 B' 位于像方轴外无限远处,由此图可以看出,若在物方焦面上安置一分划板,其像将位于像方无限远处。在光学测量和光学仪器的装配

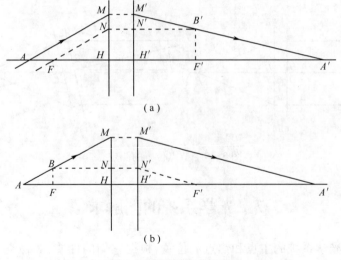

(a)

(b)

图 3-12 图解法求解光线

校正中,常常需要一个无穷远的目标,利用此性质构成的仪器称为平行光管。由图可见,物高 y 和像方平行光束倾斜角 ω' 之间有如下关系:

$$y = f'\tan\omega' \tag{3-32}$$

当平行光管的焦距和 ω' 角给定时,按上式可计算出目标的大小(分划板上物的大小)。

图 3-13(b)为正光组,B 点位于物方轴外无限远处,其像 B' 位于像方焦平面上(和光轴倾斜的平行光束经光组后会聚于像方焦平面上)。由此图得,无限远物体的理想像高为

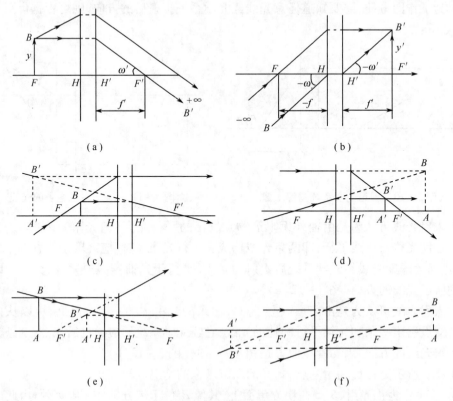

图 3-13 典型图解求像图例

$$y' = f\tan\omega = -f'\tan\omega' \tag{3-33}$$

图 3-13(c)为正光组,实物 AB 经光组后成一放大正立虚像 A'B',与实物在同一侧。这是放大镜使用时的情况。

图 3-13(d)为正光组,是虚物成实像的情况。

图 3-13(e)为负光组,是实物成虚像的情况。

图 3-13(f)为负光组,是虚物成虚像的情况。

用图解法求像简单、直观,便于判断像的位置和虚实,但精度较低。若需要精确地求出像的位置和大小,则需用前面讲过的解析法,即用牛顿公式和高斯公式来进行计算。

3.8 光学系统的光焦度

将公式 $\dfrac{f'}{f} = -\dfrac{n'}{n}$ 代入高斯公式 $\dfrac{f'}{l'} + \dfrac{f}{l} = 1$,整理得

$$\frac{n'}{l'} - \frac{n}{l} = \frac{n'}{f'} = -\frac{n}{f} \tag{3-34}$$

令

$$\Sigma' = \frac{n'}{l'}, \quad \Sigma = \frac{n}{l}$$

$$\Phi = \frac{n'}{f'} = -\frac{n}{f} \tag{3-35}$$

代入式(3-34),则可得

$$\Sigma' - \Sigma = \Phi \tag{3-36}$$

式中:Σ'、Σ 称为光束的会聚度;Φ 则称为光学系统的光焦度。显然,一对共轭点的光束会聚度之差等于光学系统的光焦度。

若 Σ' 或 Σ 为正,则表示光束是会聚的,反之则表示光束是发散的。

Φ 表示光学系统的会聚或发散本领。若 $\Phi > 0$,则光学系统是会聚的,反之则是发散的。

如图 3-14 所示,物方光束 AQR 是自点 A 发出的发散光束,其 Σ 为负。像方光束 A'Q'R' 会聚于点 A',$\Sigma' > 0$ 为正值,具有正光焦度的光学系统 $\Phi = \Sigma' - \Sigma > 0$,其对光束起会聚作用。反之,具有负光焦度的光学系统 $\Phi = \Sigma' - \Sigma < 0$,对光学系统起发散作用。

当光组位于空气中时,式(3-35)可写成

$$\Phi = \frac{1}{f'} = -\frac{1}{f} \tag{3-37}$$

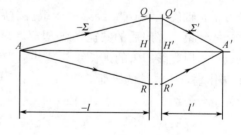

图 3-14 会聚光学系统

由此可见,光焦度是光学系统会聚本领或发散本领的数值表示。光学系统的焦距(绝对值)越大,其会聚(或发散)的本领就越小,反之亦然。

规定在空气中,焦距为 +1m 的光焦度作为光学系统的光焦度的单位,称为折光度(又称为屈光度),单位为 m^{-1}。例如,焦距为 200mm 的光学系统,其光焦度 $\Phi = \dfrac{1}{0.2} = 5$ 折光度;焦距为 -500mm 的光学系统,其光焦度 $\Phi = \dfrac{1}{-0.5} = -2$ 折光度。

3.9 理想光学系统的组合

一个光学系统通常由一个或几个光学部件组成。每个部件可以是一个透镜或几个透镜，这些光学部件常称为光组。

在实际工作中，常常会遇到这样的问题：已知焦距和基点位置的几个光组处于一定位置时，相当于一个怎样的等效系统？或者相反，当用单个光组无法达到某些特殊要求而需用多组来实现时，这个系统应由怎样的几个光组来组成？前一个问题要求求出等效系统的基点和焦距，后一问题要求求出几个光组的焦距和位置。由此看来，研究光组的组合问题是非常必要的。

3.9.1 双光组组合

双光组组合是光组组合中最常遇到的组合，也是最基本的组合。如图 3–15 所示，有两个理想光组，它们的焦距分别为 f_1、f_1' 和 f_2、f_2'，其基点位置如图中所示，两光组间的相对位置由 Δ 给出，Δ 为第一光组的像方焦点 F_1' 和第二光组的物方焦点 F_2 之间的距离，该距离称为系统的光学间隔。其正负号规定如下：若 F_2 在 F_1' 的右方，Δ 为正，反之则为负。图 3–15 中光学间隔为正值。d 为两光组间距离，它等于 $H_1'H_2$。

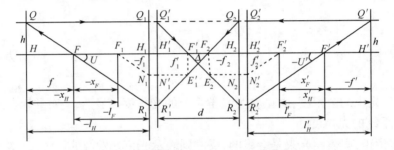

图 3–15 双光组组合

首先，我们用图解法来确定该组合光组（等效光组）的基点和基面位置。在物空间作一条平行于光轴的光线 QQ_1，经第一光组折射后过 F_1' 点继续前进。再利用物方焦平面的特性作出此光线经第二光组后的共轭光线 $R_2'F'$。显然，光线 $R_2'F'$ 与光轴的交点 F' 就是组合光组的像方焦点。入射光线 QQ_1 的延长线与其共轭光线 $R_2'F'$ 的交点 Q' 必位于组合光组的像方主平面上。过 Q' 作垂直于光轴的平面 $Q'H'$ 交光轴于 H' 点。显然，$Q'H'$ 平面为该组合光组的像方主平面，H' 为组合光组的像方主点，线段 $H'F'$ 为组合光组的像方焦距，表示为 f'，图中 $f'<0$。

同理，在像空间作一条平行于光轴的光线 $Q'Q_2'$，自右向左重复上述步骤即可求得等效光组的物方焦点 F 和物方主点 H，QH 平面为该等效光组的物方主平面，线段 HF 为等效光组的物方焦距，用 f 表示，图 3–15 中 $f>0$。

等效光组的像方焦点 F' 和像方主点 H' 的符号以第二光组的像方焦点 F_2' 或像方主点 H_2' 为原点来确定。图中，$x_F' = F_2'F'>0$，$x_H' = F_2'H'>0$；或 $l_F' = H_2'F'>0$，$l_H' = H_2'H'>0$。

同样，等效光组的物方焦点 F 和物方主点 H 的符号以第一光组的物方焦点 F_1 或物方主点 H_1 为原点来确定。图中，$x_F = F_1F<0$，$x_H = F_1H<0$；或 $l_F = H_1F<0$，$l_H = H_1H<0$。

在作了以上分析之后，就可导出等效光组的基点位置和焦距公式。

1. 焦点位置公式

由图 3-15，对第二光组来说，等效光组的像方焦点 F' 和第一光组的像方焦点 F_1' 是一对共轭点。F' 的位置 x_F' 可用牛顿公式求得，即

$$x_F' = -\frac{f_2 f_2'}{\Delta} \tag{3-38}$$

同理，对第一光组来说，等效光组的物方焦点 F 和第二光组的物方焦点 F_2 也是一对共轭点，故有

$$x_F = \frac{f f_1'}{\Delta} \tag{3-39}$$

由于 $l_F' = x_F' + f_2'$，$l_F = x_F + f_1$，所以将式(3-38)和式(3-39)代入，可得相对于主点 H_2' 和 H_1 确定的等效光组焦点位置公式，即

$$\left. \begin{aligned} l'_F &= f_2'\left(1 - \frac{f_2}{\Delta}\right) \\ l_F &= f_1\left(1 + \frac{f_1'}{\Delta}\right) \end{aligned} \right\} \tag{3-40}$$

2. 焦距公式

图 3-15 中，$\triangle Q'H'F' \backsim \triangle N_2'H_2'F_2'$，$\triangle Q_1'H_1'F_1' \backsim \triangle F_1'F_2E_2$，所以有

$$-\frac{f'}{f_2'} = \frac{Q'H'}{H_2'N_2'}, \quad \frac{f_1'}{\Delta} = \frac{Q_1'H_1'}{F_2E_2}$$

由图可知，$Q'H' = Q_1'H_1'$，$H_2'N_2' = F_2E_2$，故得

$$f' = -\frac{f_1'f_2'}{\Delta} \tag{3-41}$$

同理，$\triangle QHF \backsim \triangle F_1H_1N_1$，$\triangle Q_2H_2F_2 \backsim \triangle F_1'E_1'F_2$，所以得

$$-\frac{f}{f_1} = \frac{QH}{H_1N_1}, \quad -\frac{f_2}{\Delta} = \frac{Q_2H_2}{F_1'E_1'}$$

上两式等号右边部分相等，故得

$$f = \frac{f_1 f_2}{\Delta} \tag{3-42}$$

光学间隔 $\Delta = d - f_1' + f_2$，代入式(3-41)，得

$$f' = \frac{f_1' f_2'}{f_1' - f_2 - d} \tag{3-43}$$

如果光组处于同一种介质中，则上式可写成

$$f' = \frac{f_1' f_2'}{f_1' + f_2' - d} \tag{3-44}$$

或者用光焦度表示为

$$\Phi = \Phi_1 + \Phi_2 - d\Phi_1\Phi_2 \tag{3-45}$$

将 $\Delta = d - f_1' + f_2$ 代入式(3-40)，经整理并应用式(3-41)、式(3-42)以后可得

$$\left.\begin{aligned} l'_F &= f'\left(1 - \frac{d}{f'_1}\right) \\ l_F &= f\left(1 + \frac{d}{f_2}\right) \end{aligned}\right\} \quad (3-46)$$

3. 主点位置公式

等效光组的焦点位置确定后,利用焦距公式即可确定相应的主点位置。由图 3-15 很容易看出

$$\left.\begin{aligned} x'_H &= x'_F - f' \\ x_H &= x_F - f \end{aligned}\right\} \quad (3-47)$$

$$\left.\begin{aligned} l'_H &= x'_H + f'_2 = l'_F - f' \\ l_H &= x_H + f_1 = l_F - f \end{aligned}\right\} \quad (3-48)$$

将有关公式代入,整理后得

$$\left.\begin{aligned} x'_H &= \frac{f'_2(f'_1 - f_2)}{\Delta} \\ x_H &= \frac{f_1(f'_1 - f_2)}{\Delta} \end{aligned}\right\} \quad (3-49)$$

$$\left.\begin{aligned} l'_H &= -f'\frac{d}{f'_1} \\ l_H &= f\frac{d}{f_2} \end{aligned}\right\} \quad (3-50)$$

4. 光组的垂轴放大率

由于等效光组依然是一个理想光学系统,因此其垂轴放大率仍为

$$\beta = -\frac{f}{x} = -\frac{x'}{f'}$$

式中:f 和 f' 是等效光组的焦距;$x(x')$ 表示物点 A(像点 A')到等效光组前(后)焦点的距离。由图 3-16 可知,$x = x_1 - x_F = x_1 - \frac{f_1 f'_1}{\Delta}$,将此式与式(3-42)中的 f 一起代入上式,经整理后得

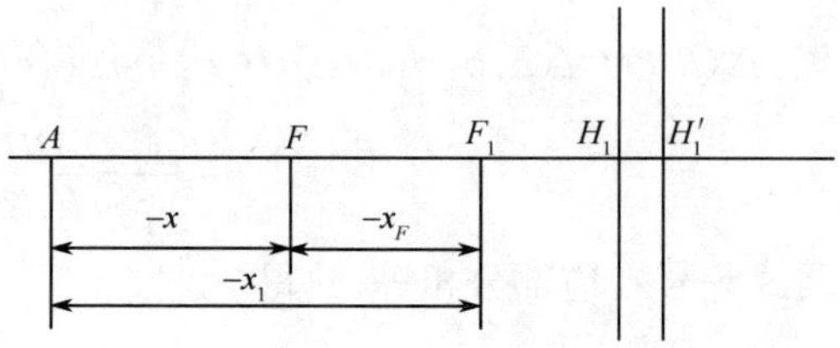

图 3-16 等效光组中物距间的关系

$$\beta = -\frac{f}{x} = \frac{f_1 f_2}{f_1 f'_1 - x_1 \Delta} \quad (3-51)$$

式(3-51)表明,由两个光组组成的光学系统,其垂轴放大率亦可由物点相对于第一光组的物方焦点的距离 x_1 直接求得。至于组合光组的轴向放大率和角放大率,它们与垂轴放大率的关系完全和前面所述相同,这里不再赘述。

3.9.2 多光组组合

多光组的组合若利用上面所介绍的公式,即先对第一和第二光组进行组合,求出其等效光组,再与第三个光组进行组合,直至求出最后的等效光组,这种方法显然较复杂,故多采用其他的方法。下面介绍两种一般方法。

1. 正切计算法

如图 3-17 所示，已知三个光组的基点位置及各光组之间的间隔，作任意一条平行于光轴入射的光线通过三个光组的光路。光线在每一个光组上的入射高度分别为 h_1、h_2、h_3，出射光线与光轴的夹角为 U_3'。由图可知

$$l_F' = \frac{h_3}{\tan U_3'}, \quad f' = \frac{h_1}{\tan U_3'}$$

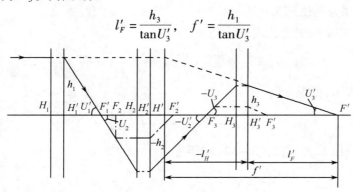

图 3-17 三光组组合

对应 k 个光组组成的系统，应有

$$\left.\begin{aligned} l_F' &= \frac{h_k}{\tan U_k'} \\ f' &= \frac{h_1}{\tan U_k'} \end{aligned}\right\} \tag{3-52}$$

将高斯公式两边乘以 h_1，得

$$\frac{h_1}{l_1'} - \frac{h_1}{l_1} = \frac{h_1}{f_1'}$$

由于 $\frac{h_1}{l_1'} = \tan U_1'$, $\frac{h_1}{l_1} = \tan U_1$，所以有

$$\tan U_1' = \tan U_1 + \frac{h_1}{f_1'}$$

只要给定 $\tan U_1$ 和 h_1，利用上式与过渡公式 $h_2 = h_1 - d_1 \tan U_1'$，便可以将上式逐个运用于各光组，最后求出 $\tan U_k'$ 和 h_k，即

$$\left.\begin{aligned} \tan U_k' &= \tan U_k + \frac{h_k}{f_k'} \\ h_k &= h_{k-1} - d_{k-1}\tan U_{k-1}' \end{aligned}\right\} \tag{3-53}$$

当对多光组组合求基点位置和焦距大小时，应取初值 $\tan U_1 = 0$，$h_1 = f_1'$（为了计算方便），求出的 l_F' 和 f' 是组合系统的像方焦点位置和像方焦距。当求物方焦点位置和物方焦距时，可将整个光学系统倒转，按上述方法计算出结果后，改变正负号即可。该方法称为正切计算法。

2. 截距计算法

将式 (3-52) 改写为

$$f' = \frac{h_1}{\tan U_k'} = \frac{h_1}{\tan U_k'} \frac{\tan U_2}{\tan U_1'} \frac{\tan U_3}{\tan U_2'} \cdots \frac{\tan U_k}{\tan U_{k-1}'}$$

由于 $h_1 = l_1'\tan U_1'$, $l_2 \tan U_2 = h_2 = l_2'\tan U_2'$, $\cdots$, $l_k \tan U_k = h_k = l_k'\tan U_k'$，故

$$f' = \frac{l'_1 l'_2 \cdots l'_k}{l_2 l_3 \cdots l_k} \tag{3-54}$$

当应用高斯公式一次求出每个光组的物距和像距后,便可应用此式求出组合光组的焦距,该方法称为截距计算法。

3. 各光组对组合光组光焦度的贡献

若将式(3-53)中的求角公式进行合并,可得

$$\tan U'_k = \frac{h_1}{f'_1} + \frac{h_2}{f'_2} + \frac{h_3}{f'_3} + \cdots + \frac{h_k}{f'_k} = \sum_{i=1}^{k} \frac{h_i}{f'_i}$$

若以光焦度表示,可得

$$\tan U'_k = h_1 \varphi_1 + h_2 \varphi_2 + \cdots + h_k \varphi_k = \sum_{1}^{k} h\varphi$$

将上式两边除以 h_1,并与式(3-52)对照得

$$\varphi = \frac{\tan U'_k}{h_1} = \varphi_1 + \frac{h_2}{h_1}\varphi_2 + \cdots + \frac{h_k}{h_1}\varphi_k = \frac{1}{h_1}\sum_{1}^{k} h\varphi \tag{3-55}$$

上式表明,各分光组对组合光组总光焦度的贡献,除与本身光焦度大小有关以外,还与该分光组在光路中的位置有关,即高度 h 随位置而异。当光组位置改变时,h 随之改变,进而影响总光焦度 φ,因此,φ 与各光组在系统中的位置有关。

3.10 望远镜系统

前面讨论的是平行于光轴的入射光线,其共轭光线与光轴相交的情况。本节将讨论出射的共轭光线与光轴平行的情况。

使入射的平行光束仍保持平行地出射的光学系统称为望远镜系统。显而易见,这种系统可由两个独立光组组成,其第一光组的像方焦点与第二光组的物方焦点重合,光学间隔 $\Delta = 0$。从上节的公式可知,望远镜系统的焦距为无穷大,焦点和主点位于无穷远。因此,与有限焦距系统相比,望远镜系统的成像特性有其独特之处。为推导其像公式,选用第一光组的物方焦点 F_1 和第二光组的像方焦点 F'_2 作为原点,它们是望远镜系统的一对共轭点。

如图 3-18 所示,物点 A 相对于原点 F_1 的距离为 x_1,A 经系统所成的像 A' 相对于原点 F'_2 的距离为 x'_2。对两个光组分别应用牛顿公式,有

$$x'_1 = \frac{f_1 f'_1}{x_1}, \quad x'_2 = \frac{f_2 f'_2}{x_2}$$

$$\beta_1 = -\frac{x'_1}{f'_1}, \quad \beta_2 = -\frac{f_2}{x_2}$$

考虑到过渡公式中 $\Delta = 0$,又有 $x_2 = x'_1$,可导出

$$x'_2 = \frac{f_2 f'_2}{f_1 f'_1} x_1, \quad \beta = \beta_1 \beta_2 = \frac{f_2}{f'_1}$$

对 $x'_2 = \frac{f_2 f'_2}{f_1 f'_1} x_1$ 进行微分,得到

$$\alpha = \frac{\mathrm{d} x'_2}{\mathrm{d} x_1} = \frac{f_2 f'_2}{f_1 f'_1}$$

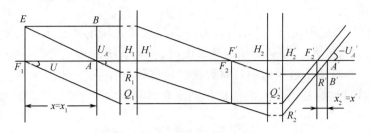

图 3-18 望远镜系统示意图

由图 3-18 可知，直角三角形 $F_1H_1Q_1$ 和 $F_2'H_2'Q_2'$ 中有

$$\tan U' = \frac{H_2'Q_2'}{f_2'}, \quad \tan U = \frac{H_1Q_1}{f_1}$$

而 $H_2'Q_2' = H_1Q_1$，故可得望远镜系统的角放大率为

$$\gamma = \frac{\tan U'}{\tan U} = \frac{f_1}{f_2'}$$

若望远镜系统位于空气中，则 $f_1' = -f_1$，$f_2' = -f_2$，放大率公式可表示为

$$\left.\begin{aligned} \beta &= -\frac{f_2'}{f_1'} \\ \alpha &= \left(\frac{f_2'}{f_1'}\right)^2 \\ \gamma &= -\frac{f_1'}{f_2'} \end{aligned}\right\} \qquad (3-56)$$

由此可见，望远镜系统的各种放大率，仅由组成该系统的两个光组的焦距所决定，是不随物像位置而改变的。这是与有限焦距系统所不同的，但诸放大率之间的关系仍相同。

望远镜系统的放大率为常值，这一性质是极易从图 3-18 得到理解的，但它并不独立用作成像系统，而是供眼睛观察以扩大眼睛对远处物体的洞察能力。从无穷远物体上各点发出并射向望远镜系统的平行光束，经系统后仍为平行光束。正常眼的光学系统正好把这些平行光束会聚于视网膜上，形成无穷远物体的像。

供眼睛观察用的光学系统称为目视光学系统。这种系统的两个光组中，朝向物体的那个称为物镜，和眼睛接近的为目镜。

在一个望远镜系统后再加一个望远镜系统时，仍组成望远镜系统。这种组合可将倒像转成正像。如在望远镜系统后加上一个有限焦距系统，得到的则是一个有限焦距系统。显然，此等效系统的像方焦点就是所加系统的像方焦点，如图 3-19 所示。而可推得其等效焦距为

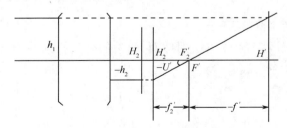

图 3-19 一个望远镜系统与一个有限焦距系统组合

$$f' = \gamma_1 f'_2$$

式中：f'_2 为所加的有限焦距系统的焦距；γ_1 为前面望远镜系统的角放大率。此式表明，一个有限焦距系统之前加角放大率为 γ_1 的望远镜系统时，整个系统的焦距为原系统焦距的 γ_1 倍。这种组合常会遇到，如眼睛通过望远镜观察远物就是这种组合系统，相当于眼睛的焦距被望远镜扩大了 γ_1 倍，也就是远物在网膜上的像比用肉眼观察时放大了 γ_1 倍。

3.11 透镜与薄透镜

组成光学系统的光学零件有透镜、棱镜和反射镜等，其中以透镜用得最多，单透镜可以作为一个最简单的光学系统。

透镜是由两个折射面包围一种透明介质所形成的光学零件。折射面可以是球面和非球面。因为球面加工和检验较简单，所以透镜折射面多为球面。两折射面曲率中心的连线为透镜的光轴，光轴和折射面的交点称为顶点。

透镜中光焦度 φ 为正者称为正透镜（凸透镜）；透镜中光焦度 φ 为负者称为负透镜（凹透镜）。因正透镜对光束起会聚作用，故又称为会聚透镜；相反，负透镜起发散作用，又称为发散透镜。

按形状不同，正透镜又分为双凸、平凸和正弯月形透镜三种；负透镜又分为双凹、平凹和负弯月形透镜三种类型。正透镜的中心厚度大于边缘厚度，而负透镜的边缘厚度大于中心厚度，如图 3-20 所示。

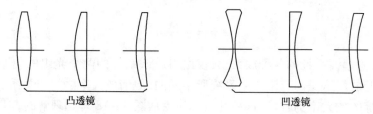

图 3-20 透镜

一个透镜是由两个折射面所组成的，我们可把透镜的两个折射面看作是两个单独的光组，并分别求出其焦距和基点位置，再应用组合光组公式求其焦距和基点位置。因此，首先研究单个折射球面的基点和基面。

3.11.1 单个折射球面的基点和基面

在近轴区，单个折射球面成完善像。在这种情况下，它可以看成理想光学系统，也具有基点和基面。

1. **单个折射球面的主点、主平面**

图 3-21 所示是一个半径为 r 的折射球面，两边的介质折射率为 n 和 n'，对主点、主平面而言，其垂轴放大率 $\beta = +1$，故有

$$\beta = \frac{nl'}{n'l} = 1$$

即

$$nl' = n'l$$

将单个折射球面的物像公式（2-11）两边同乘以 ll'，得

$$n'l - nl' = \frac{n'-n}{r}ll'$$

由于 $\frac{n'-n}{r} \neq 0$,故只有在 $l = l' = 0$ 时,上式才成立。

因此,对单个折射球面而言,物方主点 H、像方主点 H' 和球面顶点 O 相重合,而且物方和像方主平面相切于球面顶点 O,如图 3-21 所示。

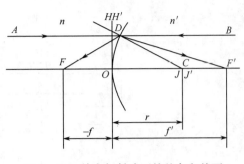

图 3-21 单个折射球面的基点和基面

2. 单个折射球面的焦点、焦平面和焦距

在主点已知的情况下,只要求得单个折射球面的焦距即可确定相应焦点和焦平面的位置。按照定义,物方焦点 F 为无限远像点的共轭点,因此物点位于物方焦点时,其像在无限远。此时,将 $l = f, l' = \infty$。代入式(2-11),可得单个折射球面的物方焦距为

$$f = -\frac{nr}{n'-n} \tag{3-57}$$

同样,对像方焦点,有 $l = -\infty, l' = f'$,那么

$$f' = \frac{n'r}{n'-n} \tag{3-58}$$

当求出 f、f' 后,分别以物方主点和像方主点为原点,即可由 f 和 f' 的大小确定物方焦点 F 和像方焦点 F' 的位置,同时,焦平面的位置亦确定了。

对单个反射球面而言,由于反射可看作是 $n' = -n$ 时的折射,因此由式(3-57)、式(3-58)易于得出

$$f' = f = \frac{r}{2} \tag{3-59}$$

由此可知,反射球面的焦点在球心和球面顶点的中间。

3. 单个折射面的节点

角放大率 $\gamma = +1$ 的一对共轭点即为节点,由此得

$$\gamma = \frac{l}{l'} = 1$$
$$\Rightarrow l = l'$$

代入单个折射球面的物像公式(2-11),得

$$l' = l = r$$

上式表明,单个折射球面的一对节点(J、J')均位于球心 C。由于物方折射率 n 不等于像方折射率 n',因此,单个折射球面的两个焦距大小不等,主点和节点不重合。

3.11.2 透镜的基点和基面

对于一个透镜,可以认为它是两个单折射球面的组合。因此,透镜的基点、基面即可用上节的方法求得。

1. 透镜的焦距公式

如图 3-22 所示,两个折射面的半径为 $r_1(r_1 > 0)$、$r_2(r_2 < 0)$,厚度为 d,透镜玻璃的折射率为 n。

因为透镜位于空气中,故有 $n_1 = 1, n_1' = n_2 = n$ 和 $n_2' = 1$。由式(3-57)和式(3-58)可分

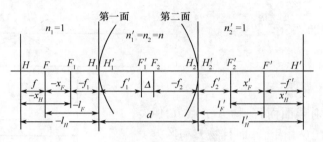

图 3-22 透镜

别求得透镜前后两折射面的焦距为

$$\left.\begin{aligned} f_1 &= -\frac{r_1}{n-1}, \quad f_1' = \frac{nr_1}{n-1} \\ f_2 &= \frac{nr_2}{n-1}, \quad f_2' = -\frac{r_2}{n-1} \end{aligned}\right\} \tag{3-60}$$

透镜的光学间隔为

$$\Delta = d - f_1' + f_2 = \frac{n(r_2 - r_1) + (n-1)d}{n-1} \tag{3-61}$$

将式(3-60)、式(3-61)代入式(3-41),并进行整理,即得透镜的焦距公式:

$$f' = \frac{nr_1 r_2}{(n-1)[n(r_2 - r_1) + (n-1)d]} = -f \tag{3-62}$$

若用光焦度形式来表示,并设 $\rho_1 = \frac{1}{r_1}$, $\rho_2 = \frac{1}{r_2}$,则上式可写成

$$\varphi = \frac{1}{f'} = (n-1)(\rho_1 - \rho_2) + \frac{(n-1)^2}{n} d\rho_1 \rho_2 \tag{3-63}$$

2. 透镜主点、主面和焦点、焦面的位置

将式(3-60)、式(3-61)代入式(3-50)并进行整理,即得透镜主点(面)的位置公式:

$$\left.\begin{aligned} l_H' &= \frac{-dr_2}{n(r_2 - r_1) + (n-1)d} \\ l_H &= \frac{-dr_1}{n(r_2 - r_1) + (n-1)d} \end{aligned}\right\} \tag{3-64}$$

根据式(3-60)和式(3-62),上式可表示为如下更简单的形式:

$$\left.\begin{aligned} l_H' &= -f' \frac{n-1}{nr_1} d = -f' \frac{d}{f_1'} \\ l_H &= -f' \frac{n-1}{nr_2} d = -f' \frac{d}{f_2} \end{aligned}\right\} \tag{3-65}$$

将上式代入式(3-48),并经整理后的焦点位置公式为

$$\left.\begin{aligned} l_F' &= l_H' + f' = f'\left(1 - \frac{n-1}{nr_1}d\right) \\ l_F &= l_H + f = -f'\left(1 - \frac{n-1}{nr_2}d\right) \end{aligned}\right\} \tag{3-66}$$

由于透镜位于同一种介质(空气)中,因此其节点和主点是重合的。

3. 各种透镜基点(基面)位置分析

前面介绍了两大类六种形状的透镜,下面对各种透镜的基点(面)位置进行具体分析。

1) 双凸透镜

这种透镜的 $r_1>0, r_2<0$。由式(3-62)可知，当 r_1、r_2 固定后，随厚度 d 的不同，焦距可正可负。在 $d<\dfrac{n(r_1-r_2)}{n-1}$ 时，$f'>0$，是会聚透镜。由式(3-65)可知，因为 $f'>0, r_1>0, r_2<0$，所以 $l'_H<0, l_H>0$。此时，两主面位于透镜内部，如图 3-23 所示。当增大至 $d=\dfrac{n(r_1-r_2)}{n-1}$ 时，$f'=\infty$，双凸透镜构成望远镜系统。若 $d>\dfrac{n(r_1-r_2)}{n-1}$，此时 $f'<0$，双凸透镜构成发散光组。必须指出，只当 d 和 r_1、r_2 相比很大时，后两种情况才会发生。

2) 平凸透镜

对于平凸透镜，有 $r_1>0, r_2\to\infty$，将式(3-62)右边的分子、分母各除以 r_2，得

$$f'=\dfrac{nr_1}{(n-1)\left[n\left(1-\dfrac{r_1}{r_2}\right)+(n-1)\dfrac{d}{r_2}\right]}$$

当 $r_2\to\infty$ 时，上式可写成

$$f'=\dfrac{r_1}{(n-1)}>0$$

将此式代入式(3-65)，得

$$l'_H=-\dfrac{d}{n}$$

$$l_H=0$$

这就是说，平凸透镜恒为正透镜，其焦距与厚度无关。两个主平面中有一个相切于球面顶点，另一个位于透镜内部，如图 3-24 所示。

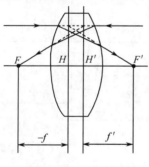

图 3-23 双凸透镜

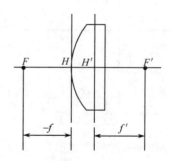

图 3-24 平凸透镜

3) 正弯月形透镜

这种透镜的两个折射面曲率半径同号，如 $r_1>0, r_2>0$（或 $r_1<0, r_2<0$），但凸面半径的绝对值要比凹面半径的绝对值小。这时，由式(3-62)和式(3-65)可知，像方焦距 f' 恒为正值，$l'_H<0, l_H<0$，即物方主面总在凸面之前，像方主面总在凹面之后，在透镜厚度不大时，两主面均位于透镜之外，如图 3-25 所示。

4) 双凹透镜

这种透镜 $r_1<0, r_2>0$，此时，像方焦距 f' 为负值，而 $l'_H<0, l_H>0$，两主面位于透镜内部，如图 3-26 所示。

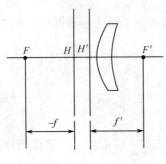
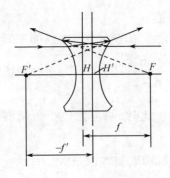

图 3-25　正弯月形透镜　　　　　图 3-26　双凹透镜

5) 平凹透镜

这种透镜 $r_1 \to \infty$，$r_2 > 0$，此时焦距公式变为 $f' = -\dfrac{r_2}{n-1} < 0$，即像方焦距恒为负值。$l'_H = 0$，$l_H = \dfrac{d}{n}$，说明一个主面相切于球面顶点，另一个主面在透镜内部，如图 3-27 所示。

6) 负弯月形透镜

这种透镜的两个折射面曲率半径同号，但凸面半径的绝对值要比凹面半径的绝对值大。与双凸透镜相似，负弯月形透镜的焦距也随厚度的不同可正可负。当 $d < \dfrac{n(r_1 - r_2)}{n-1}$ 时，$f' < 0$，$l'_H > 0$，$l_H > 0$。透镜是发散透镜，两主面在各个折射面的球心方向如图 3-28 所示。当 $d = \dfrac{n(r_1 - r_2)}{n-1}$ 时，$f' = \infty$，为望远镜系统。d 再增大，$f' > 0$，负弯月形透镜变成会聚光组。

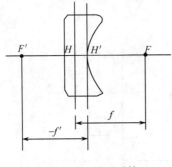
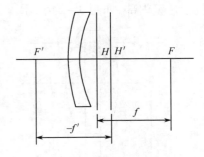

图 3-27　平凹透镜　　　　　图 3-28　负弯月形透镜

实际应用的透镜，其厚度 d 都比较小，因此前三种透镜 f' 恒为正，故称为正透镜（或会聚透镜）；而后三种透镜 f' 恒为负，称为负透镜（或发散透镜）。

3.11.3　薄透镜

透镜厚度为零的透镜称为薄透镜。在实际的光学系统中，若其厚度与其焦距或球面曲率半径相比是一个很小的数值，则这样的透镜也可看作薄透镜。当光组为薄透镜时，由式（3-65）有

$$l'_H = l_H = 0$$

即薄透镜的两个主面和球面顶点相重合。此时，薄透镜的光学性质仅由焦距或光焦度所决定。

由式(3-62)、式(3-63)得薄透镜的焦距和光焦度为

$$\left.\begin{array}{c}f' = -f = \dfrac{1}{\varphi} = \dfrac{r_1 r_2}{(n-1)(r_2 - r_1)} \\ \varphi = (n-1)\left(\dfrac{1}{r_1} - \dfrac{1}{r_2}\right) = (n-1)(\rho_1 - \rho_2)\end{array}\right\} \quad (3-67)$$

薄透镜的组合也可用上节中的各个公式,当两薄透镜相接触时,即 $d=0$,此时,光焦度公式(3-45)可写成

$$\varphi = \varphi_1 + \varphi_2$$

若两薄透镜的间隔为 d,则其总光焦度仍可用式(3-45)表示,即

$$\varphi = \varphi_1 + \varphi_2 - d\varphi_1\varphi_2$$

由于薄透镜的两个主平面相重合,因此可按图3-29那样简单表示。图3-29(a)所示为正透镜,图3-29(b)所示为负透镜。

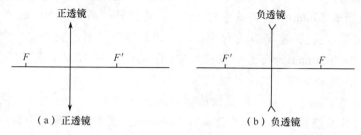

图3-29 透镜的简单表示

薄透镜的概念在像差理论和光学系统外形尺寸计算中有着重要的意义,它可使光学系统的作图和计算大为简化。

3.11.4 实际的光学系统基本量的计算

一个实际的光学系统常常由多个透镜组成。图3-30所示为一个具有 k 个折射面的实际光学系统,其曲率半径 $r_1, r_2, \cdots, r_k$,球面间隔 $d_1, d_2, \cdots, d_{k-1}$,折射率 $n_1, n_1'=n_2, n_2'=n_3, \cdots, n_{k-1}'=n_k, n_k'$ 等均为已知,现需求出整个光组的基点位置和焦距大小。

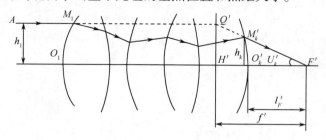

图3-30 具有 k 个面的实际光学系统

对像方各基本量,按焦点的定义可在物方作一任意高度 h_1 并平行于光轴的光线 AM_1,利用式(2-6)和转面公式(2-24)、(2-25)求得此光线经过每一折射面后的像距和像方倾斜角。假设从最后一面出射的光线 $M_k'F'$ 与光轴夹角为 U_k',且交光轴于 F' 点,显然,F' 点就是整个光组的像方焦点,F' 点到最后一面顶点 O_k' 的距离为 l_F'。延长入射光线 AM_1 和出射光线 $M_k'F'$ 相交于 Q' 点,过 Q' 点作垂直于光轴的平面,交光轴于 H' 点。很明显,$Q'H'$ 即是组合光组的像方主

面,$H'F' = f'$是组合光组的像方焦距。由图可以看出

$$f' = \frac{h_1}{\tan U'_k} \tag{3-68}$$

$$l'_F = \frac{h_k}{U'_k} \tag{3-69}$$

对物方各参数,可将整个光组颠倒后进行类似计算求得,在此不再重复。

习 题

3.1 设一焦距为 30mm 的正透镜在空气中,在透镜后面 $1.5f'$、$2f'$、$3f'$ 和 $4f'$ 处分别置一高度为 60mm 的虚物。试用作图法、高斯公式和牛顿公式求其像的位置和大小。

3.2 设一焦距为 50mm 的负透镜在空气中,在其前置一高度为 50mm 的实物于 $4f'$、$3f'$、$2f'$ 和 $1.5f'$ 处。试用作图法、高斯公式和牛顿公式求其像的位置和大小。

3.3 设一焦距为 30mm 的负透镜在空气中,在其后 $0.5f$、$1.5f$、$2.5f$ 和 $3.5f$ 处有一虚物,试用作图法、高斯公式和牛顿公式求其像的位置和大小。

3.4 设一系统在空气中,对物体成像的垂轴放大率 $\beta = 10^\times$,由物面到像面的距离(共轭距离)为 7200mm,该系统两焦点之间的距离为 1140mm。试求物镜的焦距,并给出该系统的基点位置图。

3.5 已知一透镜把物体放大 $\beta = -3^\times$ 并投影到屏幕上,当透镜向物体移动 18mm 时,物体将被放大 $\beta = -4^\times$,试求透镜的焦距。

3.6 一透镜对物体成像为 $\beta = -0.5^\times$,使物向透镜移近 100mm,则得 $\beta = -1^\times$,试求该透镜的焦距。

3.7 一短焦距物镜,其焦距 $f' = 35$mm,筒长 $L = 65$mm,工作距离 $l' = 50$mm,按照最简单的透镜系统考虑,求其结构,并绘出该系统及各光组的基点位置。

3.8 已知一透镜结构为

$$r_1 = -200\text{mm}$$
$$d = 50\text{mm} \quad n = 1.5$$
$$r_2 = -300\text{mm}$$

试求其焦距、光焦度和基点位置。

第4章 平面与平面系统

在许多光学系统中,除透镜外还有平面光学零件(如平面反射镜、棱镜、平行平板和楔镜等),它们在光学系统中的主要作用是改变光路方向,变倒像为正像,缩小仪器的体积等。下面讨论平面光学元件的成像特性。

4.1 平面反射镜

平面反射镜又称平面镜,它是光学系统中唯一能成完善像的光学零件。

4.1.1 单平面镜成像

如图4-1所示,PP为平面反射镜,由物点A发出的光束被平面反射镜反射,其中任意一条光线AO经平面镜PP反射后,沿OB方向射出;另一条光线AP垂直于镜面入射,并沿原路反射,这两条反射光线的反向延长线交于A',点A'即为物点A被平面镜反射所成的像。

根据反射定律$\angle AON = \angle BON$,可得$AP = A'P$,且均垂直于平面镜PP,像点A'对平面镜PP而言和物点对称,因光线AO是任意的,所以由A点发出的同心光束,经平面镜反射后,成为一个以A'点为顶点的同心光束,这就是说,平面镜能对物体成完善像。

比较图4-1和图4-2还可看到,物体经平面镜后,实物成虚像,虚物成实像。

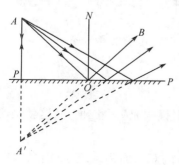
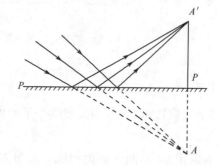

图4-1 平面镜实物成虚像　　　　图4-2 平面镜虚物成实像

不管物和像是虚还是实,对于平面反射镜来说,物和像始终是对称的。假定在平面镜PP的物空间取一左手坐标系$Oxyz$,根据平面镜物像对称的性质,确定它的反射像$O'x'y'z'$是一右手坐标系(图4-3),且大小相等方向相反。单反射镜所成的这种对应关系的反射像,通常称为镜像。凡一次反射或奇次反射像均为镜像;两次或偶次反射时,则成一致像。

平面镜还有一个性质:当保持入射光线的方向不变,而使平面镜转动一个α角,则反射光线将同向转动2α。如图4-4所示,这是因为入射角和反射角同时变化α角。

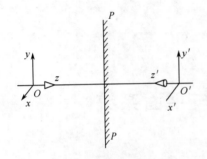 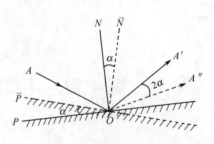

图 4-3　平面镜的镜像　　　　　　　图 4-4　平面镜的旋转

平面反射镜的这一性质可用于测量物体的微小转角或位移。如图 4-5 所示，R 为刻有标尺的分划板，位于物镜 L 的前焦面上，当测杆处于零位时，平面镜处于垂直光轴的状态 M_0，此时从标尺零点即 F 点发出的光束经物镜、平面镜之后，沿原路返回，重新聚焦于 F 点。当测杆被被测物体推移 x 而使平面镜绕支点转动 α 角，此时，平面镜处于状态 M_1，平行光束被反射后将偏移光轴 2α 角，聚焦于标尺的 F' 上。根据几何关系，测杆的位移量 $x = y\tan\alpha$，导致的聚焦点位移量 $FF' = f'\tan 2\alpha$。由于转角很小，有 $\tan\alpha = \alpha$，$\tan 2\alpha = 2\alpha$，因此，该装置的位移放大倍数为

$$M = \frac{FF'}{x} = \frac{2f'}{y}$$

将此放大倍数做到 100 是毫无问题的。若标尺的刻度间隔为 0.1mm，就能测出测杆 1μm 的移动量。

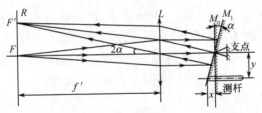

图 4-5　平面镜用于小角度或微小位移的测量

4.1.2　双平面镜

将两个平面反射镜组合在一起，使两个平面反射镜构成一个二面角，这就是通常所说的双平面镜系统。

如图 4-6 所示，Q、R 两平面镜构成一夹角为 α 的双平面镜系统，下面来看物体被两平面镜相继成像一次的情况。任意一条在主截面内传播的光线经双面镜的两个反射面反射后，入射光线与出射光线的夹角为 β，β 角和 α 角有如下关系：

在 $\triangle O_1O_2M$ 中，有

$$2I_1 = 2I_2 + \beta \Rightarrow \beta = 2(I_1 - I_2)$$

在 $\triangle O_1O_2N$ 中，可得

$$I_1 = I_2 + \alpha \Rightarrow \alpha = I_1 - I_2$$

由此得

$$\beta = 2\alpha$$

由此可知,位于主截面的出射光线与入射光线之间的夹角与入射角 I 无关,只取决于反射镜的夹角 α,出射光线的转角永远等于两平面镜间夹角的两倍,其旋转方向则与反射面次序由 Q 转至 R 的方向相同。

根据这一性质,用双平面镜折转光路非常有利,其优点在于,只需加工并调整好双平面镜的夹角,而对双平面镜的安置精度要求不高,不像单个反射镜折转光路时那样调整困难。下面举例说明。

例如在测距机中,要求入射光线经过两端的平面镜反射以后改变 90°,并且要求该角度始终保持稳定不变。如果使用单个平面镜来完成,即使在仪器出厂时平面镜的位置已安装得很准确,但是在使用中由于受到振动或结构的变形,平面镜的位置仍可能有小量的变动。当反射镜的位置变化了 α 时,出射光线就将改变 2α,为了克服这种缺点,通常采用两个平面镜,使它们之间的夹角等于光线转角的一半。只要这两个反射面之间的夹角维持不变,即使位置改变,也不会影响出射光线的方向。最简单可靠的方法是把两个反射镜做在一块玻璃上。如图 4-7 所示,如果我们要求光线的转角为 90°,只要在制造中严格保证两反射面的夹角为 45°,则无论棱镜的位置如何,入射和出射光线之间的夹角永远等于 90°。

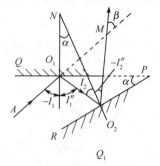

图 4-6 双平面镜成像

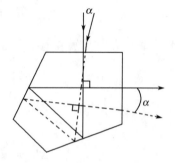

图 4-7 测距机的转像光路

4.2 平行平板

由两个相互平行的折射平面构成的光学零件称为平行平板。平行平板在光学仪器中应用很广,如标尺、分划板、补偿板、滤光镜、保护玻璃等。

图 4-8 所示为一个厚度为 d 的平行平板,设它处于空气中,即两边的折射率都等于 1,平行平板玻璃的折射率为 n。从轴上点 A 发出的与光轴成 U_1 角的光线射向平行平板,经第一面折射后,射向第二面,经折射后沿 EB 方向射出。出射光线的延长线与光轴交于点 A_2',此即为物点 A 经平行平板后的虚像点。光线在第一、第二两面上的入射角和折射角分别为 I_1、I_1' 和 I_2、I_2',按折射定律有

$$\sin I_1 = n\sin I_1'$$
$$n\sin I_2 = \sin I_2'$$

因两折射面平行,所以 $I_2 = I_1'$,$I_2' = I_1$,故 $U_1 =$

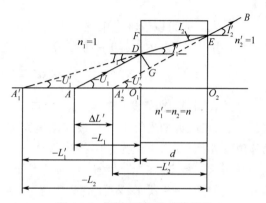

图 4-8 平行平板的成像特性

U_2'，可见出射光线 EB 和入射光线 AD 相互平行。即光线经平行平板折射后方向不变。根据放大率公式，有

$$\gamma = \frac{\tan U_2'}{\tan U_1} = 1, \quad \beta = \frac{1}{\gamma} = 1, \quad \alpha = \beta^2 = 1$$

所以平行平板是个无光焦度的光学元件，不会使物体放大或缩小，总对物体成同等大小的正立像，物与像总在平板的同一侧，两者虚实不一致。

光线经平行平板折射后，虽然方向不变，但要产生位移。由图 4-8 可知

$$DG = DE\sin(I_1 - I_1')$$

$$DE = \frac{d}{\cos I_1'}$$

可得侧向位移或平行位移为

$$DG = \frac{d}{\cos I_1'}\sin(I_1 - I_1')$$

将 $\sin(I_1 - I_1')$ 展开并利用 $\sin I_1 = n\sin I_1'$，得

$$DG = d\sin I_1\left(1 - \frac{\cos I_1}{n\cos I_1'}\right) \tag{4-1}$$

若沿平行平板垂线方向计算位移，得到像点 A_2' 到物点 A 的距离称为轴向位移，以 $\Delta L'$ 表示，有

$$\Delta L' = \frac{DG}{\sin I_1}$$

将式 (4-1) 代入，得

$$\Delta L' = d\left(1 - \frac{\cos I_1}{n\cos I_1'}\right) \tag{4-2}$$

因为 $\frac{\sin I_1}{\sin I_1'} = n$，所以

$$\Delta L' = d\left(1 - \frac{\tan I_1'}{\tan I_1}\right) \tag{4-3}$$

上式表明，$\Delta L'$ 因不同的 I_1 值而不同，即从 A 点发出的具有不同入射角的各条光线经平行平板折射后，具有不同的轴向位移量，这就是说，同心光束经平行平板后，就不再是同心光束，其成像不是完善的。同时可以看出厚度 d 越大，轴向位移越大，其成像的不完善程度也就越大。

如果入射光束以近轴光束通过平行平板，则由于 I_1 角很小，余弦值可近似地等于1，这时轴向位移量用 $\Delta l'$ 表示，式 (4-2) 变为

$$\Delta l' = d\left(1 - \frac{1}{n}\right) \tag{4-4}$$

该式表明，近轴光线的轴向位移只与平行平板厚度 d 及折射率 n 有关，而与入射角 i_1 无关，因此物点以近轴光经平行平板成像是完善的。也就是说，在近轴区内，平行平板成像不管物体位置如何，其像可认为是由物体移动一个轴向位移而得到的。

利用这一特点，在光路计算时，为了方便，可以将平行平板简化为一个等效空气平板。其换算原理如图 4-9 所示，入射光线 PQ 经玻璃平板 $ABCD$ 后，出射光线 HA' 平行于入射光线。过 H 点作光轴的平行线，交 PA 于 G，过 G 作光轴的垂线 EF。将玻璃平板的出射平面及出射

光路 HA' 一起沿光轴平移 $\Delta l'$，则 CD 与 EF 重合。这表明，光线经过玻璃平板的光路与无折射地通过空气层 $ABEF$ 的光路完全一样。这个空气层就称为平行玻璃平板的等效空气平板，其厚度为

$$\bar{d} = d - \Delta l' = \frac{d}{n} \quad (4-5)$$

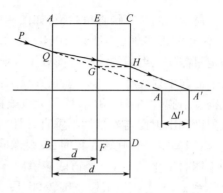

图 4-9 平行平板的等效作用

引入等效空气平板的作用在于，如果光学系统的会聚或发散光路中有平行玻璃平板（包括由反射棱镜展开的平行玻璃平板），则可将其等效为空气平板，这样可以计算出无平行玻璃平板时（即等效空气平板）的像方位置，然后再沿光轴移动一个轴向位移 $\Delta l'$，即可得到有平行玻璃平板时的实际像面位置，即

$$l'_2 = l_1 - d + \Delta l' \quad (4-6)$$

而无需对平行玻璃平板逐面进行计算。因此，在进行光学系统外形尺寸计算时，将平行玻璃平板用等效空气平板取代后，光线无折射地通过等效空气平板，只需考虑平行玻璃平板的出射面或入射面的位置，而不必考虑平行玻璃平板的存在。

4.3 反 射 棱 镜

把两个或多个反射面制作在同一块玻璃上的光学零件称为反射棱镜。当光线在棱镜反射面上的入射角大于临界角时，将发生全反射。这时反射面不需镀反射膜，并且几乎没有能量损失。如果成像光束中有些光线的入射角小于临界角，那么棱镜的这些反射面上仍需要镀反射膜。反射棱镜与平面镜、双平面镜相比较具有反射损失小，不易变形，易于保持两面夹角恒定，在光路中调整、装配和维护方便等优点，在光学仪器中被广泛应用。

光学系统的光轴在棱镜中的部分称为棱镜的光轴，一般为折线，如图 4-10 所示的棱镜将光轴折转了一次。反射棱镜的工作面为两个折射面和若干个反射面，光线从一个折射面入射，从另一个折射面出射。因此，两个折射面分别称为入射面和出射面。大部分反射棱镜的入射面和出射面都与光轴垂直。工作面之间的交线称为棱镜的棱，垂直于棱的平面称为主截面。在光路中，所取主截面与光学系统的光轴重合，因此又称为光轴截面。

反射棱镜的种类繁多，形状各异，下面分别予以介绍。

4.3.1 反射棱镜的分类

反射棱镜有很多类型，通常分为简单棱镜、复合棱镜和屋脊棱镜三类。下面分类进行介绍。

1. 简单棱镜

简单棱镜只有一个主截面，它所有的工作面都与主截面垂直。根据反射面数的不同，又分为一次反射棱镜、二次反射棱镜和三次反射棱镜。

1) 一次反射棱镜

一次反射棱镜具有一个反射面，相当于单块平面镜，对物成镜像，即垂直于主截面的坐标方向不变，位于主截面内的坐标改变方向。

最常用的是等腰直角棱镜,如图 4-10(a)所示,光线从一直角面入射,从另一直角面出射,使光轴折转 90°。图 4-10(b)所示的等腰棱镜可以使光轴折转任意角度。反射面角度的确定只需使反射面的法线方向处于入射光轴与出射光轴夹角的平分线上即可。这两种棱镜的入射面与出射面都与光轴垂直,在反射面上的入射角大于临界角,能够发生全反射,反射面上无需反射膜。图 4-10(c)所示为道威棱镜,它是由直角棱镜去掉多余的直角部分而成的,其入射面和出射面与光轴均不垂直,但出射光轴与入射光轴方向不变。道威棱镜的重要特性之一是:当其绕光轴旋转 α 角时,反射像同方向旋转 2α 角,正如平面镜旋转那样。图 4-10(c)中上图右手坐标系 xyz 经道威棱镜后,x 坐标由向上变为向下,y 坐标方向不变,从而形成左手坐标系 $x'y'z'$。当道威棱镜旋转 90°后,x 坐标方向不变,y 坐标由垂直纸面向外变为垂直纸面向里,如图 4-10(c)所示。这时的像相对于旋转前的像转了 180°。由于道威棱镜的入射面和出射面与光轴不垂直,所以道威棱镜只能用于平行光路中。

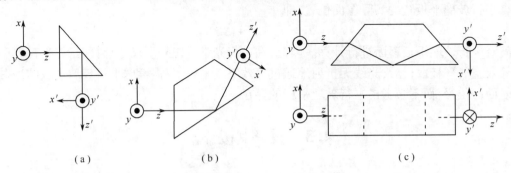

图 4-10 一次反射棱镜

2) 二次反射棱镜

二次反射棱镜有两个反射面,相当于双平面镜系统,在这类反射棱镜中,光线经二反射面依次反射后,反射光线相对于入射光线偏转的角度为二反射面夹角 α 的两倍,因此,其出射光线与入射光线的夹角取决于反射面的夹角。由于是偶次反射,像与物一致,因此不存在镜像。

图 4-11 绘出了几种常用的二次反射棱镜,其中(a)为半五角棱镜,(b)是 30°直角棱镜,(c)是五角棱镜,(d)是二次反射直角棱镜,(e)是斜方棱镜。五种棱镜两反射面的夹角分别为 22.5°、30°、45°、90° 和 180°,对应出射光线与入射光线的夹角分别为 45°、60°、90°、180° 和 360°。半五角棱镜和 30°直角棱镜多用于显微镜观察系统,使垂直向上的光轴折转为便于观察的方向。五角棱镜取代一次反射的直角棱镜或平面镜,使光轴折转 90°,而不产生镜像,且装调方便。二次反射直角棱镜多用于转像系统中,或构成复合棱镜。斜方棱镜可以使光轴平

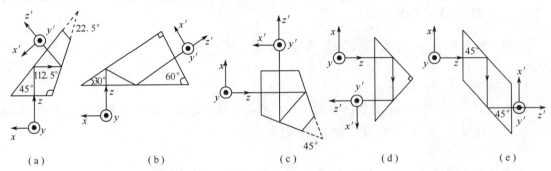

图 4-11 常用二次反射棱镜

移,多用于双目观察的仪器(如双目望远镜)中,以调节两目镜的中心距离,满足不同眼距(双眼中心距离)人眼的观察需要。

3) 三次反射棱镜

三次反射棱镜最常用的有斯密特棱镜,如图4-12所示,出射光线与入射光线的夹角为45°,奇次反射成镜像。其特点是由于光线在棱镜中的光路很长,可折叠光路,因此使仪器结构紧凑。

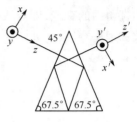

图4-12 三次反射棱镜

2. 复合棱镜

复合棱镜是为了达到一定的功能要求,把两块或几块棱镜组合成的棱镜组。下面介绍几种常用的复合棱镜。

1) 分光棱镜

图4-13所示为一分光棱镜。两块直角棱镜胶合在一起,中间有一半反半透的析光膜,可以将一束光分成光强相等或光强呈一定比例的两束光,且这两束光在棱镜中的光程相等,在两个方向成像。这种分光棱镜具有广泛的应用。

2) 分色棱镜

图4-14所示为一分色棱镜。白光经过分色棱镜后被分解为红、绿、蓝三束单色光。其中,a面镀反蓝透绿介质膜,b面镀反红透绿介质膜。分色棱镜主要用于彩色电视摄像机的光学系统中。

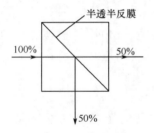

图4-13 分光棱镜

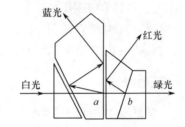

图4-14 分色棱镜

3) 转像棱镜

图4-15所示为三种转像棱镜,其中(a)为普罗Ⅰ型转像棱镜,(b)为普罗Ⅱ型转像棱镜,(c)为别汉棱镜。转像棱镜的主要特点是出射光轴与入射光轴平行,实现完全倒像,并能在棱镜中折转很长的光路,可用于望远镜的光学系统中实现倒像。

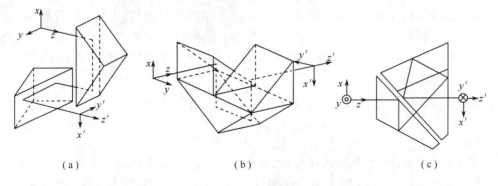

图4-15 转像棱镜

3. 屋脊棱镜

所谓屋脊棱镜,就是把普通棱镜的一个反射面用两个互成直角的反射面来代替的棱镜。两直角面的交线,即棱线,平行于原反射面,且在主截面上。它犹如在反射面上盖上一个屋脊,故称为屋脊棱镜,如图4-16(b)所示。等腰直角棱镜如图4-16(a)所示。

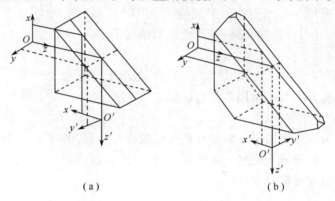

图4-16 直角屋脊棱镜

屋脊棱镜除了能保持与原有棱镜相同的光轴走向外,还能使垂直于主截面的 Oy 轴发生倒转。因此上述的奇次反射棱镜,用屋脊面代替其中的一个反射面后,就成了偶次反射的屋脊棱镜,可以单独作为倒像棱镜来用。

常用的屋脊棱镜有直角屋脊棱镜、半五角屋脊棱镜、五角屋脊棱镜、斯密特屋脊棱镜等。将图4-12中的斯密特棱镜底面换成屋脊面,就形成斯密特屋脊棱镜。

4.3.2 反射棱镜的展开

反射棱镜在光学系统中相当于一块平行平板。在几何光学中,我们习惯于沿直线计算光路,因此,常将反射棱镜折转的光路拉直,这种拉直的方法称为棱镜的展开。棱镜展开的方法是按其入射光线反射的顺序,以反射面为镜面,求其对称像并依次画出反射棱镜的展开图。反射棱镜展开后,入射面和出射面相互平行,相当于平行平板。平行平板玻璃板的厚度就是反射棱镜的展开长度,或光轴长度。

反射棱镜对入射光线产生的轴向位移以及成像缺陷和展开的等效平板是相当的。因此,在光路中加入反射棱镜会有轴向位移和侧向位移,使像面位置改变并会引入像差。

下面举例说明棱镜的展开。图4-17所示为一五角棱镜。把其主截面按反射面顺序经两次翻转180°后,即可得等效平行平板。由于两反射面间夹角 $\theta = 45°$,因此入射光线和出射光线间夹角为90°。设其口径为 D,$AB = AE = D$,不难求出与五角棱镜等效的平行平板厚度为

$$L = (2 + \sqrt{2})D$$

若棱镜展开后厚度为 L,棱镜通光口径为 D,则

$$K = \frac{L}{D}$$

式中:K 称为棱镜的结构常数,它取决于棱镜的结构形式,而与棱镜的大小无关。

再举一个例子,图4-18所示为一靴形棱镜,按反射顺序,把其主截面翻转180°两次,展开后不是平行平板,为了使其具有全反射棱镜的作用,故加一块"补偿棱镜"EFG,构成平行平板。为了使主棱镜发生全反射,使其和补偿棱镜之间有一小空气间隙。设棱镜的口径 $AB =$

D,由图可求得其等效平板的厚度为

$$L = AC + FG = D\tan 60° + D\tan 30° = \frac{4}{3}\sqrt{3}D$$

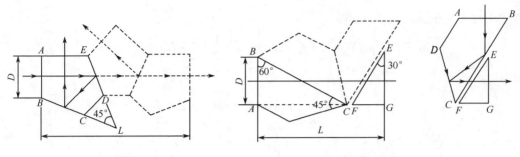

图 4-17　五角棱镜的展开　　　　图 4-18　靴形棱镜的展开

4.3.3　反射棱镜成像方向的判定

反射棱镜的主要作用是改变光轴和成像的方向。假设物空间是左手坐标系 $Oxyz$,与其相对应的像空间坐标系 $O'x'y'z'$ 的方向,可由以下原则判定:

(1) $O'z'$ 轴和光轴出射方向一致。

(2) $O'y'$ 轴的方向(与光轴截面垂直的方向)视棱镜组中屋脊面的个数而定。没有或偶数个屋脊面,$O'y'$ 与 Oy 同向;奇数个屋脊面,$O'y'$ 与 Oy 反向。

(3) $O'x'$ 轴方向视棱镜组中反射次数(屋脊面算二次反射)而定。奇数次反射,$O'x'$ 方向按右手坐标来定;偶数次反射,则按左手坐标来定。

有些棱镜不止一个光轴截面,如图 4-15(a)所示普罗 Ⅰ 型棱镜有两个光轴截面,图 4-15(b)所示普罗 Ⅱ 型棱镜有三个光轴截面,这两种棱镜都有偶数个反射面,故物为左手坐标系时,像亦为左手坐标系,且使像相对物倒转过来,这种棱镜多用于光学系统中改变像的方向。

以上讨论的转像原则只是对棱镜组而言的。光学系统是由透镜和棱镜组成的,其像的倒正要根据透镜的成像特性和上述转像原则共同确定。

4.4　折射棱镜

除反射棱镜以外,还有一类用作折射元件的折射棱镜。折射棱镜的工作面是两个折射面。两折射面的交线称为折射棱,两折射面间的二面角称为折射棱镜的折射角,用 α 表示。同样,垂直于折射棱的平面称为折射棱镜的主截面。

图 4-19 所示为一折射棱镜的主截面,设棱镜位于空气中,其折射率为 n,顶角为 α,入射角为 I_1,折射光线相对于入射光线的偏向角为 δ。

由图,有

$$\alpha = I'_1 - I_2$$
$$\delta = I_1 - I'_1 + I_2 - I'_2 \qquad (4-7)$$

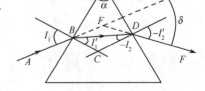

图 4-19　折射棱镜的工作原理

两式相加,有

$$\alpha + \delta = I_1 - I'_2 \qquad (4-8)$$

又由折射定律,有
$$\sin I_1 = n\sin I_1'$$
$$\sin I_2' = n\sin I_2 \tag{4-9}$$

上两式相减并化积,得
$$\sin \frac{1}{2}(I_1 - I_2')\cos \frac{1}{2}(I_1 + I_2') = n\sin \frac{1}{2}(I_1' - I_2)\cos(I_1' + I_2)$$

则有
$$\sin \frac{1}{2}(\alpha + \delta) = \frac{n\sin \frac{1}{2}\alpha\cos \frac{1}{2}(I_1' + I_2)}{\cos \frac{1}{2}(I_1 + I_2')} \tag{4-10}$$

由上式可见,光线经棱镜后产生的偏向角 δ 是棱镜顶角 α 和折射率 n 的函数,并与入射角 I_1 有关。对于给定的棱镜,α 和 n 是定值。于是,折射棱镜的偏向角 δ 只随光线的入射角 I_1 而变化。

将式(4-8)两边对 I_1 微分,得
$$\frac{d\delta}{dI_1} = 1 - \frac{dI_2'}{dI_1} \tag{4-11}$$

再对式(4-9)的两边分别微分,得
$$\cos I_1 dI_1 = n\cos I_1' dI_1'$$
$$\cos I_2' dI_2' = n\cos I_2 dI_2 \tag{4-12}$$

对式(4-7)微分,得 $dI_1' = dI_2$,代入式(4-12),并将两式相除,得
$$\frac{dI_2'}{dI_1} = \frac{\cos I_1 \cos I_2}{\cos I_1' \cos I_2'} \tag{4-13}$$

令 $\frac{d\delta}{dI_1} = 0$,由式(4-11)得 $\frac{dI_2'}{dI_1} = 1$。代入上式,得折射棱镜偏向角取得极值时必须满足的条件为
$$\frac{\cos I_1}{\cos I_1'} = \frac{\cos I_2'}{\cos I_2} \tag{4-14}$$

由式(4-9)得
$$\frac{\sin I_1}{\sin I_1'} = \frac{\sin I_2'}{\sin I_2} = n \tag{4-15}$$

欲使式(4-14)和式(4-15)两式成立,必须满足
$$I_1 = -I_2', I_1' = -I_2 \tag{4-16}$$

也就是说,只有当光线的光路对称于棱镜时,δ 才为极值 δ_m。

可以证明,$\frac{d\delta}{dI_1} = 0$ 时,$\frac{d^2\delta}{dI_1^2} > 0$,所以 δ_m 为极小值。将式(4-16)代入式(4-10),得到折射棱镜最小偏向角的表达式为
$$\sin \frac{1}{2}(\alpha + \delta_m) = n\sin \frac{\alpha}{2} \Rightarrow n = \frac{\sin \frac{1}{2}(\alpha + \delta_m)}{\sin \frac{\alpha}{2}} \tag{4-17}$$

式中:δ_m 为最小偏向角。

光学上常用测量折射棱镜最小偏向角的方法来测量玻璃的折射率。具体做法为:将被测玻璃做成棱镜,顶角 α 取 60°左右,然后用测角仪测出 α 角的精确值。当测得最小偏向角 δ_m 后,即可用式(4-17)求得被测棱镜的折射率 n。

4.5 光 楔

当折射棱镜两折射面间的夹角 α 很小时,这种折射棱镜称为光楔,如图4-20所示。

因为折射角 α 很小,偏向角公式(4-10)可以大大地简化。当 I_1 为有限大小时,因 α 很小,光楔可近似地看作平行平板,于是有 $I_1' \approx I_2$, $I_2' = I_1$, 代入式(4-10)得

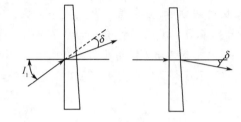

$$\sin\frac{1}{2}(\alpha+\delta) = \frac{n\sin\frac{1}{2}\alpha\cos I_1'}{\cos I_1}$$

图4-20 光楔

当 α 很小时,δ 也很小,所以上式的正弦值可以近似地用弧度来代替,解出

$$\delta = \left(n\frac{\cos I_1'}{\cos I_1} - 1\right)\alpha \tag{4-18}$$

当 I_1 和 I_1' 很小时,上式可写成

$$\delta = (n-1)\alpha \tag{4-19}$$

上式表明,当光线垂直或近于垂直射入光楔时,其所产生的偏向角 δ 仅取决于光楔的折射率 n 和两折射面间的夹角 α。

在光学仪器中,光楔应用很多。最常用的是将两块相同光楔组合在一起相对转动,用以产生不同的偏向角。如图4-21所示,双光楔折射角均为 α,中间有一微小空气间隙,使相邻工作面平行,并可绕光轴相对转动。图4-21(a)的情况表示两光楔主截面平行,两楔角朝向一方,将产生最大的总偏向角;图4-21(b)的情况是两光楔相对转动180°,两主截面仍然平行,但楔角的方向相反,这时相当于一个平行平板,偏向角 δ 为零;图4-21(c)表示光楔相对转动360°,产生与图4-21(a)情况相反的最大偏向角。

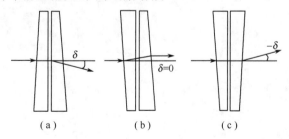

图4-21 双光楔测量微小角度

当两主截面不平行,即两光楔相对转动了任意角度 φ 时,组合光楔的总偏向角为

$$\delta = 2(n-1)\alpha\cos\frac{\varphi}{2}$$

这种双光楔可以把光线的小偏角转化成两个光楔的相对转角,因此在光学仪器中常用它来补

偿或测量光线的小角度偏差。

习 题

4.1 人通过平面镜看到自己的全身,问平面镜长度至少为多少?

4.2 一焦距为 1000mm 的透镜,在其焦点处有一发光点,物镜前置一平面反射镜把光束反射回物镜,且在焦平面上成一点像,它和原发光点的距离为 1mm,问平面的倾角是多少?

4.3 棱镜折射角 $\alpha = 60°7'40''$,c 光的最小偏向角 $\delta = 45°28'18''$,试求制造该棱镜光学材料的折射率 n_c(保留 4 位有效数字)。

4.4 试判断图 4-22 中棱镜系统的转像情况。设输入右手坐标系,则输出后的方向如何确定?

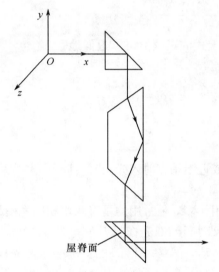

图 4-22 题 4.4 图

第 5 章　光学系统中的光束限制

实际的光学系统成像,除应满足前述的物像共轭位置关系和成像放大率的要求外,还应有两个要求:第一,有一定的成像范围;第二,在像面上有一定的光能量和反映物体细节的能力(即分辨率,由衍射理论知其和光束的孔径成正比)。因此,在进行光学设计时,应按照系统的用途、要求和成像范围,对通过光学系统的成像光束提出合理的要求,这实际上就是光学系统中的光束限制问题。

5.1　光阑及其作用

在光学系统中,把可以限制光束的透镜边框,或专门设计的一些带孔的金属薄片,统称为光阑。光阑的内孔边缘就是限制光束的光孔,这个光孔对光学零件来说称为通光孔径。光阑可以是圆形的、长方形或正方形的,其形状取决于用途。但光阑的通光孔大多数情况下为圆形,其中心与光轴重合,光阑平面与光轴垂直。

实际光学系统中的光阑,按其作用可分为以下几种:

1. 孔径光阑

它是限制轴上物点成像光束立体角的光阑。如果在过光轴的平面上来考察,这种光阑决定轴上点发出的平面光束的孔径角。孔径光阑有时也称为有效光阑。在任何光学系统中,孔径光阑都是存在的。

孔径光阑的位置在有些光学系统中是有特定要求的。如目视光学系统光阑或者光阑的像一定要在光学系统的外边,以使眼睛的瞳孔可以与之重合,达到良好的观察效果。又如在光学计量仪器中为了达到精确的测量,光阑常放在物镜的焦平面上,以达到精确测量的目的。除此之外,光学系统中的光阑位置是可以任意选择的,但合理地选取光阑位置可以改善轴外点的成像质量。因为对于轴外点发出的宽光束而言,选择不同的光阑位置,就等于在该光束中选择不同部分的光束参与成像,也就是在不改变轴上点光束的前提下,即可选择成像质量较好的那部分光束,而把成像质量较差的光束拦掉。

如图 5-1 所示,当光阑在位置 1 时,轴外点 B 以光束 BM_1N_1 成像,而光阑在位置 2 时,即以光束 BM_2N_2 成像,这样可以把成像质量较差的那部分光束拦掉。必须指出,光阑位置改变时,应相应地改变其直径以保证轴上点的光束的孔径角不变。此外,合理地选取光阑的位置,在保证成像质量的前提下,可以使整个光学系统的横向尺寸减小,结构均匀对称。由上图可以看出,光阑在位置 2 时所需的透镜孔径比在位置 1 时所需的孔径要小。

作为目视观察用的光学系统,如放大镜、望远镜等系统,一定要把眼睛的瞳孔作为整个系统的一个光阑来考虑。

2. 视场光阑

视场光阑是限制物平面或物空间中最大成像范围的光阑。它的位置是固定的,总是设在系统的实像平面或中间实像面上。如照相机中的底片框就是视场光阑。视场光阑的形状是根据光学系统的用途确定的。若系统没有这种实像平面,则不存在视场光阑。

3. 渐晕光阑

这种光阑以减小轴外像差为目的,使物空间轴外发出的、本来能通过上述两种光孔的成像光束只能部分通过。

如图 5-2 所示,透镜框 Q_1Q_2 作为孔径光阑,限制轴上点 A 发出的光束,即点 A 以充满孔径光阑的光束成像。设在孔径光阑之前有光阑 M_1M_2,对轴上点光束没有任何限制,但对由轴外点 B 发出的充满孔径光阑的光束有限制作用,如图上阴影部分就是被光阑 M_1M_2 拦掉的部分光束。轴外光束拦截的现象称为"渐晕",产生渐晕的光阑称为渐晕光阑。渐晕光阑一般为透镜框。

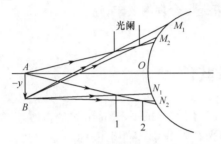

图 5-1 光阑对光束的限制

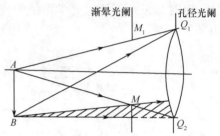

图 5-2 渐晕光阑

在一些光学系统(如照相系统)中,一般允许有一定的渐晕存在,使轴外点以窄于轴上点的光束成像,即把成像质量较差的那部分光束拦掉,可适当提高成像质量。但由于渐晕的存在,像平面上轴外点的光照度低于轴上点的光照度。允许渐晕存在还可使光学系统的外形尺寸有所减小。

4. 消杂光光阑

这种光阑不限制通过光学系统的成像光束,只限制那些从视场外射入系统的光。光学系统各折射面反射的光和仪器内壁反射的光等都称为杂光。利用消杂光光阑可以拦掉一部分杂光。杂光进入光学系统,将使像面产生明亮背景,使像的衬度降低,这是非常有害的。

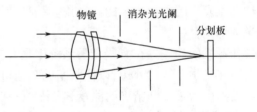

图 5-3 消杂光光阑

一些重要的光学系统,如天文望远镜、长焦距平行光管等,均安置有消杂光光阑,这种光阑在一个光学系统中可以有几个,如图 5-3 所示。而在一般光学系统中,常把镜管内壁加工成细螺纹,并涂以无光黑漆用来吸收杂光。

5.2 孔径光阑、入射光瞳和出射光瞳

光学零件的直径是有一定大小的,不可能让任意大的光束通过,而实际光学系统总是对一定大小的光束成像,因此必有一个光孔(可能是某一透镜框,也可能是专门设置的光阑)限制着光束的大小。

孔径光阑通过它前面的光学系统所成的像称为入射光瞳,简称入瞳;孔径光阑经由它后面光学系统所成的像称为出射光瞳,简称出瞳。显然,入射光瞳、孔径光阑、出射光瞳三

者是相互共轭的。对整个光学系统来说,出射光瞳也是入射光瞳的像。图5-4表示了在由 k 个折射面组成的共轴球面系统中,入射光瞳、出射光瞳和孔径光阑三者的共轭关系。根据共轭原理,由轴上 A 点发出的光束首先被入射光瞳限制,然后充满整个孔径光阑,最后从出射光瞳边缘出射会聚到像点 A'。由轴外一物点发出,并通过孔径光阑中心的光线称为主光线。显然,任意一条主光线,必定通过与孔径光阑相共轭的入瞳和出瞳的中心。

在实际光学系统中孔径光阑未知的情况下,寻求孔径光阑的方法步骤可归纳如下:首先将光学系统中所有光孔,经其前面的光学系统成像到整个系统的物空间;然后比较这些像的边缘对轴上物点张角的大小,其中张角最小者即为入射光瞳,与入射光瞳共轭的实际光阑即为孔径光阑。用类似的方法,也可将所有光孔,经其后面的光学系统成像到整个系统的像空间,然后比较这些像的边缘对轴上的像点张角的大小,其中张角最小者即为出射光瞳,与出射光瞳共轭的实际光阑即为孔径光阑。

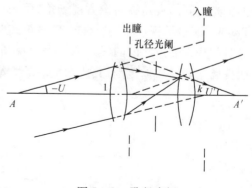

图5-4 孔径光阑

作为一种特殊情况,如果物体或像在无限远,则入射光瞳或出射光瞳就是光阑在物空间或像空间具有最小直径的像;进入光学系统或出自系统的光束即由此两光瞳的直径确定。

必须指出,光学系统中的孔径光阑只是对一定的物体位置而言的。如果物体位置发生了变化,原来的孔径光阑可能会失去限制光束的作用,成像光束将被其他光孔所限制。

入瞳的大小是由光学系统对成像光能量的要求或者对物体细节的分辨能力(分辨率)的要求来确定的。如望远物镜和摄影物镜常以相对孔径来表示,相对孔径为入瞳直径和焦距的比值 $\dfrac{D}{f'}$,它是光学系统的一个重要性能指标。对于照相机,常以另一个术语,即光阑指数(F 数,俗称光圈)来表示,它是相对孔径的倒数。而显微物镜则常用数值孔径 $NA = n\sin U$ 表示,其中 U 为物方孔径角, n 为物方空间的介质折射率。

以上只是对已有的光学系统就如何寻找孔径光阑以及相关问题进行的分析和讨论。对于一个实际的光学系统,孔径光阑究竟该如何设置,是一个需在设计阶段解决的问题。一般而言,孔径光阑的位置是根据是否有利于缩小光学系统的外形尺寸、镜头结构设计、使用方便,尤其是是否有利于改善轴外点成像质量等因素来考虑的。它的大小则由轴上点所要求的孔径角的边缘光线在光阑面上的高度来决定的。最后,按所确定的视场边缘点的成像光束和轴上点的边缘光线无阻拦地通过的原则,来确定光学系统中各个透镜和其他光学零件的通光直径。可见,孔径光阑位置不同,会引起轴外光束的变化和系统各透镜通光直径的变化,而对轴上点光束却无影响。因此,孔径光阑的意义,实质上是由轴外光束所决定的。

5.3 视场光阑、入射窗和出射窗

任何光学系统,根据它的用途和要求,总需要对一定大小的物平面和空间范围成清晰的像。限制系统能够成清晰像范围的光阑称为视场光阑。

视场光阑经其前面的光学系统成的像称为入射窗,简称入窗;视场光阑经它后面的光学系统所成的像称为出射窗,简称出窗。显然,入射窗、视场光阑、出射窗三者是互相共轭的,对整个系统来说,出射窗也就是入射窗的像。

实际光学系统中,孔径光阑和视场光阑是同时存在的,如图 5-5 所示。由入瞳中心至入射窗直径边缘所引连线的夹角,或者说,过入射窗边缘两点的主光线间的夹角称为物方视场角,用 2ω 表示;同样,由出瞳中心至出射窗直径边缘所引连线的夹角,也就是过出射窗边缘两点的主光线间的夹角称为像方视场角,用 $2\omega'$ 表示。当物体在无限远时,习惯用前面定义的角度 2ω 或 $2\omega'$ 表示视场。当物体在有限距离时,习惯用入瞳(或出瞳)中心与入窗(或出窗)边缘连线和物面交点之间的线距离来表示视场,称线视场 $2y$(或 $2y'$)。所以,无论是用角视场还是线视场来表示成像范围,其成像范围的大小均由入射窗或出射窗的大小决定。

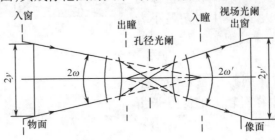

图 5-5 视场光阑

根据上面的讨论可以得到在众多光阑中确定视场光阑的方法:首先将光学系统中的所有光孔经其前面(或后面)的光学系统成像在整个系统的物空间(或像空间),然后,从系统的入瞳(或出瞳)中心分别向物空间(或像空间)所有的光阑像的边缘作连线,其中张角最小的光阑像为入射窗(或出射窗),与其共轭的实际光阑即为视场光阑。

由入射窗(或出射窗)所决定的成像范围仅适用于入瞳(或出瞳)很小的情况。但实际光学系统的入瞳和出瞳均有一定的大小,有时甚至还很大,这时,光学系统的视场并不完全由主光线和入射窗(或出射窗)决定,还与入瞳(或出瞳)有关。下面讨论入瞳有一定大小时,物面上各点发出的光束被入射窗与入瞳联合限制的情况。为了便于说明问题,如图 5-6 所示,略去光学系统其他光孔,仅画出物平面、入瞳平面和入射窗平面,来分析物空间的光束限制情况。当入瞳为无限小时,物面上能成像的范围应该是由入射光瞳中心与入射窗边缘连线所决定的 AB_2 区域。但是当入射光瞳有一定大小时,B_2 点以外的一些点,虽然其主光线不能通过入射窗,但光束中还有主光线以上的一小部分光线可以通过入射窗,被系统成像,因而成像范围是扩大了,图中 B_3 点才是能被系统成像的最边缘点,因由 B_3 点发出的充满入射光瞳的光束中只有最上面的一条光线能通过入射窗。

在物面上按其成像光束孔径角的不同可分为三个区域:

第一个区域是以 B_1A 为半径的圆形区。其中每个点均以充满入射光瞳的全部光束成像,此区域的边缘点 B_1 由入射光瞳下边缘点 P_2 和入射窗下边缘点 M_2 的连线所确定。在入射光瞳平面上的成像光束截面如图 5-6(a)所示。

第二个区域是以 B_1B_2 绕光轴旋转一周所形成的环形区域。在此区域内,每一点已不能用充满入射光瞳的光束成像,在含轴面内看光束,由 B_1 点到 B_2 点,能通过入射光瞳的光束由 100% 到 50% 渐变,这就是轴外点渐晕。这个区域的边缘点 B_2 由入射光瞳中心 P 和入射窗下边缘 M_2 的连线确定。这个区域的物点发出的光束在入射光瞳面上的截面如图 5-6(b)所示。

第三个区域是以 B_2B_3 绕光轴旋转一周所得的环形区域。在此区域内各点能通过入射光

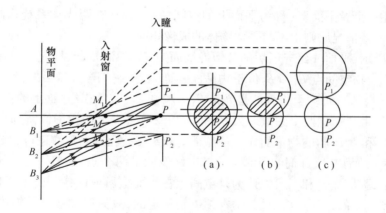

图 5-6 渐晕的形成

瞳的光进一步变少,在含轴面内看光束,当由 B_2 点到 B_3 点时,光束由 50% 渐变到零,渐晕更严重。B_3 点是可见视场最边缘点,它由入射光瞳上边缘点 P_1 和入射窗下边缘点 M_2 的连线所决定。这个区域的物点发出的光束在入射光瞳面上的截面如图 5-6(c)所示。

由于光束是光能量的载体,能进入系统成像的光束越多,表示携带的光能量越多。因此,物面上第一个区域所成的像最亮而且均匀。从第二个区域开始,像逐渐变暗,一直到全暗。这样一种由于轴外物点发出的光束被阻挡而使像面上光能量由中心向边缘逐渐减弱的现象就称为渐晕。渐晕用渐晕系数 k 来表示,即

$$k = \frac{D_\omega}{D} \times 100\% \qquad (5-1)$$

式中:D_ω 为含轴面(子午面)内轴外光束在入瞳平面上垂直于光轴方向的宽度;D 为入瞳直径。

对于具有一定大小入射光瞳的光学系统,也可以不存在渐晕。如图 5-7 所示,令入射光瞳直径为 $2a$,用 p 表示入射光瞳到物平面的距离,q 表示入射光瞳到入射窗的距离,以上量均以光瞳中心为原点,故 p、q 为负值,由图可得以下关系:

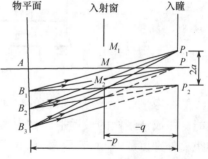

图 5-7 不存在渐晕的条件

$$B_1 B_3 = 2a \frac{q-p}{q} \qquad (5-2)$$

由上式知,欲使渐晕区 $B_1 B_3$ 为零,需使 $p = q$,即入射窗和物平面重合,或者像平面与出射窗重合,此时就不存在渐晕现象了。

5.4 光学系统的景深

前面讨论的只是垂直于光轴的平面上的点的成像问题,属于这一类成像的光学仪器有生物显微镜、照相制版物镜和电影放映物镜等。由共线成像理论可知,一个垂直于光轴的物平面经光学系统成像后其像平面依然是一个垂轴平面,而且只有一个像平面与该物平面相共轭,在使用时上述例子就符合这样的物像关系。

但是,实际上还有很多光学仪器,如照相物镜、望远物镜、电视摄像机、人眼等,需要把空间

中的物点成像在一个像平面上(称为平面上的空间像)。分布在距光学系统入瞳不同距离处的空间物点,其成像情况原则上不与平面物体的成像相同。

如图 5-8 所示,平面 A 经光组后的共轭像平面为 A'(为清楚起见,光组只用入瞳 P_1P_2 和出瞳 $P_1'P_2'$ 表示)。物空间点 B_1 和 B_2 位于物平面 A 面之外,它们经光组后的像点 B_1' 和 B_2' 也必位于 A' 面之外。在像平面 A' 上得到的是光束 $B_1'P_1'P_2'$ 和 $B_2'P_1'P_2'$ 在该平面上的截面 z_1' 和 z_2'。显然,它们是一个弥散斑。这两个弥散斑为 B_1' 和 B_2' 在像平面 A' 上的投影像,它们分别与物空间相应光束 $B_1P_1P_2$ 和 $B_2P_1P_2$ 的物平面 A 上的截面 z_1 和 z_2 相共轭。当弥散斑 z_1' 和 z_2' 足够小,如小于人眼的分辨角(约为 $1'$),此时 z_1' 和 z_2' 看起来好像就是两个点,而且不会给人不清晰的感觉。这种情况下,弥散斑 z_1' 和 z_2' 可以认为是空间点在平面上所成的像。由于任何光能接收器都不可能接收到真正的几何点像,且分辨本领也是一定的,故只要弥散斑足够小,就可以被认为是一点。由此可知,一个光学系统是能对空间物体成一个清晰的平面像的。其相对应的物平面 A 称为对准平面;像平面 A' 称为景像平面。

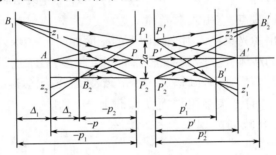

图 5-8 光学系统的景深

能在像平面上获得清晰像的空间深度称为景深,它取决于弥散斑的大小及光能接收器的性能。能成清晰像的最远平面称为远景,能成清晰像的最近平面称为近景。它们离对准平面的距离分别以 Δ_1 和 Δ_2 表示,Δ_1 和 Δ_2 又分别称为远景深度和近景深度。显然,景深就是远景深度和近景深度之和,即 $\Delta = \Delta_1 + \Delta_2$。若对准平面、远景和近景离入瞳的距离分别以 p、p_1 和 p_2 表示,并以入瞳中心作为坐标原点,则上述各量均为负值,在像空间对应的共轭面离出瞳的距离分别为 p'、p_1' 和 p_2'。设入瞳和出瞳直径分别为 $2a$ 和 $2a'$,z_1、z_2 和 z_1'、z_2' 分别为弥散斑的直径,则有

$$z_1' = \beta z_1 \qquad z_2' = \beta z_2$$

式中:β 为共轭平面 A 和 A' 间的垂轴放大率。

由图 5-8 中的相似三角形关系可得

$$\frac{z_1}{2a} = \frac{p_1 - p}{p_1}, \frac{z_2}{2a} = \frac{p - p_2}{p_2}$$

故对准平面上的弥散斑直径为

$$z_1 = 2a\frac{p_1 - p}{p_1}, z_2 = 2a\frac{p - p_2}{p_2} \tag{5-3}$$

所以

$$z_1' = 2a\beta\frac{p_1 - p}{p_1}, z_2' = 2a\beta\frac{p - p_2}{p_2} \tag{5-4}$$

由此可见,景像平面上弥散斑 z_1' 和 z_2' 的大小不仅与入瞳直径及该对共轭面的垂轴放大率成正比,还和 p、p_1 和 p_2 有关。

至于弥散斑直径 z_1' 和 z_2' 的允许值为多少,则要根据光学系统的用途而定。例如一个普通的照相物镜,若照片上各点的弥散斑对人眼的张角小于人眼的最小分辨角,则感觉是一个点像,此时可认为图像是清晰的。如果用 ε 表示弥散斑对人眼的极限分辨角,则当 ε 确定后,允许的弥散斑大小还与眼睛到照片的观察距离有关,因此还必须确定这一距离。

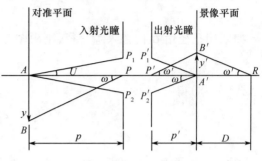

图 5-9 正确透视

经验表明,当用眼睛观察照片时,为了得到正确的空间感觉,必须以适当的距离来进行观察。该距离由下面的条件来确定,即照片上图像各点对眼睛的张角应与直接观察空间时各对应点对眼睛的张角相等。满足这一条件的距离称为正确透视距离,用字母 D 表示。如图5-9 所示,眼睛在 R 处,为了得到正确的透视,景像平面上的像 $A'B'$ 对 R 的张角 ω' 应与物空间的共轭线段 AB 对人眼中心 P 的张角 ω 相等,由此得

$$\tan\omega = \frac{y}{p} = \tan\omega' = \frac{y'}{D}$$

即

$$D = \frac{y'}{y}p = \beta p$$

故景像平面上或照片上弥散斑直径的允许值为

$$z' = z_1' = z_2' = D\varepsilon = \beta p\varepsilon$$

对应于对准平面上弥散斑的允许值为

$$z = z_1 = z_2 = \frac{z'}{\beta} = p\varepsilon$$

即从入瞳中心来观察对准平面时,其上的弥散斑 z_1 和 z_2 对眼睛的张角也不应超过所规定的极限分辨角 ε。

规定了对准平面上的弥散斑允许直径以后,由式(5-3)可求得远景和近景到入射光瞳的距离 p_1 和 p_2,即

$$p_1 = \frac{2ap}{2a - z_1}, p_2 = \frac{2ap}{2a + z_2} \tag{5-5}$$

由此可得远景和近景到对准平面的距离,即远景深度 Δ_1 和近景深度 Δ_2,有

$$\Delta_1 = p_1 - p = \frac{pz_1}{2a - z_1}, \Delta_2 = p - p_2 = \frac{pz_2}{2a + z_2} \tag{5-6}$$

将 $z_1 = z_2 = p\varepsilon$ 代入上式,得

$$\Delta_1 = \frac{p^2\varepsilon}{2a - p\varepsilon}, \Delta_2 = \frac{p^2\varepsilon}{2a + p\varepsilon} \tag{5-7}$$

上式说明,当光学系统的入瞳大小 $2a$ 和对准平面的位置以及极限角 ε 一定时,远景深度

Δ_1较近景深度Δ_2大。

总的成像空间深度,即景深为

$$\Delta = \Delta_1 + \Delta_2 = \frac{4ap^2\varepsilon}{4a^2 - p^2\varepsilon^2} \tag{5-8}$$

如果用孔径角 U 代替入瞳直径,则由图 5-9 可知它们之间有如下关系:

$$2a = 2p\tan U$$

代入式(5-8)得

$$\Delta = \frac{4p\varepsilon\tan U}{4\tan^2 U - \varepsilon^2} \tag{5-9}$$

因此,入瞳的直径越小(或孔径越小),景深就越大。在拍照时,把光圈缩小可以获得大的景深就是这个道理。

下面讨论两种具体情况:

(1) 如果要使对准平面以后的整个物空间都能在景像平面上成清晰像,即远景深度 $\Delta_1 = \infty$,那么,对准平面应在何处?

由公式(5-7)可知,当 $\Delta_1 = \infty$ 时,分母 $(2a - p\varepsilon)$ 应等于零,故

$$p = \frac{2a}{\varepsilon}$$

即从对准平面中心看入瞳时,其对眼睛的张角应等于极限分辨角 ε。当 $p = \frac{2a}{\varepsilon}$ 时,近景位置为

$$p_2 = p - \Delta_2 = p - \frac{p^2\varepsilon}{2a + p\varepsilon} = \frac{p}{2} = \frac{a}{\varepsilon}$$

因此,把照相机物镜调焦于 $p = \frac{2a}{\varepsilon}$ 的距离时,在景像平面上可以得到自入瞳前距离为 $\frac{a}{\varepsilon}$ 的平面起到无限远的整个空间内物体的清晰像。

(2) 如果把照相机物镜调焦到无限远,即 $p = \infty$ 时,近景位于何处?

以 $z_2 = p\varepsilon$ 代入式(5-5)的第二式中,并对 $p = \infty$ 求极限,则可求得近景位置,即

$$p_2 = \frac{2a}{\varepsilon}$$

此式表明,这时的景深等于自物镜前距离为 $p = \frac{2a}{\varepsilon}$ 的平面开始到无限远。

这种情况的近景距离为 $\frac{2a}{\varepsilon}$,上面把对准平面放在 $p = \frac{2a}{\varepsilon}$ 时的近景距离为 $\frac{a}{\varepsilon}$,后者要比前者小一倍,故把对准平面调焦在无限远时,景深要小一些。

前面的讨论假定在正确透视距离来看照片,此时景深与物镜的焦距无关。

有时规定景像平面上的弥散斑不能超过某一数值,此时景深就与物镜的焦距有关。因为 $z' = \beta z = -\frac{f'}{x}z$,当 z' 一定时,对于一定的对准平面位置 x,f' 越大,z 就越小,所以景深随焦距的增大而减小。

5.5 远心光路

在光学仪器中,有很大一部分仪器是用来测量长度的。这通常分为两种情况:一种情况是光学系统有一定的放大率,使被测物的像和一刻尺相比,便可求知被测物体的长度,如工具显微镜等计量仪器;另一种是把一标尺放在不同的位置,通过改变光学系统的放大率,使标尺的像等于一个已知值,从而求得仪器到标尺间的距离,如经纬仪、水准仪等大地测量仪器的测距测量。

第一种情况是在仪器的光学系统的实像平面上,放置有已知刻值的透明刻尺(分划板),设计分划板上的刻尺格值时已考虑了物镜的放大率,因此,按刻度读得的像高即为物体的长度。按此方法作物体的长度测量,刻尺与物镜之间的距离应保持不变,以使物镜的放大率保持常数,这种测量方法的测量精度在很大程度上取决于像平面与刻尺平面的重合程度。这一般是通过对整个光学系统相对于被测物体进行调焦来达到的。

由于景深及调焦误差的存在,不可能做到使像平面和刻尺平面完全重合,这就难免要产生一些误差。像平面与刻尺平面不重合的现象称为视差。由于视差而引起的测量误差可由图5-10来说明。图中 $P_1'P_2'$ 是物镜的出射光瞳,$B_1'B_2'$ 是被测物体的像,M_1M_2 是刻尺平面,由于二者不重合,像点 B_1' 和 B_2' 在刻尺平面上投影成小于人眼分辨极限的弥散斑 M_1 和 M_2,实际量得的长度为 M_1M_2,显然,这比真实像长 $B_1'B_2'$ 要大一些。视差越大,光束对光轴的倾角越大,其测量的误差也越大。

如果适当地控制主光线的方向,就可以消除或大为减小视差对测量精度的影响,只要把孔径光阑设在物镜的像方焦平面上即可。如图5-11所示,光阑也是物镜的出射光瞳,此时,由物镜射出的每一光束的主光线都通过光阑中心所在的像方焦点,而在物方主光线都是平行于光轴的。如果物体 B_1B_2 正确地位于与刻尺平面 M 共轭的位置 A_1 上,那么它成像在刻尺平面上的长度为 M_1M_2;如果由于调焦不准,物体 B_1B_2 不在位置 A_1 而在位置 A_2 上,则它的像 $B_1'B_2'$ 将偏离刻尺,在刻尺平面上得到的将是由弥散斑所构成的 $B_1'B_2'$ 的投影像。但是,由于物体上同一点发出的光束的主光线并不随物体的位置移动而发生变化,因此通过刻尺平面上投影像两端的两个弥散中心的主光线仍通过 M_1 和 M_2 点,按此投影像读出的长度仍为 M_1M_2。这就是说,上述调焦不准并不影响测量结果。这种光学系统,因为物方的主光线平行于光轴,主光线的会聚中心位于物方无限远处,故称为物方远心光路。

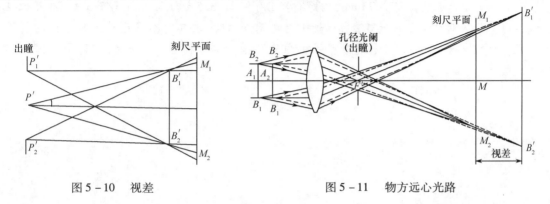

图5-10 视差　　　　图5-11 物方远心光路

第二种情况是物体的长度已知,一般是带有分划的标尺,位于望远镜物镜前要测定其距离的地方,物镜后的分划板平面上刻有一对间隔为已知的测距丝。欲测量标尺所在处的距离时,调焦物镜或连同分划板一起调焦目镜,以使标尺的像和分划板的刻线平面重合,读出与固定间隔的测距丝所对应的标尺上的长度,即可求出标尺到仪器的距离。同样,由于调焦不准,标尺的像与分划板的刻线平面不重合,使读数产生误差而影响测距精度。为消除或减小这种误差,可以在望远物镜的物方焦平面上设置一个孔径光阑,如图 5-12 所示,光阑也是物镜的入瞳,此时进入物镜的光束的主光线都通过光阑中心所在的物方焦点,则在像方这些主光线都平行于光轴。如果物体 B_1B_2(标尺)的像 $B_1'B_2'$ 不与分划板的刻线平面 M 重合,则在刻线平面 M 上得到的是 $B_1'B_2'$ 的投影像,即弥散斑 M_1 和 M_2。但由于在像方的主光线平行于光轴,因此按分划板上弥散斑中心所读出的距离 M_1M_2 与实际的像长 $B_1'B_2'$ 相等。M_1M_2 是分划板上所刻的一对测距丝,不管它是否和 $B_1'B_2'$ 相重合,它与标尺所对应的长度总是 B_1B_2,显然,这不会产生误差。这种光学系统,因为像方的主光线平行于光轴,其会聚中心在像方无限远处,故称为像方远心光路。

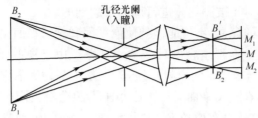

图 5-12 像方远心光路

习 题

5.1 焦距 $f'=100\text{mm}$ 的薄透镜,物镜框直径 $D_0=100\text{mm}$,在物镜前 50mm 处有一光孔,直径 $D_p=35\text{mm}$,问物体在 $-\infty$、-500mm 和 -300mm 时,是否都是由同一个光孔起孔径光阑作用?相应的入瞳和出瞳的位置和大小如何?

5.2 有两正薄透镜组 L_1 和 L_2,焦距分别为 90mm 和 60mm,孔径分别为 60mm 和 40mm,两透镜的间隔为 50mm,在透镜 L_2 之前 18mm 处放置一直径为 30mm 的光阑,问当物体在无限远处和 1.5m 处时,孔径光阑是哪个?

5.3 照相物镜的焦距为 75mm,相对孔径 D/f' 为 1/3.5 和 1/4.5 和 1/5.6 和 1/6.3 和 1/8 和 1/11。设人眼的分辨率为 1′,当远景平面在无限远时,求其对准平面和近景平面的位置。当对准平面位于无限远时,求其近景平面的位置。当对准平面在 4m 处时,求远景距离、近景距离及景深。

第6章 光度学和色度学基础

前面几章从几何学的角度研究了光束通过光组后的成像规律,其方法是将带有辐射能量的光线抽象为纯几何直线进行讨论,而完全没有考虑光线本身携带着的辐射能量。从能量的观点看,光线从目标(辐射源)发出,经过大气等中间介质、光学系统,最后传递到接收器(人眼、感光底片、光电元件等)的过程是一个能量传递的过程。因此,对一个光学系统来说,除了前面几章讨论的几何性能外,还必须讨论系统中光能的强弱问题。

同时,辐射能作用于我们的眼睛,引起光和色的感觉。对于光能量的计算属于光度学的范畴,而对于颜色的视觉规律和颜色测量的研究则属于色度学的范畴。

本章将介绍一些有关光度学和色度学的基本知识,同时对光学仪器中光能损失的计算方法也作一介绍。

6.1 光度学的基础知识

6.1.1 光通量

1. 辐[射能]通量

光束是能量的载体。置一块涂黑的光屏于光路中,经一定时间后就会变热。此热能就是由能量受体所吸收的辐射能转变而来。变热的程度除与入射的辐射能数量有关以外,还与能量受体对辐射能的吸收程度有关。某一瞬间通过某一面积的全部辐射能与通过时间的比值称为辐[射能]通量,其单位为瓦(W)。即

$$W = \frac{dE}{dt}(W)$$

为全面表征辐射能,不仅要知道其功率,还要知道其光谱分布,即辐射能中所包含的各种波长的单色辐射能通量的大小。图6-1表示某辐射体的能量分布曲线。$P(\lambda)$是某一波长附近单位波长间隔内所具有的功率,称为辐射能通量随波长的分布函数。则在某一微小波长范围内所包含的辐射能通量为

$$dW_{\lambda,\lambda+d\lambda} = P_\lambda \cdot d\lambda$$

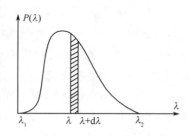

图6-1 辐通量与波长的关系

辐射体的总辐射能通量为

$$W = \int P_\lambda d\lambda \qquad (6-1)$$

2. 光谱光视效率 $V(\lambda)$ 与光通量 Φ

大多数接收器所能感受的波长是有选择性的。一种类型的接收器只能感受一定范围的波

长,而对每种波长的响应程度(反应灵敏度)也不同。人眼作为接收器也具有自己的选择特性。

接收器对不同波长电磁辐射的反应程度称为光谱响应度或光谱灵敏度,对人眼来说称为光谱光视效率,又称为视见函数,用 $V(\lambda)$ 表示。

有实验测得人眼对不同波长的光谱光视效率 $V(\lambda)$ 数值列于表 6-1,曲线如图 6-2 所示,光谱光视效率 $V(\lambda)$ 是波长的函数,但不宜写成解析式,通常都是以图表来表示。视场较亮时测得的称为明视觉光谱光视效率,视场较暗时测得的称为暗视觉光谱光视效率。表 6-1 和图 6-2 均为明视觉光谱光视效率。实验表明,视场明暗不同时,光谱光视效率亦稍有不同。

表 6-1　实验测得人眼的光谱光视效率

光的颜色	$\lambda/\mu m$	$V(\lambda)$ 相对值	光的颜色	$\lambda/\mu m$	$V(\lambda)$ 相对值
紫	0.360	0.00000	黄	0.580	0.87000
	0.370	0.00001		0.590	0.75700
	0.380	0.00004	橙	0.600	0.63100
	0.390	0.00012		0.0610	0.50300
	0.400	0.00040		0.620	0.38100
	0.410	0.00121		0.630	0.26500
	0.420	0.00400		0.640	0.17500
	0.430	0.01160		0.650	0.10700
蓝	0.440	0.02300	红	0.660	0.06100
	0.450	0.03800		0.670	0.03200
青	0.470	0.09098		0.680	0.01700
	0.480	0.13902		0.690	0.00821
	0.490	0.20802		0.700	0.00410
绿	0.500	0.32300		0.710	0.00209
	0.510	0.50300		0.720	0.00105
	0.520	0.71000		0.730	0.00052
	0.530	0.86200		0.740	0.00025
黄	0.540	0.95400		0.750	0.00012
	0.550	0.99495		0.760	0.00006
	0.555	1.00000		0.770	0.00003
	0.560	0.99500		0.780	0.00001
	0.570	0.95200		0.790	0.00000

光谱光视效率的意义在于人眼对不同波长单色光的响应程度不一样。经过大量实验确定,人眼对波长为 555nm 的黄光最为敏感,取其相对刺激强度为 1,而对于其他波长的光感都比它暗,因此,其余波长的 $V(\lambda)$ 均小于 1。即相同功率的不同单色光所引起人眼的光刺激是不相同的。

辐通量中只有波长在 380nm～770nm 区域的辐射才能引起人眼的光刺激,且光刺激的强弱不仅取决于辐通量,还取决于人眼的光谱光视效率。定义这一区域的辐射为可见光,辐射能中能被人眼感受的那部分能量为光

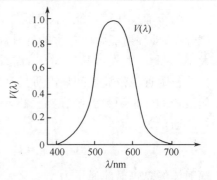

图 6-2　光谱光视效率 $V(\lambda)$

能。辐射能中由光谱光视效率折算到能引起人眼光刺激的那部分辐通量称为光通量,用 Φ 表示。

有了光谱光视效率的概念和数值后,就能对光通量作数量上的描述。在狭窄的波长间隔

内,有

$$d\Phi = V_\lambda P_\lambda \cdot d\lambda$$

总光通量为

$$\Phi = \int V_\lambda P_\lambda \cdot d\lambda \tag{6-2}$$

3. 光通量和辐通量之间的换算

光通量的单位是流明(lm),而辐通量的单位是瓦(W)。根据国际上规定的标准:1W 波长为 555nm 的单色辐通量等于 683lm 的光通量。或者 1lm 波长为 555nm 的单色光通量相当于 1/683W 的辐通量。其他波长的单色光,1W 辐通量引起的光刺激都小于 683lm,它们的关系就是视见函数关系,即

$$1W(\lambda) = 683V(\lambda)(\text{lm}) \tag{6-3}$$

式(6-2)给出的光通量单位为 W,若将其表示为 lm,应有

$$\Phi = 683\int V_\lambda P_\lambda \cdot d\lambda \tag{6-4}$$

一个辐射体辐射或光源发出的总光通量与总辐射能通量之比 η 称为光源的发光效率,即

$$\eta = \frac{\Phi}{W}(\text{lm/W})$$

它表示每 1W 辐射能通量所产生的光通量。

6.1.2 发光强度

1. 立体角

立体角是辐射度学中常用的一个几何量。由于辐射能是在一个立体的锥角范围内传播的,所以其角度的度量不再是平面角而必须用立体角来表示。

立体角的定义:一个任意形状的封闭锥面所包含的空间称为立体角,用字母 ω 表示,如图 6-3 所示。其大小规定如下:若以锥顶为球心,以 r 为半径作一球面,则此锥体的边界在球面上所截的面积 ds 除以半径的平方即标志立体角的大小,用公式表示为

$$d\omega = \frac{ds}{r^2} \tag{6-5}$$

立体角的单位是"球面度",用 sr 表示。对图 6-3 中的 O 点来讲,其对四周整个空间所张的立体角为

$$\omega = \frac{4\pi r^2}{r^2} = 4\pi(\text{sr})$$

对以 U 为半顶角的圆锥面,其圆锥所包含的立体角可通过下述方法求得。如图 6-4 所示,我们以 r 为半径作一圆球,假定在圆球上取一个 dU 的环带,则环带的宽度为 rdU,环带的半径为 $r\sin U$,所以环带的长度为 $2\pi r\sin U$,而环带的总面积为

$$ds = rdU \cdot 2\pi r\sin U = 2\pi r^2 \sin U dU$$

它所对应的立体角为

$$d\omega = \frac{ds}{r^2} = 2\pi\sin U dU = -2\pi d\cos U$$

将上式积分,得

$$\omega = -\int_0^U 2\pi d\cos U = 2\pi(1 - \cos U)$$

或

$$\omega = 4\pi\sin^2\frac{U}{2} \tag{6-6}$$

当 U 角很小时,$\sin\frac{U}{2} \approx \frac{U}{2}$,则

$$\omega = \pi U^2$$

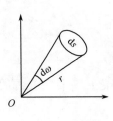

图 6 – 3　立体角

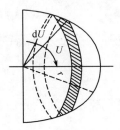

图 6 – 4　立体角的计算

2. 发光强度

图 6 – 5 所示的点光源 C 向各个方向发出光能。在某一方向上划出一个微小的立体角 $d\omega$,则在此立体角限定的范围内光源发出的光通量 $d\Phi$ 与立体角 $d\omega$ 的比值称为点光源在该方向上的发光强度,即

$$I = \frac{d\Phi}{d\omega} \tag{6-7}$$

对于均匀发光的光源,其 $I = I_0$ 为常数,此时有

$$I_0 = \frac{\Phi}{\omega}$$

由于点光源周围整个空间的总立体角为 4π,故这种点光源向四周发出的总光通量为

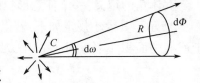

图 6 – 5　发光强度

$$\Phi = 4\pi I_0$$

发光强度的单位是坎德拉(cd),即

$$1\text{cd} = \frac{1\text{lm}}{1\text{sr}}$$

6.1.3　光照度和光出射度

1. 光照度

当光源发出的光通量投射到某一表面时,该表面被照明。在某一微小面积 ds 上投射的光通量 $d\Phi$ 与该小面积的比值 E 称为该小面积上的光照度,即

$$E = \frac{\mathrm{d}\Phi}{\mathrm{d}s} \tag{6-8}$$

显然,光照度表征了受照面被照明的亮暗程度。如果光通量是均匀射入较大受照表面的,则有

$$E_0 = \frac{\Phi}{S}$$

光照度的单位是勒克斯,国际单位符号为 lx。1lx 等于 1lm 的光通量均匀地照射在 $1\mathrm{m}^2$ 的面积上所产生的照度,即

$$1\mathrm{lx} = 1\mathrm{lm/m}^2 = 1\mathrm{cd} \cdot \mathrm{sr/m}^2$$

由此,如果在 1m 半径的圆球球心上放一发光强度为 1cd 的点光源,则在球面上产生的光照度正好是 1lx。

下面计算由点光源直接照射某一面积时,在该面积上所获得的光照度。如图 6-6 所示,发光强度为 I 的点光源 C 照明相距 r 处的面积 $\mathrm{d}s$ 时,该面积对点光源所张的立体角是

$$\mathrm{d}\omega = \frac{\mathrm{d}s_n}{r^2} = \frac{\mathrm{d}s \cdot \cos i}{r^2}$$

点光源在此立体角内发出的光通量为 $\mathrm{d}\Phi = I\mathrm{d}\omega$,得 $\mathrm{d}s$ 上的光照度为

$$E = \frac{\mathrm{d}\Phi}{\mathrm{d}s} = \frac{I \cdot \cos i}{r^2}$$

可见,由点光源直接照射到某一面积所产生的光照度与光源的发光强度成正比,与光源到受照面积的距离平方成反比,并且还与照射方向有关,垂直照明时所得的光照度最大。

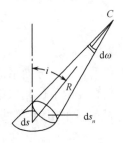

图 6-6　点光源照射面元示意图

2. 光出射度

某一发光表面上微小面积范围内所发出的光通量与这一面积之比称为这一微小面积上的光出射度,即

$$M = \frac{\mathrm{d}\Phi}{\mathrm{d}s} \tag{6-9}$$

在较大面积上均匀辐射的发光表面,其平均光出射度为

$$M_0 = \frac{\Phi}{S}$$

可见,光出射度与光照度有相同的形式。这表示两者有相同的含义,其差别仅在于光照度公式中的 Φ 是表面接收的光通量,而光出射度公式中的 Φ 是从表面发出的光通量。因此,光出射度的单位和光照度的单位一样,也是 lx。

除了自身发光的光源以外,被照明的表面也能反射或散射出入射于其上的光通量,称为二次光源。二次光源的光出射度与受照后的光照度和表面的反射率有关,可表示为

$$M = \rho E$$

大多数物体对光的反射具有选择性,即对不同的色光具有不同的反射率。当白光入射于其上时,反射光的光谱组成与白光不同,从而引起颜色的感觉。有一类物体在可见光谱中对于

所有波长的 ρ 值相同且接近于 1，这种物体称为白体，如氧化镁、硫酸钡或涂有这种物质的表面，其反射率达 95%。反之，对于所有波长 ρ 值皆相同，但接近于 0 的物体称为黑体，如炭黑和黑色的毛糙表面，其反射率仅为 0.01。当白体和黑体得到相同的光照度时，前者的光出射度要比后者大九十几倍。

6.1.4 光亮度

1. 光亮度的定义

为了描述具有有限尺寸的发光体发出的可见光在空间分布的情况，采用了光亮度这样一个光学量。如图 6-7 所示，发光面的微面积 ds 在与发光表面法线 N 成 i 角的方向，在元立体角 $d\omega$ 内发出的光通量为 $d\Phi_i$，则光亮度为

$$L_i = \frac{d\Phi_i}{\cos i\, ds\, d\omega} \quad (6-10)$$

在式(6-7)中，$\dfrac{d\Phi_i}{d\omega} = I_i$，它相当于发光面在 i 方向的发光强度，故式(6-10)可写成

$$L_i = \frac{I_i}{\cos i\, ds} \quad (6-11)$$

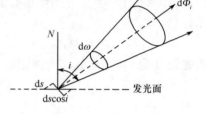

图 6-7 光亮度

上式表明，微发光面积 ds 在 i 方向的光亮度 L_i 等于微面积 ds 在 i 方向的发光强度 I_i 与该面元面积在垂直于该方向平面上投影 $\cos i\, ds$ 之比。

光亮度的单位是坎德拉/米² (cd/m²)。

表 6-2 给出了常见发光表面的光亮度值。

表 6-2　常见发光表面的光亮度值

表 面 名 称	光亮度/(cd/m²)	表 面 名 称	光亮度/(cd/m²)
在地面上看到的太阳表面	$(1.5\sim2.0)\times10^9$	仪用钨丝灯	1×10^7
日光下的白纸	2.5×10^4	6V 汽车头灯	1×10^7
白天晴朗的天空	3×10^3	放映灯	2×10^7
在地面上看到的月亮的表面	$(3\sim5)\times10^3$	卤钨灯	3×10^7
月光下的白纸	3×10^2	碳弧灯	$1.5\times10^8\sim1\times10^9$
蜡烛的火焰	$(5\sim6)\times10^3$	超高压球形汞灯	$1\times10^8\sim2\times10^9$
50W 白炽钨丝灯	4.5×10^6	超高压毛细管汞灯	$2\times10^7\sim1\times10^9$
100W 白炽钨丝灯	6×10^6		

2. 余弦辐射体

对一般的光源来说，亮度 L 是随着方向而变化的一个量。但对有些光源来说，L 是不随方向的变化而变化的，这样的光源称为余弦辐射体，也叫朗伯光源。对余弦辐射体，光源的发光强度与光束轴线方向之间存在着下列简单关系(图 6-8)：

$$I_i = I_N \cos i$$

式中：I_N 为发光面在法线方向的发光强度；I_i 为与法线成任意角度 i 方向的发光强度。发光强度矢量 I_i 端点轨迹是一个与发光面相切的球面，球心在法线上，球的直径为 I_N。图 6-8 所示

为用矢量表示的余弦辐射体在通过法线的任意截面内的光强度分布。

余弦辐射体在与法线成任意角度 i 方向的光亮度 L_i,根据式 (6-11),可表示为

$$L_i = \frac{I_i}{\mathrm{d}s\cos i} = \frac{I_N\cos i}{\mathrm{d}s\cos i} = \frac{I_N}{\mathrm{d}s} = 常数 \qquad (6-12)$$

由此可见,余弦辐射体在各方向的光亮度相同。

严格地说,只有绝对黑体才是这样的光源。毛玻璃灯泡也可以近似地看成是朗伯光源。余弦辐射体可能是自发光面,如绝对黑体、平面灯丝钨灯等,也可能是透射或反射体。受光照射经透射或反射形成的余弦辐射体,称为漫透射体和漫反射体。乳白玻璃是漫透射体,硫酸钡涂层表面是典型的漫反射面。

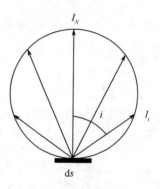

图 6-8 余弦辐射体发光强度的空间分布

6.2 光传播过程中光学量的变化规律

6.2.1 在同一介质的元光管中光通量和光亮度的传递

如图 6-9 所示,定义由光源表面上微面积 $\mathrm{d}s_1$ 和被照射表面上的微面积 $\mathrm{d}s_2$ 确定的光管为元光管,在元光管中,由 $\mathrm{d}s_1$ 中各点发出的射向 $\mathrm{d}s_2$ 的光束,不会越出光管的范围。

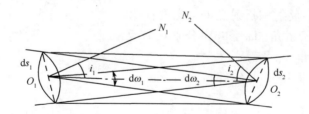

图 6-9 光在元光管内的传播

设 $\mathrm{d}s_1$ 和 $\mathrm{d}s_2$ 的法线为 N_1 和 N_2,元光管的轴线为 O_1O_2,法线 N_1、N_2 和光管轴线 O_1O_2 的夹角为 i_1、i_2,则在 $\mathrm{d}s_1$、$\mathrm{d}s_2$、i_1、i_2、$\mathrm{d}\omega_1$、$\mathrm{d}\omega_2$($\mathrm{d}s_2$、$\mathrm{d}s_1$ 对 O_1、O_2 所张立体角)以及 O_1O_2 间距离 r 已知的条件下,元光管的性质也就确定了。

由图 6-9,光束通过微面积 $\mathrm{d}s_1$ 的光通量为

$$\mathrm{d}\varPhi_1 = L_1\cos i_1 \mathrm{d}s_1 \mathrm{d}\omega_1 = L_1\cos i_1 \mathrm{d}s_1 \frac{\mathrm{d}s_2\cos i_2}{r^2} \qquad (6-13)$$

同样,光束通过 $\mathrm{d}s_2$ 时的光通量为

$$\mathrm{d}\varPhi_2 = L_2\cos i_2 \mathrm{d}s_2 \mathrm{d}\omega_2 = L_2\cos i_2 \mathrm{d}s_2 \frac{\mathrm{d}s_1\cos i_1}{r^2}$$

根据光管的定义,任何光束都不会越出管外,所以在不考虑光能损失的情况下,从 $\mathrm{d}s_1$ 输入到 $\mathrm{d}s_2$ 中的光通量应该等于 $\mathrm{d}s_2$ 所射出的光通量,即

$$\mathrm{d}\varPhi_1 = \mathrm{d}\varPhi_2$$

于是得

$$L_1 \cos i_1 \mathrm{d}s_1 \frac{\mathrm{d}s_2 \cos i_2}{r^2} = L_2 \cos i_2 \mathrm{d}s_2 \frac{\mathrm{d}s_1 \cos i_1}{r^2}$$

$$L_1 = L_2$$

上式表明,光能在同一均匀介质的元光管中传递时,如果不考虑光能损失,在传播方向上的任意截面上光通量、光亮度不变。

6.2.2 光束经界面反射和折射后的光通量和光亮度的传递

一束光投射到两透明介质的界面时,会形成反射和透射两路光束,两光束的方向可分别由反射定律和折射定律确定,如图6-10所示。

假定入射光束的入射角为i,立体角为$\mathrm{d}\omega$,在界面上的投射面积为$\mathrm{d}s$,光束亮度为L,则入射光的光通量为

$$\mathrm{d}\Phi = L\cos i \mathrm{d}\omega \mathrm{d}s \qquad (6-14)$$

同理,对于反射光束和折射光束,其光通量可用下式表示:

$$\mathrm{d}\Phi_1 = L_1 \cos i_1 \mathrm{d}\omega_1 \mathrm{d}s$$

$$\mathrm{d}\Phi' = L' \cos i' \mathrm{d}\omega' \mathrm{d}s$$

式中:L_1和L'分别代表反射和折射光束的亮度;i_1和i'分别代表反射角和折射角;$\mathrm{d}\omega_1$和$\mathrm{d}\omega'$分别代表反射和折射光束的立体角。

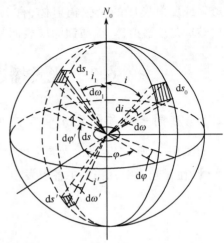

图6-10 光束经介质界面的反射和折射

对于反射光束,根据反射定律,$i_1 = i$,$\mathrm{d}\omega_1 = \mathrm{d}\omega$,则

$$\frac{\mathrm{d}\Phi_1}{\mathrm{d}\Phi} = \frac{L_1 \cos i_1 \mathrm{d}\omega_1 \mathrm{d}s}{L\cos i \mathrm{d}\omega \mathrm{d}s} = \frac{L_1}{L}$$

而$\dfrac{\mathrm{d}\Phi_1}{\mathrm{d}\Phi} = \rho$,所以

$$L_1 = \rho L \qquad (6-15)$$

上式表明,反射光束的亮度等于入射光束亮度与界面反射比之积。透明介质的界面反射比ρ很小,故反射光束的亮度很低。

对于折射光束,有

$$\frac{\mathrm{d}\Phi'}{\mathrm{d}\Phi} = \frac{L' \cos i' \mathrm{d}\omega' \mathrm{d}s}{L\cos i \mathrm{d}\omega \mathrm{d}s} \qquad (6-16)$$

根据能量守恒定律,有

$$\mathrm{d}\Phi = \mathrm{d}\Phi' + \mathrm{d}\Phi_1$$

即

$$\mathrm{d}\Phi' = \mathrm{d}\Phi - \mathrm{d}\Phi_1 = (1-\rho)\mathrm{d}\Phi \qquad (6-17)$$

从图可知

$$\begin{cases} d\omega = \sin i\, di\, d\varphi \\ d\omega' = \sin i'\, di'\, d\varphi' \end{cases} \quad (6-18)$$

将折射定律 $n\sin i = n'\sin i'$ 两边分别对 i 和 i' 微分,并与折射定律表达式对应端分别相乘,得到

$$n^2 \sin i \cos i\, di\, d\varphi = n'^2 \sin i' \cos i'\, di'\, d\varphi$$

即

$$\frac{n^2}{n'^2} = \frac{\sin i' \cos i'\, di'\, d\varphi}{\sin i \cos i\, di\, d\varphi} \quad (6-19)$$

把式(6-18)代入式(6-16),并考虑式(6-17)和式(6-19),则有

$$1 - \rho = \frac{L' n^2}{L n'^2}$$

即

$$L' = (1-\rho) L \frac{n'^2}{n^2} \quad (6-20)$$

式(6-20)表明,折射光束的亮度与界面的反射比 ρ 及界面两边介质的折射率 n 和 n' 有关。

在界面反射损失可以忽略(即 $\rho = 0$)的情况下,式(6-20)可写成

$$\frac{L'}{n'^2} = \frac{L}{n^2} \quad (6-21)$$

式(6-21)表明,光束经理想折射后,光亮度将产生变化,但 $\frac{L}{n^2}$ 值保持不变。

6.2.3 成像系统像面的光照度

1. 轴上像点的光照度

图 6-11 所示为一个成像的光学系统。ds 和 ds' 分别代表轴上点附近的物和像的微小面积,物方孔径角为 U,像方孔径角为 U',此时物面和入瞳面构成的不再是元光管。我们可以把入瞳面分割成许多小面积元(图中剖面线扇形所示),每一小扇形和 ds 构成的仍是元光管。求出每一元光管的光通量 $d\Phi$,然后对整个入瞳面积分,就能求出从 ds 发向整个入瞳的总光通量 Φ。

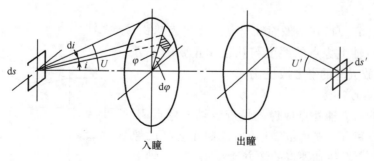

图 6-11 成像光学系统

由式(6-10)知,每一小扇形和 ds 组成的元光管的光通量为

$$d\Phi_i = L_i \cos i \, ds \, d\omega$$

把立体角公式代入上式,得

$$d\Phi_i = L_i \cos i \, ds \sin i \, di \, d\varphi$$

把上式对整个入瞳面积分,得总光通量为

$$\Phi = \int_{\varphi=0}^{\varphi=2\pi} \int_{i=0}^{i=U} L_i ds \sin i \cos i \, di \, d\varphi \tag{6-22}$$

式(6-22)就是从微面积 ds 发向整个入瞳的总光通量的普遍式。其中 L_i 本身又是 i 和 φ 的函数。

设物面和像面的光亮度分别为 L 和 L'。若物被看作是余弦辐射体,则微面积 ds 向孔径角为 U 的成像光学系统发出的光通量 Φ,按式(6-22)可得

$$\Phi = \pi L ds \sin^2 U$$

从出瞳入射到像面 ds' 微面积上的光通量为

$$\Phi' = \pi L' ds' \sin^2 U'$$

光在光学系统中传播时,存在能量损失,若光学系统的光透射比为 τ,则 $\Phi' = \tau\Phi$,因此

$$\Phi' = \tau\pi L ds \sin^2 U$$

轴上像点的光照度为

$$E' = \frac{\Phi'}{ds'} = \tau\pi L \frac{ds}{ds'} \sin^2 U$$

又

$$\frac{ds}{ds'} = \frac{1}{\beta^2}$$

所以

$$E' = \frac{1}{\beta^2} \tau\pi L \sin^2 U \tag{6-23}$$

当系统满足正弦条件时,$\beta = \frac{n \sin U}{n' \sin U'}$,故

$$E' = \frac{n'^2}{n^2} \tau\pi L \sin^2 U' \tag{6-24}$$

式(6-23)和式(6-24)就是像面轴上点照度的表达式。式(6-23)表明,轴上像点的照度与孔径角正弦的平方成正比,和垂轴放大率的平方成反比。

2. 轴外像点的照度

图 6-12 所示为轴外点成像的情况。轴外像点 M' 的主光线和光轴间有一夹角 ω',此角就是轴外点 M 的像方视场角。它的存在使轴外点的像方孔径角 U'_M 比轴上点的像方孔径角 U' 小。在物面亮度均匀的情况下,轴外像点的亮度比轴上点低。

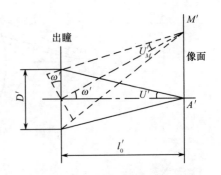

图 6-12 光学系统的轴外点成像

在物面亮度均匀的情况下,轴外像点 M' 的照度可用式(6-24)表示为

$$E'_M = \frac{n'^2}{n^2}\tau\pi L\sin U'_M \tag{6-25}$$

当 U'_M 较小时,有

$$\sin U'_M \approx \tan U'_M = \frac{\dfrac{D'}{2}\cos\omega'}{\dfrac{l'_0}{\cos\omega'}} = \frac{D'\cos^2\omega'}{2l'_0} \approx \sin U'\cos^2\omega'$$

式中:D' 为出瞳直径;l'_0 为像面到出瞳的距离。

把 $\sin U'_M$ 代入式(6-25),得到

$$E'_M = \frac{n'^2}{n^2}\tau\pi L\sin^2 U'\cos^4\omega'$$

即

$$E'_M = E'_0\cos^4\omega' \tag{6-26}$$

式中:$E'_0 = \dfrac{n'^2}{n^2}\tau\pi L\sin^2 U'$,为像面轴上点的照度。

式(6-26)表明,轴外像点的光照度随视场角 ω' 的增大而降低。表6-3列出了对应于不同视场角 ω' 的轴外点照度降低的情况。

表6-3 不同视场角 ω' 的轴外像点照度与轴上像点照度对比

ω'	0	10°	20°	30°	40°	50°	60°
E'_M/E'_0	1	0.941	0.780	0.563	0.344	0.171	0.063

6.3 光通过光学系统时的能量损失

物面发出进入光学系统的光能量,即使在没有几何遮拦的情况下,也不可能全部到达像面。这主要是由于光在光学系统中传递时,透明介质折射界面的光反射、介质对光的吸收以及反射面对光的透射和吸收等所造成的光能损失。

1. 光在两透明介质界面上的反射损失

光照射到两透明介质光滑界面上时,大部分光折射到另一介质中,也有一小部分光反射回原介质,形成光能损失。

光照射到两透明介质光滑界面透射时的反射损失近似为

$$\rho = \left(\frac{n'-n}{n'+n}\right)^2 \tag{6-27}$$

式中:n、n' 是界面前、后介质的折射率。ρ 称为折射时的反射率,它是该面的反射光通量与入射光通量之比。$(1-\rho) = \tau$ 称为该面的透过率。界面两边介质的折射率相差愈大,ρ 值愈大,即反射损失愈大。无论是从空气射到 n' 为1.5、1.6、1.7的玻璃时,还是从上述玻璃射到空气中,相应的 ρ 都为0.04、0.052、0.067。所以在粗略估计光能损失时,可对各种玻璃取平均值 $\rho = 0.05$,则透过率 $\tau = 1 - 0.05 = 0.95$。

计算和试验都表明,当入射角 $I < 45°$ 时,公式(6-27)与实际情况符合得很好。对于胶合

面,两边折射率差值很小(一般在0.2左右),所以反射损失可以忽略不计。

若整个光学系统中与空气接触的折射面总数为k_1个,则整个光学系统由这一原因造成的透过率为τ^{k_1}。当光学系统内包含大量的空气与玻璃接触的透射界面时,光能的反射损失严重。而且透射面的反射光线经各表面和内壁多次反射后叠加到最后像面上,即所谓杂散光,使图像对比度下降。为了减少反射损失,在与空气接触的透射面上镀以增透膜,可使反射率降低到$0.02 \sim 0.01$以下,即$\tau = 0.98 \sim 0.99$。假定进入系统的光通量为Φ,在只考虑反射损失的情况下,由系统出射的光通量可用下式计算

$$\Phi' = \Phi \cdot \tau^{k_1} \qquad (6-28)$$

2. 介质吸收造成的光能损失

光在介质中传播,由于介质对光的吸收使一部分光不能通过系统,从而形成光能损失。

光在玻璃材料中传播时的吸收损失,显然和光学零件的总厚度(一般指中心厚度)有关。穿过厚度为1cm的玻璃后被吸收损失的光通量百分比称为吸收率,以α表示;$(1-\alpha)$称为透明率,即透过的光通量与入射光通量之比。由试验测得各种无色光学玻璃对白光的平均吸收率α大致为0.015,透明率$(1-\alpha) \approx 0.985$。

若穿过玻璃的总厚度为$\sum d$,则透明率为$(1-\alpha)^{\sum d}$。假定入射时的光通量为Φ,通过厚度为$\sum d(\text{cm})$的光学材料后出射的光通量Φ'为

$$\Phi' = \Phi \cdot (1-\alpha)^{\sum d} \qquad (6-29)$$

3. 反射面的光能损失

光学系统中,经常使用反射面来改变光的行进方向。反射元件对光的透射和吸收,使反射面的反射率小于1。

设每一反射面的反射率为ρ,若光学系统中共有k_2个反射面,则通过系统出射的光通量是入射光通量的ρ^{k_2}。假定入射光的光通量为Φ,反射光的光通量Φ'可用下式计算:

$$\Phi' = \Phi \cdot \rho^{k_2} \qquad (7-30)$$

常用反射面的反射率如下:
(1) 镀银反射面:$\rho \approx 0.95$。
(2) 镀铝反射面:$\rho \approx 0.85$。
(3) 抛光良好的棱镜全反射面:$\rho \approx 1$。

4. 光学系统的总透过率

综上所述,一个光学系统有k_1个折射面,光通过光学元件中心厚度为$\sum d$,系统有k_2个反射面。若入射光通量为Φ,则出射光通量为

$$\Phi' = K\Phi \qquad (6-31)$$

式中

$$K = \tau^{k_1} \cdot \rho^{k_2} \cdot (1-\alpha)^{\sum d} \qquad (6-32)$$

为光学系统的透过率。这里需要指出的是,以上产生光学系统中光能损失的三个因素不一定同时存在。通过不同界面折射的τ不同时要分开计算,同样,反射面的反射率ρ、光学玻璃吸收系数α不同时也应分开计算。

6.4 色度学的基础

辐射能作用于我们的眼睛,引起光和色的感觉。对于光能量的计算属于光度学的范畴,而对于颜色的视觉规律和颜色测量的研究则属于色度学的范畴。

6.4.1 颜色的视觉

1. 视网膜的颜色区

对颜色的感觉是明视觉具有的功能,是辐射能对锥体细胞作用的结果。由于视网膜上锥体细胞的分布不同,因而不同区域对颜色的感觉性也不同。

具有正常颜色视觉的人,视网膜中央能分辨各种颜色。由中央向外围部分过渡,锥体细胞减少,杆体细胞增多,对颜色的分辨能力逐渐减弱,直到对颜色的感觉消失。

大体来说,人眼对颜色的分辨特性如图 6-13 所示。进一步研究表明,即使在中心凹范围内,人眼对不同颜色的感受性也不同,在中心凹中央 15′视角的很小区域内,红色的感受性最高,只能看到红和绿的各种混合色,而对蓝、黄色盲;视角再小时,对红、绿颜色的辨认也发生困难,这时只有明暗感觉。因此,人在远距离观察信号灯时,常发生误认现象。特别是黄、蓝信号极易与其他颜色混淆,于是实际上就常用红、绿色作信号标志。此外,视网膜中央部位被一层黄色素覆盖,它能降低眼睛对光谱短波段(蓝色)的感觉性,而使颜

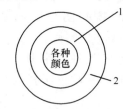

图 6-13 视网膜的颜色区
1—中间区,能分辨黄蓝,
对红绿色盲能分辨明暗;
2—全色盲区,只能辨别明暗。

色感觉发生变化。黄色素在中心凹密度大,到视网膜边缘密度显著降低,从而造成观察小面积与大面积时颜色的差别。因此,在颜色视觉实验中,观察小视场(如 2°)颜色和大视场(如 10°)颜色,会得到不同的结果。

由上述眼睛的颜色特性可以知道,眼睛感受到颜色,不只取决于客观的刺激,还取决于用眼睛的什么位置接收这个刺激。因此,颜色的感受是客观和主观两方面的因素共同决定的。于是为了用颜色的感受性来标定客观刺激就必须排除主观因素的影响。例如,当比较两种颜色时,视场的角值不应超过 1°30′。

2. 颜色辨认

颜色视觉正常的人,在光亮条件下,能看见可见光谱的各种颜色。但是,一般说来,这些颜色随光强度的增加而有所变化(向红色或蓝色变化)。这种颜色随光强度而变化的现象,叫做贝楚德-朴尔克效应。尽管如此,在光谱上我们仍能找到三点——黄(527nm)、绿(503nm)和蓝(478nm),基本上不随光强而变。

人眼对波长变化而引起的颜色变化的辨认能力,在光谱中的不同位置是不同的。人眼刚能辨认的颜色变化就称为颜色辨认的灵敏阈。光谱上的某些部位,只要波长改变 1nm,眼就能感受到颜色的变化,而多数部位需要改变 1nm~2nm 才行。最灵敏处为 480nm 及 600nm 附近;最不灵敏处为 540nm 及光谱两端。

3. 颜色的分类及特性

颜色可分为非彩色和彩色两大类。

非彩色指白色、黑色和各种深浅不同的灰色组成的系列,称为白黑系列。

彩色是指黑白系列以外的各种颜色。

对于理想的完全反射的物体,其反射率为1,称它为纯白;而对于理想的完全吸收的物体,其反射率为零,称它为纯黑。白色、黑色和灰色物体对光谱各波段的反射没有选择性,称它们是中性色。对光来说,非彩色的黑白变化相当于白光的亮度变化,即当白光的亮度非常高时,人眼就感觉到是白色的;当光的亮度很低时,人眼就感到发暗或发灰;无光时则是黑色的。

1) 非彩色的特性

非彩色的特性可用"明度"表示。明度是指人眼对物体的明亮感觉。影响明度的因素有以下两点:

(1) 辐射的强度(或亮度)。亮度越大,我们感觉物体越明亮。但亮度不同于明度。当亮度变化很小时(如达不到人眼的分辨极限时)就感觉不出明度的变化,我们可以说明度没变,但不能说亮度没变。

(2) 人的经验。在同样亮度的情况下,我们可能认为某些物体(如在较暗的环境中的高反射率的书页)明度大,而另外一些物体(如在光亮环境中的低反射率的黑墨)明度低。

2) 彩色的特性

颜色有三种特性:明度、色调和饱和度。色调和饱和度又总称为色品(色度)。

明度表示颜色明亮的程度。彩色光的亮度越高,人眼就越感到明亮,或者说有较高的明度。

色调是区分不同彩色的特征。可见光谱范围内,不同波长的辐射,在视觉上呈现不同色调,如红、黄、蓝、绿、紫等。光源色的色调取决于辐射的光谱组成和光谱能量分布及人眼所产生的感觉。

饱和度表示颜色接近光谱色的程度。

一种颜色可以看成是某种光谱色和白色混合的结果。其中光谱色所占的比例越大,颜色接近光谱色的程度越高,颜色的饱和度也就越高。饱和度高,颜色越深而艳。光谱色的白光成分为零,饱和度达到最高。

3) 格拉斯曼颜色混合定律

1854年格拉斯曼将颜色混合现象总结成颜色混合定律:

(1) 人的视觉只能分辨颜色的三种变化:明度、色调和饱和度。

(2) 两种颜色混合,如果一种颜色成分连续变化,则混合色的外貌也连续地变化。由此导出:

① 两种颜色以一定的比例相混合产生白色和灰色,则此两颜色为互补色。互补色以一定的比例混合,产生白色和灰色;以其他比例混合,则产生接近占有比例大的颜色的非饱和色。这就是补色律。

② 两种非互补颜色混合,将产生两颜色的中间色,其色调取决于两颜色的比例。这就是中间色律。

(3) 颜色外貌(明度值、色调、饱和度)相同的光,在颜色混合中是等效的。由此可以得到代替律:相似色混合,混合色仍相似。代替律可用公式表示如下:

$$颜色 A = 颜色 B$$
$$颜色 C = 颜色 D$$
$$颜色 A + 颜色 C = 颜色 B + 颜色 D$$

代替律表明,在混合色中,某种颜色用外貌相同的另外颜色代替,最后效果不变。

(4) 混合色的亮度等于各色光亮度之和。

格拉斯曼颜色混合定律适用于色光相加混色,不适用于色料混合。

6.4.2 颜色匹配实验和颜色的表示方法

1. 颜色匹配实验

把两种颜色调节到视觉上相同或相等的方法,称为颜色匹配。为了实现匹配,需通过颜色相加混合的方法,改变一种颜色或两种颜色的明度、色调和饱和度三特性。

实验证明,任何一种颜色,包括可见光谱的全部颜色,都能用三种单色辐射混合而得到。这三种光谱色的选择应满足一个条件:其中任何一种不能由其他两种相加而产生。把选定的三种光谱色称为三原色。如上所述,三原色并不唯一,即对一种颜色,可以用满足前述条件的不同的三原色混合而得到。

颜色匹配实验通常包括以下两种方法。

1) 颜色转盘法

图 6-14 所示为能实现颜色匹配的颜色转盘装置。红(R)、绿(G)、蓝(B)、黑四块带有径向开口的圆片,如图 6-14(a)所示,交叉叠放,把整个圆分成红、绿、蓝、黑四个扇形。扇形面积间的比例可随意进行调整。叠成圆的中心,放置一拟匹配颜色(C)的圆片。整个装置可绕中心轴线旋转。改变红、绿、蓝三色扇形面积的比例,即可改变混合色的色调和饱和度。而通过调节黑色扇形的大小,可以改变混合色的明度值。图 6-14(b)所示为一个叠合好的颜色转盘。

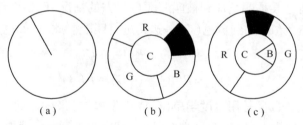

图 6-14 颜色转盘

实验时,使整个叠合圆盘绕中心轴旋转,人们便可在圆盘外圈上看到红、绿、蓝三种颜色的混合色。调节红、绿、蓝三扇形面积的比例和黑色扇形的大小,使外圈颜色与中心被匹配颜色完全一致,就完成了颜色匹配。

上述方法简单易行,但难以进行定量实验。

2) 色光混合颜色匹配实验

色光混合颜色匹配实验装置如图 6-15(a)所示。红(R)、绿(G)、蓝(B)三种平行光照射在黑挡屏的一边,并且映在白屏幕上的光斑重合在一起。被匹配色光(C)照在黑挡屏的另一边。人眼通过黑屏上的小孔可同时看到黑挡屏的两边。

实验时,调整红、绿、蓝色光的强度,直到黑挡屏两边的视场呈现相同颜色,就完成了颜色匹配。

实验证明,颜色匹配不受背景颜色的影响,即颜色匹配遵守颜色匹配恒常定律。但应注意,眼睛受到强光刺激时,此定律也会失效。

对于饱和度很高的颜色,如某些光谱色,常常不能用红、绿、蓝三种颜色直接混合得到。为了匹配,需把某种颜色转加到被匹配颜色一方,然后用另外两种颜色混合,与降低了饱和度的

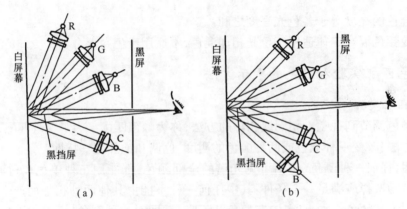

图 6-15 色光混合颜色匹配实验装置示意图

颜色进行匹配。图 6-14(c)和图 6-15(b)表示了这种情况。

2. 颜色方程式

颜色匹配可以用数学方法表示。R 量的红颜色(R)、G 量的绿颜色(G)和 B 量的蓝颜色(B)混合,正好与某颜色(C)相匹配,这一事实可用方程式表示为

$$C(C) \equiv R(R) + G(G) + B(B) \qquad (6-33)$$

式中:≡ 表示匹配。

式(6-33)就是颜色方程。

不能直接匹配,需把某种颜色加到被匹配颜色一方的情况,例如用红(R)、绿(G)、蓝(B)匹配光谱黄色,需把蓝色(B)加到黄色(C)一边再进行匹配。此时,颜色方程可写成

$$C(C) + B(B) = R(R) + G(G)$$

移项,得
$$C(C) = R(R) + G(G) - B(B) \qquad (6-34)$$

在色度学中,颜色的数量是用色度学单位(或称 T 单位)来度量的。假定用三原色去匹配标准白光,需三原色(R)为 l_R(lm),(G)为 l_G(lm),(B)为 l_B(lm),就把 $l_R : l_G : l_B$ 定为(R)、(G)、(B)的相对亮度单位(色度学单位)。换句话说,三原色分别用其一个色度学单位混合可以得到标准白光。所谓标准白光,是指假想的在整个可见光谱范围内光谱辐射能相等的光源的光色,也称为等能白色。色温为 5500K 的白光与其很相似。如上所述,一个单位的三原色的亮度比值 $l_R : l_G : l_B$ 就是确定的。

3. 颜色的表示方法

为了表示(标定)颜色,国标照明委员会(CIE)规定两种方法,即两种表色系统,并分别称为 1931CIE-RGB 系统和 1931CIE-XYZ 系统。两种系统的主要区别在于前者采用客观的光谱色作为三原色,而后者是采用假想的三原色。后者是在考虑到前者存在的某些缺点而改进后得到的,因此更常被采用,并称为"1931 标准色度学系统"。

1) RGB 表色系统

RGB 表色系统规定,三原色分别为:红光(R),波长为 700.0nm;绿光(G),波长为 546.1nm;蓝光(B),波长为 435.8nm。这样规定的原因是上述三者都比较容易精确地产生出来。三原色在上述选择下,为匹配等能白光则有

$$l_R : l_G : l_B = 1 : 4.5907 : 0.0601$$

于是,我们把红光(R)为1lm,绿光(G)为4.5907lm,蓝光(B)为0.0601lm选为三基色的单位,或称为基色量。

在颜色方程中,如果R、G、B的比例发生变化,那么混合色的色品将发生变化,如果R、G、B变化时保持相互间的比例不变,那么只引起混合色的亮度变化,而色品不变。因此,混合色的色品只取决于R、G、B的比例。

在配色方程中,$C = R + G + B$,将配色方程变形为$(C) = \frac{R}{C}(R) + \frac{G}{C}(G) + \frac{B}{C}(B)$,我们就可看出,混合色的色品取决于三原色的刺激值在总颜色的刺激值($R + G + B$)中所占的比例,取决于三刺激值的相对量。将

$$\left.\begin{array}{l} r = \dfrac{R}{R+G+B} \\ g = \dfrac{G}{R+G+B} \\ b = \dfrac{B}{R+G+B} \end{array}\right\} \quad (6-35)$$

称为色品坐标(相对三色系数)。显然有

$$r + g + b = 1 \quad (6-36)$$

即色品坐标$r、g、b$中,只有两个独立,因此可以用二维空间表示彩色光的色品。

对于标准白光,$R = G = B = 1$,因此,色品坐标为

$$r = g = b = \frac{1}{3}$$

2) XYZ表色系统

RGB系统在某些场合下,例如被匹配颜色的饱和度很高时,三色系数就不能同时取正,而且由于三原色都对混合色的亮度有贡献,当用颜色方程计算混合色的亮度时就很不方便。于是希望找到一种系统,它能满足以下的要求:

(1) 三刺激值均为正;

(2) 某一种原色的刺激值,正好代表混合色的亮度,而另外两种原色对混合色的亮度没有贡献;

(3) 当三刺激值相等时,混合光仍代表标准(等能)白光。

这样的系统在以实际的光谱色为三原色时是找不到的,于是就出现了以假想色为三原色的XYZ系统。在XYZ系统中,彩色表示为

$$C(C) = X(X) + Y(Y) + Z(Z) \quad (6-37)$$

于是,在XYZ系统中,色品坐标为

$$\left.\begin{array}{l} x = \dfrac{X}{X+Y+Z} \\ y = \dfrac{Y}{X+Y+Z} \\ z = \dfrac{Z}{X+Y+Z} \end{array}\right\} \quad (6-38)$$

显然也有

$$x + y + z = 1 \tag{6-39}$$

可见，在 XYZ 系统中，彩色光的色品同样可以用二维空间表示。

XYZ 系统中，色品坐标没有负值，并用刺激值 Y 代表混合色的亮度，而 X、Z 对混合色的亮度没有贡献，并且当 $X + Y + Z = 1$ 时，有 $x + y + z = \frac{1}{3}$，仍表示等能白光。

3）RGB 系统和 XYZ 系统的关系

设一种彩色光用 RGB 系统表示为

$$C(C) = R(R) + G(G) + B(B)$$

而用 XYZ 系统表示为

$$C(C) = X(X) + Y(Y) + Z(Z)$$

因为两配色方程表示同一物理事实，故有

$$R(R) + G(G) + B(B) = X(X) + Y(Y) + Z(Z)$$

上式左端可由配色实验得到。根据前述对 XYZ 系统的要求可以求得两系统间的关系为

$$\begin{pmatrix} X \\ Y \\ Z \end{pmatrix} = \begin{pmatrix} 2.7689 & 1.7518 & 1.1302 \\ 1.0000 & 4.5907 & 0.0601 \\ 0.0000 & 0.0565 & 5.5943 \end{pmatrix} \begin{pmatrix} R \\ G \\ B \end{pmatrix} \tag{6-40}$$

由于色品坐标 x、y、z 及 r、g、b 都是特殊情况下的三刺激值，因此它们之间的关系与上式表示的相同。

两系统三原色单位之间的关系为

$$\begin{pmatrix} X \\ Y \\ Z \end{pmatrix} = \begin{pmatrix} 0.4185 & -0.0912 & 0.0009 \\ -0.1587 & 0.2524 & -0.0025 \\ -0.0828 & 0.0157 & 0.1786 \end{pmatrix} \begin{pmatrix} R \\ G \\ B \end{pmatrix} \tag{6-41}$$

4）色品图

通过配色实验可求得各光谱色对应的 R、G、B 值，由式（6-35）可求得 r、g、b 值。而由式（6-40）可求得 X、Y、Z 值，由式（6-38）求得 x、y、z 值，从而可以将光谱色表示在平面图（色品图）上。

在 RGB 系统中，色品图如图 6-16 所示。该色品图的特点：图形分布在一、二象限内，因此，为表示某些光谱色（光谱色的坐标位于色品图中舌形线上），坐标 r 应取负值。标准白光 E 在图中的位置为 $r = g = b = \frac{1}{3}$。舌形线的底部（对应虚线部分，它是由可见光谱两端连成的线）称为紫轨迹，其上的点不代表光谱色，它是由光谱两端的光混合而得到的。因为该直线上的点对应的彩色总是紫色（或纯绛红色），所以称为紫轨迹。光谱轨迹所包围的范围内任一点都代表一种混合色。它们是由轨迹上的光按不同的比例混合而成的。

在该系统中，颜色可用 r、g 及 $C = R + G + B$ 给定，其中，由 r、g 可以决定其色品，而由 C 可决定其亮度。

在 XYZ 系统中,色品图如图 6-17 所示。在此系统中,轨迹线都在第一象限,因此色品坐标全为正值,等能白光在图中的坐标仍为 $x=y=z=\frac{1}{3}$,颜色的给定可用 x、y 及 Y。其中 x、y 表示色品,Y 表示亮度。

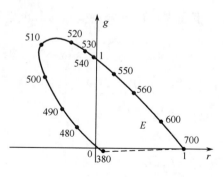

图 6-16 RGB 系统中的色品图

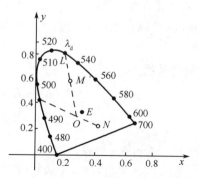

图 6-17 XYZ 系统中的色品图

在色品图中,轨迹线上的点代表饱和色,而代表等能白光 E 点的饱和度为零。轨迹线和 E 点之间各点代表的混合色饱和度是不同的,它们的位置愈靠近轨迹线饱和度愈高,而愈靠近 E 点饱和度愈低。

5) 主波长和色纯度

颜色的色品除了用坐标表示外,还可以用主波长和纯度表示,这样可以更直观些。

(1) 主波长。一种颜色 M 的主波长指的是某一光谱色的波长,这种光谱色按一定比例与一个确定的参考光源相混合能匹配出这种颜色 M。主波长相当于颜色的色调,用 λ_d 表示。主波长可用下述方法求得:在色品图上(参见图 6-17),假定取参考光源为 O,那么可由参考光源 O 向所参考的颜色 M 引射线,并与光谱轨迹相交,交点处光谱色的波长就是该颜色 M 的主波长。如果射线与紫轨迹相交(如图中颜色 N),而反向延长线与光谱轨迹相交,那么,把反向延长线与光谱轨迹的交点对应的波长称为补波长。它表示该补波长对应的光谱色与所考察的颜色为互补色,即它们混合(按一定比例)后可得到参考光源的光色。补波长可用在主波长符号 λ_d 前面加负号或在后面加"c"表示,即 $-\lambda_d$ 或 λ_c。

(2) 纯度。纯度是指考察色与主波长光谱色接近的程度。纯度有如下两种表示方法:

① 兴奋纯度。用色品图上两个线段的长度比来表示。其中一条线段是考察色与参考光源在色品图上的距离,另一条是考察色对应的主波长的光谱色与参考光源的距离。例如在图 6-17 中,参考色 M 愈靠近 λ_d 点,M 就愈纯。因此,可将兴奋纯度表示为

$$P_e = \frac{OM}{OL} = \frac{x_M - x_O}{x_\lambda - x_O} = \frac{y_M - y_O}{y_\lambda - y_O} \tag{6-42}$$

式中:x_M、x_λ、x_O、y_M、y_λ、y_O 分别表示相应点的色品坐标。

计算自发光体主波长和兴奋纯度时,通常选用等能白光 E 点作为参考光源,而对物体色则用照明光源作参考光源。

② 亮度纯度。考察色的纯度用亮度表示时,就称为亮度纯度。它是指主波长的光谱色的亮度在考察色亮度中所占的比重(当用主波长的光谱色与参考光源匹配考察色时)。显然,主波长光谱色的亮度比重愈大,考察色愈纯。亮度纯度可表示为

$$P_c = \frac{Y_\lambda}{Y} \qquad (6-43)$$

式中：Y_λ 为主波长光谱色的亮度；Y 为参考色的亮度。

4. 色品计算方法

如前所述，可以根据三刺激值计算色品坐标。下面来讨论混合色坐标与原色坐标之间的关系。

设有两种颜色

$$C_1(C) = R_1(R) + G_1(G) + B_1(B)$$
$$C_2(C) = R_2(R) + G_2(G) + B_2(B)$$

由亮度相加律可知，混合色为

$$C(C) = R(R) + G(G) + B(B) = C_1(C) + C_2(C)$$

于是可得到

$$\left.\begin{aligned} R &= R_1 + R_2 \\ G &= G_1 + G_2 \\ B &= B_1 + B_2 \end{aligned}\right\} \qquad (6-44)$$

这一规律也称颜色相加原理。显然，它可以推广到更多颜色相加的情况。它说明混合色的三刺激值分别为参与混合的各颜色的对应三刺激值之和（代数和）。因为 $R = rC, G = gC, B = bC$，所以对于混合色，有

$$r = \frac{R}{C} = \frac{r_1 C_1 + r_2 C_2}{C_1 + C_2}$$

或

$$(C_1 + C_2)r = r_1 C_1 + r_2 C_2$$

同样对 g、b 也有相应的表达式，于是得到

$$\left.\begin{aligned} (C_1 + C_2)r &= r_1 C_1 + r_2 C_2 \\ (C_1 + C_2)g &= g_1 C_1 + g_2 C_2 \\ (C_1 + C_2)b &= b_1 C_1 + b_2 C_2 \end{aligned}\right\} \qquad (6-45)$$

对于 XYZ 系统同样可写出对应的表达式。上式说明，混合色的色品坐标，可用力学中求重心的方法来确定。或者说，对于亮度来说，沿各坐标轴方向，混合色的原点矩等于各原色原点矩之和。这样，既可以利用计算方法，也可以利用在色品图上通过图解法来计算混合色的色品。

但是，在有些场合，如已知光源的相对光谱功率分布，以及物体的反射率或透射率时，计算光源或物体的色品仍感不方便。这是因为，我们并不知道各光谱色的刺激值。因此有必要给出匹配等能光谱色的三刺激值，并称为光谱三刺激值或颜色匹配函数，表示为 $\bar{r}(\lambda)$、$\bar{g}(\lambda)$、$\bar{b}(\lambda)$。在 XYZ 系统中，用类似符号 $\bar{x}(\lambda)$、$\bar{y}(\lambda)$、$\bar{z}(\lambda)$ 表示。并且在 CIE1931 标准色度学系统中，$\bar{y}(\lambda)$ 的数值与光谱光视效率（视见函数）$V(\lambda)$ 的数值相等。CIE 通过列表的方式给出了两种系统的光谱三刺激值。通过这些数据绘出的曲线称为混色曲线。

有了光谱三刺激值后，色品的计算就很方便。因为光谱三刺激值只是特定能量情况下的

三刺激值,并不失一般意义下三刺激值的意义,于是我们很容易由它们求得光谱色的色品坐标,即

$$\left.\begin{array}{l}r(\lambda)=\dfrac{\bar{r}(\lambda)}{\bar{r}(\lambda)+\bar{g}(\lambda)+\bar{b}(\lambda)}\\ g(\lambda)=\dfrac{\bar{g}(\lambda)}{\bar{r}(\lambda)+\bar{g}(\lambda)+\bar{b}(\lambda)}\\ b(\lambda)=\dfrac{\bar{b}(\lambda)}{\bar{r}(\lambda)+\bar{g}(\lambda)+\bar{b}(\lambda)}\end{array}\right\} \text{或} \left.\begin{array}{l}x(\lambda)=\dfrac{\bar{x}(\lambda)}{\bar{x}(\lambda)+\bar{y}(\lambda)+\bar{z}(\lambda)}\\ y(\lambda)=\dfrac{\bar{y}(\lambda)}{\bar{x}(\lambda)+\bar{y}(\lambda)+\bar{z}(\lambda)}\\ z(\lambda)=\dfrac{\bar{z}(\lambda)}{\bar{x}(\lambda)+\bar{y}(\lambda)+\bar{z}(\lambda)}\end{array}\right\} \quad (6-46)$$

下面给出光源或物体色品的计算方法。

1) 从测量光源的相对光谱功率分布 $\varphi(\lambda)$,计算光源的色品坐标

在波长为 λ 的光谱色处,波长间隔 $d\lambda$ 内的辐射通量的相对值为 $\varphi(\lambda)d\lambda$,它产生的三刺激值相对量显然为

$$\left.\begin{array}{l}\bar{r}(\lambda)\varphi(\lambda)d\lambda\\ \bar{g}(\lambda)\varphi(\lambda)d\lambda\\ \bar{b}(\lambda)\varphi(\lambda)d\lambda\end{array}\right\} \text{或} \left.\begin{array}{l}\bar{x}(\lambda)\varphi(\lambda)d\lambda\\ \bar{y}(\lambda)\varphi(\lambda)d\lambda\\ \bar{z}(\lambda)\varphi(\lambda)d\lambda\end{array}\right\}$$

式中:$\varphi(\lambda)=\dfrac{\varPhi_{e\lambda}(\lambda)}{\varPhi_{e\lambda}(\lambda_0)}$ 为辐射能通量的光谱密集度之比,λ_0 为参比波长。在整个光谱区间引起的三刺激值相对量为

$$\left.\begin{array}{l}R=\int_{\lambda}\bar{r}(\lambda)\varphi(\lambda)d\lambda\\ G=\int_{\lambda}\bar{g}(\lambda)\varphi(\lambda)d\lambda\\ B=\int_{\lambda}\bar{b}(\lambda)\varphi(\lambda)d\lambda\end{array}\right\} \text{或} \left.\begin{array}{l}X=\int_{\lambda}\bar{x}(\lambda)\varphi(\lambda)d\lambda\\ Y=\int_{\lambda}\bar{y}(\lambda)\varphi(\lambda)d\lambda\\ Z=\int_{\lambda}\bar{z}(\lambda)\varphi(\lambda)d\lambda\end{array}\right\} \quad (6-47)$$

积分取在可见光谱区。于是,光谱色的色品坐标可用式(6-35)或式(6-38)计算。

2) 物体色色品坐标的计算

物体的颜色是由于照明光源的光被物体反射、透射之后作用于人眼而形成的。因此,在计算其色品时,应对 $\varphi(\lambda)$ 进行修正,此时

$$\varphi(\lambda)=\dfrac{\varPhi_{e\lambda}(\lambda)}{\varPhi_{e\lambda}(\lambda_0)}\begin{cases}\rho(\lambda)\\ \tau(\lambda)\\ \beta(\lambda)\end{cases} \quad (6-48)$$

式中:$\rho(\lambda)$ 为光谱反射比(光谱反射系数),定义为反射与入射的光通量的光谱密度之比;$\tau(\lambda)$ 为光谱透射比(光谱透射系数),定义为透射的与入射的光通量光谱密集度之比;$\beta(\lambda)$ 为光谱辐射亮度系数,定义为在表面一点上,非自身辐射体在给定方向上的辐射亮度的光谱密集度与同样辐照条件下理想漫射体的辐射亮度的光谱密集度之比。

所谓光谱密集度,是指某一与波长有关的量,在波长 λ 附近无穷小范围内的值与该范围之比。

所谓理想漫射体,定义为反射率等于1的理想均匀漫射体,它无损地全部反射入射的辐射

通量,且在各个方向上具有相同的亮度。

至于 $\varphi(\lambda)$ 在计算时究竟取哪一种值,视考察物体的具体情况而定。

最后还需指出,上述表示颜色的两种系统,是在视场为 2°的情况下(实际可用 2°~4°)使用的。当视场增大至 4°~10°时,CIE 于 1964 年又规定了在该视场内使用的系统,分别称为 1964CIE – RGB 系统和 1964CIE – XYZ 系统,并给出了相应的光谱三刺激值。

6.4.3 CIE 标准照明体和标准光源

照明体是指特定的光谱功率分布,它不一定能够用一个光源实现。CIE 标准照明体是由相对光谱功率分布来定义的,以表格函数形式给出。为了实现标准照明体,CIE 同时还规定了标准光源。

CIE 规定的标准照明体有:

(1) 标准照明体 A。代表"1968 年国际实用温标"绝对温度大约为 2856K 完全辐射体(黑体)的光。由标准光源 A 来实现。

(2) 标准照明体 B。代表相关色温大约为 4874K 的直射日光,它的光色相当于中午的日光。其色品点靠近黑体轨迹。由标准光源 B 来实现。

黑体加热到不同温度表现出不同的光色,用这样的光色表达一个光源的颜色(此时黑体的颜色与该光源的颜色相同)时,就把黑体相应的温度称为光源颜色的颜色温度,简称色温。白炽灯等热辐射光源,它们的光谱分布与黑体接近,它们的光色变化在色品图上的轨迹与黑体光色变化轨迹基本符合。因此,用色温的概念描述白炽灯的光色是很合适的。但是,白炽灯以外的其他常用光源,其光色在色品图上的位置就不一定与黑体轨迹重合,但也常常在该轨迹附近。此时,为了用黑体的光色表示该光源的光色,就只能用黑体轨迹上与色品图上代表该光源光色的点最近的那一点来表示,这样确定的色温称为相关色温。

(3) 标准照明体 C。代表相关色温大约为 6774K 的平均日光,它的光色近似于阴天天空的日光,其色品点位于黑体轨迹的下方。由标准光源 C 来实现。

(4) 标准照明体 D_{65}。代表相关色温大约为 6504K 的日光,它的色品点在黑体轨迹的下方。

(5) 其他 D 照明体。代表标准照明体 D_{65} 以外的其他日光,如 D_{55}、D_{75}。D_{55} 代表相关色温为 5503K 的典型日光,常用于摄影;D_{75} 代表相关色温为 7504K 的典型日光,用在高色温光源下进行精细辨色的场合。

上述照明体,B 和 C 不理想,因而用照明体 D 代表日光。在应用中,推荐 A 和 D_{65} 作为普遍应用的标准照明体。

CIE 规定的标准光源有:

(1) 标准光源 A。色温 2856K 的充气钨丝灯。

(2) 标准光源 B。A 光源加一组特定的戴维斯 – 吉伯逊液体滤光器,以产生相关色温 4874K 的辐射。

(3) 标准光源 C。A 光源加另一组特定的戴维斯 – 吉伯逊液体滤光器,以产生相关色温 6774K 的辐射。

(4) 标准照明体 D。CIE 尚未推荐相应的标准光源。

习 题

6.1 120V/100W 的白炽钨丝灯的总光通量为 1200lm,求其发光效率和平均发光强度,在一球面度立体角内发出的平均光通量为多少?

6.2 日常生活中,人们认为 40W 的日光灯比 40W 的白炽钨丝灯亮,是否说明日光灯的光亮度比白炽灯大?这里所说的"亮"是指什么?

6.3 俗语讲"灯下不观色",意指在灯光照明下无法准确辨别物体的颜色,试用色度学的知识分析此说法是否有道理。

第7章 光线的光路计算

7.1 概 述

由以前的讨论可知,实际光学系统只有在近轴区才能像理想光学系统那样具有成完善像的性质,即只有当孔径和视场近于零的情况下才能成完善像,所以这样的光学系统是没有实际意义的。从实用的角度看,光学系统都需一定大小的视场和相对孔径,它远超出近轴区所限定的范围,对于任意组合而成的光学系统而言,它是不可能对物体形成清晰而相似的完善像的。这是因为在这种情况下,物面上各点成像光线的光路须按公式

$$\sin I = \frac{L-r}{r}\sin U$$

$$\sin I' = \frac{n}{n'}\sin I$$

$$U' = I + U - I'$$

$$L' = r + r\frac{\sin I'}{\sin U'}$$

来计算,所得实际光路必然与理想光路不同,使得理想成像所应有的物平面及其上面的点和线在像空间的一一对应关系遭到破坏,成像反映出一系列缺陷。这种由于实际光路与理想光路之间差别而引起的成像缺陷,称为像差。它反映为实际像的位置和大小与理想像的位置和大小之间的差异。

对于所有这些像差都可作数量上的描述,并由光线的光路计算而求得。

7.2 光线的光路计算

设计光学系统时,要以像差理论为指导不断地修改光学系统的结构参数(包括各透镜表面的曲率半径、透镜厚度或透镜间的间隔以及透镜的折射率等)以减小像差,求得像差的最佳校正和平衡。每当修改一次结构参数后都必须算出有关的像差值,而像差都是通过对光线的光路计算直接或间接地求得的,因此,设计一个光学系统需反复进行大量光线的光路计算。

为求得全部像差需要作如下四类光线的光路计算:

(1) 近轴光线的光路计算,它是为求得理想像的位置和大小所需要的。
(2) 含轴面(子午面)内光线的光路计算,它是为求得大部分像差所需要的。
(3) 沿轴外点主光线的细光束光路计算,它是为求得像散和像面弯曲(场曲)所需要的。
(4) 子午面外光线或空间光线的光路计算,它是为更全面地了解系统的像质所需要的。

并不是所有的光学系统都需要对这四类光线的光路进行计算,第三类只有视场较大的系统才需进行计算,而第四类则只有视场和孔径都很大的系统才有必要去计算它。但是,第一、

二类光线却是任何光学系统都需要进行计算的,特别是第二类需要进行大量的计算。

7.2.1 子午面内的光线光路计算

1. 近轴光线的光路计算

由轴上点发出的近轴光线通过单个折射面时可按第1章所述的计算公式进行计算:

$$\left.\begin{array}{l} i = \dfrac{l-r}{r}u \\ i' = \dfrac{n}{n'}i \\ u' = i + u - i' \\ l' = r + r\dfrac{i'}{u'} \end{array}\right\}$$

给出物距 l 和孔径角 u 后便可求出像距 l' 和像方孔径角 u'。对于近轴光线,当角 u 增大或缩小某一倍数时,由上式可知,角 i、i' 和 u' 均增大或缩小同一倍数而不影响 l' 值,因此,角 u 可以任意取值。计算近轴光时,角 u 常对入射光瞳的边缘光线取值,即所谓第一近轴光线。

对于一个有 k 个面的系统作光路计算时,则需由前一个面向下一个面过渡的计算:

$$\left.\begin{array}{l} u_2 = u'_1, u_3 = u'_2, \cdots, u_k = u'_{k-1} \\ l_2 = l'_1 - d_1, l_3 = l'_2 - d_2, \cdots, l_k = l'_{k-1} - d_{k-1} \\ n_2 = n'_1, n_3 = n'_2, \cdots, n_k = n'_{k-1} \end{array}\right\}$$

当物体在无限远处,即 $l_1 = -\infty$ 时,光线平行于光轴入射,$u_1 = 0$,此时用光线入射高度 h 作为初始数据,如图7-1所示,角 i_1 可由下式求得:

$$i_1 = \dfrac{h_1}{r_1} \tag{7-1}$$

式中:h_1 可任意取值,对于第一近轴光线,取 h_1 为入射光瞳半径。

为了检查结果是否正确,可用下式来校对:

$$h = lu = l'u'$$

但应注意,当用近轴光计算公式的第二式和过渡公式计算发生错误时,校对公式发现不了。

2. 轴外点近轴光线的光路计算

由物体边缘点发出,并通过入射光瞳中心的近轴光线称为第二近轴光线。它的计算仍可用近轴光计算公式及校对公式,所有的量均注以下标 z。入射光瞳到第一面的距离 l_z 是已知的,u_z 角可由图7-2求得:

$$u_z = \dfrac{y}{l_z - l} \tag{7-2}$$

式中:y 为物高;l 为物距。以 l_z 和角 u_z 为初始数据,按近轴光线计算公式计算第二近轴光线,最后求得 l'_z 和 u'_z 以后,可按下式求得理想像高:

$$y' = (l'_z - l')u'_z \tag{7-3}$$

式中:l' 为高斯像面位置,由第一近轴光计算求得。

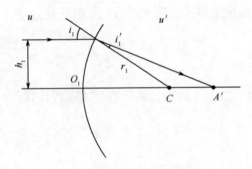
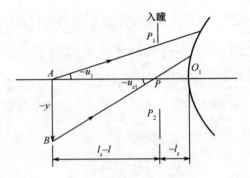

图7-1 物在无穷远处　　　　图7-2 近轴光计算

7.2.2 轴上点远轴光线的光路计算

进行轴上点发出的实际光线的光路计算可按下式进行：

$$\left.\begin{aligned} \sin I &= \frac{L-r}{r}\sin U \\ \sin I' &= \frac{n}{n'}\sin I \\ U' &= U + I - I' \\ L' &= r + r\frac{\sin I'}{\sin U'} \end{aligned}\right\}$$

这是子午面内光线光路计算的基本公式，其过渡公式可由下式给出：

$$\left.\begin{aligned} L_2 &= L_1' - d_1, L_3 = L_2' - d_2, \cdots, L_k = L_{k-1}' - d_{k-1} \\ U_2 &= U_1', U_3 = U_2', \cdots, U_k = U_{k-1}' \\ n_2 &= n_1', n_3 = n_2', \cdots, n_k = n_{k-1}' \end{aligned}\right\}$$

对于平行于光轴的光线，$L_1 = -\infty$，$U_1 = 0$，参看图7-1，可得

$$\sin I_1 = \frac{h_1}{r_1} \tag{7-4}$$

为了保证光路计算的准确性，在用手工计算时，要用公式进行校对。校对公式的推导可按图7-3所示，自顶点 O 作入射光线 AE 的垂线 OQ，由 $\triangle OEQ$ 和 $\triangle OAQ$ 得

$$OE = \frac{OQ}{\cos\angle QOE} = \frac{L\sin U}{\cos\angle QOE}$$

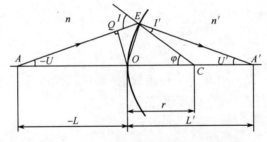

图7-3 实际光线校对公式推导示意图

$$\angle QOE = \angle QOC - \angle EOC = (90° - U) - (90° - \frac{I+U}{2}) = \frac{I-U}{2}$$

故有

$$OE = \frac{L\sin U}{\cos\frac{1}{2}(I-U)}$$

同样,在像方,有

$$OE = \frac{L'\sin U'}{\cos\frac{1}{2}(I'-U')} \tag{7-5}$$

因此可得

$$L' = OE\frac{\cos\frac{1}{2}(I'-U')}{\sin U'} = \frac{L\sin U}{\cos\frac{1}{2}(I-U)} \cdot \frac{\cos\frac{1}{2}(I'-U')}{\sin U'} \tag{7-6}$$

式中:OE 常用 PA 表示,故称为 PA 校对法。同样,在应用实际光线计算公式第二式和过渡公式发生错误时,校对公式也是不能发现的。

无论作近轴光计算或作远轴光计算,用校对公式计算出的 l' 或 L' 值和基本公式计算出的 l' 或 L' 值,只允许在有效数字的最后一位有微小差值。

在计算中还有情况应注意,有时个别面上 $\sin I' > 1$,这是因为光线入射高度超过半球的缘故。当光线由玻璃入射到空气中时,有的面上会出现 $\sin I' > 1$,这表明光线在该面上发生全反射。以上两种情况都表示该光线不能通过光学系统。

7.2.3 轴外点子午面内远轴光线的光路计算

轴外点子午面内远轴光线的光路计算与轴上点不同,光束的中心线(即主光线)不再是光学系统的对称轴,在其上面和下面的光线都需计算,这样才能了解光线通过光学系统后的会聚情况。

当物体位于无限远时,如图 7-4 所示,轴上点和轴外点均以平行光束射入光学系统的入射光瞳,设入射光瞳半径 h 和位置 L_z 已知,成像范围由 U_z 决定,也是已知的。

对于轴上点发出的光束,如前所述只计算一条 $L = -\infty$,$U = 0$ 和 h 高的光线就可以了。对于轴外点发出的在子午面内的平行光,至少作三条光线,即主光线和对称于主光线的上、下光线的光路计算。这些光线的初始数据可按以下各式确定:

$$\left.\begin{array}{lll} \text{上光线} & U_a = U_z & L_a = L_z + \dfrac{h}{\tan U_z} \\ \text{主光线} & U_z & L_z \\ \text{下光线} & U_b = U_z & L_b = L_z - \dfrac{h}{\tan U_z} \end{array}\right\} \tag{7-7}$$

当物体在有限远时,如图 7-5 所示,对于轴上点 A 发出的光束,也是计算一条初始数据为 L 和 U 的光线。对于轴外点 B 发出的主光线及上、下光线的初始数据可由下式决定:

$$\left.\begin{array}{lll}\text{上光线} & \tan U_a = \dfrac{y-h}{L_z-L} & L_a = L_z + \dfrac{h}{\tan U_a} \\ \text{主光线} & U_z & L_z \\ \text{下光线} & \tan U_b = \dfrac{y+h}{L_z-L} & L_b = L_z - \dfrac{h}{\tan U_b}\end{array}\right\} \qquad (7-8)$$

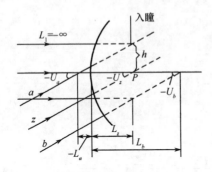
图7-4 物体位于无限远时远轴光计算

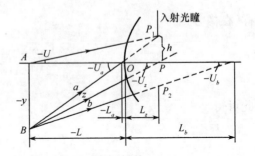
图7-5 物体位于有限远时远轴光计算

轴外点光线的光路计算仍用实际光路计算公式及过渡公式逐面进行。

由轴外点发出的各条光线,通过光路计算,分别求出 L' 和 U' 值以后,还需求出各条光线和高斯面交点的高度 Y'_a、Y'_z 和 Y'_b。可按图7-6所示的几何关系写出实际像高的表示式:

$$\left.\begin{array}{l}Y'_a = (L'_a - l')\tan U'_a \\ Y'_z = (L'_z - l')\tan U'_z \\ Y'_b = (L'_b - l')\tan U'_b\end{array}\right\} \qquad (7-9)$$

式中:l' 为由第一近轴光线求得高斯像面到光学系统最后一面的距离。

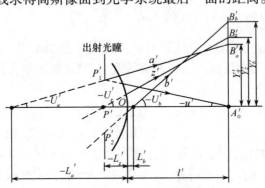
图7-6 轴外光线在高斯面的实际像高

7.2.4 光线经过平面时的光路计算

1. 远轴光的光路计算

在光学系统中,常会遇到平面折射面,如图7-7所示的凸平透镜的第二面。不能用球面计算公式来计算该面光线的折射,需另行推导。由图7-7可直接写出光线经折射平面的计算公式:

$$I = -U, \quad \sin I' = \frac{n}{n'}\sin I$$
$$U' = -I', \quad L' = L\frac{\tan U}{\tan U'}$$
(7-10)

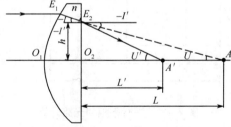

图 7-7　凸平透镜的光路计算

当角 U 很小时,用上式计算不够精确,宜把正切改为余弦,即

$$L' = L\frac{\tan U}{\tan U'} = L\frac{\sin U\cos U'}{\cos U\sin U'} = L\frac{n'\cos U'}{n\cos U} \quad (7-11)$$

光路计算的校对仍可用,此时,PA 值用 h 取代。

2. 近轴光的光路计算

对于折射平面的近轴光线光路计算,可直接用式(7-9)按近轴光计算公式推导方法导出计算公式:

$$i = -u, \quad i' = \frac{n}{n'}i = -\frac{n}{n'}u$$
$$u' = -i', \quad l' = l\frac{u}{u'} = l\frac{n'}{n}$$
(7-12)

折射平面近轴光计算的校对对折射平面仍可用。

3. 平行平板的光路计算

若光学系统中有平行平板,如图 7-8 所示,则不必对两个面分别进行计算,只需求出由平行平板产生的位移 $\Delta L'$,即可方便地求出像点位置。如果平行平板前面的折射面为第 i 面,则有

$$\Delta L' = d_{i+1}\left(1 - \frac{\tan I'_{i+1}}{\tan I_{i+1}}\right)$$

自平行平板射出的光线相对于平行平板第二面的坐标可写为

$$U'_{i+2} = U'_i$$
$$L'_{i+2} = L'_i + \Delta L - d_i - d_{i+1}$$
(7-13)

式中:d_i 是第 i 面到平行平板第一面的距离;d_{i+1} 是平行平板的厚度。

近轴光通过平行平板的轴向位移量可由下式求出:

$$\Delta l' = d\left(1 - \frac{1}{n}\right)$$

再用与式(7-13)相类似的公式求出射光线的坐标:

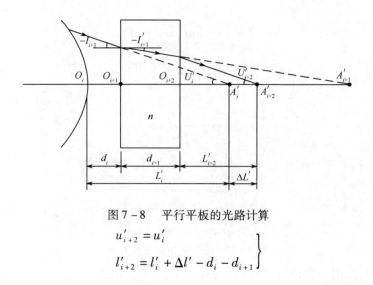

图 7-8 平行平板的光路计算

$$\left.\begin{array}{l}u'_{i+2} = u'_i \\ l'_{i+2} = l'_i + \Delta l' - d_i - d_{i+1}\end{array}\right\}$$

7.2.5 沿轴外点主光线细光束的光路计算

实际光学系统轴上点发出的细光束因其光束轴和光学系统光轴相重合，故折射后仍保持同心。但是当细光束的光束轴与投射点法线不重合时，折射后就不是同心光束，而形成像散光束。

如图 7-9 所示，BM_1M_2 是由轴外物点 B 发出的子午细光束，光束轴为 BM。对于单个折射球面来说，点 B 可看作在辅轴 BC 上，子午细光束经球面折射后会聚于点 B'_t，这就是子午细光束的焦点，称为子午像点，位于光束轴 MB'_t 上。延长此光束各光线交辅轴于点 B'_{s1}、B'_s 和 B'_{s2}。若将整个图形绕辅轴 BC 转一微小角度，子午光束 BM_1M_2 形成一立体细光束，则点 B'_t 形成一垂直于子午面的短线，这就是像散光束的第一焦线（子午焦线）。无限细像散光束的所有光线首先聚焦于第一焦线 B'_t，然后发散，再聚焦于短线 $B'_{s1}B'_sB'_{s2}$，形成像散光束的第二焦线（弧矢焦线）。点 B'_s 是弧矢光束的焦点，称为弧矢像点，位于辅轴上（当然也在光束轴 MB'_t 上）。

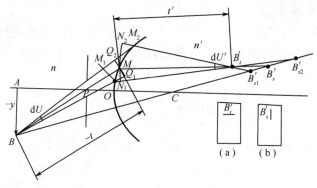

图 7-9 轴外点细光束成像

如果过点 B'_t 并垂直于光轴置一屏，则可知点 B 的子午像为一垂直于子午平面的短线，如图 7-9(a)所示。若将屏置于点 B'_s，则可见到点 B 的弧矢像为位于子午面内的短线，如图 7-9(b)所示。因为子午像点 B'_t 和弧矢像点 B'_s 均在光束轴上，而光束轴即为主光线，故点 B'_t 和点 B'_s 的位置均沿主光线方向来度量。以 t' 和 s' 分别表示主光线在球面上投影点 M 到 B'_t 和 B'_s 的距离，相应地，物空间以 t 和 s 表示点 M 到子午物点 B_t 和弧矢物点 B_s 的距离。在图 7-9 中，

点 B 为实际物点时,点 B_t 和 B_s 均与点 B 重合,即 $t=s$。对于线段 t、s 和 t'、s' 的符号,以点 M 为原点,和光线行进方向一致的为正,反之为负。

下面给出子午像点和弧矢像点的计算公式(推导过程略):

$$\left.\begin{array}{c}\dfrac{n'\cos^2 I'_z}{t'}-\dfrac{n\cos^2 I_z}{t}=\dfrac{n'\cos I'_z-n\cos I_z}{r}\\[2mm]\dfrac{n'}{s'}-\dfrac{n}{s}=\dfrac{n'\cos I'_z-n\cos I_z}{r}\end{array}\right\} \quad (7-14)$$

式中:I_z、I'_z 为主光线的入射角和折射角(图 7-10);t、t' 为沿主光线计算的子午物距和像距;s、s' 为沿主光线计算的弧矢物距和像距。上两式称为杨氏公式,计算的初始数据是 $t_1=s_1$,当物体位于无限远时,$t_1=s_1=-\infty$。当物体位于有限距离时,由图 7-9 可知,$t_1=s_1=\dfrac{l_1-x_1}{\cos U_{z1}}$ 或 $t_1=s_1=\dfrac{h_1-y_1}{\sin U_{z1}}$。$I_z$ 和 I'_z 在主光线的光路计算中得出。

转面也是沿主光线进行计算的,过渡公式为

$$\left.\begin{array}{c}t_k=t'_{k-1}-D_{k-1}\\ s_k=s'_{k-1}-D_{k-1}\end{array}\right\} \quad (7-15)$$

式中:D_{k-1} 为相邻两折射面间沿主光线方向的间隔。

$$D_k=\dfrac{h_k-h_{k+1}}{\sin U'_{zk}}$$

或

$$D_k=\dfrac{d_k-x_k+x_{k+1}}{\cos U'_{zk}}$$

$$h_k=r_k\sin(U_{zk}+I_{zk})$$

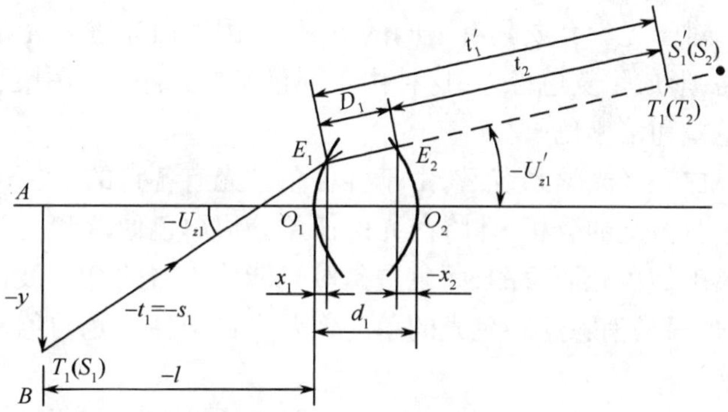

图 7-10 轴外点细光束计算

空间光线的光路比较复杂,只是在视场和孔径均很大的系统才有必要计算它,这里不再叙述。

习 题

7.1 一个大孔径物镜,$f'=75$,$D/f'=1/0.9$,视场角 $\omega=\pm 6°$,$l=-\infty$,入射光瞳位置 $l_z=-16$。试求在对该系统进行光路计算时的近轴光,远轴光,边缘视场的主光线,边缘视场和边缘孔径的上、下光线的初始数据。

第8章 光学系统的像差

讨论像差的目的是为了能动地校正像差,使光学系统能够在一定的相对孔径下对给定大小的视场成令人满意的像。为此,必须讨论各种像差的成因、度量和计算方法,并找出其与相对孔径、视场之间的关系,以及与光学系统结构参数之间的关系。

在所有的光学零件中,平面反射镜是唯一能成完善像的光学零件。

如果只讨论单色光的成像,则光学系统会产生五种性质不同的像差,分别是球差、彗差、像散、像面弯曲(场曲)和畸变,统称为单色像差。

实际上,绝大多数光学系统以白光或复色光成像。白光是由不同波长的单色光所组成的,它们对于光学介质具有不同的折射率,因而白光进入光学系统后就会因色散而有不同的传播光路,形成了复色像差,这种由不同色光的光路差别引起的像差称为色差。色差有两种,即位置色差和倍率色差。

白光经光学系统后,由于各种单色光有各自的单色像差,因此白光成像是很复杂的。为了便于对像差的分析,才将白光的像差分成单色像差和色差。其中,单色像差是对光能接收器最为灵敏的色光而言的,而色差是对光能接收器的有效波段内两种边缘色光而言的。所谓消像差,也只是消除这种色光的单色像差和这两种色光的色差。

8.1 轴上点的球差

8.1.1 球差概述

绝大多数光学系统具有圆形入射光瞳,轴上点光束是轴对称的,其对称轴就是光学系统的光轴,这种光束经系统折射以后也具有对称的性质。因此,为了了解轴上点的成像情况,只需讨论位于子午面内,并在光轴一边若干光线的会聚情况即可。

由第2章的内容可知,自光轴上一点发出与光轴成 U 角的光线,经球面折射以后所得的截距 L' 是孔径角 U 的函数;对平行于光轴为入射光线,L' 则随光线的入射高度 h 而发生变化。因此,轴上点发出的同心光束经光学系统各个球面折射以后,不再是同心光束,其中与光轴成不同角度(或离光轴不同高度)的光线交光轴于不同的位置上,相对于理想像点有不同的偏离,如图 8-1 所示。这种偏离是单色光成像的缺陷之一,称为球差,以 $\delta L'$ 表示,具体定义为

$$\delta L' = L' - l' \tag{8-1}$$

显然,与光轴成不同孔径角 U 的光线具有不同的球差。

如图 8-1 所示的情况,$\delta L' < 0$,称为球差校正不足或欠校正;$\delta L' > 0$,称为球差校正过头或过校正。$\delta L' = 0$,称光学系统对这条光线校正了球差。大部分光学系统只能做到对一条光线校正球差,一般是对边缘光线校正球差,即 $\delta L'_m = 0$,这样的光学系统称为消球差系统。

由于球差的存在,使得在高斯像面上得到的不是点像,而是一个圆形弥散斑,其半径由图

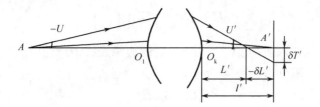

图 8-1 轴上点球差

8-1 中容易看出,即

$$\delta T' = \delta L' \tan U' \tag{8-2}$$

可见,球差越大,像方孔径角越大,高斯像面上的弥散斑也越大,这将使像模糊不清。所以光学系统为使成像清晰,必须校正球差。且单正透镜产生负球差,单负透镜产生正球差,故单透镜本身难于校正球差,而正、负透镜组合起来才可能使得球差得以校正。对于大孔径系统,即使球差较小也会形成较大的弥散斑,因此校正球差的要求更为严格。

一般 $\delta L'$ 称为轴向球差,$\delta T'$ 称为垂轴球差。相应地,轴向球差 $\delta L'$ 是沿轴度量的,垂轴球差 $\delta T'$ 是沿垂轴方向度量的。平常我们所说的球差都指的是轴向球差。对单色光而言,轴上点成像的不完善只是由于球差的缘故,就是说,球差是轴上点唯一的单色像差。

物面上各点的成像都有球差。在小视场范围内的点可认为球差的影响是一致的。但视场较大时,不仅与轴上点大不相同,而且由于光束经光学系统后对主光线的失对称,子午光束的球差和弧矢光束的球差也不相同。当然,这已不属本节讨论的范围。

球差的精确值必须对轴上物点发出的近轴光线和若干条实际光线进行光路计算,分别求得 l' 和 L' 以后,按公式(8-1)求得。

球差是入射高度 h_1 或孔径角 U_1 的函数,它随 h_1 或 U_1 变化的规律,可以由 h_1 或 U_1 的幂级数来表示。当 U_1 或 h_1 变号时,球差 $\delta L'$ 不变,故在级数展开式中只能包含 U_1 或 h_1 的偶次项;当 $U_1 = 0$ 或 $h_1 = 0$ 时,$\delta L' = 0$,因此展开式中不可能有常数项;球差是轴上点像差,与视场无关,这样展开式中没有 y 或 ω 项,所以可将球差表示为

$$\delta L' = A_1 h_1^2 + A_2 h_1^4 + A_3 h_1^6 + \cdots \tag{8-3a}$$

或

$$\delta L' = a_1 U_1^2 + a_2 U_1^4 + a_3 U_1^6 + \cdots \tag{8-3b}$$

式(8-3a)中:第一项称为初级球差,第二项称为二级球差,第三项称为三级球差,二级以上球差称为高级球差;A_1、A_2、A_3 分别为初级球差系数、二级球差系数、三级球差系数。

大部分光学系统二级以上的更高级的球差很小,可以忽略。因此,其球差可用初级和二级两项来表示,即

$$\left. \begin{array}{l} \delta L' = A_1 h_1^2 + A_2 h_1^4 \\ \delta L' = a_1 U_1^2 + a_2 U_1^4 \end{array} \right\} \tag{8-4}$$

对于这种系统,利用初级球差和二级球差之间的平衡,可以对一个孔径带校正球差,此时在其他带上必具有剩余球差。那么,按通常做法,当对边缘光线校正球差后,在什么带上将具有最大的剩余球差?为解决这个问题,首先以光线的相对高度表示展开式:

$$\delta L' = A_1\left(\frac{h}{h_m}\right)^2 + A_2\left(\frac{h}{h_m}\right)^4$$

式中：h_m 表示边缘光线的入射高度。当对 $h = h_m$ 的边缘光线消球差时，有 $A_1 = -A_2$。为求得球差的极值，将上式对 h 微分，并令其为零，得

$$h = 0.707 h_m$$

即当边缘球差为零时，$h = 0.707 h_m$ 这一带光光线具有最大剩余球差，其值为

$$\delta L'_m = 0.25 A_1$$

因此，当对边缘光线校正了球差后，在 0.707 带具有最大剩余球差（称为带光球差，用 $\delta L'_{0.707}$ 表示），其值是边缘光线为平衡高级球差所需的初级球差的四分之一。若高级球差为正，带光球差一定是负的。光学系统的高级球差越大，带光球差也越大；反之，已对边缘光线消球差的系统，带光球差大者，高级球差必大。实际计算表明，结构形式一定的光学系统，在修改结构参数的过程中，高级球差变化甚微。同时，有关推导表明，一个面产生的高级球差与初级球差的比值和折射面的相对孔径（h/r）的平方成比例。因此一般而言，光学系统各折射面的半径应大些，以使其具有小的相对孔径。一般 $h/r < 0.5$，并且，一定形式的系统，为使带光球差不超过容限，其相对孔径不可任意增大，相对孔径或数值孔径很大的系统必须有较复杂的结构。

一般把计算得到的球差画成球差曲线。图 8-2(a) 所示为一双胶合透镜的球差曲线。它是初级球差和二级球差曲线的合成曲线。有时，以 h_1^2 和 U_1^2 为纵坐标来绘制球差曲线更为合适。这样做不仅与以后将要讨论的波像差联系密切，而且易于反映光学系统的球差性质。如图 8-2(b) 所示，若光学系统仅有初级球差，则球差曲线为一条直线。如果球差曲线不为直线，则在曲线上 $h^2 = 0$ 处所作的切线与球差曲线的偏离即为光学系统的高级球差。

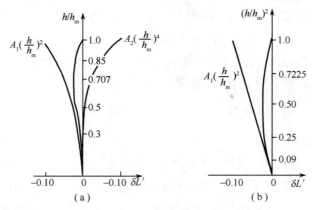

图 8-2 球差曲线

8.1.2 光学系统的球差分布公式

用光线的光路计算只能求出整个光学系统的球差。但这一球差主要由哪些面产生，各面球差的正负如何，球差的性质如何等一系列问题是在光学设计时为控制和校正球差所必须了解和知道的，但这些问题仅从光路计算是不能解决的。为此，必须在光路计算的基础上，对球差产生的性质和球差在光学系统各个面上的分布进行进一步的讨论。

光学系统的总球差值是各个折射面产生的球差传递到系统的像空间后相加得到的，即每

个折射面对系统的总球差值均有"贡献量",这些贡献量值就是系统的球差分布。

首先对光学系统中任一个折射面进行分析。如图 8-3 所示,该面前面的各个折射面产生的球差为 δL,是该折射面的物方球差,其后面的球差 $\delta L'$ 为像方球差。$\delta L'$ 不能认为是给定折射面产生的球差值,它包含了前面几个面的球差贡献量。也不能认为该球差是前几个面产生球差的简单相加。实际上该球差是由两部分组成,一部分是该折射面本身所产生的球差,以 δL^* 表示,另一部分是折射面物方球差 δL 乘以该面的转面倍率 α 而得的。可用下式表示折射面的像方球差:

$$\delta L' = \alpha \delta L + \delta L^* \tag{8-5}$$

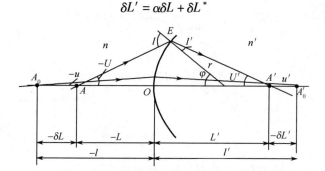

图 8-3 单个折射面物像方球差示意图

1897 年克尔伯考虑了远轴光的影响,采用了下式作为球差的转面倍率:

$$\alpha = \frac{nu\sin U}{n'u'\sin U'}$$

代入式(8-5),得

$$\delta L' = \frac{nu\sin U}{n'u'\sin U'}\delta L + \delta L^*$$

或写成

$$n'u'\sin U' \delta L' = nu\sin U \delta L + n'u'\sin U' \delta L^* \tag{8-6}$$

令

$$n'u'\sin U' \delta L^* = -\frac{1}{2}S_- \tag{8-7}$$

则有

$$\begin{aligned}
-\frac{1}{2}S_- &= n'u'\sin U'(L'-l') - nu\sin U(L-l) \\
&= n'u'\sin U'(L'-r) - n'u'\sin U'(l'-r) \\
&\quad - nu\sin U(L-r) + nu\sin U(l-r)
\end{aligned} \tag{8-8}$$

把实际光路计算公式中的 $(L'-r)\sin U' = r\sin I'$ 和相应的近轴光公式乘以 n',有

$$n'u'(l'-r) = n'i'r = nir$$

代入式(8-8),得

$$-\frac{1}{2}S_- = n'u'r\sin I' - n'i'r\sin U' - nur\sin I + nir\sin U$$

$$= nir(\sin U - \sin U') + nr(u' - u)\sin I$$
$$= nir(\sin U - \sin U') + nr(i - i')\sin I$$
$$= nir(\sin U - \sin U') + nir(\sin I - \sin I')$$
$$= ni[r\sin U - r\sin U' + (L - r)\sin U - (L' - r)\sin U']$$
$$= ni(L\sin U - L'\sin U') \tag{8-9}$$

所以折射面新产生的球差为

$$\delta L^* = \frac{1}{n'u'\sin U'} ni(L\sin U - L'\sin U')$$

设符号

$$\Delta z = L'\sin U' - L\sin U \tag{8-10}$$

则得

$$-\frac{1}{2}S_- = ni\Delta z \tag{8-11}$$

此式称为克尔伯公式,在计算中是比较方便的。而且其中的近轴光线(l,u)和实际光线(L,U)不一定要由同一物点发出,也可以由光轴上任意两点发出,只要它们通过同一光学系统,上式就成立。该公式在其他像差分布公式的推导中也是有用的,这个公式具有普遍意义。

根据式$(8-6)$和式$(8-7)$,可得单个折射球面的球差表示式为

$$\delta L' = \frac{nu\sin U}{n'u'\sin U'}\delta L - \frac{1}{2n'u'\sin U'}S_-$$

把上式用于k个折射面的光学系统的每一个面,得

$$\delta L_1' = \frac{n_1 u_1 \sin U_1}{n_1' u_1' \sin U_1'}\delta L_1 - \frac{1}{2n_1' u_1' \sin U_1'}(S_-)_1$$

$$\delta L_2' = \frac{n_2 u_2 \sin U_2}{n_2' u_2' \sin U_2'}\delta L_2 - \frac{1}{2n_2' u_2' \sin U_2'}(S_-)_2$$

$$\vdots$$

$$\delta L_k' = \frac{n_k u_k \sin U_k}{n_k' u_k' \sin U_k'}\delta L_k - \frac{1}{2n_k' u_k' \sin U_k'}(S_-)_k$$

对于一个光学系统,上式的转面倍率中的因子可由过渡公式得到:

$$\left.\begin{array}{r} n_2 u_2 \sin U_2 = n_1' u_1' \sin U_1' \\ n_3 u_3 \sin U_3 = n_2' u_2' \sin U_2' \\ \vdots \\ n_k u_k \sin U_k = n_{k-1}' u_{k-1}' \sin U_{k-1}' \end{array}\right\}$$

另外,有

$$\delta L_1' = \delta L_2, \delta L_2' = \delta L_3, \cdots, \delta L_{k-1}' = \delta L_k$$

经过化简可得整个系统的球差表示式,即

$$\delta L'_k = \frac{n_1 u_1 \sin U_1}{n'_k u'_k \sin U'_k} \delta L_1 - \frac{1}{2 n'_k u'_k \sin U'_k} \sum_1^k S_- \qquad (8-12a)$$

或写成

$$n'_k u'_k \sin U'_k \delta L'_k - n_1 u_1 \sin U_1 \delta L_1 = -\frac{1}{2} \sum_1^k S_- \qquad (8-12b)$$

式(8-12)就是球差分布公式,当实际物体成像时,$\delta L_1 = 0$,折射面的$(-S_-)$值和$\frac{1}{2n'_k u'_k \sin U'_k}$的乘积即为该折射面对光学系统总球差值的贡献量,所以称 S_- 为球差分布系数,其数值大小也表征了该面所产生球差的大小。$\sum S_-$ 称为光学系统的球差系数,它表征了系统的球差。

利用式(8-10)和式(8-11)计算光学系统各个折射面的球差分布系数 S_- 较为方便。在该式中,$L'\sin U' - L\sin U$ 可在光路计算中得到。

8.1.3 单个折射球面的球差分布系数,不晕点

式(8-9)便于用来根据光路计算的中间数据计算各折射球面所产生的球差,但不便于用来分析各面产生的球差的性质。为此,对 $-\frac{1}{2}S_-$ 进行变换,有

$$\begin{aligned}
-\frac{1}{2}S_- &= nir[(\sin U + \sin I) - (\sin U' + \sin I')] \\
&= nir\left[2\sin\frac{1}{2}(U+I)\cos\frac{1}{2}(U-I) - 2\sin\frac{1}{2}(U'+I')\cos\frac{1}{2}(U'-I')\right] \\
&= ni \cdot 2r\sin\frac{1}{2}(U+I)\left[\cos\frac{1}{2}(U-I) - \cos\frac{1}{2}(U'-I')\right] \\
&= niPA\left[\cos\frac{1}{2}(U-I) - \cos\frac{1}{2}(U'-I')\right] \\
&= -niPA\sin\frac{1}{2}(I'-U)\sin\frac{1}{2}(I-I') \qquad (8-13)
\end{aligned}$$

其中,由图7-3可知

$$PA = 2r\sin\frac{1}{2}(U+I)$$

将式(7-5)代入式(8-13),并整理得

$$\frac{1}{2}S_- = \frac{niL\sin U(\sin I - \sin I')(\sin I' - \sin U)}{2\cos\frac{1}{2}(I-U)\cos\frac{1}{2}(I'+U)\cos\frac{1}{2}(I+I')} \qquad (8-14)$$

通过上式可以看出单个折射面的球差与 L、I、I'、U 间的关系。

由上式可导出单个折射面在以下三种情况下球差为零:

(1) $L=0$,由光路计算公式可知,此时 L' 必为零,即物点、像点均与球面顶点重合。

(2) $\sin I - \sin I' = 0$,这只有在 $I' - I = 0$ 的条件下才能满足,相当于光线和球面法线相重合,物点和像点均与球面中心相重合,即 $L' = L = r$。

(3) $\sin I' - \sin U = 0$ 或 $I' = U$。此时,相应的物点位置易于由式(2-1)求出,即

$$\sin I' = \frac{n}{n'}\sin I = \frac{n}{n'}\frac{L-r}{r}\sin U$$

由于 $\sin I' = \sin U$，故得物点位置为

$$L = \frac{n+n'}{n}r \qquad (8-15)$$

又由式 $I' - U = I - U'$，得 $I = U'$，可由式(2-4)得

$$\sin I = \frac{n'}{n}\sin I' = \frac{n'}{n}\frac{L-r}{r}\sin U'$$

故得相应像点位置为

$$L' = \frac{n'+n}{n}r \qquad (8-16)$$

由以上这对无球差共轭点位置 L 和 L' 可知，它们都在球心的同一侧，或者是实物成虚像，或者是虚物成实像，如图 8-4 所示。

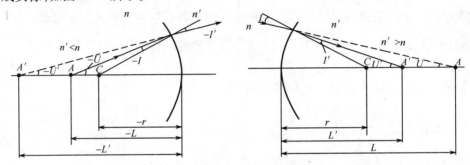

图 8-4　符合 $n'L' = nL$ 的一对共轭点成像位置图

由式(8-15)和式(8-16)可得该对无球差共轭点位置间的简单关系为

$$n'L' = nL \qquad (8-17)$$

又由 $U' = I, U = I'$，得

$$\frac{\sin U'}{\sin U} = \frac{\sin I}{\sin I'} = \frac{n'}{n} = \frac{L}{L'} \qquad (8-18)$$

此式表明，这一对共轭点不管孔径角 U 多大，比值 $\sin U'/\sin U$ 和 L/L' 始终保持常数，故不产生球差，这一对共轭点称为不晕点（或齐明点）。

8.1.4　单个折射球面产生的球差正负和物体位置的关系

上面对单个折射球面给出三对无球差共轭点的位置，这样就可以把 $-\infty \sim +\infty$ 的整个空间分为四个以无球差点为界的区间。

(1) 当 $r > 0$ 时，四个区间为：$-\infty \leqslant L < 0$ 称为第一区间；$0 < L < r$ 称为第二区间；$r < L < \frac{n+n'}{n}r$ 称为第三区间；$\frac{n+n'}{n}r < L \leqslant +\infty$ 称为第四区间，如图 8-5 所示。各区间中间物点的球差正负由式(8-14)中 $L\sin U$（或 PA）、i、$\sin I - \sin I'$ 和 $\sin I' - \sin U$ 的符号决定。

当 $r > 0, PA > 0$ 和 $n' > n$ 时，可知上述四个因子的正负。

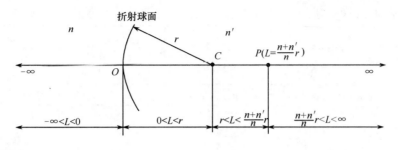

图 8-5 $r>0$ 时划分的四个区间

第一个因子 $L\sin U$，因 $PA>0$，由 $L\sin U = PA\cos\frac{1}{2}(U-I)$ 可知，无论物点在哪个区间，$L\sin U$ 恒为正值。

第二个因子 i，总取其与 $\sin I$ 同号。其符号随物体所在区间而异，在第二个区间 ($0<L<r$) 为负，其他区间为正。

第三个因子 $\sin I - \sin I'$，表示折射光线相对于入射光线的偏角。$\sin I - \sin I' > 0$ 时，光线起会聚作用；反之，$\sin I - \sin I' < 0$ 时，光线起发散作用。这一因子可表示为

$$\sin I - \sin I' = \sin I - \frac{n}{n'}\sin I = \sin I\left(\frac{n'-n}{n'}\right)$$

前已假设 $n'>n$，$\frac{n'-n}{n}$ 恒为正，故 $\sin I - \sin I'$ 的符号与 $\sin I$ 的符号相同，即物点处于第二区间时 $\sin I - \sin I' < 0$，其他区间为正值。

第四个因子 $\sin I' - \sin U$ 可表示为

$$\sin I' - \sin U = \frac{n}{n'}\frac{L-r}{r}\sin U - \sin U = \frac{n}{n'}\sin U\left(\frac{L-r}{r} - \frac{n'}{n}\right)$$

$$= \frac{n}{n'}\sin U\left(\frac{L}{r} - \frac{n'+n}{n}\right)$$

当物点在不同区间时，可得到不同符号的 $\sin I' - \sin U$，参见表 8-1。

表 8-1 物点在不同区间内，$\sin I' - \sin U$ 有不同符号

	$\sin U$	$\frac{L}{r} - \frac{n'+n}{n}$	$\sin I' - \sin U$
第一区间 $-\infty \leqslant L < 0$	−	−	+
第二区间 $0 < L < r$	+	−	−
第三区间 $r < L < \frac{n+n'}{n}r$	+	−	−
第四区间 $\frac{n+n'}{n}r < L \leqslant \infty$	+	+	+

现将各个因子在每一区间内的正负和各区间的 S_Δ 及球差 $\delta L'$ 的正负列于表 8-2。

(2) 当 $r>0$，$n'<n$ 时，只有第三个因子 $\sin I - \sin I'$ 改变了符号，这是因为会聚面 ($r>0$，$n'>n$) 变成发散面 ($r>0$，$n'<n$) 的缘故。因此，在各个区间内球差符号在 $n'>n$ 和 $n'<n$ 时恰好相反。其结果也列于表 8-2 中。

在 $PA<0$ 时，因为 $\sin I$ 和 $\sin U$ 同时改变符号，而使其他因子也同时改变符号，因此对球差的符号不发生影响。

表 8-2　当 $r>0, n'<n$ 时,各个因子在每一区间内的正负和各区间的 S_- 及球差 $\delta L'$ 的正负

$r>0, PA>0$	第一区间: $-\infty \leq L < 0$		第二区间: $0 < L < r$		第三区间: $r < L < \dfrac{n+n'}{n}r$		第四区间: $\dfrac{n+n'}{n}r < L \leq \infty$	
	$n'>n$	$n'<n$	$n'>n$	$n'<n$	$n'>n$	$n'<n$	$n'>n$	$n'<n$
$L\sin U$	+	+	+	+	+	+	+	+
i(或 $\sin I$)	+	+	−	−	+	+	+	+
$\sin I - \sin I'$	+	−	−	+	+	−	−	+
$\sin I' - \sin U$	+	+	+	+	−	−	+	+
S_-	+	−	−	+	−	+	+	−
$\delta L'$	−	+	+	−	+	−	−	+

(3) 当 $r<0$ 时,四个区间 $-\infty \leq L < \dfrac{n'+n}{n}r, \dfrac{n'+n}{n}r < L < r, r < L < 0, 0 < L \leq \infty$,此时各个区间内的各个因子正负仍可按前述方法来确定。设 $PA>0$ 时,分 $n'>n$ 和 $n'<n$ 两种情况列于表 8-3。

表 8-3　当 $r<0, n'>n$ 和 $n'<n$ 时,各个因子在每个区间内的
正负和各区间的 S_- 及球差 $\delta L'$ 的正负

$r>0, PA>0$	第一区间: $-\infty \leq L < 0$		第二区间: $0 < L < r$		第三区间: $r < L < \dfrac{n+n'}{n}r$		第四区间: $\dfrac{n+n'}{n}r < L \leq \infty$	
	$n'>n$	$n'<n$	$n'>n$	$n'<n$	$n'>n$	$n'<n$	$n'>n$	$n'<n$
$L\sin U$	+	+	+	+	+	+	+	+
i(或 $\sin I$)	−	−	−	−	+	+	−	−
$\sin I - \sin I'$	−	+	−	+	−	+	−	+
$\sin I' - \sin U$	−	−	+	+	+	+	−	−

(4) 由表 8-2 和表 8-3 可以得出以下结论。

① 正常区。除由不晕点到球心的这个区间 $\left(r>0, r<L<\dfrac{n'+n}{n}r\right)$ 或 $\left(r<0, \dfrac{n'+n}{n}r<L<r\right)$ 外,球差符号恒与 $\sin I - \sin I'$ 符号相反,即折射面对光束起会聚作用时($\sin I - \sin I' > 0$),产生负球差;折射面对光束起发散作用时($\sin I - \sin I' < 0$),产生正球差。

② 反常区。由不晕点到球心的这一区间是例外。在此区间内,折射面对光束起会聚作用时产生正球差,对光束起发散作用时产生负球差。故这个区间称为反常区。

③ 半反常区。除反常区外,会聚面($n'>n, r>0, n'<n, r<0$)对光束起会聚作用,产生负球差;发散面($n'>n, r<0, n'<n, r>0$)对光束起发散作用,产生正球差。但是也有一个区间例外,这一区间是 $0<L<r(r>0)$ 或 $r<L<0(r<0)$,当物点在此区间内时,会聚面对光束起发散作用,产生正球差;发散面对光束起会聚作用,产生负球差。这个由球面顶点到球心之间的区域称为半反常区。

8.1.5　初级球差

在球差展开式(8-3)中略去高次项可得初级球差。在孔径较小时,初级球差接近实际球

差。当孔径较大时,初级球差与实际球差的差异即为高级球差。当孔径较小时,用初级球差来描述实际球差具有足够的精度,这一可用初级球差来表示实际球差的孔径范围称为赛得区。在这一区域内,实际球差公式(8-12)和式(8-14)中的角度以弧度代替正弦,以 1 代替余弦,并以近轴量 l 代替 L,以 S_I 代替 S_-,由此可得初级球差表示式为

$$\delta L'_k = \frac{n_1 u_1^2}{n'_k u'^2_k}\delta L_1 - \frac{1}{2n'_k u'^2_k}\sum_1^k S_I \tag{8-19}$$

$$S_I = luni(i-i')(i'-u) \tag{8-20}$$

当入射光束无球差时,$\delta L_1 = 0$,有

$$\delta L'_k = -\frac{1}{2n'_k u'^2_k}\sum_1^k S_I \tag{8-21}$$

可见,S_I 表征光学系统各面对初级球差的贡献,称为初级球差分布系数。S_I 之和 $\sum S_I$ 称为初级球差系数,也称为第一赛得和数。公式表明:S_I 与孔径的四次方成正比,初级球差与孔径的平方成正比,相当于球差展开式中的第一项。只需计算一条自轴上物点发出的第一近轴光线的光路,即可求得初级球差。

讨论和计算初级球差,一方面是为了通过与实际球差的比较,了解高级球差及其分布,从而在系统设计时通过减小高级球差或用适当的初级球差与之平衡,较快地校正好球差;另一方面,由于初级球差公式较简单,可表示成系统结构参数的函数,因此用来求得消球差的初始结构。

8.1.6 薄透镜和薄透镜系统的初级球差

式(8-20)和式(8-21)便于对已知结构参数的系统计算其初级球差,但无法用它求解初始结构。为了加快光学设计的进程,根据初级像差要求求解初始结构参数常常是必要的,因此希望将初级像差公式表示成结构参数的函数。这一点对薄透镜来说是易于实现的。

对于单个薄透镜,初级球差可写成

$$\delta L' = -\frac{1}{2n'_2 u'^2_2}\sum_1^2 S_I$$

$$= -\frac{1}{2n'_2 u'^2_2}[l_1 u_1 n_1 i_1(i_1-i'_1)(i'_1-u_1) + l_2 u_2 n_2 i_2(i_2-i'_2)(i'_2-u_2)]$$

式中:lu 就是光线在折射面上的高度 h;另外

$$ni = n\frac{l-r}{r}u = n\left(\frac{h}{r}-u\right) = hn\left(\frac{1}{r}-\frac{1}{l}\right) = hQ \tag{8-22}$$

$$(i-i')(i'-u) = h^2 Q\Delta\frac{1}{nl} \tag{8-23}$$

由此,初级球差分布系数 S_I 可表示成

$$S_I = h^4 Q^2 \Delta\frac{1}{nl} \tag{8-24}$$

式中:Q 为阿贝不变量。

对于单个薄透镜,当光焦度 φ 一定时,两个面的曲率中仅一个为自由变数,且 l_1 和 l_2 也有一定的关系。若以 ρ_1、ρ_2、σ_1 和 σ_2' 分别表示 r_1、r_2、l_1 和 l_2' 的倒数,则可将单个薄透镜的初级球差最终表示成结构参数的函数,即

$$\delta L' = \frac{1}{2n'u'^2} h^4 A \tag{8-25}$$

式中

$$A = \frac{n+2}{n}\varphi\rho_1^2 - \left(\frac{2n+1}{n-1}\varphi^2 + \frac{4n+4}{n}\varphi\sigma_1\right)\rho_1 + \frac{3n+1}{n-1}\varphi^2\sigma_1$$
$$+ \frac{3n+2}{n}\varphi\sigma_1^2 + \frac{n^2}{(n-1)^2}\varphi^3 \tag{8-26a}$$

或

$$A = \frac{n+2}{n}\varphi\rho_2^2 - \left(\frac{2n+1}{n-1}\varphi^2 + \frac{4n+4}{n}\varphi\sigma_2'\right)\rho_2 + \frac{3n+1}{n-1}\varphi^2\sigma_2' + \frac{3n+2}{n}\varphi\sigma_2'^2 + \frac{n^2}{(n-1)^2}\varphi^3 \tag{8-26b}$$

由以上公式可见,薄透镜的初级球差除与物体位置、透镜的折射率有关外,还与透镜的形状有关。对于给定折射率和物体位置的透镜,如保持光焦度不变而改变其形状,其初级球差按抛物线变化。这种保持光焦度不变而改变透镜形状的做法称为整体弯曲。

将式(8-26a)代入式(8-25)并求 $\delta L'$ 对 ρ_1 的一阶导数和二阶导数可知,当

$$\rho_{10} = \frac{(2n+1)n}{2(n+2)(n-1)}\varphi + \frac{2(n+1)}{n+2}\sigma_1 \tag{8-27}$$

时,球差为极值。

球差为极值时的透镜称为最佳形状透镜。由式(8-27)可导出,当物体位于无限远时,有

$$\rho_{10} = \frac{(2n+1)n}{2(n+2)(n-1)}\varphi \tag{8-28}$$

$$\delta L' = -\frac{h^2}{8f'} \cdot \frac{n(4n-1)}{(n-1)^2(n+2)} \tag{8-29}$$

上式对于正透镜为极大值,对于负透镜为极小值。

图 8-6 给出了正负透镜($n=1.5$)的球差随透镜形状变化的曲线。由图中可知,单正透镜总产生负球差,单负透镜总产生正球差,二者均不能通过整体弯曲使球差为零,但总可以找到使球差值为最小的最佳形状。

以上是单个薄透镜的情况,对于薄透镜系统,可将其初级球差表示式写成

$$\delta L' = -\frac{1}{2n'u'^2} S_I = -\frac{1}{2n'u'^2}\sum h^4 A \tag{8-30}$$

式(8-30)是初级球差按透镜分布的表示式,其中 A 是每个透镜的结构参数的函数,按照式(8-26)计算。对于相接触的薄透镜系统,光线在各透镜上的高度相等。式(8-30)可用于求解薄透镜系统的初始结构。下面对两种最常遇到的情况进行讨论。

1. 双胶合透镜组

双胶合透镜组有三个折射面,当两个透镜的光焦度 φ_I 和 φ_{II} 根据色差要求分配确定(详

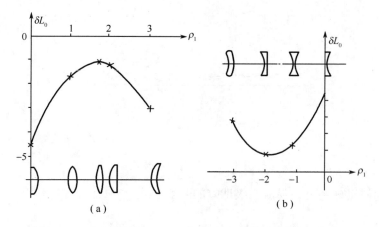

图 8-6 正负透镜($n=1.5$)的球差随透镜形状变化的曲线

见色差)后,仅留下一个自由变数。通常选择胶合面的曲率 ρ_2 作为变量,得双胶合透镜组的初级球差公式为

$$\delta L' = -\frac{1}{2n'u'^2}[A_{\mathrm{I}}(n_{\mathrm{I}},\varphi_{\mathrm{I}},\rho_2,\sigma'_{\mathrm{I}}) + A_{\mathrm{II}}(n_{\mathrm{II}},\varphi_{\mathrm{II}},\rho_2,\sigma_{\mathrm{II}})]$$
$$= a\rho_2^2 + b\rho_2 + c \tag{8-31}$$

不论是要求消球差,还是要求补偿系统中其他光学零件产生的球差,都可应用上式根据具体要求解得双胶合镜组的 ρ_2。当然,先决条件是 $b^2 - 4a(c-\delta L') \geqslant 0$,这取决于玻璃对的挑选是否合理。

2. 微小间隙的双分离镜组

双分离镜组由正、负透镜共四个折射面组成。当两个透镜的光焦度 φ_{I} 和 φ_{II} 确定后,还有两个自由变数,透镜可各自作整体弯曲。一般取 ρ_1 和 ρ_3 作为变量,得

$$\delta L' = -\frac{1}{2n'u'^2}[A_{\mathrm{I}}(n_{\mathrm{I}},\varphi_{\mathrm{I}},\rho_1,\sigma_{\mathrm{I}}) + A_{\mathrm{II}}(n_{\mathrm{II}},\varphi_{\mathrm{II}},\rho_3,\sigma_{\mathrm{II}})]$$
$$= a_1\rho_1^2 + a_2\rho_3^2 + b_1\rho_1 + b_2\rho_3 + c \tag{8-32}$$

σ_2 可由 σ_1 和 φ_{I} 决定。多余的一个变量可用来校正另一种像差。

8.1.7 平行平板的球差

光学系统中常用于转像或转折光轴的反射棱镜,相当于具有一定厚度的平行平板。在4.2节中已经知道,中心在光轴上的同心光束入射于与光轴垂直的平行平板时,与光轴成不同角度的光线经其折射以后,具有不同的轴向位移。这就是平行平板的球差。显然,它就是实际光线与近轴光线的轴向位移量之差。如图 8-7 所示,有

$$\delta L'_p = \Delta L' - \Delta l'$$

将式(4-3)和式(4-4)代入,得

$$\delta L'_p = \left(1 - \frac{\cos I_1}{\cos I'_1}\right)\frac{d}{n} \tag{8-33}$$

即为平行平板的实际球差公式。式中 I_1 即为该光线的孔径角 U_1。所以,只要知道入射光线的孔径角,平行平板对该光线所产生的球差就很容易求得。

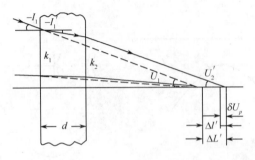

图 8-7　平行平板球差

平行平板的初级球差公式易从初级球差的一般公式(8-20)和式(8-21)导出,有

$$\sum S_{Ip} = -\frac{n^2-1}{n^3}du_1^4 \tag{8-34}$$

$$\delta L_p' = -\frac{1}{2n_2'u_2'^2}\sum S_{Ip} = \frac{n^2-1}{2n^3}du_1^2 \tag{8-35}$$

可见,平行平板恒产生正球差,其大小随平板厚度 d 和入射光束孔径角 u_1 的增大而增大。平行平板只有当处于 $u_1=0$ 的平行光束中时才不会产生球差,例如在望远镜物镜之前不会产生球差。因此,在光学系统的非平行光束中,若设置有反射棱镜,由于其展开成平行平板后有相当的厚度,它所产生的球差就相当可观,必须要由光学系统产生等值异号的球差来予以补偿。或者在孔径很大的系统,例如高倍显微镜物镜中,虽然保护标本的盖玻片只有很薄的厚度(一般为 0.17mm),但因处在孔径角很大的会聚光束中,其所产生的正球差也具有不能允许的数值,也必须由物镜来予以补偿。

8.2　正弦差和彗差

前面所讨论的球差只能表征光学系统对轴上物点以单色光成像时的像质,而大多数光学系统需要对有限大小物面成像。如果视场较小,则其边缘点可认为与轴上点很靠近,这种近轴物点的像差性质要比远轴点简单得多。本章讨论的就是这种近轴轴外点的像差性质。

8.2.1　正弦条件和赫歇尔条件

1. 正弦条件

通常情况下,光学系统都对垂轴物平面成像,因此,讨论垂轴方向上无限靠近的两点间的成像关系有重要的意义。

光学上的正弦条件是当光学系统对轴上点成完善像时,使在垂轴方向上与之无限靠近的物点也成完善像的充分必要条件。这就是说,若光学系统满足正弦条件,就能对小视场物面完善成像。正弦条件可由费马原理导出。

如图 8-8 所示,光轴上的点 A 成完善像于 A'。B 是在过 A 的垂轴方向上无限靠近 A 的一点。设它也被系统成完善像于 B'。分别以 y 和 y' 表示 AB 和 $A'B'$。过 A 点的光线 OA 与光轴成 U 角,其共轭光线 $O'A'$ 与光轴成 U' 角。过 B 点的光线 OB 与光轴成 $(U+dU)$ 角,其共轭光线 $O'B'$ 与光轴成 $(U'+dU')$ 角。根据费马原理,光程 $(OAA'O')$ 应与 $(OBB'O')$ 相等,即

$$n \cdot OA + AA' - n' \cdot O'A' = n \cdot OB + BB' - n' \cdot O'B'$$

故有

$$n(OA - OB) - n'(O'A' - O'B') = BB' - AA' \qquad (8-36)$$

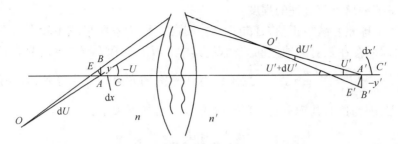

图 8-8 正弦条件的推导示意图

以 O 点为中心，OA 为半径作圆弧，交光线 OB 于 E。因 $\mathrm{d}U$ 角极小，从 $\triangle ABE$ 可得

$$OA - OB = BE = AB \cdot \sin(-U) = -y\sin U \qquad (8-37)$$

同理，在像方可得

$$O'A' - O'B' = -y'\sin U' \qquad (8-38)$$

将式(8-37)和式(8-38)代入式(8-36)，得

$$n'y'\sin U' - ny\sin U = BB' - AA'$$

A' 和 B' 分别是 A 和 B 的完善像，根据费马原理，其间的光程各为极值，即 $\delta(AA') = \delta(BB') = 0$。因此，光程 (AA') 和 (BB') 各为常数，二者之差也为常数，该常数可用一条沿光轴的光线来确定。对于这条光线，$U = U' = 0$，故该常数为 0，由此得

$$ny\sin U = n'y'\sin U' \qquad (8-39)$$

式(8-39)即是正弦条件。这是光学系统对垂轴小面积成完善像所需满足的条件。或者说，当轴上点能以宽光束成完善像时，若满足此条件，则过该点的垂轴小面积上的其他点也能以宽光束成完善像。

式(8-39)又可写成

$$\frac{n\sin U}{n'\sin U'} = \beta \qquad (8-40)$$

当物体在无限远时，$\sin U = 0$，正弦条件可以表示成

$$f' = \frac{h}{\sin U'} \qquad (8-41)$$

显然，仅由轴上点光线的光路计算结果就能方便地判断光学系统是否满足正弦条件。例如边缘光线，已对其校正了球差，并根据其光路计算结果求取比值 $\frac{n\sin U}{n'\sin U'}$（物点在有限远时）或 $\frac{h}{\sin U'}$（物点在无限远时），如果等于按近轴光线所算得的放大率 $\beta\left(=\frac{nu}{n'u'}\right)$ 或焦距 $f'\left(=\frac{h}{u'}\right)$，则表示满足正弦条件；如不相等，则差以 $\delta\beta$ 或 $\delta f'$ 表示，为

$$\delta\beta = \frac{n\sin U}{n'\sin U'} - \beta \qquad (8-42)$$

$$\delta f' = \frac{h}{\sin U'} - f' \qquad (8-43)$$

就可表示光学系统偏离正弦条件的程度。

光轴上校正了球差并满足正弦条件的一对共扼点,称为齐明点或不晕点。在 8.1.3 节中已知,单个折射球面存在三对无球差的共轭点,其中 $l = l' = 0$ 和 $l = l' = r$ 这两对显然满足正弦条件,而 $l = \frac{n+n'}{n}r$ 和 $l' = \frac{n+n'}{n'}r$ 这一对,不仅对任意宽的光束不产生球差,且满足正弦条件,是球面的齐明点,因为这对共轭点,根据公式(8-18)有如下关系:

$$\frac{\sin U}{\sin U'} = \frac{\sin I'}{\sin I} = \frac{n}{n'}$$

因此,可证明出

$$\frac{n\sin U}{n'\sin U'} = \beta = \frac{n^2}{n'^2}$$

所以是满足正弦条件的。

正弦条件不满足,将使物面上不在光轴上的点,即使很靠近光轴,也不能在其共轭像平面上得到完善的像。以后将会讲到,这会使轴外点的成像光束失去对主光线的对称而产生的一种像差称为"彗差"。

2. 赫歇尔条件

光学上的赫歇尔条件是当光学系统在对轴上点成完善像时,在沿轴方向上与之很靠近的另一点也能成完善像时所需满足的条件。

设轴上点 A 成完善像于 A',轴上与之无限靠近的另一点 B 成完善像于 B',且设 $AB = \mathrm{d}x$,$A'B' = \mathrm{d}x'$,如图 8-8 所示。用以上讨论正弦条件完全相同的方法可得

$$n'\mathrm{d}x'(1 - \cos U') = n\mathrm{d}x(1 - \cos U)$$

或

$$n'\mathrm{d}x'\sin^2\frac{U'}{2} = n\mathrm{d}x\sin^2\frac{U}{2} \qquad (8-44)$$

式中:$\mathrm{d}x'$ 与 $\mathrm{d}x$ 之比是轴向放大率。将公式 $\alpha = \frac{\mathrm{d}x'}{\mathrm{d}x} = \frac{n'}{n}\beta^2$ 代入式(8-44)可得

$$n'y'\sin\frac{U'}{2} = ny\sin\frac{U}{2} \qquad (8-45)$$

式(8-44)和式(8-45)所表示的就是赫歇尔条件。它是光轴上前后靠近的点能同时成完善像的必要条件。

比较赫歇尔条件(8-45)和正弦条件(8-39)可知,在一般情况下,二者是不能同时被满足的。这表明,光学系统对某一垂轴物平面成完善像后,不能再对附近的其他物平面成完善像。因此,要寻求一个对整个空间都成完善像的万能光学系统是不可能的。

8.2.2 等晕成像和等晕条件

正弦条件是以轴上点完善成像为前提的。但从 8.1 节的讨论可知,实际的光学系统仅能

对物点发出的光束中的一个带或两个带的光线校正球差,在其余带上的光线仍将具有剩余球差。因此,即使是轴上点也不可能成真正的完善像。实际的像是光线因剩余球差而分散后所形成的圆形弥散斑,只是因为剩余球差不大,弥散圆较小而认为它是良好的可用的而已。此外,轴上点由于球差校正不佳,或球差不能校正而使成像不够完善的情况也是有的。在这种情况下,对轴外近轴点所能提出的要求,当然也不可能是完善像,而只能要求它的成像与轴上点的成像质量一致,或者说,二者具有同等程度的成像缺陷,称为等晕成像。

既然轴上点成像时(单色光)只有球差,那么,根据等晕成像的要求,垂轴平面上与轴上点无限靠近的轴外点也只能有球差,而且对应孔径角的光线的球差应相等,二者具有相同的光束结构,如图 8-9 所示。

显然,在轴上点存在球差时,就不能用正弦条件来判定近轴点的成像情况,而必须用另一条件来判断是否达到等晕成像的要求。

对于非常靠近轴上点的近轴点,其成像时的球差总可以认为是与轴上点相同的,其他与视场高次方成比例的像差也可忽略不计,但二者的差别仍然是可能存在的。这一差别仅在于近轴点成像时,光束相对于主光线失去对称;同一孔径角的锥面上的光线不会会聚于一点;各对在物方本对称于主光线的光线,经系统后的交点都不在主光线上。这是一种在视场很小时就会出现,与视场一次方成比例的像差,称为彗差。我们用子午面和弧矢面上,位于主光线两侧本对称于主光线的成对光线在像方空间的交点 B'_t 和 B'_s 偏离于主光线的距离来度量它,前者称为子午彗差,后者称为弧矢彗差,如图 8-10 所示。这就是近轴点与轴上点用宽光束成像时可能产生的差别。显然,存在这种差别就是光学系统不满足等晕条件的标志。我们用一对弧矢

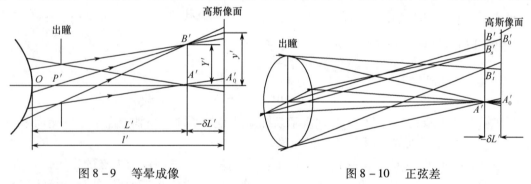

图 8-9 等晕成像　　　　图 8-10 正弦差

光线的交点 B'_s 相对于主光线的偏离,即弧矢彗差(用 K'_s 表示,即 8-10 中的距离 $B'_s B'$)与 $A'B'$ 之比来描述光学系统对等晕条件的偏离程度,用 SC' 表示,称为正弦差,即

$$SC' = \frac{K'_s}{A'B'} = \frac{y'_s - A'B'}{A'B'} = \frac{y'_s}{A'B'} - 1 \tag{8-46}$$

式中:y'_s 为一对弧矢光线交点的高度(即图 8-10 中的距离 $B'_s A'$),可以从如下的考虑找出其与相同孔径的轴上点光线有关量值之间的关系。

如图 8-11 所示,轴上点 A 发出与光轴成 U 角的光线经单个折射球面折射以后,交光轴于 A' 点。由无限靠近轴上

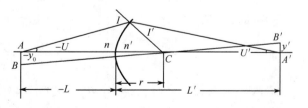

图 8-11 弧矢不变量推导示意图

点的近轴点 B 发出相应孔径角的一对弧矢光线,由于相对子午平面对称,经折射后,其交点 B'_s 一定在子午平面内,且在过 B 点与球心的连线上,即辅轴上。同时,还由于球差与轴上点相同,与视场高次方成比例的像差可以忽略,因此,该对弧矢光线的交点 B'_s 还应在 A' 点的垂轴平面内,其与辅轴 BC 的交点即是。所以,对于单个折射球面,y'_s 与物方相应量 y_s 之间有如下关系:

$$\frac{y'_s}{y_s} = \frac{L' - r}{L - r} \tag{8-47}$$

而上式等号右面的比值,应用公式(2-1)和式(2-4),有

$$\frac{L' - r}{L - r} = \frac{\sin I'}{\sin U'} \cdot \frac{\sin U}{\sin I} = \frac{n \sin U}{n' \sin U'}$$

将其代入式(8-47),可得

$$n' y'_s \sin U' = n y_s \sin U$$

对整个光学系统而言,可得

$$n'_k y'_{sk} \sin U'_k = n_k y_{sk} \sin U_k = \cdots = n_2 y_{s2} \sin U_2 = n_1 y_{s1} \sin U_1 \tag{8-48}$$

上式表明,在光学系统的任意空间内,折射率、轴上点光线孔径角的正弦以及相同孔径的一对弧矢光线的交点高度的乘积是一不变量,称为弧矢不变量。不管成像光束的孔径角多大,只要轴外点在垂轴平面内充分靠近轴上点,上式总是成立的。

因此,不难看出,从弧矢不变量可直接得出正弦条件。

将式(8-46)中的 y'_s 用弧矢不变量的表示式(8-48)代入,并考虑到球差的存在,按图 8-12 中的几何关系将 $A'B'$ 用 y' 表示,再引入 $\frac{y'}{y} = \beta = \frac{nu}{n'u'}$,可得

$$SC' = \frac{n \sin U}{\beta n' \sin U'} \cdot \frac{l' - l'_z}{L' - l'_z} - 1 \tag{8-49}$$

这就是正弦差的表示式。若 $SC' = 0$,则表示系统满足等晕条件。当轴上点由于球差而不完善成像时,满足此条件可使垂轴小面积等晕成像。

从以上公式可见,为计算正弦差以判断近轴点的像质,只需利用轴上点的光线计算结果,外加一条第二近轴光线的计算即可达到目的。为使正弦差的公式表示得更明确、简洁和便于计算,将 $l' = L' - \delta L'$ 代入,并且一般总取 $u = \sin U$,忽略高次小量(即取 $\sin U' = u'$ 和 $L' = l'$)后,式(8-49)可化为

$$SC' = \frac{\delta \beta}{\beta} - \frac{\delta L'}{l' - l'_z} \tag{8-50}$$

当物体位于无穷远时,按公式(8-41)的来源,可将上式表示成

$$SC' = \frac{\delta f'}{f'} - \frac{\delta L'}{l' - l'_z} \tag{8-51}$$

以上两式中,$\delta \beta$ 和 $\delta f'$ 分别由式(8-42)和式(8-43)决定。

以上计算正弦差的公式中,都包含有出瞳位置因子 l'_z,它随孔阑位置而变。因此,当系统的球差已定而不满足等晕条件时,一定可以找到一个光阑位置使系统的正弦差为零。挑选光阑位置来校正某一种与其有关的像差是光学设计时常用的手段。

有些对无穷远物体成像的单组系统,如双胶合、双分离望远物镜,其孔阑常与之重合,即 $l'-l'_z \approx f'$。而对称式照相物镜有 $l'-l'_z = f'$,对这类系统,式(8-51)成为

$$SC' = \frac{\delta f' - \delta L'}{f'} \tag{8-52}$$

因此,当 $\delta f'$ 与 $\delta L'$ 相等时就表示满足等晕条件。通常将二者以相同的比例画在球差曲线图中,二者之差就可表示光学系统偏离等晕条件的程度。图 8-13 所示为一双胶合望远物镜的 $\delta L'$、$\delta f'$ 曲线,正弦差一般应小于 ±0.0025,此物镜的 SC' 值已很小,可认为已较好地满足等晕条件。

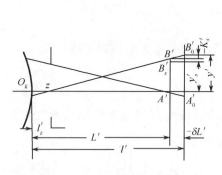

图 8-12　正弦差推导示意图

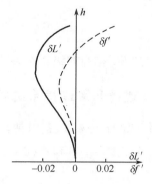

图 8-13　$\delta L'$、$\delta f'$ 曲线

8.2.3　正弦差的分布

前面已知,为使垂轴物平面上近轴点的像也与轴上点一样具有良好的像质,光学系统必须满足等晕条件。但正弦差公式(8-49)~式(8-52)只可用于判断,并不能表明在设计时如何才能使系统满足等晕条件,因此有必要将 SC' 表示成系统各面的贡献之和,并使之能与光学系统的结构参数相联系。

在式(8-50)中,以 $\beta = \dfrac{nu}{n'u'}$ 代入,并取近轴光线的初始值与实际光线相同,即 $u = \sin U$,$l = L$,再利用拉赫不变量公式可导出

$$SC' = \frac{u'}{J\sin U'}[n'u'_z \sin U'(L'-l'_z) - nu\sin U(L-l_z)]$$

式中:方括号内的部分与球差分布公式(8-12a)在形式上完全一致,只是以第二近轴光线的量来取代其中第一近轴光线的量而已。在导出球差分布公式时,并未对近轴光线和实际光线作出限制,只要它们通过同一系统即可,于是按照球差分布公式可得

$$\left. \begin{array}{l} SC' = -\dfrac{u'}{2J\sin U'}\sum S_= \\[2mm] S_= = S_-\dfrac{i_z}{i} \end{array} \right\} \tag{8-53}$$

这就是正弦差的分布公式。$S_=$ 表征了表面的正弦差贡献。当 $\sum S_= = 0$ 时,$SC' = 0$,系统满足等晕条件。由于 $SC' \neq 0$ 会导致近轴点成像的彗差,故称 $\sum S_=$ 为彗差系数。

由以上公式可知,光学系统的球差得到校正,而 SC' 未能自然校正的原因在于各面的 i_p 和 i

角不同,并且凡表面产生球差和高级球差时,必伴生正弦差和高级正弦差。但由球差所伴生的正弦差数量与 i 值有关,$i_z=0$ 的面(光阑在球心)不论球差多少都不会有正弦差。

为计算正弦差的分布值,只需在计算球差分布值的基础上,再计算一条第二近轴光线的光路即可。

参照从球差表示式 S_- 的表示式(8-20)获得近似值 S_I 的方法,在公式(8-53)中,以弧度代替角度的正弦,以 S_I 代替 S_- 可得到正弦差的近似表达式,即

$$\left.\begin{array}{l} SC' = -\dfrac{1}{2J}\sum S_{I\!I} \\ S_{I\!I} = luni_z(i-i')(i'-u) = S_I \dfrac{i_z}{i} \end{array}\right\} \quad (8-54)$$

按此式算得的 SC' 称为初级正弦差。$\sum S_{I\!I}$ 称为初级彗差系数或第二赛得和数。

8.2.4 薄透镜和薄透镜系统的初级正弦差

类似于初级球差系数,初级彗差系数也可表示成与薄透镜系统结构参数相关联的有用表达式。根据公式(8-24)和式(8-22),$\sum S_{I\!I}$ 可表达成

$$\sum S_{I\!I} = \sum h^3 h_z Q Q_z \Delta \dfrac{1}{nl} \quad (8-55)$$

式中:h_p 是第二近轴光线在折射面上的投射高度;Q_z 是第二近轴光线的阿贝不变量,它可以由拉赫不变量和 Q 表示出来,即

$$J = hh_z(Q_z - Q)$$

所以

$$Q_z = \dfrac{J}{hh_z} + Q \quad (8-56)$$

将其代入式(8-55)得

$$\sum S_{I\!I} = \sum h^3 h_p Q^2 \Delta \dfrac{1}{nl} + J\sum h^2 Q \Delta \dfrac{1}{nl} \quad (8-57)$$

可见,对于接触薄透镜系统,上式右面第一项表征球差。因此,当其为消球差镜组或光阑与之重合时($h_z=0$),该项为零,于是

$$\sum S_{I\!I} = J\sum h^2 Q \Delta \dfrac{1}{nl} \quad (8-58)$$

将其代入式(8-54),并令 $\sum Q\Delta\dfrac{1}{nl} = B$,可得消球差的或光阑与之重合的薄镜组的初级正弦差表示式,即

$$SC' = -\dfrac{1}{2}h^2 B \quad (8-59)$$

所以,只要 $B=0$,就能使它满足等晕条件。

对于单个薄透镜,类似于推导薄透镜的初级球差公式(8-25)和式(8-26),可将 B 表示成 φ、n、σ_1、ρ_1 或 φ、n、σ_2、ρ_2 的函数,即

$$B = \frac{n+1}{n}\varphi\rho_1 - \frac{2n+1}{n}\varphi\sigma_1 - \frac{n}{n-1}\varphi^2 \qquad (8-60)$$

或

$$B = \frac{n+1}{n}\varphi\rho_2 - \frac{2n+1}{n}\varphi\sigma_2' - \frac{n}{n-1}\varphi^2 \qquad (8-61)$$

所以,单个薄透镜的初级正弦差表示式为

$$SC' = -\frac{1}{2}h^2\left(\frac{n+1}{n}\varphi\sigma_1 - \frac{2n+1}{n}\varphi\sigma_1 - \frac{n}{n-1}\varphi^2\right) \qquad (8-62)$$

可见,当对与光阑重合的单透镜作整体弯曲时,SC' 呈线性变化,故单个透镜总存在能满足等晕条件的解。

对于双胶合镜组,当以胶合面作为变量时,可对第一透镜应用式(8-61),对第二透镜应用式(8-60),有

$$SC' = -\frac{1}{2}h^2[B_{\mathrm{I}}(n_{\mathrm{I}},\varphi_{\mathrm{I}},\sigma_{\mathrm{I}}',\rho_2) + B_{\mathrm{II}}(n_{\mathrm{II}},\varphi_{\mathrm{II}},\sigma_{\mathrm{II}},\rho_2)] \qquad (8-63)$$

可见,对一定位置的物体,双胶合物镜的正弦差是胶合面曲率的线性函数,因此总能利用整体弯曲使正弦差为零或某一保留值。然而,若与球差方程(8-34)结合起来考虑,一般就不能同时满足。但如果双胶合镜组的玻璃挑选恰当,两公式有可能同时满足。这样的双胶合组可用在小视场系统,如望远镜和低倍显微镜中独立作为物镜使用。

对于微小间隙的双分离镜组可写出

$$SC' = D_1\rho_1 + D_2\rho_2 + E \qquad (8-64)$$

将此式与公式(8-35)联立求解,就可得到同时满足球差和正弦差要求的解 ρ_1 和 ρ_3,从而得到双分离透镜组的结构参数。

8.2.5 彗差概述

如前所述,如果 SC' 的值较大,则光学系统不满足等晕条件,此时,近轴点成像光束的对称性将被破坏,像方本应对称于主光线的各对子午光线的交点将不再位于主光线上,如图 8-14 所示。因而引进了一种以其偏离量 K_T' 表征的子午不对称性像差。同样,在弧矢平面上的弧矢光束,对称于主光线的各对弧矢光线,其交点也不在主光线上(但因弧矢光束对称于子午平面,其交点一定在子午平面上),相应地用其偏离量 K_S' 表征弧矢不对称像差,如图 8-15 所示。子午光束与弧矢光束的这一不对称性像差在数值上是不同的。

由于这种不对称性像差的存在,使得近轴点的成像光束与高斯面相截而成一彗星状的弥散斑(对称于子午平面),如图 8-14 所示。因此称这种不对称性像差为彗差。K_T' 称为子午彗差;K_S' 称为弧矢彗差。彗差是就一对光线而言的,图 8-14 中的 K_T' 是 a、b 光线的子午彗差;图 8-15 中的 K_S' 是 c、d 光线的弧矢彗差。它们都是经孔径边缘的光线,故又称其为边缘带彗差。

彗差与正弦差没有本质的区别,二者均表示轴外物点宽光束经光学系统成像后失对称的情况,区别在于正弦差仅适用于具有小视场的光学系统,而彗差可用于任何视场的光学系统。然而,用正弦差表示轴外物点宽光束经系统后的失对称情况,可不必计算相对主光线对称入射的上、下光线,在计算球差的基础上,只需计算第二近轴光线即可,而彗差则不同,必须对每一

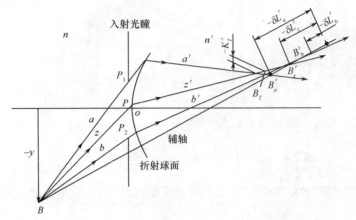

图 8-14 子午彗差

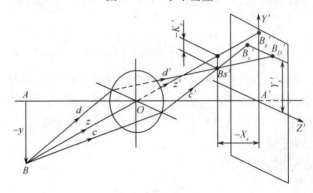

图 8-15 弧矢彗差

视场计算相对主光线对称入射的上、下光线。

具有彗差的光学系统,轴外物点在理想像面上形成的像点如同彗星状的光斑,靠近主光线的细光束交于主光线形成一亮点,而远离主光线的不同孔径的光线束形成的像点是远离主光线的不同圆环,如图 8-16 所示,彗差使一点的像成为彗星状弥散斑,使能量分散(但主要集中在主光线交点附近),影响成像质量。

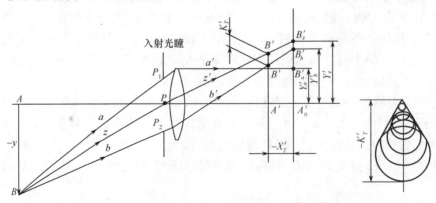

图 8-16 子午彗差的几何表示

实际上,光学系统的各种像差总同时存在,因此计算彗差时,并非像定义的那样,真正求出一对对称光线的交点相对于主光线的偏离,而是以这对光线与高斯像面交点高度的平均值与

主光线交点高度之差来表征的。如图 8-16 所示,于午彗差可表示为

$$K'_T = \frac{1}{2}(y'_a + y'_b) - y'_z \tag{8-65}$$

式中:y'_a、y'_b 和 y'_z 分别是 a 光线、b 光线和主光线与高斯像面的交点高度,分别对它们作光路计算求得其 L'、U' 以后,再分别计算 y'_a、y'_b 和 y'_z。

对于弧矢彗差 K'_S,有相同的表示方法,但因弧矢光束对称于子午平面,各对对称光线与高斯像面的交点高度是相等的(图 8-15),故弧矢彗差可直接表示为

$$K'_S = y'_c - y'_z = y'_d - y'_z \tag{8-66}$$

相应地,弧矢彗差只需对单向的弧矢光线进行光路计算以后即可求得。弧矢光线因在子午面以外,属于空间光线,计算较为繁杂,考虑到弧矢彗差总比子午彗差小,故手工计算光路时一般不予计算。

根据彗差的定义,彗差是与孔径 $U(h)$ 和视场 $y(\omega)$ 都有关的像差。当孔径 U 改变符号时,彗差的符号不变,故展开式中只有 $U(h)$ 的偶次项;当视场 y 改变符号时,彗差反号,故展开式中只有 y 的奇次项;当视场和孔径均为零时,没有彗差,故展开式中没有常数项。这样彗差的级数展开式为

$$K'_S = A_1 y h^2 + A_2 y h^4 + A_3 y^3 h^2 + \cdots \tag{8-67}$$

式中:第一项为初级彗差;第二项为孔径二级彗差;第三项为视场二级彗差。对于大孔径小视场的光学系统,彗差主要由第一、二项决定;对于大视场、相对孔径较小的光学系统,彗差主要由第一、三项决定。

和公式(8-67)的第一项相对应,初级彗差的分布式为

$$K'_T = -\frac{3}{2n'_k u'_k} \sum_1^k S_{\text{II}}$$

初级弧矢彗差的分布式为

$$K'_S = -\frac{1}{2n'_k u'_k} \sum_1^k S_{\text{II}}$$

由此可知,初级子午彗差是初级弧矢彗差的 3 倍。

大的彗差会严重影响轴外点的成像质量。因此,任何具有一定孔径的光学系统都必须很好地校正彗差。为全面了解光学系统对彗差的校正情况,一般至少要计算全视场和带视场,每个视场至少计算两个孔径。

在上一节,我们曾把近轴点的弧矢彗差归结为光学系统不满足等晕条件所导致的结果,二者之间的关系由公式(8-46)所决定。在视场很小时,式中的 $A'B'$ 近似地用主光线与高斯像面的交点高度来代替,并由式(8-46)只适用于视场很小的情况,此时 y' 几乎与理想像高 y'_0 相等,故有

$$K'_S = y'_0 \cdot SC' \tag{8-68}$$

这又提供了一种计算近轴点弧矢彗差的简便方法。

8.2.6 光学系统结构形式对彗差的影响

如图 8-14 所示,上、下光线的交点在主光线的下方,彗差值为负。若把图 8-15 中的入瞳向右移到球心处,如图 8-17(a)所示,则主光线和辅轴重合,光束沿辅轴通过折射面不会失去对称性,没有彗差产生。如果把入瞳继续向右移,如图 8-17(b)所示,上、下光线的交点将

在主光线以上,这是因为对于单折射面,上光线和主光线接近辅轴。折射后偏折小而下光线远离辅轴,所以折射后偏折大,因此彗差变成正值。由此可知,彗差和光阑位置有关,从公式(8-53)也能说明这一点。

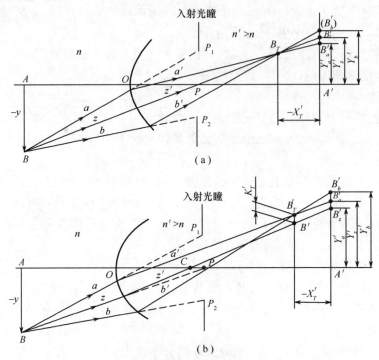

图 8-17 单个折射面光阑位置变化对子午彗差的影响

下面按上述方法对弯月形正透镜的彗差进行分析。如图 8-18(a)所示,弯月形透镜对轴外点 B 成像,上光线 a 和两个折射面的辅轴较为接近,偏折小。而下光线 b 偏离两折射面的辅

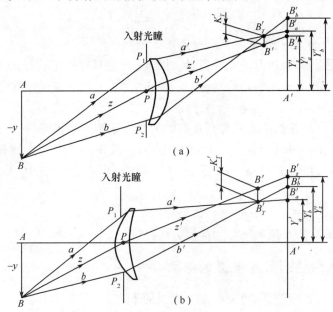

图 8-18 透镜形状对子午彗差的影响

轴较大,故偏折也大。主光线z通过透镜的节点附近,方向基本不变。因此,光线 a′、b′ 的交点 B'_T 必在主光线之上,产生正值彗差。如把正弯月形透镜反向放置,如图 8-18(b)所示,下光线 b 偏离两折射面的辅轴较上光线 a 小,折射后的光线 a′ 较 b′ 的偏折大,主光线方向近似不变,故光线 a′、b′ 的交点 B'_T 应在主光线之下,彗差值为负值。由上述可知,彗差值的大小和正负还与透镜形状有密切关系。

如果把两个弯月形透镜凹面相对,并在中间设置光阑,如图 8-19 所示,当物像的倍率为 -1 时,从光阑所在空间来看,透镜 L_1 的上、下光线分别与透镜 L_2 的下、上光线相同,因而两透镜产生符号相反的彗差值,可以完全抵消。

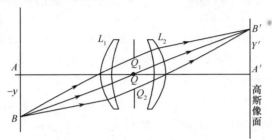

图 8-19 两弯月形透镜产生符号相反彗差的示意图

8.3 像散与像面弯曲(场曲)

8.3.1 像散

上节所述的彗差是描述光束失对称的一种宽光束像差,它是由于光束的主光线未与折射球面的对称轴重合,由折射球面的球差引起的。

与失对称光束对应的波面显然已不是一个回转曲面。随着视场的增大,远离光轴的物点即使以沿主光线周围的光束来成像,其出射光束的失对称性也明显地表现出来,与此细光束所对应的微小波面也非回转对称,其在不同方向上有不同的曲率。数学上可以证明,这种非回转的曲面元,随方向的变化,曲率是渐变的,但可以找到两条主截线,其曲率分别为最大与最小,而且这两条主截线的方向是互相垂直的。随着光学系统结构参数的不同,或者是与子午面所截的波面主截线具有最大的曲率(相当于子午光束的会聚度最大),或者是与弧矢平面所截的波面主截线具有最大的曲率(相当于弧矢光束的会聚度最大)。这样使得整个失对称的光束中,子午面上的子午光束,弧矢面上的弧矢光束,虽然因为很细而能各自会聚一点于主光线上,但子午细光束的会聚点 T′(称子午像点)和弧矢细光束的会聚点 S′(称弧矢像点)并不重合在一起,前者子午像点 T′ 比弧矢像点 S′ 离开系统最后一面近,后者相反。与这种现象相应的像差称为像散。因为像散是描述子午光束和弧矢光束会聚点之间的位置差异,所以都是对细光束而言的,属于细光束像差。对于宽光束,由于球差和彗差的影响,根本会聚不到一点。

就整个像散光束而言,在子午像点 T′ 处得到的是一垂直于子午平面的短线(称为子午焦线);在弧矢像点 S′ 处得到的是一位于子午平面上的铅垂短线(称为弧矢焦线),两条焦线互相垂直,如图 8-20 所示。

若光学系统对直线成像,由于像散的存在,其成像质量与直线的方向有关。例如,若直线在子午面内,则其子午像是弥散的,而其弧矢像是清晰的;若直线在弧矢面内,则其弧矢像是弥

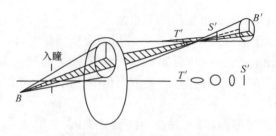

图 8-20 存在像散时的光束结构

散的,而子午像是清晰的;若直线既不在子午面又不在弧矢面内,则其子午像和弧矢像均不清晰。

像散是成像物点远离光轴时反映出来的一种像差,并且随着视场的增大而迅速增大。所以,对大视场系统的轴外点,即使是以细光束成像,也会因此而不能清晰。像散严重影响成像质量,对视场较大的系统必须给予校正。

像散是以子午像点 T' 和弧矢像点 S' 之间的距离来描述的,它们都位于主光线上,通常将其投影到光轴上,以两者之间的沿轴距离来度量,以 x'_{ts} 表示,即

$$x'_{ts} = x'_t - x'_s \tag{8-69}$$

同理,宽光束的子午像点和弧矢像点也不重合,两者之间的轴向距离称为宽光束的像散,以 X'_{TS} 表示,即

$$X'_{TS} = X'_T - X'_S \tag{8-70}$$

8.3.2 像面弯曲(场曲)和轴外球差

8.2 节中指出,彗差是孔径和视场的函数,同一视场不同孔径的光线对的交点不仅在垂直于光轴方向偏离主光线,而且沿光轴方向也和高斯像面有偏离。子午宽光束的交点沿光轴方向到高斯像面上的距离 X'_T 称为宽光束的子午场曲。子午细光束的交点沿光轴方向到高斯像面上的距离 x'_t 称为细光束的子午场曲。与轴上点的球差类似,这种轴外点宽光束的交点与细光束的交点沿光轴方向的偏离称为轴外子午球差,用 $\delta L'_T$ 表示,即

$$\delta L'_T = X'_T - x'_t \tag{8-71}$$

同理,在弧矢面内,弧矢宽光束的交点与细光束的交点沿光轴方向的偏离称为轴外弧矢球差,用 $\delta L'_S$ 表示,即

$$\delta L'_S = X'_S - x'_s \tag{8-72}$$

像散的大小随视场而变,即物面上离光轴不同远近的各点在成像时,像散值各不相同,并且,子午像点 T' 和弧矢像点 S' 的位置也随视场而异。因此,与物面上各点所对应的子午像点和弧矢像点的轨迹,是两个曲面。因轴上点无像散,故此两曲面相切于高斯像面的中心点,如图 8-21 所示。两像面偏离于高斯像面的距离称为像面弯曲(也称为场曲),子午像面的偏离量称为子午场曲,以 x'_t 表示;弧矢像面的偏离量称为弧矢场曲,以 x'_s 表示。像散值和像面弯曲值都是对一个视场点而言的。由此可知,当存在场曲时,在高斯像面上超出近轴区的像点都会变得模糊。一平面物体的像变成一回转的曲面,在任何像平面处都不会得到一个完善的物平面的像。

细光束的像面弯曲 x'_t、x'_s 可由下式求得

$$x'_t = l'_t - l' \brace x'_s = l'_s - l'} \quad (8-73)$$

像散 x'_{ts} 与像面弯曲 x'_t、x'_s 的关系式为

$$x'_{ts} = x'_t - x'_s \quad (8-74)$$

细光束的场曲与孔径无关,只是视场的函数。当视场角为零时,不存在场曲,故场曲的级数展开式与球差类似,只是把孔径坐标用视场坐标代替,即

$$x'_{ts} = A_1 y^2 + A_2 y^4 + A_3 y^6 + \cdots \quad (8-75)$$

展开式中第一项为初级场曲,第二项为二级场曲,其余类推,一般取前两项即可。

像散和像面弯曲是两种既有联系又有区别的像差。像散的产生,必然引起像面弯曲,但反之,即使像散为零,子午像面和弧矢像面合二为一时,像面弯曲仍然存在,中心视场调焦清晰了,边缘视场仍然模糊,其理由我们在应用光学中已经讨论过,如图 8-22 所示,这种场曲称为匹兹万场曲。对整个光学系统而言,像散可依靠各面相互抵消得到校正,而像面弯曲却很难(有时甚至不可能)得到抵消。进一步讨论这一问题是有必要的。

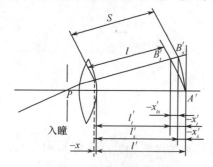

图 8-21 场曲和像散

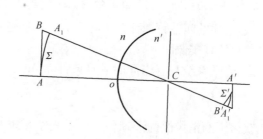

图 8-22 匹兹万场曲

由图 8-22 所示的像面弯曲,可导出如下表示式:

$$x'_p = -\frac{1}{2n'u'^2} J^2 \frac{n'-n}{n'nr}$$

将它应用于光学系统的各个面,再通过轴向放大率将其变换到像空间,相加后可得

$$x'_p = -\frac{1}{2n'_k u'^2_k} \sum_1^k J^2 \frac{n'-n}{n'nr}$$

式中: $J^2 \dfrac{n'-n}{n'nr}$ 用符号 S_{IV} 表示,即

$$S_{IV} = J^2 \frac{n'-n}{n'nr} \quad (8-76)$$

则上式可写成

$$x'_p = -\frac{1}{2n'_k u'^2_k} \sum_1^k S_{IV} \quad (8-77)$$

由 x'_p 所决定的像面称为匹兹万面, $\sum S_{IV}$ 称为匹兹万和数(第四赛得和数),它表征光学系统匹兹万面弯曲的程度。S_{IV} 是系统的初级场曲分布系数,J 是拉赫不变量。与此相应,初级

子午场曲和弧矢场曲的分布式为

$$x'_t = -\frac{1}{2n'_k u'^2_k}\sum_1^k (3S_{\text{III}} + S_{\text{IV}}) \qquad (8-78)$$

$$x'_s = -\frac{1}{2n'_k u'^2_k}\sum_1^k (S_{\text{III}} + S_{\text{IV}}) \qquad (8-79)$$

$$S_{\text{III}} = luni(i-i')(i'-u)\left(\frac{i_z}{i}\right)^2 = S_{\text{I}}\left(\frac{i_z}{i}\right)^2 \qquad (8-80)$$

相应地,初级像散的分布式为

$$x'_{ts} = x'_t - x'_s = -\frac{1}{n'_k u'^2_k}\sum_1^k S_{\text{III}}$$

式中:$\sum S_{\text{III}}$ 称为初级像散系数(第三赛得和数),S_{III} 是系统的初级像散分布系数。

由式(8-78)、式(8-79)和式(8-77)可见,当 $\sum S_{\text{III}} = 0$ 时,有

$$x'_t = x'_s = -\frac{1}{2n'_k u'^2_k}\sum S_{\text{IV}} = x'_p$$

说明此时子午像面和弧矢像面重合,得到消像散的清晰像。但由于 $\sum S_{\text{IV}} \neq 0$,像面仍是弯曲的,这就是上述的匹兹万曲面(也是相切于高斯像面中心的二次抛物面)。所以,匹兹万曲面是消像散时的真实像面。

所以,光学系统只有当同时满足条件

$$\sum S_{\text{III}} = 0, S_{\text{IV}} = 0$$

时才能获得平的消像散的清晰像。但是光学系统要同时满足这两个要求是非常困难的。其中 $\sum S_{\text{IV}}$ 被光学系统的结构形式所限定,是无法随意改变和减小的。一般的会聚系统,如目镜、消色差显微物镜和照相物镜等,总具有一定的正 $\sum S_{\text{IV}}$ 值。不过,$\sum S_{\text{III}}$ 通常是容易通过改变系统结构参数而给予控制的。在系统 $\sum S_{\text{IV}}$ 无法减小,而要使像面弯曲又不致很大时,从式(8-78)、式(8-79)可见,应使系统具有适量的正像散(即负 $\sum S_{\text{III}}$),这样,子午像面与弧矢像面均在匹兹万像面里面,如图8-23(a)所示,像面弯曲要比 $\sum S_{\text{III}}$ 与 $\sum S_{\text{IV}}$ 同号时(图8-23(b))小得多。一般取 $\sum S_{\text{III}} = -\left(\frac{1}{3} \sim \frac{1}{4}\right)\sum S_{\text{IV}}$,过大的异号,$\sum S_{\text{III}}$ 虽可使像面平坦,但像散仍会严重影响成像质量。

从式(8-78)、式(8-79)或图8-23还可见,当 $\sum S_{\text{III}}$ 不等于零时,不管其值正或负,子午像面 t'、弧矢像面 s' 和匹兹万面 p 都各不重合,并且 t' 面、s' 面总在 p 面的一边,t' 面比 s' 面更远离匹兹万面。如果以匹兹万面为基准,则有

$$x'_{tp} = x'_t - x'_p = -\frac{3}{2n'u'^2}\sum S_{\text{III}}$$

$$x'_{sp} = x'_s - x'_p = -\frac{1}{2n'u'^2}\sum S_{\text{III}}$$

$$x'_{tp} = 3x'_{sp}$$

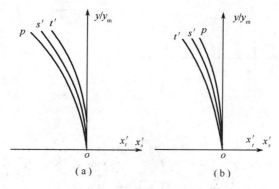

图 8-23 像面弯曲对比图

即子午像面离开匹兹万面的距离为弧矢像面离开匹兹万面距离的 3 倍。

由以上讨论可知,大视场光学系统视场边缘的成像质量主要受匹兹万和数的影响而不能提高,因当 $\sum S_{IV}$ 不能校正时,不论使 $\sum S_{III}=0$ 而获得清晰而弯曲的像面,还是使 $\sum S_{III}$ 与 $\sum S_{IV}$ 异号时获得较为平坦而有像散的像面,都使像平面模糊不清。因此,设法校正和减小 $\sum S_{IV}$ 是很重要的。下面简单地讨论一下校正 $\sum S_{IV}$ 可能的途径。先看一下单透镜的情况。

从公式(2-44)可见,单透镜的两个面,因子 $\dfrac{n'-n}{n'n}$ 总是等值异号的,因此欲使单透镜两面的 S_{IV} 相消,一定应该是半径同号同值(即 $r_1 = r_2$)的弯月形透镜。但是,由于弯月形透镜两个面的光焦度是相反的,当 $r_1 = r_2$ 时,$\varphi_1 = -\varphi_2$,因此如果透镜的厚度很小,则总光焦度 $\varphi = \varphi_1 + \varphi_2 = \varphi_1 + (-\varphi_1) = 0$,也是无济于事。从光组组合理论可知,给定光焦度的两个光组组合时,合成光焦度的大小随其间隔而变化,有 $\varphi = \varphi_1 + \dfrac{h_2}{h_1}\varphi_2$ 的关系。透镜的两个面当然可看作是两个光组,若给以相当的厚度,并设 $\varphi_1 > 0, \varphi_2 < 0$,图 8-24 所示就属于这种情况。此时,当平行光线经第一面会聚后,在第二面上的高度 h_2 降低,$\dfrac{h_2}{h_1} < 1$,则 $\varphi = \varphi_1 + \dfrac{h_2}{h_1}\varphi_2 = \varphi_1\left(1 - \dfrac{h_2}{h_1}\right) > 0$。所以,弯月形厚透镜可能在要求正光焦度时使 $\sum S_{IV} = 0$,甚至在具有更大的厚度时使 $\sum S_{IV} < 0$(即可能在 $r_2 < r_1$ 时,使 $\varphi > 0$)。这就是校正 $\sum S_{IV}$ 的原理。归结成一句话:正负光焦度分离,是校正匹兹万和数的唯一且有效的方法。如果既要校正场曲而又不采用弯月形厚透镜时,可使用正负光组分离的薄透镜组来实现这一目的。图 8-25 所示的照相物镜就属于这样的例子,其视场角可达 $2\omega = 50° \sim 55°$。

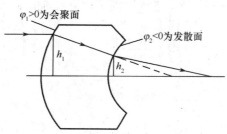

图 8-24 弯月形厚透镜

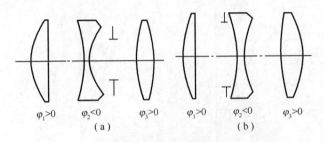

$\varphi_1>0 \quad \varphi_2<0 \quad \varphi_3>0 \qquad \varphi_1>0 \quad \varphi_2<0 \quad \varphi_3>0$

(a) (b)

图 8-25 照相物镜

8.4 畸 变

在讨论理想光组的成像时,认为在一对共轭的物像平面上,其放大率是一常数。在实际的光学系统中,只当视场较小时才具有这一性质。而视场较大或很大时,像的放大率就要随视场而异,不再是常数。一对共轭物像平面上的放大率不为常数时,将使像相对于物失去相似性。这种使像变形的缺陷称为畸变。

畸变是主光线的像差。由于球差的影响,不同视场的主光线通过光学系统后与高斯像面的交点高度 y_z' 不等于理想像高 y',其差别就是系统的畸变(称 $\delta y_z'$ 为光学系统的线畸变),用 $\delta y_z'$ 表示,即

$$\delta y_z' = y_z' - y' \qquad (8-81)$$

在光学设计中,通常用相对畸变 q 来表示,即

$$q = \frac{\delta y_z'}{y'} \times 100\% = \frac{\bar{\beta}-\beta}{\beta} \times 100\% \qquad (8-82)$$

畸变是很容易计算的。对某一视场的主光线作光路计算以后,可求得 y_z',而理想像高可由 $y'=\beta y$(物在有限距时)或 $y'=-f'\tan\omega$(物在无穷远时)求得(需注意的是,此时的 y 或 ω 应与计算主光线时的视场一致)。

畸变仅是视场的函数,不同视场的实际垂轴放大率不同,畸变也不同。有畸变或畸变较大的光学系统对大的平面物体成像时,如果物面为一系列等间距的同心圆,则其像将是非等间距的同心圆。若畸变为正,y_z' 随视场的增大比 y' 快,同心圆的间距自内向外增大;反之,负畸变时,同心圆的间距自内向外减小。若物面为正方形的网格(图 8-26(a)),则正畸变将使其像呈枕形(图 8-26(b)),负畸变使像呈桶形(图 8-26(c))。

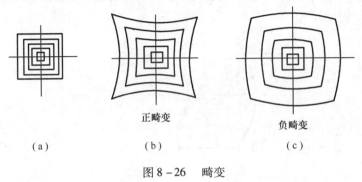

(a) 正畸变 (b) 负畸变 (c)

图 8-26 畸变

由畸变的定义可知,畸变是垂轴像差,它只改变轴外物点在理想像面上的成像位置,使像的形状产生失真,但不影响像的清晰度。

畸变仅与物高 y(或 ω)有关,随 y 的符号改变而变号,故在其级数展开式中,只有 y 的奇次项,即

$$\delta y'_z = A_1 y^3 + A_2 y^5 + \cdots \tag{8-83}$$

第一项为初级畸变,第二项为二级畸变。展开式中没有 y 的一次项,因一次项表示理想像高。

初级畸变的分布式为

$$\left. \begin{aligned} \delta y'_z &= -\frac{1}{2n_k u'_k} \sum_1^k S_V \\ S_V &= (S_{\text{III}} + S_{\text{IV}}) \frac{i_z}{i} \end{aligned} \right\} \tag{8-84}$$

式中:$\sum S_V$ 称为初级畸变系数(第五赛得和数),它表征光学系统的畸变。

畸变与所有其他像差不同,它仅由主光线的光路决定,仅引起像的变形,对成像的清晰度并无影响。因此,对于一般光学系统,只要眼睛感觉不出像的明显变形(相当于 $q \approx 4\%$),这种像差就无妨碍。有些对十字丝成像的系统(如目镜),由于中心在光轴上,更大的畸变也不会引起十字丝像的弯曲,这也是可以允许的。但是对于某些要利用像的大小或轮廓来测定物大小或轮廓的光学系统,如计量仪器中的投影物镜、万能工具显微物镜和航空测量物镜等,畸变就成为十分有害的缺陷了。它直接影响测量精度,必须予以很好地校正。计量用物镜畸变要求小于万分之几,只是由于视场相对较小,这一矛盾并不突出,而航测镜头视场大至120°,而畸变要求小到十万分之几,校正就相当困难,导致镜头结构的极度复杂化(当然也有其他要求所致)。

畸变为垂轴像差,对于结构完全对称的光学系统,若以 -1 倍的放大率成像,则畸变也自然地消除。

值得指出的是,单个薄透镜或薄透镜组,当孔径光阑与之重合时,也不产生畸变。这是因为此时的主光线通过主点,沿理想方向射出。当然,单个光组也不可能是很薄的,实际上还会有些畸变,但数值极小。由此很容易推知,当光阑位于单透镜组之前或之后时,就要有畸变产生,而且两种情况的畸变符号是相反的。这又一次表明了轴外点像差(包括彗差、像散和像面弯曲)与光阑位置的依赖关系。

8.5 色 差

绝大部分光学仪器用白光成像。白光由各种不同波长(或颜色)的单色光组成,所以白光经光学系统成像可看成是同时对各种单色光的成像。各种单色光各具有前面所述的各种单色像差,而且其数值也是各不相同的。这是因为任何透明介质对不同波长的单色光具有不同的折射率,这样白光经光学系统第一个表面折射以后,各种色光就被分开,随后就在光学系统内以各自的光路传播,造成了各种色光之间成像位置和大小的差异,也造成了各种单色像差之间的差异,前者称为色差。色差分为两种,即位置色差和倍率色差。

8.5.1 位置色差、色球差和二级光谱

描述轴上点用两种色光成像时成像位置差异的色差称为位置色差,也称为轴向色差。这两种色光通常取接近接收器有效波段边缘的波长,随接收器不同而异。光学材料的折射率一般对某些元素在可见光谱范围内所发出的若干条特征谱线来选择。例如目视光学系统应该对 F 光和 C 光来考虑色差,顺便指出,单色像差应对 D 光(或 e 光)考虑。

如图 8 – 27 所示,轴上点 A 发出一束近轴的白光,经光学系统后,其中的 F 光会聚于 A'_F 点, C 光会聚于 A'_C,它们分别是 A 点被 F 光和 C 光所成的理想像点。令两色像 A'_F 和 A'_C 相对于光学系统最后一面的距离为 l'_F 和 l'_C,则其差定义为位置色差,用符号 $\Delta l'_{FC}$ 表示,即

$$\Delta l'_{FC} = l'_F - l'_C \tag{8-85}$$

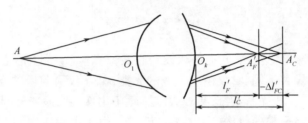

图 8 – 27 位置色差

如图 8 – 27 所示情况, $\Delta l'_{FC} < 0$,称为色差校正不足;反之, $\Delta l'_{FC} > 0$,称为色差校正过头。若 A'_F 重合于 A'_C,则 $\Delta l'_{FC} = 0$,称为光学系统对 F 光和 C 光消色差,通常所指的消色差系统,就是指对两种色光消去位置色差的系统。

不同于球差,位置色差在近轴区就要产生,使光轴上的一点,即使以近轴的细光束成像也不能获得白光的清晰像。图 8 – 27 中,若由 A 点所发出的光束中仅包含 C 光与 F 光两种颜色,则在通过 A'_F 的垂轴平面上将看到蓝色的点外有红圈,在过 A'_C 的垂轴平面上将看到红色的点外有蓝圈;若 A 点包含各种色光,则因色差将使其像形成一彩色的弥散斑。由此可见,位置色差严重影响成像质量(比球差为甚),所有用复色光成像的光学系统都必须校正位置色差。

为计算色差,需对要求校正色差的两种色光进行光路计算,分别求取 l'_{λ_1} 和 l'_{λ_2},以后即可按式(8 – 85)求取。光路计算方法完全一样,只是各透镜的折射率需按所选色光给出。

必须指出,上面所述的只是近轴光的色差。图 8 – 27 中,如果从 A 点发出一条与光轴成有限角度的白光,其中的 F 光和 C 光经系统以后与光轴的交点(令为 $\overline{A}'_F$、$\overline{A}'_C$)将因各自的球差而不与近轴光的像点 A'_F 和 A'_C 相应地重合,并且因两色光的球差不等,两交点 $\overline{A}'_F$ 和 $\overline{A}'_C$ 之间的位置差异也不可能与 $\Delta l'_{FC}$ 相等,其公式按远轴光来计算,即为 $\Delta L'_{FC} = L'_F - L'_C$。所以不同孔径带的白光将有不同的位置色差。类似于球差的性质,光学系统也只能对一个孔径带的光线校正色差。一般应对 0.707 带的光线校正位置色差,即

$$\Delta l'_{FC0.707} = L'_{F0.707} - L'_{C0.707} = 0$$

对带光校正了位置色差以后,其他各带上一定会有剩余色差,如图 8 – 28(a)所示。

由图 8 – 28 可知,在 0.707 带校正色差之后,边缘带色差 $\Delta L'_{FC}$ 和近轴色差 $\Delta l'_{FC}$ 并不相等,两者之差称为色球差,以 $\delta L'_{FC}$ 表示,它也等于 F 光的球差 $\delta L'_F$ 和 C 光的球差 $\delta L'_C$ 之差,即

$$\delta L'_{FC} = \Delta L'_{FC} - \Delta l'_{FC} = \delta L'_F - \delta L'_C \tag{8-86}$$

色球差属于高级球差。

由图 8-28(b)还可看出,在 0.707 带对 F 光和 C 光校正了色差,但两色光的交点与 D 光球差曲线并不相交,此交点到 D 光曲线的轴向距离称为二级光谱,用 $\Delta L'_{FCD}$ 来表示,则有

$$\Delta l'_{FCD} = L'_{F0.707h} - L'_{D0.707h} \quad (8-87)$$

二级光谱校正十分困难,一般光学系统不要求校正二级光谱,但对高倍显微物镜、天文望远镜、高质量平行光管物镜等应进行校正。二级光谱与光学系统的结构参数几乎无关,可以近似地表示为

$$\Delta L'_{FCD} = 0.00052 f' \quad (8-88)$$

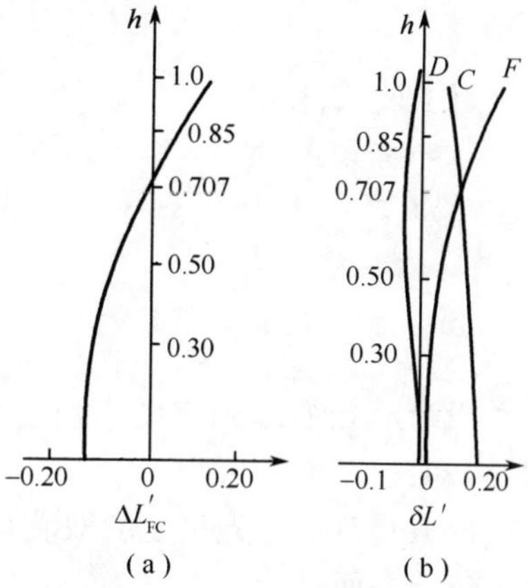

图 8-28 色差曲线

位置色差仅与孔径有关,其符号不随入射高度的符号改变而改变,故其级数展开式仅与孔径的偶次方有关。当孔径 h(或 U)为零时,色差不为零,故展开式中有常数项,为

$$\Delta L'_{FC} = A_0 + A_1 h_1^2 + A_2 h_1^4 + \cdots \quad (8-89)$$

式中:A_0 是初级位置色差,即近轴光的位置色差 $\Delta l'_{FC}$;第二项是二级位置色差。不难证明,第二项实际上就是色球差,即

$$A_1 h_1^2 = A_{F1} h_1^2 - A_{C1} h_1^2 = \delta L'_F - \delta L'_C = \delta L'_{FC}$$

初级位置色差的分布式为

$$\Delta l'_{FC} = -\frac{1}{n'_k u'^2_k} \sum_1^k C_{\mathrm{I}} \quad (8-90)$$

$$C_{\mathrm{I}} = luni\left(\frac{\mathrm{d}n'}{n'} - \frac{\mathrm{d}n}{n}\right) \quad (8-91)$$

式中:$\sum C_{\mathrm{I}}$ 称为初级位置色差系数;$\mathrm{d}n' = n'_F - n'_C$;$\mathrm{d}n = n_F - n_C$;$C_{\mathrm{I}}$ 为初级位置色差分布系数。利用上式,只要由 D 光的近轴光的光路就可求得近轴光的位置色差。

光学系统是否消色差,取决于 $\sum C_{\mathrm{I}}$ 是否为零。对单个薄透镜,有

$$\sum_1^N C_{\mathrm{I}} = \sum_1^N h^2 \frac{\varphi}{\nu}$$

式中:ν 是透镜玻璃的阿贝常数;φ 为透镜的光焦度;N 为透镜数;h 为透镜的半通光口径。

从上式可见,单透镜不能校正色差,但正透镜具有负色差,单负透镜具有正色差。色差的大小与光焦度成正比,与阿贝常数成反比,与结构形状无关。因此,消色差的光学系统需由正负透镜组成。对于双胶合薄透镜组,满足消色差的条件是

$$h^2\left(\frac{\varphi_1}{\nu_1} + \frac{\varphi_2}{\nu_2}\right) = 0$$

即

$$\frac{\varphi_1}{\nu_1} + \frac{\varphi_2}{\nu_2} = 0$$

各透镜的光焦度 φ_1 和 φ_2 应满足光组总光焦度的要求,即

$$\varphi_1 + \varphi_2 = \varphi$$

联立解上两式,得

$$\left.\begin{array}{l}\varphi_1 = \dfrac{\nu_1}{\nu_1 - \nu_2}\varphi \\ \varphi_2 = \dfrac{-\nu_2}{\nu_1 - \nu_2}\varphi\end{array}\right\} \tag{8-92}$$

当给定光组总光焦度 φ 并选定两透镜的玻璃时,即可求得两透镜的光焦度。由式(8-92)可知:

(1) 具有一定光焦度的双胶合或双分离透镜组,只有用两种不同玻璃($\nu_1 \neq \nu_2$)时才有可能消色差。而且为了使 φ_1 和 φ_2 尽可能小一些,两种玻璃的阿贝常数差应尽可能大些。通常选用两种不同类型的玻璃,即冕牌玻璃和火石玻璃,前者 ν 大,后者 ν 小。

(2) 若光学系统的光焦度 $\varphi>0$,则不管冕牌玻璃在前(即第一块透镜选用冕牌玻璃)还是火石玻璃在前,凡正透镜必用 ν 大的冕牌玻璃,负透镜需用 ν 小的火石玻璃。反之,若 $\varphi<0$,则正透镜需用火石玻璃,负透镜需用冕牌玻璃。

(3) 若两块透镜选用同一种玻璃($\nu_1 = \nu_2$),则要消色差,必须 $\varphi_1 = -\varphi_2$。此时,$\varphi = \varphi_1 + \varphi_2 = 0$,得到无光焦度双透镜组。这种光组可以在不产生任何色差的情况下,通过改变透镜的形状,产生一定的单色像差,因此有实际应用,例如可用于校正反射面的像差,组成折反射系统。

若求平行平板的初级位置色差,则有

$$\sum C_{\mathrm{I}p} = \dfrac{d(1-n)}{\nu n^2}u_1^2 \tag{8-93}$$

$$\Delta l'_{FCp} = -\dfrac{1}{n'_2 u'^2_2}\sum C_{\mathrm{I}p} = \dfrac{d(n-1)}{\nu n^2} \tag{8-94}$$

可见,平行平板总产生正值位置色差。但当平行平板处于平行光路中时,因 $u_1 = 0$,$\sum C_{\mathrm{I}p} = 0$,故不产生位置色差。平行平板不能自身消色差,必须由另外的球面系统来补偿其色差。

8.5.2 倍率色差

校正了位置色差的光学系统,只是使轴上点的两种色光的像重合在一起,但并不能使两种色光的焦距相等。因此,这两种色光有不同的放大率,对同一物体所成的像大小也就不同,这就是倍率色差或垂轴色差。

光学系统的倍率色差是以两种色光的主光线在高斯面上的交点高度之差来度量的,对目视光学系统,以符号 $\Delta Y'_{FC}$ 表示,即

$$\Delta Y'_{FC} = Y'_F - Y'_C \tag{8-95}$$

近轴光倍率色差(初级倍率色差)为

$$\Delta y'_{FC} = y'_F - y'_C \tag{8-96}$$

倍率色差使物体像的边缘呈现颜色,影响成像清晰度,所以,对目镜等视场较大的光学系统必须校正倍率色差。

倍率色差是像高的色差别,故其级数展开式与畸变的形式相同,但不同色光的理想像高不

同,故展开式中含有物高的一次项,即

$$\Delta y'_{FC} = A_1 y + A_2 y^3 + A_3 y^5 + \cdots \tag{8-97}$$

式中:第一项为初级倍率色差;第二项为二级倍率色差。一般情况下,上式只取前两项即可。

初级倍率色差式(8-96)表示的是近轴区轴外物点两种色光的理想像高之差。由公式(8-97)可知,倍率色差的高级分量与畸变的幂级数展开式相同,由此可以推出,高级倍率色差是不同色光的畸变差别所致,所以也称为色畸变。

$$A_2 y^3 = \delta Y'_{zF} - \delta Y'_{zC} \tag{8-98}$$

初级倍率色差的分布式为

$$\Delta y'_{FC} = -\frac{1}{n'_k u'_k} \sum_1^k C_{\text{II}} \tag{8-99}$$

$$C_{\text{II}} = luni_z \left(\frac{\mathrm{d}n'}{n'} - \frac{\mathrm{d}n}{n} \right) = C_{\text{I}} \frac{i_z}{i} \tag{8-100}$$

可见,在求得初级位置色差以后,利用上式,即可很容易求得倍率色差。$\sum C_{\text{II}}$ 称为初级倍率色差系数,C_{II} 表示各面上初级倍率色差的分布。由此可知,当光阑在球面的球心时($i_z = 0$),该球面不产生倍率色差,若物体在球面的顶点($l = 0$),则也不产生倍率色差。同样对于全对称的光学系统,当 $\beta = -1$ 时,倍率色差自动校正。

对于薄透镜系统,由公式(8-100)可导出

$$\sum C_{\text{II}} = \sum_1^N h h_z \frac{\phi}{\nu} \tag{8-101}$$

由此可知,若光阑在透镜上($h_z = 0$),则该薄透镜组不产生倍率色差。

由式(8-100)和式(8-101)可以得出,对于密接薄透镜组,若系统已校正位置色差,则倍率色差也同样得到校正。但是若系统由具有一定间隔的两个或多个薄透镜组成,则只有对各个薄透镜组分别校正了位置色差,才能同时校正系统的倍率色差。

同样,对平行平板,有

$$\sum C_{\text{II}p} = \frac{d}{\nu} \frac{1-n}{n^2} u_1 u_{z1} \tag{8-102}$$

$$\Delta y'_{FCp} = -\frac{1}{n'_2 u'_2} \sum_1^k C_{\text{II}p} = \frac{d(n-1)}{\nu n^2} u_{z1} \tag{8-103}$$

习　题

8.1 有一个双胶合望远物镜,焦距 $f' = 100$mm,相对孔径 $D/f' = 1/5$,视场角 $2\omega = 6°$,具体结构参数如下:

r/mm	d/mm	n_D	γ_D
62.5			
	4.0	1.51633	0.00806
−43.65			
	2.5	1.67270	0.015636
−124.35			

求:
(1) 物镜的实际焦距;
(2) 轴上点最大孔径入射时的球差;
(3) 对应最大视场时的理想像高;
(4) 最大视场时的畸变;
(5) 最大视场时的子午面和弧矢面细光束场曲,以及细光束像散。

8.2 有一个显微物镜结构参数如下:

r	d	n_D	n_F	n_C	玻璃牌号
23.44					
	3.1	1.5163	1.51389	1.52196	K9
−11.402					
	1.5	1.6475	1.64207	1.65119	ZF1
−129.11					
	36.3				
∞					
	2.0	1.5163	1.51399	1.52196	K9
∞					

(1) 求 f'、f、l_H、l'_H、l_F、l'_F、J。
(2) 设物镜倍率 $\beta = -1/4$,求物像位置。
(3) 计算该物像位置的带光球差(设 $\sin U_m = -0.025$)。

第 9 章　典型光学系统

　　由于成像理论的逐步完善,光学仪器在各个领域得到了广泛的应用,其中绝大多数可归属于望远镜系统、显微系统、摄影系统和投影系统。本章主要介绍上述光学系统的结构形式、主要光学参数、成像特性以及设计要求。

9.1　眼睛的构造及光学特性

9.1.1　眼睛的构造

　　目视光学仪器都是和人眼一起使用,以扩大人眼的视觉能力,所以人眼可以看作是整个光学系统的一个组成部分,因此有必要对眼睛有一个了解。

　　人的眼睛是结构复杂的光学仪器(从应用光学观点看),它的形状近似于一个直径为 25mm 的圆球,其构造如图 9-1 所示。

　　(1)角膜:由角质构成的一层透明球面薄膜,厚度约为 0.55mm,折射率为 1.38,外界光线首先通过角膜进入眼睛。

　　眼睛的内腔分为前室、水晶体和后室。

　　(2)前室:角膜后的一部分空间,内部充满了折射率为 1.3374 的透明的水状液。

　　(3)水晶体:位于前室和后室之间,是由多层薄膜构成的一个双凸透镜。中间较硬,折射率为 1.42;外层较软,折射率为 1.373。水晶体的凸度

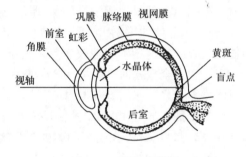

图 9-1　眼睛的构造

可以借助和它相连的肌肉系统的作用而改变,以此来改变眼睛的焦距,使远近不同位置的物体都能成像在网膜上。

　　(4)后室:水晶体后面的空间,内部充满透明液体,称为玻璃液,折射率为 1.336。

　　(5)虹彩:位于前室之后,中间有一圆孔叫瞳孔,它对进入眼睛的光束起限制作用,随着被观察物体的明暗程度,自动地改变瞳孔直径,以调节进入眼睛的光能量。瞳孔可以在1.5mm～8mm 的范围内改变自己的直径。

　　(6)视网膜:在后室的内壁和玻璃液之间,为一层由神经细胞和神经纤维构成的膜。它是眼睛的感光部分,水晶体将物体的像成在视网膜上。

　　(7)脉络膜:视网膜外包围着一层黑色膜。其作用是把后室变成一个暗室。

　　(8)黄斑:位于视网膜与视轴的交点处,表面稍凹,四周略呈黄色,该处视神经细胞丰富,感光性强。黄斑的中心称为中心凹,当眼睛观察外界物体时,会本能地转动眼球,使像成在中心凹上。

　　(9)盲点:视神经纤维的出口,由于没有感光细胞,所以该点上没有视觉。通常人们感觉

不到盲点的存在,这是因为眼球在眼窝内不时转动。

(10) 巩膜:一层不透明的白色外皮,将整个眼球包围起来。

眼睛作为一个光学系统,其有关参数可由专门的仪器测出。根据大量的测量结果,人们定出了眼睛的各项光学常数,包括角膜、水状液、玻璃液和水晶体的折射率,各光学表面的曲率半径以及各有关距离。称满足这些光学常数值的眼睛为标准眼。

为了作近似计算方便,可把标准眼简化为一个折射球面的模型,称为简约眼。简约眼的物方焦距为 -16.70mm,像方焦距为 22.26mm,光焦度为 59.88 折光度。

人眼观察物体时,眼睛附近的肌肉,按物体远近的不同而变更水晶体的曲率和眼睛的方位,使通过瞳孔进入眼睛的光线,经角膜、水状液、水晶体和玻璃液折射(此过程与光线通过会聚透镜是一样的),在网膜的黄斑上形成物体的缩小的倒立的像。由于神经系统内部的调节,使人们感觉为正立的像。

眼睛注视某一物体时,使物体的像自动地成在黄斑上。黄斑上的中心凹和眼睛的水晶体的像方节点的连线称为视轴。眼睛的视场可达 150°左右,但只有在视轴周围 6°~8°的范围内能清晰地观察物体,其他部分只能感觉到模糊的像。因此,人们在观察物体时,眼球自动旋转,使视轴通过该物体。

9.1.2 眼睛的调节和适应

观察物体时,必须使它在网膜上形成一个清晰的像。当物体在不同距离时,为了使远近不同的物体都能在网膜上成清晰的像,眼睛必须随着物体距离的改变,相应地改变其焦距。当肌肉收缩时,水晶体曲率增大,可看清近处的物体;当肌肉放松时,水晶体曲率变小,可看清远处的物体。眼睛的这种本能地改变焦距大小以看清不同远近的物体的过程,称为眼睛的调节。

当肌肉完全放松时,眼睛所能看清楚的最远点称为远点。正常人眼睛的远点在无穷远。当肌肉收缩得最紧张时,眼睛所能看清楚的最近点称为近点。

正常人的眼睛在约 50lx 的照明条件下最方便和最习惯的观察距离,称为人眼的明视距离,该距离为 250mm。在明视距离处观察物体,眼睛可以长时间地工作而不会感到疲劳。

为了表示眼睛的调节程度,以 r 表示远点到眼睛物方主点的距离(m),以 p 表示近点到眼睛物方主点的距离(m),则其倒数

$$\frac{1}{r} = R, \frac{1}{p} = P$$

分别是远点和近点的折光度数。眼睛对任一点的折光度数称为视度。眼睛的远点视度和近点视度之差以字母 $\bar{A}$ 表示,即

$$\bar{A} = R - P \tag{9-1}$$

就是眼睛的调节范围或调节能力。

对于每个人来说,远点距离和近点距离是随着年龄而变化的。随着年龄的增大,肌肉调节能力的衰退,近点逐渐变远,而使调节范围变小。

不同年龄的正常眼在不同年龄时的调节能力和范围如表 9-1 所列。

眼睛除了能够随物体距离的改变而调节其焦距外,还能根据物体的明暗程度改变瞳孔的直径,以调节进入眼睛的光能量。当物体的亮度很亮时,瞳孔缩小以避免眼睛被强光所刺激。而当光线很弱时,瞳孔的直径就增大,以使更多的光线通过,使眼睛能够分辨照度低时的物体。一般人眼在白天光线较强时,瞳孔缩小到 2mm 左右,夜晚光线较暗时可放大到 8mm 左右。设

计目视光学仪器时要考虑和人眼瞳孔的配合。

表9-1　正常眼在不同年龄时的调节能力和范围

年 龄	p/m	P=1/p(折光度)	r/m	R=1/r(折光度)	$\bar{A}=R-P$(折光度)
10	-0.071	-14	∞	0	14
20	-0.100	-10	∞	0	10
30	-0.143	-7	∞	0	7
40	-0.222	-4.5	∞	0	4.5
50	-0.40	-2.5	∞	0	2.5
60	-2.00	-0.5	2.0	0.5	1.00
70	1.00	1.00	0.80	1.25	0.25
80	0.400	2.50	0.40	2.50	0.00

9.1.3　眼睛的缺陷和校正

当眼睛的肌肉完全放松时,无穷远的物体能成像在视网膜上,这样的眼睛称为正常眼,如图9-2(a)所示。正常眼的远点在无穷远,像方焦点正好与视网膜重合。如果远点不在无穷远,像方焦点不与视网膜重合,则称为非正常眼。非正常眼有好几种,最常见的有近视眼和远视眼。像方焦点位于视网膜的前方,其远点位于眼睛前方有限距离处的非正常眼称为近视眼,如图9-2(b)所示。像方焦点和远点位于视网膜之后的,称为远视眼,如图9-2(c)所示。

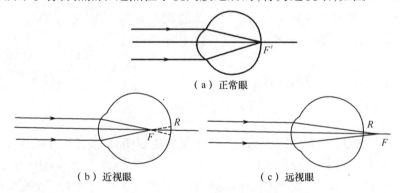

(a)正常眼

(b)近视眼　　　(c)远视眼

图9-2　正常眼与非正常眼

对于近视眼,只有在眼睛前有限距离处物体才能成像在视网膜上。矫正近视眼,可以在眼睛前面附带一个发散透镜(负透镜)的眼镜。负透镜的焦距应与远点距离相等,这样,当无穷远物体通过负透镜时,像成在人眼的远点处,在通过眼睛时正好成像在视网膜上,如图9-3(a)所示。对于远视眼,只有会聚光束射入眼睛才能聚焦在视网膜上。矫正远视眼,可以在眼睛前面附带一个会聚透镜(正透镜)的眼镜,无穷远物体经过正透镜会聚后,再经眼睛正好成像在视网膜上,如图9-3(b)所示。

由于眼睛结构上的其他缺陷,如水晶体位置不正、各个折射面曲率不正常或不对称等也会使眼睛成为非正常眼,即散光眼和斜视眼。前者需用柱面镜矫正,而后者可以用光楔矫正。

非正常眼远点距离的倒数($R=\dfrac{1}{r}$)表示近视或远视的程度,称为视度。例如,当近视眼的远点距离为-0.5m时,近视为-2视度,它与医学上的近视200度相对应。

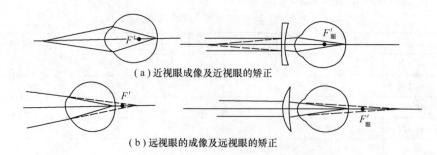

(a) 近视眼成像及近视眼的矫正

(b) 远视眼的成像及远视眼的矫正

图 9-3 眼睛的成像及矫正

9.1.4 眼睛的分辨率和瞄准精度

眼睛的分辨率是眼睛的重要光学特性,也是设计目视光学仪器的重要依据之一。通常把眼睛能分辨开两邻近物点的能力称为眼睛的分辨率。它的大小与视网膜上神经细胞的大小有关。图 9-4 是视网膜上神经细胞排列的示意图。由图可见,要使两像点被分辨,它们之间的距离应至少等于两个视神经细胞的直径,在黄斑上视神经细胞直径约为 0.001mm ~ 0.003mm,所以一般取 0.006mm 为人眼的分辨率。

与此相对应,刚刚能分辨开的两个点对眼睛的物方节点所张的角度称为极限分辨角。显然,分辨率与极限分辨角成反比。

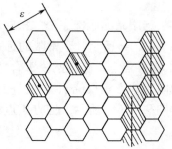

图 9-4 视网膜神经细胞排列示意图

由物理光学可知,极限分辨角为

$$\varepsilon = \frac{1.22\lambda}{D}$$

对眼睛而言,上式中的 D 为瞳孔的直径。大量实验表明,对波长 550nm 的光线而言,在良好的照明下,一般可以认为 $\varepsilon = 60'' = 1'$。

在设计目视光学系统时,要考虑眼睛的分辨率,即光学系统的放大率和被观察对象所需的分辨率的乘积等于眼睛的分辨率。就是说,由于眼睛的分辨率有限度,所以当我们看很小或很远的物体时,就需要借助于放大镜、显微镜和望远镜等目视仪器。目视光学仪器应具有一定的放大率,以使能被光学系统分辨的物体,放大到能被眼睛所分辨的程度。否则,光学系统的分辨率就被眼睛所限制,而不能充分利用。

在很多测量工作中,为了读数,常用某种标志对目标进行对准或重合。例如用一条直线去与另一条直线重合。这种重合或对准的过程称为瞄准。由于受人眼分辨率的限制,二者完全重合是不可能的。偏离于完全重合的程度称为瞄准精度,它与分辨率是两个不同的概念。实际经验表明,瞄准精度随所选取的瞄准标志而异,最高时可达人眼分辨率的 $\frac{1}{5} \sim \frac{1}{10}$。

常用的瞄准标志和方式有:图 9-5(a) 为两实线重合,瞄准精度为 30″~60″;图 9-5(b) 为两直线端部重合,瞄准精度为 10″~20″;图 9-5(c) 为叉线对准单线,瞄准精度为 5″~10″;图 9-5(d) 为双线对准单线,瞄准精度为 5″~10″。

(a) (b) (c) (d)

图 9-5 对准形式

9.1.5 双目立体视觉

眼睛观察空间物体时,除了能感觉物体的形状、大小、明暗程度以及颜色外,还能产生远近的感觉。这种对物体远近的感觉称为眼睛的空间深度感觉。对物体在空间位置的分布以及对物体的体积的感觉,即为立体视觉。单眼和双眼都能产生这种立体视觉,但产生的原因和效果不同。双眼观察比单眼观察的深度感觉强,也准确得多。

单眼观察物体,可以估计物体的距离以及相互间的远近,但是,这种空间深度感觉是建立在人们积累的经验基础之上的。当物体的高度已知时,从物体对眼睛张角的大小来判断物体的远近,视角小则远,视角大则近;根据物体之间的遮蔽关系来判断物体的深度;根据眼睛对观察远近不同物体的调节程度来区分物体的远近,但这种估计物体距离的能力范围不大于5m,此类估计是粗略的。

双眼观察物体时,同一物体在左右两只眼中各成一个像,由两眼的视觉汇合到人们的大脑中成为单一的像,称为"合像"。合像是产生空间深度的基础。合像的过程是指两眼视轴对被观察的点进行会聚,使两像分别处于两眼黄斑的中心。当物体在无穷远时,两眼的视轴保持相互平行,两眼处于放松状态。当观察有限距离物体时,两眼转动使其视轴向物体会聚,使物体分别成像于两眼的视网膜上,如图9-6所示。图中,θ_A角称为视差角。以L表示点A到基线O_1O_2的距离,则有

$$\theta_A = \frac{b}{L} \tag{9-2}$$

物体的距离越近,视轴之间的夹角越大。由于视轴的夹角不同,眼肌的紧张程度也不同,根据这种不同的合像感觉,就能辨别出物体的远近。这种感觉只有在辨别的距离较近时才能有较精确的结果。

双眼观察等距离的物体A、B时,如图9-7所示,A在两眼中的像为a_1和a_2,B在两眼中的像为b_1和b_2,其$\theta_A = \theta_B$,b_1和b_2位于黄斑的同一侧。

双眼观察不同距离的物体A、B时的情况,如图9-8(a)所示。b_1和b_2位于黄斑的两侧,$\theta_A \neq \theta_B$。图9-8(b)所示的情形为b_1和b_2位于黄斑的同一侧,此时$a_1b_1 \neq a_2b_2$,这说明

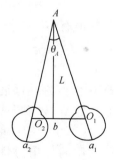

图 9-6 双目观察物体

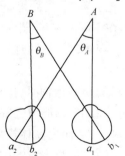

图 9-7 双眼视物等距离时成像

物体 B 在视网膜上的像 b_1 和 b_2 不对应，视觉中枢就产生了远近的感觉。这种深度感觉称为体视感觉。这种体视感觉能够精确地判断两物体间的相对位置。体视感觉的程度取决于

$$\Delta\theta = \theta_A - \theta_B \tag{9-3}$$

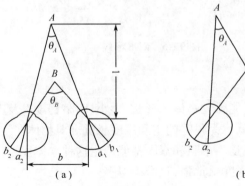

图 9-8 双眼视物非等距离时成像

人眼能感觉到的最小的 $\Delta\theta$ 值称为体视锐度，记为 $\Delta\theta_{\min}$。通常人眼的体视锐度为 $30''\sim 60''$，经过训练的人可达 $3''\sim 10''$。一般情况下取人眼的体视锐度为 $10''$。

无穷远物体的视差角为零。对于近物，只有当它的视差角 $\theta \geqslant \Delta\theta_{\min}$ 时，才能把它与无穷远的物体分开来。因此，称与 $\theta = \Delta\theta_{\min}$ 相对应的距离 L_m 为眼睛的体视半径，即

$$L_m = \frac{b}{\Delta\theta_{\min}} \tag{9-4}$$

多数人眼的视觉基线 $b = 65\,\mathrm{mm}$，取 $\Delta\theta_{\min} = 10''$，则

$$L_m = \frac{65}{10} \times 206000 \approx 1340\,\mathrm{m} \tag{9-5}$$

体视半径以外的物体，用眼睛观察时好像都在同一平面上，分辨不出它们之间的远近来。但是，实际上我们还能够判断出较远距离物体的深度，这和单眼视觉能够分辨物体的远近一样。

观察者用双眼能分辨空间两点间的最短空间深度距离以 ΔL 表示，称为立体视觉阈（或称为立体视觉限），其值可由对式(9-2)微分得到：

$$\Delta\theta = -\frac{b}{L^2}\Delta L$$

即

$$\Delta L = -\frac{\Delta\theta L^2}{b} \tag{9-6}$$

式中的负号在此处无实际意义，故可略去。

当被观察物体在不同距离处，即 L 取值不同时，立体视觉阈值有不同数值，将式(9-5)中的体视锐度以 $\Delta\theta_{\min} = 10''$，视觉基线以 $b = 0.065\,\mathrm{m}$ 代入，可得

$$\Delta L \approx 7.5 \times 10^{-4} L_m^2 \tag{9-7}$$

由公式(9-6)知，观察远物时，体视阈值很大；而对近处物体，辨别其远近的能力就很强。结合公式(9-6)可以看出，如能增大基线长度 b 和减小体视锐度 $\Delta\theta$，体视半径 L_m 就可增大，体视阈值 ΔL 就可减小，从而提高体视效果。双筒望远镜和某些军用指挥仪就是为此目的而设计的。若其放大率为 Γ，两物镜的中心距（即基线长度）为人眼的 K 倍，则根据公式易于得出，通过此类仪器来观察时，体视锐度将为 $\Delta\theta/\Gamma$，体视半径将扩大到肉眼观察时的 $K\Gamma$ 倍，而

体视阈值缩小为肉眼观察时的 $\frac{1}{K\Gamma}$，使体视效果大为提高。

9.2 放大镜

观察物体时，眼睛能分辨出所观察物体的细节，必须使该细节对眼睛的视角大于眼睛的极限分辨角1′。物体对眼睛的视角取决于物体的大小和该物体到眼睛的距离。对某一个物体来说，距离越近，视角越大。根据眼睛的调节能力，物体不能无限制地移近眼睛，它必须位于眼睛的近点之外，人才能看清。当物体已移到观察的最近距离而其视角仍小于眼睛的极限分辨角1′时，就必须借助目视光学系统将物体放大，使放大像的视角大于人眼的极限分辨角1′(若使眼睛不疲劳，往往使眼睛的视角为2′~4′)。用于对近物放大的目视光学仪器，称为放大镜和显微镜。

9.2.1 放大镜的放大率

放大镜是用来观察近距离微小物体的最简单的一种目视光学仪器。

与眼睛一起使用的目视光学仪器，其放大作用不能单由前文所述的光学系统本身的放大率来表征。因为眼睛通过放大镜或显微镜等目视光学仪器来观察物体时，有意义的是在眼睛视网膜上的像的大小，所以放大镜的放大率应该是：通过放大镜来观察物体时，其像对眼睛所张角度的正切，与眼睛直接看物体时物体对眼睛所张角度的正切之比，通常称为视觉放大率，以 Γ 表示，即

$$\Gamma = \frac{\tan\omega'}{\tan\omega} \qquad (9-8)$$

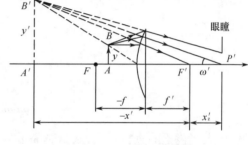

图 9-9 放大镜的成像原理

图 9-9 是物体经放大镜成像的光路图。位于放大镜物方焦点附近的物体 $AB = y$，其放大虚像 $A'B' = y'$，像对眼睛所张角度的正切为

$$\tan\omega' = \frac{y'}{x'_z - x'}$$

眼睛在明视距离直接观察物体时，物体 AB 对眼睛张角的正切为

$$\tan\omega = \frac{y}{250}$$

则放大镜的视觉放大率为

$$\Gamma = \frac{\tan\omega'}{\tan\omega} = \frac{250y'}{(x'_z - x')y}$$

将 $\beta = \frac{y'}{y} = -\frac{x'}{f'}$ 代入，有

$$\Gamma = \frac{250}{f'} \cdot \frac{x'}{x' - x'_z}$$

上式表明，放大镜的视觉放大率，除了和透镜的焦距有关以外，还和眼睛的位置有关。
在实际使用的过程中，眼睛大致位于放大镜的像方焦点 F' 的附近，则上式分母中的 x'_z 相

对于 x' 而言是一个很小的值,可以略去。所以,放大镜的放大率公式通常采用以下形式:

$$\Gamma = \frac{250}{f'} \quad (9-9)$$

由上式可知,放大镜的放大率仅与透镜焦距有关。焦距越短,放大率越大。由于放大镜的焦距不可能太短,所以放大镜的放大率受到限制,一般小于 $10^\times$。

9.2.2 放大镜的光束限制和视场

放大镜总是和眼睛一起使用,在讨论其光束限制时,应将眼瞳也作为一个光阑来考虑。如图 9-10 所示,整个系统有两个光孔:直径为 $2h$ 的放大镜镜框和直径为 $2a'$ 的眼瞳。眼瞳是整个系统的出瞳,也是孔径光阑。另外,整个系统除了眼瞳以外,只剩下一个光孔,即放大镜镜框,它本身也必然起着限制视场的作用而为视场光阑,同时也是入射窗和出射窗。因此,物平面上能够被成像的范围或线视场的大小,就被放大镜镜框、眼瞳的直径以及它们之间的距离 l'_z 所决定。

由于在系统中,入射窗不和物平面重合,因而视场边缘部分成像必有渐晕现象。其中,由角度 $2\omega'_1$ 所决定的视场内没有渐晕,在这个范围内每点均以充满眼瞳的全光束成像,由 $2\omega'$ 所决定的有 50% 渐晕的视场,而由 $2\omega'_2$ 所决定的是放大镜所可能成像的最大视场。

由图 9-10 可知,分别有

$$\left.\begin{array}{l}\tan\omega'_1 = \dfrac{h-a'}{l'_z} \\[2mm] \tan\omega' = \dfrac{h}{l'_z} \\[2mm] \tan\omega'_2 = \dfrac{h+a'}{l'_z}\end{array}\right\} \quad (9-10)$$

可见,放大镜镜框的直径越大,眼睛越靠近放大镜,视场越大。

通常,放大镜的视场用通过它所能看到的物平面上的圆直径或线视场 $2y$ 来表示,当物平面位于放大镜的物方焦点上时,像平面在无限远,如图 9-11 所示。

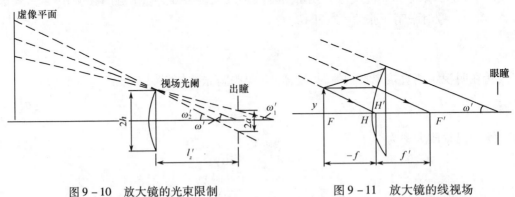

图 9-10 放大镜的光束限制　　　图 9-11 放大镜的线视场

由图 9-11 可得

$$2y = 2f'\tan\omega'$$

将式(9-9)中的 f' 和式(9-10)中的 $\tan\omega'$ 代入上式,得

$$2y = \frac{500h}{\Gamma l'_z} \quad (9-11)$$

可见,放大镜的放大率越大,视场越小。

9.3 显微镜系统

放大镜不能有较高的视觉放大率,如果要求得到较高的视觉放大率,放大镜就无法胜任了,必须采用复杂的组合光学系统,这就是显微镜。显微镜是目视光学仪器中应用非常广泛也非常重要的仪器。显微镜的主要用途在于它能够分辨被观察物体的细小部分,把眼睛分辨不了的细小部分分辨开来。

9.3.1 显微镜的基本原理

显微镜光学系统由物镜和目镜两个部分组成,如图 9 – 12 所示。

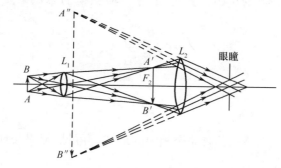

图 9 – 12 显微镜的成像原理

显微镜和放大镜起着同样的作用,就是把近处的微小物体成一个放大的像,以供人眼观察。只是显微镜比放大镜可以具有较高的放大率而已。

图 9 – 12 是物体被显微镜成像的原理图。为便于说明,把物镜 L_1 和目镜 L_2 均以单块透镜表示。物体 AB 位于物镜前方,离开物镜的距离大于物镜的焦距,但小于两倍物镜焦距。所以,它经物镜以后,必然形成一个倒立的放大的实像 $A'B'$。$A'B'$ 位于目镜的物方焦点 F_2 上,或者在很靠近 F_2 的位置上,再经目镜放大为虚像 $A''B''$ 后供眼睛观察。虚像 $A''B''$ 的位置取决于 F_2 和 $A'B'$ 之间的距离,可以在无限远处(当 $A'B'$ 位于 F_2 上时),也可以在观察者的明视距离处(当 $A'B'$ 在焦点 F_2 的右边时)。目镜的作用与放大镜一样,所不同的只是眼睛所看到的不是物体本身,而是物体被物镜所成的已经放大了一次的像。

9.3.2 显微镜的放大率

由于经过物镜和目镜的两次放大,所以显微镜总的放大率 Γ 应该是物镜放大率 $\beta_物$ 和目镜放大率 $\Gamma_目$ 的乘积。和放大镜相比,显然,显微镜可以具有高得多的放大率,并且通过调换不同放大率的物镜和目镜,能够方便地改变显微镜的放大率。由于在显微镜中存在着中间实像,故可以在物镜的实像面上放置分划板,从而可以对被观察物体进行测量,并且在该处还可以设置视场光阑,消除渐晕现象。

因为物体被物镜成的像 $A'B'$ 位于目镜的物方焦面上或附近,所以此像相对于物镜像方焦点的距离 $x_1' \approx \Delta$。这里,Δ 为物镜和目镜的焦点间隔,为光学间隔,在显微镜中称为光学筒长。

设物镜的焦距为 f_1',则物镜的放大率为

$$\beta_{物} = -\frac{x_1'}{f_1'} = -\frac{\Delta}{f_1'}$$

物镜的像再被目镜放大,其放大率为

$$\Gamma_{目} = \frac{250}{f_2'}$$

式中:f_2' 为目镜的焦距。由此,显微镜的总放大率为

$$\Gamma = \beta_{物} \cdot \Gamma_{目} = -\frac{250\Delta}{f_1'f_2'} \qquad (9-12)$$

由上式可见,显微镜的放大率和光学筒长 Δ 成正比,和物镜及目镜的焦距成反比。并且,由于式中有一个负号,所以当显微镜具有正物镜和正目镜时(一般如此),整个显微镜给出倒像。

由几何光学中合成光组的焦距公式可知,整个显微镜的总焦距 f' 和物镜及目镜焦距之间,符合以下关系式:

$$f' = -\frac{f_1'f_2'}{\Delta}$$

代入式(9-12),则有

$$\Gamma = \frac{250}{f'} \qquad (9-13)$$

上式与放大镜的放大率公式具有完全相同的形式。可见,显微镜实质上就是一个复杂化了的放大镜。

9.3.3 显微镜的结构

绝大多数显微镜,其物镜和目镜各有多个,组成一套,以便通过调换获得各种放大率。常用的物镜有四种,放大率分别为 $3^×$、$10^×$、$40^×$、$100^×$;常用的目镜有三种,放大率分别为 $5^×$、$10^×$、$15^×$。这样,整个显微镜就能有 $15^× \sim 1500^×$ 的 12 种不同的放大率。在使用中为了能使放大率迅速地改变,在显微镜中,几个物镜可以同时装在一个旋转圆盘上,通过旋转该盘就能方便地选用不同放大率的物镜。目镜一般是插入式的,调换极为方便。

在显微镜中,取下物镜和目镜后,所剩下的镜筒长度,即物镜支承面到目镜支承面之间的距离 t_m 称为机械筒长,如图 9-13 所示。显微镜的机械筒长是固定的(对于一台显微镜来说)。机械筒长各国标准不同,有 160mm、170mm 和 190mm 等。我国规定机械筒长为 160mm。

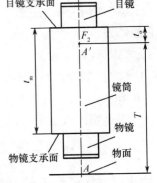

图 9-13 显微镜的机械筒长

由物镜像方焦点到目镜物方焦点之间的距离 Δ,称为光学筒长。它随着物镜焦距的不同而改变。光学筒长的选择,应该使显微镜满足齐焦条件要求,即在显微镜使用过程中,当调换物镜时,不需要重新调焦就能看到物体的像。为此,在显微镜的光学机械尺寸上,应该满足以下要求:

(1) 不同焦距或放大率的物镜,由物平面到像面的距离(共轭距 T)均应相同,对于大量使用的生物显微镜,我国规定 $T = 195$mm 作为显微物镜的共轭距标准;

(2) 物镜的外壳要保证物体经物镜所成的实像面有固定的位置,我国规定,由物镜实像面

到目镜支承面的距离为 $t_0 = 10\text{mm}$；

（3）为使调换目镜时也不需要重新调焦,则目镜的镜筒也应保证其物方焦面与物镜的像面重合。

这些尺寸,当然不能做得很准确,但是,满足以上要求后,只要作微动调焦就可以了。并且,这也为各种成品物镜和目镜创造了互换使用的条件。

9.3.4 显微镜的光束限制

1. 显微镜的孔径光阑

在显微镜中,孔径光阑按如下的方式设置:对于单组的低倍物镜,物镜框就是孔径光阑,它被目镜所成的像是整个显微镜的出瞳,显然应在目镜的像方焦点之后。对于由多组透镜组成的复杂物镜,一般以最后一组透镜的镜框作为孔径光阑,或者在物镜的像方焦面上或其附近设置专门的孔径光阑。在后一种情况下,如果孔径光阑位于物镜的像方焦面上,则整个显微镜的入瞳在物方无限远,出瞳则在整个显微镜的像方焦面上,其相对于目镜像方焦点的距离为

$$x'_F = -\frac{f_2 f'_2}{\Delta} = \frac{f'^2_2}{\Delta}$$

式中：x'_F 是系统后焦点相对目镜后焦点的距离。由上式可知 x'_F 总是正值,因此 $x'_F > 0$,即此时出瞳所在的显微镜像方焦面,位于目镜像方焦点之外。

若孔径光阑位于物镜像方焦点附近相距为 x'_1 的位置,如图 9-14 所示,则整个系统的出瞳相对于目镜像方焦点的距离为

$$x'_2 = \frac{f_2 f'_2}{x'_1 - \Delta} = \frac{f'^2_2}{\Delta - x'_1}$$

而显微镜出瞳相对于显微镜像方焦点的距离为

$$x'_z = x'_2 - x'_F = \frac{f'^2_2}{\Delta - x'_1} - \frac{f'^2_2}{\Delta} = \frac{x'_1 f'^2_2}{\Delta(\Delta - x'_1)}$$

x'_1 和 Δ 比较是一个很小的值,故上式可表示成

$$x'_z = \frac{x'_1 f'^2_2}{\Delta^2}$$

由于 x'_1 是一个小值,而 $\dfrac{f'^2_2}{\Delta^2}$ 也是一个很小的值,约为几十分之一,甚至几百分之几,因此 x'_z 的值很小。这说明,即使孔径光阑位于物镜像方焦点的附近,仍可认为整个显微镜的出瞳与显微镜的像方焦面重合,即总是在目镜像方焦点之外距离 x'_F 处。所以,用显微镜观察时,观察者的眼睛总可以与出瞳重合。

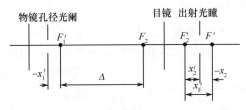

图 9-14 近似的远心光路示意图

2. 显微镜的出瞳直径

图 9-15 显示出了像方空间的成像光束,设出瞳和显微镜的像方焦面重合,$A'B'$ 是物体 AB 被显微镜所成的像,大小为 y'。

由图 9-15 可见,出瞳半径为

$$a' = x' \tan U'$$

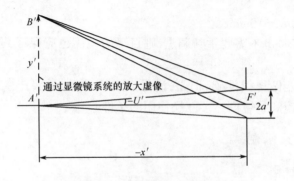

图 9-15 显微镜的出射光瞳

因显微镜的像方孔径角 U' 很小，故可以用正弦来代替其正切，则

$$a' = x'\sin U' \tag{9-14}$$

另外，显微镜应满足正弦条件，有

$$n'\sin U' = \frac{y}{y'}n\sin U$$

式中

$$\frac{y}{y'} = \frac{1}{\beta} = -\frac{f'}{x'}$$

并且，显微镜中 n' 总等于 1，故

$$\sin U' = -\frac{f'}{x'}n\sin U$$

将其代入式(9-14)，得

$$a' = -f'n\sin U = -f'NA \tag{9-15}$$

式中：$NA = n\sin U$，称为显微镜物镜的数值孔径。它是表征显微镜物镜特性的一个重要参数。此外，公式中的负号并没有实际意义。

若将 $f' = \frac{250}{\Gamma}$ 代入公式，则得

$$a' = 250\frac{NA}{\Gamma} \tag{9-16}$$

由上式可见，已知显微镜的放大率 Γ 及物镜数值孔径 NA，即可求得出瞳直径 $2a'$。表 9-2 列出了三种放大率和数值孔径时的出瞳直径。

表 9-2 显微镜不同放大率和数值孔径时的出瞳直径

Γ	1500×	600×	50×
NA	1.25	0.65	0.25
$2a'$/mm	0.42	0.54	2.50

由表 9-2 的数据可以看出，显微镜的出瞳很小，一般小于眼瞳直径，只有当放大率较低时，才能达到眼睛瞳孔直径的大小。

3. 显微镜的视场光阑

显微镜的视场是被安置在物镜像平面上的专设视场光阑所限制。因此，在显微镜中，由于入射窗与物平面重合，所以在观察时，可以看到界限清楚和照度均匀的视场。

与放大镜一样，显微镜的视场也是以在物平面上所能看到的圆直径来表示，该范围内物体

的像应该充满视场光阑。据此,视场光阑的直径 $2y'$ 和线视场大小 $2y$ 的比值,就应该是物镜的放大率 $\beta_{物}$,即

$$\beta_{物} = \frac{2y'}{2y}$$

显微镜物镜,特别是高倍物镜,因要提高分辨率,必须有很大的数值孔径。因此,物镜是以很宽的光束来成像的,这需要首先保证轴上点和视场中心部分有良好的像差校正。在这种情况下,视场增大,视场边缘部分的像质就会急剧变坏,所以,一般显微镜只能有很小的视场。通常,当线视场 $2y$ 不超过物镜焦距的 $1/20$ 时,成像质量是令人满意的,即

$$2y \leqslant \frac{f_1'}{20} = \frac{\Delta}{20\beta_{物}}$$

可见,显微镜的视场特别是在高倍物镜时,是很小的。

9.3.5 显微镜的景深

当显微镜调焦于某一物平面(称为对准平面)时,如果位于其前和后的物面仍能被观察者看清楚,则该二平面之间的距离就称为显微镜的景深。

图 9-16 中,$A'B'$ 是对准平面被显微镜所成的像,称为景像平面。$A_1'B_1'$ 是位于对准平面之前的物平面的像,相对于景像平面的距离为 dx',设显微镜的出瞳与像方焦点重合,从图中可见,像平面 $A_1'B_1'$ 上 A_1' 点的成像光束在景像平面上所截出的弥散圆,其直径 z' 由下式所决定:

$$\frac{z'}{2a'} = \frac{dx'}{x' + dx'}$$

上式中的 dx' 与 x' 相比是一个很小的值,可以略去,则

$$dx' = \frac{x'z'}{2a'}$$

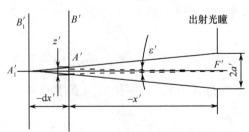

图 9-16 显微镜的景深示意图

如果直径为 z' 的弥散圆被眼镜看起来仍是点像,那么,它对出瞳中心的张角 ε' 应不大于眼睛的极限分辨角 ε,即 $\frac{z'}{x'} \leqslant \varepsilon$。此时,$2dx'$ 就是在像方能同时看清楚景像平面前后两个像平面之间的深度,即

$$2dx' = \frac{x'^2 \varepsilon}{a'}$$

景深应该在物方度量,因此还需把上式的 dx' 换算到物空间去。这只要将 dx' 除以显微镜的轴向放大率即可。根据几何光学中的有关公式可得

$$2dx = \frac{2dx'}{\alpha} = \frac{nf'^2 \varepsilon}{a'} \tag{9-17}$$

式中:为 α 轴向放大率,即

$$\alpha = \frac{dx'}{dx} = -\beta^2 \frac{f'}{f} = -\frac{x'^2}{f'^2}\frac{f'}{f} = \frac{n'x'^2}{nf'^2} = \frac{x'^2}{nf'^2}$$

将式(9-15)和式(9-13)代入式(9-17),得

$$2dx = \frac{nf'^2\varepsilon}{a'} = \frac{nf'\varepsilon}{NA} = \frac{250n\varepsilon}{\Gamma NA} \qquad (9-18)$$

由上式可见,显微镜的倍率越高,数值孔径越大,景深就越小。

例如有一台显微镜,数值孔径 $NA = 0.5$,$\Gamma = 10^\times \sim 500^\times$。设弥散圆的极限角 $\varepsilon = 0.0008\text{rad}$(约 $2.75'$),$n = 1$。按上式计算的景深值如表 9-3 所列。

表 9-3 显微镜的几何景深

放大率 Γ/倍	$10^\times$	$50^\times$	$100^\times$	$500^\times$
景深 $2dx$/mm	0.04	0.008	0.004	0.0008

可见,显微镜的景深是很小的。不过,式(9-18)计算的景深是在没有考虑到眼睛的调节情况下得到的。因此,景像平面是固定的,称为几何景深。实际上,眼睛在观察时能在近点和远点之间自行调节,因此,实际上景深还会因眼睛的调节功能而有所增大。

设在像空间中,近点和远点到显微镜出瞳的距离为 p' 和 r',出瞳和显微镜像方焦点重合,它们对应于物空间的距离为

$$p = \frac{ff'}{p'} = -\frac{nf'^2}{p'} \qquad r = \frac{ff'}{r'} = -\frac{nf'^2}{r'}$$

其差值 $r - p$ 即为眼睛通过显微镜观察时的调节深度或调节范围,有

$$r - p = -nf'^2\left(\frac{1}{r'} - \frac{1}{p'}\right) \qquad (9-19)$$

上式括号内的 r' 和 p' 以 m 为单位时,括号内的值就是眼睛的调节范围 $\overline{A}$,单位是折光度,则有

$$r - p = -0.001 nf'^2 \overline{A} \qquad (9-20)$$

对于具有正常视力的 30 岁左右的中年人来说,眼睛的调节范围 $\overline{A}$ 约为 7 个折光度,将其代入上式,并且应用 $f' = \frac{250}{\Gamma}$ 取代上式中的 f',可得到调节范围为

$$r - p = -62.5\frac{n\overline{A}}{\Gamma^2} = -437.5\frac{n}{\Gamma^2}$$

上式中的符号仅表示远点在近点的远方(或左方)。仍以上面所举相同的例子按此式求得眼睛作显微镜观察时的调节深度,如表 9-4 所列。

表 9-4 眼睛作显微镜时的调节深度

放大率 Γ/倍	$10^\times$	$50^\times$	$100^\times$	$500^\times$
$r-p$/mm	4.375	0.175	0.044	0.002

显微镜的景深应该是以式(9-18)和式(9-20)所计算的 $2dx$ 与 $(r-p)$ 之和。

使用显微镜观察时,是通过对整个镜筒(包括物镜和目镜)的调焦来看清被观察物体的。一般来讲,不可能正好把被观察物面调焦到与对准平面重合,只要将其调焦到上述景深范围以内就能观察清楚。不过,从上面的计算数值可见,显微镜的景深,特别是在高倍率时是很小的,要把被观察平面调焦到这样小的范围以内,显微镜要有微动调焦机构。

9.3.6 显微镜的分辨率和有效放大率

显微镜的分辨率以它能分辨的两点间最小距离 σ 来表示。由衍射理论可知,两个发光点的理论分辨率 σ 由下式表示:

$$\sigma = \frac{0.61\lambda}{NA}$$

式中:λ 为照明光的波长;NA 为物镜的数值孔径。

对于不能发光的物点,根据照明不同,分辨率是不同的。阿贝在这方面作了很多研究。当被观察物体不发光,而被其他光源照明时,分辨率为

$$\sigma = \frac{\lambda}{NA}$$

在斜照明时,分辨率为

$$\sigma = \frac{0.5\lambda}{NA}$$

从以上公式可见,显微镜对于一定波长的光线的分辨率,在像差校正良好时,完全由物镜的数值孔径决定,数值孔径越大,分辨率越高。这就是希望显微镜有尽可能大的数值孔径的原因。

当显微镜的物方介质为空气时,物镜可能具有的最大数值孔径为 1,一般只能达到 0.9 左右;而当在物体与物镜之间浸以液体时(一般浸以 $n=1.5\sim1.6$ 甚至 1.7 的油或高折射率的液体),数值孔径可达 $1.5\sim1.6$。

为了充分利用物镜的分辨率,使已被显微镜物镜分辨出来的细节能同时被眼睛看清,显微镜必须有合适的放大率,以便把被测物体放大到足以被人眼所分辨的程度。

便于眼睛分辨的角距离为 $2'\sim4'$。那么,在明视距离 250mm 处能分辨开两点之间的距离为

$$250\times2\times0.00029 \leq \sigma' \leq 250\times4\times0.00029$$

换算到显微镜的物方,相当于分辨率要乘以放大率,取 $\sigma=\frac{0.5\lambda}{NA}$,则得到

$$250\times2\times0.00029 \leq \frac{0.5\lambda\Gamma}{NA} \leq 250\times4\times0.00029$$

设所用光线的波长为 0.00055mm,则上式为

$$527NA < \Gamma < 1054NA$$

或近似写成

$$500NA < \Gamma < 1000NA \tag{9-21}$$

满足式(9-21)的放大率,称为显微镜的有效放大率。

一般浸液物镜最大数值孔径为 1.5,所以光学显微镜能够达到的有效放大率不超过 $1500^\times$。

由式(9-21)可见,显微镜可能有多大的放大率,取决于物镜的分辨率或数值孔径。当使用比有效放大率下限更低的放大率时,不能看清物镜已经分辨出的某些细节;如果盲目取用高倍目镜得到比有效放大率上限更大的放大率,则是无效放大。

9.3.7 显微物镜

显微物镜是显微镜光学系统的主要组成部分,其主要性能参数是数值孔径和倍率。为了

分辨物体的细微结构并确保最佳成像质量,除一定要在设计该物镜时所规定的机械筒长下使用外,还应有尽可能大的数值孔径,且其放大率须与数值孔径相适应。

显微物镜的数值孔径应与物镜的放大倍率相匹配,并由它直接决定分辨率值,它是物镜的主要指标。物镜结构和校正像差的复杂程度基本上取决于它。

显微物镜有折射式、反射式和折反射式三类,但绝大多数使用的物镜是折射式的。折射式显微物镜根据用途不同分为消色差物镜、复消色差物镜和平场消色差物镜。用于显微镜观察时,一般选用消色差物镜或复消色差物镜;用于显微摄影时,一般选用平场消色差物镜,这样可以使显微摄像像面上获得全视场清晰的像。

1) 消色差物镜

消色差物镜指对两条谱线校正轴向色差的物镜。现有普及型显微物镜大多属于消色差物镜,能满足一般的显微观察需要。它可以校正近轴区域的球差、彗差和位置色差,但边缘像质较差。消色差物镜按 NA 大小可分为四种形式。

(1) 低倍显微物镜:它本身是一个简单的双胶合透镜,如图 9 - 17(a) 所示,放大率为 $3^\times \sim 6^\times$,数值孔径为 $0.1 \sim 0.15$。

(2) 中倍显微物镜:放大率为 $8^\times \sim 20^\times$,数值孔径 NA 为 $0.25 \sim 0.3$。这种物镜通常由两组双胶合透镜组成,如图 9 - 17(b) 所示,前后双胶合组分别消位置色差,则倍率色差自动校正。这种物镜通常称为"李斯特"显微物镜。它的前后两组连接,可消除球差、彗差和像散,但不能校正场曲。

(3) 高倍显微物镜:放大率在 $40^\times$ 以上,数值孔径大于 0.65,这种物镜可认为是在两组胶合物镜之前加一个不晕半球形透镜构成,如图 9 - 17(c) 所示。这种物镜通常称为"阿米西"物镜。

(4) 浸液高倍显微物镜:放大率为 $90^\times \sim 100^\times$,数值孔径 NA 为 $1.25 \sim 1.4$。该种物镜是在"阿米西"型前片与中组之间加一块弯月形正透镜,便构成"阿贝"型浸液物镜,如图 9 - 17(d) 所示。

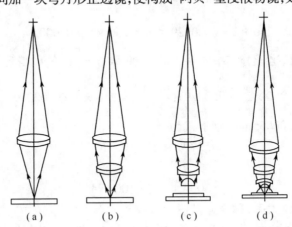

图 9 - 17 消色差物镜

浸液物镜是在盖玻片和物镜的前片之间,充以折射率为 n 的液体,就可以在不增加物镜孔径角的情况下,把数值孔径提高 n 倍。

2) 复消色差物镜

复消色差物镜主要用于高分辨率显微照相以及成像质量要求较高的显微系统中。这种物镜可以严格地校正轴上点的色差、球差和正弦差,并能校正二级光谱色差,但是不能完全校正倍率色差,因此,在使用复消色差物镜时,常常用目镜来补偿倍率色差。设计复消色差物镜时,为了校正二级光谱色差,通常采用特殊的光学材料作为部分透镜材料,最常用的是萤石($\nu = 95.5, P = 0.76, n = 1.433$),它和一般重冕牌玻璃有相同的部分相对色散,同时具有足够的色散差和折射率差。复消色差物镜的结构一般比相同数值孔径的消色差物镜复杂,因为它要求孔径高级球差和色球差也应该得到很好的校正。图9-18所示为90×、数值孔径为1.3的复消色物镜的结构,图中打有斜线的透镜就是由萤石做成的。

3)平视场物镜

对于某些特殊用途的显微系统,如显微照相、显微摄影、显微投影等,除了要求校正轴上点像差(球差、轴向色差、正弦差)以及二级光谱外,还必须严格校正场曲,以获得较大的清晰视场,而前面介绍的几种物镜都没有很好地校正场曲,因此,为了满足实际使用的要求,出现了校正场曲的平视场物镜。平视场物镜又分为平视场消色差物镜和平视场复消色差物镜,前者倍率色差不大,不必用特殊目镜补偿,而后者必须用目镜来补偿它的倍率色差。这种物镜虽然能使场曲和像散都得到很好的校正,但是结构非常复杂,往往是依靠若干个弯月形厚透镜来达到校正场曲的目的,物镜的孔径角越大,需要加入的凹透镜数量越多。图9-19给出了一种40×、数值孔径为0.85的平视场复消色差物镜的结构。同样,图中打有斜线的透镜就是由萤石做成的。

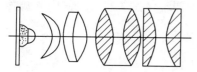

图9-18 90×、数值孔径为1.3的复消色差物镜

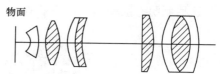

图9-19 40×、数值孔径分别为0.85的平视场复消色差物镜

4)反射式和折反射式

反射式物镜不产生色差,可应用在很宽的波段内,且有相当大的工作距离。

反射或折反射式物镜主要用于紫外或远红外的系统。由于能够透过紫外或远红外的光学材料十分有限,无法设计出高性能的光学系统,因此只能使用反射或折反射系统。在这些系统中起会聚作用的主要是反射镜。为了补偿反射面的像差,往往加入一定数量的补偿透镜,构成折反射系统。

图9-20所示为一种反射式的显微物镜,它的光学特性为50×,$NA = 0.56$,它可以在$0.15\mu m \sim 10\mu m$波长范围内工作,中心遮光比为0.5。

图9-21为一种折反射式显微镜物镜,它的光学特性为53×,$NA = 0.72$。系统中只使用了能透过紫外光的石英玻璃和萤石,因此可以在$0.25\mu m$到整个可见光波段范围内工作。它的中心遮光比为0.3。

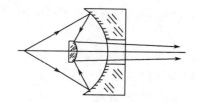

图9-20 反射式显微物镜

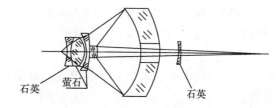

图9-21 折反射式显微镜物镜

与折射式物镜不同,反射式和折反射式物镜不可避免地有中心遮拦存在,其入射光瞳呈圆

环形。对于这种圆环形光瞳进行衍射积分的计算时,其衍射图形中第一个暗环的半径比圆形光瞳要小得多,从而使分辨率有所提高。与此同时,中心亮斑的照度有所降低,降低的能量分散到了外环,增加了背景的照度,降低了像的衬度,反而影响了分辨率的提高。不过,只有物体的对比度降低时,这种影响才能突显出来,反射式物镜才失去使用价值,这是这种物镜的主要缺点。如果努力使中心遮光减小,上述缺点就可以得到一定程度的克服。

9.3.8 显微镜的照明系统

一般显微镜的光学部分由成像和照明两个系统组成。其中成像系统主要包括物镜和目镜,它是影响成像质量的主要因素。而照明系统主要包括光源和聚光镜,它的作用是使被观察物体得到充分而均匀的照明。根据被观察物体的不同情况,主要有如下三类照明系统。

1. 透明物体的照明

生物显微镜多用来观察透明标本,需要以透射光来照明。用透射光照明时,有如下两种照明方法。

1) 临界照明

所谓临界照明,就是把照明用光源通过照明系统或聚光镜成像于物面上的照明方法,如图9-22所示。这种照明方法相当于把光源直接置于物面上,如果忽略光能的损失,则光源像的亮度与光源相同。

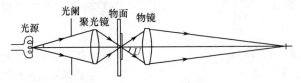

图 9-22 临界照明

临界照明时,物镜成像光束的孔径角 U 由聚光镜的像方孔径角所决定。为使物镜的数值孔径得到充分利用,聚光镜应具有与物镜相同或稍大的数值孔径。另外,为了使聚光镜的像方孔径角能与不同数值孔径的物镜相匹配,需要在聚光镜的物方焦平面上或附近设置可变光阑。显然它就是照明系统的孔径光阑,也是入瞳。可变光阑经过聚光镜后的像,即出瞳应与物镜的入瞳重合(一般物镜入瞳在无穷远)。改变光阑的大小,就可以改变射入物镜的光束孔径角,使之与物镜的数值孔径相适应。总之,临界照明是聚光系统的出瞳和出射窗与物镜系统的入瞳和入射窗重合,形成"窗对窗、瞳对瞳"的光管。

在临界照明中,如果光源本身的亮度不均匀或明显地呈现出灯丝的细小结构,就会直接反映在物面上而影响观察效果,这是临界照明的缺点。

2) 柯拉照明

柯拉照明是一种将光源像成在物镜入瞳面上的照明方法。临界照明中物面照度不均匀的缺点在柯拉照明中可以消除。

如图9-23所示,光源1经辅助聚光镜2成像在聚光镜5的视场光阑4处。辅助聚光镜2经聚光镜5成像于标本6处。聚光镜5把其焦点附近的视场光阑4成像在无限远处,以与物镜的入瞳重合(一般物镜入瞳多位于无限远处)。

由于柯拉照明不是直接把光源,而是把被光源均匀照明了的辅助聚光镜2(也称为柯拉镜)成像于标本6上,所以物镜视场(标本)得到均匀的照明。

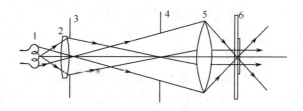

图 9-23 柯拉照明

就聚光系统本身来说,光阑 3 或辅助聚光镜 2 是聚光系统的入瞳,其被聚光镜 5 所成的像是聚光系统的出瞳,它和物镜的入射窗(即物面)重合,起到限制照明视场的作用。另一方面,光源是聚光系统的视场光阑,它被聚光系统所成的像,即聚光系统的出射窗和物镜的入瞳重合。所以在柯拉照明中,聚光系统的出射窗和成像系统的入瞳重合,而聚光系统的出瞳和成像系统的入射窗重合,即柯拉照明是"窗对瞳、瞳对窗"的光管。

2. 不透明物体的照明

在观察不透明物体时,例如通过金相显微镜观察金属磨片时,光线必须从侧面或上面来加以照明。

当物镜倍率不高而有较大的工作距离时,可以按图 9-24 所示方式从侧面对物体进行照明。为使照明光束不过于倾斜,照明系统要力求结构简单紧凑,因此采用单个非球面透镜作为聚光镜,以便能把孔径角很大的光束投射于物面,使之得到充分照明。这种照明方法中,物体是靠表面反射光和散射光成像的。

照明不透明物体最常用的方法是把显微镜物镜同时作为聚光镜来应用而得到垂直的照明,如图 9-25 所示。

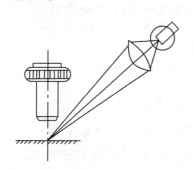

图 9-24 不透明物体的侧面照明

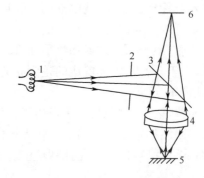

图 9-25 不透明物体的垂直照明

自光源 1 发出来的光束,经光阑 2 投射到半镀银的平板玻璃 3 上,其中反射光线经由物镜 4 折向被观察面 5,再经由表面 5 的反射、物镜 4 的折射会聚至像面 6 处。这样,既达到了照明的目的,又省去了一组聚光镜。

9.4 望远镜系统

9.4.1 望远镜的一般特性

望远镜是观察远距离物体的光学仪器。由于望远镜所成的像对眼睛的张角大于物体本身对眼睛的直观张角,所以给人一种"物体被拉近了"的感觉。利用望远镜可以更清楚地看清物体的细节,扩大了人眼观测远距离物体的能力。

望远镜的光学系统称为望远镜系统,简称望远系统,是由物镜和目镜组成的,物镜的像方焦点与目镜的物方焦点重合,光学间隔 $\Delta=0$,因此平行光射入望远镜系统后,仍以平行光射出。

如图 9-26 所示,为了方便,图中的物镜、目镜均用单透镜表示。这种望远镜系统没有专门设置的孔径光阑,物镜框就是孔径光阑,也是入瞳,出瞳位于目镜像方焦点之外,观察者就在此观察物体的成像情况。系统的视场光阑设在物镜的像平面处,即物镜和目镜的公共焦点处,入射窗和出射窗分别位于系统的物方和像方的无限远处,各与物平面和像平面重合。

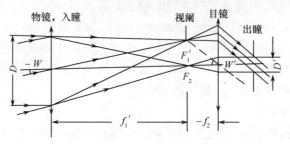

图 9-26 望远镜的成像原理

9.4.2 望远镜系统的结构形式

望远镜系统有两种常见的基本形式,它们是开普勒望远镜和伽利略望远镜。

开普勒望远镜的物镜和目镜都是正透镜,如图 9-27(a)所示。由于开普勒望远镜的物镜和目镜中间构成物体的实像,可以在实像的位置上安装一块分划板。它是一块平板玻璃,上面刻有瞄准丝或标尺,以作测量瞄准用;同时,在分划板边缘,镀成不透明的圆环形区域,以此作视场光阑。开普勒望远镜中,目镜的口径足够大时,光束没有渐晕现象。这是因为视场光阑与实像平面重合,系统的入射窗和物平面重合的缘故。

另外,由于开普勒望远镜成的是倒立的像,为了便于观察和瞄准,在使用时一般要加入倒像系统,使像正立。

伽利略望远镜的物镜是一块正透镜,目镜是一块负透镜,如图 9-27(b)所示。伽利略望远镜的优点是结构紧凑,筒长较短,较为轻便,光能损失少,并且使物体成正立的像,这是作为普通观察仪器所必需的。但是伽利略望远镜没有中间实像,不能安装分划板,因而不能用来瞄准和定位。

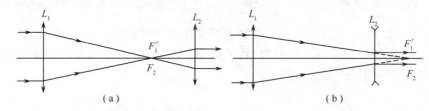

图 9-27 开普勒望远镜和伽利略望远镜的结构

9.4.3 望远镜系统的视觉放大率

对于目视光学仪器来说,更有意义的特性是它的视觉放大率,即通过望远镜系统观察物体时,人眼对物体大小的感觉与直观时的感觉有多大差别的问题,这个差别以物体或像在人眼视网膜上的大小来表示。

由于物体在无限远,同一目标对人眼的张角和对仪器的张角(即望远镜的物方视场角)完全可以认为是相等的,为 ω。从图 9 – 26 可以看出,通过望远镜之后,物体的像对人眼的张角就是系统的像方视场角 ω',所以望远镜系统的视觉放大率为

$$\Gamma = \frac{\tan\omega'}{\tan\omega} = -\frac{f_1'}{f_2'} = -\frac{D}{D'} \tag{9-22}$$

式中:f_1' 和 f_2' 分别是物镜和目镜的焦距;D 和 D' 分别是望远镜的入瞳和出瞳的大小。

由式(9 – 22)可知,望远镜的视觉放大率与物体的位置无关,仅取决于望远镜系统的结构,欲增大视觉放大率,必须增大物镜的焦距或减小目镜的焦距。

确定望远镜的视觉放大率,需要考虑许多因素,其中包括仪器的精度要求、目镜的结构形式、望远镜的视场角、仪器的结构尺寸等。

9.4.4 望远镜系统的分辨率和工作放大率

望远镜的分辨率用极限分辨角来表示,即

$$\varphi = \frac{140''}{D} \tag{9-23}$$

式中:D 为望远镜的入瞳直径。入瞳直径越大,极限分辨率越高。

望远镜是目视光学仪器,因而受人眼的分辨率限制,即两个观察物点通过仪器后对人眼的视角必须大于人眼的视觉放大率,以符合人眼分辨率要求。但在仪器的分辨率一定时,过高地增大视觉放大率也不会看到更多的物体细节。

视觉放大率和分辨率的关系为

$$\varphi\Gamma = 60''$$
$$\Gamma = \frac{60''}{\varphi} = \frac{60''}{\frac{140''}{D}} = \frac{D}{2.3} \tag{9-24}$$

从式(9 – 24)求得的视觉放大率是满足分辨要求的最小视觉放大率,称为有效放大率(正常放大率)。

然而,眼睛处于分辨极限条件下(60″)观察物像时会使眼睛感到疲劳,所以在设计望远镜时,一般视觉放大率比按式(9 – 24)求得的数值大(1.5~2)倍,称为工作放大率,则

$$\Gamma = \frac{(90 \sim 120)''}{\frac{140''}{D}} = 0.65D \sim 0.86D \tag{9-25}$$

工作放大率是合理的放大率。

9.4.5 望远镜系统的主观亮度

眼睛通过光学仪器观察物体时,物体所成的像对人眼的刺激程度称为主观亮度。主观亮度与进入人眼的光能量有关。当物体是点光源时,它在视网膜上的一个感光细胞上形成点像,该细胞的感觉与点光源射入人眼的光通量大小有关。当物体具有一定大小时,视网膜对像的感觉,由像在视网膜上的光照度大小所决定。

通过望远镜观察物体时,并非所有被望远镜摄取的光能量都能进入人眼,进入人眼的光能

量与望远镜的出瞳大小和位置有关,即通过望远镜所看到的像,其主观亮度取决于望远镜出瞳的大小和位置。

物体是点光源时,直接进入人眼的光通量为

$$d\Phi = \frac{\pi K D_0^2 I}{4l^2} \tag{9-26}$$

式中:D_0 是人眼瞳孔的直径;l 是物体相对于人眼的距离,即观察距离;I 是点光源的发光强度;K 是眼睛的透过率。

当眼瞳直径比望远镜的出瞳直径大时,望远镜所摄取的光能量可以全部进入人眼。通过望远镜的光通量可以表示为

$$d\Phi = \frac{\pi K_1 D^2 I}{4l^2} \tag{9-27}$$

式中:D 是望远镜的入瞳直径;K_1 是望远镜的透过率。上式求得的光通量对人眼产生的主观亮度为

$$d\Phi' = \frac{\pi K K_1 D^2 I}{4l^2} \tag{9-28}$$

把式(9-28)和式(9-26)比较后得知,通过望远镜来观察点光源时,像的主观亮度大于人眼直接观察这个点光源时的主观亮度,其比值称为相对主观亮度,有

$$\frac{d\Phi'}{d\Phi} = K_1 \frac{D^2}{D_0^2} \tag{9-29}$$

若望远镜的出瞳直径 D' 与眼瞳直径 D_0 相等,式(9-26)和式(9-28)依然正确。此时式中的 $D = \Gamma D' = \Gamma D_0$,则相对的主观亮度为

$$\frac{d\Phi'}{d\Phi} = K_1 \Gamma^2 \tag{9-30}$$

若望远镜的出瞳直径大于眼瞳直径,则射入望远镜的光能量不能全部进入眼瞳。此时,眼瞳是整个系统(望远镜加眼睛)的出瞳。因此,只有包括在入瞳直径为 ΓD_0 内的光能量能够进入眼瞳,则点光源的主观亮度为

$$d\Phi' = \frac{\pi K K_1 \Gamma^2 D_0^2 I}{4l^2}$$

相对主观亮度为

$$\frac{d\Phi'}{d\Phi} = K_1 \Gamma^2$$

式(9-26)~式(9-29)表明了望远镜的口径、放大率和主观亮度的关系。当望远镜的入瞳直径 D 一定时,随着视觉放大率的增大,出瞳直径 D' 随之减小。在 D' 减小到与眼瞳直径 D_0 相等之前,像的主观亮度随视觉放大率的增大而增大。到 $D' = D_0$ 时,像的主观亮度增大到最大值,随后,继续增大视觉放大率,像的主观亮度就不再增加了,其值仅与望远镜系统的入瞳直径有关。

当用望远镜观察一定大小的物体时,像的主观亮度将由视网膜上像的光照度所决定。用眼睛直接观察物体时,主观亮度为

$$E = \frac{\pi K L D_0^2}{4 f_0'^2} \tag{9-31}$$

式中:L 为物体的光亮度;f_0' 是眼睛的焦距。在用望远镜观察物体时,人眼所看到的是物体被望

远镜所成的像,该像的光亮度为

$$L' = K_1 L \left(\frac{n'_k}{n_1}\right)^2$$

式中:n'_k 和 n_1 分别为望远镜像方和物方的折射率,如果望远镜在空气中,则 $n'_k = n_1 = 1$。这个像对人眼的主观亮度为

$$E' = \frac{\pi K L' D'^2}{4 f_0'^2} = \frac{\pi K K_1 L D'^2}{4 f_0'^2} \qquad (9-32)$$

式中:D' 是包括眼睛在内的整个系统的出瞳直径。相对主观亮度为

$$\frac{E'}{E} = K_1 \left(\frac{D'}{D_0}\right)^2 \qquad (9-33)$$

即相对主观亮度仅取决于出瞳直径与眼瞳直径的比值。当望远镜的出瞳直径大于眼瞳直径时,眼瞳是约束光束孔径的,决定像的主观亮度的出瞳直径 D' 应该用 D_0 代入。所以,用望远镜观察有限物体时,最大的主观亮度也只是与眼睛直接看物体时的主观亮度相等。因为 K_1 总是小于1的,所以,用望远镜观察有限物体时,像的主观亮度总比用眼睛直接观察物体时的主观亮度低,尤其是系统的出瞳直径 D' 小于眼瞳直径 D_0 时,主观亮度更低。

用高倍的天文望远镜观察星体时,星体本身是一个点光源,主观亮度由式(9-28)来决定,相对主观亮度由式(9-29)决定,相对主观亮度大于1。而对于背景来说,它是一个有限的物体,主观亮度由式(9-32)决定,相对主观亮度由式(9-33)决定,相对主观亮度小于1。所以用天文望远镜观察星体时,星体对背景的主观亮度对比增大了,这有利于对星体的观测。

由对主观亮度的分析可以知道:一般望远镜的出瞳直径不宜小于眼瞳直径,否则不宜发挥仪器摄取光能量的能力。只有在瞄准测量仪器中,为了提高放大率以减小瞄准误差,才使出瞳直径小于眼瞳直径。

9.4.6 望远镜的光束限制

从前面的讲解可知,望远镜的主要结构形式有伽利略望远镜和开普勒望远镜。两者的结构不同,光束限制也就不同。

1. 伽利略望远镜

对于伽利略望远镜,在不考虑眼瞳的作用时,伽利略望远镜的物镜框就是整个系统的入瞳,入瞳被目镜所成的像是一个虚像,位于目镜的前面,在图9-28中以 O'_1 表示,这就是这个系统的出瞳。由于眼睛无法与之重合,所以轴外光束中有一部分光线不能进入眼瞳,而产生遮拦现象。若把眼瞳也作为一个光孔来考虑,它就是整个系统的出瞳,也是孔径光阑。在光阑被目镜和物镜所成的像位于眼瞳之后,是一个放大的虚像,这就是系统的入瞳。在考虑眼瞳作用时,伽利略望远镜的视场光阑为物镜框,它被目镜所成的像位于物镜和目镜之间,这就是系统的出射窗。伽利略望远镜的成像关系如图9-29所示。由于入射窗不能与物平面重合,边缘视场在成像时必然有渐晕现象。在确定伽利略望远镜的视场时,必须考虑到光束渐晕的要求。一般情况下,以50%的光束渐晕来确定视场的大小。

由图9-30,可得

$$\tan\omega = \frac{D}{2l_z} \qquad (9-34)$$

式中:l_z 为入射窗到入瞳的距离。它可由下式求出:

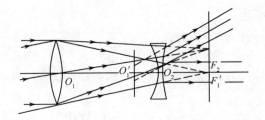

图 9-28 不考虑眼瞳时伽利略望远镜的光束限制

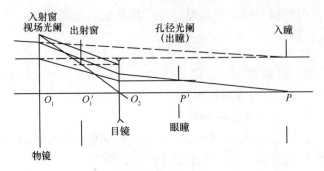

图 9-29 考虑眼瞳时伽利略望远镜的光束限制

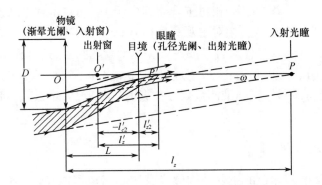

图 9-30 伽利略望远镜的光束限制

$$l_z = \Gamma^2 l'_z = \Gamma^2(-l'_{c2} + l'_{z2}) \tag{9-35}$$

式中：l'_{z2}是出瞳到目镜后主面的距离（出瞳距）；l'_{c2}是出射窗到目镜后主面的距离，即物镜被目镜所成像的截距。根据高斯公式，有

$$l'_{c2} = \frac{-Lf'_2}{-L+f'_2} = \frac{-Lf'_2}{-f'_1} = -\frac{L}{\Gamma} \tag{9-36}$$

式中：$L = f'_1 + f'_2$ 为望远镜的筒长。将式(9-36)代入式(9-35)，得

$$l_z = \Gamma^2\left(\frac{L}{\Gamma} + l'_{z2}\right) = \Gamma(L + \Gamma l'_{z2}) \tag{9-37}$$

将式(9-37)代入式(9-34)便得到望远镜视场 ω 与物镜直径 D 和眼瞳位置 l'_{z2} 之间的关系式：

$$\tan\omega = \frac{D}{2l_z} = \frac{D}{2\Gamma(L + \Gamma l'_{z2})} \tag{9-38}$$

上式表明，物镜的直径一定时，视觉放大率越大，望远镜的视场越小。因此，若要求获得较大的视场，望远镜的视觉放大率不能太大，一般不超过 $6^\times \sim 8^\times$。

伽利略望远镜的优点是结构紧凑,筒长短,较为轻便,光能损失少,并且成正像。但伽利略望远镜没有中间实像,不能用来瞄准和测量。

2. 开普勒望远镜

与伽利略望远镜不同,开普勒望远镜在物镜和目镜之间具有中间实像面,可以在其上放置分划板,因此可以用来瞄准和测量。

开普勒望远镜一般不专门设置孔径光阑,以物镜框作为孔径光阑,所以它也是入瞳,出瞳是孔径光阑被目镜所成的像,通常在目镜焦点 F'_2 以外不远处,以便眼睛观察。开普勒望远镜的实像面处放置视场光阑,这样入射窗与物面重合,通过它观察时有明显的视场边界,如果目镜口径足够大就没有渐晕现象,但在大视场大孔径的情况下,不致使目镜口径太大,允许轴外存在50%渐晕,如图9-31所示。

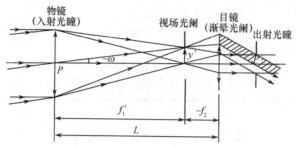

图9-31 开普勒望远镜的光束限制

开普勒望远镜的视场光阑直径 $2y'$ 由物镜的焦距 f'_1 和视场角决定,其值

$$2y' = 2f'_1 \tan\omega$$

在开普勒望远镜中,物镜和目镜的焦距都是正值,视觉放大率 $\Gamma = -\dfrac{f'_1}{f'_2} < 0$,因此物体通过望远镜时形成倒像。这在天文望远镜中是无关紧要的,但是,在一般观察用的望远镜中,由于人们的习惯,总是希望出现正立的像,为此,要在系统中加入转像系统。

9.4.7 望远物镜

望远镜的物镜是望远镜系统的重要元件。一般望远物镜的光学特性用相对孔径 $\dfrac{D}{f'_1}$、焦距 f'_1 和视场角 2ω 表示,而天文望远镜是用入瞳直径 D 来表示其通光能力(物镜的入射孔径)。物镜的这些性能参数决定了望远镜的分辨能力、像的亮度和结构形式及尺寸的大小。

望远镜系统物镜的焦距 f'_1 和视觉放大率的关系为

$$f'_1 = -\Gamma f'_2$$

上式表示,当确定了目镜焦距 f'_2 后,即可根据 Γ 值求出物镜的焦距 f'_1。

望远物镜的相对孔径是入瞳的直径 D 和物镜焦距 f'_1 的比值 $\dfrac{D}{f'_1}$。当入瞳直径 D 和物镜焦距 f'_1 确定后,物镜的相对孔径也就确定了。物镜的相对孔径越大,物镜的轴上点像差也就越大,为了校正物镜的像差,物镜的结构形式也就要复杂得多。

望远物镜的视场角 2ω 一般较小,通常不超过 $10° \sim 15°$。因视场不大,望远物镜主要校正球差、彗差和位置色差。在长焦距的物镜中,需要考虑二级光谱的校正问题。

望远物镜可分为三种结构形式,即折射式望远物镜、反射式望远物镜和折反射式望远物镜。

1. 折射式望远物镜

1）双胶合物镜

双胶合物镜的结构简单,加工和装配方便,光能损失小。这种物镜在玻璃选择恰当时,可以同时校正球差、正弦差和色差,是可能达到像差校正的最简单结构形式。但因在胶合面上总要产生较大的正高级球差,因此,相对孔径受到限制。因为球差与焦距的一次方、孔径的偶次方成正比,所以不同焦距的双胶合物镜能够达到的优良像质的相对孔径各不相同。表9-5就是各种焦距的双胶合物镜所能适应的相对孔径。因为这种物镜不能校正轴外像差,所以视场角 2ω 不得超过 $8°\sim10°$。如果在物镜后面装有棱镜,则因为棱镜可以产生一定量的正球差、正像散及正色差,相对孔径或视场略可加大一点,双胶合物镜的二级光谱不能校正,只有用特种火石玻璃做负透镜时,二级光谱可减少1/3。

表9-5 双胶合物镜的焦距与相对孔径对应关系表

f'	50	100	150	200	300	500	1000
$\dfrac{D}{f'}$	1:3	1:3.5	1:4	1:5	1:6	1:8	1:10

2）双分离物镜

与双胶合物镜相比,双分离物镜可以在更大的范围内选择玻璃对,使球差、色差和正弦差同时得到校正。利用正负透镜的间隙,使之产生一定量的衍生高级球差,其结果可以使物镜的剩余球差（即带球差）变小。因此,双分离物镜能够适应的相对孔径比双胶合物镜大。这种镜的色球差仍然不能校正,二级光谱略大,而且装配和调校较为麻烦。

3）三分离物镜

将双分离物镜中的正透镜一分为二,就得到三分离物镜,如图9-32所示。由于透镜的弯曲比较自由,因此可以使之成为校正色球差的有利形式,只是二级光谱仍要增大。若要求校正二级光谱,将会导致曲率半径的减小,因而影响了球差的校正。这种形式的物镜光能损失也有所增加。

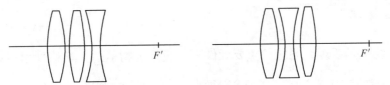

图9-32 三分离物镜

4）内调焦、外调焦望远物镜

用望远镜也可以观察有限远的物体,其物像关系如图9-33所示。由于目标通过物镜所成的像位于焦平面的后面 A' 处,则目镜应该对 A' 点调焦才能看清成像,为此,应该把目镜和分划板相对于物镜的间隔增大 $\Delta d = F'A'$,使望远镜的光学间隔从 $\Delta=0$ 变到 $\Delta = F'A'$。

用光学零件位置上的变化,实现调焦作用的光学系统称为调焦系统。望远镜的调焦系统分为外调焦和内调焦。若以目镜相对于物镜的位置变化实现调焦作用,则该系统称为外调焦系统;图9-34给出了另一种调焦望远镜,当物体在有限远时,移动物镜中的一块负透镜,使物镜所成的像仍然在固定的分划板处,这种系统就称为内调焦系统,用以调焦的负透镜组称为调焦镜。

两种系统比较起来,外调焦系统的结构比较简单,像质也比较好。但是,外调焦系统的外

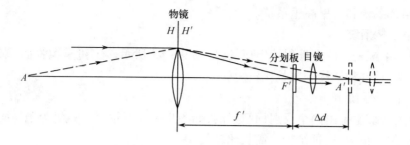

图 9-33 外调焦望远物镜

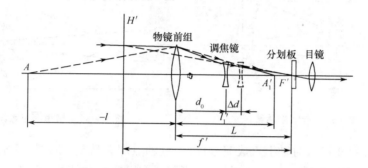

图 9-34 内调焦望远物镜

形尺寸比较大,密封性不好。和外调焦系统相比,内调焦系统的尺寸小,携带方便,密封性能好,所以在大地测量仪器中多采用内调焦系统做望远镜。

内调焦望远物镜是由正、负两组透镜组成的。正透镜组在前,光焦度为 φ_1;负透镜组在后,光焦度为 φ_2。物镜的总光焦度为

$$\varphi = \varphi_1 + \varphi_2 - d_0 \varphi_1 \varphi_2$$

式中:d_0 为当物镜调焦于无限远时,正、负透镜组的间隔。

由于内调焦物镜由正、负透镜组相隔一定距离组成,像方主面在正透镜前面,所以物镜的长度 L 比焦距短,结构较紧凑。可导出物镜筒长的表示式为

$$L = d_0 + f'\left(1 - \frac{d_0}{f_1'}\right) \tag{9-39}$$

式中:f' 为内调焦物镜的总焦距;f_1' 为物镜前组焦距。

物距为 $-l$ 的物体,通过内调焦物镜前组成像于 l_1' 处,再通过调焦镜成像于分划板处,此时,调焦镜的位置应是 $d_0 + \Delta d$,以 d 表示,利用高斯光学中公式可求出

$$d = \frac{1}{2}\left[l_1' + L - \sqrt{(l' - L_1)(l_1' - L + 4f_2')}\right] \tag{9-40}$$

式中:f_2' 为调焦镜的焦距。

2. 反射式望远物镜

反射式物镜主要用于天文望远镜中,因为天文望远镜需要很大的口径,而大口径的折射物镜无论在材料的熔制,还是在透镜的加工和安装上都很困难,所用,口径大于 1m 时都采用反射式。

反射式物镜完全没有色差,可用于很宽的波段。但反射面的加工要求比折射面高得多,表面的局部误差和变形对像质的影响也很大。最著名的反射式物镜是双反射镜系统,它有两种

形式:卡塞格林系统和格里高里系统。

1) 卡塞格林系统

卡塞格林系统是由两个反射镜组成的,如图9-35所示。主镜是抛物面,副镜是双曲面,所成的像是倒像,这种结构的筒长比较短。

2) 格里高里系统

格里高里系统也是由两个反射面组成的,如图9-36所示。主镜仍为抛物面,副镜改为椭球面,所成的像是正像,这种结构的筒长比较长。

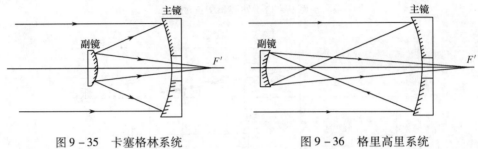

图9-35 卡塞格林系统　　　　图9-36 格里高里系统

以上两种反射物镜虽对轴上点成完善像,但近轴点却有彗差,使视场只能很小。若适当降低对轴上点的像质要求,采用双球面系统,则可同时兼顾球差和彗差,既使加工方便,又能使视场内有均匀的像质。

3. 折反射式望远物镜

反射系统对轴外像差的校正是很困难的,于是一种新型的折反射系统逐渐发展起来。理想的折反射系统中反射镜应该是非球面型的,但是非球面加工困难,因此不能用在大量生产中。以球面镜为基础,加入适当的折射元件,用来校正球差,仍然能得到较好的效果。比较著名的折反射式望远物镜有施密特物镜、马克苏托夫物镜。

1) 施密特物镜

施密特物镜由球面主镜和施密特校正板组成,如图9-37所示。校正板是个透射元件,其中一个是平面,另一个是非球面。非球面的面型能够使中央的光束略有会聚,而使边缘的光束略有发散,这样能使整个系统的球差得到很好的校正。由于施密特校正板位于主镜球面的球心上,并且是系统的孔径光阑(即入瞳),因此物镜不产生彗差、像散和畸变,而仅有场曲,场曲的半径为主镜球面半径的一半。若在焦面上把像面做成球面,就能消除场曲的危害。校正板近于平板,所产生的色差是极小的。

2) 马克苏托夫物镜

马克苏托夫物镜由球面主镜和负弯月形厚透镜组成,如图9-38所示。弯月形厚透镜的结构若满足条件

$$r_2 - r_1 = \frac{1-n^2}{n^2}d$$

就可以不产生色差,因此可用它来补偿主镜产生的球差。光阑和厚透镜的位置接近于主镜的球心,所以产生的轴外像差很小。适当地改变透镜和主镜的参数,利用间隔的变化还可以校正正弦差。

除上述两种较著名的折反射式望远物镜以外,还有许多种结构形式,成像质量也都是很好的。它们都是在前述反射式系统的基础上在不同位置上加上各种折射元件,以作某些像差的

补偿，使成像质量有所提高。

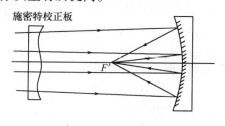

图 9-37 施密特物镜

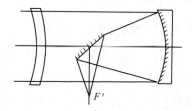

图 9-38 马克苏托夫物镜

9.4.8 目镜

目镜是望远镜和显微镜的重要组成部分，它的作用相当于放大镜。它把物镜所成的像进一步放大后成像在人眼的明视距离或远点，以便进行观察。对于正常人眼睛，远点在无穷远。若用 f_2' 表示目镜的焦距，则由下式即可知目镜的放大率为

$$\Gamma = \frac{250}{f_2'}$$

观测时，人眼与系统的出瞳重合，即与物镜的出瞳经目镜所成的像重合，它的位置在目镜的像方焦点附近。目镜的视场光阑即是物镜的视场光阑，如果系统设有分划板，则分划板就是目镜的视场光阑，因此，一般要求物镜所成的像平面应与目镜的物方焦平面重合。

目镜的光学特性主要有焦距 f_2'、像方视场角 $2\omega'$、相对镜目距 $\dfrac{p'}{f_2'}$ 和工作距 l_2。

目镜的视场取决于望远镜的视觉放大率 Γ 和物方视场角 2ω，即

$$\tan\omega' = \Gamma\tan\omega$$

无论是提高系统的放大率，还是增大系统的视场角，都会引起目镜视场角的增大。但是，增大目镜视场的困难在于轴外像差的校正。尽管适用广角特性的目镜都很复杂，但像质都不理想。因此，望远镜视觉放大率和视场角的增大主要是受目镜视场的限制。

在显微镜中应用的目镜，其视场角取决于目镜焦距 f_2' 的大小。为了获得较大的放大率，目镜的焦距应尽可能地短。当物镜所成的像有一定大小时，目镜的焦距越短，所对应的视场角越大。

一般目镜的视场角为 40°～50°，广角目镜的视场角可达 60°～80°，特广角目镜的视场角在 90°以上。

镜目距是目镜后表面的顶点到出瞳的距离，相对镜目距是其与目镜焦距之比。由于在观察时人眼的瞳孔需与出瞳重合，以便使不同视场的出射光束都能进入眼瞳中，则要求镜目距有一定大小。否则，眼睛的睫毛就有可能与目镜的最后一个光学表面相碰。一般条件下，要求镜目距在 6mm～8mm，对于军用望远镜，考虑到观察者戴头盔或震动等影响，镜目距要求大于 20mm。

望远镜的视觉放大率较大时，物镜的焦距与目镜的焦距之比加大，即物镜框到目镜的距离相对于目镜焦距增大。物镜框经目镜所成的像，即出瞳更加接近目镜的像方焦点。因此目镜的镜目距近似地等于焦点到目镜最后一个面的距离。对于一定形式的目镜，镜目距对焦距的比值 $\dfrac{p'}{f_2'}$ 近似地等于一个常数。

镜目距可以根据使用要求给出,当 p' 一定时,$\frac{p'}{f'_2}$ 越大,目镜的焦距 f'_2 越小。同样放大率的望远镜,目镜焦距越小,系统的总长度越小。

另外,目镜的视场一定时,$\frac{p'}{f'_2}$ 越大,光线在目镜上的投射高度越大,产生的像差越严重。为了得到满意的像质,目镜的结构随着 $\frac{p'}{f'_2}$ 的增大而趋于复杂。

一般目镜的相对镜目距为 0.5～0.8,有些目镜的相对镜目距达到 1 以上。

目镜第一面的顶点到其物方焦平面的距离称为目镜的工作距 l_2。目镜的视场光阑与物镜的视场光阑重合,位于目镜的前焦平面上。为了适应近视眼与远视眼的需要,视度应该有调节能力。所以工作距离要大于视度调节的深度,视度调节的范围一般在 ±5 视度。每调节一个折光度,目镜相对于物体(即分划板)应移动的距离为

$$x = \frac{f'^2_2}{1000} \tag{9-41}$$

视度调节范围为 ±5 折光度,则目镜的调节范围应为 ±5x。

目镜的孔径光阑与物镜的孔径光阑重合,其出瞳位于目镜的后焦平面附近。目镜的孔径多用出瞳直径来表示。大多数仪器的出瞳直径都与眼瞳直径相当,出瞳直径一般为 2mm～4mm 左右。测量仪器的出瞳直径略小,可以小于 2mm,以提高其测量精度。军用仪器的出瞳直径较大,以适应运动状态下的工作条件,一般为 8mm。相对焦距 f'_2 来说,目镜的出瞳较小。

综上所述,目镜是一种小孔径、大视场、短焦距、光阑在外面的光学系统。目镜的这些特性决定了目镜的像差特性,它的轴上像差不大,特别是目镜的结构比较复杂,无需特别注意即可使球差和色差满足要求。但由于目镜的视场大,光阑又在外面,轴外像差一定很严重,校正较为困难。在五种轴外像差中,以彗差、像散、场曲和倍率色差对目镜的成像影响最大。畸变不影响像的清晰度,且人眼对畸变的感觉也较为迟钝,所以对目镜畸变的要求比较低。视场角 $2\omega' = 40°$ 时,相对畸变允许 5%;视场角 $2\omega' = 60°～70°$ 时,相对畸变允许 5%～10%;视场角 $2\omega' > 70°$ 时,相对畸变允许超过 10%。

由于目镜的作用相当于一个放大镜,即相当于一块正透镜,所以目镜的场曲不易校正。如果一定要校正,就得在光组中加入远离正光焦度的负透镜组,或者加入厚透镜组。这样的效果不见得非常好,因为光组中加入了远离正光焦度的负透镜组,则正透镜组上的入射光线抬高了,偏角负担加重了,对于彗差、像散和畸变的校正非常不利。与其使彗差、像散和畸变变坏,还不如不校正场曲为好。用像散补偿场曲是个可取的方案,使目镜的像散校正成正值,让子午像面和高斯像面重合,剩余像散和场曲因眼睛有自动调节作用,其危害性已经不大了。目镜对像散和场曲的要求只要小于三个折光度就够了。如果仪器没有中间分划板,还可以利用物镜的剩余像差补偿目镜的像差,让整个光学系统的综合效果变得更理想。这一设计思想适用于所有的像差,尤其适用于不易校正的倍率色差和场曲。

光阑球差对于目镜是严重的,因为目镜的视场大,所以主光线的孔径角很大。光阑球差的存在影响了视场上各部分的观察亮度。如图 9-39 所示,目镜的光阑球差常是负值,即校正不足,当人眼位于 A 处时,全视场的光束能够全部进入眼瞳,而 0.7 视场的光束只有一部分进入眼瞳,甚至全部光束都不能进入眼瞳,造成了视场中间为暗带的现象。相反,如果把眼睛放到 A' 点,全视场的光束就有一部分或全部不能进入眼瞳,而造成边缘视场灰暗的现象。当眼瞳直

径大于仪器出瞳直径时,随着眼球的转动,就会发生各处视场被遮蔽的现象。遮蔽现象过于严重是不允许的。

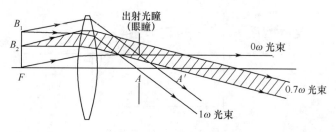

图 9 - 39　目镜光阑球差示意图

总的来看,目镜对轴外像差要求不是非常严格的,一般大视场目镜在使用中,多以扩大视场来搜索目标,然后把目标移到视场中心来进行观察和瞄准,因此在搜索目标时,不一定要求十分清晰。所以,对目镜边缘视场的像差可以放宽。

下面介绍在望远镜和显微镜中经常采用的一些目镜形式及其光学特性。

1. 惠更斯目镜

这种目镜由两块平面朝向眼睛的平凸透镜相隔一定距离组成,其间隔为 d,如图 9 - 40 所示。朝向物镜的透镜 L_1 叫场镜,其焦距为 f'_1;朝向眼睛的透镜叫接目镜 L_2,其焦距为 f'_2。场镜的作用是使由物镜射来的轴外光束折向接目镜,以减小接目镜的口径,也有利于轴外像差的校正。

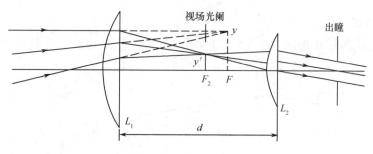

图 9 - 40　惠更斯目镜

惠更斯目镜的场镜和接目镜都选用同一种玻璃材料,若间隔 $d = \dfrac{f'_1 + f'_2}{2}$,则可满足校正倍率色差的条件。为此,可把焦距和间隔设计成如下的关系:

$$f'_1 : d : f'_2 = (x-1) : x : (x+1)$$

式中:x 为任意的数值。惠更斯目镜能够消除倍率色差。

为了消除渐晕现象,在接目镜的物方焦面上设置视场光阑。此时,场镜产生的轴外像差很大,很难予以补偿。惠更斯目镜不宜在视场光阑平面上设置分划板,否则,从目镜里观察到的物体和分划板的像不可能都是清晰的。所以,惠更斯目镜不宜用在测量仪器中。

惠更斯目镜的视场角为 $2\omega' = 40° \sim 50°$,相对镜目距为 $\dfrac{p'}{f'_2} \approx \dfrac{1}{3}$,焦距不得小于 15mm。

惠更斯目镜常应用在天文望远镜和生物显微镜中。

2. 冉斯登目镜

这种目镜由两块凸面相对的平凸透镜组成,如图 9 - 41 所示。其间隔 d 小于场镜与接目镜的焦距,且这两个焦距也不相等。这样使目镜的物方焦点位于场镜之外,可设置分划板。

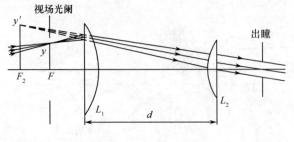

图 9-41　冉斯登目镜

冉斯登目镜两块透镜的焦距和间隔相等时,可以满足校正倍率色差的条件。但是,整个目镜的两个焦点分别位于两块透镜上,目镜的工作距为零。这种情况下不宜放置分划板。而且目镜的出瞳也很小,不利于观察。

在成像质量上,由于冉斯登目镜的间隔小,所以冉斯登目镜的场曲小于惠更斯目镜的场曲。冉斯登目镜的场镜平面朝向物镜,由物镜射出的主光线近似垂直该平面,这种情况对彗差和像散的校正都有利。若选择场镜焦距时,能使凸面的物平面位于球心与顶点中间,就能使凸面产生正球差和正像散。这对整个目镜的剩余球差和剩余场曲都有很好的补偿作用。

冉斯登目镜用于出瞳直径和镜目距都不大,且要求放置分划板的测量仪器中。它的视场角为 $2\omega' = 30°\sim 40°$,相对镜目距为 $\dfrac{p'}{f_2'} \approx \dfrac{1}{4}$。

3. 凯涅尔目镜

这种目镜可认为是在冉斯登目镜的基础上,将接目镜改为双胶合镜组而成,如图 9-42 所示。

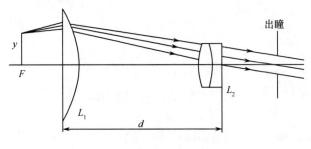

图 9-42　凯涅尔目镜

冉斯登目镜为了取得一定的工作距离,不能满足校正倍率色差的条件 $d = \dfrac{f_1' + f_2'}{2}$,实际上它的接目镜和场镜的间隔 $d \leqslant \dfrac{f_1' + f_2'}{2}$,所以倍率色差没有校正。如果把接目镜改成一组双胶合透镜,就能在校正彗差和像散的同时,校正好倍率色差,甚至在场镜和接目镜的间隔更小的情况下,也能校正倍率色差,这样目镜的结构缩短了,匹兹万场曲也减小了。因此,凯涅尔目镜与冉斯登目镜相比,具有更好的像质,工作距离、镜目距和视场均有所增大。

凯涅尔目的视场角为 $2\omega' = 45° \sim 50°$,相对镜目距为 $\dfrac{p'}{f_2'} \approx \dfrac{1}{2}$。同时,出瞳距也比冉斯登镜的出瞳距要大,有利于出瞳距要求较高的目镜系统,如军用目视光学仪器。

4. 对称式目镜

对称式目镜由两组相同的双胶合镜组对称设置而成，如图 9-43 所示。

对称式目镜要求各组自行校正色差，这样倍率色差也随之而校正。由像差理论可知，它还能校正两种像差，首先是彗差和像散。和上述三种目镜比较，对称式目镜的结构紧凑，因此场曲更小。对于由两个薄透镜构成的光学系统，其光焦度为

$$\varphi = \varphi_1 + \varphi_2 - d\varphi_1\varphi_2$$

这种系统产生的场曲取决于

$$\sum \frac{\varphi}{n} = \frac{\varphi_1}{n_1} + \frac{\varphi_2}{n_2} \approx 0.7(\varphi_1 + \varphi_2) = 0.7(\varphi_1 + d\varphi_1\varphi_2)$$

式中：φ_1、φ_2 分别是两透镜的光焦度；d 为两个透镜的间隔。该式表明，当 φ_1 和 φ_2 同为正光焦度时，场曲随间隔 d 的增大而增大；当 φ_1 和 φ_2 为异号光焦度时，场曲随间隔的增大而减小。由这些关系可以发现，对称式目镜的结构对场曲的校正是非常有利的。因为它的两块负透镜在目镜的外侧，相距较大的间隔，而它的两块正透镜在目镜的内侧，彼此非常靠近，所以，对称式目镜是产生场曲较小的结构形式。但是，双胶合透镜的胶合面半径比较小，该面上产生的高级像差比较大，限制了这种目镜的视场。

对称式目镜的视场角为 $2\omega' = 40° \sim 42°$，相对镜目距为 $\frac{p'}{f_2'} \approx \frac{1}{1.3}$。它是中等视场的目镜中成像质量比较好的一种，出瞳距离也比较大，有利于减小整个仪器的体积和重量，因此在一些中等倍率和出瞳距离要求较大的望远镜系统中使用非常广泛。

5. 无畸变目镜

这种目镜由朝向物镜的三胶合镜组和朝向眼睛的单正透镜组成，如图 9-44 所示。

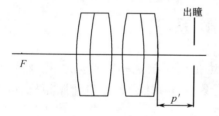
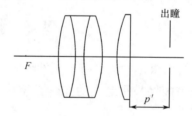

图 9-43　对称式目镜　　　　图 9-44　无畸变目镜

在无畸变目镜中，三胶合透镜组可以补偿接目镜产生的一定量的像散和彗差；第一个面与接目镜相结合（总光焦度近似等于整个目镜的总光焦度），可以减小场曲和增大出瞳距离；利用三胶合透镜的两个胶合面来校正像差，如像散、彗差及垂轴色差等；三胶合透镜组把最后一个半径作为场镜，来调整目镜的光瞳位置。

无畸变目镜的特点是接目镜所成的像恰好落在三胶合透镜组第一个面的球心和齐明点之间，有利于整个系统像差的校正。另外，接目镜的焦距一般为

$$f'_{接目镜} = 1.6 f'_目 \approx 2 p'$$

也就是说接目镜的入瞳位于平凸透镜前方 1/2 焦距处。

无畸变目镜的光学特性为 $2\omega' = 40°$，$\frac{p'}{f_2'} \approx \frac{1}{0.8}$。它是一种具有较大出瞳距离的中等视场的目镜，基于上述特点，这种目镜广泛用于大地测量仪器和军用目视仪器中。这种目镜的畸变比一般目镜小一些，通常在 40°视场内，相对畸变大约为 3%～4%。

6. 广角目镜

广角目镜是为了适应大视场系统而设计的。由于视场角的增大,视场也随之增大,在镜目距一定时,斜光束的倾斜角和在透镜上的投射高度也增大了。为了保证像差的要求,目镜的结构必须复杂,或在系统中加入负光焦度的透镜,或增加正透镜组的数目,使光焦度分散。加入的负透镜组应该离正光焦度透镜远一些,这样可以减小场曲,而且应该靠近像面,这样可以增大出瞳距。图 9-45 所示是两种典型的广角目镜的结构,其中类型 I 把接目镜由单块正透镜换成了两块单透镜。三胶合透镜是用来平衡剩余像差的。这种目镜的视场角为 $2\omega' = 60° \sim 70°$,相对镜目距为 $\dfrac{p'}{f_2'} \approx \dfrac{1}{1.5} \sim \dfrac{1}{1.3}$。图中 II 型广角目镜是用一个胶合组和中间的正透镜作为接目镜,另一个胶合组用来平衡像差。这种目镜的视场角为 $2\omega' = 60° \sim 65°$,相对镜目距为 $\dfrac{p'}{f_2'} = \dfrac{1}{1.5}$。

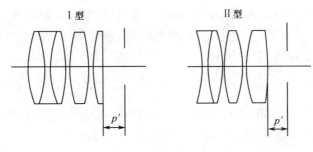

图 9-45　广角目镜

9.5　摄影系统

摄影系统由摄影物镜和感光元件组成。通常把摄影物镜和感光胶片、电子光学变像管或电视摄像管等接收器件组成的光学系统称为摄影光学系统,其中包括照相机、电视摄像机、CCD 摄像机等。

9.5.1　摄影系统的光学特性

摄影光学系统是成像的摄影镜头(统称镜头)和像接收器件的总称。镜头的光学特性由焦距 f'、相对孔径 D/f'(其倒数称为 F 数)和视场角 2ω 表示。这三个光学参数对系统的使用性能起了决定性的作用。系统的使用性能包括像的分辨率(也称为解像力)、像面照度特性、光谱吸收特性、摄影的范围以及焦深和景深。

镜头的焦距 f' 决定了像的大小。对同一个物体拍照时,使用焦距不同的镜头可得到大小不同的像,焦距大者像也大,焦距小者像也小。在拍摄无限远物体时,像的大小为

$$y' = -f'\tan\omega \tag{9-42}$$

在拍摄有限远物体时,像的大小取决于垂轴放大率,即

$$y' = y\beta = yf'/x \tag{9-43}$$

摄影镜头应用的条件不同,焦距的长短可有很大的差异。显微照相用的镜头,其焦距很短,有的只有几毫米;远距离和高空摄影用的镜头,其焦距很长,有的可达几米;普通风景相机

上用的镜头,其焦距介于两者之间,小则十几毫米,大则几百毫米;变焦距镜头的焦距是可变的,变换焦距时可获得不同放大率的照相效果。

摄影镜头的相对孔径 D/f' 是决定像面照度和分辨率的参数。相对孔径越大,像面的照度越大,理论分辨率越高。常用的照相镜头,其相对孔径都很大。普通风景相机的相对孔径可达 1∶2.8,有的可达 1∶1.2。摄影镜头的相对孔径之大,对一般照相的分辨率要求是足够的。之所以选择较大的孔径,是为了适应特殊的摄影条件,如拍摄快速运动的物体,或者在室内拍照,以便在这样的条件下仍然得到足够的照度。

摄影镜头的视场角 2ω 决定了成像的空间范围。视场角越大,能够拍摄的视角越大。这个参数是由感光元件框来决定的,即感光元件框是视场光阑和出射窗,它决定了像空间的成像范围,即像的最大尺寸。表9-6列出了几种常用摄影底片的规格。

表9-6 常用摄影底片规格

名称	尺寸(长×宽)	名称	尺寸(长×宽)
135底片	36mm×24mm	35mm电影片	22mm×16mm
120底片	60mm×60mm	航摄底片	180mm×180mm
16mm电影片	10.4mm×7.5mm	航摄底片	230mm×230mm

当接收器的尺寸一定时,物镜的焦距越短,其视场角越大;焦距越长,视场角越小。相应地,对应这两种情况的物镜分别称为广角镜头和摄远镜头。普通照相机标准镜头的焦距为50mm。

数码照相机图像传感器的尺寸用英制单位表示,它们对应的光敏面面积为:1/3英寸(4.27mm×3.2mm)、1/2英寸(6.4mm×4.8mm)、1/1.8英寸(7.1mm×5.3mm)、1英寸(12.8mm×9.6mm);高档相机上有尺寸为22.7mm×15.1mm、27.6mm×18.4mm、36mm×24mm等规格的图像传感器。

按照视场的大小,或者按焦距的长短,摄影镜头可分为标准镜头、广角镜头和长焦距镜头。标准镜头的视场角约为40°~50°,有的以50°~60°的准广角镜头代替。广角镜头的视场角在60°以上,最大达到了170°左右,复眼镜头的视场角接近甚至超过了180°。长焦距镜头是一种小视场的镜头,视场角在10°左右。

1. 分辨率(解像力)

摄影系统的分辨率取决于物镜的分辨率和接收器的分辨率。分辨率是以像平面上每1mm内能分辨开的线对数表示。设物镜的分辨率为 N_L,接收器的分辨率是 N_r,按经验公式,对系统的分辨率 N 有

$$\frac{1}{N} = \frac{1}{N_L} + \frac{1}{N_r} \tag{9-44}$$

按瑞利准则,镜头的理论分辨率为

$$N_L = 1/\sigma = D/(1.22\lambda f') \tag{9-45}$$

取 $\lambda = 0.555\mu m$,则

$$N_L = \frac{1475D}{f'} = \frac{1475}{F}(\text{lp/mm}) \tag{9-46}$$

式中:$F = f'/D$ 称为镜头的光圈数,也称为 F 数。由式(9-46)可知,摄影镜头的理论分辨率和相对孔径成正比。

以上给出的理论分辨率只是对视场中心而言的。对于摄影镜头来说,它是大视场的光学

系统,视场中心和视场边缘的分辨率是有差异的。视场边缘的理论分辨率低于视场中心的理论分辨率。这种现象对显微系统和望远系统可以不必指出,因为它们的视场小,但是对大视场的摄影镜头就必须要说明。

摄影镜头的实际分辨率和理论分辨率不同,其值不仅取决于镜头的衍射效应,而且取决于像差的大小。由于摄影镜头有较大的像差,该像差对像点的能量分布影响很大,其程度远远超过了衍射作用所造成的影响。当像差把像点的能量分散时,镜头的实际分辨率随之降低,这就是镜头的实际分辨率低于理论分辨率的主要原因。由于摄影镜头的像差随视场的变化较为明显,所以各视场实际分辨率的差异较大。广角镜头的分辨率以中心最高,边缘最低,其差可分为一两倍之多。而且,视场较大时子午和弧矢像差的差别增大,所以摄影镜头的实际分辨率有子午和弧矢之分。

另外摄影镜头的分辨率还与被摄目标的对比度有关,同一镜头对不同对比度的目标(分辨率板)进行测试,其分辨率值也是不同的。因此,单纯用分辨率的概念来描述成像质量是不全面的。比较科学的描述摄影镜头像质的方法是利用光学传递函数进行评价。

2. 摄影系统的光度特性

摄影系统的光度特性包括照度特性和光谱吸收特性。

第六章给出了小视场、大孔径和完善成像系统的照度公式,它也适用于大视场、大孔径系统的视场中心部分,故视场中心的照度为

$$E_0' = \pi K L \left(\frac{n_k'}{n_1}\right)^2 \sin^2 U' \tag{9-47}$$

同样,这个公式也适用于摄影系统的中心视场。图 9-46 中,$P_1'P'P_2'$ 是镜头的出瞳,直径为 $2a'$,F' 是镜头的像方焦点,$A'B'$ 是成像面。像面和出瞳面相对于焦点 F' 的位置分别以 x' 和 x_z' 来表示,则有

$$\sin U' \approx \frac{a'}{x' - x_z'} = \frac{a'}{f'\left(\dfrac{x'}{f'} - \dfrac{x_z'}{f'}\right)} = \frac{a'}{f'(\beta_z - \beta)}$$

式中:β 和 β_z 分别是像面和出瞳面对应的垂轴放大率,将上式代入式(9-46),得到

$$E_0' = \pi K L \left(\frac{n_k'}{n_1}\right)^2 \sin^2 U' = \pi K L \left(\frac{n_k'}{n'}\right)^2 \frac{a'^2}{f'^2 (\beta_z - \beta)^2}$$

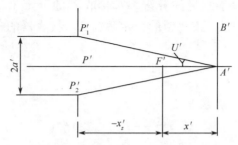

图 9-46 摄影系统中心视场示意图

设镜头位于空气中,$n_k' = n_1 = 1$,又因 $a' = \beta_z a$,整理上式,得

$$E_0' = \frac{\pi K L}{4} \left(\frac{2a}{f'}\right)^2 \frac{\beta_z^2}{(\beta_z - \beta)^2} \tag{9-48}$$

式中:$\frac{2a}{f'}$就是镜头的相对孔径$\frac{D}{f'}$。

当物体在无限远时,$\beta=0$,则

$$E'_0 = \frac{\pi KL}{4}\left(\frac{D}{f'}\right)^2$$

当物体在有限远时,$\beta<0$,而通常$\beta_z>0$,则$\frac{\beta_z}{\beta_z-\beta}<1$,于是

$$E'_0 < \frac{\pi KL}{4}\left(\frac{D}{f'}\right)^2$$

当$\beta=-1$,且用对称式的摄影镜头结构时,$\beta_z=1$,这时有

$$E'_0 = \frac{\pi KL}{16}\left(\frac{D}{f'}\right)^2$$

说明$\beta=-1$时像面照度仅为$\beta=0$时像面照度的1/4。

摄影镜头常以$T=\frac{F}{\sqrt{K}}$来标记,将$F=f'/D$代入式(9-48),像面照度表示为

$$E'_0 = \frac{\pi KL}{4}\frac{\beta_z^2}{F^2(\beta_z-\beta)^2} \tag{9-49}$$

对于对称式结构的摄影镜头,$\beta_z=1$,则

$$E'_0 = \frac{\pi KL}{4}\frac{1}{F^2(1-\beta)^2} \tag{9-50}$$

式中的因子$F(1-\beta)$是决定镜头照度特性的参数,称为有效光圈。有效光圈的大小取决于镜头的相对孔径和物体的位置。

有效光圈的大小仅决定了同一个镜头不同使用条件下的照度特性。对于各种类型的镜头,因吸收和反射损失不同,则同一光圈、同一时间、拍照同一物体时,接收器上得到的照度特性也是不一样的。于是,定义

$$T = \frac{F}{\sqrt{K}} \tag{9-51}$$

为镜头的T值光圈。用T值来代替F数,就能把光圈的概念更一般化。像面照度为

$$E'_0 = \frac{\pi L}{4}\frac{1}{T^2(1-\beta)^2} \tag{9-52}$$

式(9-52)表明,像面照度除与目标亮度L有关外,仅与T值光圈大小有关。

为了使摄影镜头适应各种自然条件和人工照明条件,总是把镜头的光阑做成可变的,这样可以自由地选择时间与光圈的匹配。由于像面的照度与相对孔径平方成正比,因此可以确定光圈的变化规律,即以$1/\sqrt{2}$的等比级数关系间断地排列光圈直径,使相邻两挡光圈的曝光量在相同时间时仅差一倍,每增加一挡光圈,像面照度就增加一倍。表9-7列出了国家标准规定的光圈系列。

表9-7 国家标准规定的光圈系列

D/f'	1:1	1:1.4	1:2	1:2.8	1:4	1:5.6	1:8	1:11	1:16	1:22	1:32
F数	1	1.4	2	2.8	4	5.6	8	11	16	22	32

对大视场镜头,在不考虑光阑像差的情况下,轴外视场某点的照度E'与其视场角ω'的关

系为

$$E' = E'_0 \cos^4 \omega' \tag{9-53}$$

普通摄影镜头若视场为 50°~60°，在没有拦光的情况下，最大视场边缘的照度约为中心照度的 50%。广角镜头的视场角为 120°时，最大视场的照度仅为中心照度的 6.25%。也就是说，大视场镜头视场边缘的照度急剧下降。接收器上的照度分布极不均匀，导致在同一次曝光中，很难得到理想的照片，或者中心曝光过度，或者边缘曝光不足。为了克服广角镜头边缘视场像点照度过低的缺陷，在镜头设计中可以保留一定的光阑彗差，使出瞳处的成像光束截面随视场的增大而增加。利用这种现象设计的镜头可以按 $\cos^3 \omega'$ 的规律分布像面的照度。另外，也可以利用镀膜的方法，适当降低视场中心的照度来换取视场照度分布均匀的效果。

在设计镜头时，为了改善轴外点的成像质量，有意使轴外成像光束拦去一部分，这样做会使轴外的照度进一步降低。

镜头的光谱特性用它的光谱透过率与波长的关系来表示，如图 9-47 所示，不同的镜头有不同的光谱特性。

在彩色照相机以及空中和水下摄影中，镜头的光谱透过率不理想就会影响颜色的还原和摄影的分辨率，例如彩色失真的底片上不能真实地反映景物的实际颜色。

为了充分利用摄影镜头的分辨能力，应该使其光谱特性与使用条件匹配起来。对于单色光照明时，应使镜头的光谱吸收系数在照明波段上有最低的数值，制版镜头就是这样要求的。

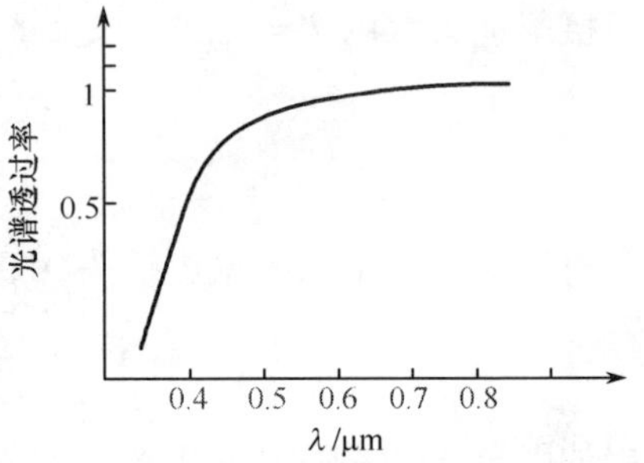

图 9-47　镜头光谱透过率曲线

3. 几何焦深

摄影镜头在对某一垂直平面拍照时，需要根据该平面的位置进行像面位置的调整，以便获得最清晰的图片，称为焦深。从光学理论上讲，像面的位置和被拍照的平面的对应关系是唯一的，但是由于接收器本身不完善，即使像面沿光轴方向有些位移，接收器所感觉的像仍然是清晰的。像面能在一定范围内沿轴移动的量称为几何焦深。

几何焦深的概念没有考虑像差的作用，它与像差理论中得到的物理焦深不一样。物理焦深以实际光学系统为对象，当参考点移动所引起的波像差变化量为 $\lambda/4$ 时，其移动距离定义为焦深。而几何焦深是接收器感觉不到成像不清晰所对应的调焦深度。本来点对应的像应该是点，但当像面未在准确位置时，像可能是一个弥散斑，若接收器不能感觉出它是一个圆斑时仍可将其看成一个点，那么像面的最大变化范围就是几何焦深。

几何焦深的大小与像点允许的弥散斑直径有关。设弥散斑允许的直径为 z'，焦深 $2\Delta'$ 与 z' 的关系可由图 9-48 求出，即

$$2\Delta' = \frac{z'}{\tan U'} \tag{9-54}$$

在对称式的镜头中，入瞳和出瞳分别靠近镜头的前主面和后主面，它们有同样的通光孔径，式 (9-54) 中的 $\tan U'$ 可以写成

$$\tan U' = \frac{D}{2l'} = \frac{D}{2f'} \cdot \frac{f'}{l'} = \frac{1}{2F} \cdot \frac{f'}{f'+x'} = \frac{1}{2F(1-\beta)}$$

则几何焦深为

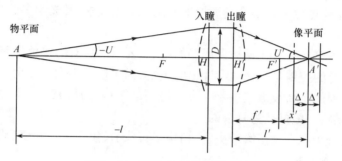

图 9-48 镜头几何焦深示意图

$$2\Delta' = 2z'F(1-\beta) \tag{9-55}$$

4. 摄影镜头的景深

照相制版、放映和投影物镜等只需要对一对共轭面成像。然而,电视、电影系统、照相系统则要求光学系统对整个或部分物空间同时成像于一个像平面上。这就是第五章中讨论的景深问题,但只讨论了正确透视条件下的景深,即观察距离 $D=f'$ 的条件下,景深只与入瞳直径、对准平面的位置有关,与焦距无关。

景深公式(5-6)给出了远景和近景平面到对准平面的距离,即

$$\Delta_1 = p_1 - p = \frac{pz_1}{2a - z_1}$$

$$\Delta_2 = p - p_2 = \frac{pz_2}{2a + z_2}$$

式中:p_1、p、p_2 分别为远景、对准和近景平面到镜头入瞳的距离;z_1、z_2 分别为远景和近景平面上的一个点发出的充满入瞳的光束在对准平面上的投影直径;$2a$ 为入瞳直径。

若用眼睛在明视距离 D 处观察所拍摄的照片,则此时 z' 弥散斑对人眼的张角为

$$\varepsilon = \frac{z'}{D}$$

式中:ε 为人眼的极限分辨角。只要对准平面上的光束截面 z_1、z_2 不超过 z'/β,就能保证远景和近景平面上的点能够成清晰像,其中 β 是对准平面所对应的放大率。按照这一要求,可求出 Δ_1 和 Δ_2 分别为

$$\left. \begin{aligned} \Delta_1 &= \frac{p\varepsilon D}{2a\beta - \varepsilon D} \\ \Delta_2 &= \frac{p\varepsilon D}{2a\beta + \varepsilon D} \end{aligned} \right\} \tag{9-56}$$

因为对准平面距离镜头很远,即 $f' \ll p$,所以可以认为对准平面到前焦点的距离 $x \approx p - f' \approx p$,则 $\beta = -f/x \approx f'/p$,式(9-56)可写为

$$\left. \begin{aligned} \Delta_1 &= \frac{p^2 \varepsilon D}{2af' - p\varepsilon D} \\ \Delta_2 &= \frac{p^2 \varepsilon D}{2af' + p\varepsilon D} \end{aligned} \right\} \tag{9-57}$$

上式说明,在明视距离处观察照片时,景深与焦距有关,焦距越长,景深越小。

9.5.2 摄影镜头

摄影镜头属大视场、大相对孔径的光学系统,为了获得较好的成像质量,它既要校正轴上

点像差,又要校正轴外点像差。摄像镜头根据不同的使用要求,其光学参数和像差校正也不尽相同。

现代的摄影镜头多具有大孔径和大视场的特点,要求对所有的单色像差和色差进行校正。摄影镜头中高级像差的控制是其光学设计中的关键,为了使高级像差控制在一定的范围内,镜头的选型是极为重要的。高级像差主要取决于镜头的结构,为使其有满足的变数来控制高级像差,摄影镜头的结构一般是较为复杂的。

摄影镜头主要分为大孔径摄影镜头、广角摄影镜头、长焦距镜头和变焦距镜头等。

1. 常用的大孔径镜头

1) 匹兹万镜头

这种镜头是在1841年由匹兹万设计的,它是世界上第一个用计算方法设计出来的镜头,也是1910年以前在照相机上应用最广、孔径最大的镜头。它最初的结构形式如图9-49(a)所示,1878年以后,后组改为胶合形式,如图9-49(b)所示。匹兹万镜头能够适应的孔径为1∶1.18,适用的视场在16°以下。

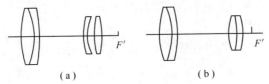

图9-49 匹兹万镜头的结构

匹兹万镜头由彼此分开的两个正光焦度镜组构成。镜头的光焦度由两组承担,球面半径比较大,对球差的校正比较有利。但是正因为正光焦度是分开的,所以匹兹万场曲加大了。为了减小匹兹万场曲,可以尽量地提高正透镜的折射率,减小负透镜的折射率,但是,由于折射率差减小了,球差和正弦差的校正就很困难了,中间胶合面的半径必然随之减小,球差的高级量随之增加。把前后胶合透镜组改为分离式的,如图9-50(a)所示,可以稍有改善。最好的办法是在像面附近增加一组负透镜,如图9-50(b)所示,使匹兹万场曲得到完全的校正,同时还可以用这块负透镜的弯曲来平衡整个镜头的畸变。它的缺点是工作距离太短了,只能用在短工作距离的条件下,如用来做放映镜头等。

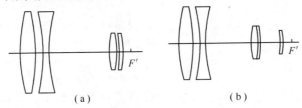

图9-50 校正场曲的匹兹万镜头的结构

2) 柯克镜头(三片式镜头)

柯克镜头是薄透镜系统中能够校正全部七种初级像差的简单结构,它所能适应的孔径是 $D/f' = 1/4.5$,视场是 $2\omega = 50°$。

柯克镜头由三片透镜组成,如图9-51所示,为了校正匹兹万场曲,应该使正、负透镜分离。考虑到校正垂轴像差,即慧

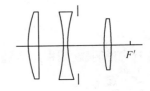

图9-51 柯克镜头的结构

差、畸变和倍率色差的需要,应该把镜头做成对称式的,所以三片式的物镜应按"正—负—正"的次序安排各组透镜,并且在负透镜附近设置孔径光阑。

柯克镜头有八个变数,即六个半径和两个间隔。在满足焦距要求后还有七个变数,这七个变数正好用来校正七种初级像差。

为了使设计过程简化,最好用对称的观点设计柯克镜头。把中间的负透镜用一平面分开,组成一个对称系统,然后求解半部结构。

由一个正透镜和一个平凹透镜组成的半部系统只有四个变数,即两个光焦度、一个弯曲和一个间隔。然而,必须在光焦度一定的条件下,同时校正四种初级像差,即球差、色差、像散和场曲。为了使方程有解,必须把玻璃材料的选择视为一个变数,实际计算表明:负透镜的材料选用色散较大的火石玻璃时,各组透镜的光焦度都减小,这对轴上点和轴外点的校正是有利的,但是必须注意正负透镜的玻璃的匹配,否则透镜的间隔加大了,轴外光束在正透镜上的入射高度增大,反而影响了轴外像差的校正。

3) 天塞镜头和海利亚镜头

天塞镜头和海利亚镜头都是由柯克镜头改进而成的。柯克镜头的剩余像差中以轴外正球差最严重,若把最后一片正透镜改为双胶合透镜组,轴外光线中以上光线在胶合面上有最大的入射角,可造成高级像散和轴外球差的减小,这就构成了天塞镜头,如图9-52所示。天塞镜头能够适用的视场略有增加,光学性能指标为 $D/f' = 1/3.5 \sim 1/2.8, 2\omega = 55°$。

如果把柯克镜头中的正透镜全部改成胶合透镜组,就得到了海利亚镜头,如图9-53所示。海利亚镜头的轴外成像质量得到了进一步改善,它所适用的视场更大,所以常用于航空摄影。

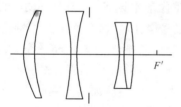
图9-52 天塞镜头的结构

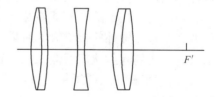
图9-53 海利亚镜头的结构

4) 松纳镜头

松纳镜头也可以认为是在柯克镜头的基础上发展起来的,它是一种大孔径和小视场的镜头,其结构形式如图9-54所示。在柯克镜头的前两块透镜中间引入一块近似不晕的正透镜,光束进入负透镜之前就得到了收敛,这样减轻了负透镜的负担,高级像差减小了,相对孔径增大了,但是因为引入了一个正透镜而使 S_{IV} 增大,并且破坏了结构的对称性,使垂轴像差的校正发生了困难。计算结果表明,松纳镜头的轴外像差随视场的增大急剧变大,尤其是色彗差极为严重。于是对于松纳镜头不得不降低使用要求,它所适用的视场只有20°~30°。

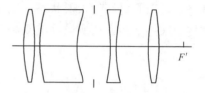
图9-54 松纳镜头的结构

5) 双高斯镜头

双高斯镜头是一种中等视场大孔径的摄影镜头,它的光学性能指标是 $D/f' = 1/2, 2\omega = 40°$。双高斯镜头是以厚透镜校正匹兹万场曲的光学结构,半部系统由一个弯月形透镜和一个薄透镜组成,如图9-55所示。

由于双高斯物镜是一个对称的系统,垂轴像差很容易校正,所示设计这种类型系统时,只需要考虑球差、色差、场曲、像散的校正。在双高斯物镜中依靠厚透镜的结构变化可以校正场曲 S_{IV},利用薄透镜的弯曲可以校正球差 S_I,改变两块厚透镜间的距离可以校正像散 S_{III},在厚透镜中引入一个胶合面可以校正色差 C_I。

双高斯镜头的半部系统可以看作厚透镜演变来的,一块校正了匹兹万场曲的厚透镜是弯月形的,两个球面的半径相等。在厚透镜的背后加上一块正负透镜组成的无光焦度薄透镜组,对整个光焦度的分配和像差分布没有明显的影响,然后把靠近厚透镜的负透镜分离出来,且与厚透镜合为一体,这样就组成了一个两球面半径不等的厚透镜和一个正光焦度的薄透镜的双高斯镜头半部系统,如图 9-56 所示。

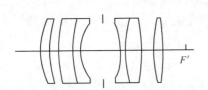

图 9-55 双高斯镜头的结构

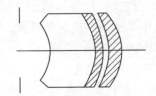

图 9-56 双高斯镜头的半部结构

这个半部系统承受无限远物体的光线时,可用薄透镜的弯曲校正其球差。由于从厚透镜射出的轴上光线近似平行于光轴,所以薄透镜越向后弯曲,越接近于平凸透镜,其上所产生的球差及高级量越小。但是,该透镜上轴外光线的入射状态变坏,随着透镜向后弯曲,轴外光线的入射角增大,于是产生了较大的像散。为了平衡 S_{III},需要把光阑尽量地靠近厚透镜,使光阑进一步偏离厚透镜前表面的球心,用该面上产生的正像散平衡 S_{III}。与此同时,轴外光线在前表面上的入射角急剧增大,产生的轴外球差及其高级量也在增大,从而导致了球差校正和高级量减小时,像散的高级量和轴外球差增大的后果。相反,若把光阑离开厚透镜,使之趋向厚透镜前表面球心,轴外光线的入射状态就能大大好转,轴外球差很快下降,此时厚透镜前表面产生的正像散减小。为了平衡 S_{III},薄透镜应该向前弯曲,以便使球面与光阑同心。这样一来,球差及其高级量就要增加。

以上的分析表明:进一步提高双高斯镜头的光学性能指标,将受到一对矛盾的限制,即球差高级量和轴外球差高级量的矛盾,或称球差与高级像散的矛盾。解决这对矛盾的方法:第一,选用高折射率低色散的玻璃做正透镜,使它的球面半径加大;第二,把薄透镜分成两个,使每一个透镜的负担减小,同时使薄透镜的半径加大,这种结构如图 9-57 所示;第三,在两个半部系统中间引进无光焦度的校正板,使它只产生 S_V 和 S_{III},实现拉大中间间隔的目的,这样,轴外光束可以有更好的入射状态。图 9-58 所示是在前半部系统中加入无光焦度校正板的一种结构。采用上述方法所设计的双高斯镜头可达到视场角 $2\omega = 50° \sim 60°$。

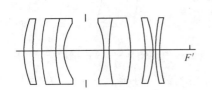

图 9-57 双高斯镜头的结构

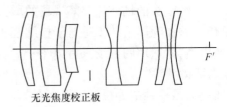

图 9-58 双高斯镜头无光焦度的结构

2. 广角镜头

广角镜头多为短焦距镜头,在标准的底片画幅的范围内,使用短焦距镜头可得到更大的视场。广角镜头按以下两类进行。

1) 反远距镜头

在普通照相和电影摄影中,为了获得较大视场的画面和丰富的体视感,宜采用短焦距的广角镜头。镜头和底片之间要放置分光元件或反光元件,希望镜头有较长的工作距,而在焦距短的情况下用普通照相镜头,可能达不到设计上的这一要求。为此,短焦距镜头采用取反远距形式,以增大后工作距离,如图 9-59 所示。前组为负,后组为正,使后主面移到系统的后面,从而增大了后工作距离。

反远距镜头的前组为负透镜,对视场的负担较大,若孔径光阑设在后组则通过后组的轴外光线的倾角变小,使后组的视场负担相对地减小。但是,后组所承担的孔径比前组大得多,轴上点光束通过前组后变成发散光束入射到后组的入射高度提高,再由后组将此发散光束变成符合系统总光焦度要求的会聚光束,因此,后组的相对孔径比整个系统的相对孔径大。

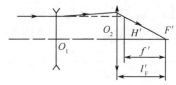

图 9-59 反远距型镜头的结构示意图

反远距镜头的结构取决于光学性能,对于小视场系统,前组可用单片。视场增大时,可用两片、三片甚至更复杂的结构。对于更大视场的镜头采用了负透镜加鼓形后透镜的结构,如图 9-60 所示。反远距镜头的后组有三片柯克镜头,或使用匹兹万镜头,有的会使用更复杂的结构。

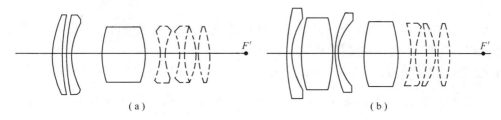

图 9-60 负透镜加鼓形后透镜的反远距结构

反远距镜头不仅有短的焦距,大视场和长的后工作距离,而且像方视场角小于物方视场角。其像方视场角与系统的光焦度分配和光阑位置有关。在图 9-61 中,设后组光焦度 φ_2 和总光焦度 φ 为定值,可导出前后组的间隔 d 和前组光焦度 φ_1 的关系为

$$d = \frac{1 + \dfrac{\varphi_2 - \varphi}{\varphi_1}}{\varphi_2}$$

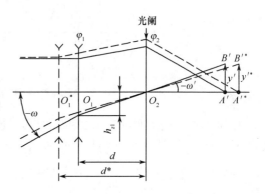

图 9-61 光焦度计算简图

由上式可知,加大 φ_1 值,间隔 d 也要加大。对前组应用薄透镜物像公式于第二近轴光线,得

$$\omega' - \omega = h_{z1}\varphi_1 = d\omega'\varphi_1$$

即
$$\omega'(1-d\varphi_1) = \omega$$

可见，ω 为定值时，$|\varphi_1|$ 和 d 同时增大，必然导致 ω' 的减小。若光阑置于前组的前焦点附近，则得 $\omega' \approx 0$，若作为渐晕光阑的前组拦光不多，则减小 ω' 可使后组的尺寸减小，且可以得到像面上较均匀的照度。

2）超广角镜头

视场角大于 90° 的镜头为超广角镜头。其像面上边缘照度下降得很厉害，这是此种镜头最严重的问题。

反远距型镜头已不能适用于超广角镜头的结构要求，因为其结构的不对称，难于校正好垂轴像差，故超广角镜头多采用对称式结构。为解决像面照度不均匀的问题，采用像差渐晕即保留光阑彗差的方法，增大轴外光束的口径，而使轴上光束口径保持不变。这样，视场角 $2\omega = 120°$，相对孔径 $\dfrac{D}{f'} = \dfrac{1}{8}$ 的镜头，像面上照度的分布规律可由 $\cos^4\omega$ 变为 $\cos^3\omega$。

通常所用的超广角镜头是一种对称式的球壳型结构，是由两个反远距镜头对称于光阑放置而成的。最外面的两块负透镜为球状薄壳，故称为球壳型结构。对称于光阑的两部分产生的光阑彗差数值相等，符号相反。这说明通过入瞳和出瞳的光束截面是相同的，由于光阑彗差的存在，能通过的轴外光束的口径大于轴上光束的口径，造成的像差渐晕系数大于 1。

由上述内容可知，光学系统像面的照度可表示为
$$E' = E'_0 K_1 K_2 \cos^4\omega'$$

式中：E' 为像面照度；E'_0 为像面中心的照度；K_1 为几何渐晕系数，小于或等于 1，K_2 为像差渐晕系数，可能大于 1。

用光阑彗差提高像面边缘照度的确有明显效果，但加大轴外光束口径的同时，必须注意像差校正情况，若使系统的像差变坏，则是不合适的。

用光阑彗差设计的镜头以鲁沙尔镜头为代表，图 9-62 所示是它的两种结构。图 9-62（b）是用三胶合透镜代替了图 9-62（a）中的双胶合透镜。它的光学性能是 $\dfrac{D}{f'} = \dfrac{1}{5.6}$，$2\omega = 100°$。

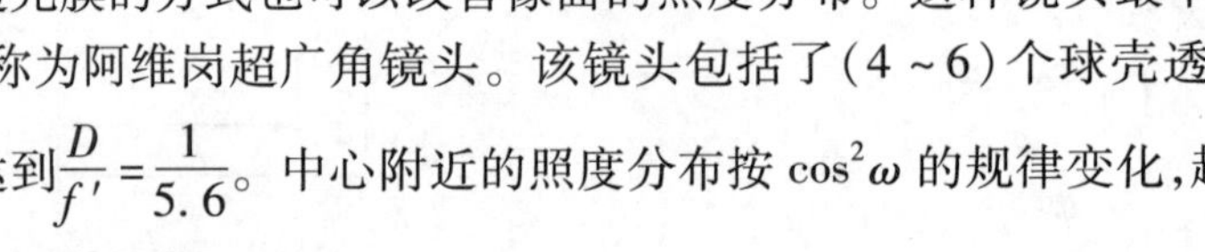

图 9-62　鲁沙尔镜头的两种结构

用镀不均匀透光膜的方式也可以改善像面的照度分布。这种镜头最早是在瑞士出现的，如图 9-63 所示，称为阿维岗超广角镜头。该镜头包括了（4~6）个球壳透镜，成像质量很理想。相对孔径曾达到 $\dfrac{D}{f'} = \dfrac{1}{5.6}$。中心附近的照度分布按 $\cos^2\omega$ 的规律变化，超过 90° 视场角时，照度分布呈 $\cos^3\omega$ 规律变化。

海普岗镜头是另一类广角镜头，它由两块弯向光阑的正透镜组成，如图 9-64 所示。由于结构对称，垂轴像差可以自动校正。而且弯曲方向更有利于轴外光线的像差校正。间距的变化用来校正像散。但是，没有能力校正球差和色差是海普岗镜头的缺点，所以，海普岗镜头只

用于孔径很小的条件下。若在结构中加入无光焦度的透镜组,就有可能校正球差和色差。图 9-65(a)中间的透镜组是无光焦度镜组,图 9-65(b)是把该组中的正光焦度与弯月形透镜合在一起后形成的结构,称为托普岗镜头。弯月形负透镜可以产生大量的正球差,配以火石玻璃的高色散作用,校正球差和色差是可能的。

图 9-63　阿维岗超广角镜头的结构　　　图 9-64　海普岗镜头的结构

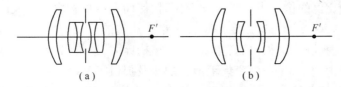

图 9-65　托普岗镜头的结构

与鲁沙尔镜头相比,托普岗镜头的渐晕现象更严重,像面照度极不均匀,外侧面的透镜都是正透镜,主光线通过光阑中心时与光轴的夹角很大,因而轴外像差尤其是高级量很严重。显然,托普岗镜头具有的光学特性低于鲁沙尔镜头,它的视场 $2\omega = 90°$,最大相对孔径 $\dfrac{D}{f'} = \dfrac{1}{6.3}$。

3)长焦距镜头

长焦距镜头是一种特写镜头。当物距非常远时,短焦距镜头的像很小,难以辨认,尤其是在高空摄影中更不适用。为了获得较大的像,采用长焦距镜头。普通照相机上用的长焦距镜头焦距可达 600mm。高空摄影相机的镜头焦距可长达 3m。

为缩短长焦距镜头的结构长度,可采用图 9-66 所示的摄远型镜头,由于其正负透镜分离,主面前移,因此机械筒长 L 比焦距 f' 短。$\dfrac{L}{f'}$ 称为摄远比,常在 0.8 以下。

用折反射式系统也可以缩短长焦距照相镜头的机械筒长,如图 9-67 所示。折反射式镜头要加防杂光光阑,以免非成像光束投向像平面。折反射式镜头中最大的问题是孔径中心被遮拦掉。

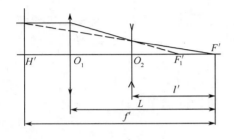　　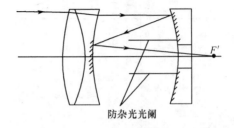

图 9-66　摄远型光学系统示意图　　　图 9-67　折反射式光学系统示意图

随着焦距的加长,镜头的球差和色差都要加大,二级光谱也变得严重起来。为了校正二级光谱,长远镜头中经常采用特种火石玻璃。摄远镜头的前组可以采用双胶合的结构。孔径比较大时,也可以采用三片或四片的组合结构,如图 9-68 所示。

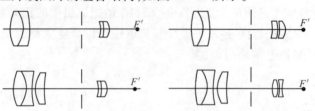

图 9-68 长焦距镜头的二级光谱校正结构

4) 变焦距镜头

1940 年,世界上出现了第一个变焦距镜头。变焦距镜头能在一定范围内迅速地改变焦距,因而能获得不同比例的像。当焦距连续变化时,像面上的景物由小变大,或由大变小,给人以由远到近或由近到远的感觉,这是定焦距镜头难以达到的。

早期的变焦距镜头制造得很粗糙,像质不好,结构庞大,造价昂贵,难于推广使用。近二十年来,这些问题相继得到了解决,为变焦距镜头的普及提供了基础。

变焦距镜头是采用系统中的镜组相对移动来达到变焦目的的。变焦过程中,要严格地保持像面稳定不动,这样才能在固定的平面上始终得到清晰的像。同时,也要保证各种焦距时的相对孔径稳定不变,这样才能使像面照度不发生突然的变化。

图 9-69 是变焦距镜头的工作原理图。图中有四个镜组,1 是前固定组,2 是变倍组,3 是补偿组,4 是后固定组。透镜组 2 沿光轴做线性移动时,系统的组合焦距将要改变,镜组 1、2 形成的像点 A_2' 也随之移动。为了使系统的像面维持不动,则在透镜组 2 移动的同时,按一定规律移动镜组 3,使 A_2' 通过镜组 3 的像点仍在原来的位置 A_3' 上。透镜 3 的移动规律往往是非线性的,它与镜组 2 的移动是对应的,两者可用精密凸轮协调起来。用凸轮来控制变倍组与补偿组的运动的变焦距镜头可称为机械补偿镜头。有的设计可以在补偿组不动或者移动量非常小的条件下,达到变倍的作用,这样的镜头称为光学补偿镜头。最早的变焦镜头曾用过这种补偿方式,因为当时的工艺水平很难制造出高精度的凸轮。光学补偿镜头结构复杂,而且当补偿组绝对不动时,像面偏差将影响成像的质量。近年来凸轮的加工工艺问题已经解决,所以机械补偿法又有了新的进展。

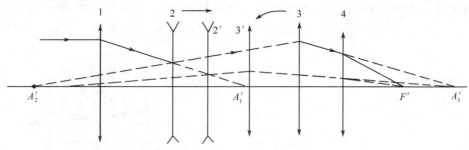

图 9-69 变焦距镜头的工作原理图

9.5.3 放映和投影镜头

放映和投影镜头在成像关系上极其相似,其类似于倒置的照相镜头。放映镜头多用于透明图片的放大;投影镜头既能用于图片的放大,也能用于实物的投影。

1. 基本特性

投影和放映镜头的光学特性以放大率、视场、焦距和相对孔径来表示。放映镜头的视场由银幕的尺寸决定;投影镜头的视场由投影屏的直径决定。

对于放映镜头,银幕尺寸对图片的尺寸比值是它的放大率。在投影镜头中,放大率虽然和影屏的直径有关,但是不能完全取决于影屏直径。投影镜头在用途上不同于放映镜头,它经常用于实物的测量。由于被测物可能是凹凸不平的,因此投影镜头应有工作距离的要求,即镜头到物体之间的距离的要求。从测量的角度考虑,放大率越大,测量精度越高,但是镜头到影屏之间的距离加大,仪器的结构尺寸变大。同时,影屏直径一定的情况下,能观测到的物体面积变小。目前,最常用的放大率是 $10^\times$、$20^\times$、$50^\times$、$100^\times$ 四种类别。

根据几何关系,可用下式确定镜头的焦距:

$$f' = \frac{\beta}{\beta^2 - 1} L \tag{9-58}$$

式中:β 是镜头的放大率;L 是物体到屏幕间的共轭距。对于放映镜头,L 表示了它的放映空间,因为放映镜头的物体是一个图片,所以在工作距上没有特殊的要求,只要从剧场的大小上考虑 L 的大小即可。对于投影镜头,L 既与仪器的结构要求有关,也与放大率的选取有关。放大率越大,镜头的焦距越短。

放映和投影镜头的焦距对视场角也是有影响的,当屏幕尺寸一定时,镜头的焦距越短,它的视场角越大。镜头视场角的大小不但对成像质量有影响,而且对照度的分布也有影响。在可能的条件下,视场角越小越好。一般放映镜头的视场角不超过 20°,投影镜头的视场角在 10° 左右。

放映和投影镜头都是起放大作用的,屏幕上的照度值及其分布的均匀程度是一个重要的问题。当物体的亮度 L 一定时,像面中心的照度与孔径有关,边缘照度与视场有关,它们的关系可用式(9-48)和式(9-53)表示。对于放映和投影镜头,$\beta > 1$,若用对称或近对称结构的镜头,则 $\beta_z \approx 1$,于是

$$E_0' = \frac{K\pi L}{4\beta^2} \left(\frac{2a}{f'}\right)^2 \beta_z^2 \tag{9-59}$$

照度与放大率平方成反比。增大像面照度除使物体亮度提高外,对于放映镜头和投影镜头可分别采用增大其相对孔径和数值孔径的方法。放映镜头的相对孔径一般为 1:2 左右。投影镜头的数值孔径与其放大率有关:$10^\times$ 镜头的 $NA = 0.05 \sim 0.06$,$20^\times$ 镜头的 $NA = 0.08 \sim 0.12$,$50^\times$ 镜头的 $NA = 0.15$,$100^\times$ 镜头的 $NA = 0.2 \sim 0.22$。

投影镜头和放映镜头都是有一定视场的光学系统,校正像差时应同时考虑轴上点和轴外点的像差,而投影镜头的要求更严格一些,特别对畸变要严格校正,一般在 0.1% 以内。

投影镜头和放映镜头相比,投影镜头的放大率误差要严格控制,一般为被检测尺寸的 0.05% ~ 0.1%,以保证尺寸检测精度。此外,投影镜头在设计时多考虑使之符合远心光路的要求,以消除由调焦不准确产生的视差。

2. 放映镜头的结构形式

1) 普通放映镜头

普通放映镜头可由正负两片透镜组成,如果玻璃选择合适,就可以校正球差、色差和正弦差。这种放映镜头只能用于小视场的情况。

放映镜头的最普遍形式是匹兹万镜头,如图 9-49 所示。使用时要倒置,即原来放照相底

片的位置要放置电影胶片。匹兹万镜头相对孔径可达 $\frac{D}{f'} = \frac{1}{1.8}$,视场角 $2\omega = 16°$。此种镜头的优点是其孔径大,可使屏幕上的光照度提高。

普通照相镜头倒置使用时,也可以作放映镜头用。如柯克镜头、天塞型镜头或双高斯型镜头均可作为放映镜头使用,可得到较大的视场。

2) 宽银幕放映镜头

宽银幕放映镜头与普通放映镜头不同,宽银幕电影胶片的画面在水平和垂直两个方向有不同的放大率,是"变形的"画面。水平方向的放大率和垂直方向的放大率的比值称为压缩比。只有用宽银幕镜头才能使放映出的图像与原物相似。

宽银幕镜头是普通镜头前加上变形镜组组合而成的。变形镜组在子午方向和弧矢方向有不同的放大率。弧矢方向的放大率 β_s 和子午方向的放大率 β_t 的比值 $K = \beta_s/\beta_t$,称为镜头的变形比。若银幕的位置很远,则变形比也可用视觉放大率 Γ_s/Γ_t 表示。通常 $K=2$,有的变形镜组 $K = 1.5 \sim 2.0$。

用柱面透镜或棱镜均可以构成变形镜组,现仅就柱面透镜的光学性能做一简单介绍。图9-70所示是一个柱面透镜,一面是平面,另一面是柱面。柱面的子午方向上均是直线构成的母线,弧矢方向上却是圆弧构成的母线。显然,子午面内平行光的聚焦点

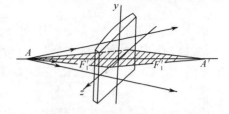

图9-70 柱面透镜结构示意图

在无穷远,弧矢面内平行光的聚焦点在有限远。这两个聚焦点的位置均由高斯公式决定,即

$$\left.\begin{array}{l}\dfrac{1}{f'_s} = \dfrac{1}{l'_s} - \dfrac{1}{l} \\ \dfrac{1}{f'_t} = \dfrac{1}{l'_t} - \dfrac{1}{l}\end{array}\right\} \tag{9-60}$$

图9-70表示的柱面透镜中,子午焦距 $f'_t = \infty$。

选择两个焦距 f'_s 不同的正负柱面透镜组成伽利略望远镜,即可实现一个简单的变形镜组。在弧矢方向上,变形镜组的像面也在无限远,它与子午方向有重叠的像面。但是,弧矢方向上有视觉放大率,因而形成了区别于子午方向上的变形比。图9-71所示即为此种变形镜组,图9-72(a)是弧矢面内的剖视图,变形镜组后面的光学系统是一个普通的放映镜头。设伽利略型的变形镜组的视觉放大率 $\Gamma_s = \tan\omega/\tan\omega'$,电影片经过普通放映物镜成的像,再由变形镜组放大 $\beta = \Gamma$ 倍后投射在银幕上。然而,在图9-72(b)所描绘的子午剖面内,变形镜组的放大率 $\beta = 1$,所以它对电影片的作用有别于弧矢面里的作用。

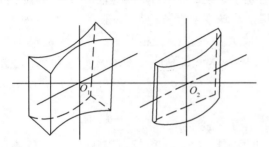

图9-71 伽利略变形镜原理结构图

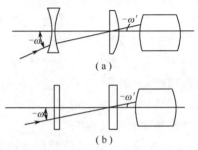

图9-72 宽银幕变形镜头子午和弧矢方向示意图

值得注意的是,柱面透镜是一种轴不对称的光学系统。它所产生的像差,除了像球面对称系统那样,有子午和弧矢面内分别产生的对称系统像差外,还要附加上非轴对称系统的柱面像差,如柱面像散和柱面畸变等像差。一般情况下,柱面像差较小,对像质的影响不大。

最简单的变形镜组由两个单片组成,如图 9 – 73 所示,当 $f'_2 = -2f'_1$ 时,变形比 $K = 2$。变形镜组接收到的光束是普通放映物镜射出的光束,它近似于平行光,因此凸透镜可以做成平凸的结构,有利于球差的校正。一般情况下,两片透镜的材料是相同的,若能做成半径相等的柱面镜,则对加工工艺是有利的。

把每块柱面透镜改成双胶合或三胶合镜组,选用等折射率不等色散的玻璃,能够做出质量更好的变形镜组。但是三胶合镜组的装校有一定的困难,依靠胶合工艺保证三个柱面母线绝对平行是不容易的。为此,可以把三胶合镜组改为图 9 – 74 所示的结构。总装时,依赖调整工作保证母线的平行性,可以使它的工艺性得到改善。

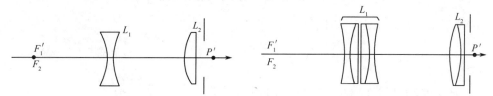

图 9 – 73　最简单变形镜组结构示意图　　图 9 – 74　柱面镜组采用双胶合的结构示意图

图 9 – 75 所示是用平面做胶合面的一种变形镜组结构。用调整手段保证母线的平行性,比用研磨的方法保证母线的平行性更加合理,也更加方便。

以上说明的变形镜组成像特性,都是假定物面在无穷远的情况下,实际上,放映机和银幕之间的距离是有限远。在这种条件下,通过变形镜组后的子午和弧矢面内的像平面不同,其成像原理如图 9 – 76 所示。该变形镜组前后组的弧矢焦距为 f'_{s1} 和 f'_{s2},取其间隔为 $d = f'_{s1} + f'_{s2}$,银幕到前组物方焦点 F_1 的距离为 x_1,则银幕通过变形镜后的成像位置可由下组公式求得:

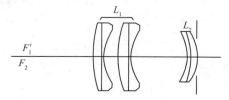

图 9 – 75　平面做胶合面的变形镜组结构示意图

$$\left.\begin{aligned} x'_1 &= -\frac{f'^{\,2}_{s1}}{x_1} \\ x_2 &= x'_1 \\ x'_2 &= -\frac{f'^{\,2}_{s2}}{x_2} = \frac{f'^{\,2}_{s2}}{f'^{\,2}_{s1}} x_1 \end{aligned}\right\} \tag{9-61}$$

当 $f'_{s2} = -2f'_{s1}$ 时,有

$$x'_2 = 4x_1 \tag{9-62}$$

即弧矢像面到变形镜组像方焦点 F' 的距离为 x_1 的 4 倍。假设变形镜组到放映镜组的距离可以忽略,则该像面到放映物镜前焦点 F 的距离为

$$x_s \approx x'_2 + f'_{s2} + f' = 4x_1 + f'_{s2} + f' \tag{9-63}$$

式中:f' 是放映物镜的焦距。同理可得子午像面的位置为

$$x_t = x_1 + f' \tag{9-64}$$

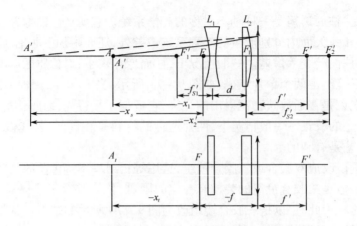

图 9-76 放映机到银幕之间的距离为有限远的情况

一般情况下 $x_1 \gg f'_{s2}, x_1 \gg f'$，所以

$$x_s \approx 4x_1$$
$$x_t \approx x_1$$

显然，$x_t \neq x_s$，这个差别反映在放映物镜的像面，即电影胶片的位置上，有

$$x'_t - x'_s = -\left(\frac{f'^2}{x_t} - \frac{f'^2}{x_s}\right) = -\frac{3}{4} \cdot \frac{f'^2}{x_1} \tag{9-65}$$

若 $x_1 = -30000\text{mm}, f' = 120\text{mm}$，则像面差 $x'_t - x'_s = 0.36\text{mm}$。该值对像差来说是很可观的。

为了消除两个方位上的像面差异，需要根据放映距离调整变形镜组的正负两组柱面透镜的间隔。设间隔的调节量为 Δd，则各个成像点的位置变化将是

$$x_2^* = x'_1 - \Delta d = -\frac{f'^2_{s1}}{x_1} - \Delta d$$

$$x^*{'}_2 = -\frac{f'^2_{s2}}{x_2^*} = \frac{f'^2_{s2} x_1}{f'^2_{s1} + x_1 \Delta d}$$

按照像面重合的要求，$x^*{'}_2$ 应满足

$$x^*{'}_2 = x_1 - f'_{s2}$$

根据上述公式，求出来的间隔调节量为

$$\Delta d = -\frac{f'^2_{s2} - f'^2_{s1}}{x_1 - f'_{s2}} + \frac{f'_s f'_{s2}}{(x_1 - f'_{s2}) x_1} \tag{9-66}$$

因为 $x_1 \gg f'_{s2}$，且 $K = \frac{f'_{s2}}{f'_{s1}}$，则

$$\Delta d = (K^2 - 1)\frac{f'^2_{s1}}{x_1} + \frac{K f'^2_{s1}}{x_1^2} \tag{9-67}$$

当 $K = 2, f'_{s1} = -160\text{mm}$ 时，银幕距离 x_1 与间隔调节量 Δd 的关系列于表 9-8。

表 9-8 银幕距离与间隔调节量的关系

x/m	∞	100	80	60	50	40	30	20	10
$\Delta d/m$	0	-0.77	-0.96	-1.23	-1.54	-1.92	-2.57	-3.86	-7.76
注：负值代表正负柱面透镜的间隔缩短									

3. 投影镜头

常用的投影镜头有两种结构形式,一种是在反远距结构的基础上发展起来的"负-正-正"结构,另一种是"正-负-正"结构。

"负-正-正"的镜头结构是获得长工作距的理想结构,正光焦度组的负担分在两组透镜上,对像差的校正十分有利,因此,每一组的具体结构都可以采用简单形式。为了校正倍率色差和色畸变,这三组透镜都要自行校正位置色差,为此,常用双胶合透镜组,或由负光焦度组成的三透镜组构成它们的具体结构,如图9-77所示。"负-正-正"投影镜头的光阑设在中间组透镜上,该组透镜与前面的负透镜组成了伽利略望远镜的形式。若能使后组的前焦点与光阑的位置重合,就能组成远心光路。这样的结构可以看成是伽利略望远镜和照相物镜组合而成的结构。

由"正-负-正"三组透镜组成的投影镜头是适用于较大孔径的结构形式。全部光焦度分配在两组正透镜上,而且前一组正透镜对轴上光线起聚焦作用,使负组上的投射高度大大降低,这对像差的校正可以起到良好的作用,特别有利于孔径像差的校正。在这三组透镜中,光焦度的分配并不平均,后组承担了绝大部分的光焦度,因为这种镜头结构中具有反远距镜头的特性,具有一定的工作距。在像差校正中,为了校正球差、彗差和色差,后组的具体结构较为复杂。图9-78列出了两种结构。图9-78(a)为 $10^{\times}$ 投影镜头,图9-78(b)为 $100^{\times}$ 投影镜头。一般情况下,光阑设在中间,轴外像差的校正较为有利,尤其是倍率色差和色畸变,可用前后组的平衡实现校正的目的。

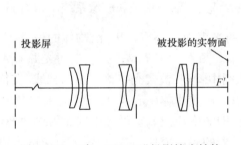

图9-77 "负-正-正"投影镜头结构

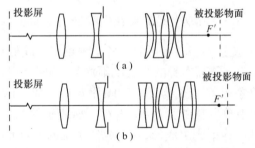

图9-78 "正-负-正"投影镜头的结构

有些投影镜头,因为没有工作距的特殊要求,可以选用对称的结构,如用照相镜头代替,像质是很令人满意的。

9.5.4 放映和投影系统的照明

放映或投影系统都是起放大作用的光学系统,一般情况下都要用人工照明物体,才能在像面上得到足够的照度。普通放映和投影系统在屏幕上的照度在20lx~100lx之间,若观察距离较短,则可以取小值,否则取大值。

像面上的照度以及照度分布的均匀性是照明系统设计中必须考虑的两个问题。像面上的照度大小与光源发光强度、光源尺寸有关,也与聚光系统的光学性质以及光能的传递效率有关。当光源的发光强度一定时,光源的辐射面积越大,聚光镜的孔径越大,像面上接收到的能量越多,照度越大。因此,照明系统提供给屏幕的能量,与其拉赫不变量 $J_1 = n_1 u_1 y_1$ 成正比,其中 y_1、u_1 分别是光源的垂轴半径和聚光镜的孔径角。

照明系统所提供的能量能否全部进入成像系统,与照明系统和成像系统的衔接有直接的关系。在光学设计中应使成像系统的拉赫不变量 $J_2 = n_2 u_2 y_2$ 等于照明系统的拉赫不变量 J_1，其中 y_2、u_2 分别是成像物体的高度和成像系统的孔径。图 9-79 简要地表明了其物像关系,所有进入聚光系统的光线全部包括在"光管" $L_1 L_2 L_2 L_1$ 内,光能量都得到了充分的利用。在这种系统中,由于聚光系统 L_1 的拉赫不变量 $J_1 = n_1 y_1 u_1 = n_1' y_1' u_1'$,而成像系统的拉赫不变量 $J_2 = n_2 y_2 u_2$ 可用 $J_2 = n_1' y_1' u_1'$ 表示,则有 $J_1 = J_2$。

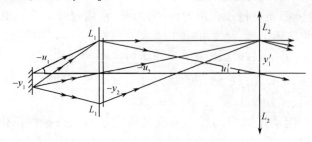

图 9-79　照明系统和成像系统的拉赫不变量相匹配示意图

在放映和投影系统中,屏幕上的照度为

$$E' = E_0' \cos^4 \omega' = \pi K B_1 \sin^2 U' \cos^4 \omega' \tag{9-68}$$

式中:u' 是系统的像方孔径角。若用出瞳直径 D' 和像距 l' 近似地表示孔径 $u' = D'/2l'$,则

$$E' = \frac{K B_1 S'}{l'^2} \cos^4 \omega' \tag{9-69}$$

式中:$S' = \frac{1}{4} \pi D'^2$,是光束在出瞳处的截面积。通常情况下,聚光系统和成像系统不重合,这是因为,位置不当时有可能使各个视场在出瞳处对应的光束面 S' 不等。因此,物体的位置不当,可能引起物面本身的光亮度不均匀,如图 9-80 所示。图中 $C_1' A_1' B_1'$ 是聚光镜 L_1 对光源 $C_1 A_1 B_1$ 成的像,$B_2' C_2' A_2'$ 是物镜 L_2 对图片 $B_2 C_2 A_2$ 成的像。从图中看到,被聚光镜接收到的光线,在传播过程中被限制在了 $L_1 B_1' L_2 L_2 C_1' L_1$ 所表示的"光管"里。虽然物体中心点 A_2 可以用 $A_2 B_1' PQ C_1' A_2$ "光管"内的光束成像,它在成像系统的出射光瞳处,即图中物镜 L_2 上的光束截面用线度 PQ 表示,但是,物体边缘 C_2 点只能用 $C_2 B_1' P_1 Q_1 C_2''$ "光管"内的光束成像,它在物镜上对应的光束截面用线度 $P_1 Q_1$ 表示。由图中看到 $PQ > P_1 Q_1$,因此,边缘的照度,即使忽略了视场角 ω' 的作用,也低于中心点的照度。

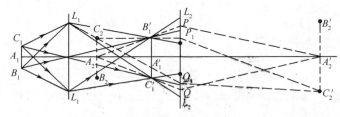

图 9-80　照明系统与投影镜头配置的分析示意图

只有把物体靠近聚光镜 L_1,如图 9-81(a)所示,或者把物体靠近光源的像平面 $C_1' A_1' B_1'$,如图 9-81(b)所示,才能消除上述缺陷,视场上各点在出射光瞳处的光束截面才会相等。从图中看到:物体、物镜、聚光镜按上述安排,可以取得均匀的照度分布。但是,必须以增大物镜的口径为代价,即线度 $L_2 L_2 > PQ$,否则,仍有光线被拦截的可能。增大物镜口径将使物镜像差校正困难。为了克服这种弊病,可把图 9-81(a)所示的成像关系改变成如图 9-82 所示的关

系,光源被聚光镜成的像 $B_1'A_1'C_1'$ 与物镜 L_2 重合,形成柯拉照明系统,比显微镜系统中介绍过的柯拉照明系统多了一个柯拉镜。

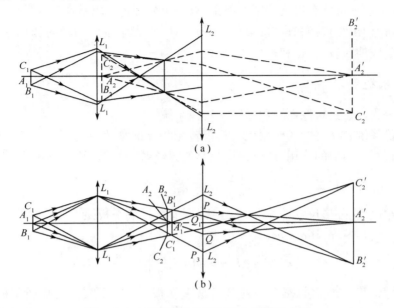

图 9-81 被照明物体得到均匀照明的条件

临界照明是把光源的像成在物面上,所以,当光源是一种非均匀发光体时,银幕上会出现光源造成的不均匀照度。为了尽可能地减小不均匀的程度,可以在光源的背面加一个反光镜,让光源的发光表面位于反光镜的中心上。略微倾斜一下反光镜,就能在光源附近形成一个光源像,两像彼此错开,可以有效地提高光源的均匀度,图 9-83 所示是一种板丝光源加反光镜后形成的光源结构。

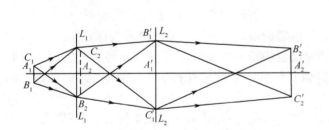

图 9-82 柯拉照明用于投影系统示意图

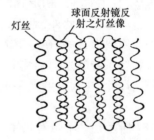

图 9-83 板丝光源加反光镜后形成的光源结构

在照明系统中为了得到大的放大率和像面光照度,常用功率大的强光源,发出大量热量,为了避免将被照明物体烤焦变形,常加隔热玻璃、风扇或冷水系统。

9.6 光学系统的外形尺寸计算

根据使用要求来确定光学系统整体结构尺寸的设计过程称为光学系统的外形尺寸计算。光学系统的外形尺寸计算要确定的结构内容包括系统的组成、各组元的焦距、各组元的相对位置和横向尺寸。外形尺寸计算的主要依据是高斯光学理论。为了保证设计的顺利进行,用像差理论对计算结果作一些粗略的估计和分析也是必要的。

光学系统的外形尺寸计算没有一个统一的格式,由于各种光学系统的用途和使用要求不同,外形尺寸计算过程可能有很大差别。但是,有三个方面的要求基本是一致的:第一,系统的孔径、视场、分辨率、出瞳直径和位置;第二,几何尺寸,即光学系统的轴向和径向尺寸、整体结构的布局;第三,成像质量、孔径和视场的权重。

9.6.1 转像系统和场镜

转像系统分为棱镜式转像系统和透镜式转像系统。

棱镜式转像系统在光路中的作用无非是折转光路或正像,如果把棱镜展开,则它在光路中相当于一块平行平板玻璃的作用,这个作用只是使光学系统的像产生轴向位移,位移量与平板的厚度 d 有关。这个位移量 $\Delta l' = \left(1 - \dfrac{1}{n}\right)d$。

第四章介绍过,在外形尺寸计算时,为了方便,宜将玻璃平板换算成等效的空气层厚度,此厚度称为等效空气板厚度,用 $\bar{d}$ 表示,其大小为

$$\bar{d} = d - \Delta l' = d - \left(1 - \frac{1}{n}\right)d = \frac{d}{n} \tag{9-70}$$

在外形尺寸计算中,可用等效空气板代替玻璃平板。这样可在不考虑折射的情况下计算出等效空气板出射面的光线高度,它就是实际棱镜出射面的光线高度。当考虑通过棱镜后像的位置时,只要把轴向位移量 $\Delta l'$ 加入即可。

双透镜转像系统的作用与单透镜转像系统一样,都是把经物镜所成的倒像转为正像,但应用双透镜转像系统能大大地改善整个系统的像差校正。

此外,双透镜转像系统中两转像透镜间的光束是平行的,转像透镜的间隔不影响其放大率 β,便于光学系统的装校。对望远镜这样的小视场光学系统,其双透镜转像系统一般由两个双胶合透镜组成,且为对称结构形式,系统的孔径光阑在两个转像透镜的中间,因此其转像系统的垂轴像差自动校正。此外,对称式转像系统除具有转像作用外,还可以增加系统的长度,以达到特殊的使用要求,例如在潜望镜系统和内窥镜系统中常用到双透镜式转像系统。

在具有转像系统的光学系统中,为了使通过物镜后的轴外斜光束折向转像系统以减少转像系统的横向尺寸,在物镜的像平面和转像系统的物平面处往往加入一块透镜,此透镜称为场镜。

图9-84所示是一个带有场镜和双透镜转像系统的开普勒望远镜系统,由图可以看出,由于场镜位于物镜的像面处,其放大率为

$$\beta_F = 1 \tag{9-71}$$

转像系统的放大率为

$$\beta = -f'_4/f'_3 \tag{9-72}$$

整个系统的放大率为

$$\Gamma = -f'_1\beta/f'_5 \tag{9-73}$$

对于双透镜的对称式转像系统,由于转像透镜间是平行光,如图9-84所示,故可把整个系统看作由两个望远镜系统组成,其视觉放大率为

$$\Gamma = \Gamma_1\Gamma_2 = (-f'_1/f'_3)(-f'_4/f'_5) = f'_1f'_4/(f'_3f'_5)$$

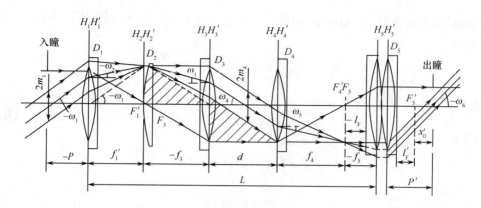

图 9-84 带有场镜和转像系统的望远镜系统

9.6.2 带有对称透镜转像系统的望远镜

一般在望远镜系统的技术条件中给定下列光学参数：视觉放大率 Γ、视场角 2ω、出瞳直径 D'、筒长 L、出瞳距 P'。光学系统的外形尺寸计算（也称为光学总体设计）就是要根据这些基本参数来确定各透镜的焦距、口径和相对位置。

为了使系统有一确定的解，必须引入一系列的辅助条件，其一就是应用对称式转像系统的条件，即

$$f'_3 = f'_4 \tag{9-74}$$
$$D_3 = D_4 \tag{9-75}$$

式中：D_3 和 D_4 是两转像透镜的通光口径，且 D_3 和 D_4 的直径由平行于光轴的光束光路所决定。

场镜的通光口径和转像透镜的通光口径之间的关系（通常由光学系统的外形尺寸来决定）表示为

$$D_3 = cD_2 \tag{9-76}$$

式中：D_2 为场镜的直径；c 为由设计者选择的系数。

假定进入系统的边缘视场斜光束的宽度为 $2m_1$，由于渐晕的影响，它与入瞳直径 D 有下列关系：

$$2m_1 = KD \tag{9-77}$$

式中：K 为渐晕系数，其大小可由设计者来选择。

应用上述公式，根据给定的光学参数，即可进行光学系统的外形尺寸计算。

入瞳直径为

$$D = \Gamma D' \tag{9-78}$$

根据式（9-72）、式（9-73）和式（9-74），视觉放大率为

$$\Gamma = f'_1 / f'_5 \tag{9-79}$$

根据视场的大小，可以确定场镜的直径为

$$D_2 = -2f'_1 \tan\omega_1 \tag{9-80}$$

由图 9-84 中的相似三角形，得

$$f'_3 = f'_1 D_3 / D \tag{9-81}$$

若用式（9-76）的数值代替 D_3，则由式（9-80）得

$$f'_3 = -2c f'^2_1 \tan\omega_1 / D \tag{9-82}$$

由于转像系统具有对称性,且场镜位于转像系统的物面上,图 9-84 中的两个阴影三角形相似,所以有

$$\frac{D_2}{2f_3'} = \frac{D_3 - 2m_4}{d}$$

因为取 $2m_1 = KD$(式(9-77)),显然有

$$2m_4 = KD_3 \qquad (9-83)$$

所以

$$d = 2(1-K)D_3 f_1'/D_2$$

由式(9-76)得

$$d = 2c(1-K)f_3' \qquad (9-84)$$

筒长为

$$L = f_1' + f_3' + d + f_4' + f_5'$$

或

$$L = f_1' + 2[1 + c(1-K)]f_3' + f_5' \qquad (9-85)$$

利用式(9-79)、式(9-82)和式(9-85)可得求解一个未知量 f_5' 的方程式,即

$$-4[1 + c(1-K)]c\Gamma^2 \tan\omega_1 f_5'^2/D + (1+\Gamma)f_5' - L = 0 \qquad (9-86)$$

利用这个等式,根据所选择的 c 和 K 值,可以进行外形尺寸计算。此外,求出各光学参数后,可以利用在生产中的现有的目镜。

应该注意,$\tan\omega_1$ 是负值。给定不同的 c 和 K 值,可得出不同的方案,应选择最佳的方案。一般设定 $c = 1$ 和 $K = 0.5$,则式(9-86)变为

$$-6\Gamma^2 \tan\omega_1 f_5'^2/D + (1+\Gamma)f_5' - L = 0 \qquad (9-87)$$

一般按下列顺序求解结构参数:
(1)按式(9-87)确定目镜的焦距 f_5';
(2)按式(9-79)确定物镜的焦距 f_1';
(3)按式(9-82)确定转像透镜的焦距 f_3' 和 f_4';
(4)按式(9-84)确定转像系统透镜间的距离 d;
(5)按式(9-80)确定场镜直径 D_2;
(6)按式(9-76)确定转像透镜直径 D_3 和 D_4;
(7)物镜的直径取决于入瞳的位置,即

$$D_1 = -2P\tan\omega_1 + KD \quad \tan\omega_2 = \tan\omega_1 + H_1\varphi_1 \qquad (9-88)$$

在式(9-88)中,$\tan\omega_1 < 0$,物镜通光口径 D_1 不能小于入瞳 D。目镜的出瞳距为

$$P' = l_F' + x_0' = l_F' + (f_4' - d/2)f_5'^2/f_4'^2 \qquad (9-89)$$

应该注意,由于光阑像差的存在,实际的出瞳距 P' 要小于由式(9-89)所确定的数值(约 2mm~3mm)。

场镜的焦距由主光线的光程确定,由图 9-84 可得

$$H_1 = P\tan\omega_1$$

$$\tan\omega_2 = \tan\omega_1 + H_1\varphi_1$$

$$H_2 = -f_1'\tan\omega_1$$

$$H_3 = \frac{d}{2}\tan\omega_4 = -\frac{f_1'}{f_3'}\frac{d}{2}\tan\omega_1$$

$$\tan\omega_3 = (H_2 - H_3)/f_3'$$

$$f'_2 = \frac{H_2}{\tan\omega_3 - \tan\omega_2} \tag{9-90}$$

场镜的焦距也可以根据光瞳的共轭性,由高斯公式求出。目镜的通光口径由下式确定:

$$D_2 = 2[H_4 + (f'_4 - l_F)\tan\omega_5 - KD_3 l_F/f'_4] \tag{9-91}$$

$$D_6 = -2P'\tan\omega_6 + KD' \tag{9-92}$$

式中:l_F 为目镜的前工作距。

习 题

9.1 对正常人来说,观察前方 1m 远的物体,眼睛需要调节多少视度?

9.2 有一焦距为 50mm、口径为 50mm 的放大镜,眼睛到它的距离为 125mm,求放大镜的视觉放大率及视场。

9.3 已知显微目镜 $\Gamma = 15^\times$,问焦距为多少? 物镜 $\beta = -2.5^\times$,共轭距 $L = 180$mm,求其焦距及物、像方截距。问显微镜总放大率为多少? 总焦距为多少? 和放大镜比较有什么相同和不同之处?

9.4 显微目镜 $\Gamma = 10^\times$,物镜 $\beta = -2^\times$,$NA = 0.1$,物镜共轭距为 180mm,物镜框为孔径光阑。

(1) 求出射光瞳的位置及大小。

(2) 设物体 $2y = 8$mm,允许边缘视场拦光 50%,求物镜和目镜的通光口径。

9.5 欲辨别 0.0005mm 的微小物体,求显微镜的放大率最小应为多少? 数值孔径取多少较为合适?

9.6 一望远镜物镜焦距为 1m,相对孔径为 1:12,测得出射光瞳直径为 4mm,试求望远镜的放大率 Γ 和目镜的焦距。

9.7 拟制一个 $6^\times$ 的望远镜,已有一焦距为 150mm 的物镜,问组成开普勒和伽利略望远镜时,目镜的焦距应为多少? 筒长(物镜到目镜的距离)各为多少?

9.8 为看清 10km 处相隔 100mm 两个物点,问:

(1) 望远镜至少选用多少倍数(正常放大率)?

(2) 筒长为 465mm 时,求物镜和目镜的焦距。

(3) 为满足正常放大率的要求,保证人眼的分辨率(60″),物镜的口径应为多少?

(4) 物方视场 $2\omega = 2°$,求像方视场,在 10km 处能看清多大范围? 在不拦光的情况下目镜的口径应为多少?

(5) 如果视度调节 ±5 折光度,则目镜应移动多少距离?

9.9 有一照相机,其相对孔径 $D/f' = 1/2.8$,按理论分辨率能分辨多少线对?

9.10 若某人在 3m 处,用 $F = 11$ 的光圈照相,则

(1) 使用 $f' = 55$mm 的照相物镜时,景深是多少?

(2) 使用 $f' = 75$mm 的照相物镜时,前、后景深是多少?

(3) 希望前景深 $\Delta_1 = 10$m 时,两种相机的对准平面各在何处?

下篇 波动光学

第10章 波动光学通论

在具体分析波的干涉、衍射、偏振等现象之前,本章集中讨论波动光学中的一些基础性概念及原理。本章首先介绍波的有关概念及数学描述,其重点是波的时空周期性及复振幅的概念;其次讨论波的叠加原理及各种典型的叠加过程,并由此引入光的干涉概念及光的偏振态;作为波的叠加的逆运算,对波的分解亦作简要介绍,从中可得出波在时域和空域中的反比关系;最后对波在两种介质的界面上反射和折射的有关问题进行较细致的考察与分析。

10.1 波的概念与光的电磁理论基础

10.1.1 波的概念

从力学中已经知道,扰动在空间的传播形成了波。引起扰动的振源称为波源,扰动所到达的空间区域称为波场。波是自然界中物质运动的一种相当普遍的形式,如力学中的机械波、声波,电磁学中的电磁波等。在波动中,波场中任一点总有某一个(或数个)物理量随时间变化而振动,该物理量一般是矢量,如机械波中质点的位移 s,电磁波中的电场强度矢量 E 和磁场强度矢量 H 等,这种矢量称为振动矢量,相应的波亦称为矢量波。依振动矢量的方向与波的传播方向是垂直还是平行,可以把波分为横波和纵波。在某些情况下,如果所考察的振动物理量是标量,如在声波中当不仔细分析媒质中质点的位移,而考察空间中某一宏观上足够小而微观上又充分大的局域的密度随时间的变化时,则相应的波称为标量波。在许多实际应用中,当振动物理量的矢量性对所考察的具体问题不起显著作用,或者仅考虑振动矢量的某一个分量时,亦可把矢量波简化为标量波进行处理。

在波动中,如果空间中各点的振动物理量都作同样频率的简谐振动,则相应的波称为 单色简谐波。以后我们将看到,单色简谐波仅是一种理想模型,它在现实世界中并不存在;但它的引入将对波动问题的处理带来极大的简化和方便。实际上的波动总可以看作是各种不同频率的单色简谐波的叠加。

表示波场中能流的强弱及方向的一个重要物理量是能流密度矢量,又称坡印廷(Poynting)矢量,其瞬时值可用 $S(r,t)$ 表示,$S(r,t)$ 的大小等于在时刻 t 附近单位时间间隔中通过空间坐标为 r 的某处垂直于波的传播方向的单位面积(为反映某点的瞬时值,计算 $S(r,t)$ 时所取时间间隔及面积元应充分小,实质上是一个极限概念)的波动能量,S 的方向即为能量传播的方向。定义某段时间间隔 T 中的平均能流密度矢量为

$$S(r) = \langle S(r,T) \rangle = \frac{1}{T}\int_0^T S(r,t)\,dt \tag{10-1}$$

式中：< >表示时间平均运算；对周期函数，T可取为一个周期。

10.1.2 光的电磁理论基础

1. 电磁波谱

相互作用、交变的电场和磁场的总体，称为电磁场。交变的电磁场按照电磁定律的传播就形成了电磁波。自从19世纪人们证实了光是一种电磁波后，又经过大量的实验，进一步证实了X射线、γ射线也都是电磁波。它们的电磁特性相同，只是频率（或波长）不同而已。如果按其频率（或波长）的次序排列成谱，则称为电磁波谱，如图10-1所示。

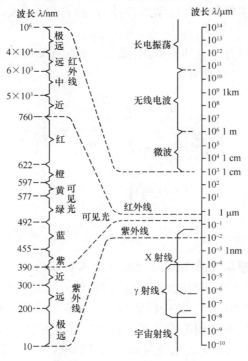

图 10-1 电磁波谱

通常所说的光学区域（或光学频谱）包括红外线、可见光和紫外线。由于光的频率极高（10^{12}Hz~10^{16}Hz），数值很大，使用起来很不方便，所以采用波长表征。光谱区域的波长范围约为1mm~10nm。人们习惯上将红外线、可见光和紫外线又可进行如下细分：

红外线（1mm~0.76μm） $\begin{cases} 远红外 & 1mm~20\mu m \\ 中红外 & 20\mu m~1.5\mu m \\ 近红外 & 1.5\mu m~0.76\mu m \end{cases}$

可见光（760nm~380nm） $\begin{cases} 红色 & 760nm~650nm \\ 橙色 & 650nm~590nm \\ 黄色 & 590nm~570nm \\ 绿色 & 570nm~490nm \\ 青色 & 490nm~460nm \\ 蓝色 & 460nm~430nm \\ 紫色 & 430nm~380nm \end{cases}$

$$\text{紫外线}(400\text{nm} \sim 10\text{nm}) \begin{cases} \text{近紫外} & 380\text{nm} \sim 300\text{nm} \\ \text{中紫外} & 300\text{nm} \sim 200\text{nm} \\ \text{真空紫外} & 200\text{nm} \sim 10\text{nm} \end{cases}$$

2. 麦克斯韦方程组

描述三维空间中传播的电磁波可用电场强度 E 和磁感应强度 B；而为了描述电磁波与媒质的相互作用，还需引入电位移 D 和磁场强度 H 这两个矢量。光的电磁理论可归纳为一组与 E、B、D、H 四矢量有关的方程，即麦克斯韦方程组。它描述了这四个矢量随空间和时间的变化关系及规律，大多数与光的传播和叠加有关的现象都可以从这一理论出发得到解释。麦克斯韦方程组的公式推导可参阅各种电磁学的教科书，本书不再重复，只给出对方程组的说明和有关结论。

麦克斯韦方程组有积分和微分两种形式，采用有理化 MKSA 制单位。

1）积分形式的麦克斯韦方程组

$$\left. \begin{aligned} \oint_C \boldsymbol{E} \cdot \mathrm{d}l &= - \iint_A \frac{\partial \boldsymbol{B}}{\partial t} \cdot \mathrm{d}s \\ \oiint_A \boldsymbol{D} \cdot \mathrm{d}s &= \oiiint_V \rho \cdot \mathrm{d}V \\ \oiint_A \boldsymbol{B} \cdot \mathrm{d}s &= 0 \\ \oint_C \boldsymbol{H} \cdot \mathrm{d}l &= \iint_A \left(\boldsymbol{J} + \frac{\partial \boldsymbol{D}}{\partial t} \right) \cdot \mathrm{d}s \end{aligned} \right\} \quad (10-2)$$

第一式是法拉第电磁感应定律的积分形式。公式右端给出了通过空间任一曲面 A 的磁通量随时间的变化速率，公式左端对电场 E 沿曲面周边 C 的环线积分表示感应电动势。该式的意义是：变化的磁场可产生电场。式中的负号表示感应电动势具有阻碍磁场变化的趋势。

第二式是电场高斯定律的常用形式。式中右端对电荷密度 ρ 的积分表示体积 V 内总的自由电荷，左端对电位移 D 的面积分表示流过闭合曲面的电通量。该式表示自体积 V 内部通过闭合曲面 A 向外流出的电通量等于 A 包围的空间中自由电荷的总数。当 A 包围的总电荷为负时，表示电通量自外界流入体积 V 内。

第三式是磁场的高斯定律。它表示通过闭合曲面 A 流出和流入的磁通量相等，磁场没有起止点。

第四式称为麦克斯韦 – 安培定律。关于恒稳电流的安培定律描述了电荷的流动会在周围产生环形磁场的事实，它没有第四式右端的第二项 $\frac{\partial \boldsymbol{D}}{\partial t}$。麦克斯韦考虑到，既然磁场的变化能感应电场，则电场的变化也应感应出磁场，于是在安培定律右端加入了 $\frac{\partial \boldsymbol{D}}{\partial t}$ 项，将安培定律改造成为适合于高频交变电磁场的形式。式中 $\boldsymbol{J}$ 为电流密度矢量，$\iint_A \boldsymbol{J} \cdot \mathrm{d}s$ 表示流过曲面 A 的传导电流强度。麦克斯韦从感应磁场的意义出发，将电场的变化 $\frac{\partial \boldsymbol{D}}{\partial t}$ 看作是一种电流，称为位移电流，$\frac{\partial \boldsymbol{D}}{\partial t}$ 为位移电流密度，积分 $\iint_A \frac{\partial \boldsymbol{D}}{\partial t} \cdot \mathrm{d}s$ 表示通过曲面 A 的位移电流强度，因此第四式又称为全电流定律。后来人们在实验中利用平板电容器测到了由位移电流产生的环形磁场，证实了麦克斯韦的假设。

综上所述,麦克斯韦的创造性贡献在于,一方面,他将前人总结出的一个个独立的电磁学定律联结成为一个整体;另一方面,引入了位移电流的概念,将静电学和关于低频电磁场的电磁学定律改造成为适合高频电磁场的定律,指出了交变的电场和磁场可以相互感应,从而预言了电磁波的存在。

2)微分形式的麦克斯韦方程组

在涉及求解空间某给定点的电磁场矢量问题时,需要使用微分形式的麦克斯韦方程组。在场矢量对空间的导数存在的地方,利用数学中的格林公式和斯托克斯公式,积分形式的麦克斯韦方程组可写成微分形式:

$$\left.\begin{array}{l} \nabla \cdot \boldsymbol{D} = \rho \\ \nabla \cdot \boldsymbol{B} = 0 \\ \nabla \times \boldsymbol{E} = -\dfrac{\partial \boldsymbol{B}}{\partial t} \\ \nabla \times \boldsymbol{H} = \boldsymbol{J} + \dfrac{\partial \boldsymbol{D}}{\partial t} \end{array}\right\} \quad (10-3)$$

式中:∇为哈米尔顿算符,$\nabla = \dfrac{\partial}{\partial x}\boldsymbol{i} + \dfrac{\partial}{\partial y}\boldsymbol{j} + \dfrac{\partial}{\partial z}\boldsymbol{k}$,是一个矢量微分算符,具有矢量和求导的双重功能。它和矢量 $\boldsymbol{D}$ 的"标量积"$\nabla \cdot \boldsymbol{D} = \dfrac{\partial D_x}{\partial x} + \dfrac{\partial D_y}{\partial y} + \dfrac{\partial D_z}{\partial z}$ 称为 $\boldsymbol{D}$ 的散度,一个矢量在空间某点的散度表征了该点"产生"或"吸收"这种场的能力,若一个点的散度为零,则该点不是场的起止点。∇ 和 $\boldsymbol{E}$ 的"矢量积"$\nabla \times \boldsymbol{E}$ 称为 $\boldsymbol{E}$ 的旋度,空间某点的旋度描述了矢量 $\boldsymbol{E}$ 在该点附近的旋转性质。一个矢量场在某点的旋度描述了场在该点周围的旋转情况。

旋度由下式计算:

$$\nabla \times \boldsymbol{E} = \begin{vmatrix} \boldsymbol{i} & \boldsymbol{j} & \boldsymbol{k} \\ \dfrac{\partial}{\partial x} & \dfrac{\partial}{\partial y} & \dfrac{\partial}{\partial z} \\ E_x & E_y & E_z \end{vmatrix} = \left(\dfrac{\partial E_z}{\partial y} - \dfrac{\partial E_y}{\partial z}\right)\boldsymbol{i} + \left(\dfrac{\partial E_x}{\partial z} - \dfrac{\partial E_z}{\partial x}\right)\boldsymbol{j} + \left(\dfrac{\partial E_y}{\partial x} - \dfrac{\partial E_x}{\partial y}\right)\boldsymbol{k}$$

在微分形式的麦克斯韦方程组中,第一式表示电位移矢量是由正电荷所在点向外发散或向负电荷所在点会聚。第二式表示磁场是无源场,没有起止点。第三式表示空间某一点磁通密度的变化会在周围产生一个环形电场。第四式的解释是,环形磁场可由传导电流产生,也可由位移电流产生。

这种微分形式的方程组将空间任一点的电场量和磁场量联系在一起,可以确定空间任一点的电、磁场。

光波在各种介质中的传播过程实际上就是光与介质相互作用的过程。因此,在运用麦克斯韦方程组处理光的传播特性时,必须考虑介质的属性,以及介质对电磁场量的影响。

描述介质特性对电磁场量影响的方程,即物质方程为

$$\left.\begin{array}{l} \boldsymbol{D} = \varepsilon \boldsymbol{E} \\ \boldsymbol{B} = \mu \boldsymbol{H} \\ \boldsymbol{J} = \sigma \boldsymbol{E} \end{array}\right\} \quad (10-4)$$

式中：$\varepsilon = \varepsilon_0 \varepsilon_r$，为介电常数，描述介质的电学性质，$\varepsilon_0$ 是真空中介电常数，ε_r 是相对介电常数；$\mu = \mu_0 \mu_r$ 为介质磁导率，描述介质的磁学性质，μ_0 是真空中磁导率，μ_r 是相对磁导率；σ 为电导率，描述介质的导电特性。

应当指出的是，在一般情况下，介质的光学特性具有不均匀性，ε、μ 和 σ 应是空间位置的坐标函数，即应当表示成 $\varepsilon(x,y,z)$、$\mu(x,y,z)$ 和 $\sigma(x,y,z)$；若介质的光学特性是各向异性的，则 ε、μ 和 σ 应当是张量，因而物质方程应为如下形式：

$$\left. \begin{array}{l} \boldsymbol{D} = \varepsilon \boldsymbol{E} \\ \boldsymbol{B} = \mu \boldsymbol{H} \\ \boldsymbol{J} = \sigma \boldsymbol{E} \end{array} \right\} \quad (10-5)$$

即 $\boldsymbol{D}$ 与 $\boldsymbol{E}$、$\boldsymbol{B}$ 与 $\boldsymbol{H}$、$\boldsymbol{J}$ 与 $\boldsymbol{E}$ 一般不再同向；当光场强度很高时，光与介质的相互作用过程会表现出非线性光学特性，因而描述介质光学特性的量不再是常数，而应是与光场强度有关系的量，例如介电常数应为 $\varepsilon(\boldsymbol{E})$，电导率应为 $\sigma(\boldsymbol{E})$。对于均匀的各向同性介质，ε、μ 和 σ 应是与空间位置和方向无关的常数；在线性光学范畴内，ε 和 σ 与光场强度无关；透明、无耗介质中，$\sigma = 0$；非铁磁性材料的 μ_r 可视为 1。

3. 电磁场的波动性

麦克斯韦方程组描述了电磁现象的变化规律，指出任何随时间变化的电场，将在周围空间产生变化的磁场，任何随时间变化的磁场，将在周围空间产生变化的电场，变化的电场和磁场之间相互联系、相互激发，并且以一定速度向周围空间传播。因此，交变电磁场就是在空间以一定速度由近及远传播的电磁波，应当满足描述这种波传播规律的波动方程。

下面从麦克斯韦方程组出发，推导出电磁波的波动方程，限定介质为各向同性的均匀介质，仅讨论远离辐射源、不存在自由电荷和传导电流的区域。此时，国际单位制中的麦克斯韦方程组简化为

$$\left. \begin{array}{l} \nabla \cdot \boldsymbol{E} = 0 \\ \nabla \cdot \boldsymbol{H} = 0 \\ \nabla \times \boldsymbol{E} = -\mu \dfrac{\partial \boldsymbol{H}}{\partial t} \\ \nabla \times \boldsymbol{H} = \varepsilon \dfrac{\partial \boldsymbol{E}}{\partial t} \end{array} \right\} \quad (10-6)$$

对第三式取旋度，并将第四式代入，可得

$$\nabla \times (\nabla \times \boldsymbol{E}) = -\mu \varepsilon \dfrac{\partial^2 \boldsymbol{E}}{\partial t^2}$$

利用矢量微分恒等式 $\nabla \times (\nabla \times \boldsymbol{A}) = \nabla \times (\nabla \cdot \boldsymbol{A}) - \nabla^2 \boldsymbol{A}$，并考虑到第一式，可得到

$$\nabla^2 \boldsymbol{E} - \mu \varepsilon \dfrac{\partial^2 \boldsymbol{E}}{\partial t^2} = 0 \quad (10-7)$$

对于 $\boldsymbol{H}$，同理可得到

$$\nabla^2 \boldsymbol{H} - \mu \varepsilon \dfrac{\partial^2 \boldsymbol{H}}{\partial t^2} = 0 \quad (10-8)$$

令
$$v = \frac{1}{\sqrt{\mu\varepsilon}} \tag{10-9}$$

则式(10-7)和式(10-8)可写为

$$\nabla^2 \boldsymbol{E} - \frac{1}{v^2}\frac{\partial^2 \boldsymbol{E}}{\partial t^2} = 0 \tag{10-10}$$

$$\nabla^2 \boldsymbol{H} - \frac{1}{v^2}\frac{\partial^2 \boldsymbol{H}}{\partial t^2} = 0 \tag{10-11}$$

以上两式称为 $\boldsymbol{E}$ 和 $\boldsymbol{H}$ 的波动微分方程,它表示 $\boldsymbol{E}$ 和 $\boldsymbol{H}$ 的时空变化关系,指明了交变的电场和磁场是以速度 v 传播的电磁波。由此可得电磁波在真空中传播的速度为

$$c = \frac{1}{\sqrt{\mu_0\varepsilon_0}} = 2.99792 \times 10^8 \text{m/s}$$

根据我国的国家标准 GB 3102.6—82,真空中的光速为

$$c = (2.99793458 \pm 0.000000012) \times 10^8 \text{m/s}$$

为更清楚地了解其物理意义,可分析一维情况,即设 $\boldsymbol{E}$ 和 $\boldsymbol{H}$ 仅是空间坐标 z 的函数。这时式(10-10)简化为

$$\frac{\partial^2 \boldsymbol{E}}{\partial z^2} - \frac{1}{v^2}\frac{\partial^2 \boldsymbol{E}}{\partial t^2} = 0 \tag{10-12}$$

上式的通解为

$$\boldsymbol{E}(z,t) = C_1 g_1(z-vt) + C_2 g_2(z+vt) \tag{10-13}$$

式中:g_1 和 g_2 为两个任意函数;C_1 和 C_2 为任意常数。显然 g_1 表示以速度 v 沿 z 轴正方向传播的波,g_2 表示以同一速度沿 z 轴负方向传播的波。这里对 g_1 和 g_2 的具体波形并未作限定,但是,由于任意波形均可看作是简谐波的叠加(这一点将在 10.5 节中具体讨论),取周期为 2π 简谐波形式的特解进行分析和研究是适宜和方便的。若只考虑沿 z 轴正向行进的波,则此特解可表示为

$$\boldsymbol{E}(z,t) = \boldsymbol{E}_0 \cos k(z-vt) = \boldsymbol{E}_0 \cos(kz - \omega t) \tag{10-14}$$

式中:$k = 2\pi/\lambda$,λ 为波长;$\omega = kv = 2\pi\nu$,ν 和 ω 分别为波的频率和角频率(又称圆频率)。我们把 $\boldsymbol{E}_0$ 称为振动的振幅矢量,把上式中余弦函数的宗量 $kz - \omega t$ 称为振动的相或相位。

对于 $\boldsymbol{H}$ 可以得到完全类似的结论。

因此,由麦克斯韦方程组所导出的波动方程不仅预言了电磁波的存在,而且具体给出了波的传播速度式(10-9)。

若记媒质的相对磁导率和相对电容率分别为 μ_r 和 ε_r,即令

$$\mu_r = \frac{\mu}{\mu_0}, \quad \varepsilon_r = \frac{\varepsilon}{\varepsilon_0}$$

则该媒质中光速为

$$v = \frac{c}{\sqrt{\mu_r \varepsilon_r}} = \frac{c}{n} \tag{10-15}$$

式中:$n = \sqrt{\mu_r \varepsilon_r}$ 称为媒质的折射率。对光学波段,近似有 $\mu_r = 1$,故可认为

$$n = \sqrt{\varepsilon_r} \tag{10-16}$$

电磁学中可以证明,电磁波为横波,并且 E、H 二者相位相同。因此,一个沿 z 轴正向传播的振幅恒定的简谐波在某一时刻的波形如图 10-2 所示,此波形随着 t 的增加沿 z 轴正方向以速度 v 推移。

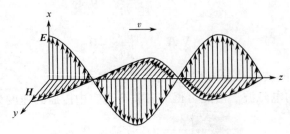

图 10-2 沿 z 轴正方向传播的电磁波

具有确定频率的光称为单色光,它所占据的光谱宽度等于零,单色光仅是一种理想模型。实际光波总占据某一有限的光谱宽度,此宽度可以用频率范围 $\Delta\nu$ 或波长范围 $\Delta\lambda$ 来表示。若满足 $\Delta\nu \ll \bar{\nu}$,或 $\Delta\lambda \ll \bar{\lambda}$,这里 $\bar{\nu}$ 和 $\bar{\lambda}$ 分别表示光波的平均频率和平均波长,则该光波称为准单色光,如激光的某一谱线。在许多实际问题中,当不涉及光谱展宽的效应时,准单色光可以近似看作单色光进行处理。

4. 光的检测与光强

电磁场是一种特殊形式的物质,既然是物质,就必然有能量。因为光波是特定频段的、以速度 v 传播的电磁波,所以它所具有的能量也一定向外传播。在电磁学里,电磁场的能量密度为

$$w = \frac{1}{2}(E \cdot D + H \cdot B) = \frac{1}{2}\left(\varepsilon E^2 + \frac{1}{\mu}B^2\right) \tag{10-17}$$

式中:第一项是电场的能量密度,第二项是磁场的能量密度。为了描述电磁能量的传播,引入辐射强度矢量或坡印廷(Poynting)矢量 S。该矢量大小等于单位时间内、通过垂直于传播方向上的单位面积的能量,矢量的方向取决于能量的流动方向。设 $d\sigma$ 是垂直于电磁传播方向的面积元,不考虑介质对电磁波的吸收,在 dt 时间内通过面积 $d\sigma$ 的能量为 $wv d\sigma dt$,因此,辐射强度矢量的大小为

$$S = wv = \frac{v}{2}\left(\varepsilon E^2 + \frac{1}{\mu}B^2\right)$$

由于 $v = 1/\sqrt{\varepsilon\mu}$,以及 $E/B = v$(此关系见 10.2 节),并考虑到 S 的方向是电磁场的传播方向,并且传播方向、E 的方向和 B 的方向互相垂直,组成右手螺旋系统,所以上式可以写成矢量形式:

$$S(r,t) = E(r,t) \times H(r,t) \tag{10-18}$$

通过光与物质的相互作用,可以检测光场的存在及强弱。人眼就是一种最普通的光检测器,其他检测器可举出各种感光材料(如照相胶片)、光电管、摄像机等。这里有两点需要说明,第一,虽然光波中同时具有 E 振动和 H 振动,但在光与物质的相互作用中通常是电场起重要作用。因此,在光学中通常把 E 称为光矢量。第二,任何检测器件均有一定的响应时间 τ_0(可分辨的最小时间间隔),如人眼的响应时间约为 0.1s,光电探测器的响应时间可以达到 10^{-9}s(1ns)甚至更短。由于可见光频率极高,在 10^{15}Hz 数量级,目前响应最快的检测器件的

响应时间 τ_0 也远大于光的周期 T，故测定光的瞬时振动是不可能的。实际问题中观察时间 τ 通常又远大于 τ_0，因此，所测数值所反映的是在时间 τ 中探测器所在区域光场的平均能流。我们把光场中某处的平均能流密度称为该点的光强，用 I 来表示，即

$$I(r) = \langle S(r,t) \rangle = \frac{1}{\tau} \int_0^\tau S(r,t) \mathrm{d}t \tag{10-19}$$

利用关系式 $\sqrt{\varepsilon}E = \sqrt{\mu}H$，代入式(10-19)，可以得到

$$I(r,t) = \sqrt{\frac{\varepsilon}{\mu}} \langle E^2(r,t) \rangle \tag{10-20}$$

对简谐波，式(10-19)中的积分时间 τ 可取为一个周期 T，由于函数 $\cos^2(kz-\omega t)$（kz 与 t 无关）在一个周期中的平均值为 $\frac{1}{2}$，可知

$$I(r) = \frac{1}{2} \sqrt{\frac{\varepsilon}{\mu}} E_0^2(r) \tag{10-21}$$

式中：正 $E_0(r)$ 是光场中位置矢量为 r 处 E 振动的振幅。由式(10-9)和式(10-15)，光强 I 也可以用折射率表示为

$$I(r) = \frac{n}{2\mu C} E_0^2(r) \tag{10-22}$$

因为 $\mu \approx \mu_0$，C 为常数，若考察同一媒质中光的传播，n 亦为常数，$I(r)$ 的变化仅由 $E_0^2(r)$ 确定。在许多实际问题中我们所关心的仅是光强的空间分布，即光场中各处的相对强度，这时可舍弃式(10-22)中的常系数，而直接把光强写为

$$I(r) = E_0^2(r) \tag{10-23}$$

但是，当问题涉及光在两种不同媒质中的传播时，为比较不同媒质中的光强，必须利用式(10-22)以计入不同 n 值的影响，这一思想将在 10.6.3 节关于折射光强比的讨论中得到体现。

10.2 波的数学描述

本节的讨论对象只限于理想单色波，非单色波的数学描述将在 10.5 节中讨论；另外，分析中均采用标量波形式，并设媒质为各向同性。

10.2.1 波的实数表示与时空周期性

波动方程的简谐波形式的特解因其振幅 $E_0(r)$ 随空间位置 r 的变化规律不同而可以具有多种形式。这里讨论几种典型的波：平面波、球面波、柱面波。

1. 平面波

1）平面波的意义及一维平面波

所谓平面电磁波是指电场或磁场在与传播方向正交的平面上各点具有相同值的波，单色平面波所指的是振幅与传播方向均不变，在时空中无限延续的简谐波，因为在时空中对波的任何限制都将破坏波的单色性和其传播方向的不变性。显然，这一概念仅是一种理想模型。在实际问题中，将一个线度很小、单色性很好的光源 S 放在一个口径充分大的透镜 L 的前焦点

(图10-3),通过透镜的出射光可以近似认为是单色平面波。这时光源 S 可近似认为是一个"点光源"。易见点光源也是一种理想模型。在何种条件下一个实际光源可以看作点光源取决于具体问题的性质及精度要求,此处则应有 S 的大小远小于它到透镜的距离。

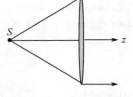

图10-3 近似平面波的产生

考虑沿 z 轴正方向行进的波,参照式(10-14),可得到一维平面波的波动公式(或称波函数)为

$$E(z,t) = E_0 \cos(kz - \omega t + \varphi_0) \qquad (10-24)$$

这里常数 E_0 表示振幅,余弦函数的宗量

$$\varphi(z,t) = kz - \omega t + \varphi_0 \qquad (10-25)$$

为 t 时刻 z 处的振动相位,常数 φ_0 为时空原点($t=0, z=0$)的振动相位,即空间原点的初相位(或称初相)。在研究单一平面波时,可通过适当选取时空原点(例如在 $z=0$ 处的振动相位恰为零时开始计时)使得 $\varphi_0 = 0$,故这时 φ_0 项并不具有重要意义,在书写中常常略去。但当多个波同时存在时,一般并不能通过选取时空原点的方法使各波的初相同时为零,这时各波初相之差常对问题产生实质性的影响。

附带说明,由于 $\cos\alpha = \cos(-\alpha)$,亦可以取 $-\varphi(z,t) = \omega t - kz - \varphi_0$ 作为相位而不对 $E(z,t)$ 的描述带来任何变化。本书自始至终采用前一种规定,即将式(10-25)或其在三维情况下的推广作为相位定义,并将在后续章节中对这两种规定的关系给出更为细致的讨论。

在式(10-25)的规定中,相位 $\varphi(z,t)$ 将随 z 的增大而增大,随 t 的增大而减小。我们将相位增大称为滞后,将相位减小称为超前。这样,在某固定时刻,沿波的传播方向各点相位渐次滞后。

波场中相位相同的点的集合称为等相面或波面。显然,对上述一维平面波,在任意时刻其等相面均是 z 为定值的平面,即波面与波的传播方向互相垂直。考察相位 $\varphi(z,t)$ 等于某一确定值的波面,它在 t 时刻位于位置 z 处,在 $(t+\Delta t)$ 时刻位于 $(z+\Delta z)$ 处。由

$$\varphi(z,t) = kz - \omega t + \varphi_0 = k(z+\Delta z) - \omega(t+\Delta t) + \varphi_0 = 定值$$

可得波面的推移速度,即波的传播速度

$$v = \frac{\Delta z}{\Delta t} = \frac{\omega}{k} \qquad (10-26)$$

波动的一个重要特点是具有时空周期性。为明显看出这一点,可以利用关系 $k = 2\pi/\lambda$,$\omega = 2\pi\nu = 2\pi/T$,将式(10-24)改写为

$$E(z,t) = E_0 \cos\left[2\pi\left(\frac{z}{\lambda} - \frac{t}{T}\right) + \varphi_0\right] \qquad (10-27)$$

显然,z 每变化 λ,或者 t 每变化 T,则相位改变 2π,$E(z,t)$ 复原,因此 λ 和 T 分别表示波的空间周期和时间周期。正如时间周期 T 的倒数 $\nu = 1/T$ 称为时间频率,也可以把空间周期 λ 的倒数 $f = 1/\lambda$ 称为空间频率,它表示在任一时刻沿波的传播方向单位距离中所含的波的周期或波长数,故亦称波数。类似地,与时间角频率 ω 相比拟,也可以把 $k = 2\pi f = 2\pi/\lambda$ 称为空间角频率。由式(10-24)容易看出,时间角频率 ω 表示在空间同一位置经过单位时间间隔振动相位的改变量,而空间角频率 k 则表示在同一时刻沿波的传播方向经过单位距离振动相位的改变量。

习惯上,时间周期、时间频率和时间角频率可简单地称为周期、频率和角频率,而与空间有关的相应量则须冠以"空间"二字。为对照方便,将反映波的时空周期性的各个物理量的意义及其相互联系列于表10-1。

表 10-1 波的时空周期性及其相互联系

波的时间周期性	波的空间周期性
周期 T	空间周期 λ
频率 $\nu = 1/T$	空间频率 $f = 1/\lambda$
角频率 $\omega = 2\pi\nu = 2\pi/T$	空间角频率 $k = 2\pi f = 2\pi/\lambda$
时空联系 $v = \nu\lambda = \lambda/T = \omega/k$	

2) 三维平面波

为将上述对一维平面波的讨论推广到三维情况,首先定义波矢量(简称波矢,又称传播矢量)k,其方向指向波的传播方向,其数值是 $k = 2\pi/\lambda$ 称为波的传播常量或传播数。

现在考察当一列平面波沿任意方向 k 传播时,空间中任一场点 P 处(其位置由直角坐标系中的坐标 x,y,z 表示,如图 10-4 所示)的振动方程。为此,可取一新的坐标轴 Oz',其正方向与 k 方向一致,则此平面波可看作沿 Oz' 轴正向前进的一维平面波。过 P 点作平面 Σ 垂直于 Oz' 轴并交该轴于 Q,则 Σ 为波的等相面,$\varphi(P) = \varphi(Q)$;而 $\varphi(Q)$ 则可应用式(10-25)直接得到,即

$$\varphi(Q) = kr' - \omega t + \varphi_0$$

式中:r' 为 r 在 Oz' 方向的投影。因

$$kr' = \boldsymbol{k} \cdot \boldsymbol{r} = k_x x + k_y y + k_z z$$

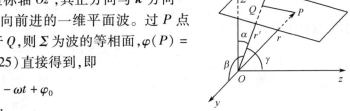

图 10-4 三维平面波

平面波场中任意点的振动振幅均为常量 E_0,故 P 点的波场可表示为

$$\boldsymbol{E}(\boldsymbol{r},t) = \boldsymbol{E}_0 \cos\varphi(P) = \boldsymbol{E}_0 \cos\varphi(Q) = \boldsymbol{E}_0 \cos(\boldsymbol{k} \cdot \boldsymbol{r} - \omega t + \varphi_0)$$
$$= \boldsymbol{E}_0 \cos(k_x x + k_y y + k_z z - \omega t + \varphi_0) \tag{10-28}$$

式中:k_x、k_y、k_z 分别为波矢 $\boldsymbol{k}$ 在 x、y、z 方向的分量。由上式可见在任意时刻三维平面波的等相面即 $\boldsymbol{k} \cdot \boldsymbol{r} =$ 常数的平面,它垂直于波的传播方向,这与一维平面波的情况是一致的。

记波矢 $\boldsymbol{k}$ 与 x、y、z 轴正向的夹角分别为 α、β、γ,显然有

$$k_x = k\cos\alpha, \quad k_y = k\cos\beta, \quad k_z = k\cos\gamma \tag{10-29}$$

故式(10-27)可写为

$$\boldsymbol{E}(\boldsymbol{r},t) = \boldsymbol{E}_0 \cos[k(x\cos\alpha + y\cos\beta + z\cos\gamma) - \omega t + \varphi_0]$$
$$= \boldsymbol{E}_0 \cos\left[2\pi\left(\frac{\cos\alpha}{\lambda}x + \frac{\cos\beta}{\lambda}y + \frac{\cos\gamma}{\lambda}z - \frac{t}{T}\right) + \varphi_0\right] \tag{10-30}$$

由此可看出三维平面波的时空周期性。其中由 ω 或 T 表征的时间周期性是显而易见的,这里重点讨论其空间周期性。考察上式可知,若 x、y、z 分别改变

$$d_x = \frac{\lambda}{\cos\alpha}, \quad d_y = \frac{\lambda}{\cos\beta}, \quad d_z = \frac{\lambda}{\cos\gamma} \tag{10-31}$$

则波的相位改变 2π,波函数复原,故 d_x、d_y、d_z 分别称为波场在 x、y、z 方向的空间周期;它们的倒数

$$\left.\begin{aligned} f_x &= \frac{1}{d_x} = \frac{\cos\alpha}{\lambda} \\ f_y &= \frac{1}{d_y} = \frac{\cos\beta}{\lambda} \\ f_z &= \frac{1}{d_z} = \frac{\cos\gamma}{\lambda} \end{aligned}\right\} \quad (10-32)$$

分别称为波场在 x,y,z 方向的空间频率；相应的空间角频率则分别为

$$k_x = 2\pi f_x, \quad k_y = 2\pi f_y, \quad k_z = 2\pi f_z$$

将上式用矢量表示，则有

$$\boldsymbol{k} = 2\pi \boldsymbol{f} \quad (10-33)$$

其中 $\boldsymbol{f}$ 称为空间频率矢量，其方向与波的传播方向一致，它在 x、y、z 方向的分量分别为 f_x、f_y、f_z。相应地，波矢 $\boldsymbol{k}$ 实际上即波场的空间角频率矢量。

由于 $\boldsymbol{k}$ 的三个方向余弦满足

$$\cos^2\alpha + \cos^2\beta + \cos^2\gamma = 1$$

利用式(10-32)可得到

$$f = (f_x^2 + f_y^2 + f_z^2)^{1/2} = \frac{1}{\lambda} \quad (10-34)$$

f 的数值即为波数，这一点亦可由式(10-32)直接看出。对 k 有相应的公式，即

$$k = (k_x^2 + k_y^2 + k_z^2)^{1/2} = \frac{2\pi}{\lambda} \quad (10-35)$$

可见，对给定波长的三维平面波，$\boldsymbol{f}$ 或 $\boldsymbol{k}$ 的三个分量中只有两个是独立的。尽管沿不同方向波的空间频率可以不同，但在波的传播方向上，波场的空间周期恒为波长 λ，空间频率恒为 $f = 1/\lambda$，这与一维平面波是一致的。

利用空间频率矢量 $\boldsymbol{f}$ 以及分量，波函数亦可表示为

$$\boldsymbol{E}(\boldsymbol{r},t) = \boldsymbol{E}_0 \cos[2\pi(\boldsymbol{f} \cdot \boldsymbol{r} - \nu t) + \varphi_0] = \boldsymbol{E}_0 \cos[2\pi(f_x x + f_y y + f_z z - \nu t) + \varphi_0] \quad (10-36)$$

从上式出发可直接求得波场中沿任一方向的空间频率。设所考察方向 $\boldsymbol{r}$ 与波的传播方向成角度 θ，上式可写为

$$\boldsymbol{E}(\boldsymbol{r},t) = \boldsymbol{E}_0 \cos[2\pi(f r \cos\theta - \nu t) + \varphi_0] \quad (10-37)$$

易见 r 方向的空间频率和空间周期分别为

$$f_\theta = f\cos\theta = \frac{\cos\theta}{\lambda} \quad (10-38)$$

$$d_\theta = \frac{1}{f_\theta} = \frac{\lambda}{\cos\theta} \quad (10-39)$$

实际上，前文所得出的 f_x、f_y、f_z 及 d_x、d_y、d_z 都可以看作是以上两式中当 θ 分别取 α、β、γ 时的特例。f_θ 与 d_θ 随 θ 的变化而变化，其符号亦可正($\theta < \pi/2$ 时)可负($\theta > \pi/2$ 时)；这种符号区别仅反映了所考察方向与波传播方向的相对方位。

例 10-1 真空中一列波长为 λ、振幅为 E_0 的平面波，其波矢方向在 xz 平面内，且与 z 轴成角 θ(图 10-5)，求波函数的表达式及 x、y、z 方向的空间频率及空间周期。

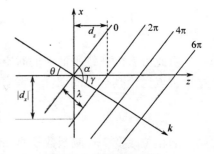

图 10-5 例 10-1 图

解 k 与 x、y、z 轴正向的夹角分别为 $\alpha = \frac{\pi}{2} + \theta, \beta = \frac{\pi}{2}, \gamma = \theta$。对单列波可取原点 O 初相 $\varphi_0 = 0$,利用 $\omega = kc = 2\pi c/\lambda$,$c$ 为光速,代入式(10 – 30)可得三维空间中的波函数为

$$E(x,y,z;t) = E_0 \cos\left\{\frac{2\pi}{\lambda}\left[x\cos\left(\frac{\pi}{2} + \theta\right) + y\cos\frac{\pi}{2} + z\cos\theta - ct\right]\right\}$$

$$= E_0 \cos\left[\frac{2\pi}{\lambda}(-x\sin\theta + z\cos\theta - ct)\right] \tag{10-40}$$

将上式与式(10 – 36)相对比,可得各空间频率为

$$f_x = \frac{1}{d_x} = -\frac{\sin\theta}{\lambda}, f_y = \frac{1}{d_y} = 0, f_z = \frac{1}{d_z} = \frac{\cos\theta}{\lambda}$$

相应的空间周期为

$$d_x = -\frac{\lambda}{\sin\theta}, d_y = \infty, d_z = \frac{\lambda}{\cos\theta}$$

$f_y = 0$ 及 $d_y = \infty$ 意味着波场在 y 方向的空间分布是均匀无变化的。图 10 – 5 绘出了空间中一族相位彼此相差 2π 的波面与 xz 平面的截线,从中可直观地看出 λ、d_x、d_z(d_y 无法示出)的意义。

波动沿某一坐标轴方向传播的情况可以作为前文已讨论过的一般情况的特例。在上例中已看到,当波的传播方向与 xy、yz 或 zx 三平面之一相平行时,波函数中只含两个位置变量。当传播方向沿某一坐标轴时则波函数中只保留一个位置变量。例如,对沿 z 轴正向传播的平面波,有 $\alpha = \beta = \frac{\pi}{2}, \gamma = 0, \mathbf{k} \cdot \mathbf{r} = kz$,故波函数为

$$E(z,t) = E_0 \cos(kz - \omega t + \varphi_0) \tag{10-41}$$

对沿 z 轴负向传播的平面波,有 $\alpha = \beta = \frac{\pi}{2}, \gamma = \pi, \mathbf{k} \cdot \mathbf{r} = -kz$,故波函数为

$$E(z,t) = E_0 \cos(-kz - \omega t + \varphi_0) = E_0 \cos(kz + \omega t - \varphi_0) \tag{10-42}$$

3)平面波的性质

由麦克斯韦方程组可以证明平面电磁波具有如下的性质:

(1)平面电磁波是横波,即有 $\mathbf{k} \cdot \mathbf{E} = 0, \mathbf{k} \cdot \mathbf{B} = 0$,表明电场、磁场波动是横波,电矢量、磁矢量的振动方向垂直于波的传播方向。

(2)$\mathbf{E}$ 和 $\mathbf{B}$ 互相垂直,即有 $\mathbf{k} \times \mathbf{E} = \omega \mathbf{B}$,表明 $\mathbf{E}$ 和 $\mathbf{B}$ 互相垂直,彼此又垂直于波的传播方向,$\mathbf{k}$、$\mathbf{E}$、$\mathbf{B}$ 构成右手螺旋系统。

(3)$\mathbf{E}$ 和 $\mathbf{B}$ 同相。可以证明下式成立:

$$\frac{|\mathbf{E}|}{|\mathbf{B}|} = \frac{1}{\sqrt{\varepsilon\mu}} = v$$

表明两矢量振动始终同相位,电磁波传播时它们同步变化。

2. 球面波

波面为球面的波称为球面波。依波矢 k 背离球心或指向球心,可以把球面波分为发散球面波或会聚球面波。

1)发散球面波

一方面,若各向同性媒质中有一点光源 S,它所产生的扰动以同样速度 v 向四面八方传播,则经任一时间 t 之后扰动所到达的区域(即等相面或波面)形成一个以 S 为球心、以 vt 为半径的球面(图 10 – 6),显然,这种波就是发散球面波。对发散球面波,波的传播方向,即波矢 k

的方向总是沿径向背离球心 S 的。对空间中任何一点 P，该处的 $\boldsymbol{k}$ 总是与表示 P 点空间位置的矢径 $\boldsymbol{r} = \boldsymbol{SP}$ 方向一致，故 $\boldsymbol{k} \cdot \boldsymbol{r} = kr$，$P$ 点的振动相位可写为

$$\varphi(P) = kr - \omega t + \varphi_0$$

式中：φ_0 为 $t = 0$ 时刻 S 点的振动相位，即 S 点的初相。

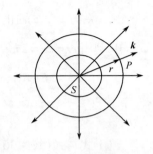

图 10-6 发散球面波

另一方面，由于球面面积等于 $4\pi r^2$，设距源点单位距离处光强为 I_0，所考察的场点 P 处光强为 I_P，因此根据能量守恒定律，在仅考虑数值关系时有

$$I_0 \cdot 4\pi \cdot 1^2 = I_P \cdot 4\pi \cdot r^2$$

即

$$I_P = \frac{I_0}{r^2}$$

又因 $I_P = E_P^2$，$I_0 = E_0^2$，E_P 和 E_0 分别为 P 点和距源点 S 单位距离处的参考点的振幅，故有

$$E_P = \frac{E_0}{r}$$

综合振幅 E_P 和相位 φ_P，可以写出 P 点的振动方程为

$$\boldsymbol{E}(\boldsymbol{r}, t) = \frac{E_0}{r} \cos(kr - \omega t + \varphi_0) \tag{10-43}$$

另一方面，可以利用球坐标来讨论。此时，波动方程式（10-7）和式（10-8）可以表示为

$$\frac{1}{r^2} \frac{\partial}{\partial r}\left(r^2 \frac{\partial f}{\partial r}\right) - \frac{1}{v^2} \frac{\partial^2 f}{\partial t^2} = 0$$

即

$$\frac{\partial^2 (rf)}{\partial r^2} - \frac{1}{v^2} \frac{\partial^2 (rf)}{\partial t^2} = 0$$

因而其通解为

$$f(r, t) = C_1 \frac{f_1(r - vt)}{r} + C_2 \frac{f_2(r + vt)}{r}$$

最简单的简谐球面光波——单色球面光波的波函数为

$$\boldsymbol{E}(\boldsymbol{r}, t) = \frac{E_0}{r} \cos(kr - \omega t + \varphi_0)$$

可以得到与前述相同的结果。

从上述内容可以看出，球面波的振幅已不再是常量，它与离开源点的距离 r 成反比。其等幅面是以 r 为常量的球面，与等相面重合。

在实际问题中，理想点光源是不可能实现的，但只要所考察的场点与光源的距离远大于光源的线度，即可认为该处波场为球面波场；如果所考察的波场区域亦远远小于 r，甚至可以认为该处波场近似为平面波场，例如射向地面的阳光即可认为是平行光。从这种意义上，可以把平面波看作是球面波当 $r \to \infty$ 且所考察面积趋于零时的一种极限情况。

注意到式(10-43)中的 r 是指源点 S 到场点 P 的距离。若将源点 S 取为直角坐标系的原点 O,则

$$r = (x^2 + y^2 + z^2)^{\frac{1}{2}}$$

若坐标原点不在 S 点(图10-7),则有

$$r = [(x - x_S)^2 + (y - y_S)^2 + (z - z_S)^2]^{\frac{1}{2}}$$

式中:(x,y,z) 和 (x_S, y_S, z_S) 分别为 P 点和 S 点的坐标。

2) 会聚球面波

会聚球面波指波的传播方向指向球心 S 的球面波(图10-8)。其波函数可以用与发散球面波完全类似的分析方法而得到,但需注意这时对空间任一场点 P,波矢 k 与矢径 $r = SP$ 反向,故 $\bm{k} \cdot \bm{r} = -kr$。同样记球心 S 的初相为 φ_0,其波函数形式为

$$\bm{E}(\bm{r},t) = \frac{E_0}{r}\cos(-kr - \omega t + \varphi_0) = \frac{E_0}{r}\cos(kr + \omega t - \varphi_0) \quad (10-44)$$

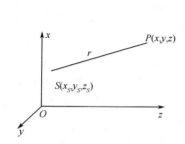

图10-7 球面波表达式中 r 的意义

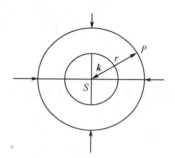

图10-8 会聚球面波

实际问题中会聚球面波常通过平行光聚焦或点光源成像而得到,而且(除非在焦面或像面接收)它通常要继续传播形成发散球面波。

3. 柱面波

波面为同轴圆柱面的波称为柱面波。它亦有发散与会聚两种情况。发散柱面波可以用一无限长线光源 SS' 产生。依与球面波中类似的分析方法,可知柱面波中光强与 r 成反比,故振幅与 $\sqrt{r}$ 成反比(此结果亦可由圆柱坐标系下的波动方程得出)。发散柱面波的波函数可写为

$$\bm{E}(\bm{r},t) = \frac{E_0}{\sqrt{r}}\cos(kr - \omega t + \varphi_0) \quad (10-45)$$

而会聚柱面波的波函数则为

$$\bm{E}(\bm{r},t) = \frac{E_0}{\sqrt{r}}\cos(-kr - \omega t + \varphi_0) = \frac{E_0}{\sqrt{r}}\cos(kr + \omega t - \varphi_0) \quad (10-46)$$

上两式中:r 均为场点到圆柱轴线的距离(即场点所在波面半径);E_0 在数值上等于距轴线单位距离处的振幅;φ_0 为轴线处的初相。

另一方面,也可以利用以 z 轴为对称轴、不含 z 的圆柱坐标来讨论。此时,波动方程式(10-7)和式(10-8)可以表示为

$$\frac{1}{r}\frac{\partial}{\partial r}\left(r\frac{\partial f}{\partial r}\right) - \frac{1}{v^2}\frac{\partial^2 f}{\partial t^2} = 0$$

式中:$r = \sqrt{x^2+y^2}$。这个方程的解形式较复杂,此处不再详述。但可以证明,当 r 较大(远大于波长)时,其最简单的简谐柱面光波——单色柱面光波的波函数也为

$$E(r,t) = \frac{E_0}{\sqrt{r}}\cos(kr \pm \omega t + \varphi_0)$$

可以得到与前述内容相同的结果。

实用中,用平行光照射一细长狭缝,在缝后傍轴区域可得到近似性很好的发散柱面波;会聚柱面波则可由平行光通过柱透镜而获得。

由球面波及柱面波的波函数可以看到,它们的空间周期性仅表现于沿径向的相位分布,沿其他方向这种周期性已不复存在,这是与平面波的显著区别。

10.2.2 波的复数表示与复振幅

1. 复波函数与复振幅概念

由

$$e^{\pm i\alpha} = \cos\alpha \pm i\sin\alpha$$

可得

$$\cos\alpha = \text{Re}[e^{\pm i\alpha}]$$

即一个实函数可表示为一个复函数的实部。将此方法应用于实波函数

$$E(r,t) = E_0(r)\cos(k \cdot r - \omega t + \varphi_0)$$

有

$$E(r,t) = \text{Re}\{E_0(r)\exp[\pm i(k \cdot r - \omega t + \varphi_0)]\} \tag{10-47}$$

通常习惯于将指数中 ωt 项的符号取为负号,依这种规定,有

$$E(r,t) = \text{Re}\{E_0(r)\exp[i(k \cdot r + \varphi_0)]e^{-i\omega t}\} \tag{10-48}$$

式中:{ }内的函数称为复波函数,常用 $\tilde{E}(r,t)$ 表示。在考察单色简谐波的波场时,各场点复波函数中的时间相因子 $e^{-i\omega t}$ 都是相同的,故可以将它分离出来。将剩余的空间依赖项记为

$$\tilde{E}(r) = E_0(r)\exp[i(k \cdot r + \varphi_0)] \tag{10-49}$$

式中:$\tilde{E}(r)$ 称为波的复振幅,它的模即实数振幅 E_0,它的辐角是 $\exp[i(k \cdot r + \varphi_0)]$ 的指数项 $k \cdot r + \varphi_0$,空间依赖项 $e^{ik \cdot r}$ 常称为空间相因子(简称相因子)。

引入复振幅的理由可以从以下两方面得到说明。首先,若某一实波函数 $E(r,t)$ 满足波动方程式(10-7),其相应的复振幅为 $\tilde{E}(r)$,则复波函数 $\tilde{E}(r,t)$ 亦满足同样的波动方程。因此从遵守波动方程,即遵从电磁波的传播规律的角度来说,实数描述和复数描述是完全等价的。其次,复振幅的运算一般比实波函数的运算简便得多,而且从复振幅可以很方便地(乘以 $e^{-i\omega t}$ 再取实部)得到相应的实波函数。因此,复振幅在光学及其他有关学科中得到了广泛的应用。

2. 单色简谐波的复振幅

根据复振幅写法的上述约定,可以从实波函数直接写出相应的复振幅,方法是:若实波函数相位中 ωt 项为负号(如式(10-41)),则将该项之外的其他项直接移植于复指数中再乘以实振幅;若实波函数相位中 ωt 项为正号(如式(10-42)),则将该项之外的其他项反号后移植于复指数中再乘以实振幅。例如,由前文各实波函数表达式可以得到:

(1) 沿 z 轴正向传播的平面波的复振幅为

$$\widetilde{E}(z) = E_0 \exp[\mathrm{i}(kz + \varphi_0)] \tag{10-50}$$

(2) 沿 z 轴负向传播的平面波的复振幅为

$$\widetilde{E}(z) = E_0 \exp[\mathrm{i}(-kz + \varphi_0)] \tag{10-51}$$

(3) 沿任意方向传播的平面波的复振幅为

$$\begin{aligned}\widetilde{E}(r) &= E_0 \exp[\mathrm{i}(\boldsymbol{k} \cdot \boldsymbol{r} + \varphi_0)] \\ &= E_0 \exp[\mathrm{i}(k_x x + k_y y + k_z z + \varphi_0)] \\ &= E_0 \exp\{\mathrm{i}[k(x\cos\alpha + y\cos\beta + z\cos\gamma) + \varphi_0]\} \\ &= E_0 \exp\{\mathrm{i}[2\pi(f_x x + f_y y + f_z z) + \varphi_0]\}\end{aligned} \tag{10-52}$$

(4) 发散球面波的复振幅为

$$\widetilde{E}(r) = \frac{E_0}{r}\exp[\mathrm{i}(kr + \varphi_0)] \tag{10-53}$$

(5) 会聚球面波的复振幅为

$$\widetilde{E}(r) = \frac{E_0}{r}\exp[\mathrm{i}(-kr + \varphi_0)] \tag{10-54}$$

以上各式中：φ_0 为空间坐标原点(对平面波)或球心处(对球面波)的初相。式(10-52)中有意列举了多种表达形式,以便依不同情况选用。

3. 平面上的复振幅分布

前文给出了三维空间中波场的复振幅分布的一般公式。在许多实际问题中,我们所关心的是某一个面(通常是平面,如感光胶片的药膜面)上的复振幅分布。这时所考察面可以称为空间光场的波前,而波前上的复振幅分布常称为波前函数(或直接简称为波前),它可以通过把确定该考察面的空间约束条件代入上述三维复振幅分布的普遍表达式而得到。

例 10-2 求例 10-1 中的三维平面波在 xy 平面和 yz 平面的复振幅分布(图 10-5)。

解 仍设 $\varphi_0 = 0$,由该三维平面波的实波函数式(10-52)可得其复振幅的一般表达式为

$$\widetilde{E}(x,y,z) = E_0 \exp[\mathrm{i}k(-x\sin\theta + z\cos\theta)] \tag{10-55}$$

代入 $z = 0$,可得 xy 平面上的复振幅分布为

$$\widetilde{E}(x,y,0) = E_0 \exp[-(\mathrm{i}kx\sin\theta)] \tag{10-56}$$

代入 $x = 0$,可得 yz 平面上的复振幅分布为

$$\widetilde{E}(0,y,z) = E_0 \exp(\mathrm{i}kz\cos\theta) \tag{10-57}$$

对球面波可作类似处理。例如,由源点 $S(x_S, y_S, z_S)$ 发出的球面波在三维空间的复振幅分布为(仍设 $\varphi_0 = 0$)

$$\begin{aligned}\widetilde{E}(x,y,z) &= \frac{E_0}{[(x-x_S)^2 + (y-y_S)^2 + (z-z_S)^2]^{1/2}} \\ &\quad \times \exp\{\mathrm{i}k[(x-x_S)^2 + (y-y_S)^2 + (z-z_S)^2]^{1/2}\}\end{aligned} \tag{10-58}$$

而 xy 平面 $(z=0)$ 上的复振幅分布则为

$$\widetilde{E}(x,y,z) = \frac{E_0}{[(x-x_S)^2+(y-y_S)^2+z_S^2]^{1/2}}$$
$$\times \exp\{ik[(x-x_S)^2+(y-y_S)^2+z_S^2]^{1/2}\} \quad (10-59)$$

4. 共轭波

在信息光学中，经常遇到相位共轭光波的概念。所谓相位共轭光波，是指两列同频率的光波，它们的复振幅之间是复数共轭的关系，即若某一波的复振幅为 $\widetilde{E}(r) = E_0(r)\mathrm{e}^{i\boldsymbol{k}\cdot\boldsymbol{r}}$，则以其复共轭函数 $\widetilde{E}^*(r) = E_0(r)\mathrm{e}^{-i\boldsymbol{k}\cdot\boldsymbol{r}}$ 为复振幅的波称为原波的共轭波。可见共轭波与原波相比，实振幅的空间分布 $E_0(r)$ 相同，只是其波矢量由 $\boldsymbol{k}$ 变为 $-\boldsymbol{k}$，即传播方向反转，因此一般说来，共轭波是原波的逆行波。图 10-9 以平面波和球面波为例表示出了原波 $\widetilde{E}$ 和共轭波 $\widetilde{E}^*$ 的关系，注意发散波的共轭波变成了会聚波。

上述分析是对三维空间中的普遍情况而言，这时某一确定的波的共轭波有且只有一个。但是，若考虑某一平面的复振幅分布，则产生其共轭复振幅的共轭波有两个。例如，对例 10-1 和例 10-2 中的三维平面波，当只考虑 $z=0$ 平面时，其复振幅分布如式(10-56)所示，它的共轭复振幅为

$$\widetilde{E}^*(x,y,0) = E_0\exp(ikx\sin\theta) \quad (10-60)$$

上式与式(10-56)相比，仅相当于 kx 反号，故相应的共轭波有两个，它们关于 xy 平面对称(图 10-10)。可以想象，与 $x=0$ 平面的复振幅共轭的波也有两个，它们关于 yz 平面对称。对球面波亦有类似情况。

(a) 平面波

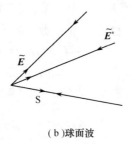
(b) 球面波

图 10-9 原始波与共轭波

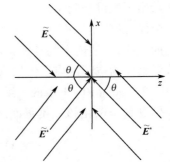

图 10-10 只考虑 $z=0$ 平面上的复振幅分布时的共轭波

5. 复振幅的运算

在许多情况下，需要对波函数进行加、减、乘、微分和积分等运算。既然引入了复振幅，就需要了解应用实波函数进行运算和应用复振幅运算所得结果之间的关系，从而确定在何种情况下可以将前一种运算转化为后一种运算而同时保持结果的合理性。

以波函数相加为例。设两个同频率实波函数为

$$E_1(\boldsymbol{r},t) = E_{10}\cos[\varphi_1(\boldsymbol{r})-\omega t] = \mathrm{Re}[\widetilde{E}_1(\boldsymbol{r})\mathrm{e}^{-i\omega t}],$$

$$E_2(\boldsymbol{r},t) = E_{20}\cos[\varphi_2(\boldsymbol{r})-\omega t] = \mathrm{Re}[\widetilde{E}_2(\boldsymbol{r})\mathrm{e}^{-i\omega t}]$$

式中:$\tilde{E}_1(r) = E_{10}\exp[i\varphi_1(r)]$和$\tilde{E}_2(r) = E_{20}\exp[i\varphi_2(r)]$分别为$E_1(r,t)$和$E_2(r,t)$的复振幅,则有

$$E(r,t) = E_1(r,t) + E_2(r,t) = \text{Re}[\tilde{E}_1(r)e^{-i\omega t} + \tilde{E}_2(r)e^{-i\omega t}]$$
$$= \text{Re}\{[\tilde{E}_1(r) + \tilde{E}_2(r)]e^{-i\omega t}\} \quad (10-61)$$

记$E(r,t)$的复振幅为$\tilde{E}(r)$,即令

$$E(r,t) = \text{Re}[\tilde{E}(r)e^{-i\omega t}] \quad (10-62)$$

比较式(10-61)和式(10-62),易见

$$\tilde{E}(r) = \tilde{E}_1(r) + \tilde{E}_2(r) \quad (10-63)$$

上式表明,两个同频率实波函数之和的复振幅等于它们各自的复振幅之和,即波函数相加可以直接用复振幅进行计算。

进一步的分析证明,对同频率波函数的线性运算(包括加、减、与常数相乘、对空间坐标的微分与积分),可以直接用复振幅计算;其结果乘以$e^{-i\omega t}$后再取实部,即可得到结果的实数表达式。

注意,波函数相乘一般不是线性运算,即两个实波函数的乘积并不能由其复振幅之积乘以$e^{-i\omega t}$再取实部而得到。

6. 光强的复振幅表示

式(10-23)已指出,在只考虑同一媒质中光场强度的相对分布时,可以把光强表示为

$$I(r) = E_0^2(r)$$

而实振幅为$E_0(r)$的光场的复振幅为$\tilde{E}(r) = E_0(r)\exp[i\varphi(r)]$,故有

$$I(r) = |\tilde{E}(r)|^2 = \tilde{E}(r) \cdot \tilde{E}^*(r) \quad (10-64)$$

10.2.3 波的矢量表示

由波的实数表示式$E(r,t) = E_0(r)\cos[\varphi(r) - \omega t]$出发,可以得到波的矢量表示方法(图10-11):从原点O向右引一条水平线(图中以虚线表示)作为参考方向,从该方向逆时针转一角度φ作矢量OP,并令$|OP| = E_0(r)$,则矢量OP在水平方向的投影即可代表$t=0$时刻的实波函数。为得到任一时刻的振动,可使OP随t的增大沿顺时针方向以角速度ω匀速旋转。容易看出,由于不同频率的简谐波相应的矢量的旋转角速度ω不同,它们的相对位置将随时间的推移而发生变化。因此这种矢量图法一般用来求相同频率的简谐波的合成,这时$-\omega t$项对所有波是相同的,各矢量的相对位置不随时间发生变化,故作图中可略去此项,即各矢量可不再考虑旋转问题。实际上,此时矢量OP的长度$E_0(r)$和与参考方向的夹角$\varphi(r)$分别代表复振幅的模和幅角,该矢量通常称为波函数的相幅矢量。

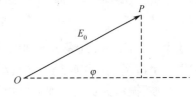

图10-11 波的矢量表示

10.3 波的叠加

波动光学的主要内容包括光的干涉、衍射和偏振,它们的共同基础是波的叠加(有时需要先采取适当方式分解再进行叠加)。波的叠加研究在两列或多列波的重叠区域波场的行为,即每个组分波的特征(振动方向、振幅、相位、频率等)如何影响和决定了合成扰动的最终形式。从不同侧面和在不同条件下对波的叠加过程的分析和讨论构成了波动光学中互有区别而又有内在联系的丰富多彩的篇章。

10.3.1 波的独立传播原理与叠加原理

1. 波的独立传播原理

先来看如下的事实:房间里点着两盏灯,经验告诉我们,我们看到每盏灯的光并不因另一盏灯是否存在而受到影响。该现象说明,当两列光波在空间交叠时,二者的传播互不干扰,各自独立进行,当两束光波在空间相遇再分开之后,每列光波仍保持着自己本来的特性(如频率、振动方向、强度等)不变,这就是所谓光的独立传播原理。在波与物质相互作用的情况中,此原理亦可称为波的独立作用原理,即每一列波的作用都不因其他波的作用的存在而受到影响。必须注意,以上现象不是光波所特有,而是一般波动的性质。

光的独立传播原理,或波的独立传播定律是否普遍成立而无例外呢?答案是否定的,它们和任何实验定律一样,都是有条件的。举个形象化的例子:有一种变色玻璃,这种玻璃在光照较弱的条件下是无色透明的,但当较强的光照射在其上时,它就逐渐变成有色的,对光产生较强的吸收。在我们隔着这样的玻璃观看一盏较弱的灯光时,旁边一盏很强的灯是否开着对其影响是很大的,因为它会改变玻璃的透光率和颜色。这个例子表明,光通过变色玻璃时,是不服从独立传播定律的。

2. 波的叠加原理

一列波在空间传播时,在空间的每一点引起振动,当两列(或多列)波在同一空间传播时,空间各点都参与每列波在该点引起的振动。如果波的独立传播定律成立,则当两列(或多列)波同时存在时,在它们的交叠区域内每点的振动是各列波单独在该点产生的振动的合成,这就是波的叠加原理。这里所谓振动,对机械波来说就是媒质中质点的振动,对光波(电磁波)来说则是电矢量和磁矢量的振动。所谓波的叠加就是空间每点振动的合成。

由于振动量通常是矢量,所以一般情况下此处的"和"应理解为矢量和,即

$$\boldsymbol{E}(\boldsymbol{r},t) = \boldsymbol{E}_1(\boldsymbol{r},t) + \boldsymbol{E}_2(\boldsymbol{r},t) + \cdots \qquad (10-65)$$

式中:$\boldsymbol{E}_1$、$\boldsymbol{E}_2$…分别表示各列波单独存在时,某时刻 t 在某一确定场点 $\boldsymbol{r}$ 处产生的振动矢量;$\boldsymbol{E}$ 则表示该场点在该时刻的合扰动(即物理上真实表现出的振动)的振动矢量。前文曾经说明,对光波,振动矢量通常取为电场强度矢量,但这里 $\boldsymbol{E}$ 并不局限于电场强度矢量,式(10-65)可表示任何矢量波的叠加。

对于标量波,或者只考虑矢量波的某一分量而按标量波进行处理时,式(10-65)中的矢量和简化为代数和,即

$$E(\boldsymbol{r},t) = E_1(\boldsymbol{r},t) + E_2(\boldsymbol{r},t) + \cdots \qquad (10-66)$$

叠加原理的依据和合理性可以追溯到波动方程的解的可加性。10.1.2 节中已经指出,若

$g_1,g_2,\cdots$（或其标量形式）是波动方程的解，则它们的线性组合 $g_1+g_2+\cdots$ 也是同一方程的解，这就保证了叠加后的波场亦满足同样的波动方程，即遵从同样的波动传播规律，因此它在物理上是可以存在的、合理的。

波的叠加原理与独立传播定律一样，适用性是有条件的。这种条件一是媒质，二是波的强度。光在真空中总是独立传播的，从而服从叠加原理。光在普通的玻璃中，只要不是太强，也是独立传播和服从叠加原理的。但在上述变色玻璃中则不然，其实即使在普通玻璃中，当光的强度非常大时，也会出现违背叠加原理的现象。波在其中服从叠加原理的媒质称为"线性媒质"，不服从叠加原理的媒质称为"非线性媒质"。违反叠加原理的效应称为"非线性效应"。光的非线性效应种类很多，研究光的非线性效应的学科称为"非线性光学"。

一种媒质是否能看作线性媒质，不仅取决于媒质本身，而且取决于光的强度。在通常光强下，一般媒质均可认为是线性媒质。通常媒质只有在光强很大的情况下，如对高强度激光（它所产生的场强可以超过 10^{10} V/m），才呈现出明显的非线性。某些特殊材料（如光折变材料）则会在普通光强下呈现非线性。后文若不特别声明，我们的研究都限于线性媒质，即认为波动服从叠加原理。

10.3.2 同频率简谐波叠加的一般分析及干涉概念

设两列同频率简谐波在其波场交叠区某点 P 产生的复振幅分别为

$$\widetilde{\boldsymbol{E}}_1(P) = \boldsymbol{E}_{10}(P)\exp[\mathrm{i}\varphi_1(P)] \tag{10-67}$$

$$\widetilde{\boldsymbol{E}}_2(P) = \boldsymbol{E}_{20}(P)\exp[\mathrm{i}\varphi_2(P)] \tag{10-68}$$

这里为了强调 $\boldsymbol{E}$ 的振动方向对叠加结果的影响，复振幅表示中采用了矢量波形式，可以称为复振幅矢量。P 点合振动的复振幅矢量为

$$\widetilde{\boldsymbol{E}}(P) = \widetilde{\boldsymbol{E}}_1(P) + \widetilde{\boldsymbol{E}}_2(P) \tag{10-69}$$

而 P 点光强为

$$\begin{aligned}I(P) &= \widetilde{\boldsymbol{E}}(P)\cdot\widetilde{\boldsymbol{E}}^*(P) = [\widetilde{\boldsymbol{E}}_1(P)+\widetilde{\boldsymbol{E}}_2(P)]\cdot[\widetilde{\boldsymbol{E}}_1^*(P)+\widetilde{\boldsymbol{E}}_2^*(P)]\\ &= E_{10}^2(p)+E_{20}^2(p)+2\boldsymbol{E}_{10}(p)\cdot\boldsymbol{E}_{20}(p)\cos[\varphi_2(P)-\varphi_1(P)]\end{aligned} \tag{10-70}$$

令

$$I_1(P)=E_{10}^2(P),\quad I_2(P)=E_{20}^2(P),\quad \delta(P)=\varphi_2(P)-\varphi_1(P) \tag{10-71}$$

式中：$I_1(P)$ 和 $I_2(P)$ 分别表示两列波单独在 P 点产生的光强；$\delta(P)$ 表示两波在 P 点的相差。因此，上式可写成

$$I(P) = I_1(p)+I_2(p)+2\boldsymbol{E}_{10}(p)\cdot\boldsymbol{E}_{20}(p)\cos\delta(p) \tag{10-72}$$

若在两波的交叠区波场的强度分布不是简单地等于每列波单独产生的强度之和，即一般地，有

$$I(P)\neq I_1(p)+I_2(p) \tag{10-73}$$

则称这两列波发生了干涉。易见对干涉的贡献来自式（10-72）中的第三项——干涉项。为使该项具有不为零的稳定贡献，必须有

（1）$\boldsymbol{E}_{10}\cdot\boldsymbol{E}_{20}\neq 0$，即 $\boldsymbol{E}_{10}$ 不垂直于 $\boldsymbol{E}_{20}$；

(2) 对给定点 P，相差 $\delta(P)$ 恒定，不随时间而变化。

对前面分析的理想单色简谐波，各列波的初相 φ_{10} 和 φ_{20} 皆为定值，$\varphi_1(P)$ 和 $\varphi_2(P)$ 只与 P 点的空间位置有关，$\delta(P)$ 满足条件(2)是不言而喻的。因此，只要振动方向不互相正交，理想单色波总是相干的。但对于普通实际光源，φ_{10} 和 φ_{20} 可能会随时间作随机变化，从而 $\delta(P)$ 亦随时间作随机变化。若这种变化充分剧烈，以至于使得在观测时间内 $\cos\delta$ 的时间平均值为零，则干涉效应将不复存在，这时称这两列波是非相干的。以下仅讨论理想单色平面波的叠加情况。

10.3.3 两列同频率、同向振动的平面波的叠加

设两列三维平面波的频率相同，振动方向相同(故可用标量波表示)，其复振幅分别为

$$\widetilde{E}_1(r) = E_{10}\exp[\mathrm{i}(\boldsymbol{k}_1 \cdot \boldsymbol{r} + \varphi_{10})] \tag{10-74}$$

$$\widetilde{E}_2(r) = E_{20}\exp[\mathrm{i}(\boldsymbol{k}_2 \cdot \boldsymbol{r} + \varphi_{20})] \tag{10-75}$$

式中：$\boldsymbol{k}_1$、$\boldsymbol{k}_2$ 分别为两列波的波矢量；$\boldsymbol{r}$ 为所考察点的空间位置矢量；φ_{10} 和 φ_{20} 分别为两列波的初相。由式(10-70)，注意到此时 $\boldsymbol{E}_{10}//\boldsymbol{E}_{20}$，$\boldsymbol{E}_{10} \cdot \boldsymbol{E}_{20} = E_{10}E_{20}$，可得到光场中的光强分布为

$$I = E_{10}^2 + E_{20}^2 + 2E_{10}E_{20}\cos\delta \tag{10-76}$$

或写为

$$I(\boldsymbol{r}) = I_1 + I_2 + 2\sqrt{I_1 I_2}\cos\delta \tag{10-77}$$

式中：$I_1 = E_{10}^2$；$I_2 = E_{20}^2$。而

$$\begin{aligned}\delta &= \varphi_2 - \varphi_1 = (\boldsymbol{k}_2 - \boldsymbol{k}_1) \cdot \boldsymbol{r} + \varphi_{20} - \varphi_{10} \\ &= k[(\cos\alpha_2 - \cos\alpha_1)x + (\cos\beta_2 - \cos\beta_1)y + (\cos\gamma_2 - \cos\gamma_1)z] + \varphi_{20} - \varphi_{10}\end{aligned} \tag{10-78}$$

式中：α_1、β_1、γ_1 和 α_2、β_2、γ_2 分别为 $\boldsymbol{k}_1$ 和 $\boldsymbol{k}_2$ 的方位角。由于 E_{10}、E_{20}、φ_{10}、φ_{20} 均为常数，$\boldsymbol{k}_1$ 和 $\boldsymbol{k}_2$ 为常矢量(其大小均为 $k = 2\pi/\lambda$，但指向不同)，故由以上二式可以看出，光强仅随位置 $\boldsymbol{r}$ 的变化而变化。

在某些特定位置，使得

$$\delta = 2m\pi, \quad m = 0, \pm 1, \pm 2, \cdots \tag{10-79}$$

光强 I 取得极大值，即

$$I_\mathrm{M} = E_{10}^2 + E_{20}^2 + 2E_{10}E_{20} = (E_{10} + E_{20})^2 \tag{10-80}$$

这时称两列波发生了相长干涉；在另一些特定位置，使得

$$\delta = (2m+1)\pi, \quad m = 0, \pm 1, \pm 2, \cdots \tag{10-81}$$

I 取得极小值，即

$$I_\mathrm{m} = E_{10}^2 + E_{20}^2 - 2E_{10}E_{20} = (E_{10} - E_{20})^2 \tag{10-82}$$

这时称两列波发生了相消干涉。δ 相同的点的集合构成了三维空间中的等强度面，由式(10-78)可知这种等强度面的方程是

$$(\cos\alpha_2 - \cos\alpha_1)x + (\cos\beta_2 - \cos\beta_1)y + (\cos\gamma_2 - \cos\gamma_1)z = 常数 \tag{10-83}$$

把两列（或多列）相干波的交叠区称为干涉场，将干涉场中光强随空间位置的分布称为干涉图样。由以上分析可知，两列同频率平面波的干涉图样是三维空间中一族光强极大与极小相间排列的平行平面。由于在 I_1、I_2 给定时，光强 I 仅取决于 $\cos\delta$，而由式（10-78）易见，$\cos\delta$ 随 x、y、z 的变化具有周期性，故干涉场的强度变化亦具有空间周期性。将式（10-78）与相位的空间频率表达式

$$\delta = 2\pi(f_x x + f_y y + f_z z) + \varphi_0 \tag{10-84}$$

相比较，可以得到光强分布在 x、y、z 方向的空间频率分别为

$$\left. \begin{aligned} f_x &= \frac{\cos\alpha_2 - \cos\alpha_1}{\lambda} = f_{2x} - f_{1x} \\ f_y &= \frac{\cos\beta_2 - \cos\beta_1}{\lambda} = f_{2y} - f_{1y} \\ f_z &= \frac{\cos\gamma_2 - \cos\gamma_1}{\lambda} = f_{2z} - f_{1z} \end{aligned} \right\} \tag{10-85}$$

式中：f_{1x}、f_{1y}、f_{1z} 和 f_{2x}、f_{2y}、f_{2z} 分别为第一列波和第二列波在 x、y、z 方向的空间频率。上式亦可写成矢量形式，即

$$\boldsymbol{f} = \boldsymbol{f}_2 - \boldsymbol{f}_1 \tag{10-86}$$

式中：$\boldsymbol{f}_1$、$\boldsymbol{f}_2$ 分别是第一列波、第二列波的空间频率矢量；$\boldsymbol{f}$ 是干涉图样在垂直于等强度面方向的空间频率矢量，其方向为等强度面的法线方向。由于 $f_1 = f_2 = 1/\lambda$，因此由上式可知等强度面位于 $\boldsymbol{f}_1$、$\boldsymbol{f}_2$（亦即 $\boldsymbol{k}_1$、$\boldsymbol{k}_2$）的角平分面，且有

$$f = \frac{2}{\lambda}\sin\frac{\theta}{2} \tag{10-87}$$

式中：θ 为 $\boldsymbol{k}_1$、$\boldsymbol{k}_2$ 的夹角。对 f_x、f_y、f_z 分别取倒数，可以得到干涉图样在 x、y、z 方向的空间周期 d_x、d_y、d_z，相邻光强极大（或极小）平面的间距则为

$$d = \frac{1}{f} = \frac{\lambda}{2\sin\dfrac{\theta}{2}} \tag{10-88}$$

图 10-12 中以 $\boldsymbol{k}_1$、$\boldsymbol{k}_2$ 均在 xz 平面为例，画出了相位彼此相差 2π 的等强度面（若 $\varphi_{20} - \varphi_{10} = 0$，则它们代表一族光强极大面）的方位 $\boldsymbol{f}_1$、$\boldsymbol{f}_2$ 及 $\boldsymbol{f}$ 的关系。任一平面上的干涉图样可以作为以上所讨论的三维空间的普遍情况的特例而得到。

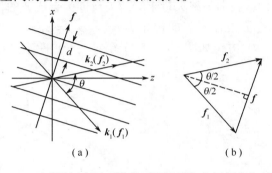

图 10-12　两列同频率平面波的干涉场及各空间频率矢量的关系

例 10-3 设 k_1、k_2 均在 xz 平面内,两列同频率平面波从 xy 平面法线异侧入射,入射角分别为 θ_1 和 θ_2(图 10-13(a)),分析 xy 平面的干涉图样。

解 此时有 $\alpha_1 = \dfrac{\pi}{2} + \theta_1, \alpha_2 = \dfrac{\pi}{2} - \theta_2, \beta_1 = \beta_2 = \dfrac{\pi}{2}, z=0$,代入式(10-78)及式(10-77),可得 xy 平面的光强分布为

$$I(x,y) = I_1 + I_2 + 2\sqrt{I_1 I_2}\cos[k(\sin\theta_2 + \sin\theta_1)x + (\varphi_{20} - \varphi_{10})]$$

由式(10-85)可得干涉图样在 x、y 方向的空间频率分别为

$$f_x = \frac{\sin\theta_2 + \sin\theta_1}{\lambda}, f_y = 0$$

相应的空间周期为

$$d_x = \frac{\lambda}{\sin\theta_2 + \sin\theta_1}, d_y = \infty \tag{10-89}$$

易见 xy 平面的干涉条纹是一族与 y 轴平行、间距为 d_x 的等距直线(图 10-13(b))。它可以看作是图 10-12(a)所示普遍的三维情况下等强度面与 xy 平面的截线。$\varphi_{20} - \varphi_{10}$ 仅确定了 $x=0$ 处条纹的亮暗,当 $\varphi_{20} - \varphi_{10} = 0$ 时该处为亮纹,当 $\varphi_{20} - \varphi_{10} = \pi$ 时该处为暗纹。当两束光从法线同侧入射时,不难看出只需把 f_x 和 d_x 两式中的"+"号换成"-"号即可。

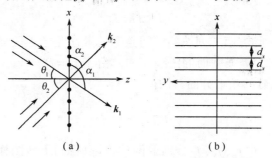

图 10-13 两列同频率平面波在 $z=0$ 平面的干涉及干涉图样

以上分析中利用了复振幅,也可以用矢量图解法求波的合成。对上述两列波的情况(图 10-14),分别作矢量 $\boldsymbol{OA}$ 和 $\boldsymbol{OB}$,令 $|\boldsymbol{OA}| = E_{10}$,$\boldsymbol{OA}$ 和 $\boldsymbol{OB}$ 与参考方向的夹角分别为 $\varphi_1 = \boldsymbol{k}_1 \cdot \boldsymbol{r} + \varphi_{10}$ 和 $\varphi_2 = \boldsymbol{k}_2 \cdot \boldsymbol{r} + \varphi_{20}$,它们的夹角 $\delta = \varphi_2 - \varphi_1$,则 $\boldsymbol{OA}$ 和 $\boldsymbol{OB}$ 的和矢量 $\boldsymbol{OC}$ 即表示合成波的振幅 E_0,而光强则等于 E_0^2。由余弦定理不难得出同样的光强表达式,即式(10-77)。

在求多列波的叠加时,可以利用矢量合成的多边形法则,即将各列波的相幅矢量依次首尾相接,则从第一个矢量的始端指向最终矢量末端的矢量即为合成波的相幅矢量。

例 10-4 三束同频平面波在原点的初相为 $\varphi_{10} = \varphi_{20} = \varphi_{30} = 0$,振幅比为 $E_{10} : E_{20} : E_{30} = 1:2:3$,传播方向均在 xz 面内,方位如图 10-15 所示,求 $z=0$ 平面上光强的相对分布。

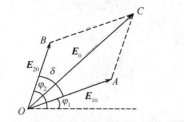

图 10-14 利用矢量图解法求波的叠加

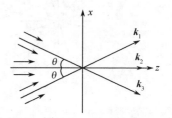

图 10-15 例 10-4 图

解 (1) 复振幅法。因只考虑光强的相对分布,不妨取 $E_{10}=1$,各列波在 $z=0$ 平面的复振幅分布为

$$\widetilde{E}_1 = \exp(ikx\sin\theta)$$

$$\widetilde{E}_2 = 2$$

$$\widetilde{E}_3 = 3\exp(-ikx\sin\theta)$$

$$\begin{aligned}I &= \widetilde{E}\widetilde{E}^* = (\widetilde{E}_1 + \widetilde{E}_2 + \widetilde{E}_3)(\widetilde{E}_1^* + \widetilde{E}_2^* + \widetilde{E}_3^*)\\ &= [\exp(ikx\sin\theta) + 2 + 3\exp(-ikx\sin\theta)]\\ &\quad [\exp(-ikx\sin\theta) + 2 + 3\exp(ikx\sin\theta)]\\ &= 14 + 16\cos(kx\sin\theta) + 6\cos(2kx\sin\theta)\end{aligned}$$

(2) 矢量图解法。作矢量合成图,如图 10-16 所示,其中 OA、OB、BC 分别表示 E_1、E_2、E_3,$|OA|=1$,$|OB|=2$,$|BC|=3$,相邻两矢量辐角依次减小 $\delta=kx\sin\theta$。由图可见,$|OD|=2+2\cos\delta$,利用余弦定理,有

$$I = |OC|^2 = |OD|^2 + |DC|^2 + 2|OC||DC|\cos\delta$$

代入 $|DC|=|BC|-|BD|=3-1=2$ 及 $|OD|=2+2\cos\delta$,进行计算并化简,即可得与前文相同的结果。

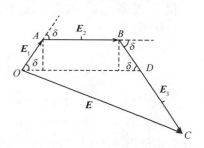

图 10-16 用矢量图解法

解例 10-4

10.3.4 两列同频率、同向振动、反向传播的平面波的叠加——光驻波

设两列平面波的频率均为 ω,振动方向相同,但传播方向相反,其合成波的光强分布可以由上节导出的普遍公式中令 $k_2=-k_1$ 而得到。但为了更明显地看出波形对时间的依赖关系,以下采用实波函数来进行分析。

设两列波 E_1 和 E_2 的传播方向分别沿 z 轴的负方向和正方向(图 10-17)。对第一列波,不妨通过适当选取时空原点的办法使其初相 $\varphi_{10}=0$,这样其实波函数为

$$E_1(z,t) = E_{10}\cos(kz+\omega t) \qquad (10-90)$$

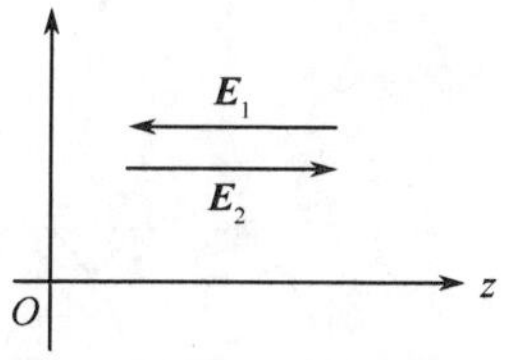

时空原点一旦这样选定,一般说来,第二列波的初相即不一定为零。设两列波的初相之差为 $\delta_0=\varphi_{20}-\varphi_{10}=\varphi_{20}$,则 E_2 的实波函数可写为

图 10-17 光驻波的形成

$$E_2(z,t) = E_{20}\cos(kz-\omega t+\delta_0) \qquad (10-91)$$

为突出波叠加时的主要特征,设 $E_{10}=E_{20}$,则合成波为

$$E(z,t) = E_1(z,t) + E_2(z,t) = 2E_{10}\cos\left(kz+\frac{\delta_0}{2}\right)\cos\left(\omega t - \frac{\delta_0}{2}\right) \qquad (10-92)$$

上式中第二项表明波场中任一点仍作角频率为 ω 的简谐振动,而第一项的绝对值则表示为坐标为 z 处的振动振幅,将此振幅记为 $E_0(z)$,即有

$$E_0(z) = \left| 2E_{10}\cos\left(kz + \frac{\delta_0}{2}\right) \right| \tag{10-93}$$

显然,各点的振幅不再是常数,而是随其空间位置 z 而变化。

在满足

$$kz + \frac{\delta_0}{2} = m\pi, \quad m = 0, \pm 1, \pm 2, \cdots \tag{10-94}$$

的位置,振幅 $E_0(z)$ 取得最大值 $2E_{10}$,这些点称为波腹。

在满足

$$kz + \frac{\delta_0}{2} = \left(m + \frac{1}{2}\right)\pi, \quad m = 0, \pm 1, \pm 2, \cdots \tag{10-95}$$

的位置,振幅 $E_0(z)$ 为最小值零,这些点称为波节。

容易看出,波腹与波节相间分布,相邻波腹(或波节)的间距皆为 $\lambda/2$。图 10-18 以 $\delta_0 = \pi$ 为例画出了 $E_0(z)$ 的分布图,这时 $z=0$ 处为波节。

为了分析各点的振动相位,可以利用振幅 $E_0(z)$ 将式(10-92)改写为

$$E(z,t) = \begin{cases} E_0(z)\cos\left(\omega t - \dfrac{\delta_0}{2}\right), & \cos\left(kz + \dfrac{\delta_0}{2}\right) \geq 0 \\ E_0(z)\cos\left(\omega t - \dfrac{\delta_0}{2} + \pi\right), & \cos\left(kz + \dfrac{\delta_0}{2}\right) < 0 \end{cases} \tag{10-96}$$

该式说明,在两个波节之间,虽然各点的振动幅度不等,但振动的步调是一致的,即在任一时刻 t 它们的振动相位相同,与位置 z 无关;在每一波节的两侧,振动步调则相反(一方为正时另一方为负),相当于相位相差 π,或称相位反转。图 10-19 以 $\delta_0 = \pi$ 为例画出了在不同 t 时刻的振动波形。可见这种振动类似于力学中的弦振动。由于整个波形并不发生空间推移,所以这种波称为驻波。相应地,前文所讨论的各种在空间传播的波则可以称为行波。

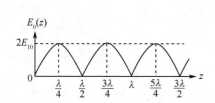
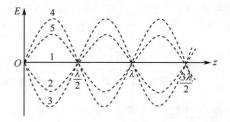

图 10-18 $\delta_0 = \pi$ 时合成波的振幅分布

图 10-19 $\delta_0 = \pi$ 时不同时刻的驻波波形

1— $\omega t = 0, \pi$; 2— $\omega t = \dfrac{1}{4}\pi, \dfrac{3}{4}\pi$;

3— $\omega t = \dfrac{\pi}{2}$; 4— $\omega t = \dfrac{3}{2}\pi$; 5— $\omega t = \dfrac{5}{4}\pi, \dfrac{7}{4}\pi$。

如果 $E_{10} \neq E_{20}$,则以上所讨论的驻波的各种主要结论依然成立,不同之处只是波节点的振幅不再为零,而是保持某一极小值。

在以上分析中令 $\delta_0 = 0$,易见产生的变化仅是 $z=0$ 处由波节变成了波腹,整个 z 轴上波节与波腹位置互易(图 10-20),而相邻波节(或波腹)的间距并不改变。

由于光强正比于 $E_0^2(z)$，因此可以想象，如果在驻波场中放置一感光胶片，经足够长时间曝光后可以得到一张有亮暗交替条纹的负片。其中，暗处（曝光量大）代表波腹位置，亮处（曝光量小）代表波节位置。历史上，维纳(O. Winer)曾经做了这样一个著名的实验，既验证了光驻波的存在，也证实了在光化学反应中对物质起主要作用的是电场而不是磁场。

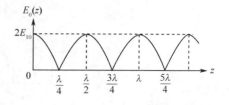

图 10-20 $\delta_0 = 0$ 时合成波的振幅分布

维纳实验的原理如图 10-21 所示。图中 M 为一平面反射镜，波长为 λ 的单色平面波 E_1 垂直入射到 M 上，经反射后形成反向传播的波 E_2，在合成波场中置一薄感光胶片 AC 以记录驻波条纹。由前文分析，在垂直于镜面的 z 方向相邻波腹间距为 $\lambda/2$，此间隔是极小的，以至于无法分辨。为"放大"条纹间距，让胶片平面与 M 成一小角度 α（图中大大夸大了此角度），这样，感光后的胶片上的条纹间距将变为

$$e = \frac{\lambda}{2\sin\alpha} \tag{10-97}$$

当 α 很小时，e 值将足够大，以便于观察和测量。

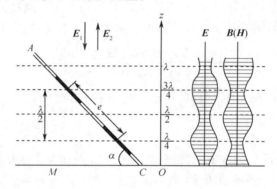

图 10-21 维纳光驻波实验

维纳实验确实得到了亮暗相间的条纹，而且条纹间距与上式相符，从而证实了以上分析的合理性。另一方面，实验结果显示，胶片与平面镜 M 的接触处 C 在感光后的负片上是亮区，即镜面是驻波的波节。这一点为我们确定光矢量的性质提供了依据。因为根据电磁理论，当电磁波从空气垂直射向介质而发生反射时，反射波与入射波相比，E 矢量在界面要产生数值为 π 的相位跃变，而 H 则无此跃变，利用前文中关于 δ_0 的规定，即对 E 来说 $\delta_0 = \pi$，而对于 H 有 $\delta_0 = 0$。因此，界面处应是 E 驻波的波节，而是 H（或 B）驻波的波腹，如图 10-21 右侧所示。既然实验表明该处是波节，就说明对感光胶片起作用的量是 E 而不是 H。其他实验也进一步显示，不仅是光化学反应，在其他光与物质的相互作用中，一般也是电场起主要作用。因此，通常将 E 称为光矢量。

10.3.5 两列同频率、振动方向互相垂直、同向传播的平面波的叠加——椭圆偏振光的形成及特征

取互相垂直的两个振动方向分别为 x 和 y 轴，传播方向为 z 的波（图 10-22）。不失一般性，取 $\varphi_{x0} = 0$，并记 y 振动相对于 x 振动的相差为

$$\delta = \varphi_{y0} - \varphi_{x0} \tag{10-98}$$

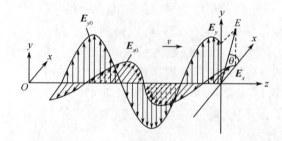

图 10-22　两列同频率、振动方向互相垂直、同向传播的平面波的合成

x、y 方向的矢量实波函数可分别写为

$$\left. \begin{array}{l} \boldsymbol{E}_x(z,t) = E_{x0}\cos(kz - \omega t) \\ \boldsymbol{E}_y(z,t) = E_{y0}\cos(kz - \omega t + \delta) \end{array} \right\} \tag{10-99}$$

波场中任意位置和时刻的合振动应为

$$\boldsymbol{E}(z,t) = \boldsymbol{E}_x(z,t) + \boldsymbol{E}_y(z,t) \tag{10-100}$$

因为两列波均沿 z 方向等速传播，故其合成波亦沿同方向以同样速度传播，并且合矢量 $\boldsymbol{E}$ 仍在 xy 平面内，即光波仍保持其横波性。以 θ 表示 $\boldsymbol{E}$ 矢量与 x 轴正向所成的角，则有

$$\tan\theta = \frac{E_y}{E_x} = \frac{E_{y0}\cos(kz - \omega t + \delta)}{E_{x0}\cos(kz - \omega t)} \tag{10-101}$$

可见，一般 θ 的大小，即 $\boldsymbol{E}$ 在 xy 平面内的指向将随位置 z 和时间 t 而变化。以下分别讨论其时空依赖关系。

1. 光矢量 $\boldsymbol{E}$ 的时间变化

设 z 为定值，首先分析几种常见的特例，然后给出一般情况下的结果。另外，由于 δ 与 $\delta + 2m\pi(m = \pm 1, \pm 2, \cdots)$ 的效果是等价的，为表示方便，把 δ 限定在一宽度为 2π 的区间内，该区间取为 $[-\pi, \pi]$。

1) $\delta = 0$

这时式 (10-101) 化为

$$\tan\theta = \frac{E_{y0}}{E_{x0}} \tag{10-102}$$

即 $\tan\theta$ 为正的常数，故合矢量 $\boldsymbol{E}$ 位于一、三象限中一个确定的平面内，图 10-23(a) 表示出了该面与 xy 平面的交线。这种光称为线偏振光，易见合成波的振幅

$$|\boldsymbol{E}| = \sqrt{E_{x0}^2 + E_{y0}^2} \tag{10-103}$$

而其强度

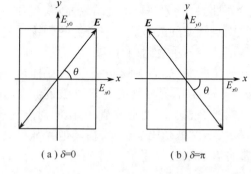

图 10-23　线偏振光

$$I = E_{x0}^2 + E_{y0}^2 = I_x + I_y \tag{10-104}$$

式中：I_x、I_y 分别表示 $\boldsymbol{E}_x$、$\boldsymbol{E}_y$ 两列波的强度。

2) $\delta = \pi$

此时式 (10-101) 化为

$$\tan\theta = -\frac{E_{y0}}{E_{x0}} \tag{10-105}$$

显然,E 矢量的振动面位于二、四象限(图 10-23(b)),合成波亦是线偏振光,其振幅与强度仍满足式(10-103)与式(10-104)。

3) $\delta = \frac{\pi}{2}$

这时式(10-101)的形式为

$$\tan\theta = -\frac{E_{y0}}{E_{x0}}\tan(kz-\omega t) \tag{10-106}$$

对给定的 z,θ 是 t 的函数,即合矢量 E 的空间指向将随时间变化发生旋转。为分析其旋转方向,不妨取 $z=0$ 的平面,这时上式化为

$$\tan\theta = \frac{E_{y0}}{E_{x0}}\tan(\omega t) \tag{10-107}$$

易知 θ 将随着的 t 增大而增大。当迎着光的传播方向(即面向 z 轴负方向)观察时,将会"看到"光矢量 E 沿逆时针方向转动(图 10-24(a)),光学中把这种旋向称为左旋。不难看出当 z 为其他值时光矢量也是左旋的。将 $\delta=\pi/2$ 代入式(10-99),很容易得到下列方程:

$$\left(\frac{E_x}{E_{x0}}\right)^2 + \left(\frac{E_y}{E_{y0}}\right)^2 = 1 \tag{10-108}$$

此方程即合矢量 E 的末端随时间变化在 xy 平面上扫描出的轨迹,显然它是一个椭圆,其两半轴分别位于 x 轴和 y 轴,两半轴长分别为正 E_{x0} 和 E_{y0}。这种两半轴方位正好与 x、y 轴重合的椭圆称为正椭圆。综合以上两种因素,可以把合成光波称为左旋正椭圆偏振光。对 $E_{x0}=E_{y0}$ 的特例,它转化为左旋圆偏振光,这时由式(10-107)可得 $\theta=\omega t$,即 E 以 ω 做匀角速度旋转。对椭圆偏振光,这种旋转的角速度则并非恒量,而与 E 的方位有关。

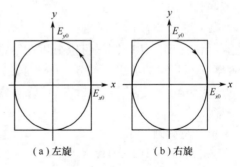

图 10-24 椭圆偏振光

4) $\delta = -\frac{\pi}{2}$

此情况的分析与 $\delta=\frac{\pi}{2}$ 完全类似,光矢量 E 的末端随时间的变化仍扫描出一个方程为式(10-108)的正椭圆。不过当迎着光的传播方向看去时,正的转动方向是顺时针的,这种旋向称为右旋,相应的光称为右旋正椭圆偏振光(图 10-24(b))。对 $E_{x0}=E_{y0}$ 的特例,它转化为右旋圆偏振光。

5) 一般情况

由式(10-99)经适当的数学变换,可以证明,当 δ 为任意值时,E 矢量末端随时间 t 的变化在空间扫描出的轨迹由以下方程所确定:

$$\frac{E_x^2}{E_{x0}^2} + \frac{E_y^2}{E_{y0}^2} - 2\frac{E_x E_y}{E_{x0}E_{y0}}\cos\delta = \sin^2\delta \tag{10-109}$$

显然,一般说来这是一个"斜椭圆"(两半轴方位不与 x、y 轴重合)方程,相应的光称为椭圆偏振光。此斜椭圆当 $\delta=0$、π 时退化为直线,当 $\delta=\pm\pi/2$ 时转化为正椭圆,这与前文分析结果完全一致。E 的旋向仍可利用式(10-101)进行分析,结果表明:在 $0<\delta<\pi$ 或 $\sin\delta>0$ 时椭圆是左旋的;在 $-\pi<\delta<0$ 或 $\sin\delta<0$ 时椭圆是右旋的。

为便于比较,将各种情况下迎着光的传播方向观察时,合矢量 E 随时间变化在 xy 平面所扫描出的轨迹及旋向一并在图 10-25 中示出。图中 x 轴正向水平向右,y 轴正向竖直向上,各图形均位于在 x、y 方向宽度分别为 $2E_{x0}$、$2E_{y0}$ 的矩形之内。

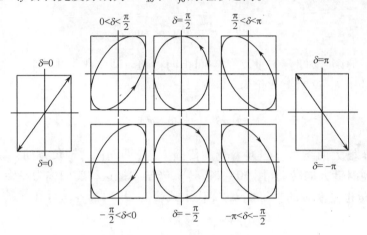

图 10-25 光的偏振态与 δ 的关系

2. 光矢量 E 的空间变化

由式(10-101)同样可以分析在给定时刻 t 光矢量 E 在不同位置 z 的取向变化,这相当于观察"凝固"了的波形。当 $\delta=0$、π 时,易知振动平面的空间取向是不变的,其他情况下 θ 随 z 的改变而改变。这里只分析左、右旋圆偏振光。为简明起见,可取 $t=0$ 时刻而不影响结果的一般性。

1)左旋圆偏振光

在式(10-101)中代入 $E_{x0}=E_{y0}$,$t=0$,$\delta=\pi/2$,有 $\tan\theta=-\tan(kz)$。由 θ 的连续性,可得合理的解为

$$\theta=-kz \tag{10-110}$$

故当 z 值从零增大时,θ 值将线性减小。若仍迎着光的传播方向观察,则 E 矢量将沿着光的传播方向顺时针依次排列。由于 E 的长度保持不变,其末端在一个以 xy 平面上半径为 E 的圆为底,以 z 轴为轴线的正圆柱的侧面上描绘出一条螺旋线。图 10-26 为 E 的方向变化及所形成的螺旋线的示意图。易知这种螺旋是左手螺旋,即用左手握圆柱,四指沿螺线方向转动时,拇指即指向螺旋的进动方向。

2)右旋圆偏振光

此情况与左旋圆偏振光的区别仅是 $\delta=-\pi/2$,同样地分析可得

$$\theta=kz \tag{10-111}$$

故 E 矢量将沿着光的传播方向作逆时针依次排列,相应地,E 末端描出的螺旋线也变成了右手螺旋。图 10-27 所示为 E 的方位变化及所形成的螺线结构。

注意不要将这里的 E 矢量排列方向与前文关于左旋和右旋的规定混淆起来。这里所说 E

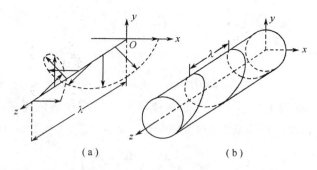

图 10-26 给定时刻左旋圆偏振光 **E** 矢量的空间指向及其末端的轨迹

依顺时针或逆时针方向排列是指某一固定时刻沿波的传播方向 **E** 指向的空间变化,而光的左旋或右旋的定义所反映的是在某一平面上 **E** 指向随时间变化的情况。

将上述在时域和空域中的讨论结合起来,即可对左、右旋圆偏振光的时空特性有一个完整的理解。作为直观模型,可以令图 10-26(a) 中凝固了的左旋光波形以波速 v 沿 z 轴正方向推移,就得到了在时空中运动的左旋圆偏振光。容易看到,在波形推移过程中穿过 $z=$ 常量的任意平面的光矢量 **E** 的指向(在迎着光波看去时)确是沿逆时针方向旋转的。同样,在图 10-27 (a) 中的波形沿 z 轴正方向推移时,穿过 $z=$ 常量的任意平面的 **E** 的指向则是顺时针旋转的。这和前文关于左、右旋光的定义完全一致。

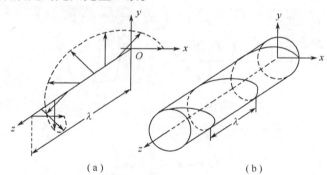

图 10-27 给定时刻右旋圆偏振光 **E** 矢量的空间指向及其末端的轨迹

10.3.6 两列频率相近、同向振动、同向传播的平面波的叠加——光学拍

设两列平面波均沿 z 轴正方向传播,其振动方向相同,振幅皆为 E_0,两列波的波数和角频率分别为 k_1、ω_2 和 k_2、ω_2。取第一列波的初相为零,第二列波相对于第一列波的初相差为 δ_0,则两列波的实波函数可写为

$$\left.\begin{array}{l} E_1(z,t) = E_0\cos(k_1 z - \omega_1 t) \\ E_2(z,t) = E_0\cos(k_2 z - \omega_2 t + \delta_0) \end{array}\right\} \qquad (10-112)$$

任一时刻及位置波场中的合振动可表示为

$$E(z,t) = E_1(z,t) + E_2(z,t) = 2E_0\cos\left(\frac{\Delta k}{2}z - \frac{\Delta\omega}{2}t - \frac{\delta_0}{2}\right)\cos\left(\bar{k}z - \bar{\omega}t + \frac{\delta_0}{2}\right) \quad (10-113)$$

式中

$$\Delta k = k_1 - k_2, \qquad \Delta\omega = \omega_1 - \omega_2$$

$$\bar{k} = \frac{1}{2}(k_1 + k_2), \qquad \bar{\omega} = \frac{1}{2}(\omega_1 + \omega_2)$$

设两列波频率相近,即

$$|\Delta\omega| \ll \bar{\omega}, \qquad |\Delta k| \ll \bar{k}$$

则式(10-113)中第一项因子在时空中的变化速度要比第二项缓慢得多,因此可以把后者看作是高频载波,而把前者看作是对载波的低频调制。载波的角频率为 $\bar{\omega}$,其振幅为

$$A = \left| 2E_0 \cos\left(\frac{\Delta k}{2}z - \frac{\Delta\omega}{2}t - \frac{\delta_0}{2}\right) \right| \tag{10-114}$$

A 的分布构成了调制后的载波的包络线。合成波的强度则为

$$I(z,t) = A^2 = 2I_1[1 + \cos(\Delta k \cdot z - \Delta\omega \cdot t - \delta_0)] \tag{10-115}$$

式中: $I_1 = E_0^2$ 为单列波的强度。可见光强的时间角频率恰为 $|\Delta\omega| = |\omega_1 - \omega_2|$,即参与合成的两列波的角频率之差,其时间频率 ν 当然也等于两波频率之差 $|\nu_1 - \nu_2|$。一般把这种两列频率相近的简谐波叠加时合成波的强度随时间作差频振荡的现象称为拍,而将 $\nu = |\nu_1 - \nu_2|$ 称为拍频。图10-28所示为某一时刻两波(图10-28(a))及其合成波的波形(图10-28(b))和强度(图10-28(c))的空间分布。

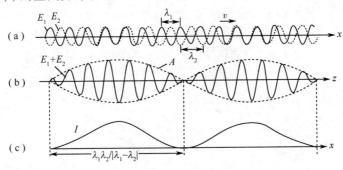

图 10-28 拍的形成

应该注意,虽然图10-28(b)类似于驻波,但拍与驻波有着本质的区别。驻波并不在空间传播,其波腹与波节的位置是固定不动的;而拍的波形则要随着两列波的传播而向同一方向推移。图10-28所表示的只是一种"凝固"了的波形。

由式(10-113)知合成波包含两种传播速度:等相面的传播速度和等幅面的传播速度。前者称为相速度,可由相位不变条件 $(\bar{\omega}t - \bar{k}z = 常数)$ 求出:

$$v = \frac{\bar{\omega}}{\bar{k}} \tag{10-116}$$

后者称为群速度,可由振幅不变条件 $\left(\frac{\Delta k}{2}z - \frac{\Delta\omega}{2}t - \frac{\delta_0}{2} = 常数\right)$ 求出:

$$v_g = \frac{\Delta\omega}{\Delta k} \tag{10-117}$$

群速度和相速度之间的关系为

$$v_g = v - \lambda \frac{dv}{d\lambda} \tag{10-118}$$

由式(10-118)可知,只有对于无色散介质$\left(\frac{\mathrm{d}v}{\mathrm{d}\lambda}=0\right)$,群速度才等于相速度。

相速度表征的是一个频率和振幅不变的无限延伸的正弦波,这样的波不仅不存在,而且也无法传递信号。要实现信号的传递,必须对波进行振幅或频率的调制,这就涉及到不止一个频率的波所组成的波群,因此用群速度来表示信号速度时,可以认为群速度只在真空或在物质正常色散的情况下是有意义的。因为此时吸收比较小,一个波群(波列)在一定距离内的传播不会发生显著的衰减,这样信号传播才有意义。对于反常色散情况,由于波的能量被物质强烈吸收,波迅速衰减,波群不能传播。此时群速度就不再具有物理意义,不能用来表示信号速度。

狭义相对论认为一个信号的传播速度不能够大于光在真空中的传播速率c。但是式(10-118)意味着在某些情况下(反常色散媒质$\frac{\mathrm{d}v}{\mathrm{d}\lambda}<0$中传播时)群速度可以超过$c$。这个矛盾只是表观的,虽然一个单色波的群速度的确可以超过c,但由于它不能传递信息,即不再表示信号传输速度,因此并不能说超过了光速。相反,一个以任何调制波出现的信号将以群速度传播,它在正常色散$\left(\frac{\mathrm{d}v}{\mathrm{d}\lambda}>0\right)$媒质中永远小于$c$。

除了用折射率法测出的光速是相速度外,在通常的测量光速的实验中(天文学方法或实验室方法),测得的是群速度。

另外,前文中拍的表述主要着眼于时间域中的差频现象,因为历史上对拍的研究主要集中于声学、电磁学等领域,其中对观测起作用的是时间差频效应,如声学中两个频率分别为ν_1和ν_2的音叉共同振动时会产生一个频率为$|\nu_1-\nu_2|$的低频波,无线电中也常用差频技术获得所需频率的振荡。但是,由式(10-115)可以看出,不仅在时间域有差频现象,在空间域同样有差频现象。具体地说,若参与合成的两列波的波数分别为k_1和k_2,其空间频率分别为$f_1=k_1/2\pi=1/\lambda_1$和$f_2=k_2/2\pi=1/\lambda_2$,则合成波强度分布的空间角频率为$|\Delta k|=|k_1-k_2|$,相应的空间频率和空间周期分别为

$$f=\frac{|\Delta k|}{2\pi}=|f_1-f_2| \quad (10-119)$$

$$d=\frac{1}{f}=\frac{\lambda_1\lambda_2}{|\lambda_1-\lambda_2|} \quad (10-120)$$

因为光学中所关心的主要是光强的空间分布,所以这种空间域中的差频现象在光学计量中得到了广泛的应用。空间中两个周期稍有区别的光强分布可以看作是两列凝固了的波,它们重叠后即可得到一个空间周期长得多的光强分布,在一维情况下它由式(10-120)所确定。λ_1、λ_2一般很小,难于直接测量,而d则易于测量。在λ_1、λ_2相近时,$\lambda_1\lambda_2\approx\bar{\lambda}^2$,由$\bar{\lambda}$及$d$即可计算出波长差或频率差。

以上一维空间差频现象亦可推广到二维空间。将两块窗纱或纱巾叠在一起,可以看到比窗纱或纱巾本身的网状结构稀疏得多的二维明暗条纹。这种由空间差频现象所形成的条纹称为莫尔(Moire)条纹或云纹。现在莫尔条纹的分析已经成为光学测试的一个重要手段。

10.4 光的偏振态

光的电磁理论预言光是一种电磁横波,光的偏振现象证明了光的横波性。由于自然光经过光滑表面反射后会产生偏振光,因此如果太阳光经行星表面反射后变成了偏振光,就说明行

星表面一定有水或其他光滑物质覆盖着。根据这一原理,天文学家发现金星表面有一层明显的光滑物质覆盖物,极有可能是水晶或者水滴。科学家还利用偏振技术,探得土星光环是由冰的晶体组成。

偏振光的应用范围非常广,从日常生活中的摄影、灯光设计到地质结构、矿物的探测,从小到原子、分子、病毒微粒的结构分析到大至太阳系、银河系及整个宇宙物质结构的探索,无不在运用偏振光的知识。

从上节可以看到,两列同频率平面波的叠加结果与两波的振动方向直接相关。当两列波的振动方向相同时,合成波光矢量仍做同方向的振动;当两列波的振动方向垂直时,合成波光矢量一般要做椭圆振动。光的横波性只规定了光矢量 E 位于与传播方向垂直的平面内,并未限定 E 在该平面内的具体振动方式,这种具体振动方式(振幅与相位随方位的分布)称为光的偏振结构或光的偏振态。光的偏振态可以分为三类:完全偏振光、非偏振光(即自然光)和部分偏振光。

10.4.1 完全偏振光——线偏振光,圆偏振光,椭圆偏振光

设光的传播方向为 z 轴正向,E 位于 xy 平面,根据正交分解法,任何形式的光振动总可以分解为 x、y 方向的两个分振动 E_x 和 E_y。如果这两个分振动完全相关,即有完全确定的相位关系,则相应的光称为完全偏振光,简称偏振光。

由于理想简谐波的两个正交分量均有确定不变的初相,在空间任一点 E_x 与 E_y 的相位差是一个不随时间而改变的定值(实际上即它们的初相之差),因此一列理想单色波必定是一种完全偏振光。

完全偏振光有三种基本态,这在 10.3.5 节已有讨论,下面进行归纳。

1. 线偏振光

光矢量 E 的振动方位保持不变的光称为线偏振光。若固定某一位置观察光矢量的时间变化,则其末端在 xy 平面上扫描出一个方位确定的线段(图 10-23);若固定某一时刻考察光矢量的空间变化,则各处光矢量位于一个取向确定的平面,即 E 与光的传播方向构成的平面内,此平面称为振动面(图 10-29)。

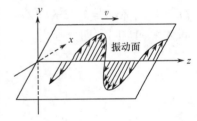

图 10-29 线偏振光及其振动面

2. 圆偏振光

在任一位置光矢量 E 的末端随时间变化在 xy 平面上扫描出一个圆的光称为圆偏振光。根据 E 的旋向可以进一步把它分为左旋圆偏振光和右旋圆偏振光,其中光矢量的时空变化已分别在图 10-24、图 10-26 和图 10-27 中给出。

3. 椭圆偏振光

在任一位置,光矢量 E 的末端随时间变化在 xy 平面上扫描出一个椭圆的光称为椭圆偏振光,它亦可分为左旋椭圆偏振光和右旋椭圆偏振光。

由 10.3.5 节中的分析,以上三种偏振态都可以看作是两个垂直方向的同频率振动 E_x 和 E_y 的合成,合成波的振动方式取决于两个分振动的振幅比 E_{y0}/E_{x0} 和相位差 $\delta = \varphi_y - \varphi_x$;而且,线偏振光和圆偏振光均可看作是椭圆偏振光的特例。即对于线偏振光,有 $\delta = 0$ 或 π;对于圆偏振光,$E_{y0} = E_{x0}$,左旋时 $\delta = \pi/2$,右旋时 $\delta = -\pi/2$。

10.3.2 节中的讨论表明,对于两个垂直振动的合成,不论相位差为何值,关系 $E_x \perp E_y$

总有

$$I = I_x + I_y \tag{10-121}$$

即合振动的强度简单地等于两个垂直分振动的强度之和。这对线、圆及椭圆偏振光都是适用的。

10.4.2 非偏振光——自然光

前文已指出,理想单色波是完全偏振的,它来源于波在时空中的无限延续性。但是,普通光源(如白炽灯)等依靠受热而产生辐射的热光源所发出的光并非如此。首先,这是由于普通光源总包含着数目极多的辐射微元(原子或分子),各个元辐射体发光的时间、振动方向和相位等都是互相独立、彼此无关的。其次,即使考察每一个单独的元辐射体,它所发出的光也不是理想的无限长波列。原子的发光过程是不连续的,每次辐射的持续时间大约只有 10^{-8} s 或更短,这段时间内其振动方向和初相恒定。但是,各次辐射中其振动方向和初相都在作随机变化,如图 10-30 所示,上、中、下三排分别为在相继时间中原子所发的不同波列及其振动方向与初相的随机变化。由于我们的观察时间一般比原子每次辐射的时间长得多,因此,即使是对单独的原子光源,其探测结果亦是大量接踵而来的、振动方向与初相均在做迅速无规则变化的一系列有限长偏振波列的总效应。加之大量原子辐射的同时存在,所以实际普通光源的光场中,在任一时刻总存在着各种振动方向及相位独立无关的大量振动。

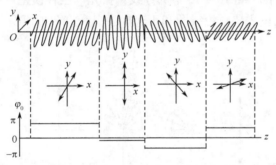

图 10-30 普通光源原子发光的示意图

考虑到在垂直于波的传播方向的 xy 平面上的空间各向同性,就其在较长时间中的总效果而言,任一方向的振动都不应比其他方向的振动更占优势。因此,在统计平均的意义上,普通光源的光场可以用图 10-31(a)来表示,这里各种方向的振动在 xy 平面上呈各向同性分布,每一方向的振动幅度或强度都相等,而各振动之间的相位彼此独立无关。显然,若将这种圆模型中的各个线偏振光在两个正交方向(如 x,y)分解,并注意到各线偏振光之间的相位无关性即非相干性,从而将各 x 分量和 y 分量依强度分别叠加起来,即可将圆模型简化为正交模型——两个振动方向互相垂直、振幅或强度相等、相位独立无关的线偏振光(图 10-31(b))。这种光波称为非偏振光或自然光。用自然光的正交模型,其光强可表示为

$$I_n = I_x + I_y = 2I_x = 2I_y \tag{10-122}$$

应当指出,自然光的正交模型与圆偏振光的分量表示虽然形式上相似,但两个正交振动的相位关系有着本质的区别,前者是完全不相关,后者是完全相关。后文将会继续介绍这种相

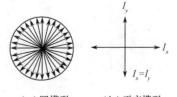

(a) 圆模型　　(b) 正交模型

图 10-31 自然光的两种模型

位关系对偏振结构的重要影响。

10.4.3 部分偏振光及偏振度

在许多实际问题中,光波既不是完全偏振光,也不是自然光,而是两者的混合,这种光称为部分偏振光。依部分偏振光中所含偏振光的性质,可以把部分偏振光分为部分线偏振光、部分圆偏振光及部分椭圆偏振光。若部分偏振光中自然光和偏振光成分的强度分别为 I_n 和 I_p,则其总强度为

$$I = I_n + I_p \tag{10-123}$$

为表示部分偏振光中所含偏振光成分的相对强度,可引入偏振度,其定义为

$$P = \frac{I_p}{I} = \frac{I_p}{I_n + I_p} \tag{10-124}$$

自然光与线偏振光的混合称为部分线偏振光,如图 10-32(a)所示,其中线偏振光振动方向设为 y 方向,强度为 I_l。这种光波的形成可以看作是由于某种原因对自然光中 xy 平面上振幅分布的空间各向同性的破坏所致,这时某一方位(设为 y 方向)的振动较强,而与其垂直的方位(x 方向)振动较弱,故部分线偏振光的模型亦可表示为图 10-32(b)。以 I_x 和 I_y 分别表示两正交振动的强度,该模型可简化为图 10-32(c)。注意:这里 I_x 和 I_y 不仅强度不等,而且两振动的相位也是独立的。图 10-32 中部分线偏振光的三种模型可以分别称为线圆模型、椭圆模型和正交模型。这里主要讨论线圆和正交模型。在这两种模型中部分线偏振光的总光强可表示为

$$I = I_n + I_l = I_x + I_y \tag{10-125}$$

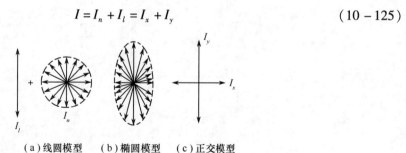

(a)线圆模型　　(b)椭圆模型　　(c)正交模型

图 10-32　部分(线)偏振光的三种模型

另一方面,将线圆模型中的自然光分解为 x、y 方向两种振动,利用式(10-122)并与正交模型相比较,可知

$$\left. \begin{array}{l} I_x = \dfrac{1}{2}I_n \\ I_y = \dfrac{1}{2}I_n + I_l \end{array} \right\} \tag{10-126}$$

上式给出了线圆模型参量(I_n, I_l)与正交模型参量(I_x, I_y)的相互关系。部分线偏振光的偏振度在两种模型中可分别表示为

$$P = \frac{I_l}{I_n + I_l} \tag{10-127}$$

和

$$P = \frac{I_y - I_x}{I_y + I_x} \qquad (10-128)$$

实际上,自然光和线偏振光均可看作是部分线偏振光的极端情况。对线偏振光,只有单方向的振动,即 $I_x = 0, P = 1$;对自然光,$I_x = I_y, P = 0$。对一般的部分线偏振光,$0 < P < 1$。P 值越接近 1,说明该光波越远离自然光而接近线偏振光。

根据物理学以可观测量作为基础的思想,还可以由部分线偏振光构造出其他模型。这些模型对于宏观观测是完全等效的,各模型参量与宏观可测量有着确定的对应关系,各模型之间可依一定的规律互相转换;在微观上,它们赖以建立的共同基础则是各元振动之间的统计独立性。由于部分线偏振光较为常见,因此如无特别说明,后文所称部分偏振光皆指部分线偏振光。

10.4.4 偏振片及其光强响应

由于普通光源发出的光是非偏振光,因此要得到偏振光往往要通过光与物质的相互作用使自然光的偏振形态产生某种改变。能够使自然光变为某种偏振光的光学器件称为起偏器。根据输出光的偏振形态可以把起偏器分为线起偏器、圆起偏器等。各种起偏器的作用过程都必须包含某种不对称性,它可以是介质在不同作用条件(如不同的入射角)下的不同响应,更多的则是介质本身的各向异性。

1. 偏振片的功能与作用机制

常用的线起偏器是偏振片,它可以由自然光得到线偏振光。实用的偏振片有多种类型,其中之一是基于某些晶体的二向色性,即对不同方向的电磁振动具有不同吸收的性质。偏振片的原理可以用图 10-33 中的线栅模型来说明。将一排排很细的金属丝水平排列组成线栅,入射的自然光可以分解为 x 振动与 y 振动两种组分,其中 E_y 可以驱使金属丝中的电子水平运动而做功,即把电场能量传递给金属丝,而电场能本身则受到很大衰减。在 x 方向,电子无法自由运动,故并不吸收 E_x 分量的电场能。因此透过线栅的光波主要是 x 方向的振动。通常把可以透过偏振片的光矢量 E 的振动方向称为偏振片的透振方向。显然,线栅的透振方向垂直于金属丝的延伸方向。

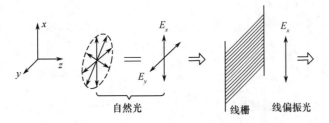

图 10-33 自然光通过线栅后变为线偏振光

欲使线栅对光波能起到理想偏振片的作用,即将 y 振动的能量完全吸收,金属丝的间隔应非常小,要做到这一点是很困难的。在实用中,可以用含有传导电子的聚合物分子长链来代替这种线栅。例如,将某些塑料物质加热后拉伸,其链状分子即会沿拉伸方向平行地排列起来;使某种碘的化合物沉积在这种塑料膜中,碘原子中所含的传导电子即能沿分子长链运动,就像沿着线栅中的金属丝运动一样。这种偏振片已经得到广泛应用,容易看出,其透振方向垂直于薄膜的拉伸方向。

2. 偏振片对不同偏振态的光强响应

以下讨论各种偏振结构的光通过理想偏振片时的光强变化。

1）自然光

自然光可以分解为两个任意正交方位的等强度独立振动。以偏振片作参考系统，此二正交方位自然可取为透振方向及其垂直方向。对理想偏振片，前一方向的光振动完全通过，而后一方向的光振动则被完全吸收。因此，若入射光强为 I_n，则透射光强为

$$I = \frac{1}{2} I_n \tag{10-129}$$

当偏振片在 xy 平面内旋转时，易知透射光强是不变的。

2）线偏振光

设振幅为 E_l、强度为 I_l 的线偏振光透过偏振片 P，线偏振光的振动方向与偏振片的透振方向（图 10-34 虚线所示）的夹角为 θ，将 E_l 分解为平行和垂直于 P 的透振方向的两个分量，只有平行分量 $E_P = E_l \cos\theta$ 才能透过 P，因此透射光的强度为

$$I = E_l^2 \cos^2\theta = I_l \cos^2\theta \tag{10-130}$$

上式称为马吕斯（E. L. Malus）定律。不难看出，当 θ 变化（偏振片旋转）时，I 随之变化。当 $\theta = 0$ 时，光强最大；$\theta = \pi/2$ 时，$I = 0$，此时称为消光。

3）椭圆偏振光和圆偏振光

设椭圆偏振光的两正交分量分别沿 x、y 轴，其振幅分别为 E_{x0}、E_{y0}，相差为 $\varphi_y - \varphi_x = \delta$，并设偏振片 P 的透振方向为 θ（图 10-35）。为求得透过 P 的光强 I，可将 E_{x0} 与 E_{y0} 在 P 的透振方向投影，得到

$$\left. \begin{array}{l} E_{x0P} = E_{x0}\cos\theta \\ E_{y0P} = E_{y0}\sin\theta \end{array} \right\} \tag{10-131}$$

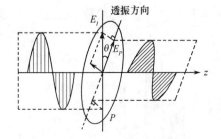

图 10-34　线偏振光通过偏振片　　图 10-35　椭圆偏振光通过偏振片与 x 轴成角度

此二投影振动方向相同，有确定相差，可以发生干涉，其最终强度为

$$\begin{aligned} I &= E_{x0P}^2 + E_{y0P}^2 + 2E_{x0P}E_{y0P}\cos\delta \\ &= I_x\cos^2\theta + I_y\sin^2\theta + 2\sqrt{I_x I_y}\cos\theta\sin\theta\cos\delta \end{aligned} \tag{10-132}$$

式中：$I_x = E_{x0}^2$ 和 $I_y = E_{y0}^2$ 分别表示椭圆偏振光中两个正交分量的强度。

将式（10-132）中 I 看作 θ 的函数，并令 $dI/d\theta = 0$，可求得光强取得极大值 I_M 和极小值 I_m 时偏振片相应的角位置 θ_1 和 θ_2，并可证明 θ_1 和 θ_2 相差 $\pi/2$，即此二方向互相垂直，它们分别对应于椭圆的长轴方向和短轴方向。实用中可以通过测量旋转偏振片的光强变化来确定此

二方向。测出最大透射光强 I_M 和最小透射光强 I_m，以椭圆长短轴分别作为新的 y' 轴和 x' 轴，则在新坐标下 y' 和 x' 分振动的相位差为 $\delta = \pm \pi/2$，故偏振片在任一方位 θ（透振方向与长轴夹角）时的透射光强即为

$$I = I_M \cos^2\theta + I_m \sin^2\theta \tag{10-133}$$

对圆偏振光的特例，$I_M = I_m = \frac{1}{2}I_c$，$I_c$ 为入射圆偏振光的光强，故有

$$I = \frac{1}{2}I_c \tag{10-134}$$

此关系式与自然光的光强透射率相同。

4）部分偏振光

将部分偏振光表示为强度分别为 I_M 和 I_m 的两个正交分量，以 θ 表示偏振片的透振方向与 I_M 的方向（即旋转偏振片时透射光强最大的方位）的夹角，如图 10-36 所示。对 I_M 和 I_m 分别应用马吕斯定律，并注意到 I_M 和 I_m 互不相干，可得到

$$I = I_M \cos^2\theta + I_m \sin^2\theta \tag{10-135}$$

可见此式与椭圆偏振光透射光强的表达式的物理机制是不同的。对椭圆偏振光，I_M 和 I_m 在 P 向的投影有确定的相位差，但此相差为 $\pm \pi/2$，故干涉项为零；对部分偏振光，此二投影无确定相差，根本不发生干涉，故总光强是二分量光强的直接叠加。

利用部分偏振光的线圆模型及式（10-129）、式（10-130），亦可将透射光强表示为

$$I = \frac{1}{2}I_n + I_l \cos^2\theta \tag{10-136}$$

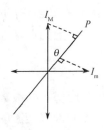

图 10-36 部分偏振光透过偏振片

式中：I_n 和 I_l 分别为部分偏振光中所含自然光及线偏振光的强度。

例 10-5 过一理想偏振片观察部分偏振光，当偏振片从最大光强方位转过 $30°$ 时，光强变为原来的 $7/8$，求：

（1）此部分偏振光中线偏振光与自然光强度之比；

（2）入射光的偏振度；

（3）旋转偏振片时最小透射光强与最大透射光强之比；

（4）当偏振片从最大光强方位转过 $60°$ 时的透射光强与最大光强之比。

解 （1）由式（10-136）可得到

$$\frac{I_{30°}}{I_M} = \frac{\frac{1}{2}I_n + I_l\cos^2 30°}{\frac{1}{2}I_n + I_l} = \frac{\frac{1}{2}I_n + \frac{3}{4}I_l}{\frac{1}{2}I_n + I_l} = \frac{7}{8}$$

由此解得 $\dfrac{I_l}{I_n} = \dfrac{1}{2}$；

（2）$P = \dfrac{I_l}{I_n + I_l} = \dfrac{I_l/I_n}{1 + I_l/I_n} = \dfrac{1/2}{1 + 1/2} = \dfrac{1}{3}$；

(3) $\dfrac{I_m}{I_M} = \dfrac{\frac{1}{2}I_n}{\frac{1}{2}I_n + I_l} = \dfrac{\frac{1}{2}I_n}{\frac{1}{2}I_n + \frac{1}{2}I_n} = \dfrac{1}{2}$;

(4) $\dfrac{I_{60°}}{I_M} = \dfrac{\frac{1}{2}I_n + I_l\cos^2 60°}{\frac{1}{2}I_n + I_l} = \dfrac{\frac{1}{2}I_n + \frac{1}{2}I_l \cdot \frac{1}{4}}{\frac{1}{2}I_n + \frac{1}{2}I_n} = \dfrac{5}{8}$。

10.5 波的傅里叶分析及时空域中的反比关系

既然单色简谐波只是一种理想模型,为了处理实际问题,就需要在实际光波与这种理想模型之间建立起一种联系。分析证明,任意实际光波都可以表示成(有限或无限)多个单色简谐波的叠加。求已知光波的各个谐波组分(振幅及相对相位)的运算常称为波的傅里叶(J. B. J. Fourier)分析或波在(时间或空间)频率域的分解。本节对波的分解方法的介绍并不注重数学上的严格性,而是力图从应用的角度阐明其基本思想及物理意义。

10.5.1 傅里叶分析

利用傅里叶级数和傅里叶积分可以把任意一个非简谐的复杂波动分解为许多单色波的组合。周期性复杂波的分析应用傅里叶级数定理:具有空间周期 λ 的函数 $g(x)$ 可以表示成周期为 λ 的整分数倍(即 λ、$\lambda/2$、$\lambda/3$ 等)的简谐函数之和,即

$$g(x) = a_0 + a_1\cos\left(\frac{2\pi}{\lambda}x + \beta_1\right) + a_2\cos\left(\frac{2\pi}{\lambda/2}x + \beta_2\right) + \cdots \quad (10-137)$$

这一定理又可写为如下形式:

$$g(x) = \frac{A_0}{2} + \sum_{n=1}^{\infty}(A_n\cos nkx + B_n\sin nkx) \quad (10-138)$$

式中:$k\left(=\dfrac{2\pi}{\lambda}\right)$ 为空间角频率,它是余弦项的最低频率,在 $n=1$ 时出现,并且称为基频;频率为 $2k$、$3k$、$4k$ 等的成分叫做基频的谐波,它们当然是和 $n=2$、3、4 等相联系的。显然,k 的量纲是每单位长度弧度数。A_0、A_n、B_n 称为傅里叶系数,决定一个给定的周期函数 $g(x)$ 的系数 A_0、A_n、B_n 的过程称为傅里叶分析。

它们分别为

$$\left. \begin{aligned} A_0 &= \frac{2}{\lambda}\int_0^{\lambda} g(x)\,\mathrm{d}x \\ A_n &= \frac{2}{\lambda}\int_0^{\lambda} g(x)\cos nkx\,\mathrm{d}x \\ B_n &= \frac{2}{\lambda}\int_0^{\lambda} g(x)\sin nkx\,\mathrm{d}x \end{aligned} \right\} \quad (10-139)$$

显然,如果 $g(x)$ 是代表一个以空间角频率 k 沿 x 方向传播的周期性复杂波,那么式(10-138)的意义就是:这个复杂波可以分解为许多空间角频率为 k、$2k$、$3k\cdots$ 的简谐波之和,

这些简谐波的振幅由式(10-139)确定。

存在着某些对称性的条件很值得去认识,因为它们可以带来一些计算捷径。例如若一个函数$f(x)$是偶函数,则它的傅里叶级数只含余弦项(对所有的n,$B_n=0$),余弦项本身就是偶函数。同样对于奇函数,其级数展开式将只含有正弦函数(对所有的n,$A_n=0$)。在这两种情况下,都不必去计算两组系数。若原点($x=0$)的位置是任意的,则可以选择原点位置以使计算尽可能地简单,那么上述考虑是特别有用的。但是要记住,许多常用的函数既不是奇函数也不是偶函数。

通常以空间角频率为横坐标,振幅为纵坐标作图表示复杂波傅里叶分析的结果,这一过程叫做频谱图解。周期性复杂波的频谱图解是一些离散的线,所以它的频谱是离散频谱。

傅里叶级数(10-138)也可以表示为复数形式:

$$g(x) = \sum_{n=-\infty}^{\infty} C_n e^{inkx} \qquad (10-140)$$

式中

$$C_n = \frac{1}{\lambda}\int_0^\lambda g(x) e^{-inkx} dx \qquad (10-141)$$

对于非周期性波的分析,则需应用傅里叶积分定理,这一定理可表述为:一个非周期函数$g(x)$可以用积分

$$g(x) = \frac{1}{2\pi}\int_{-\infty}^{\infty} A(k) e^{ikx} dk \qquad (10-142)$$

来表示,式中

$$A(k) = \int_{-\infty}^{\infty} g(x) e^{-ikx} dx \qquad (10-143)$$

称式(10-143)为函数$g(x)$的傅里叶变换,常以算符F表示,称$A(k)$为$g(x)$的空间频率谱,它一般为复数,其绝对值(模)表示该谐波的振幅,其辐角表示相位,而式(10-142)为函数$A(k)$的傅里叶逆变换,常以算符F^{-1}表示。$g(x)$和$A(k)$称为空间域中的一个傅里叶变换对,记为

$$A(k) = F\{g(x)\}$$

$$g(x) = F^{-1}\{A(k)\}$$

$$g(x) \Leftrightarrow A(k)$$

如果$g(x)$表示一个非周期波,那么傅里叶积分式(10-142)的意义就是:非周期性波可以分解为无限多个简谐波,这些简谐波的振幅随空间角频率k的变化由式(10-143)计算。由于非周期波包含无限多个简谐分波,两个"相邻"分波的频率相差无穷小,因此非周期波的频谱是连续频谱。

对于空间函数$g(x)$,也可以将其表示为基元函数$\exp(i2\pi f_x x)$的叠加积分,即

$$g(x) = \int_{-\infty}^{\infty} G(f_x) \exp(i2\pi f_x x) df_x \qquad (10-144)$$

可以证明,$G(f_x)$的表达式为

$$G(x) = \int_{-\infty}^{\infty} g(x) \exp(-i2\pi f_x x) df_x \qquad (10-145)$$

例 10-6 图 10-37(a)中的矩形函数可表示为

$$g(x) = \text{rect}\left(\frac{x}{\Delta x}\right) = \begin{cases} 1, & |x| \leq \dfrac{\Delta x}{2} \\ 0, & x \text{ 为其他值} \end{cases}$$

求它的傅里叶变换。

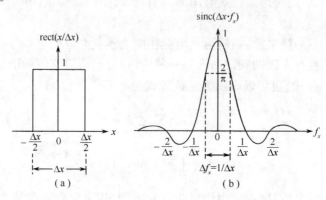

图 10-37 函数 rect($x/\Delta x$) 及其频谱

解 $G(f_x) = \mathscr{F}\{g(x)\} = \displaystyle\int_{-\infty}^{\infty} \text{rect}\left(\frac{x}{\Delta x}\right) \exp(-\mathrm{i}2\pi f_x x)\,\mathrm{d}x$

$\qquad\qquad = \displaystyle\int_{-\Delta x/2}^{\Delta x/2} \exp(-\mathrm{i}2\pi f_x x)\,\mathrm{d}x = \dfrac{\sin(\pi f_x \Delta x)}{\pi f_x}$

定义函数

$$\text{sinc}(x) = \frac{\sin(\pi x)}{\pi x}$$

则有

$$G(f_x) = \Delta x \,\text{sinc}(\Delta x \cdot f_x)$$

写成傅里叶变换形式,即

$$\mathscr{F}\left\{\text{rect}\left(\frac{x}{\Delta x}\right)\right\} = \Delta x \,\text{sinc}(\Delta x \cdot f_x)$$

当 $\Delta x = 1$ 时,上式简化为

$$\mathscr{F}\{\text{rect}(x)\} \Leftrightarrow \text{sinc}(f_x)$$

归一化(最大值化为 1)的频谱 $\text{sinc}(\Delta x \cdot f_x)$ 的图像如图 10-37(b)所示,可见该函数随 $|f_x|$ 的增大呈振荡衰减趋势,只有在中心附近某个区域函数有较大值,此区域的宽度可定义为有效空间频率带宽,简称空频带宽。对同一问题,空频带宽的数值可因所取函数下限的不同而稍有区别,但其数量级应是相同的。本例中为简便起见,可取振幅谱下降到最大值的 $2/\pi$,即强度谱下降到最大值的 $4/\pi^2 \approx 0.4$ 处(在更多情况下此值取为 $1/2$,相应位置称为半强度点)为谱带边缘,从而得到空频带宽为

$$\Delta f_x = 1/\Delta x$$

例 10-7 求有限长等幅波列(图 10-38(a))

$$g(x) = \begin{cases} \cos(2\pi f_0 x), & |x| \leq \dfrac{\Delta x}{2} \\ 0, & x \text{ 为其他值} \end{cases}$$

的傅里叶变换。

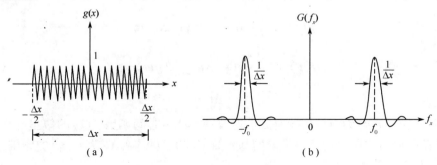

图 10-38 有限长等幅波列及其频谱

解 $G(f_x) = \int_{-\infty}^{\infty} g(x)\exp(-i2\pi f_x x)\,dx = \int_{-\Delta x/2}^{\Delta x/2} \cos(2\pi f_0 x)\exp(-i2\pi f_x x)\,dx$

$= \dfrac{\sin[\pi(f_x - f_0)]\Delta x}{2\pi(f_x - f_0)} + \dfrac{\sin[\pi(f_x + f_0)]\Delta x}{2\pi(f_x + f_0)}$

$= \dfrac{\Delta x}{2}\{\text{sinc}[\Delta x(f_x - f_0)] + \text{sinc}[\Delta x(f_x + f_0)]\}$

此频谱如图 10-38(b)所示。显然它相当于将上例中的频谱中心移到了 $f_x = \pm f_0$ 处，f_0 相当于信号的载波频率，而以 $\pm f_0$ 为中心的频谱分布则相当于因信号宽度 Δx 的限制引起的谱带展宽。由于正负频域中频谱是对称的，负频率的出现仅是为保证最后合成的结果为实数，并未提供新的信息，故可以只考虑单侧频谱，易知其空频带宽仍为 $\Delta f_x = 1/\Delta x$。

为简化表示而不对问题的物理实质产生任何影响，原函数 $g(x)$ 常写成复数形式，如例 10-6 中的 $\cos(2\pi f_0 x)$ 可写成 $\exp(i2\pi f_0 x)$，这时频谱 $G(f_x)$ 中只出现正频率单侧谱带。

10.5.2 波在空域和时域中的反比关系

前一节中以波的空间分布 $g(x)$ 为例讨论了波的分解，其主要结论如下：

(1) 空间函数 $g(x)$ 可表示为空间频率 f_x 连续分布的无限多基元简谐波 $\exp(i2\pi f_x x)$ 的叠加积分，即

$$g(x) = \int_{\infty}^{-\infty} G(f_x)\exp(i2\pi f_x x)\,df_x \qquad (10-146)$$

(2) 式(10-146)中 $G(f_x)$ 为基元简谐波 $\exp(i2\pi f_x x)$ 的复振幅，$G(f_x)$ 随 f_x 的分布 $g(x)$ 称为空间频率谱。

空间频率谱是空间函数 $g(x)$ 的傅里叶变换，即

$$G(f_x) = \int_{\infty}^{-\infty} g(x)\exp(-i2\pi f_x x)\,dx \qquad (10-147)$$

(3) 对波的空间限制必然导致其空间频率谱的展宽，一般地，波的空间宽度 Δx 与该方向

的空间频率带宽 Δf_x 成反比,在数量级上有

$$\Delta f_x \cdot \Delta x \approx 1 \qquad (10-148)$$

若把函数 $g(x)$ 中的自变量看成时间变量,并依惯例写成 $g(t)$,显然前文所有分析和结论仍然成立,只需将空间量改换成相应的时间量,即 x 换为 t,空间频率 f_x 换为(时间)频率 ν,波的空间宽度 Δx 换为在同一处振动的延续时间 Δt,这时以上三式相应变为

$$g(t) = \int_{-\infty}^{\infty} G(\nu) \exp(i2\pi\nu t) \, d\nu \qquad (10-149)$$

$$G(\nu) = \int_{-\infty}^{\infty} g(t) \exp(-i2\pi\nu t) \, dt \qquad (10-150)$$

$$\Delta\nu \cdot \Delta t \approx 1 \qquad (10-151)$$

以上各式中:$\exp(i2\pi\nu t)$ 为时域中的基元简谐波;$G(\nu)$ 为时间函数 $g(t)$ 的傅里叶变换或时间频率谱,它表示 $g(t)$ 中所含的频率为 ν 的基元简谐波的复振幅;$\Delta\nu$ 为 $G(\nu)$ 的频带宽度(对准单色光常称为谱线宽度或线宽)。

式(10-148)和式(10-151)分别称为波在空域和时域中的反比关系。对行波来说,波函数中既有时间变量,又有空间变量。若考察某一给定时刻的波形,它可看作是空间的函数;若考察某一给定场点的振动,它又可看作是时间的函数。由于波列在给定点的延续时间 Δt 与其沿传播方向的纵向空间展宽(即波列长度)Δx 通过波速 v 联系起来($\Delta x = v\Delta t$),对波在时域中的限制必然会带来空域中的限制,反之亦然。故前文在空域和时域中的讨论实际上是描述同一物理过程的两个侧面。简言之,波的反比关系表明,在时空域对波的任何限制均会引起其在相应频域的展宽,而且限制愈甚,展宽愈大。

波的反比关系可以使我们对一些物理概念和物理过程有更深刻的理解。首先讨论波的单色性问题。理想单色波应有确定的频率值,即其频率展宽 $\Delta\nu = 0$。由波的反比关系,这只有当 $\Delta t \to \infty$,相应亦有 $\Delta x \to \infty$ 时才可做到,故理想单色波是一种在时域和空域中均无限延续的简谐波。任何实际波总要受到不同程度的时空限制,即其波列持续时间 Δt 和波列长度 Δx 都是有限的,故总要有一定的频率展宽 $\Delta\nu$。$\Delta\nu$ 越小,波的单色性越好。当 Δt 或 Δx 足够大,使得 $\Delta\nu$ 很小,满足 $\Delta\nu \ll \bar{\nu}$ 时,可以把该波称为准单色波。在另一极端,若 $\Delta t \to 0$,则 $\Delta\nu \to \infty$,这意味着一个无限窄脉冲包含有各种频率成分。

其次,考察对波的横向(垂直于传播方向)空间限制所引起的波的横向空间频率展宽的效应。例如,图 10-39 中,单色平面波垂直射向一宽度为 a 的单缝,入射光波矢 k 沿 z 方向,它在 x 方向的分量 k_x 及相应的空间频率 $f_x = k_x/2\pi$ 均为零。单缝的存在相当于对入射光施加了

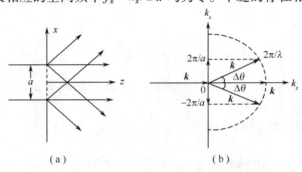

图 10-39 单缝对波的横向空间限制及相应的横向空间频率展宽

$\Delta x = a$ 的横向空间限制,由前文分析,光波在 x 方向的空间频率 f_x 要产生一定展宽。参照图 10-37(b)(此时 $\Delta x = a$)可知,当只考虑空间频率谱的中央峰时,f_x 的分布范围(正负方向两个一级零点的间隔)是 $-1/a \sim 1/a$,相应地,k_x 的分布范围为 $-2\pi/a \sim 2\pi/a$。因 k_x 是出射光波矢 $\boldsymbol{k}$ 在 x 方向的投影,而 $k = \dfrac{2\pi}{\lambda}$ 为常量,故 k_x 有一定分布范围意味着出射光波矢的方位角 θ 有一定分布范围。由以上数值及图 10-39(b)可求得此角范围宽度的 1/2(即半角宽)为

$$\Delta \theta = \arcsin \frac{\lambda}{a} \tag{10-152}$$

而出射光的传播方向基本上限制于以 z 轴正向为中心,向 x 轴正负方向对称扩展,角范围为 $2\Delta\theta$ 的区域之内,各方向的相对光强与图 10-37(b)所示振幅谱的平方成比例。若考虑到该频谱除中央峰外在两侧还有一些小的起伏,则在 $2\Delta\theta$ 区域外还有一些小的光强变化。这种对波的横向空间限制所造成的光的传播方向横向扩展的现象就是光的衍射。由式(10-152)易知 λ 越大,a 越小,$\Delta\theta$ 越大,衍射现象越显著。在衍射技术中还将从其他途径进一步讨论单缝衍射,从而印证此处的结果。

最后应当说明,为简明起见,前文对波在空域中的傅里叶分析只给出了一维表达式。实际上,空间具有三个方向(x,y,z),所以在最一般情况下这种分析应推广到三维情况。考虑到在光学中通常关心的是二维平面上的光场分布,以下只给出二维情况下式(10-146)~式(10-148)的推广形式:

$$g(x,y) = \int_{-\infty}^{\infty} G(f_x,f_y) \exp[\mathrm{i}2\pi(f_x x + f_y y)] \mathrm{d}f_x \mathrm{d}f_y \tag{10-153}$$

$$G(f_x,f_y) = \int_{-\infty}^{\infty} g(x,y) \exp[-\mathrm{i}2\pi(f_x x + f_y y)] \mathrm{d}x \mathrm{d}y \tag{10-154}$$

$$\Delta f_x \cdot \Delta x \approx 1, \quad \Delta f_y \cdot \Delta y \approx 1 \tag{10-155}$$

式中:$\exp[\mathrm{i}2\pi(f_x x + f_y y)]$ 是二维基元函数;$G(f_x,f_y)$ 是空间函数 $g(x,y)$ 中所含基元简谐波 $\exp[\mathrm{i}2\pi(f_x x + f_y y)]$ 的复振幅,即 $g(x,y)$ 的二维空间频率谱;Δx、Δy 和 Δf_x、Δf_y 分别是 $g(x,y)$ 在 x、y 方向的空间展宽及其频谱 $G(f_x,f_y)$ 在相应方向的空间频率展宽。式(10-153)和式(10-154)分别称为二维傅里叶变换和二维傅里叶逆变换,$g(x,y)$ 和 $G(f_x,f_y)$ 构成一个二维傅里叶变换对,记为

$$g(x,y) \Leftrightarrow G(f_x,f_y)$$

式(10-155)指出,在某一方向对波的空间限制愈甚,该方向波的空间频率展宽愈大。

10.6 光在两种各向同性介质界面的反射与折射

在几何光学中已指出,只有在均匀媒质(n 为常数)中光才是直线传播的,对媒质均匀性的破坏则会导致光的偏折。当这种非均匀结构的线度很小时,可以产生衍射或散射。本节只讨论光波在两种各向同性的透明(无吸收)介质所形成的大尺度界面的行为,而且这种界面理想化为无限大平面,通常宏观尺度的平面界面对光波而言可以认为是这一模型很好的近似。本节讨论单色平面电磁波入射到两电介质表面上时引起的传播方向、振幅、相位、能量及偏振性的变化。这些结果在理论及实践中均有重要的应用。

10.6.1 电磁场的连续条件与反射和折射定律

1. 电磁场的连续条件

当电磁波由一种介质传播到另一种介质时,由于介质的物理性质不同,即 $n(\varepsilon,\mu)$ 不同,电磁场在界面上将是不连续的。我们必须根据电磁场方程找出界面两边电磁场量之间的联系,这种联系是借助于电磁场的连续条件来实现的。

电磁场的连续条件(在很多教科书中都有严格的证明,这里只给出结论)是:在没有传导电流和自由电荷的介质中,磁感应强度 B 和电位移 D 的法向分量在界面上连续,而电场强度 E 和磁场强度 H 的切向分量在界面上连续,表示为

$$\left.\begin{array}{r}B_{1n}=B_{2n}\\D_{1n}=D_{2n}\\H_{1t}=H_{2t}\\E_{1t}=E_{2t}\end{array}\right\} \quad (10-156)$$

有了这一连续条件,就可以建立两种介质界面两边场量的联系,以具体讨论传播时的问题。

2. 光在两电介质分界面上的反射和折射定律

光波入射到两电介质分界面上时会产生反射和折射现象,这是我们所熟悉的。这种现象的产生可以看成是光与物质相互作用的结果。这里用介质的介电常数、磁导率表示大量分子的平均作用,根据麦克斯韦方程组和电磁场连续条件来研究平面光波在两电介质分界面上的反射和折射问题。

具体讨论之前弄清楚以下几点将有助于对问题的理解:

(1) 光波的入射面是指两电介质分界面法线与入射光线组成的平面。

(2) 光波的振动面是指电场矢量的方向与入射光线组成的平面,或指电矢量所在的平面。电矢量(光矢量)一般不在入射面内振动。振动面相对于入射面的夹角用方位角 α 表示。

(3) 任一方位振动的光矢量 E 都可以分解成互相垂直的两个分量,称平行于入射面振动的分量为光矢量的 p 分量,记作 E_p;称垂直于入射面振动的分量为光矢量的 s 分量,记作 E_s。这样,对任一光矢量,只要分别讨论两个分量的变化情况就可以了。

下面利用电磁场连续条件讨论反射波和折射波的存在及反射、折射时的传播方向问题。

假设无限大界面两边介质的折射率分别为 $n_1(\varepsilon_1,\mu_1)$ 和 $n_2(\varepsilon_2,\mu_2)$。一单色平面光波入射在界面上,反射光波、折射光波也均为平面光波。设入射波、反射波和折射波的波矢量分别为 $\boldsymbol{k}_1$、$\boldsymbol{k}_1'$ 和 $\boldsymbol{k}_2$,相应的入射角、反射角和折射角为 i_1、i_1' 和 i_2,角频率为 ω_1、ω_1' 和 ω_2。将入射波 E_1 分解成 E_p 和 E_s 两个分量。设只考虑 s 分量的情况(取 y 正方向为 s 分量的正向),则可得到入射波、反射波和折射波的表示分别为

$$E_{1s}=E_{1y}=A_{1s}\exp[i(\boldsymbol{k}_1\cdot\boldsymbol{r}-\omega t)]=A_{1s}\exp\{i[k_1(x\sin i_1+z\cos i_1)-\omega_1 t]\}$$

$$E_{1s}'=E_{1y}'=A_{1s}'\exp[i(\boldsymbol{k}_1'\cdot\boldsymbol{r}-\omega_1't)]=A_{1s}'\exp\{i[k_1'(x\sin i_1'-z\cos i_1')-\omega_1't]\} \quad (10-157)$$

$$E_{2s}=E_{2y}=A_{2s}\exp[i(\boldsymbol{k}_2\cdot\boldsymbol{r}-\omega_2t)]=A_{2s}\exp\{i[k_2(x\sin i_2+z\cos i_2)-\omega_2 t]\}$$

式中:各振幅量一般是复数,因为三个波可以有不同的初相位;r 是原点在界面上任一点 O 的位置矢量。由连续条件式(10-156)中的第四式,且注意到界面一边的场量应等于界面另一边的场量,得到

$$E_{1s} + E'_{1s} = E_{2s}$$

将式(10-157)代入上式,有

$$A_{1s}\exp[\mathrm{i}(\boldsymbol{k}_1\cdot\boldsymbol{r}-\omega_1 t)] + A'_{1s}\exp[\mathrm{i}(\boldsymbol{k}'_1\cdot\boldsymbol{r}-\omega'_1 t)] = A_{2s}\exp[\mathrm{i}(\boldsymbol{k}_2\cdot\boldsymbol{r}-\omega_2 t)]$$
(10-158)

式(10-158)应该对于任意时刻 t 及分界面上任意位置矢量 $\boldsymbol{r}(x,y)$,连续条件都成立,因此 E_{1s}、E'_{1s}、E_{2s} 对变量 $\boldsymbol{r}$ 和 t 的函数关系必须严格相等,于是有

$$\omega_1 = \omega'_1 = \omega_2$$
$$A_{1s} + A'_{1s} = A_{2s}$$
(10-159)

式(10-159)表明反射波、折射波的频率与入射波的频率相等。在界面上,同时还有

$$\boldsymbol{k}_1\cdot\boldsymbol{r} = \boldsymbol{k}'_1\cdot\boldsymbol{r} = \boldsymbol{k}_2\cdot\boldsymbol{r}$$
(10-160)

即

$$\left.\begin{array}{l}(\boldsymbol{k}'_1 - \boldsymbol{k}_1)\cdot\boldsymbol{r} = 0\\(\boldsymbol{k}_2 - \boldsymbol{k}_1)\cdot\boldsymbol{r} = 0\end{array}\right\}$$
(10-161)

表明 $(\boldsymbol{k}'_1 - \boldsymbol{k}_1)$ 和 $(\boldsymbol{k}_2 - \boldsymbol{k}_1)$ 在 $\boldsymbol{r}$ 方向的投影(界面平面上)等于零,即 $(\boldsymbol{k}'_1 - \boldsymbol{k}_1)$ 和 $(\boldsymbol{k}_2 - \boldsymbol{k}_1)$ 与界面法线平行。这就是说 $\boldsymbol{k}_1$、$\boldsymbol{k}'_1$ 和 $\boldsymbol{k}_2$ 共同位于 $\boldsymbol{k}_1$ 与法线组成的平面内,即都在入射面内共面。

利用式(10-157)中 $\boldsymbol{k}$ 与 $\boldsymbol{r}$ 的点积表达式,并考虑到在界面上 $z=0$,由式(10-157)可得

$$k_1\sin i_1 = k'_1\sin i'_1 = k_2\sin i_2$$

因为 $k_1 = k'_1 = \omega/v_1, k_2 = \omega/v_2$,所以有

$$i_1 = i'_1$$
(10-162)

即入射角等于反射角。这就是反射定律。同时可得

$$\frac{\sin i_1}{v_1} = \frac{\sin i_2}{v_2} \text{或} n_1\sin i_1 = n_2\sin i_2$$
(10-163)

式中: n_1、v_1 和 n_2、v_2 分别是光波在介质 1 和介质 2 中的折射率和传播速度。式(10-163)就是折射定律。

10.6.2 反射与折射时光的振幅比——菲涅耳公式

设媒质 1 和媒质 2 皆为各向同性均匀透明介质,其界面为平面。单色平面波从媒质 1(折射率为 n_1)射向媒质 2(折射率为 n_2)。依反射和折射定律,反射波、折射波的波矢方向与入射波的波矢方向应在同一平面(即入射面)内,且反射角、折射角与入射角满足几何光学中已给出的关系(图 10-40)。如前述内容可知,以入射面为基准,任一振动矢量可以分解为两个方向正交的振动分量。其中一个振动方向垂直于入射面,另一个振动方向在入射面之内;前者称为 s 振动或 s 态,后者称为 p 振动或 p 态。电磁波是横波,满足 $\boldsymbol{E}\times\boldsymbol{H}=\boldsymbol{S}$,若 $\boldsymbol{E}$ 和 $\boldsymbol{H}$ 中一个为 s 态,另一个必为 p 态。$\boldsymbol{E}$ 为 s 态,$\boldsymbol{H}$ 为 p 态的波称为横向电偏振,记为 TE 波;$\boldsymbol{H}$ 为 s 态,$\boldsymbol{E}$ 为 p 态的波称为横向磁偏振,记为 TM 波。这样,任一偏振态的入射光均可依正

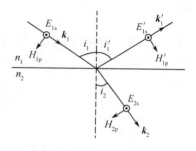

图 10-40 TE 波中各量的正向规定

交分解法看作是 TE 波和 TM 波这两种线偏振光的叠加,所以只需考虑这两种基本模式的反射和折射。

首先考虑 TE 波。根据 E 和 H 的切向分量在界面连续的条件,以及入射波、界面及两侧媒质关于入射面的空间对称性,可以判定当入射波中 E 为 s 态、H 为 p 态时,反射波及折射波中 E 与 H 也分别为 s 态和 p 态。为了表述方便,需要对 s、p 态振动的正方向做一规定,这里取 s 态正向为垂直于入射面(即纸面)向外,而 p 态的正向则依据 E、H、k 可组成右手正交系来确定。对于 TE 波,这种规定下各量的正方向如图 10-40 所示,其中下标 1、上标"'"以及下标 2 分别表示入射光、反射光和折射光,各量皆对界面上同一点而言。由切向分量连续的边界条件可以得到

$$E_{1s} + E'_{1s} = E_{2s} \tag{10-164}$$

$$-H_{1p}\cos i_1 + H'_{1p}\cos i_1 = -H_{2p}\cos i_2 \tag{10-165}$$

式中:i_1 和 i_2 分别为入射角及折射角。在光学波段,一般介质均可看作非磁介质,即可认为 $\mu_1 = \mu_2 = \mu_0$,由电磁理论可得到

$$H = \frac{n}{\mu_0 c} E \tag{10-166}$$

代入式(10-165),有

$$n_1(E_{1s} - E'_{1s})\cos i_1 = n_2 E_{2s} \cos i_2 \tag{10-167}$$

联立式(10-164)和式(10-167),可解得

$$r_s = \frac{E'_{1s}}{E_{1s}} = \frac{n_1 \cos i_1 - n_2 \cos i_2}{n_1 \cos i_1 + n_2 \cos i_2} \tag{10-168}$$

$$t_s = \frac{E_{2s}}{E_{1s}} = \frac{2n_1 \cos i_1}{n_1 \cos i_1 + n_2 \cos i_2} \tag{10-169}$$

式中:r_s 为 s 光的反射系数,它表示界面上反射波与入射波中 E 矢量的 s 分量的振幅之比;t_s 为 s 光的透射系数,它表示界面上透射波与入射波中 E 的 s 分量的振幅之比。对 TM 波,依前述规定,各量的正方向如图 10-41 所示,利用完全类似的方法,可导出

$$r_p = \frac{E'_{1p}}{E_{1p}} = \frac{n_2 \cos i_1 - n_1 \cos i_2}{n_2 \cos i_1 + n_1 \cos i_2} \tag{10-170}$$

$$t_p = \frac{E_{2p}}{E_{1p}} = \frac{2n_1 \cos i_1}{n_2 \cos i_1 + n_1 \cos i_2} \tag{10-171}$$

式中:r_p 和 t_p 分别为 p 光的反射系数和透射系数,它们分别表示反射和透射波中 E 的 p 分量的振幅与入射波中 E 的 p 分量的振幅之比。

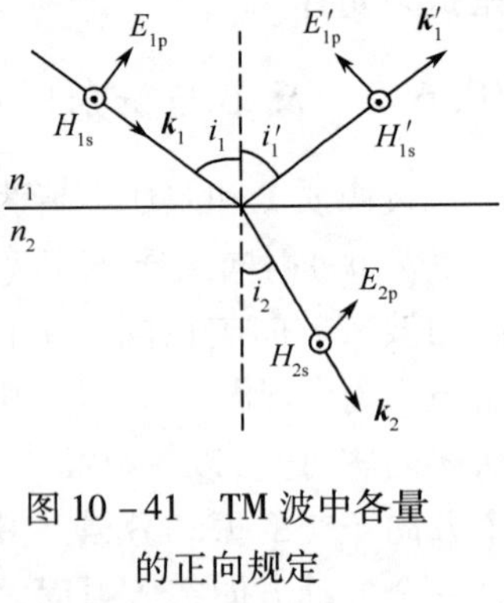

图 10-41 TM 波中各量的正向规定

利用关系式 $n_1 \sin i_1 = n_2 \sin i_2$ 可把以上四式化为如下形式:

$$r_s = -\frac{\sin(i_1 - i_2)}{\sin(i_1 + i_2)} \tag{10-172}$$

$$t_s = \frac{2\cos i_1 \sin i_2}{\sin(i_1 + i_2)} \tag{10-173}$$

$$r_p = \frac{\tan(i_1 - i_2)}{\tan(i_1 + i_2)} \qquad (10-174)$$

$$t_p = \frac{2\cos i_1 \sin i_2}{\sin(i_1 + i_2)\cos(i_1 - i_2)} \qquad (10-175)$$

式(10-168)~式(10-171)或其等价形式式(10-172)~式(10-175)称为菲涅耳公式。

以下对菲涅耳公式做几点说明。首先,E_s 和 E_p 是同一矢量 E 的 s 分量和 p 分量,它们具有相同的时间频率,以上各式中各个 E_s 和 E_p 既可看作是复振幅,也可以看作是瞬时值。其次,在不同的正向规定下,某些公式的符号可能有所变化,但这种正向规定当然不应也不会影响问题的物理实质。若在某种正向规定下求得某个量为正值,则表明该分量的实际方向与所规定的正向相同,负值则表示相反。最后,该公式显示,反射波及透射波的 s 分量只与入射波的 s 分量有关,反射波及透射波的 p 分量只与入射波的 p 分量有关,即 s 态线偏振光与 p 态线偏振光是互相独立的,这又一次说明将一般振动分解为 s 态与 p 态的合理性。

为将 r_s、t_s、r_p、t_p 表示为入射角 i_1 的函数,可利用折射定律从式(10-168)~式(10-171)中消去 i_2 而得到

$$r_s = \frac{\cos i_1 - \sqrt{n_{21}^2 - \sin^2 i_1}}{\cos i_1 + \sqrt{n_{21}^2 - \sin^2 i_1}} \qquad (10-176)$$

$$t_s = \frac{2\cos i_1}{\cos i_1 + \sqrt{n_{21}^2 - \sin^2 i_1}} \qquad (10-177)$$

$$r_p = \frac{n_{21}^2 \cos i_1 - \sqrt{n_{21}^2 - \sin^2 i_1}}{n_{21}^2 \cos i_1 + \sqrt{n_{21}^2 - \sin^2 i_1}} \qquad (10-178)$$

$$t_p = \frac{2n_{21}\cos i_1}{n_{21}^2 \cos i_1 + \sqrt{n_{21}^2 - \sin^2 i_1}} \qquad (10-179)$$

式中:$n_{21} = n_2/n_1$ 为介质 2 对介质 1 的相对折射率。

$n_2 > n_1$ 即 $n_{21} > 1$,从光疏介质射向光密介质的情况称为外反射,如从空气射向玻璃;$n_2 < n_1$ 即 $n_{21} < 1$,从光密介质射向光疏介质的情况称为内反射,如从玻璃射向空气。由以上四式所得到的外反射和内反射时各振幅比的图线如图 10-42(a)和图 10-42(b)所示。其中有三个特殊的入射角度:

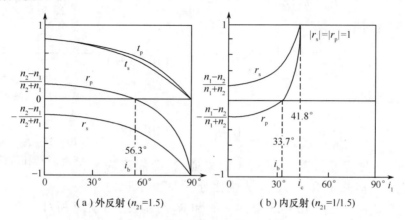

图 10-42 反射及折射时的振幅比(以空气—玻璃界面为例)

(1) 正入射 $i_1 = 0$,此时不论外反射还是内反射,均有

$$r_s = -\frac{n_{21}-1}{n_{21}+1} = \frac{n_1 - n_2}{n_1 + n_2} \tag{10-180}$$

$$r_p = -r_s = \frac{n_{21}-1}{n_{21}+1} = \frac{n_2 - n_1}{n_2 + n_1} \tag{10-181}$$

$$t_s = t_p = \frac{2}{n_{21}+1} = \frac{2n_1}{n_1 + n_2} \tag{10-182}$$

注意:$i_1 = 0$ 时,s 分量和 p 分量的差别本应该消失,但式(10-181)可看出 $r_p = -r_s$。其实这一差别恰好可以保证,当光波垂直入射时,无论将入射波作为 s 波或 p 波处理,按照该式计算得到反射光波振动方向都是相同的,即消除了 s、p 分量的差别。

(2) 不论是外反射还是内反射,都存在一特殊角度

$$i_b = \arctan n_{21} = \arctan \frac{n_2}{n_1} \tag{10-183}$$

当 $i_1 = i_b$ 时,$r_p = 0$。i_b 称为布儒斯特(D. Brewster)角。

(3) 对内反射,存在一特殊角度

$$i_c = \arcsin n_{21} = \arcsin \frac{n_2}{n_1} \tag{10-184}$$

当 $i_1 = i_c$ 时,$r_s = r_p = 1$。角度 i_c 称为全反射临界角。

10.6.3 反射与折射时光的能流比与光强比

根据 $I = \frac{n}{2\mu c} E_0^2$ 可计算光波在反射和折射时光强比的表达式:

s 光的光强反射率

$$R_s = \frac{I'_{1s}}{I_{1s}} = \frac{n_1 |E'_{1s}|}{n_1 |E_{1s}|} = |r_s|^2 \tag{10-185}$$

p 光的光强反射率

$$R_p = \frac{I'_{1p}}{I_{1p}} = \frac{n_1 |E'_{1p}|}{n_1 |E_{1p}|} = |r_p|^2 \tag{10-186}$$

s 光的光强透射率

$$T_s = \frac{I_{2s}}{I_{1s}} = \frac{n_2 |E_{2s}|^2}{n_1 |E_{1s}|^2} = \frac{n_2}{n_1} |t_s|^2 \tag{10-187}$$

p 光的光强透射率

$$T_p = \frac{I_{2p}}{I_{1p}} = \frac{n_2 |E_{2p}|}{n_1 |E_{2p}|} = \frac{n_2}{n_1} |t_p|^2 \tag{10-188}$$

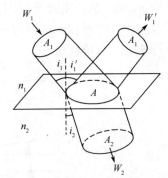

图 10-43 穿过面元 A 的入射能流、反射能流和透射能流

另一方面,通过界面上某一面积 A 的光通量,即能流为 $W = IS$,S 为光束的横截面积。可以由光强比分析入射光、反射光和折射光的能流比。在图 10-43 中,W_1、W'_1 和 W_2 分别表示面元 A 所对应的入射能流、反射能流和透射能流。显然,穿过 A 的入射光束和反射光束的垂直截面面积相等,记为 A_1;折射光

束的垂直截面面积记为 A_2。

由能流定义，可得

$$W_1 = I_1 A_1 = I_1 A \cos i_1$$

$$W_1' = I_1' A_1 = I_1' A \cos i_1$$

$$W_2 = I_2 A_2 = I_2 A \cos i_2$$

式中：I_1、I_1'、I_2 分别表示入射光、反射光和折射光的光强。可以得到：

s 光的能流反射率

$$\mathscr{R}_s = \frac{W_{1s}'}{W_{1s}} = \frac{I_{1s}'}{I_{1s}} = R_s \qquad (10-189)$$

p 光的能流反射率

$$\mathscr{R}_p = \frac{W_{1p}'}{W_{1p}} = \frac{I_{1p}'}{I_{1p}} = R_p \qquad (10-190)$$

s 光的能流透射率

$$\mathscr{T}_s = \frac{W_{2s}}{W_{1s}} = \frac{I_{2s} \cos i_2}{I_{1s} \cos i_1} = \frac{\cos i_2}{\cos i_1} T_s \qquad (10-191)$$

p 光的能流透射率

$$\mathscr{T}_p = \frac{W_{2p}}{W_{1p}} = \frac{I_{2p} \cos i_2}{I_{1p} \cos i_1} = \frac{\cos i_2}{\cos i_1} T_p \qquad (10-192)$$

可见对反射光，能流反射率 $\mathscr{R}$ 与光强反射率 R 相同；对折射光，能流透射率 $\mathscr{T}$ 与光强透射率 T 一般有所区别，只是在正入射时二者相同。

由以上各式及菲涅耳公式可得

$$\mathscr{R}_s + \mathscr{T}_s = 1 \qquad (10-193)$$

$$\mathscr{R}_p + \mathscr{T}_p = 1 \qquad (10-194)$$

在物理上，它们反映了反射与折射时 s 态光与 p 态光各自的能量守恒关系。

实用中经常遇到自然光入射的情况，观测量一般是 s 态和 p 态的总光强或总能流。定义总能流反射率

$$\mathscr{R} = \frac{\text{总反射能流}}{\text{总入射能流}} \frac{W_1'}{W_1} = \frac{W_{1s}' + W_{1p}'}{W_{1s} + W_{1p}} \qquad (10-195)$$

对自然光，两个正交的线偏振光分量强度相等，即 $W_{1s} = W_{1p} = W_1/2$，故有

$$\mathscr{R} = \frac{W_{1s}' + W_{1p}'}{W_1} = \frac{W_{1s}'}{2W_{1s}} + \frac{W_{1p}'}{2W_{1p}} = \frac{1}{2}(\mathscr{R}_s + \mathscr{R}_p) \qquad (10-196)$$

类似可得总光强反射率

$$R = \frac{\text{总反射光强}}{\text{总入射光强}} \frac{I_1'}{I_1} = \frac{I_{1s}' + I_{1p}'}{I_{1s} + I_{1p}} = \frac{1}{2}(R_s + R_p) = \mathscr{R} \qquad (10-197)$$

由能量守恒关系

$$\mathscr{R} + \mathscr{T} = 1 \qquad (10-198)$$

可以得到总能流透射率

$$\mathscr{T} = 1 - \mathscr{R} = 1 - R \qquad (10-199)$$

自然光的总光强透射率则为

$$T = \frac{总透射光强 I_2}{总入射光强 I_1} = \frac{I_{2s} + I_{2p}}{I_{1s} + I_{1p}} = \frac{1}{2}(T_s + T_p) \qquad (10-200)$$

为便于比较，将各种反射率和透射率的定义及有关公式列于表 10-2。

表 10-2 各种反射率及透射率的定义及有关公式

	s 分量	p 分量	自然光
振幅反射率	$r_s = \dfrac{E'_{1s}}{E_{1s}}$	$r_p = \dfrac{E'_{1p}}{E_{1p}}$	
振幅透射率	$t_s = \dfrac{E_{2s}}{E_{1s}}$	$t_p = \dfrac{E_{2p}}{E_{1p}}$	
光强反射率	$R_s = \dfrac{I'_{1s}}{I_{1s}} = \|r_s\|^2$	$R_p = \dfrac{I'_{1p}}{I_{1p}} = \|r_p\|^2$	$R = \dfrac{I'_1}{I_1} = \dfrac{1}{2}(R_s + R_p) = \mathscr{R}$
光强透射率	$T_s = \dfrac{I_{2s}}{I_{1s}} = \dfrac{n_2}{n_1}\|t_s\|^2$	$T_p = \dfrac{I_{2p}}{I_{1p}} = \dfrac{n_2}{n_1}\|t_p\|^2$	$T = \dfrac{I_2}{I_1} = \dfrac{1}{2}(T_s + T_p)$
能流反射率	$\mathscr{R}_s = \dfrac{W'_{1s}}{W_{1s}} = R_s$	$\mathscr{R}_p = \dfrac{W'_{1p}}{W_{1p}} = R_p$	$\mathscr{R} = \dfrac{W'_1}{W_1} = \mathscr{R}_s + \mathscr{R}_p$
能流透射率	$\mathscr{T}_s = \dfrac{W_{2s}}{W_{1s}} = \dfrac{\cos i_2}{\cos i_1} T_s$	$\mathscr{T}_p = \dfrac{W_{2p}}{W_{1p}} = \dfrac{\cos i_2}{\cos i_1} T_p$	$\mathscr{T} = \dfrac{W_2}{W_1} = 1 - \mathscr{R} = 1 - R$

注：自然光各反射率和透射率皆对总光强和总能流而言

图 10-44(a) 和 (b) 中以空气 ($n=1$)—玻璃 ($n=1.5$) 界面为例分别绘出了外反射及内反射时的反射光强比及透射能流比的曲线，其中虚线是对自然光入射而言。

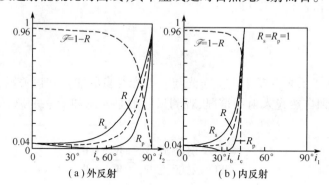

(a) 外反射   (b) 内反射

图 10-44 反射光强比和透射能流比曲线（以空气—玻璃界面为例）

值得注意的是，无论外反射或内反射，正入射时均有

$$R_s = R_p = R = \left(\frac{n_{21}-1}{n_{21}+1}\right)^2 = \left(\frac{n_1 - n_2}{n_1 + n_2}\right)^2 \qquad (10-201)$$

$$T_s = T_p = T = \frac{4n_{21}}{(n_{21}+1)^2} = \frac{4n_1 \cdot n_2}{(n_1 + n_2)^2} \qquad (10-202)$$

对空气—玻璃界面，有 $R = 0.04, T = 0.96$。在外反射时，R 一般随入射角 i_1 的增大而增

大,当 $i_1 \to 90°$ 即掠入射时,R_s、R_p 及 R 均趋于 1。利用这些结论可以解释许多自然现象。例如,在湖岸边观察水下物体时近物要比远物更加清楚;与此相反,远处物体在湖面的倒影则比近物的倒影更加清晰。

例 10 – 8 (1) 求证:当光线以布儒斯特角入射时,折射线与反射线互相垂直。

(2) 讨论当 p 光以布儒斯特角入射时透射光与入射光的能流比及光强比。

解 (1) $i_1 = i_b$ 时,有 $\tan i_1 = n_{21}$。代入折射定律,$\sin i_1 = n_{21} \sin i_2 = \tan i_1 \sin i_2$,得 $\cos i_1 = \sin i_2$,因 i_1、i_2 均为锐角,故有 $i_1 + i_2 = \pi/2$。

(2) 此时 $r_p = 0$,$\mathscr{R}_p = 0$,$\mathscr{T}_p = 1 - \mathscr{R}_p = 1$,即能量全部进入第二介质。

由式(10 – 175),并注意到 $i_1 + i_2 = \pi/2$,可得

$$t_p = \frac{2\cos i_1 \sin i_2}{\sin(i_1 + i_2)\cos(i_1 - i_2)} = \frac{2\cos^2 i_1}{\cos\left[i_1 - \left(\frac{\pi}{2} - i_1\right)\right]}$$

$$= \frac{2\cos^2 i_1}{\sin 2i_1} = \frac{1}{\tan i_1} = \frac{1}{n_{21}}$$

代入式(10 – 188),得 $T_p = n_{21}|t_p|^2 = \dfrac{1}{n_{21}}$。

可见,当光从光疏介质进入光密介质时,$n_{21} > 1$,$T_p < 1$,透射光强小于入射光强;当光从光密介质进入光疏介质时,$n_{21} < 1$,$T_p > 1$,透射光强大于入射光强。此结论很容易用几何作图法根据光束截面的相对大小来验证。

10.6.4 反射光与折射光的相位变化

在反射和折射光中,存在 E 矢量的振动方向与入射光中 E 矢量的振动方向相同或相反两种特殊情况,即反射波、折射波相对于入射波可能存在一定的相位变化,称为附加相移。当 E 矢量振动方向相同时,表示附加相移为零;当 E 矢量振动方向相反时,表示附加相移为 π 或 $-\pi$。以下分别说明几种情况。

1. 折射光永无相移

考察式(10 – 173)及式(10 – 175),由于 i_1 与 i_2 的取值范围不超过 $0° \sim 90°$,$i_1 + i_2$ 与 $i_1 - i_2$ 的变化范围分别不超过 $0° \sim 180°$ 和 $\pm(0° \sim 90°)$,这时不论 i_1(以及 n_1、n_2)为何值,恒有 $t_s > 0$,$t_p > 0$,即透射光永远与入射光同相。

2. 反射光的相位变化

1) 外反射($n_1 < n_2$,$i_1 > i_2$)

对 s 光,由式(10 – 172)知 $r_s < 0$,则 E'_{1s}、E_{1s} 实际振动方向与各自规定正方向的一致性相反,即若 E_{1s} 实际振动方向与入射光中规定的正方向一致,则 E'_{1s} 的实际取向与反射光中规定的正方向相反;反之亦然。

对 p 光,由式(10 – 174)知当 $i_1 < i_b$ 时,$i_1 + i_2 < 90°$,$r_p > 0$,则 E'_{1p}、E_{1p} 实际振动方向与各自规定正方向的一致性相同,即若 E_{1p} 实际振动方向与入射光中规定的正方向一致,则 E'_{1p} 的实际取向与反射光中规定的正方向也一致;当 $i_1 = i_b$ 时,$i_1 + i_2 = 90°$,$r_p = 0$,无反射 p 光;当 $i_1 > i_b$ 时,$i_1 + i_2 > 90°$,$r_p < 0$,E'_{1p}、E_{1p} 实际振动方向与各自规定正方向的一致性相反。

2) 内反射($n_1 > n_2$,$i_1 < i_2$)

对 s 光,当 $i_1 < i_c$ 时,由式(10 – 172)知 $r_s > 0$,E'_{1s}、E_{1s} 实际振动方向与各自规定正方向的

一致性相同。

对 p 光,由式(10-174)知当 $i_1 < i_b$ 时,$i_1 + i_2 < 90°$,$r_p < 0$,E'_{1p}、E_{1p} 实际振动方向与各自规定正方向的一致性相反;当 $r_p = 0$ 时,$r_p = 0$,无反射 p 光;当 $i_b < i_1 < i_c$ 时,$r_p > 0$,则 E'_{1p}、E_{1p} 实际振动方向与各自规定正方向的一致性相同。

3. 关于半波损失问题的讨论

1) 单个界面的反射和折射

从前文的分析可以看出,在某些情况下,界面上反射波的 E 矢量相对于入射波的 E 矢量可以发生方向反转。这种方向反转相当于产生了相位跃变 $\pm\pi$,或者光程跃变 $\pm\lambda/2$,习惯上常称为半波损失或半波损。显然,E 矢量方向反转时其两个正交分量(s 分量与 p 分量)均发生方向反转。在一般斜入射时,反射光及折射光中的 p 分量与入射光中的 p 分量互成一定角度,既不同向也不反向,所以谈不到 E 矢量反转的问题。只有在正入射或掠入射的情况下才可能发生 E 方向反转。

先看正入射的情况。这时 $i = 0$,由菲涅耳公式可确定在外反射和内反射时各振幅比的符号如表 10-3 所列。

表 10-3 正入射时振幅比的符号

物理量 \ 反射类型	外反射($n_1 < n_2$)	内反射($n_1 > n_2$)
r_s	−	+
r_p	+	−
t_s	+	+
t_p	+	+

振幅比的正负分别说明相应 E 分量的实际方向与规定正向一致或相反。由图 10-40 和图 10-41,可以看出正入射时入射波、反射波、透射波中各自 E 的 s 分量和 p 分量的规定正向如图 10-45(a)所示。设界面处入射波场的实际方向与所规定的正向一致,在外反射时,由于 $r_s < 0$,反射波 s 分量的实际方向与规定正向相反;由于 r_p、t_s、t_p 均大于零,反射波的 p 分量与透射波的 s、p 分量均与各自的规定正向一致。这样,外反射时各波场的实际方向如图 10-45(b)所示。同理,可以得到内反射时各波场的实际方向如图 10-45(c)所示。显然,外反射时反射波 E 矢量的 s、p 分量与入射波相比都发生了方向反转,且 $|r_s| = |r_p|$,故 E 亦发生方向反转,即产生了半波损失;而内反射时反射波 E 矢量与入射波 E 矢量同向,不发生半波损失。对透射波,则不论外反射或内反射,均无半波损失。

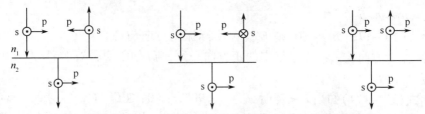

(a) s、p 分量规定正方向 　　(b) 外反射各波 s、p 分量实际取向 　　(c) 内反射各波 s、p 分量实际取向

图 10-45 正入射时波场的规定正向与实际方向

同样可分析掠入射的情况。只考虑外反射,$n_1 < n_2$,因 $i_1 \to 90°$,故菲涅耳公式给出 $r_s < 0$,$r_p < 0$,$|r_s| = |r_p| \approx 1$。设界面上入射波场两分量的实际方向均与其规定正向(图 10-46(a))

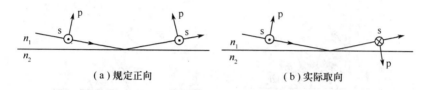

(a) 规定正向　　　　　　　　(b) 实际取向

图 10-46　掠入射时波场的规定正向与实际方向

一致,则反射波场中 E 矢量的 s、p 分量的实际方向(图 10-46(b))均与其规定正向相反,亦与入射波中两相应分量方向相反。从而反射波的 E 矢量与入射波的 E 矢量相比发生了方向反转,即产生了半波损失。

2) 介质板上下表面的反射与折射

设一块折射率为 n 的平行透明介质板置于折射率为 n_0 的介质中,如图 10-47 所示,单色平行光束 0 以 i_0 角入射,由于光线在介质板内的多次反射,在上下界面分别发出一系列互相平行的反射光束 1、2、3… 和透射光束 $1'$、$2'$、$3'$…。现在考察反射与折射对光束 1、2、3… 或 $1'$、$2'$、$3'$…之间的相位差带来的影响。

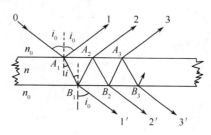

图 10-47　光束经平行平板的反射和透射

先分析 $n > n_0$ 的情况。设入射光束 0 在界面处 E 振动的 s、p 分量与规定正向一致。在 i_0 小于上界面的布儒斯特角 $i = \arctan(n/n_0)$ 时,反射光有 $r_s < 0$, $r_p > 0$;折射光 $A_1 B_1$ 及透射光 $1'$ 有 $t_s > 0$, $t_p > 0$。由此可得出反射光束 1、折射光束 $A_1 B_1$(不计介质厚度引起的光程差,只考虑反射及折射影响时,下同)及透射光束 $1'$ 中 E 矢量各分量的实际方向如图 10-48(a) 所示。另外可以证明,在 $i_0 < i_{b0}$ 的条件下,下界面的入射角 i 亦小于该界面相应的布儒斯特角 $i_b = \arctan(n_0/n)$,光束 $A_1 B_1$ 在下界面反射时有 $r_s > 0$, $r_p < 0$,这样便可得出光束 $B_1 A_2$ 中场的实际方向。当此光束穿出上界面时, $t_s > 0$, $t_p > 0$。光束 2 中场的实际方向与 $B_1 A_2$ 段相比,除光线偏折对 p 分量方向的影响之外是相同的。依此类推,可以得出各个光束中 E 的 s 分量与 p 分量的实际方向。可见反射光束中,2、3… 诸光束 E 振动方向均相同,且都与光束 1 中 E 振动反向;而所有透射光束中 E 振动方向皆相同。由于以上分析中未计及介质厚度引起的光程差,它所考虑的只是由于反射和折射所带来的附加的 E 振动方向变化,因此其等效的相位或光程变化常称为附加相差或附加程差。对光束 1、2,其附加相差为 $\pm \pi$,或说附加程差为 $\pm \lambda/2$;在光束 2、3、4… 或光束 $1'$、$2'$、$3'$…之间附加相差或附加程差均为零。

同理可分析 $n_0 < n$、$i_0 > i_{b0}$,$n_0 > n$、$i_0 < i_{b0}$ 以及 $n_0 > n$、$i_{b0} < i_0 < i_{c0}$ 的情况,在不计介质厚度引起的光程差时各光束的实际振动方向分别如图 10-48(b)、图 10-48(c)、图 10-48(d) 所示。

总结前文的分析,对各种情况下计算光程差时是否要引入半波损可得出以下结论:

(1) 单一界面:

① 当光从光疏介质射向光密介质,正入射及掠入射时反射光均有半波损;

② 当光从光密介质射向光疏介质,正入射时反射光无半波损(掠入射时发生全反射,这里不予讨论);

③ 任何情况下透射光均无半波损。

(2) 介质板放于均匀介质中:任何情况下,当计算反射光束 1、2 之间的光程差时需引入附加半波程差,而在反射光束 2、3、4… 之间或透射光束 $1'$、$2'$、$3'$…之间则无需引入附加程差。

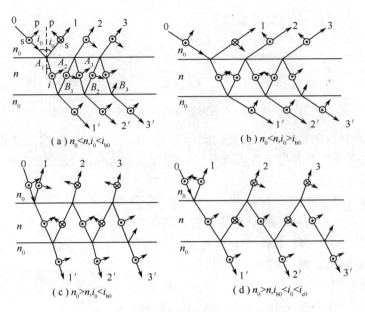

图 10-48 介质板的反射与折射所引起的附加相差

10.6.5 反射光与折射光的偏振态

任何偏振态的入射光均可分解为 s、p 两个正交分量,由于 r_s 与 r_p 以及 t_s 与 t_p 一般是不同的,所以反射光及折射光中 s、p 两分量的相对大小及相对相位关系与入射光相比可以发生变化,即可以与入射光具有不同的偏振结构。本节只讨论外反射及内反射中 $i_1 < i_c$,即 r_s、r_p、t_s 和 t_p 均为实数的情况。以下考虑几种常见的情形。

1. 入射光为线偏振光

对入射线偏振光,反射光仍是线偏振光。但由于 r_s 与 r_p 的符号和大小一般不同,故反射光中 **E** 矢量的取向及大小与入射光中 **E** 的取向及大小一般不同。以下举例说明反射时的情况,对折射光可作类似分析。

例 10-9 一束线偏振平面波从空气 ($n_1 = 1$) 射向玻璃 ($n_1 = 1.5$),入射角为 30°,入射光光矢量 E_1 与入射面成 45°,如图 10-49 所示。求反射光光矢量的取向及相对大小,以及反射光与入射光的光强比。

解 将入射光及反射光均分解为两正交分量 s 光与 p 光,其正向如图 10-49 所示。

将 $i = 30°$,$n_{21} = n_2/n_1 = 1.5$ 代入式 (10-176) 及式 (10-178),可求得

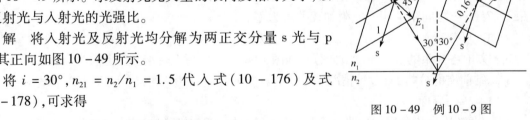

图 10-49 例 10-9 图

$$r_s = \frac{\cos 30° - \sqrt{1.5^2 - \sin^2 30°}}{\cos 30° + \sqrt{1.5^2 - \sin^2 30°}} = -0.24$$

$$r_p = \frac{1.5^2 \cos 30° - \sqrt{1.5^2 - \sin^2 30°}}{1.5^2 \cos 30° + \sqrt{1.5^2 - \sin^2 30°}} = 0.16$$

设某时刻 E_1 方位如图 10-49 所示,E_1 与入射面成 45°角,取相对标度,可记 $E_{1s} = E_{1p} = 1$,该

时刻反射光光矢量 E_1' 两分量的相对大小为 $E_{1s}' = r_s E_{1s} = -0.24$ 和 $E_{1p}' = r_p E_{1p} = 0.16$,由此二分量可得到 E_1' 的方位及相对大小。

将 r_s、r_p 看作振幅比,可求得反射光与入射光的光强比,即

$$\frac{I_1'}{I_1} = \frac{E_{1s}'^2 + E_{1p}'^2}{E_{1s}^2 + E_{1p}^2} = \frac{r_s^2 + r_p^2}{1^2 + 1^2} = \frac{1}{2} \times [(-0.24)^2 + 0.16^2] = 0.042$$

2. 入射光为圆偏振光

一般地,$|r_s| \neq |r_p|$,因此反射光将变为椭圆偏振光($i_1 = i_b$ 时为线偏振光)。反射光旋向与入射光旋向的关系,则由 r_s 和 r_p 的符号而定。从图 10-48 可以看出,当 $i_1 < i_b$ 时,无论外反射或内反射,由反射所引起的 s 光与 p 光的相对附加相差(各自附加相移之差)均为 $\Delta\delta = \delta_s - \delta_p = \pm\pi$,故反射光旋向与入射光旋向相反。当外反射中 $i_1 > i_b$ 和内反射中 $i_b < i_1 < i_c$ 时,$\Delta\delta = 0$,反射光与入射光旋向相同。

3. 入射光为自然光

与圆偏振光类似,自然光亦可分解为两个强度相等的正交振动 s 光和 p 光,不过这时 s 光与 p 光并无确定的相位关系,故各振幅比的符号对宏观观测不起作用。反射光中两正交分量强度之比决定于 R_s 与 R_p 之比。由于一般有 $R_s \neq R_p$,并且对外反射和 $i_1 < i_c$ 的内反射通常有 $R_s > R_p$(参见图 10-44),因此反射光通常为部分偏振光,且 s 光强度要大于 p 光强度。同理可知折射光一般亦为部分偏振光,且 p 光强度较大。

这里仍需注意三个特殊入射角的情况:

(1) 正入射(包括外反射和内反射)及掠入射(只考虑外反射)时,由于 $R_s = R_p$,因此反射光仍为自然光;由 s 光与 p 光各自的能量守恒关系,可知折射光亦是自然光。

(2) 以布儒斯特角 i_b 入射(包括外反射及内反射)时,由于 $R_p = 0$,因此反射光为 s 态线偏振光;折射光中因 s 光成分的减少而变成 p 态占优势的部分偏振光。

实际上,任意偏振态的光以 $i_1 = i_b$ 角入射时,反射光均变成 s 态线偏振光(除非 p 态线偏振光入射,这时无反射光),因此角度 i_b 又称全偏振角或起偏角。此现象提供了从自然光中获取线偏振光的一个简便而有效的方法。由于实用中往往不希望改变光的传播方向,所以多利用平板玻璃的透射光。可以证明,当入射光在上界面满足布儒斯特角条件时,折射光在下界面也满足布儒斯特角条件。这样,当利用多片彼此平行放置的、由同样材料制成的平行玻璃板(常称为玻片堆,如图 10-50 所示)时,只要光在第一个界面的入射角为布儒斯特角,则在以下各界面的入射角均为布儒斯特角,各个界面的反射光均为 s 光。每经过一个界面,透射光中 s 光成分就减少一些,而 p 光成分则完全通过,故折射的部分偏振光的偏振度会逐次增大。经

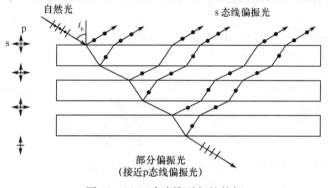

图 10-50 玻片堆引起的偏振

过多层玻璃板,最后的透射光基本上已没有 s 光成分,而成为 p 态线偏振光。

生活中常会遇到反射引起部分偏振的现象。例如,在拍摄水上景物时,水面炫目的反射光往往会破坏摄影效果,这种反射炫光是 s 态占优势的部分偏振光。欲减弱它的影响,只需在镜头前附加一个透振方向在入射面内的偏振片。

10.6.6 全反射与倏逝波

1. 全反射

当光从光密介质 1 射向光疏介质 2 且入射角 $i_1 > i_c$ 时,由式(10 – 176)及式(10 – 178),知 r_s、r_p 成为复数,即

$$r_s = \frac{\cos i_1 - i\sqrt{\sin^2 i_1 - n_{21}^2}}{\cos i_1 + i\sqrt{\sin^2 i_1 - n_{21}^2}} \tag{10-203}$$

$$r_p = \frac{n_{21}^2 \cos i_1 - i\sqrt{\sin^2 i_1 - n_{21}^2}}{n_{21}^2 \cos i_1 + i\sqrt{\sin^2 i_1 - n_{21}^2}} \tag{10-204}$$

易知 $|r_s| = |r_p| = 1$,即 $\mathscr{R} = \mathscr{R}_s = \mathscr{R}_p = 1$,入射波的全部能量都被反射回介质 1 中,所以这种情况称为全内反射或全反射。

由以上两式还可以求得全反射时 s 光的相移 δ_s 及 p 光的相移 δ_p:

$$\delta_s = \arg\{r_s\} = -2\arctan\frac{\sqrt{\sin^2 i_1 - n_{21}^2}}{\cos i_1} \tag{10-205}$$

$$\delta_p = \arg\{r_p\} = -2\arctan\frac{\sqrt{\sin^2 i_1 - n_{21}^2}}{n_{21}^2 \cos i_1} \tag{10-206}$$

由于一般有 $\delta_s \neq \delta_p$,故全反射可对 s 光和 p 光引入附加的相对相位差 $\Delta\delta = \delta_s - \delta_p$。因此,当线偏振光入射时,全反射光一般变为椭圆偏振光。

2. 倏逝波

全反射时,射向第二介质的能流被完全反射回第一介质中,没有流向第二介质的平均能流。但由前文关于单界面反射时半波损的分析以及全反射时 δ_s 和 δ_p 的表达式,可知在界面处入射波 $\boldsymbol{E}$ 矢量与反射波 $\boldsymbol{E}$ 矢量一般不会反向,故界面上表面的总波场并非为零。依 $\boldsymbol{E}$、$\boldsymbol{H}$ 的切向连续性,下表面亦应有波场存在,即波场将延伸到第二介质中。以下用与普通折射相同的方式写出透射波的一般表达式,然后用复数运算求得透射波的具体形式,这种运算的合理性已被实践所证实。

对普通折射建立图 10 – 51 所示的坐标系,透射波波函数可写为

$$\begin{aligned}\boldsymbol{E}_2 &= \boldsymbol{E}_{20}\exp[i(\boldsymbol{k}_2 \cdot \boldsymbol{r} - \omega t)] \\ &= \boldsymbol{E}_{20}\exp[ik_2(x\sin i_2 + z\cos i_2)]e^{-i\omega t}\end{aligned} \tag{10-207}$$

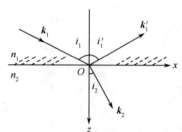

图 10 – 51 分析全反射用坐标系

式中:$k_2 = 2\pi/\lambda_2$,λ_2 为介质 2 中光波波长。当 $i_1 > i_c$ 时,由折射定律 $\sin i_1 = n_{21}\sin i_2$,可得 $\sin i_2 > 1$,在实数范围 i_2 已无意

义。但我们仍可作如下形式的运算：

$$\cos i_2 = \pm \sqrt{1 - \sin^2 i_2} = \pm i \sqrt{\sin^2 i_2 - 1} = \pm i \sqrt{\frac{\sin^2 i_1}{n_{21}^2} - 1} = \pm i\beta \qquad (10-208)$$

式中

$$\beta = \sqrt{\frac{\sin^2 i_1}{n_{21}^2} - 1} \qquad (10-209)$$

为正实数。式(10-207)化为

$$\boldsymbol{E}_2 = E_{20} e^{\mp k_2 \beta z} \exp\left(i k_2 x \frac{\sin i_1}{n_{21}}\right) e^{-i\omega t} \qquad (10-210)$$

上式中因子 $e^{k_2\beta z}$ 意味着在第二介质中随深度的增加波场振幅将趋于无限大，这显然是不合理的，故舍去此形式的解，从而有

$$\boldsymbol{E}_2 = E_{20} \exp(-k_2 \beta z) \exp\left(i k_2 x \frac{\sin i_1}{n_{21}}\right) e^{-i\omega t} \qquad (10-211)$$

上式中第一项指数因子表示波的振幅随深度 z 的增加呈指数衰减。通常定义第二介质中波的振幅衰减到最大值(界面处)的 $1/e$ 时的深度为穿透深度 z_0，易知

$$z_0 = \frac{1}{k_2 \beta} = \frac{\lambda_1}{2\pi \sqrt{\sin^2 i_1 - n_{21}^2}} \qquad (10-212)$$

λ_1 为介质 1 中的波长。当 i_1 不太接近 i_c 时，z_0 很小，只有波长数量级，因此介质 2 中的波随深度增加衰减很快。这种在空域中迅速衰减的波称为倏逝波(Evanescent Wave，曾用名隐失波、衰逝波等)。

3. 全反射时波场与能流的时空特性

全反射时介质 1 和 2 中的波场具有某些与过去所讲过的波场均不相同的性质，以下对此略作分析。为方便起见，设入射光为 s 态，对 p 态光亦可得到类似的结论。

介质 1 中的入射波场和反射波场可分别用复波函数表示为

$$E_{1s}(\boldsymbol{r},t) = E_{10}\exp[i(\boldsymbol{k}_1 \cdot \boldsymbol{r} - \omega t)] = E_{10}\exp[i(k_1 x \sin i_1 + k_1 z \cos i_1 - \omega t)] \qquad (10-213)$$

$$E'_{1s}(\boldsymbol{r},t) = r_s E_{10}\exp[i(\boldsymbol{k}'_1 \cdot \boldsymbol{r} - \omega t)]$$
$$= E_{10}\exp[i(k'_1 x \sin i_1 + k'_1 z \cos i_1 + \delta_s - \omega t)] \qquad (10-214)$$

式中：$\boldsymbol{k}_1$、$\boldsymbol{k}'_1$ 分别表示入射波和反射波的波矢，$k_1 = k'_1 = 2\pi/\lambda$；$r_s = \exp(i\delta_s)$ 为 s 光的振幅反射率。用以上两式的实数形式，可将两波的合振幅写为

$$E_1(\boldsymbol{r},t) = E_{1s}(\boldsymbol{r},t) + E'_{1s}(\boldsymbol{r},t) = 2E_{10}\cos\left(k_1 z \cos i_1 - \frac{\delta_s}{2}\right)\cos\left(k_1 x \sin i_1 + \frac{\delta_s}{2} - \omega t\right)$$

$$(10-215)$$

上式中第二项表示一个沿 x 轴正方向传播的行波，而第一项的绝对值则可表示此行波的振幅，可见此行波的等相面(x 相同的面)与等幅面(z 相同的面)是互相垂直的，这一点与一般波动

中二者互相重合有明显的区别。等幅面与等相面互相重合的波称为均匀波(Homogeneous Wave),而二者不重合的波称为非均匀波(Inhomogeneous Wave),全反射中的波场是非均匀波的一个典型例子。

实际上,介质 1 中的波场可看作 z 方向的驻波与 x 方向的行波的结合。z 方向驻波是由入射波与反射波在 z 方向的分量叠加而得到。容易看出该驻波的各波节面均与界面平行且等距分布,其间距为 $d_z/2 = \lambda/2\cos i_1$。波节面上无能流,各波节面之间形成能流层。更精细的分析证明,在合成波场中 E 仍保持 s 态线偏振的同时,H 呈入射面内的正椭圆偏振,从而能流层中任一点的瞬时能流密度矢量 S 的末端随时间的变化描出一个椭圆,而该矢量的始端则位于该椭圆的左端点(图 10-52)。同一时刻不同点处的瞬时能流密度矢量的方向是不断变化的,故可认为能量在各能流层中以曲折路线从左向右传输,各能流层之间并无能量交换,而能流层中任一点的平均能流密度矢量 $<S>$ 总是指向右方的。

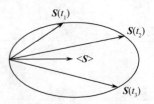

图 10-52　倏逝波的坡印廷矢量和平均坡印廷矢量

由式(10-211)可以看出,下半空间的波也是一种非均匀波,其等幅面(z = 常数)垂直于等相面(x = 常数)。在 x 方向,它呈行波形式,在 z 方向则单调衰减。分析证明,下半空间任一点坡印廷矢量的时间行为仍如图 10-52 所示,而且在任一时刻整个下半空间坡印廷矢量的取向均保持界面上相同 x 坐标处该矢量的取向,相应的椭圆也保持该处坡印廷矢量椭圆的形状,只是矢量的大小随深度 z 的增加而呈指数减小。各处坡印廷矢量的时间平均值当然亦指向 x 轴正方向。

图 10-53(a)所示为某一确定时刻介质 1、2 中各处的瞬时能流密度的大小和方向,图 10-53(b)则为空间波场的大致示意图。注意图 10-53(b)中各曲线只用来表示波场在 x 方向(整个空间)及 z 方向(上半空间)的空间周期性,各曲线的振幅则定性说明各平行平面层处光矢量振幅的相对大小。

从图 10-53(a)可以看到,由于界面一般并非波节面,故界面上不同处在同一时刻有不同方向的能流,而且在同一处能流方向亦随时间而变化,其平均效果则指向 x 轴正向。在任一点,该矢量有时指向右下方,即能流从介质 1 流向介质 2;有时指向右上方,即能流从介质 2 返回介质 1。但在两种介质之间这种能量"吞吐"的时间平均效果为零,即两介质之间只有瞬时的局域能量交换,而无整体的平均能量交换。

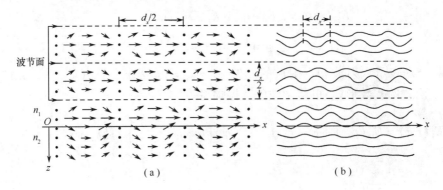

图 10-53　全反射时能流及波场分布的示意图

附带说明,不难看出,上半空间的场实质上是一种入射平面波与反射平面波的干涉场。干涉中对波场的一次量(振幅)可以直接相加(矢量和或代数和),但对波场的二次量(强度、能量密度、能流密度)不能直接相加。例如,考虑介质 l 中 x 方向的能流密度,有

$$S_{1x} = E_1 H_{1z} = (E_{1s} + E'_{1s})(H_{1pz} + H'_{1pz})$$
$$= E_{1s} H_{1pz} + E'_{1s} H'_{1pz} + E_{1s} H'_{1pz} + E'_{1s} H_{1pz}$$

上式右端前两项分别对应于入射波能流和反射波能流的 x 分量,而 S_{1x} 中除二者之外还多出了后两个交叉乘积项,它们的出现是干涉现象的本质特征。也正是这种干涉效应使得介质 1 中的场可看作 z 方向驻波与 x 方向行波的复合,从而使得它具有一般平面波和驻波都不具备的某些特殊性质。

4. 全反射及倏逝波的某些应用

在几何光学部分已提到利用全反射现象可制成光导纤维,此处再简单介绍几种应用。

1) 光学平面波导

将一块平行平面透明介质板(图 10-54 中的 B)置于空气中,若用某种方式将一束平行光引入板内,并使得该光束在板内界面的入射角大于相应的临界角,则此光束将通过在板内两界面之间多次全反射的方式被引导向板的右端面。这种装置称为光学平面波导。波导中场的特性可用与前文对单反射面的讨论完全类似的方法进行分析。此时有上、下两个反射面,为了使合成波场不至于复杂化,应使两个反射面各自形成的波节面位置重合。这样,多次反射的合成波场就如同平面波单次反射一样。对光学波导的研究现已成为近代光学的一个重要分支。

2) 受抑全反射及其应用

既然全反射时电磁波场已"渗透"到第 2 介质的表层,可以想象,如果在该光疏介质的下方再放置第 3 种光密介质,而且使得两种光密介质间隔足够近,则光场可以以可观的振幅进入第 3 介质。这时从整体上看,电磁波从第 1 介质穿透第 2 介质的薄隙后向第 3 介质深处传去,1、2 两介质界面上的全反射已受到抑制而失效,这种现象称为受抑全反射。它在现代光学中有许多应用,兹举两例。

(1) 耦合棱镜。图 10-54 表示出了如何利用耦合棱镜 A 将光波引入平面波导 B。这里 A、B 之间有一层非常薄(一般不到 $\lambda/2$)的空气隙,以适当角度射向 A 的光线使它在棱镜底面的入射角大于其临界角,空气隙中将产生倏逝波,而一波导 B 则作为第 3 介质接收部分光能。

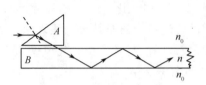

图 10-54 平面波导 B 及耦合棱镜 A

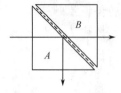

图 10-55 可调分束器

(2) 可调分束器。可调分束器由两块斜面平行放置的等腰直角三角形棱镜所组成(图 10-55)。设其折射率 $n = 1.5$,可算出它在空气中的临界角 $i_c = 41.8°$。故若无棱镜 B,图中入射光将在 A 内发生全反射而从下部穿出。然而 B 的存在使得全反射失效,一部分光能将穿过空气隙(图中虚线表示隐失波的平均能流方向)和棱镜 B 从右方射出。改变空气隙的厚度,可

以改变透过 B 的光强与入射光强之比。

习 题

10-1 已知波函数为 $E(x,t) = 10\cos 2\pi\left(\dfrac{x}{2\times 10^{-7}} - 1.5\times 10^{15}t\right)$，试确定其速率、波长和频率。

10-2 有一张 $t=0$ 时波的照片，表示其波形的数学表达式为 $E(x,0) = 5\sin\left(\dfrac{\pi x}{25}\right)$。如果这列波沿坐标轴负 x 方向以 $2\mathrm{m/s}$ 速率运动，试写出 $t=4\mathrm{s}$ 时的扰动的表达式。

10-3 一列正弦波当 $t=0$ 时在 $x=0$ 处具有最大值，问其初相位为多少？

10-4 确定平面波 $E(x,y,z,t) = A\sin\left(\dfrac{k}{\sqrt{14}}x + \dfrac{2k}{\sqrt{14}}y + \dfrac{3k}{\sqrt{14}}z - \omega t\right)$ 的传播方向。

10-5 在空间任一给定点，正弦波的相位随时间的变化率为 $12\pi\times 10^{14}\mathrm{rad/s}$，而在任一给定时刻，相位随距离 x 的变化是 $4\pi\times 10^{6}\mathrm{rad/m}$。若初位相是 $\dfrac{\pi}{3}$，振幅是 10，且波沿正 x 方向前进，写出波函数的表达式。它的速率是多少？

10-6 两个振动面相同且沿正 x 方向传播的单色波可表示为 $E_1 = a\sin[k(x+\Delta x)-\omega t]$，$E_2 = a\sin[kx-\omega t]$，试证明合成波的表达式可写为 $E = 2a\cos\left(\dfrac{k\Delta x}{2}\right)\sin\left[k\left(x+\dfrac{\Delta x}{2}\right)-\omega t\right]$。

10-7 已知光驻波的电场为 $E_x(z,t) = 2a\sin kz\cos\omega t$，试导出磁场 $B(z,t)$ 的表达式。

10-8 一束沿 z 方向传播的椭圆偏振光可以表示为 $E(z,t) = \mathbf{x}_0 A\cos(kz-\omega t) + \mathbf{y}_0 A\cos\left(kz-\omega t - \dfrac{\pi}{4}\right)$，试求出偏椭圆的取向和它的长半轴与短半轴的大小。

10-9 一束自然光以 $30°$ 角入射到空气—玻璃界面，玻璃的折射率 $n=1.54$，试求出反射光的偏振度。

10-10 过一理想偏振片观察部分偏振光，当偏振片从最大光强方位转过 $300°$ 时，光强变为原来的 $5/8$，求：
(1) 此部分偏振光中线偏振光与自然光强度之比；
(2) 入射光的偏振度；
(3) 旋转偏振片时最小透射光强与最大透射光强之比；
(4) 当偏振片从最大光强方位转过 $45°$ 时的透射光强与最大光强之比。

10-11 一个线偏振光束，其 $\mathbf{E}$ 场垂直于入射面，此光束在空气中以 $45°$ 照射到空气—玻璃界面上。假设 $n_g = 1.6$，试确定反射系数和透射系数。

10-12 电矢量振动方向与入射面成 $45°$ 的线偏振光入射到两种介质的分界面上，介质的折射率分别为 $n_1=1$ 和 $n_2=1.5$。
(1) 若入射角为 $50°$，问反射光中电矢量与入射面所成的角度为多少？
(2) 若入射角为 $60°$，反射光电矢量与入射面所成的角度为多少？

10-13 一光学系统由两片分离的透镜组成，两片透镜的折射率分别为 1.5 和 1.7，求此系统的反射光能损失。如透镜表面镀上增透膜使表面反射率降为 1%，问此系统的光能损失又是多少?

10-14 光束以很小的角度入射到一块平行平板,试求相继从平板反射和透射的前两支光束的相对强度(设平板的折射率为1.5)。

10-15 一个各向同性的点波源沿所有方向均匀地辐射。如果离开点波源10m处测得电场振动为10V/m,试确定辐射功率。

10-16 入射到两种不同介质界面上的线偏振光波的电矢量与入射面成 α 角。若电矢量垂直于入射面的分波和平行于入射面的分波的反射率分别为 R_s 和 R_p,试写出总反射率 R 的公式。

第 11 章 光的干涉理论及其应用

  光的波动性的重要特征表现在它有干涉、衍射和偏振现象。光波的干涉是由两束或多束频率相同的光波相遇线性叠加的结果,而研究光波的叠加问题是波动光学最基本的内容。以光波的干涉特性为基础的光的干涉技术及其仪器,目前已被广泛应用。

  由上一章的讨论我们知道,两个振动方向相同、频率相同的单色光波互相叠加,将在相遇区域内因波的叠加而引起强度重新分布,即发生干涉现象。

  产生干涉现象显然是有条件的,本章将从更一般的情况出发,来研究产生光的干涉现象的条件、干涉现象的基本规律及实现干涉的装置(干涉仪)。为此,我们首先需要明确干涉的研究内容。

  事实上,要产生光的干涉现象离不开光源、干涉装置(能产生两束或多束光波并形成干涉现象的装置)和干涉图形三个基本要素。其中,"光源"的性质由它的位置、大小、亮度分布和光谱组成等因素决定;"干涉装置"的性质主要体现它对各个光束引入的相位延迟;"干涉图形"由辐照度分布描述,包括干涉条纹的形状、间距、反衬度和颜色等,通常它可以被直接测量。于是,研究这三个要素之间的关系,以达到由其中两者求出第三者的目的,就构成了一个一般意义下的干涉问题。同时还必须明确,光的干涉现象出现在光的传播过程中,并且光在传播过程中是要遵守独立传播定律和叠加原理的。

11.1 双光束干涉的一般理论

11.1.1 产生光波干涉的条件

  光波的干涉现象是指两个(或多个)光波传播中相遇叠加时,在叠加区域内始终有某些点的振幅得到加强,另一些点的振幅变弱,从而形成光的强度稳定的、明暗相间的空间分布(即干涉条纹)现象。

  光波干涉的研究和应用迄今已有几百年的历史了。最早发现的干涉现象是薄膜(如肥皂泡和水面上的油膜)产生的彩色纹路(如今称为"牛顿环")。1801 年托马斯·扬(T. Young)首先由光的双缝实验提出干涉原理并作出定性解释,而后菲涅耳(A. Fresnel)等用波动理论定量描述了干涉现象;20 世纪 30 年代范西特(P. H. Van Cittert)和泽尼克(F. Zernike)提出部分相干理论,从而进一步完善了干涉理论,到 20 世纪 60 年代激光问世提供了相干性最好的光源,大大扩展了干涉在科学技术领域许多方面的广泛应用。

  1. 光波产生干涉现象的分析

  并不是任意的两列波叠加都会产生干涉现象。例如两个并排的小孔,如果各用一个光源来照它们,那么由这两个小孔传出的光波是不会发生干涉现象的,即使用同一个光源来照这两个小孔,也不一定会产生干涉现象。只有在两个小孔受到同一个发光面很小的光源(近似一个发光中心即点光源)照明时,或者用一个发光面大的光源(宽光源)在距离两个小孔很远处照明时,才会产生干涉现象。这时,在小孔后的一个屏幕上可以看到干涉图样(即干涉条纹,亦称为干涉场)。由此可知,不仅从两个普通光源发出的光是不会发生干涉的,而且同一个光源的两个不同部分或前后不同时间发出的光也不一定会发生干涉。

实际中普通光源的发光主要是自发辐射,它包含许许多多个发光的原子、分子,每个原子、分子都是一个独立的发光中心。而且,单个原子的发光不是无休止的而是间断的,其每次发光的持续时间是一定的且很短(小于 10^{-8}s),其发出的光波波列长度也就很短。所以,不同的发光原子(或分子)产生的各个波列之间,以及同一原子(或分子)先后产生的各个光波波列之间,其振动方向和相位都彼此无关,它们没有固定的相位关系。我们称之为光波"不相干",这样的光波叠加当然不会发生干涉现象。

因此,如果由两列光波(双光束)叠加能够产生干涉现象,获得稳定的干涉条纹,则须对光源有一定的要求。在10.3.2节中基于简谐波的叠加引入光的干涉概念时,曾得到两列波的相干条件为:

(1)频率相同;
(2)振动方向不互相正交;
(3)相位差恒定。

2. 相干光源

满足上述三条件是获得稳定干涉的必要条件,通常此三条件又合称为相干条件,并把能满足相干条件的光波称为相干光波,相应的光源称为相干光源。光波的干涉,其关键在于光波的相干性,这将在下面给予具体的描述。然而,理想的相干光源是没有的(在光学波段没有理想的单色波),因此在光学中获得相干光波的唯一办法,就是把一个光源发出的一个光束分成两束或几束光波,再令其相遇而产生干涉的效应。也就是将一个光波场先"一分为二",再"合二为一"得到一个光波干涉场。

在具体的干涉装置中,需要使用单色性较好的光源(如氪同位素 Kr^{86} 放电管、汞灯等),但也经常使用普通光源,因为普通光源价格便宜、使用方便。虽然普通光源是一种非相干光源,一般不能直接使用它发出的光来进行干涉,但是我们可以取其光源的一小部分,作为一个点光源来使用。所以必须在光源前放置一个小孔,由此小孔发出的光作为相干光源再来进行干涉。

3. 产生光波干涉的补充条件

在实际的干涉装置中,利用同一个原子辐射的光波分为两束或几束光波,虽然满足了上述相干条件,能够产生干涉现象。但是要获得稳定的、清晰的干涉条纹,这些条件还不够充分,所以还需要一些补充条件。

(1)两束光波在叠加区域内的光程差不能太大,光程差要小于光波的波列长度。因为发光原子辐射的光波列长度是有限长的,由每个光波列分成两个波列(有同样的波列长度),当两波列的行程相差(光程差)太大时,它们将不能相遇而不会产生干涉现象。不同的光源发出的光波波列长度(或称相干长度)不同,普通光源的光波波列长度只有几微米,氪同位素 Kr^{86} 放电管发出的光波(波长 $\lambda = 0.60578\mu m$)相干长度约为70cm,而氦氖气体激光器的光波(波长 $\lambda = 0.6328\mu m$)相干长度可达几十千米。

(2)两束光波在叠加区域内的光强(振幅)要尽可能相等,不能相差太大。如前所述的两束光有相等光强时会得到最清晰的干涉条纹。而当两束光波的光强相差很大时,其中光强较大的光波强度将和两光波干涉形成的合光强差不多,形成较亮的背景光场,致使干涉场几乎一片均匀亮度,从而显现不出干涉条纹。

（3）两束光波在叠加区域内的传播方向要一致，传播方向的夹角不能相差太大。当两束光波（尤其在两束光是平行光波时）的传播方向是垂直相交或大角度叠加时，将不会有干涉条纹。在两束光波传播方向的夹角以小角度同向传播时，叠加才会出现干涉条纹（密集的窄条纹），并且随着两束光的传播方向的夹角越小，干涉条纹越宽；当两束光波完全重合平行时，叠加区域内将只出现一个干涉条纹。

另外，所谓的干涉图样的稳定是指在一定的时间间隔内，光强的空间分布不随时间而改变。这一时间间隔要大大超过光探测器的响应时间（如人眼视觉的持留时间、底片的曝光时间和光电探测器的接收响应时间）。由此，我们可以根据这种光强的空间分布的稳定与否，来作为判断相干与不相干的主要标志。

11.1.2 双光束干涉的一般理论

1. 两束平面波的干涉

1）干涉项的特点与等强度面

仿照前例，两束平面波满足相干条件时，它们可以写成

$$E_1(r,t) = E_{10}\cos(k_1 \cdot r - \omega t + \varphi_{10})$$
$$E_2(r,t) = E_{20}\cos(k_2 \cdot r - \omega t + \varphi_{20})$$

其干涉项为

$$2<E_1 \cdot E_2> = 2E_{10} \cdot E_{20}\cos[(k_2 - k_1) \cdot r + (\varphi_{20} - \varphi_{10})]$$

干涉项具有余弦函数的形式，其总量是两相干光波在考察点 r 处的相位差。在稳定的干涉场中，该相位差与时间 t 无关。实际上，干涉项的上述特点对两束非平面波的干涉情形也存在，只是在平面波干涉情形中，相位差与 r 之间有线性关系，也即当考察点沿任意方向的直线匀速移动时，相位差线性地变化。

为了运算方便，常把两原光波写成复数形式：

$$E_1(r,t) = E_{10}\exp(k_1 \cdot r - \omega t + \varphi_{10}) \tag{11-1}$$
$$E_2(r,t) = E_{20}\exp(k_2 \cdot r - \omega t + \varphi_{20}) \tag{11-2}$$

此时，r 点处的强度表达式为

$$I(r) = |E_{10}|^2 + |E_{20}|^2 + 2E_{10} \cdot E_{20}\cos[(k_2 - k_1) \cdot r + (\varphi_{20} - \varphi_{10})] \tag{11-3}$$

此式说明：在干涉场中存在一系列互相平行的等强度平面。

等强度平面的方程为

$$(k_2 - k_1) \cdot r + (\varphi_{20} - \varphi_{10}) = 常数 \tag{11-4}$$

显然，等强度平面的法线方向与 $k_2 - k_1$ 的方向相同。

2）干涉级 m

令余弦因子的宗量（相位差）为 $2m\pi$，则

$$(k_2 - k_1) \cdot r + (\varphi_{20} - \varphi_{10}) = 2m\pi \tag{11-5}$$

r 点处的强度表达式为

$$I(r) = |E_{10}|^2 + |E_{20}|^2 + 2E_{10} \cdot E_{20}\cos(2m\pi) \tag{11-6}$$

式中：m 是考察点位置 r 函数，当 m 值改变 1 时，干涉场强度变化一个周期。m 可能取任意的实数值，每个确定值对应于一个等强度平面。

当 m 是整数时，我们说发生了"完全相长干涉"，对应最大强度面，其上的强度是

$$I(r) = |E_{10} + E_{20}|^2 \qquad (11-7)$$

当 m 是半整数时，我们说发生了"完全相消干涉"，对应最小强度面，其上的强度是

$$I(r) = |E_{10} - E_{20}|^2 \qquad (11-8)$$

m 称为干涉场中等强度面的干涉级。

3）空间频率与空间周期

由 $(k_2 - k_1) \cdot r + (\varphi_{20} - \varphi_{10}) = 2m\pi$ 可知，当考察点在空间移动距离 Δr 时，干涉级 m 的改变量为

$$\Delta m = \frac{1}{2\pi}(k_2 - k_1) \cdot \Delta r \qquad (11-9)$$

由此，我们定义两束平面波干涉场强度分布的空间频率为

$$f = \frac{1}{2\pi}(k_2 - k_1) \qquad (11-10)$$

则

$$\Delta m = f \cdot \Delta r \qquad (11-11)$$

显然，f 的方向取决于两光波传播矢量之差 $k_2 - k_1$ 的方向，此正是等强度面的法线方向，也是强度在空间变化量最快的方向。f 的大小取决于 $k_2 - k_1$ 的值，它表示考察点沿 f 方向移动单位距离时的 m 变化量，也即干涉场强度变化的周期数。

图 11-1 所示为 $k_2 - k_1$ 在图平面上时的矢量差。

显然

$$|f| = \frac{1}{2\pi}|k_2 - k_1| \qquad (11-12)$$
$$= \frac{1}{2\pi} \cdot 2|k_1| \cdot \sin\frac{\theta}{2} = \frac{2}{\lambda}\sin\frac{\theta}{2}$$

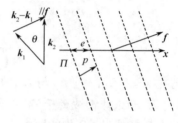

图 11-1 空间频率 f 和条纹间距 e

当考察点沿 f 方向移动一个距离 p 时，恰好使 m 所改变量为 1，则称 p 为等强度面的空间周期。

$$p = \frac{1}{|f|} = \frac{\lambda}{2\sin(\theta/2)} \qquad (11-13)$$

由上式可知：p 为两个强度相同的相邻等强度面之间的距离。

4）接收屏上条纹间距

考虑在干涉场中放入平面状观察屏 Π，则其上将呈现强度按余弦规律变化的直线型干涉条纹，如图 11-1 所示。

x 轴表示屏 Π 与图面的交线。图中一组虚线表示最大强度面与图面的交线。若 k_1、k_2 均在图平面内，则等强度面垂直于图面；若 Π 面也垂直于图面，则干涉条纹也垂直于图面。

x 方向的空间频率分量为 f_x，则有

$$f_x = |f|\cos\alpha$$

则干涉条纹的空间周期 T_x 或条纹间距 e 为

$$e = T_x = \frac{1}{|f_x|} = \frac{1}{|f|\cos\alpha} = \frac{\lambda}{2\sin\frac{\theta}{2}\cos\alpha} \qquad (11-14)$$

5）条纹对比度

由式（11-6）知，两束平面波干涉的结果是在一直流量上加入了一余弦变化量，对于条纹间距 e 确定的干涉条纹而言，其清晰程度与强度的起伏大小以及平均背景大小有关。起

伏程度(即强度分布的"交变"部分)越大,平均背景越小,则条纹越清晰,对于强度按余弦规律变化的干涉条纹,可以用对比度(也称"反衬度"、"可见度"或"调制度")定量地描述其清晰程度。

定义对比度为

$$K = \frac{I_{\max} - I_{\min}}{I_{\max} + I_{\min}} \tag{11-15}$$

式中:$I_{\max}$和$I_{\min}$分别为P点处干涉图的光强极大值和极小值。

此时有

$$K = \left| \frac{|\boldsymbol{E}_{10} + \boldsymbol{E}_{20}|^2 - |\boldsymbol{E}_{20} - \boldsymbol{E}_{10}|^2}{|\boldsymbol{E}_{10} + \boldsymbol{E}_{20}|^2 + |\boldsymbol{E}_{20} - \boldsymbol{E}_{10}|^2} \right| = \frac{2|\boldsymbol{E}_{10} \cdot \boldsymbol{E}_{20}|}{|\boldsymbol{E}_{10}|^2 + |\boldsymbol{E}_{20}|^2} \tag{11-16}$$

可见,$0 \leq K \leq 1$,不同的K值表示了干涉条纹不同的清晰程度。当$I_{\min} = 0$时,$K=1$,此时有明暗清晰的干涉条纹,即完全相干;当$I_{\max} = I_{\min}$时,$K=0$,此时干涉条纹消失。

完全相干的充要条件是,$\boldsymbol{E}_{10}$与$\boldsymbol{E}_{20}$大小相同,方向平行。此条件并不易满足,故一般看到的是部分相干条纹。

一般情况下,$\boldsymbol{E}_{10}$与$\boldsymbol{E}_{20}$不平行,此时

$$K = \frac{2\frac{1}{\sqrt{\varepsilon}}}{1 + \frac{1}{\varepsilon}} |\cos\theta| \tag{11-17}$$

式中:$\varepsilon = I_2/I_1$,θ是$\boldsymbol{E}_{10}$与$\boldsymbol{E}_{20}$的夹角。

2. 两束球面波的干涉

考虑图11-2中的两个点光源S_1和S_2发出的两束相干球面波(此时,S_1和S_2可称为"相干点光源")。假定S_1和S_2的电场振动方向相同,则距离这两点足够远的考察点P处,两球面波的振动方向近似相同,故可用标量波近似讨论。

1) 光程、光程差和两球面波的干涉场

如图11-2所示,将S_1和S_2的连线取为x轴,在空间取直角坐标系($Oxyz$),使S_1和S_2坐标分别为$\left(\frac{l}{2}, 0, 0\right)$和$\left(-\frac{l}{2}, 0, 0\right)$,其中$l$为$S_1$、$S_2$的间距,考察点$P$坐标为$(x,y,z)$,它与$S_1$、$S_2$的距离分别为$r_1$、$r_2$,则两球面波在$P$点的电场振动分别为

$$\frac{E_{10}}{r_1}\exp[\mathrm{i}(kr_1 - \omega t + \varphi_{10})] \text{ 和 } \frac{E_{20}}{r_2}\exp[\mathrm{i}(kr_2 - \omega t + \varphi_{20})]$$

式中:E_{10}与E_{20}分别为距离点光源S_1、S_2单位距离的参考点的振幅;k是介质中的波数。则光波在P点的强度为

$$I(P) = I_1(P) + I_2(P) + 2\sqrt{I_1(P)I_2(P)}\cos[k_0\Delta + (\varphi_{20} - \varphi_{10})] \tag{11-18}$$

式中:Δ为S_2和S_1到P点的光程差;k_0为光波在真空中的波束。显然,$k_0\Delta = k(r_2 - r_1)$。由于$I_1(P)$、$I_2(P)$和Δ都是P点位置的函数,所以干涉场中的等强度面具有复杂形状,但是,在远离S_1和S_2的区域内,$I_1(P)$和$I_2(P)$的变化要比式中余弦项的变化慢得多,因此,等强度面与等光程差面十分接近,以至于可以近似地用后者代替前者。

等光程差面的方程为

$$\Delta = n(r_2 - r_1) = n\left[\sqrt{\left(x+\frac{l}{2}\right)^2 + y^2 + z^2} - \sqrt{\left(x-\frac{l}{2}\right)^2 + y^2 + z^2}\right] \quad (11-19)$$

即

$$\frac{x^2}{\left(\frac{\Delta}{2n}\right)^2} - \frac{y^2 + z^2}{\left(\frac{l}{2}\right)^2 - \left(\frac{\Delta}{2n}\right)^2} = 1 \quad (11-20)$$

由于 $l^2 \geq \left(\frac{\Delta}{n}\right)^2$,故上式表示一个旋转双曲面方程,旋转对称轴是 x 轴(图 11-3)。

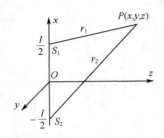

图 11-2 球面波干涉光程差的计算   图 11-3 等光程差面

仿照前例,引入干涉级 m,仍用 $2m\pi$ 表示相位差:

$$2m\pi = k_0 \Delta + (\varphi_{20} - \varphi_{10}) \quad (11-21)$$

则

$$\Delta = m\lambda_0 - \frac{\lambda_0}{2\pi}(\varphi_{20} - \varphi_{10}) \quad (11-22)$$

显然,利用干涉级 m 代替 Δ 作变量后,两干涉球面波的强度表达式中余弦项变得和两干涉平面波表达式一样,并且,最大强度面与整数 m 相对应,最小强度面与半整数 m 相对应。

式(11-21)仍然表明,干涉场的强度分布近似是光程差 Δ 或干涉级 m 的周期函数。但是,因为 Δ 和 m 不再与考察点位置坐标成正比,所以干涉场强度分布不具有空间周期。然而,我们可以用极限形式定义强度分布的局部空间频率,即

$$\boldsymbol{f} \cdot \mathrm{d}\boldsymbol{r} = \mathrm{d}m \quad (11-23)$$

由式(11-22)可知

$$\mathrm{d}m = \frac{1}{\lambda_0}\mathrm{d}\Delta \quad (11-24)$$

即

$$\boldsymbol{f} \cdot \mathrm{d}\boldsymbol{r} = \frac{1}{\lambda_0}\mathrm{d}\Delta = \frac{1}{\lambda_0}(\mathrm{grad}\Delta \cdot \mathrm{d}\boldsymbol{r}) \quad (11-25)$$

此式对任意 $\mathrm{d}\boldsymbol{r}$ 均需成立,故有

$$\boldsymbol{f} = \frac{1}{\lambda_0}\mathrm{grad}\Delta \quad (11-26)$$

显然,干涉场中任一点的 $\boldsymbol{f}$ 方向与 Δ 在该点附近变化最快的方向一致,而 $\boldsymbol{f}$ 的大小则等于 m 在上述方向上随空间位置的变化率。此为 $\boldsymbol{f}$ 的一般计算公式,我们可以利用等光程差方程和 $\boldsymbol{f}$ 的一般计算公式,求得干涉场中任意位置的 $\boldsymbol{f}$。

2）观察屏上干涉条纹的性质

（1）假定观察屏 Π 放置在 $y=y_0=$ 常数的平面上，如图 11-4 所示，并假定考察范围集中在 y 轴附近，使 x、z 值均远小于 y_0，则等光程差面与 Π 平面交线方程为

$$\Delta = n(r_2 - r_1)$$
$$= n\left[\sqrt{\left(x+\frac{l}{2}\right)^2 + y_0^2 + z^2} - \sqrt{\left(x-\frac{l}{2}\right)^2 + y_0^2 + z^2}\right] \quad (11-27)$$

由二项式展开定理得

$$(1+x)^m = 1 + mx + \frac{m(m-1)}{2!}x^2 + \cdots + \frac{m(m-1)\cdots(m-n+1)}{n!}x^n + \cdots$$
$$(11-28)$$

则式(11-27)可近似写为

$$\Delta \approx n\left\{y_0\left[1 + \frac{\left(x+\frac{l}{2}\right)^2 + z^2}{2y_0^2}\right] - y_0\left[1 + \frac{\left(x-\frac{l}{2}\right)^2 + z^2}{2y_0^2}\right]\right\} = \frac{xnl}{y_0} \quad (11-29)$$

所以空间频率在 Π 面上的投影是

$$\boldsymbol{f} \approx \frac{nl}{y_0\lambda_0}\boldsymbol{i} \quad (11-30)$$

从式(11-30)中可看出，观察面上的干涉条纹是平行于 z 轴的直线条纹，条纹的强度沿 x 方向按余弦规律变化，且相邻两亮（或暗）条纹间距为

$$e = \frac{1}{|\boldsymbol{f}|} = \frac{y_0\lambda_0}{nl} = \frac{y_0\lambda}{l} \quad (11-31)$$

条纹对比度（反衬度）为

$$K = \frac{2\sqrt{\varepsilon}}{1+\varepsilon}|\cos\theta|$$

式中：$\varepsilon = I_2/I_1$；θ 是 $\boldsymbol{E}_{10}$ 与 $\boldsymbol{E}_{20}$ 的夹角。

（2）观察屏放置在 $x=x_0=$ 常数的平面上，如图 11-5 所示。

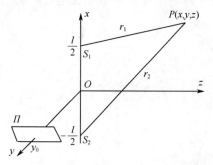
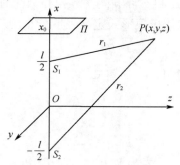

图 11-4　垂直于 y 轴的观察屏上干涉条纹计算　　图 11-5　垂直于 x 轴的观察屏上干涉条纹计算

由等光程差面方程(11-20)知：等光程差面与 Π 平面的交线为

$$y^2 + z^2 = \left[\left(\frac{l}{2}\right)^2 - \left(\frac{\Delta}{2n}\right)^2\right]\left[\frac{x_0^2}{\left(\frac{\Delta}{2n}\right)^2} - 1\right] \quad (11-32)$$

上式表示一组圆心位于 x 轴上的同心圆。

当观察屏离原点很远且考察范围很小,使得 $x_0 \gg l$、y、z 时,$\Delta \approx nl$。则上式变为

$$y^2 + z^2 = x_0^2 \left(\frac{nl}{\Delta}\right)^2 \left[1 - \left(\frac{\Delta}{nl}\right)^2\right] \approx 2x_0^2 \left(1 - \frac{\Delta}{nl}\right) \tag{11-33}$$

在计算 Π 面上条纹的空间频率时,为了计算方便,最好利用同心圆条纹的特点,用极坐标系统表示考察点的位置。

设极坐标下考察点的极径为 ρ,则

$$y^2 + z^2 = \rho^2$$

在 Π 平面内,Δ 沿极径方向的变化最快,即空间频率是沿极径方向的,则

$$\rho^2 = 2x_0^2 \left(1 - \frac{\Delta}{nl}\right)$$

对此式两边微分,即

$$\frac{d\Delta}{d\rho} = -\frac{nl}{x_0^2}\rho \tag{11-34}$$

式中:负号表示 Δ 值和干涉级 m 随 ρ 增大而减小。条纹圆心处,即 x 轴上点处的 Δ 和 m 最大。

沿极径方向的空间频率为

$$f = \frac{d\Delta}{d\rho}\Big/\lambda_0 = -\frac{nl}{x_0^2\lambda_0}\rho \tag{11-35}$$

从上式中看出,f 不再是一个常量,而是与 ρ 成正比,这说明干涉条纹是不均匀的,中央条纹较稀,而外面的条纹较密。

在 f 不是常量的情况下,条纹间距需通过对 $f \cdot dr = dm$ 积分计算。

设 Π 面上 $\rho = 0$ 点的干涉级为 m_0,用 $p = m_0 - m$ 表示某一极径处的条纹序号,则

$$m - m_0 = -p = \int_0^\rho f d\rho = -\frac{nl}{2x_0^2\lambda_0}\rho^2$$

$$p = \frac{nl}{2x_0^2\lambda_0}\rho^2 \tag{11-36}$$

$$\rho = x_0\sqrt{\frac{2\lambda_0}{nl}} \cdot \sqrt{p} \tag{11-37}$$

若 m_0 是整数,即干涉条纹中心恰好是极大强度,则由里往外计数的第 N 个亮纹的半径 ρ_N 为

$$\rho_N = x_0\sqrt{\frac{2\lambda_0}{nl}}\sqrt{N} = \rho_1\sqrt{N} \tag{11-38}$$

即各亮纹的半径按 $N^{1/2}$ 的规律增大,再次说明条纹内疏外密的特点。

以上讨论了 S_1 和 S_2 都是"实"点光源的情形。如果它们之中有一个是"虚"点光源,也即形成干涉场的不是两个发散球面波,而是一个发散球面波和一个会聚球面波,则等光程差面的形状将由旋转双曲面变成旋转椭球面。

实际上,例如当 S_1 是"虚"点光源时,向 S_1 会聚的球面波将先经过考察点 P,然后到达 S_1,则考察点 P 和 S_1 之间的光程可以看作是"负"值,使得"光程差"在空间上表现为"距离和",而与两个定点(S_1 和 S_2)之间距离和等于常数的动点的轨迹是旋转椭球面。

11.2 分波面双光束干涉装置与杨氏实验

由前面的分析可知,我们为获得相干光波,往往是利用同一个光源发出的同一列光波,将其分为两束或几束光波来进行干涉的,因此有双光束干涉和多光束干涉之分。双光束干涉又

有两种基本情况:在分光束时,把一束光波的横截面(即波面)分为两部分光波来进行干涉,称为分波面双光束干涉;把一束光波的光强(即振幅)分为两部分光波来进行干涉,称为分振幅双光束干涉。本节讨论分波面双光束干涉,下一节将讨论分振幅双光束干涉。

如上所述,分波面是获得相干光的一种办法,即可以用一束光波照射靠近排列的两个小孔(或狭缝)的不透明屏形成两束光波,也可以用反射或折射的方法将入射光波分为两束光波。由于这种一分为二得到的两部分光波来源于同一光波,所以它们必然是相干的。分波面双光束干涉中最著名的实验就是杨氏干涉实验,它是对于人们认识光的波动性有重要意义的一个经典实验。

11.2.1 分波面双光束干涉

1. 杨氏干涉实验装置

在杨氏干涉实验装置中,可以用两个小孔或者两个狭缝,将一个光源的波面分割为两个波面,形成双光束。我们用双孔分波面双光束干涉装置来说明,其实验装置如图 11-6 所示。图中,S_0 是一个受光源照明的点光源,从 S_0 发出的光波射到并排的两个小孔 S_1 和 S_2;让 S_0 到双孔 S_1 和 S_2 等距,$S_0S_1 = S_0S_2$,这样 S_1 和 S_2 为两个次光源,亦即为两相干光源。由 S_1 和 S_2 射出的两束光是等光强、初相位保持恒定的相干光,它们在与双孔距离为 D 的屏幕上叠加形成干涉图样(如 11.1.2 节所

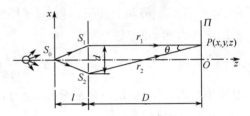

图 11-6 杨氏双孔干涉实验装置

述干涉图应是直条纹)。现在来分析这个干涉图样的光强分布情况,双光束干涉的光强分布由式(11-18)来计算。由式(11-18)可知屏幕 Π 上某一点 P 处的干涉合光强大小,取决于两束光波到 P 点的相位差 δ,下面来计算此相位差。

如图 11-6 所示,光波从 S_1 和 S_2 到观察屏上任一点 $P(x,y,z)$ 的距离分别为 r_1 和 r_2,则

$$r_1 = S_1P = \sqrt{\left(x - \frac{d}{2}\right)^2 + y^2 + D^2}$$

$$r_2 = S_2P = \sqrt{\left(x + \frac{d}{2}\right)^2 + y^2 + D^2}$$

由于 $r_2^2 - r_1^2 = 2xd$,故得到两束光波到 P 点的光程差为

$$\Delta = n(r_2 - r_1) = \frac{2xd}{r_1 + r_2}$$

此处 $n = 1$。实际中,$D \gg x$,$D \gg d$,有 $r_1 + r_2 \approx 2D$,所以得到 P 点的光程差为

$$\Delta = \frac{xd}{D} \tag{11-39}$$

并由此可知,光程差 Δ 只与坐标 x、z(此处 $z = D$)有关,而与 y 无关,即沿 x 有变化而沿 y 无变化。同时相应的相位差为

$$\delta = \frac{2\pi\Delta}{\lambda} = \frac{2\pi xd}{\lambda D} \tag{11-40}$$

设双孔处的光波是等光强的,$I_1 = I_2 = I_0$,于是有干涉图样的光强分布

$$I = 4I_0\cos^2\left(\frac{\delta}{2}\right) = 4I_0\cos^2\left(\frac{\pi xd}{\lambda D}\right)$$

上述结果表明,屏幕 Π 上在 z 轴附近的干涉图样是一系列平行等距的明暗相间直条纹;条纹的光强度分布呈余弦变化规律,直条纹垂直于 S_1 和 S_2 的连线方向(即平行于 y 轴)。

引入干涉级次 m:令 $\delta = 2m\pi, \Delta = m\lambda$。由此可知,干涉场中出现干涉极大、极小的位置:

(1) 干涉极大处的位置:$\delta = 2m\pi, \Delta = m\lambda, m = 0, \pm 1, \pm 2, \cdots$ 时,$x = m\lambda D/d$。

(2) 干涉极小处的位置:$\delta = (2m+1)\pi, \Delta = \dfrac{(2m+1)\lambda}{2}, m = 0, \pm 1, \pm 2, \cdots$ 时,$x = \left(m + \dfrac{1}{2}\right)\dfrac{\lambda D}{d}$。

(3) 干涉级次 $m = \Delta/\lambda$,表明位于光程差 Δ 越大的条纹,它的干涉级 m 越高。

(4) 相邻两个亮条纹或暗条纹之间的距离,称为条纹间距(亦即条纹宽度)e:

$$e = \frac{m\lambda D}{d} - \frac{(m-1)\lambda D}{d} = \frac{\lambda D}{d} \tag{11-41}$$

至此,我们得到了与 11.1.2 节相同的结论。

(5) 通常,还把到干涉场上某一点 P 两束光线之间的夹角(如图 11-6 中 S_1P 和 S_2P 的夹角 θ)称为相干光束会聚角。当 $D \gg d$ 时,$\theta = d/D$,于是又有条纹间距

$$e = \frac{\lambda}{\theta} \tag{11-42}$$

2. 干涉条纹的一些相关状况

(1) 由式(11-41)或式(11-42)可知,条纹间距 e 与干涉级 m 无关。当 λ、θ 和 D 一定时,e 是一常数,这说明干涉场中的所有干涉条纹都等间距。并且,条纹间距 e 与波长 λ 成正比,与会聚角 θ 成反比,这表明波长短的光波形成的干涉条纹较为密集,波长长的光波形成的干涉条纹较为稀疏。因此在实际工作中,可由 λ 和 θ 来分析条纹间距。

早期人们曾利用式(11-41)作为测定光波波长的方法之一,即利用可观察到的干涉条纹来测量光的波长。由于光波的波长很小,所以须使会聚角 θ 很小,或 $D \gg d$(即 D/d 的数值很大),这样才能得到较宽的条纹间距以利于测量,同时在测量时要求条纹间距的测量要有一定的精度。

(2) 在图 11-6 所示杨氏干涉实验中,S_0 点光源位于 z 轴上,与双孔 S_1 和 S_2 等距;如果 S_0 点光源沿 x 向上下微小位移,那么我们在观察屏幕看到的干涉条纹亦将会上下移动。当点光源向下平移时,干涉条纹向上移动;当点光源向上平移时,干涉条纹向下移动,可以计算得到点光源位移 δs 与条纹位移 δx 的关系为(具体计算可参见 11.2.3 节中非相干光源的宽度)

$$\delta x = -\frac{D}{l}\delta s$$

式中:负号表示点光源位移与干涉条纹移动的方向相反。此外,由于干涉条纹的取向是与 y 向平行的,所以点光源沿 y 向平移时,将不会引起干涉条纹的移动。

(3) 由双孔的次光源 S_1 和 S_2 射出的两束相干光波的整个叠加区域内,都能够发生干涉现象,因此观察屏幕 Π 可以任意放置。但此时需注意,在不同位置处看到的干涉图样是不同的。当距离较近时,屏幕上显示的干涉图样一般都不是等距的直条纹,而是呈现双曲线形状的干涉条纹(中心处条纹是直线,而远离中心处的条纹将是弯曲的)。只有在 $D \gg d$ 时,且在 z 轴(双缝或双孔的对称中心轴)附近区域内,才可以得到等距的直干涉条纹。观察干涉条纹,除了用屏幕显示外,还可以用目镜放大或用摄像物镜、光电探测器接收观察。

(4) 这里的讨论都是假设光源为单色光,只有单一波长 λ。如果光源中包含有两个波长 (λ_1、λ_2),由于波长不同,产生的条纹间距不同,则可以观察到同时存在两套间距不同的干涉条纹;这两套不相干干涉条纹中,其中央条纹(对应 $m=0$ 级条纹)处是重合的。当用白光(包括许多波长)为光源时,干涉图样上将出现彩色条纹;中央条纹是白亮纹,其两侧各有一黑暗纹,再往外两边对称地排列的干涉条纹均是彩色条纹(如图 11-7 中不同波长光波产生的条纹重叠的干涉场,其中 R 为红色,G 为绿色)。

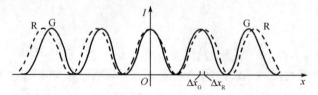

图 11-7 不同波长光波产生的条纹重叠的干涉场

11.2.2 分波面双光束干涉的其他实验装置

11.2.1 节论述了由分波面法来获得相干次光源的杨氏装置,另外,我们还可用反射或折射的方法将入射光波分为两个部分的光波。由此,形成了分波面双光束干涉的其他一些实验装置。

1. 菲涅耳双棱镜

图 11-8 所示的菲涅耳双棱镜由两个相同的、小楔角为 α 的棱镜组成。由点光源 S 发出的一束光,经双棱镜折射后分成两束光波,相互叠加将产生干涉。

此时,两折射光波可看作是从棱镜形成的两个虚像 S_1 和 S_2 次光源发出的一样;因此,这里形成的干涉场状况和杨氏双孔分波面双光束干涉的情况是一样的。

设棱镜材料的折射率为 n,则光束经棱镜折射后的偏向角近似为 $(n-1)\alpha$,于是,两个虚次光源之间的距离为

$$d = 2l(n-1)\alpha \tag{11-43}$$

式中:l 是光源 S 到双棱镜的距离。这样,利用式(11-41)等,即可计算知道干涉条纹的条纹间距,以及干涉极大、极小的位置等。

例 11-1 波长 λ = 6000Å 的单色平行光正入射到菲涅耳双棱镜的底面,棱镜底角为 α,折射率 $n=1.5$,如图 11-9 所示。试求:

(1) 出射光会在屏幕上形成什么图样,屏幕平行于棱镜底面;

(2) 若屏上条纹间距为 0.1mm,求棱镜底角 α。

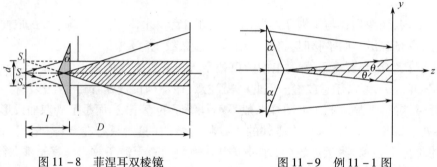

图 11-8 菲涅耳双棱镜   图 11-9 例 11-1 图

解 (1) 当 α 很小时,光线垂直入射到底面经折射后,出射光的偏向角为
$$\theta = (n-1)\alpha$$
棱镜上下两部分折射的光会发生重叠,在屏上会发生干涉,产生平行等距直条纹。

(2) 条纹间距
$$e = \frac{\lambda}{2\sin\theta} = \frac{\lambda}{2(n-1)\alpha}$$
已知 e、λ 和 n,并代入数值得到
$$\alpha = \frac{\lambda}{2(n-1)e} = \frac{0.6 \times 10^{-3}}{2(1.5-1) \times 0.1} = 0.006\,\text{rad} \approx 21'$$

2. 菲涅耳双面镜

菲涅耳双面镜是由两块平面反射镜 M_1 和 M_2 构成,M_1 和 M_2 之间有一个很小的夹角 ϕ (图11-10)。由点光源 S 发出的一束光,经由双面镜 M_1 与 M_2 反射后形成两束光波,再相互叠加产生干涉。这两个反射光波,犹如从平面反射镜形成的两个虚像 S_1 和 S_2 次光源发出的一样。由图11-10可知,$SO = S_1O = S_2O = r$,则双虚次光源的间距为
$$d = 2r\sin\phi \tag{11-44}$$

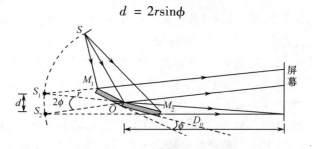

图11-10 菲涅耳双面镜

同样可利用前面的有关公式计算干涉条纹。由于双镜面的夹角 ϕ 很小,双虚光源的间距 d 也很小,所以将能够得到间距较大的干涉条纹。

例11-2 单色点光源 S 照明双面镜(图11-11),两镜夹角 φ 非常小,其反射光重叠区域的屏上会产生干涉条纹。设双面镜棱到屏的距离为 L_0,点源到棱距离为 r,求干涉条纹的间距。

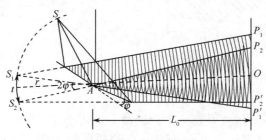

图11-11 例11-2图

解 光源 S 的光经双面镜反射,等效于两个虚光源 S_1 和 S_2 发光,在 P_2 到 P_2' 区域相重叠干涉,如图11-11所示,S_1 和 S_2 的距离为
$$t \approx 2r\varphi$$
S_1 和 S_2 到屏的距离为
$$L = r + L_0$$

按杨氏干涉计算,条纹间距为

$$e = \frac{(r+L_0)\lambda}{2r\varphi}$$

3. 洛埃镜

如图 11-12 所示,洛埃镜只用一块平面反射镜来分割光波波面。点光源 S 发出的一束光波,其中一部分光直接射向屏幕,另一部分光由平面镜大角度反射后再射向屏幕,因此这是由一个实光源 S 和一个虚光源 S_1 所产生的干涉。这里也同样可利用前面的有关公式计算干涉条纹,但是与前面有一点不同之处。

不同之处是其中由平面镜大角度反射的那一束光波,相对于入射光波有一个 π 的相位跃变(称为"半波损失")。因此在计算屏幕上某点对应的两束光波的光程差 Δ 时,必须加上由于 π 相位跃变而附加的光程差 $\lambda/2$;这样在屏幕紧靠平面反射镜的一端 M 放置时,两束光到达 N 点的光程差 $\Delta = 0$,N 点处本应出现亮纹,但实际上干涉条纹是暗纹。这一实验事实很好地证明了,光波在光疏到光密介质表面掠入射时,反射光将有一个 π 的相位跃变(这是"半波损失"的最早实验证明)。

例 11-3 点光源 S_1 掠入射到平面镜,其反射光照射到屏幕上,与 S_1 直接照射到屏幕上的光重叠,在 P_2P_2' 区域发生干涉,试讨论干涉图的特点。

解 如图 11-13 所示,S_2 是 S_1 相对镜面的反射像,相当于一个虚光源,S_1 和 S_2 组成了一个双孔干涉装置,叫作洛埃镜,"双缝"的间距等于缝 S_1 到镜面距离的 2 倍,观察屏大体上垂直于反射镜平面。与实际双缝实验不同的是,干涉条纹只发生在反射镜面上方一侧,而非杨氏条纹对称分布在零级条纹两侧。另外,当屏移近至反射镜远端 O 点时,几何上看,S_1O 和 S_2O 是等光程,O 点应是亮纹,但由于光从光疏介质向光密介质入射时,反射光有相位突变 π,相当于光多走了半个波长,称"半波损失",所以在 O 点处呈现干涉极小的暗纹,虽然仍算是"零级"条纹。

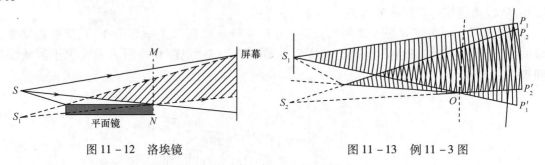

图 11-12 洛埃镜   图 11-13 例 11-3 图

4. 比雷对切透镜

比雷对切透镜(图 11-14),是把一个凸透镜 L(焦距为 f)对分为两半做成;两半块透镜拉开一点距离 a,其间隙用屏挡住不透光,利用这两块透镜分成两个波面。点光源 S 发出的光波经过对切透镜形成两个实像 S_1 和 S_2,由此射出两束光波叠加产生干涉。

设光源 S 到透镜的距离是 l_1,根据透镜成像公式可求出次光源 S_1 和 S_2 的距离,则两次光源的间距为

$$d = \frac{a(l_1 + l_2)}{l_1} \tag{11-45}$$

最后需指出,在分波面双光束干涉中,两束相干光波的整个叠加区域空间内,如果都能够

发生干涉现象,干涉条纹处处显现,只是干涉图样和条纹间距不同而已。这种干涉场的情况称为非定域干涉。还有另一种干涉场的情况,干涉条纹只能在某特定的区域里才可以看见,称为定域干涉(这在以后将会讨论到)。

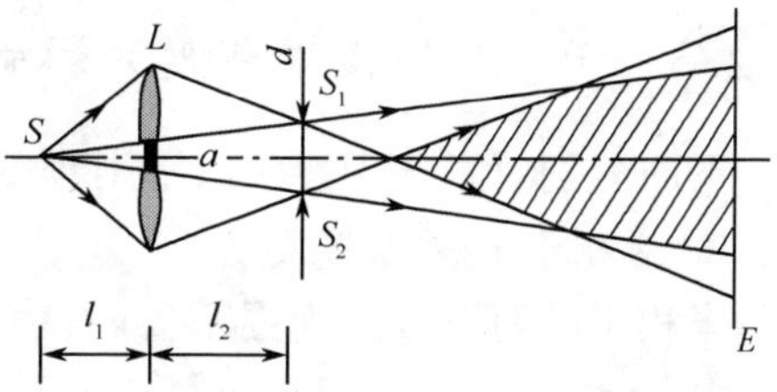

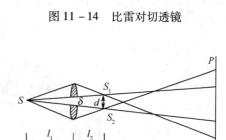

图 11 - 14　比雷对切透镜

例 11 - 4　焦距为 f 的透镜前相距 l_1 ($l_1 > f$) 处放置一单色缝光源(波长为 λ),透镜后相距 L 处放置一观察屏 P,整个系统沿主光轴对称。现沿平行于线光源方向把透镜对称地切割成两部分,并沿切口垂直方向对称地移开一小段距离 δ,这个装置称为比雷透镜,如图 11 - 15 所示。求屏 P 上干涉条纹间距和条纹总数。

解　线光源 S 经两个半透镜分别成像,两个像 S_1 和 S_2 成为相干光源,可以在屏 P 上形成干涉条纹。

图 11 - 15　例 11 - 4 图

先求出 S_1 和 S_2 的位置 l_2 和相对距离 d。因物距 $u = l_1$ (由题知 $l_1 > f$),则利用成像公式,得像距为

$$l_2 = \frac{l_1 f}{l_1 - f} \tag{11-46}$$

利用几何关系

$$\frac{\delta}{d} = \frac{l_1}{l_1 + l_2} = \frac{l_1 - f}{l_1}$$

得

$$d = \delta \frac{l_1}{l_1 - f} \tag{11-47}$$

因为两个像 S_1 和 S_2 是相干光源,与杨氏双缝实验类似,利用条纹间隔公式得本系统条纹间隔 ΔS 为

$$\Delta S = \frac{\lambda(L - l_2)}{d} = \frac{\lambda}{d}\left[\frac{L(l_1 - f) - l_1 f}{l_1 - f}\right] = \frac{\lambda}{l_1 \delta}[L(l_1 - f) - l_1 f] \tag{11-48}$$

此处推导已利用式(11 - 46)和式(11 - 47)。干涉条纹出现在由 S_1 和 S_2 发出的两束光的交叠区。利用几何关系

$$\frac{\delta}{D} = \frac{l_1}{l_1 + L}$$

$$D = \delta \frac{l_1 + L}{l_1}$$

得到条纹数为

$$N = \frac{D}{\Delta S} = \frac{\delta^2}{\lambda} \frac{l_1 + L}{L(l_1 - f) - l_1 f}$$

如果 $l_1 < f$,S_1 和 S_2 变为虚像,则由 S_1 和 S_2 "发出"的两束光将不发生交叠,不能产生干涉条纹。

11.2.3 干涉条纹清晰程度的影响因素

下面分别对影响干涉条纹清晰程度的因素进行讨论。

1. 两相干光波的光强

当相干的两光波的光强不等时,由式(11-3)、式(11-18)可知产生干涉后,有干涉条纹的强度极大值 I_{max} 和极小值 I_{min} 分别为 $(\sqrt{I_1}+\sqrt{I_2})^2$ 和 $(\sqrt{I_1}-\sqrt{I_2})^2$,代入式(11-46)可以得到

$$K = \frac{2\sqrt{I_1}\sqrt{I_2}}{I_1+I_2} \tag{11-49}$$

显然,当 $I_1 = I_2$ 时,有 $K=1$,而当 I_1 与 I_2 相差越大时,K 值越小。这正是前面所说产生干涉的补充条件,两束光波的光强相差不能很大,否则会形成一片均匀亮度的背景光场,致使观察不到干涉条纹。

2. 非相干光源的横向宽度

由理想点光源发出的光波可以认为是相干的,能够形成干涉,并有对比度很好的干涉条纹。然而实际中的普通光源都是扩展光源(有一定的发光面),而不是一个理想的点光源;它总有一定大小的发光面积(光源宽度),但我们可将此发光面看成是由许多点光源组成的。如果用它直接照射双孔(双缝),则其中每一个点光源都可以通过双孔形成各自一组干涉条纹。由于点光源处于不同位置(如同前面所述的点光源有微小位移情况),则生成的各组干涉条纹将会相互错位并重叠在一起,其中某一个暗条纹处可能会叠加上其他另一个亮条纹,致使整个干涉场的条纹对比度下降。因此常常加一个小孔来限制光源的大小。现在我们仍以杨氏干涉实验来讨论直接照明的光源宽度(或限制光源的小孔直径)允许值。

如图11-16所示,假设光源是以 S 为中心的扩展光源 $S'S''$(光源上各点发光强度相等),光源宽度 $S'S''=b$。其中,以 S' 为点光源可在屏幕 Π 上产生一组干涉条纹,由 S' 点到屏幕上任意一点 P 处的光程差为

$$\Delta' = (S'S_1+S_1P)-(S'S_2+S_2P) = (r_2'-r_1')+(r_2-r_1)$$

那么,由 $d \ll l$ 和 $D \gg d$,近似有

$$r_2-r_1 = \frac{2xd}{r_1+r_2} \approx \frac{xd}{D}$$

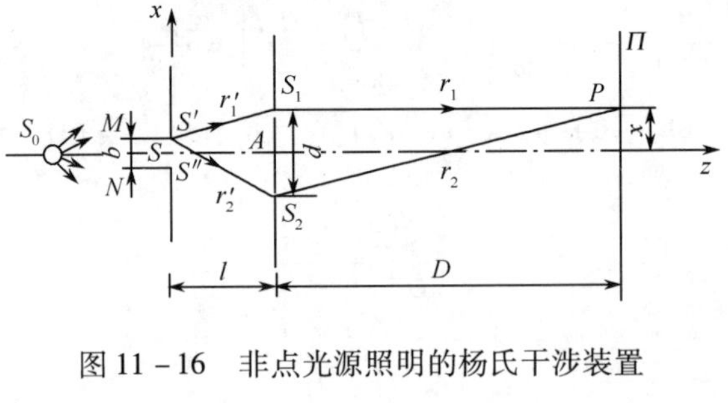

图 11-16 非点光源照明的杨氏干涉装置

同样,近似有

$$r_2'-r_1' = \frac{db}{2l}$$

因此,由 S' 点光源产生的干涉光程差为

$$\Delta' = d\left(\frac{b}{2l}+\frac{x}{D}\right) \tag{11-50}$$

根据前面相应公式可知,由 S' 为点光源在屏幕 Π 上产生的各级亮条纹(当 $\Delta' = m\lambda$ 时)的位置为

$$x_m = \frac{m\lambda D}{d} - \frac{bD}{2l} \qquad (11-51)$$

则其中由 S' 点光源产生的 0 级亮条纹(当 $\Delta' = 0$ 时)的位置是

$$x_0 = -\frac{bD}{2l}$$

由此可知,以 S' 为点光源在屏幕 Π 上产生的干涉图样和以 S 为点光源产生的干涉图样是同样的,但是由 S' 光源产生的整个干涉图样的位置向 $-x$ 方向平移了 $bD/(2l)$ 的距离。同样,以 S'' 为点光源在屏幕 Π 上生成的干涉图样也是同样没有变化,但是其整个干涉图样是向 $+x$ 方向平移了 $bD/(2l)$ 的距离。

而且可知,在光源 S 点与 S' 点间距为 $\frac{b}{2}$ 时,在屏幕 Π 上某点处由 S' 点光源产生的干涉光程差(由式(11-51)表示),比由 S 点光源产生的干涉光程差(由式(11-39)表示)多出一个光程差 $\Delta = \frac{db}{2l}$。这样,当 $\Delta = \frac{\lambda}{2}$ 时,因其干涉条纹位置相对平移,故此时由 S' 点光源产生的干涉亮条纹正好落在以 S 为点光源产生的暗条纹处,以至于整个干涉条纹消失。由此,光源 S 的宽度不能大于此时的 b 值,并把 b 定为光源的临界宽度(或极限宽度)b_c。由 $\frac{db}{2l} = \frac{\lambda}{2}$,可有

$$b_c = \frac{\lambda l}{d} \quad 或 \quad b_c = \frac{\lambda}{\beta} \qquad (11-52)$$

式中: $\beta = \frac{d}{l}$,称为干涉孔径角(即由 S 到 S_1 和 S_2 连线的夹角,参见图 11-17 中的 β)。

根据上述讨论,可知点光源是理想的干涉光源,得到的条纹对比度最好;随着光源宽度 b 的增大将使得条纹对比度下降。

可以证明,条纹对比度与光源横向宽度 b 之间满足如下关系:

$$K = \left| \frac{\lambda}{\pi b \beta} \sin \frac{\pi b \beta}{\lambda} \right| \qquad (11-53)$$

一般认为,光源宽度不超过临界宽度的 1/4 时,仍有清晰的干涉条纹,即条纹对比度仍很好(此时 $K \approx 0.9$)。此时的光源宽度称为光源的允许宽度 b_p,有 $b_p = \frac{\lambda}{4\beta}$。利用此公式,可以估算干涉系统中所用的光源大小的允许值。

3. 双光束干涉系统不变量

在讨论干涉问题的许多时候,常常并不是直接讨论光源宽度 b 的情况,因为 b 不好确定。根据式(11-52)有 $b_c = \frac{\lambda}{\beta}$ 或 $b_c \beta = \lambda$,因此用光源的干涉孔径角 β 来分析有关干涉状况比较方便。例如 $\beta = 0$,表示光源是以平行的光束来照射到双缝(或双孔)或者其他分光束的地方。所述的 $b_c \beta$ 量称为干涉系统的不变量。

此干涉系统不变量还有 $d\theta$ 和 $X\omega$。其中, $\theta = \frac{b_c}{l}$,表示从双缝 S_1、S_2 的中心处看扩展光源时光源的角宽度,X 为条纹间距,并有 $\theta = \frac{X}{D}$ 以及 $\omega = \frac{d}{D}$(图 11-17)。对于这些干涉系统不变

量,有如下的不变量关系式:
$$b_c\beta = d\theta = X\omega = \lambda$$

利用干涉系统不变量,可以测量天际星球的直径。根据前面的讨论,我们知道干涉系统能否产生干涉,与光源的宽度 b(或角宽度 θ)、双缝的间距 d 有关,因此,根据干涉现象的消失可判断出光源的大小。首先我们把直径为 ϕ 的星体看成是一个扩展光源,然后用测量星体直径的干涉系统来接收它发出的光波,在观察屏幕 P 上将会看到干涉图样。图 11-18 所示的干涉系统(迈克尔逊测星干涉仪)中,M_1 和 M_2 是一对放置距离较远、移动时可联动的反射镜。测量时,不断改变系统中的两个反射镜 M_1 和 M_2 之间的距离 d,直至干涉条纹消失。此时测出 d 值,根据不变量关系式 $d\theta = \lambda$,并由已知的 λ 值,即可计算出 θ(θ 为星球角直径),再测量出星球到地面的距离 L,就可计算得到星球的直径 ϕ($\phi = \theta L$)。

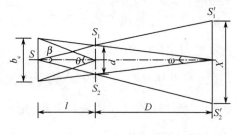

图 11-17 双光束干涉系统不变量

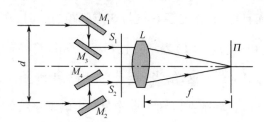

图 11-18 迈克尔逊测星干涉仪

4. 光源的空间相干性

从前面关于光源宽度对条纹对比度影响的讨论可知,当作为次光源的双孔的间距 d 固定时,随着光源宽度 b 的增大会使得条纹对比度下降,宽度大到一定程度(即光源为临界宽度)时干涉条纹完全消失;而当光源的宽度一定时,双孔间距的改变将会对条纹对比度有什么影响呢?双孔间距 d 为多大时还会有干涉条纹?此即光源的空间相干性问题。

如图 11-16 所示,在有一定宽度的光源(以 S 为中心的扩展光源 $S'S''$)的光波场中,与 S 距离 l 的两点为 S_1 和 S_2(这两点在垂直于 S 的传播方向的平面上相距为 d);假若通过 S_1 和 S_2 两点的光波能够在空间相互干涉,那么称通过这两点的光波(或由光源 S 发出的光波)具有空间相干性。并且易知,光的空间相干性是与光源的宽度大小相关的。由式(11-52)知,当 $b_c > \dfrac{\lambda l}{d}$ 时,通过 S_1 和 S_2 两点的光波不能够发生干涉,亦即通过这样两点的光波没有空间相干性,我们把此时的 S_1 和 S_2 两点间距称为空间横向相干宽度(简称相干宽度)d_c;在这两点所在平面上相对应的面积称为相干面积。显然有 $d_c = \lambda \dfrac{l}{b_c}$ 或 $d_c = \dfrac{\lambda}{\theta}$。由此易知,光源的宽度越小,其横向相干宽度(相干面积)越大,即它的空间相干性越好;当光源为点光源时,则有完全的空间相干性(表 11-1)。

表 11-1 光源的宽度与空间相干性、条纹对比度的关系

光源宽度 b	S_1 和 S_2 两点间距 d	空间相干性	条纹对比度 K
点光源 $b = 0$	$d = \infty$	完全相干	$K = 1$
扩展光源 b 为一定时	$d \leqslant d_c$	部分相干	$0 < K < 1$
扩展光源 b 为一定时	$d > d_c$	不相干	$K = 0$

5. 光源的时间相干性

光源的时间相干性与其单色性相关。单色光源只发出一种波长 λ（或频率 ν，$\lambda\nu = c$，c 是光速）的光波（是一简谐波），实际中的光源都不是单色光源，其光波具有一定的波长宽度 $\Delta\lambda$ 或有一定的谱线（频谱）宽度 $\Delta\nu$。在 $\Delta\lambda$ 范围里含有一系列波长，其每一种波长的光都产生各自的一组干涉条纹；而由于条纹间距（条纹宽度）e 是与波长有关的（见式(11-41)），对应不同波长的各组条纹间距不一样，波长短的光生成的条纹间距小。因此干涉条纹中除 0 级条纹（是亮纹）外，其他各级条纹的亮纹不重合而相互间都有位移（如图 11-19 所示，图中的细实线表示波长 λ 的干涉条纹，虚线表示波长 $\lambda + \Delta\lambda$ 的条纹）；这样一些不同波长光波产生的条纹重叠后，会使整个干涉场的条纹对比度下降且呈现出彩色，对应于高级次条纹处的条纹将消失而出现一片亮光场（如图 11-19 中的粗线所示）。

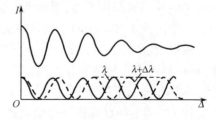

图 11-19 不同波长光产生的干涉条纹的重叠

可以证明光源非单色性引起的干涉场的条纹对比度下降满足如下关系：

$$K = \left| \frac{\sin\left(\Delta k \frac{\Delta}{2}\right)}{\Delta k \frac{\Delta}{2}} \right| \tag{11-54}$$

由前面讨论可知，在光源有一定的波长宽度 $\Delta\lambda$ 时，干涉场中对应不同光程差 Δ 的位置处，各种波长条纹相互间有不同的位移而重叠程度不一。假定干涉场中某 Q 点（有光程差为 Δ'）出现这样的现象，即波长为 $(\lambda + \Delta\lambda)$ 的第 m 级条纹和另一波长为 λ 的第 $(m+1)$ 级条纹发生重合，则表明此处两种波长条纹相对错位了一个条纹，该 Q 点处的条纹对比度 K 为 0；同时亦表明波长宽度为 $\Delta\lambda$ 的光源，此时有最大的光程差 Δ'，我们称之为光源的相干长度 L，即有 $\Delta' = L$。这样有

$$L = (m+1)\lambda = m(\lambda + \Delta\lambda)$$

由此可得条纹的最大干涉级次

$$m = \frac{\lambda}{\Delta\lambda}$$

则最大的光程差或相干长度

$$L = \frac{\lambda^2}{\Delta\lambda} + \lambda \approx \frac{\lambda^2}{\Delta\lambda} \tag{11-55}$$

可见，光源的相干长度 L 与其波长宽度 $\Delta\lambda$ 成反比，亦即波长宽度越小（单色性越好），其相干长度越大。前面(11.1.3 节)曾提到原子发出的一个光波的波列长度，即为光源最大的光程差或相干长度，所以用光源的波列长度、相干长度和波长宽度的概念来讨论干涉问题是完全等效的。

我们又把光波经过相干长度所需的时间叫做相干时间 Δt，所以光的时间相干性可用相干长度或者相干时间来衡量。由波列长度 $L = c\tau$（其中 c 为光速，τ 是波列持续的时间亦即原子一次持续发光的时间），有 $\Delta t = \tau$。由式(11-55)，可得到

$$c\Delta t = \frac{\lambda^2}{\Delta\lambda}$$

又由波长宽度 $\Delta\lambda$ 和频率宽度 $\Delta\nu$ 有关系 $\frac{\Delta\lambda}{\lambda} = \frac{\Delta\nu}{\nu}$,因此有

$$\Delta t \cdot \Delta \nu = 1$$

这表明光的时间相干性,取决于光源的波长宽度 $\Delta\lambda$ 或频率宽度 $\Delta\nu$;$\Delta\lambda$ 越小和 $\Delta\nu$ 越小,则光的时间相干性(有时也称为空间纵向相干)越好。我们一般说光源的相干性,主要是指光源的单色性即时间相干性;而所谓空间相干性,通常是对有一定波长宽度的扩展光源而言,分析它可能出现干涉的横向空间区域大小。

所以,在研究分析光的相干问题时,都是先假设光源是理想的单色点光源,认为是相干光源;然后再考虑光源是非相干的情况,分析光源的波长(频率)宽度、光源的空间大小,是否还能够满足光波的干涉条件。

例 11-5 一点源置凸透镜前焦点处,透镜后放一双棱镜,其顶角为 $\alpha = 3'30''$,如图 11-20 所示,棱镜折射率 $n = 1.5$,其后 $D = 5\text{m}$ 处有一观察屏,光波长为 5000Å。问:

(1) 屏上干涉条纹间距是多少?

(2) 屏上能出现多少条纹?

(3) 若在棱镜上半部分推入薄玻璃片,则屏上条纹如何变化?

(4) 若准单色光相干长度 $l_c = 1\text{cm}$,玻片折射率为 1.5,当玻片至少为多厚时,屏中心处干涉现象消失?

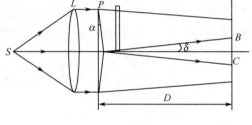

图 11-20 例 11-5 图

解 (1) 光线经双棱镜折射后,偏向角

$$\delta = (n-1)\alpha$$

从棱镜上、下两半出射的两束平行光之间夹角为 2δ,所以它们相干得到条纹,间距为

$$\Delta x = \frac{\lambda}{2\sin\delta} = \frac{\lambda}{2(n-1)\alpha}$$

代入 $\lambda = 5000\text{Å}$,$n = 1.5$,$\alpha = 3'30'' = 3.5 \times 0.29 \times 10^{-3}\text{rad}$ 得

$$\Delta x = 0.49\text{mm}$$

(2) 屏上两束光重叠区宽度为 BC,有

$$BC = 2\delta \cdot D = 5.1\text{mm}$$

$$\frac{BC}{\Delta x} = \frac{5.1}{0.49} = 10.4$$

故屏上出现 10 条干涉条纹。

(3) 插入折射率 $n = 1.5$、厚度为 d 的玻片,增加光程 $\Delta = (n-1)d$,导致条纹向上平移。

(4) 当增加的光程等于光的相干长度时,条纹消失,即

$$l_c = (n-1)d$$

得到

$$d = \frac{l_c}{n-1} = 2\text{cm}$$

即玻片厚达 2cm 时条纹消失。

例 11-6 试利用菲涅耳双面镜装置,证明光源的临界宽度 b 和干涉孔径角 β 的关系为 $b = \frac{\lambda}{\beta}$。

证明 以 SS'' 代表宽度为 b 的光源(图 11-21)。点 S 在双面镜的两个像 S_1 和 S_2 为一对相干光源,两点在干涉场产生的条纹如图中实线所示,0 级条纹位于 M_0 线上的 P 点(M 点是 S_1S_2 弧的中点)。宽光源的中点 S' 的两个像 S_1' 和 S_2' 也是一对相干光源,它们在干涉场产生的条纹如图中虚线所示,0 级条纹位于 $M'O$ 线上的 P'(M' 是 $S_1'S_2'$ 弧的中点)。由于 S_1S_2 弧等长于 $S_1'S_2'$ 弧,所以两组条纹间距相等,但彼此移动了距离 $x = PP'$。以 ϕ 表示 $\angle SOS'$,可见条纹移动量 $x = \phi q (q = \overline{OP})$。显然,当 x 等于条纹间距的 $1/2$ 时,宽光源右半边和左半边相距为 $b/2$ 的两点产生的条纹都互相抵消了,因而干涉场上条纹消失。据此,x 的临界值是

$$x_0 = \frac{1}{2}e = \frac{1}{2}\frac{\lambda(l+q)}{d}$$

式中: $l = \overline{SO}$; $d = \overline{S_1S_2}$。而 ϕ 角的临界值是

$$\phi_0 = \frac{x_0}{q} = \frac{\lambda(l+q)}{2dq}$$

因此宽光源的临界宽度是

$$b = 2l\phi_0 = \frac{l\lambda(l+q)}{dq}$$

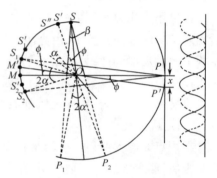

图 11-21 例 11-6 图

注意到干涉场 P 点在双面镜中的两个像 P_1 和 P_2 位于以 O 为圆心,以 q 为半径的圆周上,且 $\angle P_1OP_2 = 2\alpha$(α 是双面镜的夹角),故弦长为

$$a = \overline{P_1P_2} = 2\alpha q$$

再注意到 $d = 2\alpha l$,因此

$$b = \frac{l\lambda(l+q)}{dq} = \frac{\lambda(l+q)}{2\alpha q} = \frac{\lambda(l+q)}{a}$$

由图 11-21 可见,干涉孔径角

$$\beta = \frac{a}{l+q}$$

最后得到

$$b = \frac{\lambda}{\beta}$$

11.3 分振幅双光束干涉

由前面的讨论可知,分波面的双光束干涉在使用中存在着局限性,因为光源有空间相干性的限制,故只能使用有限宽度的光源(点光源)。这样虽然可以得到清晰的干涉条纹,但条纹的亮度被大大减弱,因此分波面双光束干涉中存在着条纹的对比度和亮度同时满足需要的矛盾。

由于条纹对比度与光源横向宽度 b 之间的关系满足式(11-53),可得到当干涉孔径角 $\beta = 0$ 时,所获得的干涉图对比度将不再随着光源横向宽度 b 的增大而下降,其对比度将保持 $K = 1$ 不变的结论,即不论光源横向宽度 b 有多大,都可以获得理想对比度的干涉图。为此,在由一个初级光源获得两个满足稳态干涉三条件的次级光源时,要求两个次级光源分别与初级光源的连线的夹角为零。

上述要求一般可以通过对初级光源发出的同一光线进行振幅分割来实现,利用此方法来

获得两列相干光波并使其相遇产生干涉的方法称为分振幅的双光束干涉。显然,分振幅的双光束干涉装置可以使用宽度较大的光源(即扩展光源),得到的干涉条纹既可有一定的条纹亮度又可以保持条纹的清晰程度。所以,在实际的干涉装置中,通常更多的是利用分振幅的双光束干涉。许多干涉仪尽管干涉方式不同,但均以此为基础。

11.3.1 平板分振幅干涉

一般分振幅的双光束干涉是利用平板来进行振幅的分割,即利用平板的上下两个表面的入射光波的反射和透射,把入射光波的振幅分割成两部分光波再相互干涉。平板指厚度不大的薄平板或薄膜层,可理解为由两个表面限制而成的一层均匀透明介质组成;可以是玻璃平板、油膜,也可以是两玻璃平板之间的空气层。

平板分振幅干涉又可分为两种情况:平行平板(平板的两表面是平面,并且平行)分振幅干涉,由此形成的干涉现象称为等倾干涉;楔形平板(平板的两表面是平面,但不平行而成楔角)分振幅干涉,由此形成的干涉现象称为等厚干涉。这里由平行平板的干涉情况,再介绍一下非定域条纹和定域条纹。

1. 非定域条纹

如果用点光源 S 照射一块透明的平行平板 M,就可以形成干涉。如图 11-22 所示,可以看出对于空间任何位置 P,由光源 S 发出的光线中总有两条光线将在这里相叠加(一条光线从平板上表面反射到达,另一条从平板下表面反射而来);或者说,由光源 S 发出任意两条光线,总可以在空间某一位置上相叠加。因此与前面讨论的分波面双光束干涉一样,在空间任何位置都可发生干涉,即在任意区域都能得到干涉条纹,称为非定域条纹。

2. 定域条纹

在用点光源 S 照射一平行平板 M 可以形成干涉时,只有一种情况,即由同一条光线入射到平板后,经上下表面反射和折、反射得到的两条光线相叠加(满足 $\beta=0$ 的要求),将在无穷远处才干涉(如图 11-23 所示,P 在透镜 L 焦点处)。这种只有在特定位置(如在无穷远处)才可得到的干涉条纹称为定域条纹,此条纹所在的位置称为定域面。

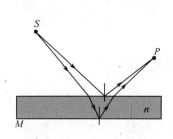

图 11-22 平板的非定域条纹

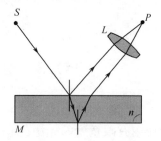

图 11-23 平板的定域条纹

如果是用扩展光源照射一块透明的平行平板,则如同前面所述,由于该光源各点发出的光波都可以在空间任何位置上发生干涉,这样在空间某一位置上生成的各条纹之间会有错位,以致使条纹对比度变差甚至消失。只有由扩展光源 S' 发出的相同入射方向的两束光(如图 11-24 所示的光线 1 和 2 是平行的),两束光在反射后也都是互相平行的,因此这些光束将在无穷远处才相交干涉。故由扩展光源产生干涉的定域面在无穷远处,为此常用一凸透镜聚焦来观察,此时定域面所在的焦平面 Π 上,可以得到亮度和对比度都大的干涉条纹。

11.3.2 等倾干涉

由平行平板形成等倾干涉,可以是由入射光在平行平板上的反射光来产生(图 11 - 23、图 11 - 24),也可以是由入射光经平行平板的透射光来产生。一束入射光波进入平板后在表面分为两部分光波,其中一部分光是从平板上表面反射得到,另一部分光是由平板上表面折射、下表面反射而产生,从而形成双光束等倾干涉。正如前面所述,为了获得条纹对比度和亮度均好的干涉条纹,等倾干涉一般用扩展光源来照明平行平板。

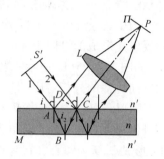

图 11 - 24 扩展光源的定域条纹

1. 等倾干涉条纹的强度分布

讨论等倾干涉的条纹强度分布,关键还是看它们的光程差。由图 11 - 24 可知,由光源 S 发出的同一束光经平行平板得到的两束光的光程差是

$$\Delta = n(AB + BC) - n' \cdot AD$$

式中:n 和 n' 分别是平板和周围介质的折射率。设平行平板的厚度为 h,i_1 和 i_2 分别是入射光在上表面的入射角和折射角,有

$$AB = BC = \frac{h}{\cos i_2}$$

$$AD = AC\sin i_1 = 2h\tan i_2 \sin i_1$$

以及

$$n\sin i_2 = n'\sin i_1$$

则有

$$\Delta = 2nh\cos i_2$$

或

$$\Delta = 2h\sqrt{n^2 - n'^2 \sin^2 i_1}$$

若考虑到平板置于均匀介质中,则前两束反射光将引入一个附加光程差 $\lambda/2$,故有光程差

$$\Delta = 2nh\cos i_2 + \frac{\lambda}{2} \tag{11-56}$$

这里需要注意,考虑半波损失,仅仅是干涉级次相差了半级,即条纹的亮暗对调,并没有影响干涉条纹的分布和对比度。因此在工程上,如果只研究干涉条纹的相对变化,则可不考虑半波损失(即加与不加 $\lambda/2$ 均可)。

总之,在一定光程差 Δ 时等倾干涉的条纹强度为

$$I = I_1 + I_2 + 2\sqrt{I_1 I_2}\cos\left(2\pi\frac{\Delta}{\lambda}\right) \tag{11-57}$$

式中:干涉条纹在 $\Delta = m\lambda$ 时为亮纹,$\Delta = \frac{(2m+1)\lambda}{2}$ 时为暗纹,此时 m 应为整数。

2. 等倾条纹

如果平行平板是绝对均匀的,则折射率 n 和厚度 h 均为常数,所以光程差 Δ 的变化只取决于入射光到平板的入射角 i_1(或折射角 i_2),即式(11 - 56)中对应某一波长 λ 只有 i_2 是变量。这表明,凡是入射的倾角(入射角或折射角)相同的光波,经平板反射后到达其相遇点都有相

同的光程差,形成同一级次的干涉条纹,由此我们把这种干涉条纹叫做等倾条纹,即由入射等倾角的光生成的干涉条纹。

等倾条纹的形状与观察望远镜的方位有关,如图 11-24 所示情况,观察望远镜的光轴与平板法线有一角度,则望远镜的焦平面也与平板表面成同角度,此时焦平面上的条纹为椭圆。

当望远镜光轴与平板法线平行时,如图 11-25(a)所示,通过望远镜观察平行平板 M 上的反射光形成的等倾干涉时,在透镜 L 的焦平面 F 上,看到的等倾条纹将是一组同心圆环条纹(如图 11-25(b)所示),称为海定格条纹。其每一个圆环条纹,与扩展光源上各点发出的同方向传播的光相对应,即与具有相同的入射倾角的平行光波(如图 11-25 中的光线 1、1′和 2、2′等)相对应。并且光源 S 发出经平行平板反射的、凡是以透镜 L 的光轴 OO' 为中心轴的相同圆锥母线(其圆锥半顶角为入射角)上的光线(如光线 1、1′和 2、2′),都将汇聚在焦平面 F 上,形成以 O 为圆心、OP 为半径的一个圆周,也就是说同一干涉级次的条纹是一个圆,从而对应生成一组同心圆环条纹。

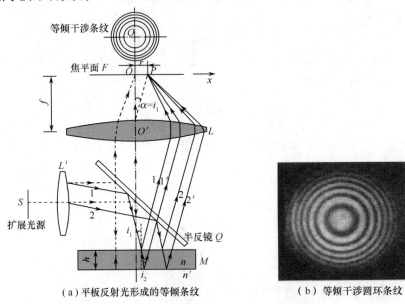

(a)平板反射光形成的等倾条纹　　　　(b)等倾干涉圆环条纹

图 11-25　平行平板反射光产生的等倾条纹

由此可见,由等倾干涉形成的条纹,其位置只与形成条纹的光源各光束入射角有关,而与光源上各点光源的位置无关。因此,在等倾干涉中可采用面积较大的扩展光源,光源的宽度增大将不影响条纹对比度,而只会增加干涉条纹的强度。

3. 等倾条纹的干涉级次

由等倾干涉的条纹光程差公式(11-56)可知,等倾干涉圆环条纹越靠近条纹中心处,其对应的入射角 i_1 越小,而光程差越大,即相应的干涉级次越高(m 越大);而接近等倾圆环条纹外沿处,其干涉级次越低(m 为 0 级次在圆环最外沿)。现设定等倾条纹圆中心点(对应的角 $i_1=0$)的条纹级次为 m',则有

$$m' = \frac{\Delta_0}{\lambda} = \frac{2nh}{\lambda} + \frac{1}{2} \qquad (11-58)$$

在实际中,干涉级次 m' 往往是一个较大的数,但并不一定是整数($m'=m+\varepsilon$,其中 m 是整数,ε 是小数)。因此,等倾干涉的中心条纹(为圆斑),可能是亮斑可能是暗斑,也可能是亮度介于

两者之间的圆斑。

4. 等倾条纹的角半径、条纹半径

我们在进行测量时,通常由中心起计算圆条纹的环数 N,即最靠近中心的环条纹为第1环($N=1$,其相应干涉级次是 m_1),并依次计数;对第 N 环条纹,则干涉级次是 $m_N = m_1 - (N-1)$。又把某一条纹对透镜中心张角称为条纹的角半径 α,则第 N 个亮条纹对透镜中心的张角称为该亮条纹的角半径 α_N (如图 11-25 中所示 α, $\alpha_N = i_{1N} \approx \frac{n}{n'} i_{2N}$)。由光程差公式(11-56),得

$$\Delta_N = 2nh\cos i_{2N} + \frac{\lambda}{2} = m_N \lambda = [m_1 - (N-1)]\lambda$$

同样由式(11-56)有中心处光程差

$$2nh + \frac{\lambda}{2} = m'\lambda = (m_1 + \varepsilon)\lambda$$

代入上面的 Δ_N 表达式,并考虑到一般 i_{2N} 较小,有关系式 $\cos i \approx 1 - \frac{1}{2}i^2$,可得

$$i_{2N} = \sqrt{\frac{\lambda}{nh}} \sqrt{N - 1 + \varepsilon}$$

再由 $n i_{2N} \approx n' i_{1N}$,条纹角半径 $\alpha_N = i_{1N}$,则第 N 个亮条纹的角半径为

$$\alpha_N = i_{1N} = \frac{1}{n'}\sqrt{\frac{n\lambda}{h}} \sqrt{N - 1 + \varepsilon} \tag{11-59}$$

又由干涉圆条纹的半径 $r_N = f\tan\alpha_N$,得相应条纹半径为

$$r_N = \frac{f}{n'}\sqrt{\frac{n\lambda}{h}} \sqrt{N - 1 + \varepsilon} \tag{11-60}$$

5. 等倾条纹的条纹角间距

由光程差公式(11-56),也可求出条纹的角间距 δi_{1N} (相邻两条纹对透镜中心的张角)。可将式(11-56)两边分别对变量 i_{2N} 和 m 求微分,有

$$-2nh\sin i_{2N} \mathrm{d}i_{2N} = \lambda \mathrm{d}m$$

这里令 $\mathrm{d}i_{2N} = \delta i_{2N}, \mathrm{d}m = 1$(相邻两条纹级次差1),并只取其绝对值;因一般 i_{1N} 和 i_{2N} 很小,且有 $n'\delta i_{1N} \approx n\delta i_{2N}$,由此可得到条纹的角间距

$$\delta i_{1N} = \frac{n\lambda}{2n'^2 h i_{1N}} \tag{11-61}$$

可见,δi_{1N} 与 i_{1N} 成反比,表明等倾圆环条纹是不等间距的,靠近中心的条纹间距较疏,从中心往外的条纹将越来越变密。

6. 等倾条纹随平板的厚度而改变

由光程差公式(11-56)还可知,随厚度 h 的改变(比如利用两玻璃平板之间的空气层,改变其薄层间距),将会看到等倾圆环条纹的移动。对某一级次 m 的条纹,其对应的 $\cos i_2$ 将随厚度 h 增加而变小,即 i_2(或入射角 i_1)随厚度 h 增加而变大,即该条纹的半径也增大。而且当厚度 h 增加 $\frac{\lambda}{2}$ 时 $\left(\delta h = \frac{\lambda}{2}\right)$,条纹将改变一个级次,即第 m 级次的该条纹将由内往外,向低干涉级次方向移动,其他圆环条纹也依次扩大。可以看到,当平板(薄层)厚度逐步增加(h 变大)时,中心将会不断冒出新的、更高一个级次的条纹来并向外扩大,犹如泉水冒涌;反之,在厚度逐渐减小(h 变小)

时,圆环条纹将向中心收缩变小,在中心处条纹会一个个消失,如同陷阱塌陷。

可以利用这一现象来判断和测量两表面之间的距离或平板(薄层)的厚度变化。即当观察到变化一个条纹时,说明此时间距或厚度已改变了 $\frac{\lambda}{2}$,因此这种测量方法可具有高的精度(微米量级)。

7. 透射光的等倾条纹

前面只讨论了反射光的干涉情况,现分析一下透射光的等倾干涉,即入射光的一部分会透过平板两表面,这样也能够形成等倾条纹。图11-26中,其中一束是直接透过平板的光,另一束是经平板两次内反射后透过的光,它们的光程差 $\Delta = 2nh\cos i_2$。可见,对于同一入射光,我们比较其反射光的干涉光程差和其透射光的干涉光程差,可以看出两者相差 $\frac{\lambda}{2}$ 的光程差。因此,在反射光的干涉纹是亮纹时,其对应的透射光的干涉条纹必定是暗纹,即反射光的等倾条纹与其对应的透射光等倾条纹是互补的。

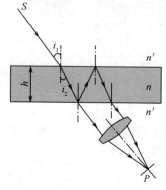

图11-26 透射光产生的等倾条纹

但是,在平板两表面的反射率很低时,透射光的两束光的强度相差很大,故其条纹对比度很差;而反射光的两束光的强度相差不大,因此其条纹对比度较好。所以,我们经常利用的是反射光的双光束等倾条纹,而不用透射光的双光束等倾条纹。

11.3.3 等厚干涉

如前面所述,等厚干涉是由楔形平板将一束入射光波,由平板上下表面反射和折射而分为两束光波所产生的双光束干涉;由此生成的干涉条纹称为等厚条纹。所谓楔形平板,同样可以是形成小楔角且厚度较薄的玻璃平板,也可以是两玻璃平板之间有楔角的空气薄层,或是有不同厚度的油膜。

1. 等厚干涉条纹定域面的位置

等厚干涉如同等倾干涉一样,当用一个点光源照射楔形平板时,将在两束光波相遇空间的任何平面上都能产生干涉条纹,则此条纹是非定域的。而如用扩展光源来照明,将只在某些位置(定域面)才得到清晰的条纹,这样的干涉条纹将是定域的。由楔形平板形成的等厚干涉的条纹定域面,是在板的表面上及其附近。

在图11-27中可以看到,扩展光源是以平行的光束(图11-27(a)中光束1或1′)来照射楔形平板,所产生的等厚干涉条纹的定域面位置:当扩展光源 S 在楔形平板楔棱反方向上照明,光线斜入射时,条纹的定域面 P 在平板上表面外的附近(图11-27(a));当光源 S 在楔形平板楔棱同侧的上方照明,光线斜入射时,条纹的定域面 P 在平板的下表面外附近(此时看到的定域条纹是虚像)(图11-27(b));而当扩展光源 S 在楔形平板的上方照明,光线垂直入射(入射角很小)时,定域面 P 将在平板内两表面之间(图11-27(c))。并且,楔形平板两表面的楔角愈小,平板表面附近的定域面将离开平板愈远;当平板成为平行平板时,其定域面将在无穷远处。在实际应用中,只要使用的扩展光源有一定宽度,就可生成有相当亮度的条纹;并且不仅在以干涉孔径角 $\beta = 0$ 的光束照射所确定的定域面处,而且在该定域面附近的区域内也能看到条纹,只是其对比度较差。所以,干涉定域是具有一定的深度的,光源越大则干涉定域的深度越小,反之,光源越小则干涉定域的深度越大(即趋向于非定域);当光源成为点光源时将有最大的干涉定域的深度,亦即为非定域的了。

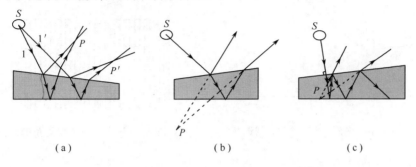

图 11 - 27　扩展光源照明楔形平板产生条纹的定域面位置

2. 等厚干涉条纹的强度分布

如图 11 - 28 所示,设扩展光源 S_0 发出的一束光入射到楔形平板两表面后分为两束光,并相遇于定域面的 P 点,则在该点处两束光的光程差为

$$\Delta = n(AB + BC) - n'(AP - CP)$$

由于楔形平板的光程差 Δ 值不易计算准确,故当平板的厚度 h 和楔角 α 都较小时,通常近似用平行平板的光程差公式代替,即有

$$\Delta = 2nh\cos i_2 + \frac{\lambda}{2} \tag{11-62}$$

式中:h 是楔板 B 点处的厚度;i_2 是入射光在 A 点的折射角;同样考虑有半波损失引入的附加光程差 $\frac{\lambda}{2}$。

3. 等厚条纹及其干涉级次

若楔形平板是均匀的(即折射率 n = 常数),并且观察视场较小,则可近似认为平板各点的入射角 i_1(或折射角 i_2)都一样,即 i_2 = 常数。所以这里光程差 Δ 的变化只取决于入射光经平板折射并反射处的楔板厚度 h,即式(11 - 62)中对应某一波长 λ 只有 h 是变量。这表明,凡是通过平板相同厚度的光波,经平板反射后到达其相遇点都有相同的光程差,形成同一级次的干涉条纹,由此我们把这种干涉条纹叫做等厚条纹,即经由楔形平板上等厚度点的光生成的是同一级干涉条纹。请注意,在区分由平板形成的等倾干涉、等厚干涉时,是由形成干涉的光来判断,而不是从平板的形状来区分。

对于楔形平板,平行于其楔棱的厚度是相等的,而垂直于其楔棱的厚度是均匀线性变化的。由此可知,取决于平板厚度 h 的等厚条纹,是一组平行于楔棱的等间距的直条纹,如图 11 - 29 所示。同样,当 $\Delta = m\lambda$ 时定域面上 P 点处有干涉极大,其条纹为亮纹;当 $\Delta = (2m + 1)\frac{\lambda}{2}$ 时定域面上 P 点处有干涉极小,其条纹为暗纹。而且,由于干涉级次 m 取决于光程差 Δ 的大小,亦即此处取决于楔板厚度 h 的大小,因此靠近平板楔棱的相应条纹的干涉级次低(m 小),随着厚度的增加,所对应条纹的干涉级次也增高(m 变大)。当厚度 h 增加 $\frac{\lambda}{2}$ 时 $\left(\delta h = \frac{\lambda}{2}\right)$,条纹将改变一个级次($\delta m = 1$)。

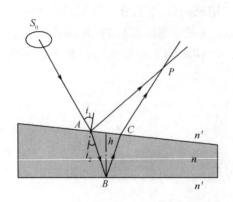
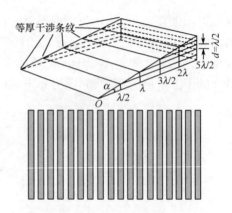

图 11-28　楔形平板的等厚干涉　　　　图 11-29　等厚条纹间距的计算

4. 等厚条纹的条纹间距

由光程差公式还可知,从一个亮条纹(第 m 级)过渡到另一个亮条纹(第 $(m+1)$ 级),或者从一个暗纹到另一个暗纹,对应光程差 Δ 的变化为 λ;同时相应于平板的厚度 h 变化为 $\delta h = h_{m+1} - h_m = \dfrac{\lambda}{2n}$。如图 11-29(假设等厚条纹的定域面在上表面附近处)所示,可得到条纹间距为

$$e = \frac{\lambda}{2n\alpha} \qquad (11-63)$$

此式表明,条纹间距 e 与平板楔角 α 成反比,即相对于平板楔角 α 较大时,等厚条纹的条纹间距变密,条纹宽度也较细。

等厚条纹的间距 e 与波长 λ 也有关,由式(11-63)可知,e 与 λ 成正比:当光的波长较大时形成的等厚条纹的间距较大,光的波长较小时形成的条纹间距较小。在使用白光光源时,形成的等厚条纹将是彩色条纹,其中 0 级条纹(对应光程差为 0 的条纹)是白色的,此外 0 级附近的其他各级条纹都带有一组红/黄/蓝/紫的颜色。因此,各级条纹的不同颜色对应着一定大小的光程差。可以利用这种条纹的不同颜色来估计此处光程差的大小(应用在检验光学元件平面时,可由此判断其平直度)。当出现白光条纹时,则表明此时干涉的两光束为等光程(应用在位移测量时,可由此作为一个定位基准)。

5. 牛顿环

所谓牛顿环,是用一个平面镜和一曲率半径较大的凸或凹面镜(或者用两面曲率半径相差不大的凸或凹面镜)的两表面之间形成的空气薄层,当光照射时产生的等厚圆环条纹。牛顿环的干涉图样是一组同心圆环状条纹,其靠近中心的条纹间距较疏而在外沿的条纹较密;与前面所述的等倾条纹的同心圆环干涉图样相似,但有根本的不同之处,即形成各圆环条纹的光程差及其对应的干涉级次不一样,牛顿环的中心条纹的干涉级次最低,而等倾条纹的中心条纹级次是最高的。

如图 11-30(a)所示,在一块平晶(专用于检测的平行平板)上放置一平凸透镜(其曲率半径一般较大),它们接触的两表面间即形成一个空气薄层,当光垂直照射时空气薄层上会生成一组以接触点为中心的牛顿环等厚条纹。其中将看到接触点附近条纹是一暗斑,这是因为尽管接触点处 $h=0$,但在接触的几何点周围的邻域上均为空气薄层,存在一附加的 $\dfrac{\lambda}{2}$ 光程差,所以由光程差公式可知中心条纹是一暗斑。另外，在透射光方向也可以看到一组同心圆环状条纹。这两组牛顿环条纹是互补的，故由透射光方向看，中心条纹将是一亮斑(图 11-30(b))。

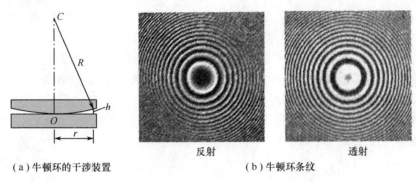

（a）牛顿环的干涉装置　　　　反射　　　　（b）牛顿环条纹　　　透射

图 11-30　牛顿环的形成和干涉条纹

下面导出牛顿环条纹的半径 r 与透镜曲率半径 R 之间的关系。设图 11-30 中，由条纹的中心向外数第 m 个暗纹的半径为 r，其对应的厚度是 h，则有

$$r^2 = R^2 - (R-h)^2 = 2Rh - h^2$$

由于 $R \gg h$，则 h^2 可忽略，可得到厚度为

$$h \approx \frac{r^2}{2R} \tag{11-64}$$

再由光程差公式(11-62)，当光垂直入射时有 $i \approx 0$，在空气薄层里 $n=1$，故有 $\Delta = 2h + \frac{\lambda}{2}$；对应第 m 个暗纹的光程差为 $\Delta = \frac{(2m+1)\lambda}{2}$，则有 $h = \frac{m\lambda}{2}$。

因此，根据式(11-64)，可得到

$$R = \frac{r^2}{m\lambda} \tag{11-65}$$

这样，当我们用读数显微镜测量出第 m 个暗纹半径 r 的值，并已知波长 λ 值时，即可计算出凸透镜曲率的半径 R。

然而，实际的测量曲率半径 R 的准确方法是通过测量出离中心较远处的两个圆环条纹（设为第 m_1 和 m_2 级）的半径（r_1 和 r_2）的值，并由已知的波长 λ，再来计算透镜的曲率半径 R。因为由式(11-65)可有

$$r_1^2 = m_1 \lambda R, \quad r_2^2 = m_2 \lambda R$$

即 $r_1^2 - r_2^2 = (m_1 - m_2)\lambda R$，则得到

$$R = \frac{r_1^2 - r_2^2}{(m_1 - m_2)\lambda} \tag{11-66}$$

同时可得到

$$\lambda = \frac{r_1^2 - r_2^2}{(m_1 - m_2)R} \tag{11-67}$$

由此，也可利用这一方法来测量光波的波长 λ（已知透镜的曲率半径 R）。

若用球径仪来测量透镜的曲率半径，即测出透镜的矢高 h，再由式(11-64)计算出透镜曲率半径 R，则测量误差约为 $\pm 1 \mu m$。而利用牛顿环方法来测量曲率半径较大的透镜时，其测量

误差约为 $10^{-2}\mu m$ 量级,测出的透镜曲率半径数值要更准确些。

6. 等厚条纹的应用

因为等厚条纹能够反映出两表面之间的薄层厚度的变化情况,所以常常在精密测量和光学元件加工中,利用产生的等厚条纹的形状、数目、间距以及条纹的移动,来测量光学表面的质量及其局部误差,还可测量物体的微小长度、角度和位移等。

例 11-7 在光学元件加工时,常用玻璃样板(即此玻璃板的表面光学质量极好)来检验加工的光学元件的表面质量。这种检验方法就是利用等厚干涉观察其条纹的干涉图样状况。该条纹形成于平晶的标准表面和待测的元件表面之间的空气层处,通常把这些条纹称为光圈。

如图 11-31(a)所示,在检验时把标准平晶 Q 轻放在待测光学元件 G 的表面上,用手指按住平晶 Q 的一边(如图中 A 处),使得平晶另一边微微翘起从而形成一空气楔层。

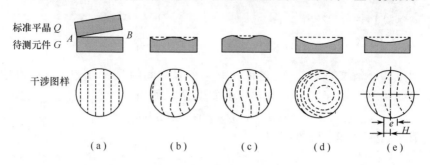

图 11-31 利用等厚条纹观察检验光学元件的表面质量

这时在白光照明下就会看到彩色的等厚条纹,如果元件 G 的表面平面度 N 好,则将呈现一组平行等距的直条纹(图 11-31(a));如条纹出现弯曲即表明被测的表面不平(图 11-31(b)~图 11-31(e)),其弯曲程度越大则表面的平面度 N 偏差越大。假设观察到的条纹如图 11-31(e)所示,有条纹弯曲的矢高为 H,则被测表面的平面度局部误差 ΔN,以 H 与条纹间距 e 之比来表示:

$$\Delta N = \frac{H}{e} \tag{11-68}$$

其对应的平面偏差(即此处凹下或凸起的厚度)为

$$\Delta h = \frac{H}{e} \frac{\lambda}{2} \tag{11-69}$$

通常对光学平面的平面度要求偏差 $\Delta h \leqslant \frac{\lambda}{4}$,即条纹弯曲程度 H 不超过条纹间距 e 的一半 $\left(即 \Delta N = \frac{1}{2}\right)$。人眼估测条纹弯曲程度的精确度一般可达到约 $\frac{1}{10}$ 条纹,亦即估测平面偏差小于 $\frac{1}{20}$ 波长(约为 $0.03\mu m$),所以在加工检验光学平面时用此方法可得到很好的平面度。

还可以根据条纹弯曲的取向来判断被测平面是凹下还是凸起。若条纹向两平面间薄层厚度小的方向(即向 A 点处)弯曲,则被测平面是凹下的;反之,则为凸起的。可见,用此方法可较精确地判断出待测的光学表面的不平度情况。

根据上述检验光学元件的加工表面质量的方法,可做成一种平面检查装置系统——平面干涉仪。

例 11-8 利用等厚干涉的方法可进行小物体尺寸(如薄片的厚度 h、细丝的直径 φ)的测量。如图 11-32 所示,将被测薄片 F 放在图中 B 点处,由两平晶 P、Q 的表面形成空气薄层。当已知照明的单色光波长 λ 时,测出楔形空气层的长度 D 和生成的直条纹间距 e,即可得到薄片厚度(即为空气薄层的最大厚度)为

$$h = \frac{D}{e} \frac{\lambda}{2}$$

例 11-9 利用等厚条纹还可以测定物质 G 的热膨胀系数。如图 11-33 所示,将待测物体 G(其上表面是光学平面)放入一个热膨胀系数很小的材料(如石英等)做成的圆筒 K 中;圆筒 K 上再盖一平晶 Q,物体 G 和平晶 Q 的两表面形成楔形空气薄层,给被测物体加热膨胀,这将会改变空气层的厚度并致使生成的干涉条纹向楔棱处移动。可知当空气层的厚度减小(即待测物体长度增加)$\frac{\lambda}{2}$ 时,观察到的条纹将移动一个条纹间距。测出此时的温度,即可推算出被测物体的热膨胀系数。

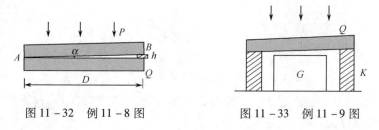

图 11-32 例 11-8 图   图 11-33 例 11-9 图

等厚条纹目前在生产技术中得到了广泛的应用,主要因为有以下特点:

(1) 由于条纹间距 e 的变化对应的是波长量级的厚度 h 的变化,因此可把待测的微小量变化转换为干涉条纹的改变,条纹间距的变化是毫米量级的,这样就相当于通过干涉条纹起到放大作用。

(2) 同理,由于条纹间距的变化量对应的是被测量波长微米量级的变化,利用条纹细分测量技术还可成倍地提高精度,故由此能够得到很高的测量精度。

(3) 干涉条纹的明暗强度变化,可通过光电探测器件接收和记录为电信号,这些电信号既可作为模拟量也可作为数字量来处理,利用计算机处理可使得精密测量能够自动进行。

11.4 双光束干涉仪

利用光干涉的原理,可以做成多种物理量的测量仪器,称为干涉仪。人们设计和制作了许多种类型的干涉仪,尤其是激光的出现、光电技术及光电子技术的发展和计算机的运用等,大大提高了干涉仪的性能并扩展了应用范围。光干涉技术已成为精密测量领域里关键的技术,精密测量在现代科学技术中发挥着越来越重大的作用。

干涉仪中根据双光束干涉和多光束干涉,分为双光束干涉仪和多光束干涉仪(在后面将介绍)。下面对最主要的几种类型的双光束干涉仪作一简要介绍,干涉仪中有很多类型就是由这些主要类型的干涉仪衍生而来的。

11.4.1 迈克尔逊干涉仪

迈克尔逊(Michelson)干涉仪是最重要的一种干涉仪。1881 年迈克尔逊为研究所谓传播介质"以太"是否存在而设计的。这种干涉仪后来发展为用于多种测量任务,并派生出其他几

种类型的干涉仪。迈克尔逊干涉仪的原理如图11-34(a)所示,由扩展光源S、分光板P_1和补偿板P_2,以及两块平面反射镜M_1、M_2等组成。其中,分光板P_1和补偿板P_2是两块折射率和厚度都完全相同的平行平面玻璃板,在分光板P_1的下表面(图中A面)上镀有半透半反膜;分光板和补偿板互相平行,且与入射光束成45°角放置。反射镜M_1可用调节螺钉来调整其反射面,通常反射面是与入射光束垂直的,并将其安装在一个精密导轨上,可连续前后移动它的位置。反射镜M_2固定不动,但可用调节螺钉来调整其反射面的方位。

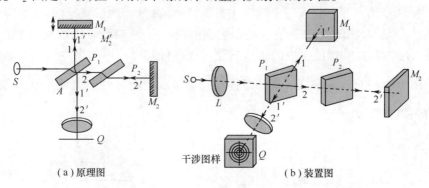

图11-34 迈克尔逊干涉仪

在双光束干涉仪中,入射光将由分光板分成两束光,往往把其中一路光用于传感测量,称为传感光(或测试光),另一路光称为参考光。

1. 干涉仪的光路分析

干涉仪的装置如图11-34(b)所示。从光源S(实验中常采用准单色光源,如汞灯、钠光灯)发出的光束,经分光板P_1分成光强相等的两束光1、2,分别经平面反射镜M_1和M_2反射后回到P_1,两束反射光1′、2′又经P_1透射及反射后重合叠加,在观察屏幕Q上形成干涉条纹。其中,补偿板P_2(具有与平板P_1完全相同的折射率和厚度)的作用,是为了消除两束光在干涉仪的光路中光程的不对称性。因为一束光(光束1)是在分光板P_1经A面处反射到M_1,再到Q,通过平板P_1共三次;而另一束光(光束2)透过分光板P_1,经M_2和P_1的A面反射再到Q,故只通过平板P_1一次。为此加入补偿板P_2,光束2通过平板P_2两次,类似于通过平板P_1三次。这样两束光在光路中的光程完全对称相等。

在分析迈克尔逊干涉仪的光路时,可假设有反射镜M_2的虚像M_2'(相对于分光板的半反射面而成像于反射镜M_1附近)。用虚像M_2'代替M_2,故可想象由两平面M_1和M_2'形成了一个虚拟的平板(即M_1和M_2'两平面所夹的空气层)。这样讨论此干涉仪的干涉情况时,就可如同前面讨论平板形成双光束干涉的情况那样来分析。

2. 干涉仪中的等厚干涉

调节干涉仪中的两平面反射镜M_1和M_2,当M_1和M_2相互不垂直(亦即M_1和M_2'不平行,且其楔角α亦不大,形成空气中的"楔形平板")时,将会产生等厚干涉。由图11-35可以看到移动反射镜M_1产生的各种条纹状况:图11-35(a)和图11-35(e)表示在M_1距M_2'较远时,条纹的对比度极小,甚至看不到。图11-35(b)表示当M_1和M_2'间距逐步变小时,将出现越来越清晰的条纹。起初这些条纹是弯曲的(不是严格的等厚干涉条纹),弯曲的方向是凸向M_1和M_2'的交线处(图中右侧,即形成"楔板"的楔角顶点);随着M_1和M_2'靠近,条纹将逐渐变直(看到的弯曲条纹向远离交线方向移动)。图11-35(c)表示直至M_1和M_2'相交时,条纹变成直条纹。图11-37(d)表示在M_1与M_2'逐渐远离时,条纹开始弯曲,弯曲方向仍是凸向M_1

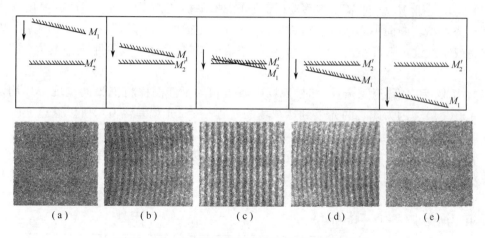

图 11-35 迈克尔逊干涉仪产生的等厚干涉条纹

和 M_2' 交线处(图中左侧);距离愈远,条纹愈不清晰直至消失。

由于只能看到干涉条纹的形状和变化情况,因此需要熟悉上述的条纹形成与变化规律,以此来推断两平面镜 M_1 和 M_2' 的相对位置。根据前面的讨论,在调节干涉仪时可以有以下几种等厚干涉的情况:

(1) 在平移反射镜 M_1,改变虚拟平板两平面之间的距离(即空气层的厚度 h)时,随着距离变化,干涉条纹会发生平行移动(但其条纹间距不会变)。可知,当厚度 h 增加 $\frac{\lambda}{2}$ 时,干涉条纹将改变一个级次($\delta m = 1$)而移动到附近一个条纹的位置处,即有反射镜 M_1 的平移量(或虚拟平板厚度 h 的变化量)$\delta h = \frac{\delta N \lambda}{2}$($\delta N$ 为移动的条纹数量)。所以,如果测出此条纹的移动数量,就可计算出反射镜 M_1 的平移量,可将此方法应用到长度和位移的测量中。

(2) 调整反射镜 M_1(或 M_2),改变虚拟平板两平面之间的夹角(即楔形空气层的楔角 α),此时随着楔角变化,干涉条纹的条纹间距将会改变。可知条纹间距 $e = \frac{\lambda}{2n\alpha}$(此处 $n = 1$,是空气的折射率),当楔角 α 逐渐增大时条纹间距将不断变小,干涉条纹越来越密集。

(3) 如用白光作光源,只有在虚拟平板两平面之间的距离很小(仅为几个波长)时,才能看到白光的条纹,它们是一些彩色的直条纹。当 M_1 和 M_2' 处于相交重合位置,相对其交线(此处虚拟平板的厚度 $h = 0$)的条纹是 0 级条纹;而且由于两光束之间存在附加光程差 $\frac{\lambda}{2}$,故此 0 级条纹是黑色条纹。白光条纹在干涉仪中是极为有用的,当出现白光的 0 级条纹时,可由此判定两反射镜 M_1 和 M_2 正好处于距离分光板 P_1 等光程的位置。这在以后实际应用中,可作为一种精确定位的方法。

3. 干涉仪中的等倾干涉

调整两平面反射镜 M_1 和 M_2,在 M_1 和 M_2 相互垂直(亦即 M_1 和 M_2' 平行,形成空气中的"平行平板")时,将会产生等倾干涉。和前面讨论等厚干涉的情况一样,由图 11-36 可看到移动反射镜 M_1 产生的各种等倾条纹状况。

(1) 在两平面 M_1 和 M_2' 之间的距离 h 不大时,观察屏处视场中将看到一组同心圆环干涉条纹,此时的圆环条纹比较密而细(图 11-36(a) 和 (e))。

(2) 将反射镜 M_1 朝向 M_2' 逐步移动(即改变虚拟平板两平面之间空气层的厚度 h 由大变小),圆环条纹将不断向中心收缩,并在中心——消失(犹如一个陷阱);同时中心条纹周期性地变成亮或暗条纹。随着距离的减小,看到的条纹越来越少,而条纹间距逐渐变大(图 11-36(b))。

(3) 当 M_1 和 M_2' 移至完全重合时,视场中条纹状的干涉图样将消失而呈现一片均匀亮场(图 11-36(c))。因为此时两光束到达视场的光程相等(光程差为 0),所以这里实际上显现的是 0 级条纹(并非干涉条纹真的消失了)。

(4) 继续移动反射镜 M_1,直至逐渐远离 M_2'(即改变虚拟平板空气层的厚度 h 由小变大),此时在观察视场中看到的圆环条纹,将不断从中心周期性地冒出一明一暗的条纹,并由中心往外——逐步扩大(犹如一个泉眼)。这时随着距离增大,看到的条纹不断增多,条纹更加密集,条纹间距逐渐变小(图 11-36(d))。

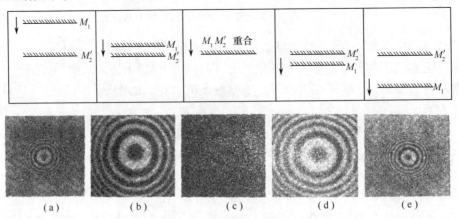

图 11-36 迈克尔逊干涉仪产生的等倾干涉条纹

(5) 当反射镜 M_1 离开 M_2' 较远时,条纹变得越来越密集,对比度也随之下降,最终干涉条纹将消失,因为此时两光束的光程差已超出光源的相干长度,没有干涉现象了。

由前面讨论已知,在等倾圆环条纹的中心条纹处,两束光的光程差为 $\Delta = 2nh$(即有相位差为 $\delta = 4\pi n \dfrac{h}{\lambda}$)。因此,当随着反射镜 M_1 移动时,将有中心条纹周期性地出现亮暗条纹,每出现亮暗条纹一次就相当于 M_1 的移动距离 h 改变了一个 $\dfrac{\lambda}{2}$(或相位 δ 变化 2π)。也可将这作为一种测量距离或位移的方法,即根据中心条纹出现亮暗变化的次数 δm,由 $h = \delta m \left(\dfrac{\lambda}{2}\right)$,可求出反射镜 M_1 移动的距离。实际应用中,这就是利用干涉法测长的原理依据。

4. 由迈克尔逊干涉仪演变的干涉仪举例

迈克尔逊干涉仪的主要特点是两束光波是完全分开的,通常,我们把沿着干涉仪的两分支光路传播的两束光分别称为参考光和测试(或传感)光,并可由一个反射镜的移动来改变传感光的光程从而产生光程差的改变。这样,待测的物体可以比较方便地放置在干涉仪的光路中,或者在移动的反射镜上。因此,迈克尔逊干涉仪是双光束干涉仪中最基本的类型,许多干涉仪都是以它为基础的,并有着不少的应用。

1) 泰曼-格林(Twyman-Green)干涉仪

它的光源是单色的点光源 S(也可用激光为光源)并放置在一透镜的前焦点上,形成一束平行入射光,其中不需要有补偿板,如图11-37所示。被检测的光学元件 G(或光学系统)放入干涉仪的光路中,移动反射镜 M_1 使两光束的光程接近相等,可得到清晰的干涉条纹。光波波面通过光学元件后发生变形,研究分析该波面干涉图样(条纹的位置和级次)的变化形状,可对光学元件进行综合质量检验(如折射率、应力、缺陷等)。

2) 傅里叶(Fourier)分光干涉仪

傅里叶分光干涉仪也叫做傅里叶变换光谱仪,其原理与通常使用棱镜或光栅为色散元件的分光光谱仪完全不同。该干涉仪和泰曼-格林干涉仪结构相同,但接收的信息不是干涉图样,而是接收被测的入射光 S 所形成的干涉场的总能量(图11-38)。

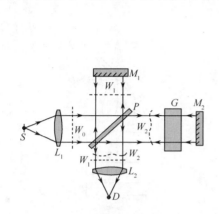
图11-37 泰曼-格林干涉仪

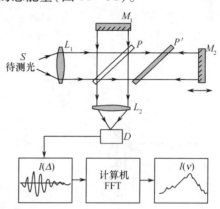
图11-38 傅里叶分光干涉仪

当被测光进入干涉仪后,移动反射镜 M_2,以连续改变两束光的光程差 Δ,由光电探测器 D 记录其干涉光强 $I(\Delta)$;再对 $I(\Delta)$ 采样数据由计算机作傅里叶变换(FFT),便可得到被测光源的功率谱 $I(\nu)$,此即光源中对应各光频成分的强度分布——光谱。傅里叶分光干涉仪较之一般光谱仪的优点是,在一次测量中就可记录下全部光谱成分的信息,具有较高的信噪比和分辨率。

11.4.2 斐索干涉仪

在如图11-39所示的斐索(Fizeau)干涉仪中,平面反射镜 M_1、M_2 放置在同一条光路上。入射光通过平板半透半反射镜 P 后到平面镜 M_2,M_2 也是一个半透半反射平面镜;这样一部分光被 M_2 反射回到平板 P(R_2 作为参考光),另一部分光透过 M_2 射到反射镜 M_1 后(R_1 作为传感光),再被反射也回到平板 P,两束光重合形成干涉。

由此可见,斐索干涉仪和迈克尔逊干涉仪最大的区别就是:在干涉仪中,参考光和传感光是沿着同一条光路行进的,因此称为共光路干涉仪。如果使用分光路的干涉仪,在两束光经过的光程较长时或者进行大口径元件的检测时,两支光路上往往会受到不同的外界干扰(如机械振动、温度起伏等),致使干涉条纹不稳定,甚至严重影响测量。而在共光路干涉仪中,参考和传感两束光通过的是同一条光路,受到的干扰也一样,故可以较好地克服此干扰问题。

例如,图11-40所示的平面干涉仪就是利用斐索干涉仪结构和等厚干涉的原理来设计的光学测量仪器。在光学元件加工时,可使用这些仪器来检查和测量光学元件的光学表面的质量,如平面度及其局部缺陷与误差等。干涉仪的光源 S 可采用准单色光源(如汞光灯、钠光灯),发出的光经半透半反射镜 P 和透镜 L,投射到标准平晶 Q 与待测光学元件 G 的夹层处;

在 O 处可观察到等厚干涉条纹,由这些条纹的微小弯曲形状来判断待测光学平面的不平度。现在此干涉仪普遍使用激光作为光源,由于激光的单色性好、相干性好,因此标准平晶 Q 与待测光学元件 G 之间的距离可拉开,这样可大大方便检测操作;而且可获得亮度大、对比度好的干涉条纹,从而提高了测量精度和测量范围。

如果将标准平晶改换成标准球面样板透镜,即可构成球面干涉仪,用于检测球面的球面度及其局部缺陷与误差等。这里,利用了被测凹面镜的表面和与其曲率半径相当的标准样板透镜表面的两支反射光形成的牛顿环条纹。假若被测球面和标准球面完全相同,则条纹消失,呈现均匀的光场;如果出现的条纹是一些完整的同心圆环,则表示被测球面没有局部缺陷,但与标准球面的曲率半径有偏差。

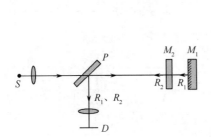

图 11-39　斐索干涉仪

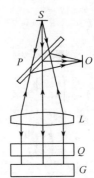

图 11-40　平面干涉仪

11.4.3　马赫-曾德尔干涉仪

马赫-曾德尔(Mach-Zehnder)干涉仪如图 11-41 所示,是由两个平行平板 P_1 和 P_2 以及两个平面反射镜 M_1 和 M_2 组成。这两平板具有相同的厚度,其一个面上镀有半透半反膜。平板和反射镜的四个反射面一般是互相平行放置的,使干涉仪的光路构成一个平行四边形。光源 S 置于透镜 L_1 的焦点处,发出的光束经透镜准直平行后由平板 P_1 分为两束平行光波,再分别被反射镜 M_1 和 M_2 反射到平板 P_2,两束光波一起经过平板 P_2 和透镜 L_2 后,在 L_2 的焦平面上形成干涉图样。

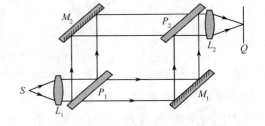

图 11-41　马赫-曾德尔干涉仪

马赫-曾德尔干涉仪通常做成一种大型的光学测量仪器,用于研究大体积介质的折射率分布情况。例如,在航空工程的风洞实验中研究被测物(如飞机模型)的空气阻力,流动的空气吹过飞机模型后在其周围形成空气压强和密度的分布;由于空气的压强和密度分布不同,因此会引起空气的折射率分布的变化。我们可将此流动变化的空气置于干涉仪的一支光路(传感光)中,由于空气折射率分布的不均匀致使该光路里各处的光程不同,其平行光束的波面将发生相应的变形。此变形的波面和另一个参考的平面波面叠加干涉,将生成反映变形波面的等高线的干涉图样,即可清楚地表示出被测物受空气阻力的情况。

11.4.4 赛格纳克干涉仪

赛格纳克(Sagnac)干涉仪也是双光束干涉仪,但是一种环形干涉仪。通常把它作为一种测量转动物体的参量(如转速)的精密光学仪器。

1. 干涉仪的结构

这种干涉仪的结构如图 11-42(a)所示,光源 S 发出的光束经镀有半透半反膜的平行平板 P 分为两束光。其中,一束光沿顺时针方向(CW)环路由反射镜 M_1、M_2 和 M_3 反射回到平板 P 处,又被 P 反射到观察探测 D 处;另一束光沿着逆时针方向(CCW)的环路,由反射镜 M_3、M_2 和 M_1 反射回到平板 P 处,并透过 P 射到 D 处。这样,由这两束光波重合叠加形成干涉。

2. 干涉仪的原理

赛格纳克干涉仪的原理是基于赛格纳克效应(图 11-42(b))。这种赛格纳克效应发生于环形光路中(此环形光路可以是三角形的、正方形的或圆形的等),有两束光分别沿顺、逆时针方向独立地行进。当此环行光路相对于惯性空间不转动时(即转动角速度 $\Omega = 0$),由对称性可知,两束光沿着顺、逆时针一周的光程长度 L 是相同的,亦即两束光沿着顺、逆时针一周行进的时间也是相同的($t_{CW} = t_{CCW} = t$)。现设此环形光路是半径为 R 的一个圆,折射率 $n = 1$,光速 $c = $ 常数,则光沿环路一周行进的时间为

$$t = \frac{2\pi R}{c}$$

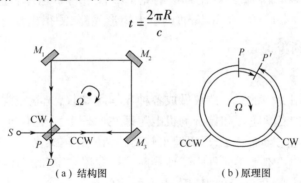

(a) 结构图   (b) 原理图

图 11-42 赛格纳克干涉仪

当此环形光路相对惯性空间有一转动角速度 Ω 时,从 P 处同时出发的沿顺、逆时针方向行进的两束光,行进一周后在 P' 相遇将有不同的光程长度(亦即有不同的行进时间),会产生一个光程差 $\Delta L = L_{CW} - L_{CCW}$,有

$$L_{CW} = 2\pi R + R\Omega t_{CW}$$
$$L_{CCW} = 2\pi R - R\Omega t_{CCW}$$

则相应的时间差为

$$\delta t = t_{CW} - t_{CCW} = 2\pi R \frac{2R}{c^2}\Omega = \frac{4A}{c^2}\Omega$$

式中:c 为光速,设 $A = \pi R^2$,即环形光路所围的面积。又由光程差 $\Delta L = c\delta t$,有

$$\Delta L = \frac{4A}{c}\Omega \tag{11-70}$$

此即由赛格纳克效应产生的光程差公式。该公式表示,在环形干涉转动时,由转动角速度 Ω 引入了一个非互易的光程差 ΔL。并且可以证明,若环形光路是任意的(亦即面积 A 可以是任意形状的面积)时候,此光程差公式(11-70)仍成立;若光波是在折射率 n 为任意值的介质中

传播,此光程差公式也同样成立(表明这里光程差与折射率 n 无关)。

3. 干涉仪的应用

1) 干涉仪的两类应用

赛格纳克干涉仪在应用中可以有两种情况:环形干涉仪和环形谐振腔。

(1) 在环形干涉仪中,与光程差 ΔL 对应的相位差(亦称为非互易相移)为

$$\Delta\Phi = \frac{2\pi}{\lambda}\Delta L = \frac{8\pi A}{\lambda c}\Omega \tag{11-71}$$

由此可见,Ω 与 $\Delta\Phi$ 成正比,这里 $\frac{8\pi A}{\lambda c}$ 是比例因子。故测出非互易相移 $\Delta\Phi$,就可知转动角速度 Ω。

(2) 在环形谐振腔中,与光程差 ΔL 对应的频率差(亦称为非互易相移)为

$$\Delta\nu = \frac{\nu}{L}\Delta L = \frac{4A}{\lambda L}\Omega \tag{11-72}$$

同样可知 Ω 与 $\Delta\nu$ 成正比,这里 $\frac{4A}{\lambda L}$ 是比例因子。故测出了非互易频移 $\Delta\nu$,就可以得到转动角速度 Ω。

1925 年,迈克尔逊和盖勒曾经利用赛格纳克干涉仪进行了地球转速的测量,为此搭建了一个面积为 2000ft × 1000ft(1ft = 0.3048m)的巨大矩形光路,测得由地球的转速(约 57°/h)引起的光程差 $\Delta L \approx \frac{\lambda}{4}$,约为 0.13μm 长。

2) 光学陀螺仪

现在人们主要利用赛格纳克干涉仪做成各种光学陀螺仪,光学陀螺成为新一代惯性导航系统的理想器件。这种光学陀螺和传统的机电陀螺在原理上完全不同,它的最大的优点是以回转的光波代替了机电陀螺的转子,可以获得较高的精度。陀螺仪是一种重要的仪器,特别是惯性导航和制导仪中的关键敏感元件。惯性导航就是利用陀螺和加速度计的元件测量航行体相对惯性空间的线运动速度和角运动速度,并在给定的初始条件下,由计算机推算出航行体的方位与方向。将惯性元件直接固联在航行载体的惯性平台上,就构成惯性导航系统;如果航行载体中以计算机中的"数学平台"代替惯性平台,则称为捷联式惯性导航系统。惯性导航系统最大的优点是具有高度的自主性。

目前,光学陀螺仪主要有(气体)激光陀螺和光纤陀螺两种,在研究中的光学陀螺仪还有光波导陀螺仪,这是一种以光波导无源谐振腔为核心的、微型集成光电子传感器。

(1) 激光陀螺是以环形谐振腔为基础的气体环形激光器(图 11-43),由于它是测量频率差,因此可有很高的精度。此气体环形激光器是由三片(或四片)高质量的反射镜 M 组成三角形(或正方形)的谐振腔,在密封的腔内充入氦气和氖气,并考虑到谐振回路的互逆对称性而采取了双阳极共阴极的放电结构,就形成了沿顺时针方向和逆时针方向的两束同时振荡的激光。再在合光棱镜处,由此两束因转动而有频率差的激光,相叠加后可测得拍频信号。自 20 世纪 60 年代发展起来的激光陀螺,现已进入了实用领域,在高精度(为 0.001°/h ~ 0.01°/h)惯性导航系统里得到了应用。

(2) 光纤陀螺是一种赛格纳克环形干涉仪,如图 11-44 所示。光纤陀螺是先将半导体激光器发出的光耦合进光纤,利用光纤定向耦合器(C_1,C_2)与一个光纤圈相连,在其中形成沿顺时针方向和逆时针方向传播的两路光;再利用光纤定向耦合器将这两路光合成干涉。因为

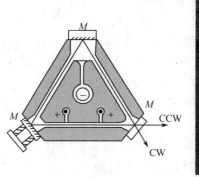 

（a）原理图　　　　　　　　　（b）实物照片

图 11-43　气体激光陀螺

赛格纳克干涉仪的精度只与环形光路所围的面积成正比，又由于光纤十分细小，所以能够将一根很长的光纤（长度可达 1km）绕制成一个直径为几厘米的多圈光纤环。这样整个光纤所围成的环形光路的面积 A 很大，因此比例因子可以很大，从而可获得较高的精度。光纤陀螺在 1976 年提出后，现也有了很大的发展，光纤陀螺研制的精度已达 $0.01°/h \sim 0.1°/h$，由于光纤陀螺较之激光陀螺制作工艺简单，成本较低廉，故在惯性导航系统中也得到了推广和应用。

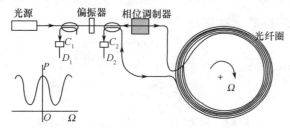

图 11-44　光纤陀螺

这里需要特别指出，在干涉仪得到广泛应用的过程中，人们实践了一个重要的物理思想，即可将一些难以直接观察到的物理现象及其物理量，通过干涉的手段加以转化或放大，以便于测量。例如，光波的传播速度很快，光的波长反映了光波的空间周期性并且光的波长很小，不能直接测量。而在光波干涉后，形成了光强的空间周期性的分布图样，变成可观察的干涉条纹，因此通过测量条纹的光强度变化可以测得光的波长。又如，干涉仪直接感知的是位移和长度，因此可以通过测量长度而获知一些与长度有关的物理现象及其物理量。如由热胀冷缩现象、磁致收缩效应，通过测得长度的变化而获知温度、磁场量；由赛格纳克效应，测得光程变化而获知转速等。因此在应用物理（光学）特性时，需有清晰的思路，才能更好地运用技术和有所创新。

11.5　平行平板的多光束干涉

在前面已讨论了由平行平板产生的干涉现象，但是 11.3 节只分析了由平行平板形成的双光束等倾干涉。而实际上，平板的上下两表面不仅有两束光，还可以有多次的反射与折射，会分成许多束反射和透射的光波（图 11-45），这些相互平行的光束叠加必然也会发生干涉现象。然而,一般没有镀膜的平板两表面的反射率 R 很低,例如对于 $n=1.52$ 的玻璃平板,在空气中这两表面的反射率均约为 4%。此时,分出的第一束反射光的光强是入射光强度 I_0 的 4%,第二束反射光的光强是 I_0 的 3.7%,而第三束反射光强度只有 I_0 的 0.01%,其余的反射光强度都很弱。因此,对于平行平板,只有前两束反射光的光强较强且强度相近,故可看成是双光束干涉;其透射光的情况也是一样的。

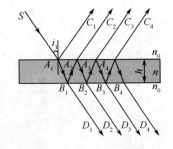

图 11-45 平行平板形成的多束光波

但是,如果在平板两表面上都镀有高反射率($R=90\%$)的膜,则在形成的多束反射光中,只有第一束反射光的强度很强(为 $0.9I_0$),除此之外,其余的各束光的强度都较弱且相差不多(约为 $10^{-3}I_0$);同时,在形成的多束透射光中,所有的透射光强度都很相近(也约为 $10^{-3}I_0$)。此时,就必须要考虑多束光的情况,即多束光叠加的干涉效应,称为多束光干涉。并且如同双光束干涉,用扩展光源照射平行平板形成的多束光干涉是等倾干涉,其干涉场的定域面在无穷远处或在观察透镜的焦平面上。

11.5.1 多束光干涉的光强分布

如图 11-45 所示,多光束的入射角是 i_1,相应的折射角为 i_2,则除第一束反射光外,每相邻两束反射光或透射光之间的光程差为

$$\Delta = 2nh\cos i_2$$

而相应光程差引起的相位差为

$$\delta = \frac{4\pi}{\lambda}nh\cos i_2 \tag{11-73}$$

式中:h 是平板的厚度;n 是平板材料的折射率。因为在空气中,所以空气折射率 $n_0=1$。

1. 多束反射光的复振幅与光强

假设在平行平板上下表面处,当光束自周围介质进入平板时,有反射系数(反射光与入射光的振幅之比)为 r,透射系数(透射光与入射光的振幅之比)为 t;而当光束自平板进入周围介质时,有反射系数为 r',透射系数为 t'。又由前述菲涅耳公式可知,反射系数和透射系数有下列关系:

$$r' = -r, \quad tt' + r^2 = 1 \tag{11-74}$$

并设入射光的振幅为 A_i,可以得到各反射光束的复振幅 $\widetilde{E}_r$,如表 11-2 所列。

表 11-2 反射光束的复振幅

光束序数	反射次数	透射次数	振幅 A_r	相位	复振幅 E_r
1	(1)	(0)	$A_i r$	0	$\widetilde{E}_{r1} = rA_i$
2	(1)	(2)	$A_i r' tt'$	δ	$\widetilde{E}_{r2} = r' tt' A_i e^{i\delta}$
3	(3)	(2)	$A_i r'^3 tt'$	2δ	$\widetilde{E}_{r3} = r'^3 tt' A_i e^{i2\delta}$
4	(5)	(2)	$A_i r'^5 tt'$	3δ	$\widetilde{E}_{r5} = r'^5 tt' A_i e^{i3\delta}$
⋮	⋮	⋮	⋮	⋮	⋮
p	$(2p-3)$	(2)	$A_i r'^{(2p-3)} tt'$	$(p-1)\delta$	$\widetilde{E}_{rp} = r'^{(2p-3)} tt' A_i e^{i(p-1)\delta}$

则叠加后,得到反射光的复振幅为

$$\widetilde{E}_r = \widetilde{E}_{r1} + \widetilde{E}_{r2} + \widetilde{E}_{r3} + \cdots$$

利用数学公式

$$\sum_{P=0}^{\infty} x^p = \frac{1}{1-x}$$

以及关系式(11-74),即有

$$\widetilde{E}_r = \left(r + \frac{r'tt'e^{i\delta}}{1-r'^2 e^{i\delta}}\right) A_i = \frac{r'(1-e^{i\delta})}{1-r'^2 e^{i\delta}} A_i \tag{11-75}$$

再由此,可得到反射光的光强 $I_r \propto \widetilde{E}_r \cdot \widetilde{E}_r^*$,为

$$I_r = \frac{r^2[2-(e^{i\delta}+e^{-i\delta})]}{1+r^4-r^2(e^{i\delta}+e^{-i\delta})} I_i$$

式中:I_i 是入射光的光强。再利用数学公式 $e^{i\delta}+e^{-i\delta}=2\cos\delta$ 及 $1-\cos\delta=2\sin^2\left(\frac{\delta}{2}\right)$,则得到反射光的光强为

$$I_r = \frac{4R\sin^2\left(\frac{\delta}{2}\right)}{(1-R)^2 + 4R\sin^2\left(\frac{\delta}{2}\right)} I_i \tag{11-76}$$

式中:R 是平板表面的反射率,$R = r^2$。

2. 多束透射光的复振幅与光强

同样,各透射光束的复振幅 $\widetilde{E}_t$ 如表 11-3 所列。叠加后透射光的复振幅为

$$\widetilde{E}_t = \frac{tt'}{1-r'^2 e^{i\delta}} A_i \tag{11-77}$$

表 11-3 透射光束的复振幅

光束序数	反射次数	透射次数	振幅 A_t	相位	复振幅 E_t
$1'$	(0)	(2)	$A_i tt'$	0	$\widetilde{E}_{t1} = tt' A_i$
$2'$	(2)	(2)	$A_i r'^2 tt'$	δ	$\widetilde{E}_{t2} = r'^2 tt' A_i e^{i\delta}$
$3'$	(4)	(2)	$A_i r'^4 tt'$	2δ	$\widetilde{E}_{t3} = r'^4 tt' A_i e^{i2\delta}$
$4'$	(6)	(2)	$A_i r'^6 tt'$	3δ	$\widetilde{E}_{t5} = r'^6 tt' A_i e^{i3\delta}$
⋮	⋮	⋮	⋮	⋮	⋮
p'	$2(p'-1)$	(2)	$A_i r'^{2(p'-1)} tt'$	$(p'-1)\delta$	$\widetilde{E}_{tp'} = r'^{2(p'-1)} tt' A_i e^{i(p'-1)\delta}$

透射光的光强为

$$I_t = \frac{(1-R)^2}{(1-R)^2 + 4R\sin^2\left(\frac{\delta}{2}\right)} I_i \tag{11-78}$$

3. 多光束干涉的干涉图样

通常,令

$$F = \frac{4R}{(1-R)^2} \tag{11-79}$$

式中:F 为精细度系数。由关系式可知,与反射率 R 相应的精细度系数 F 见表 11-4。

表 11-4　反射率 R 与精细度系数 F 的关系

反射率 R	0.046	0.27	0.64	0.87	⋯
精细度系数 F	0.2	2	20	200	⋯

这样,可将式(11-76)和式(11-78)改写为

$$\frac{I_r}{I_i} = \frac{F\sin^2\left(\frac{\delta}{2}\right)}{1 + F\sin^2\left(\frac{\delta}{2}\right)} \tag{11-80}$$

$$\frac{I_t}{I_i} = \frac{1}{1 + F\sin^2\left(\frac{\delta}{2}\right)} \tag{11-81}$$

式中:$[1 + F\sin^2(\delta/2)]^{-1}$常称为艾里(G. B. Airy)函数。根据式(11-81),可以画出在不同反射率 R(或 F)下,多光束干涉时透射光的干涉条纹的强度分布曲线,如图11-46(a)所示的 I_t/I_i-δ 曲线。同样,也能画出在不同反射率 R(或 F)下,多光束干涉时反射光的干涉条纹的强度分布 I_r/I_i-δ 曲线(图11-46(b))。

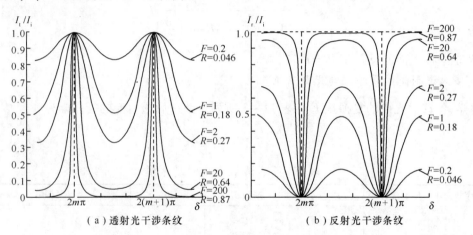

(a) 透射光干涉条纹　　　　(b) 反射光干涉条纹

图 11-46　不同反射率 R(或 F)下条纹的强度分布曲线

由此,可以分析多光束干涉的干涉图样的特点。

1) 多光束干涉是等倾干涉

多光束干涉和双光束干涉一样,都是由平行平板形成的。由其干涉条纹的光强公式(11-76)或式(11-78)可知,当反射率 R 确定时只取决于相位差 δ;而由相位差公式(11-73)又知,这里 δ 的表达式与双光束等倾干涉时相同,故条纹的整体形状也与双光束等倾干涉条纹非常相似。当接收透镜光轴与平行平板面垂直时,条纹呈同心圆环状,中心在透镜的后焦点,内疏外密,并可用扩展光源观察。

2) 反射光和透射光的光强互补

由式(11-80)和式(11-81)可得

$$I_r + I_t = I_i$$

由此可知,反射光和透射光的光强之和为一常数(假定入射光源发光是稳定的)。因此,对于某一方向的反射光因干涉而得到加强时,其透射光必定会因干涉而减弱,即反射光强有极

大值时对应透射光强有极小值;反之,当反射光减弱时,透射光就会得到加强。这种情况称为反射光和透射光互补。并且,反射光干涉条纹的强度分布曲线与透射光条纹的强度分布曲线是对称的,即图 11-46(b)所示的反射光的曲线形状与图 11-46(a)所示的透射光曲线完全相同,只是上下颠倒而已。

3) 干涉条纹强度分布由反射率 R 确定

由反射光和透射光的光强公式(11-76)、式(11-78)可知,在 R 很小时,干涉光强的变化不大,即干涉条纹对比度低、条纹极不清晰;而当 R 增大时,条纹对比度将大大提高。因此,多光束干涉的显著特点,即随着 R 增加将使干涉光强的极小值下降,且亮条纹的宽度变窄;但是干涉光强的极大值与 R 无关,恒等于入射光强 I_i。这样,在 R 很大时的多光束干涉,其透射光的条纹图样是在暗背景中的一组细亮圆条纹;而反射光的条纹图样是在亮背景中的一组细暗圆条纹,此条纹不易辨认,故一般都是利用透射光的干涉条纹。

4) 条纹的锐度

条纹的锐度是条纹在半强度处的宽度,即用条纹的半宽度 ε 来度量。对于透射光的亮条纹,其条纹半宽度是指光强极大处两边的强度下降到峰值的一半时,相对应的在相位上两点之间的距离(图 11-47)。条纹的半宽度 ε 一般也简称为条纹宽度。

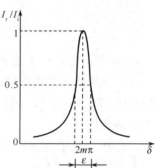

图 11-47 条纹的半宽度 ε

在 $\delta = 2m\pi$ 时,透射光强有极大值为 I_i,现设 $\delta = 2m\pi \pm \dfrac{\varepsilon}{2}$ 时,强度下降到峰值的一半,即 $I_t = \dfrac{I_i}{2}$。由式(11-81),有

$$\frac{I_t}{I_i} = \frac{1}{1 + F\sin^2\left(\dfrac{\varepsilon}{4}\right)} = \frac{1}{2}$$

亦即有

$$F\sin^2\left(\frac{\varepsilon}{4}\right) = 1$$

又由于当 F 很大(即 R 很大)时,ε 必然很小,因此 $\sin\left(\dfrac{\varepsilon}{4}\right) \approx \dfrac{\varepsilon}{4}$,则有 $F\left(\dfrac{\varepsilon}{4}\right)^2 = 1$。最后可得条纹宽度 ε 的表达式为

$$\varepsilon = \frac{4}{\sqrt{F}} = \frac{2(1-R)}{\sqrt{R}} \tag{11-82}$$

5) 条纹精细度 N

通常用精细度 N 来表征条纹的锐度(或条纹宽度),精细度 N 定义为相邻两条纹的间隔与一个条纹的宽度之比。因为相邻两条纹之间的相位差是 2π,故由上述定义有

$$N = \frac{2\pi}{\varepsilon} = \frac{\pi\sqrt{R}}{1-R} \tag{11-83}$$

由此可见,N 值是由 R 唯一决定的,N 值愈大则干涉亮条纹愈细。R、F 和 N 三者的关系见表 11-5。

由双光束干涉条纹和多光束干涉条纹比较(图 11-48),可看出后者比前者的条纹的对比度、锐度与精细度要好得多,条纹更显清晰。

表 11-5 R、F 和 N 三者的关系

R	0.10	0.50	0.80	0.90	0.92	0.94	0.96	0.98	0.99
F	0.49	8	80	360	575	1044	2400	9800	39600
N	1.10	4.44	14.1	29.8	37.7	50.8	77	156	313

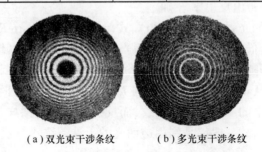

(a) 双光束干涉条纹　　　　(b) 多光束干涉条纹

图 11-48　双光束干涉条纹和多光束干涉条纹比较

4. 若干束光波的多光束干涉

以上讨论的多光束干涉是无穷多束光波叠加形成的干涉。现在讨论一下有限的若干束光波所形成的多光束干涉的情况,这对于分析多光束干涉的一些现象和后面讨论光衍射中的衍射光栅是有用的。

设有 N 束相干光波,每束光波都有相同的振幅 A,相邻两光束的相位差为 δ,这 N 束光波叠加干涉后形成的复振幅(省略时间因子)如下:

$$E = A + Ae^{-i\delta} + Ae^{-i2\delta} + \cdots + Ae^{-i(N-1)\delta}$$

按几何级数求和,有

$$E = A \cdot \frac{1 - e^{-iN\delta}}{1 - e^{-i\delta}}$$

可得到干涉的光强为

$$I = EE^* = A^2 \frac{e^{-iN\delta} - 1}{e^{-i\delta} - 1} \cdot \frac{e^{iN\delta} - 1}{e^{i\delta} - 1} = A^2 \frac{2 - (e^{iN\delta} + e^{-iN\delta})}{2 - (e^{i\delta} + e^{-i\delta})}$$

又由 $e^{iN\delta} + e^{-iN\delta} = 2\cos N\delta$,则有

$$I = A^2 \frac{1 - \cos N\delta}{1 - \cos \delta} = A^2 \frac{\sin^2\left(\frac{N\delta}{2}\right)}{\sin^2\left(\frac{\delta}{2}\right)} \tag{11-84}$$

由此多光束干涉的光强公式可知,若有 N 束光束叠加,在 $\delta = 2m\pi$(m 为整数)处,合矢量为每束光矢量的 N 倍,合强度为每束光强度的 N^2 倍。所以强度极大值很大,即亮纹中心很亮。从能量守恒角度考虑,既然各相干光束的能量大部分集中到了亮纹位置上,因而其余各点强度很弱。如果把有限多束光波扩展为无穷多束光波,并考虑每束光波都因反射与折射而有不同的振幅,这里讨论的若干束光波的多光束干涉结果就和前面讨论的情况是一样的。

11.5.2　多光束干涉仪

最典型的多光束干涉仪是法布里-珀罗(Fabry-Perot)干涉仪,这种干涉仪常用作一种高分辨率的光谱仪器,并用作激光器的谐振腔。

1. 法布里-珀罗干涉仪的结构

如图 11-49 所示，干涉仪是由两块玻璃(或石英)平板 P_1 和 P_2 组成，两平板相对表面严格保持平行。这两内表面的平面度要求很高(达到 1/20~1/100 光波长)，并且镀有一个高反射率 R 的膜层(金属膜或者多层介质膜)。两个平板一般都是有一小楔角的楔形平板，以避免由两平板的外表面所产生的反射光的干扰。这样，由此两内表面之间的空气层形成一个平行平板产生多光束干涉；在用扩展光源照明时，透射光可在透镜的焦平面上获得清晰的等倾干涉条纹。这种干涉仪可以分成以下两种形式。

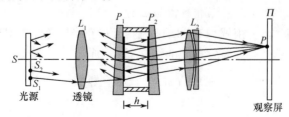

图 11-49 法布里-珀罗干涉仪

1) 法-珀干涉仪

如果两平板 P_1 和 P_2 之间的光程是可以调节的，就称为法布里-珀罗干涉仪(简称法-珀干涉仪或 F-P 干涉仪)。其中，一个平板固定，另一个平板可沿精密导轨平移，通过调节两平板的间距 h 来改变光程差。此干涉仪作为干涉光谱仪，可用于观察与研究光波谱线的精细结构，即分析含有几种波长成分。

若干涉仪中两平板的内表面都是平面，则又称为平面法-珀干涉仪；而若干涉仪中两平板的两内表面是球面并处于共焦的位置，则又称为球面法-珀干涉仪。

2) 法-珀标准具

如果两平板 P_1 和 P_2 之间有一个隔离器，两平板分别紧贴其上，使两平板的间距固定不变，则称为法布里-珀罗标准具(简称法-珀标准具或 F-P 标准具)。隔离器为空心的圆柱状，两端面应严格互相平行，其一般用膨胀系数很小的材料(如殷钢或熔石英)制成。隔离器有时也用压电陶瓷制成，这可以施加不同电压以调节间隔有微小的变化。

法-珀标准具常用来测量某一段波长范围内两条光谱线之间相差很小的波长差。

2. 法-珀干涉仪的性能参数

由法-珀干涉仪(或标准具)产生的多光束等倾干涉条纹的光强分布，就是 11.5.1 节所讨论并由式(11-80)和式(11-81)表示的情况。在反射率 R 较高时，其透射光干涉条纹是一组明亮的、宽度又窄的同心圆环(干涉环)。由于一般使用的扩展光源含有多个波长，因此在其生成的干涉图样中，对应某一波长的光可形成一组条纹，由多个波长将会在某点同一级处形成多个干涉条纹。其中，一个条纹就对应于一个波长的光，亦即对应一条光谱线。

法-珀干涉仪(或标准具)有两个最重要的技术性能参数，即自由光谱范围和分辨本领。

1) 自由光谱范围

由光程差公式 $\Delta = 2nh\cos i_t$ 可知，正入射($i_t = 0$)时，法-珀干涉仪有透射极大的条件是

$$2nh = m\lambda \tag{11-85}$$

如果入射光不是单色光而是包含有很多个波长的连续光谱(如白光)，那么只有其中满足上述条件的那些波长的光，才能透过干涉仪的平板，而其余波长的光都将被反射回来。由此可知，法-珀干涉仪有滤光的作用。

但是透过的光波长并不只是某一个波长 λ，而是有一定的波长范围 $\Delta\lambda$。这个波长范围 $\Delta\lambda$，就是能够透过干涉仪的相邻两个波长之间允许的最大波长差值，亦即前面讨论过的不同波长干涉级次不重叠的范围。这表明，在 λ 到 $(\lambda+\Delta\lambda)$ 的波段范围内，每一个波长的光都会产生各自的一组干涉圆环条纹，相互之间不会发生级次重叠，即不同级次条纹交叉的现象；而此波段范围之外的光，将会产生不同级次重叠的现象。

对于一个确定间隔 h 的法-珀干涉仪或标准具，可以测量的波长范围或允许的最大波长差值 $\Delta\lambda$ 是受到一定限制的。我们把刚刚能不发生级次重叠现象时所对应的波长范围（亦即光谱范围）称为自由光谱范围或者标准具常数 $\Delta\lambda$。

最大允许波长差值 $\Delta\lambda$ 可由式(11-85)得到。设有两个波长 λ 和 $\lambda'=\lambda+\Delta\lambda$ 都满足式(11-85)，但为了干涉级次不重叠故它们的级次差1，则有

$$m\lambda = (m-1)(\lambda+\Delta\lambda)$$

当 $m\gg1$ 时，可得到

$$\Delta\lambda \approx \frac{\lambda}{m} = \frac{\lambda^2}{2nh} \tag{11-86}$$

可知，最大允许波长差值即自由光谱范围 $\Delta\lambda$ 取决于 h（干涉仪两反射表面的距离或标准具的间隔长度），并与之成反比，因此要有较大的自由光谱范围需间隔长度值要小。

2）分辨本领

上面讨论了在一定的波段范围（即自由光谱范围）内，各个波长光的不同条纹级次不会发生重叠的情况。下面将要讨论，相邻两个波长的同一级次条纹也不会重叠的情况，即此两条纹能够分辨的最小波长差。

条纹是否会重叠，显然和条纹的宽度有关，而且与两个波长的同一级次条纹所对应的张角 i_2 有关。对同一级次 m，两个波长 λ 和 λ' 的条纹对应的张角 i_2 和 i_2' 是不同的，有

$$m = \frac{2nh}{\lambda}\cos i_2 = \frac{2nh}{\lambda'}\cos i_2'$$

因此，对应波长小的张角 i_2 要大，即其干涉环的半径大；对应波长大的 $(\lambda'=\lambda+\delta\lambda)$ 的张角 i_2' 要小，其干涉环的半径也小。这样，这两个波长同一级次的干涉环就会分开，其分开程度取决于波长差 $\delta\lambda$。如果入射光的波长差 $\delta\lambda$ 太小了，则因条纹有宽度而会发生条纹重叠的现象，那么波长差最小是多少时才能使得条纹不重叠，这就是我们现在讨论的能够分辨的最小波长差 $\delta\lambda$，即干涉仪的条纹分辨能力问题。

为此，先要有一个判断条纹是否分开的标准，再来计算能分开时的最小分辨波长差。通常我们采用如下判断法则：如果一个波长 λ_1 的干涉条纹极大和另一个波长 λ_2 的干涉条纹极大，靠近到距离等于条纹的半宽度 ε 时，则认为此时两波长的条纹尚能分开，再靠近就分不开了，即分辨不出有两个峰值（图11-50）。

由于波长为 λ 的第 m 级干涉条纹及其相邻光束的相位差为

$$\delta = \frac{4\pi}{\lambda}nh\cos i_2 = 2m\pi \tag{11-87}$$

而对于波长为 $(\lambda+\delta\lambda)$ 的光，沿同一方向 i_2 的第 m 级干涉条纹相邻光束的相位差为

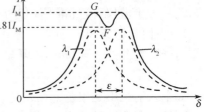

图11-50 条纹是否分开判断法则

$$\delta' = \frac{4\pi}{\lambda + \delta\lambda} nh\cos i_2 \qquad (11-88)$$

再根据上述判断标准有:$\Delta\delta = \delta - \delta' = \varepsilon$ 时,两波长的条纹正好分开,由式(11-87)、式(11-88)可得

$$\Delta\delta = 4\pi nh\cos i_2 \left(\frac{1}{\lambda} - \frac{1}{\lambda + \delta\lambda}\right) \approx 4\pi nh\cos i_2 \frac{\delta\lambda}{\lambda^2} = 2m\pi\frac{\delta\lambda}{\lambda}$$

其中,利用了 $\delta\lambda \ll \lambda$ 和式(11-87),再由 $\delta\lambda \ll \lambda$ 和式(11-82)可得

$$\frac{\lambda}{\delta\lambda} = m\pi\frac{\sqrt{R}}{1-R} = \frac{2\pi nh\cos i_2}{\lambda}\frac{\sqrt{R}}{1-R} \qquad (11-89)$$

式中:$\delta\lambda$ 就是两波长的条纹刚能分开时对应的最小分辨波长差。$\delta\lambda$ 越小,干涉仪的条纹分辨能力就越大,一般光学上定义仪器的分辨本领为 A,且

$$A = \frac{\lambda}{\delta\lambda} \qquad (11-90)$$

表明干涉级次 m 越高则分辨本领 A 越大;并且,反射率 R 越高则 A 也越大。再由条纹精细度 $N = \frac{\pi\sqrt{R}}{1-R}$,可得 $A = \frac{\lambda}{\delta\lambda} = mN$。

在正入射时,$i_2 \approx 0$,$\cos i_2 \approx 1$,相应的干涉级次 $m = \frac{2nh}{\lambda}$,这时分辨本领为

$$A = \frac{\lambda}{\delta\lambda} = \frac{2\pi nh}{\lambda}\frac{\sqrt{R}}{1-R}$$

最小分辨波长差为

$$\delta\lambda = \frac{\lambda^2}{2\pi nh}\frac{1-R}{\sqrt{R}} \qquad (11-91)$$

如用频率 ν 表示,由 $\nu = c/\lambda$,则相应地,最小分辨频率差 $\delta\nu$ 为

$$\delta\nu = \frac{c}{2\pi nh}\frac{1-R}{\sqrt{R}} \qquad (11-92)$$

由此可见,干涉仪或标准具的间距 h 越大,则分辨本领 A 越大。显然,在标准具中选择确定间距 h 时,分辨本领 A 和自由光谱范围 $\Delta\delta$ 是矛盾的:希望分辨本领大就要间距大,然而自由光谱范围则变小了,因此在选择确定间距 h 时需要综合考虑。

11.5.3 多光束干涉的应用

1. 法-珀干涉仪用于光谱的谱线测量

一般光源都包含有很多个波长,在法-珀干涉仪中将形成多条干涉条纹(即光谱线)。由于法-珀干涉仪的条纹很细,因此可以精确地测定条纹位置来比较各光谱线的相应波长,而且更多的是应用于研究光谱线超精细结构。在原子发光过程中,由于原子核磁矩的影响,有的光谱线将会分裂成几条非常接近的谱线(谱线间距为 10^{-3}nm 数量级),这就是光谱线的超精细结构。

法-珀干涉仪或标准具有很高的分辨本领。例如:设标准具的间距 $h = 10$mm,$R = 0.98$,$\lambda = 0.5\mu$m,则自由光谱范围 $\Delta\lambda \approx 0.0125$nm,最小分辨波长差 $\delta\lambda \approx 8.04 \times 10^{-5}$nm,分辨本领 $A \approx 6.2 \times 10^6$。这样高的分辨本领是棱镜光谱仪和光栅光谱仪所不可能达到的,例如:底边长 $5cm$ 的重火石玻璃棱镜,其最小分辨波长差约为 10nm;缝数为 25000 条的光栅,其最小分辨波

长差也只约为 1nm。因此,法 - 珀干涉仪或标准具常用于光谱学中超精细结构的分析与测量。

2. 法 - 珀干涉仪作为激光器的谐振腔

激光器(激光)是用受激辐射来放大光的一种装置,要能实现光的放大,必须具备三个基本条件:需要一个激励能源,用于把介质的粒子不断地由低能级抽运到高能级上去;需要有合适的发光介质(亦称激光工作物质或增益介质),它能在激励能源作用下形成粒子数密度在高能级的大于低能级的反转分布状态;需要一种光学装置(谐振腔),能使增益介质对光的受激放大作用多次往返重复进行。

光学谐振腔就是在增益介质两端各加一个平面反射镜,并要求两平面调节成严格平行,这样正好是构成了一个法 - 珀干涉仪。而由前面知道,法 - 珀干涉仪有滤光的作用,那些能够透过谐振腔而输出的光波,必须满足干涉加强条件即干涉极大值条件。

满足干涉加强条件的光波长是

$$\lambda = \frac{2nL}{m}$$

此即谐振腔的输出光波长,其中两平面反射镜间距为 h,在激光器中通常以谐振腔腔长 L 来表示。并且输出光相邻两波长的间隔为

$$\Delta\lambda = |\lambda_m - \lambda_{m-1}| = \frac{\lambda^2}{2nL}$$

一般常用频率来表征谐振腔这一输出特性,故谐振腔的输出光频率为

$$\nu = \frac{c}{\lambda} = \frac{mc}{2nL}$$

并且频率间隔(由于在激光中,把光波的一个输出频率称为一个纵模,故又称为纵模间隔)为

$$\Delta\nu = \nu_m - \nu_{m-1} = \frac{c}{2nL} \tag{11-93}$$

由此还可知每个输出纵模的谱线宽度 $\Delta\lambda_e$ 或 $\Delta\nu_e$。由正入射时的相位差公式 $\delta = \left(\frac{2\pi}{\lambda}\right)2nL$,取 δ 因 λ 变化的微分,有

$$d\delta = -4\pi nL \frac{d\lambda}{\lambda^2} \quad 或 \quad |\Delta\delta| = 4\pi nL \frac{\Delta\lambda}{\lambda^2}$$

在 $\Delta\delta$ 等于条纹的相位差宽度(即条纹宽度 ε,见式(11-82))时,把此时 $\Delta\delta$ 对应的 $\Delta\lambda$ 确定为谱线宽度 $\Delta\lambda_e$,由上式,有

$$\Delta\lambda_e = \frac{\lambda^2}{4\pi nL} |\Delta\delta| = \frac{\lambda^2}{2\pi nL} \frac{1-R}{\sqrt{R}} \tag{11-94}$$

以及以频率表示的谱线宽度

$$\Delta\nu_e = \frac{c\Delta\lambda_e}{\lambda^2} = \frac{c}{2\pi nL} \frac{1-R}{\sqrt{R}} \tag{11-95}$$

由此可见,激光器谐振腔的反射率 R 越高或腔长 L 越长,其输出的谱线宽度越窄。

例 11 - 10 氦氖激光器是一种典型的气体激光器,它由一玻璃毛细管和阴极、阳极组成放电管,并在毛细管两端处贴有反射镜。若无反射镜,此气体激光器就是一支气体放电发光管,通过辉光放电发光,光的谱线宽度 $\Delta\lambda_g \approx 2\mu m$,或 $\Delta\nu_g \approx 1500 MHz$(如图 11 - 51 中虚线所示)。但有反射镜形成谐振腔后,其发出的激光的谱线宽度大大变窄(图 11 - 51 中实线所示)。

假设激光器谐振腔长 $L=50\text{cm}$，两反射镜反射率 $R=99\%$，气体折射率 $n\approx 1$，其输出谱线的中心波长为 $\lambda=0.633\mu\text{m}$。此时由式(11-94)、式(11-95)和式(11-93)可以求出：谱线宽度 $\Delta\lambda_e\approx 1.3\times 10^{-3}\mu\text{m}$ 或 $\Delta\nu_e\approx 9.6\text{MHz}$，频率间隔(纵模间隔) $\Delta\nu=300\text{MHz}$。

因此，在气体放电发光管加上反射镜谐振腔后，除了输出的激光谱线变窄，同时在发光的谱线范围 $\Delta\nu_g$ 内存在有多条谱线，即有多个激光纵模。此纵模数为

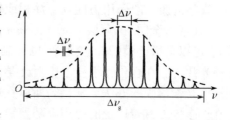

图 11-51 氦氖激光器输出的频谱曲线

$$N=\frac{\Delta\nu_g}{\Delta\nu}=\frac{1500}{300}=5$$

如要减少激光纵模数，可缩短谐振腔长 L。可知，当 $L=10\text{cm}$ 时，$N=1$，即输出谱线只有一个纵模；这种激光器叫做单纵模(单频)激光器，对 $N>1$ 的激光器则称为多纵模(多频)激光器。由此，用改变谐振腔长来控制激光器输出的纵模数(频率数)，这在激光技术中是一种常用的选模或选频方法。

3. 法-珀扫描干涉仪

由前面已知法-珀干涉仪具有滤光的作用，就是当干涉仪两反射镜的间距固定时，则满足干涉极大条件而能透过的光波长 λ_0 也被确定，即只有入射光波长等于 λ_0 的光才能通过。因此，假如要使某一个定值波长的光能够通过干涉仪，则需改变其间距 h；这样，我们可以不断调节间距以让入射光中相应波长的光通过，这就是扫描干涉仪的基本原理。在扫描干涉仪中(图 11-52)，一个反射镜 P_1 固定，另一个反射镜 P_2 可匀速平移。测试时连续调节移动反射镜 P_2 以改变间距 h，使得入射光中那些满足干涉极大条件的光波长 λ_1、λ_2、λ_3、……按大小次序分别一一通过；再用光电探测器 D 接收并读出记录下来，形成光波的频谱曲线，从而测得由 S 发出的入射光的光谱成分。

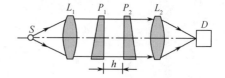

图 11-52 法-珀扫描干涉仪

法-珀扫描干涉仪一般用于测量激光器输出纵模的频谱曲线，进行光谱分析；还可以应用于其他的精密测量，如材料的热膨胀系数、压电或磁致伸缩、材料的变形特性、微小振动等引起的位移的测量等。另外，在干涉仪两反射镜之间通以待测的物流场时，由于物流(如气流)的温度或密度会引起折射率变化，也使得光程差发生变化，则可测出条纹移动量来推算得到物流场的温度分布或密度分布。如果采用球面共焦法-珀干涉仪，就可以有更高的测量灵敏度。

11.6 薄膜光学简介

光波射到光学元件表面将会发生反射和折射，在透射成像的光学系统中，反射不仅造成光能的损失，而且产生杂散光，致使降低了光学系统成像的清晰度。由前面叙述已知：光束从空气正入射到一个玻璃(折射率 $n=1.52$)表面上时，其反射率约为 4%；当光波通过一个由三片透镜组成的复合物镜光学部件时，其光能损失将大于 20%。对于一些复杂的光学系统(如一个变焦距物镜包括十几片透镜)，那些由表面反射引起的光能损失就会更为严重，因此，必须减少和消除反射光。在光学零件表面上涂镀光学薄膜就是一种减少由表面反射引起的光能损失的有效方法；另外，为了在光学表面上有很高的反射率，也常常采用镀光学薄膜的方法。

光学薄膜一般采用物理真空淀积或化学涂敷方法,在光学零件表面上形成一个很薄的透明介质(或者金属)的薄层。光学薄膜是由一层或几层、多则有上百层不同折射率的材料所构成,它可以是增透膜(减反射膜),也可制成有各种性能的高反射膜、彩色分光膜、冷光膜和干涉滤光片等。在现代光学技术中对光学元件表面反射率有多种多样的要求,这些要求都可以利用镀光学薄膜的办法来满足。所以在现代光学仪器的光学元部件上几乎都镀有光学薄膜,它在许多方面有着广泛的应用。随着镀膜理论及其技术的发展,从而形成了现代光学的一个新领域——薄膜光学。这里只简单介绍多光束干涉原理在光学薄膜中的应用,以便对薄膜光学有一个初步的了解。

11.6.1 单层光学膜

单层光学膜,即在一个玻璃平板(亦称为基片)的表面上,涂镀一层折射率 n 和厚度 h 都均匀的光学薄膜,如图 11-53(b)所示,其中空气折射率为 n_0,玻璃折射率为 n_G。先用双光束干涉来初步分析一下单层增透膜的情况。

1. 单层光学膜的分析

由菲涅耳公式得知,在光从空气垂直入射到玻璃表面上时(图 11-53(a)),反射率

$$R = \left(\frac{n_0 - n_G}{n_0 + n_G}\right)^2 \tag{11-96}$$

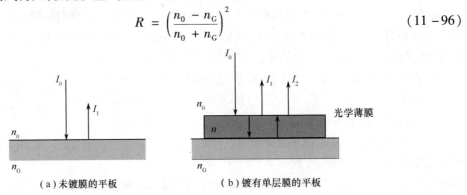

(a) 未镀膜的平板　　　(b) 镀有单层膜的平板

图 11-53　单层光学膜的双光束干涉

但在玻璃表面上镀有两层光学膜后,光 I_0 从空气入射到玻璃时(图 11-53(b)),将要在两个交界面(空气与薄膜、薄膜与玻璃的界面)上发生反射和折射,形成两束反射 I_1、I_2。由 $R = \frac{I}{I_0}$,可知这两界面的反射光强近似为

$$I_1 = \left(\frac{n_0 - n}{n_0 + n}\right)^2 I_0, \quad I_2 = \left(\frac{n - n_G}{n + n_G}\right)^2 I_0 \tag{11-97}$$

由 $R = r^2$ 可知薄膜上下表面的反射系数 r_1 和 r_2 分别为

$$r_1 = \frac{n_0 - n}{n_0 + n}, \quad r_2 = \frac{n - n_G}{n + n_G} \tag{11-98}$$

现在需要光的增透,亦即要减弱这两束反射光,由双光束干涉可知,若使这两束反射光满足干涉相消条件,就可达到减反(增透)的目的了。为此要求:

(1) 两束反射光的光强相等,即 $I_1 = I_2$。则由式(11-97)得薄膜的折射率为

$$n = \sqrt{n_0 n_G} \tag{11-99}$$

(2) 干涉为极小,即光程差 $\Delta = 2nh = \frac{(2m+1)\lambda}{2}$($m$ 为整数,正入射时 $i_t = 0$)。同时一般

有 $n_0 < n < n_G$,则薄膜的光学厚度应为 $nh = \dfrac{\lambda}{4}, \dfrac{3\lambda}{4}, \dfrac{5\lambda}{4}, \cdots$。

以上就是单层增透膜的折射率 n 和光学厚度 nh 应满足的条件,这种光学厚度的薄膜称为 $\dfrac{1}{4}$ 波长 $\left(\dfrac{\lambda}{4}\right)$ 膜。

2. 单层光学膜反射率的计算

可以利用多光束干涉的结果,直接求出单层光学膜的反射率。由式(11-75),入射光在薄膜上、下两表面多次反射,其叠加后反射光的复振幅为

$$E_r = \frac{r_1 + r_2 \mathrm{e}^{-\mathrm{i}\delta}}{1 + r_1 r_2 \mathrm{e}^{-\mathrm{i}\delta}} E_i \tag{11-100}$$

式中:r_1、r_2 分别是薄膜上、下表面的反射系数;δ 是两相邻光束之间的相位差,即

$$\delta = \frac{2\pi}{\lambda} 2nh\cos i_t$$

因此,光波在薄膜界面上的反射率为

$$R = \left|\frac{E_r}{E_i}\right|^2 = \frac{r_1^2 + r_2^2 + 2r_1 r_2 \cos\delta}{1 + r_1^2 r_2^2 + 2r_1 r_2 \cos\delta} \tag{11-101}$$

对于薄膜界面上的透射率 T,可以同样地推导出,另外也可由能量守恒定律($T+R=1$)直接得到:

$$T = 1 - R = \frac{(1-r_1^2)(1-r_2^2)}{1 + r_1^2 r_2^2 + 2r_1 r_2 \cos\delta} \tag{11-102}$$

实际中单层光学膜的反射率的计算是比较复杂的,而多层光学膜的反射率的计算就更为复杂,因此通常需要一些简化的计算方法并利用计算机来完成。这里只讨论光波在薄膜界面上正入射的情况。把正入射时的反射系数 r_1 和 r_2 的表达式(11-98)代入式(11-101),可得

$$R = \frac{(n_0 - n_G)^2 \cos^2\dfrac{\delta}{2} + \left(\dfrac{n_0 n_G}{n} - n\right)^2 \sin^2\dfrac{\delta}{2}}{(n_0 + n_G)^2 \cos^2\dfrac{\delta}{2} + \left(\dfrac{n_0 n_G}{n} + n\right)^2 \sin^2\dfrac{\delta}{2}} \tag{11-103}$$

因此,对于一定波长 λ 的入射光,由式(11-103)可以有反射率 R 随薄膜的折射率 n 和光学厚度 nh(或对应的相位差 δ)变化的关系曲线,如图 11-54 所示。其中,设空气折射率 $n_0 = 1$,玻璃基片 $n_G = 1.50$。由此图可以看出,单层膜反射率 R 的大小,取决于薄膜的折射率 n、光学厚度 nh 和入射光波长 λ。

3. 单层光学膜反射率的变化情况

1)反射率 R 随单层膜折射率 n 的变化情况

(1) $n_0 < n < n_G$,即只有薄膜的折射率小于基片的折射率时,才能降低基片的反射率,镀膜后的反射率 $R = 0 \sim R_0$(R_0 是空气与基片界面的反射率),称为低折射率膜,适用于增透(减反)膜。例如,镀膜材料是低折射率材料氟化镁

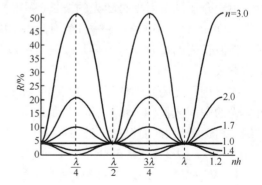

图 11-54 单层膜反射率随膜厚变化的关系曲线

(MgF_2, $n=1.38$)时可得到 $R=1.2\%$,$T=98.8\%$。

(2) $n>n_G$,即只有膜的折射率大于基片的折射率时,才能增加基片的反射率,称为高折射率膜。这种膜适用于增反膜,镀膜后的反射率 $R>R_0$。例如,镀膜材料是高折射率材料硫化锌(ZnS,$n=2.35$)时可得到 $R=33.9\%$。

由前面的分析可知,在 $n=\sqrt{n_0 n_G}$ 时,应该有 $R=0$。但是由于实际使用的镀膜材料的折射率一般都不会正好满足公式的理论值,因此减少反射率不能完全达到理论的最佳值。所以,只采用单层光学膜不能有很好的增透或增反效果,而必须采用多层光学膜。

2) 反射率 R 随光学厚度 nh 的变化情况

反射率 R 随光学厚度 nh 的增加(即相位差 δ 增加),会出现极大值和极小值。这里有两种出现极值的情况:

(1) 当 $nh=\dfrac{\lambda}{4},\dfrac{3\lambda}{4},\cdots$ 时,或 $\dfrac{\delta}{2}=\dfrac{\pi}{2},\dfrac{3\pi}{2},\cdots$ 时,反射率 R 有极值

$$R=\left(\dfrac{n_0 n_G - n^2}{n_0 n_G + n^2}\right)^2 \tag{11-104}$$

对于 $n_0<n<n_G$ 的情况,R 有极小值,即减少反射率能到最小限度;对于 $n>n_G$ 的情况,R 有极大值,即增加反射率能到最大限度。所以,单层光学膜要镀成 1/4 波长膜(膜的光学厚度 nh 为 $\dfrac{\lambda}{4}$ 的整数倍),才能达到最好的效果。

(2) 当 $nh=\dfrac{\lambda}{2},\lambda,\cdots$ 时,或 $\dfrac{\delta}{2}=\pi,2\pi,\cdots$ 时,反射率 R 有极值

$$R=\left(\dfrac{n_0-n_G}{n_0+n_G}\right)^2$$

由此可见,此时的反射率 R 就等于未镀膜时的反射率。因此不论单层光学膜材料的折射率 n 为何值,当膜的光学厚度 nh 为 $\dfrac{\lambda}{2}$ 的整数倍(即为 $\dfrac{1}{2}$ 波长膜)时,其反射率 R 和不镀膜时相同,即如同膜层不存在。

3) 反射率 R 取决于所确定的入射光波长 λ

由于介质的折射率是随光的波长(频率)而改变,则对于不同波长的光而言,其相应膜的光学厚度 nh 将是不同的。一个确定厚度的单层光学膜,其反射率 R 只对一个波长有极值,而对其他波长光的反射率将不再是极值。所以,在选用镀膜的反射镜时,必须注意其适用的中心工作波长。

在使用白光的光学仪器(如照相机、望远镜等)中,其镜片上镀单层增透膜时通常是选定可见光的中间波长($\lambda=0.55\mu m$,为黄绿光)。由于对不同波长的光有不同的反射率,所以对黄绿光增透效果好,而可见光波段两头的红光和紫光其减反效果就较差。由于此原因,我们在白光下观察镜头时,往往就会看到镜面呈现出蓝色或紫红色。

4) 反射率只与入射光的入射方向有关

上面讨论的情况,都是对光束正入射($i=0$)而言;当光束是斜入射($i\neq 0$)时,单层膜的光学厚度将要以 $nh\cos i$ 来考虑,反射系数 r_1、r_2 则需由菲涅耳公式取其在斜入射时的数值。所以,在使用镀膜的反射镜时,必须注意入射光的方向。显然光束在斜入射情况下,使用的单层膜的光学厚度比正入射时的要大,才能满足最佳反射率的要求;而对于正入射情况的单层膜的光学厚度,如果用于斜入射时,将会使其反射率极值的位置向短波长方向移动,即相对比原入

射光波长较短的光才有最佳的反射率。

由于单层光学膜制作过程和工艺比较简单,因此被广泛地用于光学元件表面的减反射(如眼镜)。但是采用单层光学膜不能达到很好的增透或增反效果,不可能有良好的色彩还原,难以适用于大相对孔径的透镜,以及对自然光不能达到理想的分光等。所以,单层光学膜只能用于一些对反射率的要求较低的场合(如有的眼镜片上就镀有单层增透膜),而为了可以满足对反射率的各种需求必须采用多层光学膜。

11.6.2 多层光学膜

1. 等效折射率

前面讨论了在介质表面没有镀膜时,其反射率 R 由式(11-96)决定,即

$$R = \left(\frac{n_0 - n_G}{n_0 + n_G}\right)^2$$

而在介质表面镀有一层 $\frac{1}{4}$ 波长膜后,其反射率 R 由式(11-104)决定,即

$$R = \left(\frac{n_0 n_G - n^2}{n_0 n_G + n^2}\right)^2$$

现设

$$n'_G = \frac{n^2}{n_G} \qquad (11-105)$$

则式(11-104)可简化为

$$R = \left(\frac{n_0 - n'_G}{n_0 + n'_G}\right)^2 \qquad (11-106)$$

比较式(11-105)和式(11-106)两式可知,基片镀膜后,光的反射等效于在折射率为 n'_G 的介质界面上的反射,即可认为薄膜和基片介质组合成一个折射率为 n'_G 的新的基片介质,其 n'_G 称为镀膜界面的等效折射率。因此,在基片表面镀一层 $\frac{1}{4}$ 波长膜后,等于改变了基片材料的折射率。

(1)若 $n > n_G$,有 $n'_G > n_G$,此时基片的折射率变大。所对应的光学膜,称为高折射率膜,在薄膜光学中一般记为 H 膜。

(2)若 $n < n_G$,有 $n'_G < n_G$,此时基片的折射率变小。所对应的光学膜,称为低折射率膜,一般记为 L 膜。

2. 多层 1/4 波长介质膜

如上所述,可把等效折射率的概念推广用于多层 $\frac{1}{4}$ 波长膜,由镀多层膜来逐步改变界面的等效折射率。如果在镀了第一层膜(此膜的折射率为 n_1)后,有等效折射率 $n'_{G1} = \frac{n_1^2}{n_G}$,那么再镀第二层膜(此膜的折射率为 n_2),就相当于是在折射率为 n'_{G1} 的基片上镀膜,则可得到新的等效折射率为

$$n'_{G2} = \frac{n_2^2}{n'_{G1}} = \frac{n_2^2}{n_1^2} n_G \qquad (11-107)$$

如此逐层类推下去,从而能够得到任意多 N 层 $\frac{1}{4}$ 波长膜的等效折射率 n'_{GN},并由式(11-106)

可求得多层介质膜反射率。因此,对于多层光学膜,关键是要求出等效折射率 n'_{GN}。

在多层 1/4 波长介质膜中,最通用的一种多层膜结构是用两种镀膜材料(一种高折射率 n_H,另一种低折射率 n_L)制备而成。在基片 G 上交替地一层一层镀上高折射率膜和低折射率膜,此又称为 $\frac{\lambda}{4}$ 膜系,如图 11-55 所示(此图为示

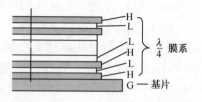

图 11-55 多层介质膜的 $\lambda/4$ 膜系

意图,所画的 $\frac{\lambda}{4}$ 膜层被放大了)。常用的镀膜材料中,高折射率的材料是硫化锌(ZnS,n = 2.30~2.40)、一氧化钛(TiO,n = 2.2);低折射率的材料是一氧化硅(SiO,n = 1.65)、氟化镁(MgF_2,n = 1.38)。

如果用 H 表示高折射率膜,用 L 表示低折射率膜,用 G 表示基片(一般为玻璃),用 A 表示膜的最外层的空气,那么,整个 $\frac{\lambda}{4}$ 膜系可用符号

$$G \mid H\ LH\ LH \cdots LH\ L\ H \mid A$$

来表示。此种多层膜的第一层和最后一层都是高折射率 H 膜,而其总层数为奇数:3,5,7,…,(2m+1)。如三层膜系,可表示为 G|H L H|A。如果层数太多,则可简写为 G|(HL)^{P}H|A,其中 P 表示一共有 P 组 H 与 L 膜的膜层。

这种多层 $\frac{\lambda}{4}$ 膜系的计算和制作工艺现较为成熟,已得到十分广泛的应用,但存在层数多而质量不宜保证,且反射率不能连续改变的缺点。目前发展了一种非 $\frac{\lambda}{4}$ 膜系,即每层膜的光学厚度都不是 $\frac{\lambda}{4}$,其厚度需由计算来确定。这样只要用几层膜就能达到所需的反射率 R 值,然而其计算和制备工艺要复杂得多,尚不常用。

3. 双层减反膜

前面已讨论,如果只镀一层膜,则由于一般很难找到折射率 n 正好满足公式 $n = \sqrt{n_0 n_G}$ 的镀膜材料,所以反射率减少是有限的。但是如果在玻璃基片表面上镀两层膜,则可以获得比单层膜更好的减反效果。这是因为在镀一层增透(减反)膜时,对于通常选用的镀膜材料氟化镁(MgF_2,n = 1.38)来说,玻璃基片的折射率偏低,而在基片表面镀上一层 $\frac{\lambda}{4}$ 膜后就等于改变了基片材料的折射率,所以可先镀一层膜使其效果如同有了一个折射率被提高的新"基片",然后再镀一层膜即可得到较低的反射率了。并且所镀的两层膜,第一层为高折射率膜(H 膜),第二层为低折射率膜(L 膜)。这由式(11-107)表示的第二层膜的等效折射率 n'_{G2} 可知,假若要求 $R=0$,那么需 $n'_{G2} = n_0$,即 $n_0 = (n_2^2/n_1^2) n_G$。因 $n_G > n_0$,故必须使 $n_2 < n_1$,即第一层膜是 H 膜而第二层膜为 L 膜。

例如在折射率 $n_G = 1.52$ 的玻璃基片表面上,镀有第一层 SiO 的 $\frac{\lambda}{4}$ 膜(一氧化硅的折射率是 1.65),再镀第二层 MgF_2 的 $\frac{\lambda}{4}$ 膜(氟化镁的折射率是 1.38),此时等效折射率为

$$n'_{G2} = \frac{n_2^2}{n_1^2} n_G = \frac{(1.38)^2}{(1.65)^2} \times 1.52 = 1.06$$

经计算能得到镀膜后的反射率为 $R \approx 0.085\%$。由此可见这里 $R \approx 0$,在中心波长($\lambda = 0.550\mu m$)附近增透效果比单层膜要好得多。

但是对于中心波长以外的波长,其反射率还不如单层膜,所以这种双层增透膜仅适用于光的工作波段较窄的情况,如图(11-56)所示,其中,A 为未镀膜的反射率曲线;B 为镀单层膜的反射率曲线;C 为镀双层膜的反射率曲线。由图 11-57 可知双层膜$\left(均为\frac{\lambda}{4}膜\right)$,在中心波长处可达近 100% 的反射率,而其他波长则不行,因其曲线形状如 V 形,故也称为 V 形增透膜。

为了在较宽的波段范围内都有较低的反射率,可采用两层膜不同的光学厚度,分别为 $n_1 h_1 = \frac{\lambda}{4}$ 和 $n_2 h_2 = \frac{\lambda}{2}$。这样,虽然对中心波长 λ 第二层膜如同不存在,其反射率只取决于第一层膜,但是附近的其他波长处的透射率特性却得到改善(如图 11-56 所示的双层增透膜的反射率呈 W 形的曲线 D)。

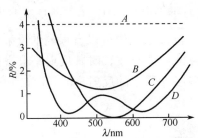

图 11-56 减反膜的反射率与波长的关系

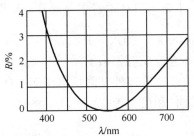

图 11-57 双层减反膜的反射率 V 形曲线
($n_1 = 1.38, n_2 = 1.75, n_G = 1.6$)

4. 多层高反膜

前文已述,在基片表面上镀有一层高折射率的膜可以提高反射率,但是提高的程度很有限,因此要想获得很高的反射率,往往采用镀多层介质膜的办法。由多光束干涉的原理可知,随着膜层数的增加,产生干涉的光束数也增多,其形成的干涉效果将增强,因而得到的反射率也就变高了。多层膜一般采用两种薄膜材料在基片上交替地镀上高折射率膜和低折射率膜,而制备成 $\frac{\lambda}{4}$ 膜系,现利用等效折射率的概念来推导具有 $(2m+1)$ 层介质膜的反射率公式。该多层膜的各层折射率为

$$n_G | n_H n_L n_H n_L n_H \cdots n_L n_H n_L n_H | n$$

由前面镀第二层膜后的等效折射率公式(11-105),可以推知镀第三层膜后的等效折射率为

$$n'_{G3} = \frac{n_3^2}{n'^2_G} = \left(\frac{n_1}{n_2}\right)^2 \frac{n_3^2}{n_G} = \left(\frac{n_H}{n_L}\right)^2 \frac{n_H^2}{n_G}$$

依此类推,可知每镀一组 LH 双层膜后,其等效折射率要多乘一个 $\left(\frac{n_H}{n_L}\right)^2$ 的因子,所以对于镀第 $(2m+1)$ 层膜后的等效折射率是

$$n'_{G(2m+1)} = \left(\frac{n_H}{n_L}\right)^{2m} \frac{n_H^2}{n_G}$$

由于 $n_H > n_L$,故等效折射率将随膜层数增加而迅速增大,此时的反射率为

$$R = \left(\frac{n_0 - n'_{G(2m+1)}}{n_0 + n'_{G(2m+1)}}\right)^2 = \left[\frac{n_0 - \frac{n_H^2}{n_G}\left(\frac{n_H}{n_L}\right)^{2m}}{n_0 + \frac{n_H^2}{n_G}\left(\frac{n_H}{n_L}\right)^{2m}}\right]^2 \qquad (11-108)$$

多层高反介质膜可以达到99%以上的反射率,而且具有吸收损失小、透射好的特性,这是棱镜全反射和金属高反射膜所不可比拟的。因为虽然光在全反射时,反射率几乎为100%,但它只发生在介质的内表面里,且必须入射角大于临界角才行,所以它的应用范围有限。金属高反射膜在光学中的应用也有所限制,因为在可见光范围内的反射率最高也达不到98%,并且对光的吸收很强。而多层高反介质膜却可以被广泛地应用到很多场合,尤其是能很好地满足激光谐振腔中对反射镜的高反射率要求,反射镜的多层介质膜镀到(15~21)层时,反射率最高能够达到99.99%。

另外,$\frac{\lambda}{4}$膜系只是相对于光波某一固定的波长才有最佳的反射率,这个波长一般叫做$\frac{\lambda}{4}$膜系的中心波长λ_0。当入射光波在中心波长附近的一定波段范围内可以有很高的反射率,其对应的波段称为该反射膜系的反射带宽。而当入射光波偏离中心波长时其反射率会下降,在反射带宽的波段范围以外就降低得很多。所以在选用多层介质膜的反射率时,需注意它适用的中心工作波长和反射带宽(图11-58)。

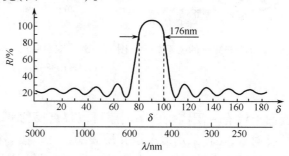

图 11-58 多层高反介质膜的反射率特征曲线

以上通过用多光束干涉原理和等效折射率方法分析多层光学膜的特性,可以清楚地了解其物理图像。但由于它的反射率计算太繁琐,所以实际计算反射率时是依据光学薄膜的电磁场理论采用特征矩阵计算方法,用计算机来计算的。图11-58就是用计算机计算绘制出的正入射时多层高反介质膜的反射率特征曲线,具体计算方法可参见有关资料。

习 题

11-1 在杨氏干涉实验中,两个小孔的距离为1mm,观察屏离小孔的垂直距离为1m,若所用光源发出波长为550nm和600nm的两种光波,试求:
(1) 两光波分别形成的条纹间距;
(2) 两组条纹的第8个亮条纹之间的距离。

11-2 在杨氏实验中,两小孔距离为1mm,观察屏离小孔的距离为100cm,当用一片折射率为1.61的透明玻璃贴住其中一小孔时,发现屏上的条纹系移动了0.5cm,试确定该薄片的厚度。

11-3 在菲涅耳双棱镜干涉实验中,若双棱镜材料的折射率为 1.52,采用垂直的激光束(632.8nm)垂直照射双棱镜,则选用顶角多大的双棱镜可得到间距为 0.05mm 的条纹?

11-4 在洛埃镜干涉实验中,光源 S_1 到观察屏的垂直距离为 1.5m,光源到洛埃镜的垂直距离为 2mm。洛埃镜长为 40cm,置于光源和屏的中央。

(1) 确定屏上看见条纹的区域大小。

(2) 若波长为 500nm,条纹间距是多少?在屏上可以看见几条条纹?

11-5 在杨氏干涉实验中,准单色光的波长宽度为 0.05nm,平均波长为 500nm,问在小孔 S_1 处贴上多厚的玻璃片可使 P' 点附近的条纹消失(如图 11-59 所示,设玻璃的折射率为 1.5)?

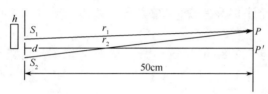

图 11-59 题 11-5 图

11-6 菲涅耳双面镜的夹角为 1′,双面镜交线到光源和屏的距离分别为 10cm 和 1m。设光源发出的光波波长为 550nm,试决定光源的临界宽度和许可宽度。

11-7 太阳对地球表面的张角约为 0.0093rad,太阳光的平均波长为 550nm,试计算地球表面的相干面积。

11-8 在平行平板干涉装置中,平板置于空气中,其折射率为 1.5,观察望远镜的轴与平板垂直。试计算从反射光方向和透射光方向观察到的条纹的可见度。

11-9 在平行平板干涉装置中,照明光波的波长为 600nm,平板的厚度为 2mm,折射率为 1.5,其下表面涂上高折射率(1.7)材料。试问:

(1) 在反射光方向观察到的干涉圆环条纹的中心是亮斑还是暗斑?

(2) 由中心向外计算,第 10 个亮环的半径是多少(f=20cm)?

(3) 第 10 个亮环处的条纹间距是多少?

11-10 检验平行平板厚度均匀性的装置中(图 11-60),D 是用来限制平板受照面积的光阑。当平板相对于光阑水平移动时,通过望远镜 T 可观察平板不同部分产生的条纹。

(1) 平板由 A 处移动到 B 处,观察到有 10 个暗环向中心收缩并一一消失,试确定 A 处到 B 处对应的平板厚度差。

(2) 所用光源的光谱宽度为 0.05nm,平均波长为 500nm,求只能检测多厚的平板(平板折射率为 1.5)?

11-11 楔形薄层的干涉条纹可用来检验机械工厂里作为长度标准的端规。如图 11-61 所示,G_1 是待测规,G_2 是同一长度的标准规,T 是放在两规之上的透明玻璃板。假设在波长 λ=550nm 的单色光垂直照射下,玻璃板和端规之间的楔形空气层产生间距为 1.5mm 的条纹,两端规之间的距离为 50mm,求两端规的长度差。

11-12 在玻璃平板 B 上放一标准平板 A,如图 11-62 所示,并将一端垫一小片,使 A 和 B 之间形成楔形空气层。求:

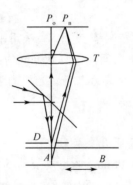

图 11-60　题 11-10 图

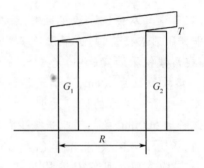

图 11-61　题 11-11 图

(1) 若 B 表面有一个半圆形凹槽，凹槽方向与 A、B 交线垂直，问在单色光垂直照射下看到的条纹形状如何？

(2) 若单色光波长为 632.8nm，条纹的最大弯曲量为条纹间距的 2/5，问凹槽的深度是多少？

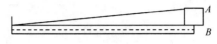

图 11-62　题 11-12 图

11-13　在一块平面玻璃板上，放置一曲率半径为 R 的平凹透镜，用平行光垂直照射，如图 11-63 所示，形成牛顿环条纹。

(1) 证明条纹间距公式 $e = \frac{1}{2}\sqrt{\frac{R\lambda}{N}}$（$N$ 是由中心向外计算的条纹数，λ 是单色光波长）；

(2) 若分别测得相距 k 个条纹的两个环的半径为 r_N 和 r_{N+k}，证明 $R = \frac{r_{N+k}^2 - r_N^2}{k\lambda}$；

(3) 比较牛顿环条纹和等倾圆条纹之间的异同。

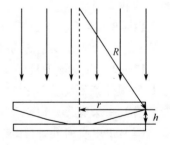

图 11-63　题 11-13 图

11-14　在迈克尔逊干涉仪中，如果调节反射镜 M_2 使其在半反射面中的虚像 M_2' 和 M_1 的反射镜平行，则可以通过望远镜观察到干涉仪产生的等倾条纹。假设 M_1 从一个位置平移到另外一个位置时，视场中的暗环从 20 个减少到 18 个，并且对于前后两个位置，视场中心都是暗点；已知入射光波波长为 500nm，望远镜物镜视场角为 10°，试计算 M_1 平移的距离。

11-15　在法布里—珀罗干涉仪中镀金属膜的两玻璃板内表面的反射系数为 0.8944，试求：

(1) 条纹的相位半宽度；

(2) 条纹的精细度。

11-16　已知汞绿线的超精细结构为 546.0753nm、546.0745nm、546.0734nm、546.0728nm，它们分别属于汞的同位素 Hg^{100}、Hg^{200}、Hg^{202}、Hg^{204}。问用法布里－珀罗标准具分析这一结构时如何选取标准具的间距（设标准具表面的反射率 $R=0.9$）？

第 12 章 光的衍射理论及其应用

12.1 衍射的基本原理及分类

12.1.1 衍射现象概述

第 11 章关于光的干涉的分析中,已经涉及衍射现象。例如,在杨氏实验中,从点(线)源 S 发出的光经过小孔(狭缝)S_1 和 S_2 之后,并不是仅沿 S 和 S_1、S_2 的连线方向直线传播,而是在每一孔(缝)后发散开来成为次级球(柱)面波。正是这种效应使得两次波可以在空间发生交叠,从而使干涉成为可能。像这样波在传播过程中遇到障碍物时偏离几何光学路径的现象称为波的衍射。

回顾中学时曾经讲到的单缝衍射和圆孔衍射,可知衍射现象在表现上有以下共同特征:波动可以绕到几何阴影区;衍射区光强的空间分布一般有多次起伏变化,即出现明暗交替的条纹或圆环,称它们为衍射图样;对光束的空间限制越甚,则该方向的衍射效应越强。例如,单缝衍射中,缝越窄,在垂直于缝的方向衍射光散得越开;圆孔衍射中,孔越小,衍射图样的中心亮斑越大。对这些现象的数学分析、物理诠释和某些基本应用的介绍构成了本章的主要内容。

在具体展开衍射问题的讨论之前,重申及指出以下几点是有益的:

(1) 衍射与干涉一般是同时存在的。以杨氏双缝实验为例,所谓干涉是指从 S_1、S_2 两个次波源发出的波的相互作用;而对每一个缝来说,所发生的现象是单缝衍射。若缝可以看作是无限窄,则每缝的衍射波可以简单地认为是理想柱面波,此过程常称为双缝干涉;若缝的宽度不能忽略,则衍射波已非理想柱面波,而具有一定的空间强弱分布,这时需同时考虑单缝的衍射效应及双缝之间的干涉效应,该过程通常称为双缝衍射。由此看来,干涉和衍射是不可分割的,一种现象到底是称为干涉还是衍射,一方面看该过程中是何因素起主导作用,另一方面也与习惯有关。后文中还将从次波相干叠加的观点进一步阐明干涉和衍射的共同本质及其形式上的区别。

(2) 衍射是一切波动的固有特性。无论是机械波(如水波、声波),还是电磁波、物质波(如电子束的德布罗意波),都会发生衍射效应。但是,为什么有的波(如声波)的衍射现象相当明显,而对另外一些波(如可见光波),其绕过障碍物的能力就不太容易觉察呢? 这是由于衍射现象的明显程度和所考察波动的波长 λ 与引起衍射的障碍物(或孔径)的线度 a 之比密切有关;比值 λ/a 越大,衍射现象越显著。大致说来,若此比值小于 10^{-3},则衍射现象不明显;若此比值在 $10^{-2} \sim 10^{-3}$ 数量级,则衍射现象显著;若此比值再增大,即粒子或孔径的线度近于或小于波长量级,则衍射光强对空间方位的依赖关系逐渐减弱,这时衍射现象逐渐过渡为散射现象。

(3) 引起衍射的障碍物可以是振幅型的,也可以是相位型的。前文中的孔和缝均属于前者,光学厚度 nh 不均匀的透明玻璃板则可作为后者的例子。一般说来,只要以某种方式使波前的振幅或相位分布发生变化,即引入空间不均匀性,而且这种不均匀性的特征线度 a 与 λ

的相对大小在前述适当范围内,就会发生衍射现象。这里,仍是特征比值 λ/a 决定了衍射与介质不均匀性所引起的其他现象,例如大尺度不均匀性所形成的反射或折射以及极小尺度不均匀性所形成的散射的区别。

(4) 既然衍射现象的显著程度与比值 λ/a 有关,可以想象,若此比值趋于零,则衍射现象消失,波动将按照几何光学的规律传播。因此,几何光学可以看作是波动光学当 $\lambda/a \to 0$ 时的极限情况。后文还会通过各种实例具体阐明这一结论。

12.1.2 惠更斯-菲涅耳原理及平面屏衍射理论

1. 惠更斯-菲涅耳原理

1) 原理的表述及意义

惠更斯-菲涅耳原理是波动光学的基本原理,是处理衍射问题的理论基础。

早在17世纪末,惠更斯就提出了后来以他的名字命名的一个原理:波前上的每一个面元都可以看作是一个次级扰动中心,它们能产生球面子波,并且后一时刻的波前的位置是所有这些子波前的包络面。

这里,"波前"可以理解为:光源在某一时刻发出的光波所形成的波面(等相面)。"次级扰动中心"可以看成是一个点光源,又称为"子波源"。

惠更斯原理可以成功地解释几何光学的一些基本规律,但它无法说明干涉和衍射现象,并且无法解释为什么实际上并不存在由波面指向波源的倒退波。之所以出现这些困难,原因在于该原理仅注意到波动是扰动的传播这一简单事实,而忽略了波动的基本性质——时空周期性。在那里,扰动仅是一种非周期性的无规脉冲,彼此之间没有什么关联。但实际上,时空周期性这一概念已隐含了空间各次波源在相位方面的确定联系,故各次波是可以相干的。由于惠更斯原理在这方面的实质性缺陷,它对处理以波的叠加和干涉为基础的波动光学问题无能为力,所以它本质上只是一种确定波面的几何作图法或几何光学原理。

1818年左右,菲涅耳在参加巴黎科学院举办的以解释衍射现象为内容的有奖竞赛的获奖论文及其他一系列工作中,吸收了惠更斯原理中的次波概念,并受干涉现象的启示,补充引入了"次波相干叠加"这一重要思想,从而将惠更斯原理发展成为一个全新的、更加严格和完善的、可以定量处理各类衍射问题的原理,后人称之为惠更斯-菲涅耳原理。

惠更斯-菲涅耳原理可以表述如下:波前上任何一个未受阻挡的点都可以看作是一个频率(或波长)与入射波相同的子波源;在其后任何地点的光振动,就是这些子波相干叠加的结果。

图12-1为该原理的示意图,其中 S 为光源,P 为所考察场点,Σ 为包围 S、但不包围 P 的一个闭曲面,Q 为 Σ 上任一点。设 Q 点处一无限小面元 $d\sigma$ 作为次波中心所发出的次波在 P 点产生的复振幅是 $d\tilde{E}(P)$,则依该原理,P 点光场复振幅应为

$$\tilde{E} = \oiint_{\Sigma} d\tilde{E}(p) \tag{12-1}$$

式中:积分遍及闭曲面 Σ。

关于该原理可作如下几点说明:

(1) 尽管在分析问题中常设 S 为单色点光源,但由于任意照明光源可以分解为(可以是无限多个)点源的集合,非单色波也可以分解为基元单色波的集合,故此原理亦可采取适当形式推广到非点源和非单色波情况。

(2) 原理中"相干叠加"意指 P 点复振幅是各次波复振幅的叠加积分,它是次波假设和叠加原理的必然结果。

(3) 一般地,Σ 不必是波面,但由于波面上各点相位相同,给分析带来方便,故通常将 Σ 取为波面。

(4) 当波前的某些部分受到障碍物的阻挡时,参与相干叠加的只是那些未被阻挡的波前区域所发出的次波,这时式(12-1)中的积分区域 Σ 仅为波前上未受阻挡的部分。如果未受阻挡的波前区域由多个互不连通的子区域构成,而且每一子区域所发出的光波可以当作一个整体进行处理时,相应的叠加过程一般称为干涉(如考察杨氏实验中双缝相互作用时);如果考察的波前区域是连通的,则必须处理无限多连续分布的次波源所发出次波的叠加,该过程一般称为衍射(如考察杨氏实验中有限大小的单孔或单缝的作用时)。因此,从惠更斯-菲涅耳原理看来,干涉与衍射本质上是相同的,均为次波相干叠加,其区别仅在于所处理的次波源(或相应光束)是空间分离的还是空间连续的。

2) 菲涅耳衍射积分公式

以下以单色点光源的波场在自由空间中的传播为例具体说明惠更斯—菲涅耳原理的应用。将图 12-1 的局部重绘于图 12-2,图中 n 为 Σ 面上 Q 点处无限小面元 $d\sigma$ 的法线,θ_0 和 θ 分别为 $\overline{SQ}$ 和 $\overline{QP}$ 与 n 的夹角,$R = \overline{SQ}, r = \overline{QP}$。设源点 S 的初相为 0,它在 Q 点产生的初级波复振幅 $\tilde{E}(Q)$ 可以表示为 Ae^{ikR}/R,式中 A 为一由源强度所决定的常数。面元 $d\sigma$ 作为次波中心辐射出球面次波,其频率与传播速度均与初波相同,它在 P 点所引起的扰动的复振幅 $d\tilde{E}(P)$ 显然应与初波振幅 $\tilde{E}(Q)$、面元大小 $d\sigma$、以及球面波传播因子 e^{ikr}/r 成正比。另外,考虑到不同方向面元可以具有不同的辐射强度,引入一函数 $F(\theta_0,\theta)$ 表示这种方位依赖关系,$F(\theta_0,\theta)$ 称为倾斜因子,它应该在 $\theta_0 = \theta = 0$ 时有最大值1,并随着两角度的增大而减小。将以上比例关系写成等式,即有

$$d\tilde{E}(P) = C\tilde{E}(Q)\frac{e^{ikr}}{r}F(\theta_0,\theta)d\sigma \qquad (12-2)$$

式中:C 为比例常数。将上式代入式(12-1),可得

$$\tilde{E}(P) = C\oiint_\Sigma \tilde{E}(Q)\frac{e^{ikr}}{r}F(\theta_0,\theta)d\sigma \qquad (12-3)$$

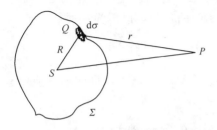 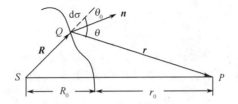

图 12-1 惠更斯-菲涅耳原理示意图　　图 12-2 惠更斯-菲涅耳原理对点源的应用

上式称为菲涅耳衍射积分公式。

菲涅耳衍射积分公式的最初得来在某种程度上可以说是基于物理上的直觉和猜想,而缺乏严格的数学论证。这方面可举出两个问题:

(1) 菲涅耳采用球面波面 Σ,从而 $\theta_0 = 0$,并设 $F(\theta)$ 在 $\theta < \pi/2$ 时等于 $\cos\theta$,在 $\theta \geq \pi/2$ 时

等于0。这一假设是为了排除倒退波而引入的,理论根据不足,人为的痕迹相当明显。(2)常数 C 的形式未能确定。若设 C 为正实数,则从该式所求得的自由传播时 P 点光场的复振幅 $\tilde{E}(P)$,要比不通过该公式而直接从传播过程得到的复振幅表达式相位落后 $\pi/2$,这是惠更斯-菲涅耳原理本身所无法解释的。

尽管如此,由于 C 对相对光强分布并无影响,菲涅耳的衍射理论在解释许多平面孔径(如矩孔、圆孔等)的衍射现象中仍然取得了巨大的成功,这时 Σ 自然取在该平面上,而积分区域则仅为平面屏的透光部分。这种与实验结果的良好一致性充分说明公式(12-3)有着合理的内核。为了利用这种合理的内核并把它建立在更为坚实的理论基础上,从而消除某些人为的假定,历史上曾发展起一系列衍射理论,基尔霍夫的平面屏衍射理论即是其中之一。

2. 平面屏衍射的基尔霍夫标量衍射理论

现在考察无限大不透光平面屏上一个孔径所引起的衍射问题,如图12-3所示,其中 S 为单色点光源,P 为所考察场点。数学上可以证明:光场中任一点的扰动可以通过曲面积分用包围该点的任一闭曲面上的场值及场的梯度值表示出来。为了把此结论用于平面屏衍射问题,基尔霍夫(G. R. Kirchhoff)作了两个假定:

(1) 开孔 Σ 处光场及其梯度值与无屏时相同;

(2) 紧贴屏后 Σ_1 处无扰动,即光场及其梯度值均为零。

这两个假定称为基尔霍夫边界条件。其中,假定(1)忽略了屏的存在对孔径处入射波场的影响;假定(2)忽略了入射波场在不透光屏背光面的扩展。严格说来,它们与实际情况是不尽相符的,因为屏的存在总要在一定程度上对入射场产生影响,而入射场也总会在屏后几何阴影区一定范围内产生一些扰动。但由于这些影响和扰动仅局限于孔径边缘附近距离为 λ 量级的极小范围,所以只要开孔 Σ 的线度及所考察场点与开孔的距离均远大于 λ(这在实际问题中通常是满足的),这些边缘处的精细效应就完全可以忽略不计。

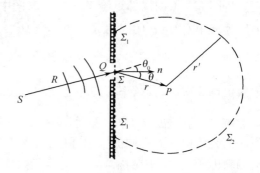

图12-3 平面屏衍射与基尔霍夫假设

在上述假定下,取包围 P 点的闭曲面 Σ' 计算积分,Σ' 由三部分组成:开孔 Σ,屏的后表面 Σ_1,以及以 P 为中心、r' 为半径的部分球面 Σ_2。这样闭曲面积分可以拆为三项:

$$\oiint_{\Sigma'} Y(\sigma) d\sigma = \iint_{\Sigma} Y(\sigma) d\sigma + \iint_{\Sigma_1} Y(\sigma) d\sigma + \iint_{\Sigma_2} Y(\sigma) d\sigma$$

式中:$Y(\sigma)$ 为任意函数。由假定(2),右端第二项为零。令 $r' \to \infty$,可以证明第三项趋于零,故右端只剩下第一项。经过某些运算,可以得到

$$\tilde{E}(P) = \frac{1}{i\lambda} \oiint_{\Sigma} \tilde{E}(Q) \frac{e^{ikr}}{r} \cdot \frac{1}{2}(\cos\theta_0 + \cos\theta) d\sigma \qquad (12-4)$$

上式称为基尔霍夫衍射积分公式。

与菲涅耳衍射积分公式(12-3)相比,基尔霍夫公式有以下几个特点:

(1) 积分区域已按基尔霍夫边界条件转化为透光孔径 Σ。

(2) 具体求出了倾斜因子的形式:

$$F(\theta_0,\theta) = \frac{1}{2}(\cos\theta_0 + \cos\theta) \tag{12-5}$$

此形式与最初菲涅耳的假定不同。例如,当 $\theta_0 = 0$ 时,$F(\theta) = (1+\cos\theta)/2$,当 θ 增大到 π 而非 $\pi/2$ 时,$F(\theta)$ 才降为零。但二者都随 θ 的增大而减小,总体趋势是相同的。

(3) 具体求出了 C 的表达式,即

$$C = \frac{1}{i\lambda} = \frac{1}{\lambda}e^{-i\pi/2} \tag{12-6}$$

考虑因子 C 之后,Q 点处次波复振幅可写为

$$\widetilde{E}'(Q) = \frac{1}{\lambda}e^{-i\pi/2}\widetilde{E}(Q) = \frac{1}{\lambda}e^{-i\pi/2} \cdot \frac{A}{R}e^{ikR} \tag{12-7}$$

可见它与初波(真实的入射波)在该点的复振幅 $\widetilde{E}(Q)$ 相比,相位超前 $\pi/2$,而且多出一个与 λ 成反比的因子。前者保证了按基尔霍夫衍射积分公式所算出的 $\widetilde{E}(P)$ 的相位与真实的相位一致,后者则保证了 $\widetilde{E}(P)$ 与 $\widetilde{E}(Q)$ 量纲一致。换言之,为了保证最终结果的合理性,次波源必须具有上式所表示的难以作出直观物理解释的性质。具有这种性质的次波源已非真实的光源,而只可看作是一种数学模型。

进一步的分析表明,基尔霍夫对边界条件的假设不但是近似的,而且具有内在的不自洽性。为消除这种不自洽性,也有人提出其他理论,严格的衍射理论则应当采用矢量波理论。这些都超出了本书的范围。最后我们指出:在标量波衍射理论适用的条件下,即衍射孔径的线度远大于波长,以及观测点与孔径的距离远大于波长时,无论是菲涅耳公式,还是基尔霍夫公式,对衍射图样的相对光强分布都能给出相当精确的结果。

3. 巴俾涅原理

可以对入射波前的振幅或相位进行空间调制,从而引起衍射的任意平面障碍物称为衍射屏。最简单的振幅型衍射屏即是分为透光区和不透光区的平面屏。如果一个衍射屏的透光区恰好是另一个衍射屏的不透光区,这两个衍射屏就称为是互补的。例如,一个开有圆孔的无限大不透光屏和一个与圆孔同样大小的不透光圆屏就构成一对互补屏。一对互补屏的透光区域 Σ_a 和 Σ_b 之和是整个透光平面 Σ_F,它对应于无屏时自由传播的情形。因此,当利用基尔霍夫衍射公式(12-4)对给定源点和场点求一对互补屏引起的复振幅分布时(图12-4),根据

$$\oiint_{\Sigma_a} Y(\sigma)d\sigma + \iint_{\Sigma_b} Y(\sigma)d\sigma = \iint_{\Sigma_F} Y(\sigma)d\sigma$$

显然可以得到

$$\widetilde{E}_a(P) + \widetilde{E}_b(P) = \widetilde{E}_F(P) \tag{12-8}$$

上式表明,一对互补屏各自在衍射场中某点所产生的复振幅之和等于自由传播时该点的复振幅,此结论称为巴俾涅(A. Bahnet)原理。

对一种特殊情况,即 $\widetilde{E}_F(P) = 0$ 时,巴俾涅原理应用起来特别方便。这种情况可举出平行光经过衍射屏后在透镜后焦面的衍射(图12-5(a))以及点光源发出的光经过衍射屏后在像平面的衍射(图12-5(b))。对于这两种情形,在自由传播时观察平面上仅形成一个亮点 P_0,即光束的焦点或像点,其他区域皆无光场,即 $\widetilde{E}_F(P) = 0$。因此由巴俾涅原理,有

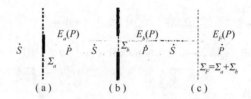

图 12-4 互补屏的合成相当于自由传播

$$\widetilde{E}_a(P) = -\widetilde{E}_b(P), I_a(P) = I_b(P)$$

即一对互补屏所形成的衍射图样的光强分布在除光源的几何像点之外的所有区域中均相同。

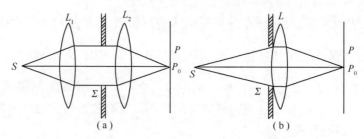

图 12-5 在焦平面和像平面观察衍射图样

12.1.3 衍射问题的近似处理及分类

1. 平面屏衍射问题的近似处理

图 12-6 为平面屏衍射的示意图,其中 Σ 为孔径平面,Π 为观察平面。为简化问题,设照明光为正入射的单色光。利用基尔霍夫衍射积分公式,可以得到

$$\widetilde{E}(x,y) = \frac{1}{i\lambda}\iint_{\Sigma} \widetilde{E}(x_1,y_1) \frac{e^{ikr}}{r} \frac{1+\cos\theta}{2} dx_1 dy_1 \tag{12-9}$$

式中各量含义如图 12-6 所示。严格计算此积分是相当困难的。为简化运算,通常取下列两种近似:

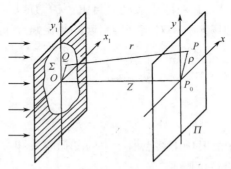

图 12-6 平面屏衍射示意图

1) 傍轴近似

此种近似在讨论杨氏实验时已经引入过,由于这里孔径平面上的点 Q 和 Π 平面上观测点 P 均应满足傍轴近似,故该近似条件可以表示为

$$\rho_{1\max}^2 = (x_1^2 + y_1^2)_{\max} \ll Z^2, \qquad \rho_{\max}^2 = (x^2 + y^2)_{\max} \ll Z^2 \tag{12-10}$$

式中:$\rho_{1\max}$和$\rho_{\max}$分别表示Q点与P点对纵轴(z)的最大横向偏离。在此条件下,有

$$\cos\theta \approx 1, \quad \frac{1}{r} \approx \frac{1}{Z}$$

$$r = \sqrt{(x-x_1)^2 + (y-y_1)^2 + Z^2} \approx Z\left[1 + \frac{(x-x_1)^2 + (y-y_1)^2}{2Z^2}\right] \quad (12-11)$$

将以上结果代入式(12-9),可得

$$\begin{aligned}
\widetilde{E}(x,y) &= \frac{1}{i\lambda Z}e^{ikZ} \iint_\Sigma \widetilde{E}(x_1,y_1) \exp\left\{\frac{ik}{2Z}[(x-x_1)^2 + (y-y_1)^2]\right\} dx_1 dy_1 \\
&= \frac{1}{i\lambda Z}e^{ikZ} \exp\left[\frac{ik}{2Z}(x^2+y^2)\right] \\
&\quad \times \iint_\Sigma \widetilde{E}(x_1,y_1) \exp\left[i\frac{\pi}{\lambda Z}(x_1^2+y_1^2)\right] \exp\left[-i\frac{2\pi}{\lambda Z}(x_1 x + y_1 y)\right] dx_1 dy_1
\end{aligned}$$

$$(12-12)$$

而屏Π上的光强分布为

$$\begin{aligned}
I(x,y) &= |\widetilde{E}(x,y)|^2 \\
&= \frac{1}{(\lambda Z)^2} \left| \iint_\Sigma \widetilde{E}(x_1,y_1) \exp\left[i\frac{\pi}{\lambda Z}(x_1^2+y_1^2)\right] \right. \\
&\quad \left. \times \exp\left[-i\frac{2\pi}{\lambda Z}(x_1 x + y_1 y)\right] dx_1 dy_1 \right|^2
\end{aligned}$$

$$(12-13)$$

傍轴近似通常又称为菲涅耳近似,故由此得到的以上两式称为菲涅耳衍射公式。

2) 远场近似

如果Q点进一步满足条件

$$\frac{\pi}{\lambda Z}\rho_{1\max}^2 \ll \pi$$

即

$$Z \gg \frac{\rho_{1\max}^2}{\lambda} \quad (12-14)$$

则$\frac{\pi}{\lambda Z}(x_1^2+y_1^2)$对相位的贡献远远小于$\pi$,在孔径$\Sigma$的整个透光区有$\exp\left[i\frac{\pi}{\lambda Z}(x_1^2+y_1^2)\right] \approx 1$,这时以上两式可以简化为

$$\widetilde{E}(x,y) = \frac{1}{i\lambda Z}e^{ikZ} \exp\left[\frac{ik}{2Z}(x^2+y^2)\right] \iint_\Sigma \widetilde{E}(x_1,y_1) \exp\left[-i\frac{2\pi}{\lambda Z}(x_1 x + y_1 y)\right] dx_1 dy_1$$

$$(12-15)$$

$$I(x,y) = \frac{1}{(\lambda Z)^2} \left| \iint_\Sigma \widetilde{E}(x_1,y_1) \exp\left[-i\frac{2\pi}{\lambda Z}(x_1 x + y_1 y)\right] dx_1 dy_1 \right|^2 \quad (12-16)$$

在光波波段,远场近似式(12-14)通常要比傍轴近似式(12-10)强得多。例如,设$\rho_{1\max}=1\text{cm},\lambda=0.6\mu\text{m}$,则$Z$取10cm量级即可充分满足傍轴近似式(12-10);但要满足近似式(12-14),则必须有$Z \gg 167\text{m}$。因此,近似条件式(12-14)通常称为远场近似,又称夫琅和费(J. von Fraunhofer)近似,相应的式(12-15)和式(12-16)也称为夫琅和费衍射公式。

考察式(12-12)和式(12-15),可以看出两种近似的实质都是以有理化了的近似表达式来代替球面次波相位项中r的无理表达式,只是近似的程度有所不同。若舍弃积分号前与光强分布无关的因子,菲涅耳近似中是以二次曲面相因子来代替球面波相因子,而夫琅和费近似

则进一步用平面波相因子来代替。另外,易知式(12-15)和式(12-16)中积分号内的运算实际上就是孔径平面光场复振幅分布的傅里叶变换。只是 $\tilde{E}(x,y)$ 表达式中积分号外仍有一复指数因子,若场点 P 也满足远场近似,则该因子消失;一般关心的是光强分布,这时该因子并无影响。总之,以上两式不仅表明可以利用通用的傅里叶变换程序来计算夫琅和费衍射问题,更重要的是证明了傅里叶变换可以用光学方法来模拟实现,正是这一点为现代光学的许多新发展和新应用提供了基础。

2. 衍射的分类

前文在平行光正入射的条件下讨论了场点与孔径平面的距离对衍射的影响,从而得到了两种衍射公式,实际上已把衍射分成了两类,对于球面波入射的情况亦可作类似讨论。将两者综合在一起,可以根据源点和场点距孔径平面的远近将衍射作这样的区分:若源点和场点均满足远场近似,则所观察到的衍射称为夫琅和费衍射(图12-7(a));若二者均满足傍轴近似,但并不同时满足远场近似,则相应的衍射称为菲涅耳衍射(图12-7(b))。因远场的极端是无限远,相应的光束是平行光,所以也可用源点和场点是否位于无限远处,或入射光及衍射光是否为平行光束来区别夫琅和费衍射和菲涅耳衍射。以上各种表述在表12-1中以序号1~3列出。注意表述1~3皆是对在光源和接收平面之间除孔径外没有其他光学装置的情况而言,而在这三种表述中又以第一种最为精确,因为远场近似与无限远在概念上毕竟是不同的。

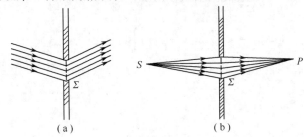

图12-7 夫琅和费衍射和菲涅耳衍射

由前文的计算实例可知,不用任何光学仪器而直接在远场区观察夫琅和费衍射是相当困难的。为在实践中解决这一问题,可以如图12-5(a)所示,将源点和接收平面分别置于透镜 L_1 和 L_2 的前后焦面,这样透过孔径 Σ 的光即为平行光,或说源点和场点相对于孔径而言已分别通过透镜的作用等效地移到了前后方无限远处,故接收平面上观察到的衍射图样是孔径的夫琅和费衍射。再设想在该图中保持光源在 L_1 的前焦面,接收屏在 L_2 的后焦面,但使 L_1、L_2 逐渐靠近,最后合二为一(L),则接收屏上衍射图样不应发生变化。这时对透镜 L 来说,光源平面与接收面是一对物像共轭面,如图12-5(b)所示。综合这两种情况,可以用光源面和接收面是否为物像共轭面来区分夫琅和费衍射和菲涅耳衍射,从而得到表12-1中的表述4,它对更复杂的光学系统仍然适用。因此,在任何成像装置中,光源像平面处的光场总是系统孔径的夫琅和费衍射或傅里叶变换。

更仔细地,可以从孔径平面开始由近及远把光场依次划分为几何阴影区、菲涅耳衍射区和夫琅和费衍射区,但这三个区域是逐渐过渡的,并无严格清晰的分界。另外,由于夫琅和费近似只不过是在满足菲涅耳近似条件下一种更强的要求,所以菲涅耳衍射的处理方法对于处理夫琅和费衍射仍然适用。从这种意义上,也未尝不可把夫琅和费衍射区看作是菲涅耳衍射区的一部分。但是,由于夫琅和费衍射有其特殊的简单性和规律性,传统上仍把它从菲涅耳衍射中区分开来。

表 12-1 关于衍射分类的集中表述

	菲涅耳衍射	夫琅和费衍射
1	源点和场点均满足傍轴近似,但并不同时满足远场近似	源点和场点均满足远场近似
2	源点和场点(或二者之一)在有限远处	源点和场点均在无限远处
3	非平行光的衍射	平行光的衍射
4	光源面和接收平面非物像共轭面	光源面和接收平面为物像共轭面

12.2 菲涅耳衍射

12.2.1 菲涅耳衍射的分析方法

直接利用式(12-12)和式(12-13)计算菲涅耳衍射是十分困难的,一般需要繁冗的数值积分。但是,若衍射屏只是简单地分为透光部分与不透光部分,而且透光孔径又具有一定的几何对称性,则往往可以采用定性及半定量的方法,依据物理图像的分析而不是复杂的计算而得到近似性相当好的结果。以下介绍两种方法,它们均以次波相干叠加概念及相幅矢量的合成法则作为基础。

1. 矢量图解法

仍以单色点光源的光场在自由空间中的传播为例,如图 12-8 所示。Σ 为以源点 S 为中心的球面波面,半径为 R;场点 P 与 Σ 面的最短距离为 r_0。为求得 P 点的扰动,根据惠更斯-菲涅耳原理,应该把 Σ 分割为许多元波面,再把每个元波面对 P 点光场的贡献叠加起来。

由对称性的分析,元波面的分割可以采取下列方式:以 P 点为中心,取某一小正数 l,以 $r_0+l, r_0+2l, r_0+3l, \cdots$ 为半径作球面,这些球面与 Σ 相截得到一组交线圆,相邻交线之间形成一圈圈环带,这些环带称为波带。当 $l \ll \lambda$ 时,每一波带即可认为是无限窄的波面,这种波带可称为元波带;同一元波带上各点到 P 点的光程可以认为是相同的,而相邻元波带到 P 点的光程均相差 l。

为了把每一波带在 P 点的贡献叠加起来,需要具体分析各波带在 P 点产生的光场的振幅和相位。

首先考虑振幅。图 12-9 绘出了从中心起第 m 个波带的截面图,设其面积为 $d\sigma_m$,它与 P 点的平均距离为 r_m,倾斜因子为 $F(\theta_m)$,则该波带在 P 点产生的振幅应为

$$\Delta A_m \propto \frac{d\sigma_m}{r_m} F(\theta_m) \tag{12-17}$$

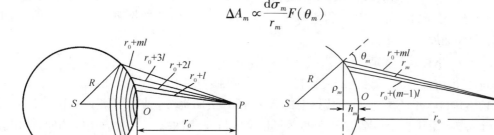

图 12-8 点光源波面的波带分割　　图 12-9 第 m 个波带的截面图

设 ρ_m 为该波带外缘半径，h_m 为图示球冠高度，由关系式

$$\rho_m^2 = h_m(2R - h_m) = (r_0 + ml)^2 - (r_0 + h_m)^2 \tag{12-18}$$

可得到

$$h_m = \frac{mr_0 l}{R + r_0}\left(1 + \frac{ml}{2r_0}\right)$$

代入前 m 个波带所构成的球冠的面积公式 $S_m = 2\pi R h_m$，可以求得

$$d\sigma_m = S_m - S_{m-1} = \frac{2\pi R l}{R + r_0}\left[r_0 + \left(m - \frac{1}{2}\right)l\right]$$

取第 m 个波带外缘和内缘到 P 点距离的平均值为 r_m，即

$$r_m = \frac{1}{2}\{(r_0 + ml) + [r_0 + (m-1)l]\} = r_0 + \left(m - \frac{1}{2}\right)l$$

由以上两式，可知比值

$$\frac{d\sigma_m}{r_m} = \frac{2\pi R l}{R + r_0}$$

与 m 无关。这是由于从中心向外，各环带面积和与 P 点的距离均渐次增大，而且二者增长的速率是相同的，这样，各波带在 P 点振幅 ΔA_m 的变化仅来源于倾斜因子 $F(\theta_m)$ 的不同。当 θ 从零增大时，$F(\theta_m)$ 从 1 单调下降到零，故 ΔA_m 随 m 的增加而单调减小到零。但是，由于元波带分割极密，相邻元波带之间 $F(\theta_m)$ 的差别极小，故 ΔA_m 递减的速率相当缓慢，往往要经过成百上千个波带才有显著变化。

其次考虑相位。易知，m 每增加一个序号，相应波带在 P 点产生的振动相位都比前一波带落后一个定值

$$\delta = \frac{2\pi}{\lambda} l \tag{12-19}$$

综合以上分析，可以作出自由传播时各波带在 P 点产生振动的相幅矢量的合成图，如图 12-10（a）所示。其中取图 12-9 中 O 点次波源在 P 点引起的振动相位为 0，并表示为水平轴正方向。从 O 点向外每相差一个元波带，相位落后 δ，相应相幅矢量的辐角增加 δ；又因各元波带相幅矢量长度由于 $F(\theta_m)$ 的作用单调缓慢减小，最后降为 0，故 Σ 面上所有元波带贡献的矢量合成图形成一个向中心点逐渐盘曲的极密的螺旋折线（图 12-10（a）中只画出前几个矢量，其他部分以虚线示意）。当 $l \to 0$ 时，图中每一元矢量 ΔA_m 的长度皆趋于零，此螺旋折线转化为螺线，如图 12-10（b）所示。螺线上每点相应的相位由该点切线（指向螺心一方）的辐角来表示。螺线每转一圈表示 r 增加 λ，相位变化 2π；如果无 $F(\theta_m)$ 的影响，它将与始点相接形成一个圆，正是由于 $F(\theta_m)$ 的作用使得它每转一周收缩一点。但这种收缩是极其缓慢的，图中大大夸张了收缩速度。

在矢量图中，从螺线的起始点 O 指向中心 C 的相幅矢量 A_F 综合了波面 Σ 上所有波带的贡献，故它表示自由传播时 P 点光场的复振幅，相应的光强则可由 $I_F = A_F^2$ 求得。

从图 12-10（b）可以看出，自由传播时的合矢量 A_F 指向上方，其相位比 O 点次波在 P 点的相位落后 $\pi/2$。由于自由传播时 P 点的真实相位应与 O 点次波在该点的相位相同，故由矢量图解法所求得的 P 点振动的复振幅与真实情况相比总有 $\pi/2$ 的相位落后量。此偏差是惠更斯-菲涅耳原理尚不够精细与严格的例证之一。在基尔霍夫理论中，次波相位应比初波超前 $\pi/2$，即若设初波在 P 点相位为零，则 O 点次波在 P 的相位应为 $-\pi/2$，在矢量图中应指向

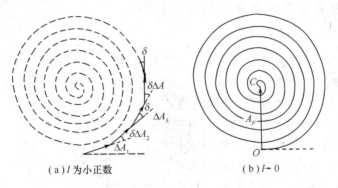

(a) l 为小正数　　　　　(b) $l\to 0$

图 12-10　自由传播时的矢量合成图

下方,如图 12-11 的 A_0 所示。以初始方向向下来画螺线,最后得到的合矢量 A_F 即为水平向右,与自由传播时相同。但由于一般只关心光强分布,合矢量的相位并不影响强度,故后文中将不再考虑次波的 π/2 相移问题,而仍采用图 12-10 的画法。

2. 半波带法

取 $l=\lambda/2$,即每相邻波带之间光程差为半个波长,相位差为 π,则相应的波带称为半波带。半波带法是指在矢量合成时把每一个半波带作为一个整体来加以考虑,它相当于把螺线上每一近于半圆的弧简化为一个矢量。如图 12-12 左方所示,从螺线起点 O 到最高点 M_1,切线指向由水平向右变为水平向左,意味着相位变化 π,故 OM_1 相应于第一个半波带,其整体贡献为振幅 $A_1=OM_1$。同理,第二个半波带的贡献为 $A_2=M_1N_1$,第三个半波带的贡献为 $A_3=N_1M_2$,以下依此类推,图中右方表示出了自由传播时所有半波带的合成过程。由于螺线逐渐旋向中心,各半波带相应矢量的振幅也逐渐减小到零,因此所得到的自由传播时 P 点振动的相幅矢量 A_F 仍是从螺线始点 O 指向螺线中心,其大小

$$A_F=\frac{1}{2}A_1 \tag{12-20}$$

相应光强关系为

$$I_F=\frac{1}{4}I_1 \tag{12-21}$$

式中:A_1 和 I_1 分别表示第一个半波带单独在 P 点所产生的光场振幅和光强。

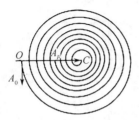　　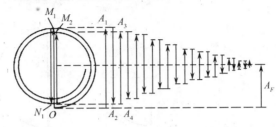

图 12-11　考虑次波相移 π/2 时的矢量图　　图 12-12　矢量图解法简化为半波带法

从以上分析可以看出,半波带法实质上是对用螺线表示的矢量图解法的一种归并和简化。显然它不如矢量图解法精细,无法处理半波带数目非整数的问题。但是,对于光程变化比较大的情况,用它来分析光强的极大值和极小值条件还是很方便的。

12.2.2 圆孔、圆屏及某些环扇形孔径的衍射

1. 圆孔衍射

利用上节的方法,很容易分析一个无限大屏幕上的透光圆孔所产生的菲涅耳衍射。如图 12-13 所示,S 为单色点光源,Σ 为圆孔孔径,ρ 为其半径。为简化问题,设 S 位于过圆孔中心且与 Σ 平面垂直的轴线上,P 为所考察的场点。

以下重点分析 P 为轴上点的情况。首先应确定圆孔中露出的波面对 P 点而言相当于几个半波带。在 $h \ll 2R$ 时,由式(12-18)可以得到

$$\rho_m = \left[2ml \frac{Rr_0}{R+r_0} \left(1 + \frac{ml}{2r_0} \right) \right]^{\frac{1}{2}}$$

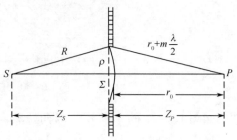

图 12-13 圆孔菲涅耳衍射:轴上点

对半波带,$l = \lambda/2$;若圆孔的半径不太大,使得 $m\lambda/2 < r_0$ 成立,则上式可简化为

$$\rho_m = \sqrt{\frac{Rr_0}{R+r_0} m\lambda} \qquad (12-22)$$

令 $\rho_m = \rho$,上式可改写为

$$m = \left(\frac{1}{R} + \frac{1}{r_0} \right) \frac{\rho^2}{\lambda} \qquad (12-23)$$

此即圆孔所露出的半波带数与圆孔半径 ρ 及系统几何参量 R、r_0 的关系式。在圆孔半径显著小于 R 和 r_0(满足傍轴近似条件)时,上式中的 R 和 r_0 也可以分别用源点和场点与孔径平面的距离 Z_S 和 Z_P 来代替,即有

$$m = \left(\frac{1}{Z_S} + \frac{1}{Z_P} \right) \frac{\rho^2}{\lambda} \qquad (12-24)$$

一旦求得 m,即可视 m 为整数或非整数,分别用半波带法或矢量图解法来求解合振幅 A。图 12-14(a)、(b)、(c) 分别为当 $m = 1/2$、1、2 时的矢量合成图以及合振幅与光强的结果。图 12-15(a) 和(b) 则分别是 m 为奇数和偶数时用半波带法的矢量合成图,从中可以看出,若因某一参数的改变使得 m 发生变化,则合振幅发生相应变化。

当 m 为奇数时合振幅取得极大值

$$A_{\max} = \frac{1}{2}(A_1 + A_m) \qquad (12-25)$$

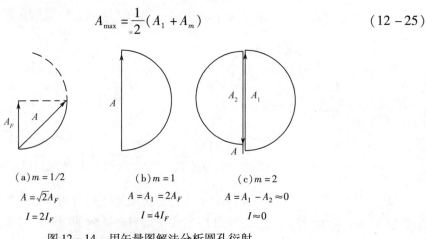

图 12-14 用矢量图解法分析圆孔衍射

当 m 为偶数时合振幅取得极小值

$$A_{\min} = \frac{1}{2}(A_1 - A_m) \qquad (12-26)$$

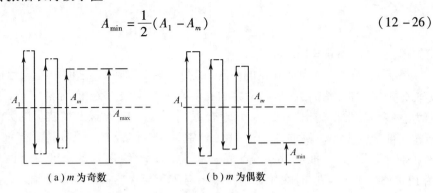

(a) m 为奇数　　　　(b) m 为偶数

图 12-15　用半波带法分析圆孔衍射

在极大值处场点为亮点,极小值处场点为暗点(当圆很小时,暗点处可近似认为消光)。故随着 m 的增大,P 点亮暗交替,但因相邻 $A_奇$ 与 $A_偶$ 的差别越来越小,相邻亮暗的起伏幅度也越来越小。

由式(12-24)可知,当 λ 给定时,ρ、Z_S、Z_P 三个几何参量中任一个发生变化均会引起 m 值的改变;而 m 值决定了场点 P 处光场相幅矢量 A_P 的终端在螺线图上的位置,从而 A_P 亦随之发生变化,其具体趋势可由矢量图进行分析。

例 12-1　图 12-16 中,S 为点光源,$\lambda = 600\mathrm{nm}$,$Z_S = 1\mathrm{m}$,$\rho = 0.5\mathrm{mm}$,P 为轴上点,$Z_P = 0.5\mathrm{m}$。

(1) 求 P 点光强与自由传播时光强之比;

(2) 其他参量不变,ρ 稍微增大时 I_P 如何变化?

(3) 其他参量不变,P 点稍微向孔径平面移近时 I_P 如何变化?

(4) 其他参量不变,P 点从初始位置向孔径平面移近,距该平面多远时 I_P 第一次出现极大值?

解

(1) 由式(12-24),有

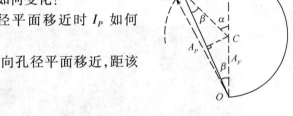

图 12-16　例 12-1 图

$$m = \left(\frac{1}{1000} + \frac{1}{500}\right)\frac{0.5^2}{6 \times 10^{-4}} = 1\frac{1}{4}$$

P 点相幅矢量 A_P 如图 12-16 中 $\widehat{OM}$ 所示,$\widehat{OM}$ 对应 $1\frac{1}{4}$ 个半圆。由几何关系可知

$$\alpha = 45°,\beta = 22.5°,A_P = 2A_F\cos\beta$$

代入数值可求得

$$A_P = 2A_F\cos 22.5° = 2A_F\sqrt{(1+\cos 45°)/2} = 1.85 A_F$$

故

$$\frac{I_P}{I_F} = 1.85^2 = 3.42$$

(2) 由式(12-24),ρ 稍微增大时 m 增大,M 移向 M',$OM' < OM$,故 P 点光强减小。

(3) 同理,Z_P 稍微减小时 m 亦增大,I_P 减小。

(4) 初态 $m = 1\frac{1}{4}$,既然 Z_P 减小时 m 增大,可知第一次出现极大值时 $m = 3$,代入

式(12-24),有

$$\left(\frac{1}{1000}+\frac{1}{Z_P}\right)\frac{0.5^2}{6\times 10^{-4}}=3$$

可解得 $Z_P=161\mathrm{mm}=16.1\mathrm{cm}$。

最后简单讨论 P 为轴外点的情况,如图 12-17 所示。这时可先设想衍射屏不存在,以 SP 为轴分割半波带,然后放上屏,考察圆孔所露出的半波带分布,显然它们已非中心对称的圆环,因为有些半波带仅露出一部分。P 点合振动不仅取决于露出半波带的数目,而且取决于每带所露出部分的大小。例如,图 12-18(a)中对某一位置 P 圆孔所露出半波带的分布,由于相邻半波带的贡献大致抵消,故 P 点光强很弱,对 P 点之外的某点 P',露出半波带的分布如图 12-18(b)所示,这时除相邻半波带 1 与 2,3 与 4 的贡献大致抵消外,又多出一部分新的半波带 5,故 P' 点光强较大。因此,从观察平面 P_0 沿径向向外光强会有亮暗交替。

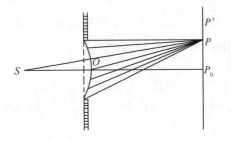

图 12-17 圆孔菲涅耳衍射:轴外点

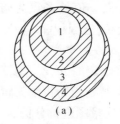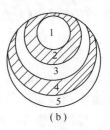

图 12-18 对不同轴外点圆孔所露出的半波带分布

再根据系统的轴对称性,易知衍射图样为以 P_0 为中心的亮暗交替的圆环,当然其具体分布(如中心点的亮暗)依赖于 ρ、Z_S、Z_P 各参数。图 12-19 所示为当圆孔逐渐增大时几个衍射图样的照片。

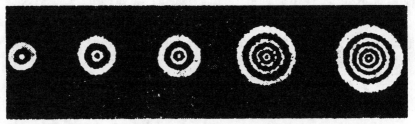

图 12-19 圆孔菲涅耳衍射的照片

2. 圆屏衍射

光场中不透光圆屏所形成的衍射称为圆屏衍射。如图 12-20 所示,图中 D 为圆屏,取过圆屏中心并垂直于圆屏的直线为光轴,并设点光源 S 位于轴上。

首先考察轴上点 P 的光扰动。用与前文相同的方法可求出圆屏所挡住的半波带数目 m,然后在自由传播时的矢量合成螺线上将与前 m 个

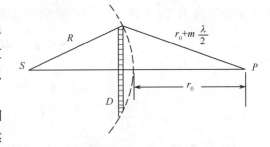

图 12-20 圆屏衍射中的各参量

半波带相应的部分 $\overset{\frown}{OM}$ 舍去,则从剩余部分的起点 M 指向螺线中心 C 的矢量 A_P 即代表 P 点振动的复振幅。图 12-21(a)、(b)、(c)分别以圆屏挡住了前半个、前两个和前许多个半波带为

例画出了 A_P 的矢量合成图(图中向中心盘曲的实螺线未完全画出)。从中可以得到下述结论:

(1) 除非 P 点距屏很近,A_P 总不为零,即屏后轴上点总为亮点;其振幅为所露出的第一个半波带的贡献的 $1/2$。

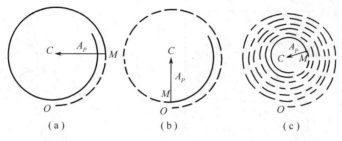

图 12-21 用矢量图解法分析圆孔衍射(轴上点)

(2) 当圆屏给定而 P 点向屏移近,或 P 点固定而圆屏半径增大时,m 值均增大,矢量合成图中的起点沿螺线向中心趋近,A_P 与 I_P 单调缓慢下降。

(3) 当屏较大或 P 点距屏很近时,m 值很大,P 处亮点已不显著。

屏后几何阴影区的中心会出现亮点,这一结论从日常经验看来是颇为荒谬的。因此,当 1818 年菲涅耳向巴黎科学院提出自己关于衍射研究的论文时,泊松即提出了这样的反证:若菲涅耳的理论正确,则可推出这种亮点的存在,而此结果是违背常识的。但是,由泊松作为对波动说的反诘而提出的关于这种亮点的推证,几乎很快就由阿拉果(D. P. Arago)从实验中证实了。后人称这种亮点为泊松亮点,它为光的波动学说的确立提供了一个有力的证据。

那么,为什么在日常生活中很难看到泊松亮点呢? 这里应切记数量级的分析。假设 $\lambda \approx 0.5 \mu m$,取 $Z_S = Z_P = 1 m, \rho = 2.5 cm$,由式(12-24)可知 $m = 2500$,圆屏边缘之外所露出的第一个半波带的宽度为 $\Delta \rho_m = \rho_{m+1} - \rho_m \approx 0.003 mm$,此值与日常线度相比是很小的。如果圆屏边缘与理想圆形相比有 0.1 mm 的不规则起伏,则会扰乱前几十个半波带,使它们所显露的面积(以及在 P 点产生的振幅)呈无规则变化,以至于使亮点消失。更何况日常生活中的光源均与点光源相差甚远。因此,要看到泊松亮点应满足以下要求:光源应尽量接近点光源,且要有足够的亮度;必须使所露出的第一个半波带与屏边缘的不规则起伏相比足够宽,这意味着屏要小而圆,距离 Z_S, Z_P 要尽量大。

较理想的光源是激光源,将激光束经透镜聚焦,并在焦点处置一针孔可以得到明亮的近似点源。图 12-22 为用 He-Ne 激光束照明一个直径约为 3 mm 的滚珠在数米外形成的衍射图样的照片,其中心即泊松亮点。

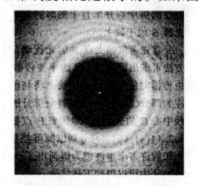

图 12-22 圆屏菲涅耳衍射图样的照片

至于轴外点,可以仿照对圆孔衍射的分析,说明这时也产生了一些以泊松亮点为中心的亮暗交替的圆环状条纹,如图 12-22 所示。

3. 某些环、扇形孔径的衍射

如果衍射屏上的透光区是一些环带或扇形,而且这些环、扇区域对于轴上某点 P 恰是一些半波带或半波带的一部分,则容易利用矢量图解法或半波带法求得 P 点光场的振幅及光强。下面举例说明。

图 12-23(a)中透光孔径(非阴影区)由一个圆孔及一个圆环组成,图中数字表示相应圆周与轴上场点 P 的距离(孔径中心与 P 点距离为 r_0)。可见对 P 点而言该孔径露出了第一和第三两个半波带,在矢量图上把这两个半波带相应的矢量 A_1 和 A_3 叠加起来,如图 12-23(b)所示,即得合矢量 A_P。因 $A_3 \approx A_1$,故 $A_P = 2A_1 = 4A_F$,而 $I_P = A_P^2 = 16I_F$。

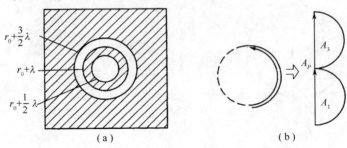

图 12-23　圆、环孔径及相应的矢量合成图

图 12-24 表示了另一种情况。图 12-24(a)中透光孔径为第一个半波带的半侧,相应的矢量图为图 12-24(b),图中 $\overparen{ON}$ 为整个第一半波带相应的矢量图。注意不要因实际上第一半波带只露出一半而把其相应矢量看作 $\overline{OM}$(其中 M 是 $\overparen{ON}$ 的中点),因为 M 点与 O 点相比相移只有 $\pi/2$,而图 12-24(a)中从圆心到半圆周上任一点相应相移均为 π。所以,将该半波带遮住一半并不影响从中心到边缘的相移量,而只意味着组成该半波带的每一无限窄元波带的面积减半,从而它们在 P 点产生的振幅减为原来的一半。换言之,组成 $\overparen{ON}$ 的每一元矢量的长度皆减半,形成 $\overparen{OC}$,其合成后的长度当然也减半,即从 $\overline{ON}$ 变为 $\overline{OC} = \dfrac{\overline{ON}}{2}$,这样,最后的合矢量大小 $A_P = \overline{OC} = A_F$,而光强 $I_P = I_F$。

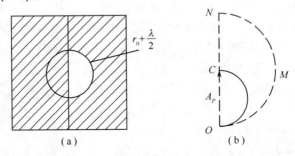

图 12-24　半圆孔径与相应的矢量图

将以上两种情况结合起来,可以处理更复杂的孔径。实际上即使孔径上各环、扇带边缘不恰好构成整数半波带(如与 P 点距离为 $r_0 + 3\lambda/4$),也可用矢量图解法,在螺线上找出与孔径相对应的线段,并通过矢量叠加及数学运算来求得 A_P 和 I_P。

12.2.3　菲涅耳波带片

上节已经指出,若衍射屏只露出第一个半波带,则轴上点光强增大到自由传播时光强的 4 倍;若露出第一、第三两个半波带,则光强增大到 16 倍。不难推论,若露出更多的奇(或偶)序数半波带,光强还可以大大增加。这种只让奇(或偶)序数半波带透过的特制的衍射屏称为菲涅耳波带片。

例如,若衍射屏只让第 1、3、5、7、9 共五个半波带透过,则相应的矢量合成图如图 12-25 所示。由于振幅 A_m 随 m 增加而减小的速率极其缓慢,因此可以认为 A_1 至 A_9 均近似相等,故有

$$A_P = A_1 + A_3 + A_5 + A_7 + A_9$$
$$= 5A_1 = 10A_F$$

而 $I_P = A_P^2 = 100 I_F$,这意味着 P 点光强增加到自由传播时的 100 倍。

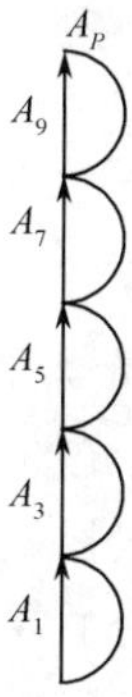

点光源 S 发出的光经过菲涅耳波带片后可在适当位置 P 形成很强的亮点,这种过程和普通透镜成像非常相似,这里 S 和 P 分别相当于物点和像点,而波带片则相当于透镜。透镜具有焦距,波带片也应有自己的焦距。实际上,把半波带公式(12-24)改写为

图 12-25 前 5 个半波带的矢量合成图

$$\frac{1}{Z_S} + \frac{1}{Z_P} = \frac{1}{\rho_m^2/m\lambda} \qquad (12-27)$$

并把上式与透镜成像公式

$$\frac{1}{S} + \frac{1}{S'} = \frac{1}{f}$$

类比,容易看出,Z_S、Z_P 分别相当于物距和像距,而波带片的焦距为

$$f = \frac{\rho_m^2}{m\lambda} \qquad (12-28)$$

由于式(12-22)中已指出第 m 个半波带半径 $\rho_m \propto \sqrt{m}$,故由上式确定的 f 实际上是一个与 m 无关的常量。

这种波带片可以用下述方法制作。首先,确定工作波长 λ 及所需要的焦距 f,然后由式(12-28)的变形

$$\rho_m = \sqrt{m\lambda f} \qquad (12-29)$$

对 $m = 1, 2, 3, \cdots$ 算出相应的半径 $\rho_1, \rho_2, \rho_3, \cdots$。考虑到照相制版时通常采用缩微方法,取适当的放大倍数 M,以 $M\rho_1, M\rho_2, M\rho_3, \cdots$ 为半径在白纸上画出一系列同心圆,并将各个环带相间涂黑。最后将该图形以照相方法缩小到原来的 $1/M$,记录到底片或干板上。这样得到的波带片的实际焦距就是 f。图 12-26 所示为波带片的一种结构,显然将其透光带与不透光带反转时波带片仍有同样的功能。

尽管波带片与普通透镜的功能有相似之处,但二者仍有一些原则上的区别。

图 12-26 菲涅耳波带片

1. 波带片有多个焦点

图 12-27 中以单色平行光正入射来说明波带片多焦点的形成(为明显起见,图中竖直方向的线度大大夸大了)。对于给定的波带片,设其右方满足焦距公式(12-28)的焦点为 F_1,当平行光正入射时,从相邻两半波带(指相应位置,如均取中点)到 F_1 点的光程差为 $\lambda/2$,故从相邻两透光带(亦指相应位置,下同)到 F_1 点的光程差为 λ,各半波带在 F_1 点产生的扰动同相,所以 F_1 点形成亮点(图 12-28(a))。

现在考察当场点 P 沿光轴移动时是否还有其他位置能使得不同透光带的光场在该点为同相叠加。显然,F_1 右方这种位置是不存在的。当 P 点向 F_1 左方移动时,相邻透光带到 P 点的光程差逐渐增加,必然存在这样一点 P_1,使得此光程差为 2λ,满足各透光带产生的光场在

P_1 点同相的要求。但是，由于对 P_1 点而言每一透光带的边缘程差已变为 λ，即每一透光带的波面恰包含两个半波带，而相邻两半波带在 P_1 点的光场振幅可认为相等，但相位相反，互相抵消，所以每一透光带的贡献皆为零；各带即使相长叠加，结果亦为零，故 P_1 是暗点而非亮点（图 12-28(b)）。P 点再向左移至 F_2，使得相邻透光带到 F_2 的光程差变为 3λ 时，每一透光带已分裂为三个半波带，如图 12-28(c) 所示，其中两相邻半波带的效果基本抵消后，仍能剩下一个为 F_2 点光场作出贡献；又因各个透光带在 F_2 点产生的扰动同相，故 F_2 点可因相长干涉而形成亮点。图 12-28 表示出了以上三种情况下半波带的划分，正负号表示各半波带的相位关系，并注明了各个半波带相消或相长的效果。

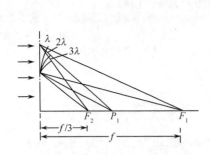

图 12-27 波带片多个焦点的形成

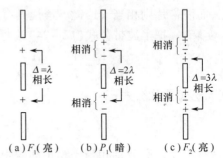

图 12-28 与图 12-27 中 F_1、P_1、F_2 三点相应的各半波带的划分及相位关系

当 P 点继续向波带片方向移近时，同理可得到一系列新的亮点 $F_3,F_4\cdots$，我们把 $F_1,F_2,F_3,\cdots$ 均称为波带片的焦点，其中 F_1 称为主焦点，$F_2,F_3,\cdots$ 称为次焦点。

对主焦点 F_1，波带片上每一透光带都是一个半波带；但对次焦点 F_n，每一透光带已分割为 $(2n-1)$ 个半波带。因此，一个给定的具有 m 个环带（包括透光和不透光带）、半径为 ρ_m 的波带片，当平行光正入射时其边缘与中心点的光程差对于 F_1 点而言是 $m\lambda/2$，对于 F_n 点而言已变成了 $m(2n-1)\lambda/2$，如图 12-29 所示。将图中几何关系式

$$\rho_m^2 + f_n^2 = \left[f_n + m(2n-1)\frac{\lambda}{2}\right]^2$$

展开，并忽略 λ^2 项，可以得到与 F_n 相应的焦距为

$$f_n = \frac{1}{(2n-1)} \cdot \frac{\rho_m^2}{m\lambda} = \frac{1}{2n-1}f \tag{12-30}$$

当 $n=1$ 时，$f_1=f$，称为主焦距或简称焦距；$n\neq1$ 时，各次焦点相应的焦距可称为次焦距，各次焦距分别为主焦距的 $1/3,1/5,1/7,\cdots$。

另外，由几何对称性可知，当平行光正入射时，若从相邻透光带到右方轴上某点 F_n 的两条光线 1 和 2 的光程差的绝对值为 Δ，则反向延长线交于 F_n'（F_n 关于波带片的对称点）的两条光线 1' 和 2'，它们光程差的绝对值 Δ' 亦与 Δ 相同（图 12-30）。因此，若 F_n 是亮点，则迎着 1' 和 2' 的方向看去时 F_n' 也是亮点。这说明波带片除具有一系列实焦点 $F_1,F_2,F_3,\cdots$ 外，还具有一系列虚焦点 $F_1',F_2',F_3',\cdots$，实、虚焦点分居于波带片两侧光轴上，并关于波带片对称。

2. 波带片的色散关系与普通玻璃透镜相反

在可见光范围内，普通光学玻璃的折射率 n 随波长 λ 的增大而减小，故其焦距将随的增大而增大。而由式(12-28)可以看出，波带片的焦距随 λ 的增大而减小。有时可利用这种相反的色散关系将二者联合运用以校正纵向色差。

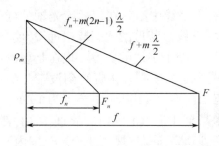 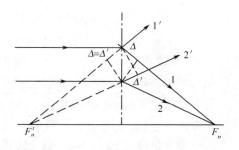

图 12-29 推导 f_n 表达式的几何关系   图 12-30 波带片的实焦点和虚焦点

3. 波带片的成像原理与普通透镜不同

对普通透镜,从物点到像点是等光程的,这种成像过程也可以看作是一种各光束光程相等的相长干涉过程。对波带片则不然,这时由物点通过不同透光环带到达像点的光程是各不相同的,但其差值均为波长的整数倍,所以也可以形成亮点,这种过程实质上是一种各光束光程不等的相长干涉。

最后应该说明,只要衍射屏上具有 $\rho_m \propto \sqrt{m}$ 的环带结构,而且随着环带序数的变化可对入射光的振幅或相位进行周期性的空间调制,这种衍射屏就均可作为波带片。根据它是调制入射光的振幅还是相位可以把波带片分为振幅型和相位型。本节只分析了振幅型中最简单的一种,即各环带仅分为透光和不透光两种情况。振幅型波带片还有其他形式。例如,我们已经知道牛顿环的半径与 $\sqrt{m}$ 成比例,因此可以想到,一幅记录牛顿环图样的底片或干板即可当波带片使用,这时板上曝光量大的环带相当于不透光带,曝光量小的环带相当于透光带。不过,由于此情况下板上透过率的分布是渐变而非突变的,除主焦点外,其他次焦点将不再出现。

若入射于波带片上的光是平行光($R \to \infty$),即到达波带片的波面是平面或近似于平面,则波带的分法不仅可以是圆形,也可以是长条形或方形。由于十字亮线便于对准,故目前使用的波带片不少是方形的,如图 12-31(a)所示,图 12-31(b)是各波带的宽度与间距之间的关系。

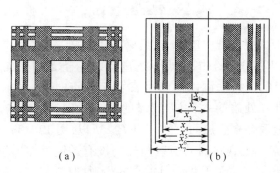

图 12-31 方形波带片

波带片的衍射作用,最初是为研究菲涅耳圆孔衍射而得出的,开始的波带片也只是作为惠更斯-菲涅耳原理的一个实验证明而已。近年来,由于激光技术的广泛应用,波带片才又引起人们的重视。现在,把激光束的高亮度与纯单色性和波带片相结合,用于激光准直测量之中,已经使激光束的定位精度又提高了一步。

这种应用的基本装置如图 12-32 所示。从激光管发出的激光束通过一台倒置的可调焦望远镜入射到方形波带片上,波带片中心预先调到望远镜的光轴上。若从望远镜射出的平行光,再经波带片后将在其焦点 F_N 处成一亮十字线,十字线中心就在望远镜光轴的延长线上,因此可以利用这个十字线的光束作为准直测量的基准线。若再微微调节望远镜,使其射出的是会聚光,则经波带片后要再会聚一次,在光轴上成一亮十字线的实像。现在是虚物成实像,像距比焦距 f_N 要小。所以在这种情况下,成像的范围是从波带片附近直到波带片的焦距处。而波带片则应是长焦距的,例如若要在 100m 的范围内准直,则其焦距至少为 100m。目前装有波带板的激光准直仪,主要用于几十米到几百米甚至几千米范围内的准直。这种激光准直仪具有较高的准直精度,因为十字亮线的宽度可窄到 0.2mm 左右(在几十米范围内),所以最终误差可降到 10^{-3} 以下。

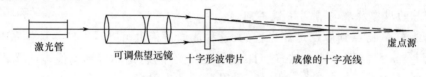

图 12-32 激光准直仪光路图

12.3 矩孔和单缝的夫琅和费衍射

从这一节开始,我们用几节的篇幅讨论夫琅和费衍射。夫琅和费衍射的计算比较简单,特别是对于简单形状孔径的衍射,通常能够以解析形式求出积分。夫琅和费衍射又是光学仪器中最常见的衍射现象,所以这几节的讨论是很有实用意义的。

12.3.1 夫琅和费衍射装置

我们已经知道,观察夫琅和费衍射需要把观察屏放置在离衍射孔径很远的地方,其垂直距离 Z 要满足式(12-14)。这一条件实际上是相当苛刻的。例如,对于光波波长为 600nm 和孔径宽度为 2cm 的情形,按照式(12-14)的条件,距离 Z 必须满足

$$Z \gg \frac{(x_1^2 + y_1^2)_{\max}}{\lambda} \approx 330\text{m}$$

这一条件在实验室中一般很难实现,所以只好使用透镜来缩短距离。透镜的作用可以用图 12-33 来说明。在图 12-33(a)中,P' 点是远离衍射孔径 Σ 的观察屏上的任一代表点,由于 P' 点很远,所以在 P' 点的光振动可以认为是 Σ 面上各点向同一方向(θ 方向)发出的光振动。如果在孔径后仅靠孔径处放置一个焦距为 f 的透镜(图 12-33(b)),则由透镜的性质,对应 θ 方向的光波将通过透镜会聚于焦面上的一点 P。所以,图 12-33(b)中的 P 点与图 12-33(a)中的 P' 点对应,在焦面上观察到的衍射图样与没有透镜时在远场观察到的衍射图样相似,只是大小比例缩小为 f/Z。这对于我们只关心的衍射图样的相对强度分布来说,并无任何影响。

根据以上讨论,通常采用图 12-33(c)所示的系统作为夫琅和费衍射实验装置。这里假设单色点光源 S 发出的光波经透镜 L_1 准直后垂直投射到孔径 Σ 上。孔径 Σ 的夫琅和费衍射在透镜 L_2 的后焦面上观察。

12.3.2 夫琅和费衍射公式的意义

图 12-34 为夫琅和费衍射装置的光路图,其中分别在孔径平面和透镜焦平面上建立坐标

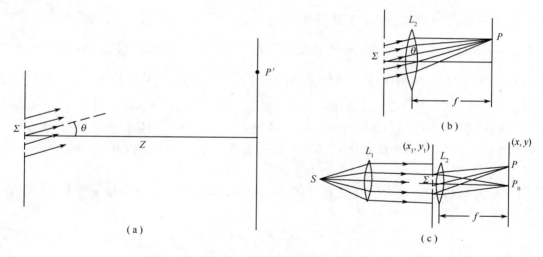

图 12-33 夫琅和费衍射装置

系 x_1Cy_1 和 xP_0y,两坐标系的原点都在透镜光轴上。为了把光路看得清楚,图中把透镜和孔径的距离画得夸大了一些,实际上透镜应该紧靠孔径。

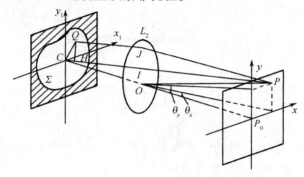

图 12-34 夫琅和费衍射光路

按照夫琅和费衍射计算公式(12-15),在透镜后焦面上某一观察点 P(坐标值为 (x,y))的复振幅为

$$\tilde{E}(x,y) = \frac{C}{f}\exp\left[ik\left(f+\frac{x^2+y^2}{2f}\right)\right]\iint_\Sigma \tilde{E}(x_1,y_1) \times \exp\left[-ik\left(\frac{xx_1+yy_1}{f}\right)\right]dx_1dy_1$$

(12-31)

式中

$$C = \frac{1}{i\lambda}$$

$\tilde{E}(x_1,y_1)$ 是 x_1y_1 面上孔径范围内的复振幅分布,由于假定孔径受平面波垂直照明,$\tilde{E}(x_1,y_1)$ 应为常数,设为 A'。这样,式(12-31)又可写为

$$\tilde{E}(x,y) = \frac{CA'}{f}\exp\left[ik\left(f+\frac{x^2+y^2}{2f}\right)\right]\iint_\Sigma \exp\left[-ik\left(\frac{x}{f}x_1+\frac{y}{f}y_1\right)\right]dx_1dy_1$$

(12-32)

下面来说明以上两式的含义。先看复指数因子 $\exp\left[ik\left(f+\frac{x^2+y^2}{2f}\right)\right]$,由于在菲涅耳近似

下,孔径面坐标原点 C(当透镜紧靠孔径时,C 与透镜中心 O 重合)到 P 的距离 $r \approx f + \dfrac{x^2+y^2}{2f}$,所以上述因子的相位就是 C 处的子波源发出的子波到达 P 点的相位延迟。另一个复指数因子 $\exp\left[-ik\left(\dfrac{x}{f}x_1 + \dfrac{y}{f}y_1\right)\right]$,其辐角实际上是代表孔径内任一点 Q(坐标值为 (x_1,y_1))和坐标原点 C 发出的子波到达 P 点的相位差。为了说明这一点,作出由 Q 点和 C 点发出的子波到达 P 点的路径,分别为 QJP 和 CIP(图 12-34)。显然,$QJ//CI$,且由透镜的性质可知,从 Q 和从 H 到 P 点的光程相等(H 是自 Q 向 CI 所引垂线的垂足)。因此 QJP 和 CIP 的光程差

$$\Delta = CH = (CIP) - (QJP)$$

式中:(CIP) 和 (QJP) 分别表示 C、Q 到 P 的光程。当 P 靠近 P_0 时,在傍轴条件下,CI 的方向余弦(与 OP 的方向余弦相同)为

$$l = \sin\theta_x = \dfrac{x}{r} \approx \dfrac{x}{f}$$

$$\omega = \sin\theta_y = \dfrac{y}{r} \approx \dfrac{y}{f}$$

式中:θ_x 和 θ_y 分别是 CI 与 x_1 轴和 y_1 轴夹角(方向角)的余角,称为二维衍射角。设 $\hat{q}$ 为 CI 方向的单位矢量,因此上述光程差又可表示为

$$\Delta = CH = \hat{q} \cdot \overrightarrow{CQ} = lx_1 + \omega y_1 = \dfrac{x}{f}x_1 + \dfrac{y}{f}y_1 \tag{12-33}$$

相应的相位差为

$$\delta = k\Delta = k\left(\dfrac{x}{f}x_1 + \dfrac{y}{f}y_1\right) \tag{12-34}$$

可见,式(12-32)正是表示孔径面内各点发出的子波在方向余弦 l 和 ω 代表的方向上的叠加,叠加的结果取决于各点发出的子波和参考点 C 发出的子波的相位差。由于透镜的作用,l 和 ω 代表的方向上的子波聚焦在透镜焦面上的 P 点。

夫琅和费衍射公式(12-31)另外还有一个重要的含义,这里先作简要说明,详细的讨论留在下一章里进行。把式(12-31)写成如下形式:

$$\widetilde{E}(x,y) = \dfrac{C}{f}\exp\left[ik\left(f + \dfrac{x^2+y^2}{2f}\right)\right]\iint_{-\infty}^{+\infty} \widetilde{E}(x_1,y_1) \times \exp\left[-ik\left(\dfrac{xx_1+yy_1}{f}\right)\right]dx_1dy_1 \tag{12-35}$$

同样,这是假设在孔径平面 Σ 上之外,$\widetilde{E}(x_1,y_1) = 0$。如果令

$$u = \dfrac{x}{\lambda f}, \quad v = \dfrac{y}{\lambda f}$$

式(12-35)又可以写为

$$\widetilde{E}(x,y) = \dfrac{C}{f}\exp\left[ik\left(f + \dfrac{x^2+y^2}{2f}\right)\right]\iint_{-\infty}^{+\infty} \widetilde{E}(x_1,y_1) \times \exp[-i2\pi(ux_1+vy_1)]dx_1dy_1 \tag{12-36}$$

把上式和 $\widetilde{E}(x_1,y_1)$ 的二维傅里叶变换式比较,可见除因子 $\dfrac{C}{f}\exp\left[ik\left(f + \dfrac{x^2+y^2}{2f}\right)\right]$ 外,两式相同。这个因子中的 $\dfrac{C}{f}\exp(ikf)$ 是常数,在只考虑复振幅的相对分布时可以略去,剩下的二次相

位因子 $\exp\left[\mathrm{i}k\left(\dfrac{x^2+y^2}{2f}\right)\right]$ 在计算强度分布时又不起作用。因此可以说:除了一个二次相位因子外,夫琅和费衍射的复振幅分布是孔径面上复振幅分布的傅里叶变换;而夫琅和费衍射的强度分布的计算与二次相位因子无关,因此可由傅里叶变换式直接求出。夫琅和费衍射公式的这一含义,不仅表明可以用傅里叶变换方法来计算夫琅和费衍射问题,而且表明傅里叶变换的模拟运算可以利用光学方法来实现,其意义十分重要。

12.3.3 矩孔衍射

在夫琅和费衍射装置中,若衍射孔径是矩形孔,在透镜 L_2 的后焦面上便获得矩孔的夫琅和费衍射图样。图 12-35 所示是一个沿 x_1 方向宽度 a 比沿 y_1 方向宽度 b 小的矩孔的衍射图样。它的主要特征是,衍射亮斑集中分布在互相垂直的两个轴(x 轴和 y 轴)上,并且 x 轴上亮斑的宽度比 y 轴上亮斑的宽度大,这一点与矩孔在两个轴方向上的宽度关系正好相反。下面利用夫琅和费衍射计算公式(12-32)来计算矩孔衍射图样的强度分布。

选取矩孔中心作为坐标原点 C(图 12-36),由式(12-32),观察平面上 P 点的复振幅为

$$
\begin{aligned}
\widetilde{E}(x,y) &= C'\exp\left[\mathrm{i}\left(\dfrac{x^2+y^2}{2f}\right)\right]\int_{-\frac{a}{2}}^{\frac{a}{2}}\int_{-\frac{b}{2}}^{\frac{b}{2}}\exp[-\mathrm{i}k(lx_1+\omega y_1)]\mathrm{d}x_1\mathrm{d}y_1 \\
&= C'\exp\left[\mathrm{i}k\left(\dfrac{x^2+y^2}{2f}\right)\right]\int_{-\frac{a}{2}}^{\frac{a}{2}}\exp(-\mathrm{i}klx_1)\mathrm{d}x_1\int_{-\frac{b}{2}}^{\frac{b}{2}}\exp(-\mathrm{i}k\omega y_1)\mathrm{d}y_1 \\
&= C'\exp\left[\mathrm{i}k\left(\dfrac{x^2+y^2}{2f}\right)\right]\left\{-\dfrac{1}{\mathrm{i}kl}\left[\exp\left(-\mathrm{i}\dfrac{kla}{2}\right)-\exp\left(\mathrm{i}\dfrac{kla}{2}\right)\right]\right\} \\
&\quad \times\left\{-\dfrac{1}{\mathrm{i}k\omega}\left[\exp\left(-\mathrm{i}\dfrac{k\omega b}{2}\right)-\exp\left(\mathrm{i}\dfrac{k\omega b}{2}\right)\right]\right\} \\
&= C'ab\,\dfrac{\sin\dfrac{kla}{2}}{\dfrac{kla}{2}}\dfrac{\sin\dfrac{k\omega b}{2}}{\dfrac{k\omega b}{2}}\exp\left[\mathrm{i}k\left(\dfrac{x^2+y^2}{2f}\right)\right]
\end{aligned} \qquad (12-37)
$$

式中

$$C'=\dfrac{CA'}{f}\exp(\mathrm{i}kf)$$

对于在透镜光轴上的 P_0 点,$x=y=0$,由式(12-37),这一点的复振幅为

$$\widetilde{E}_0 = C'ab$$

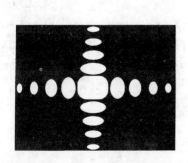

图 12-35 夫琅和费矩孔衍射图样

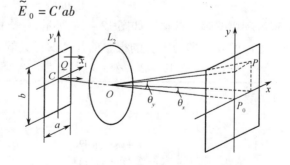

图 12-36 夫琅和费矩孔衍射

因此,P 点的复振幅为

$$\tilde{E} = \tilde{E}_0 \frac{\sin\frac{kla}{2}}{\frac{kla}{2}} \frac{\sin\frac{k\omega b}{2}}{\frac{k\omega b}{2}} \exp\left[ik\left(\frac{x^2+y^2}{2f}\right)\right] \tag{12-38}$$

P 点的强度为

$$I = \tilde{E} \cdot \tilde{E}^* = I_0 \left(\frac{\sin\frac{kla}{2}}{\frac{kla}{2}}\right)^2 \left(\frac{\sin\frac{k\omega b}{2}}{\frac{k\omega b}{2}}\right)^2 \tag{12-39}$$

或者简写为

$$I = I_0 \left(\frac{\sin\alpha}{\alpha}\right)^2 \left(\frac{\sin\beta}{\beta}\right)^2 \tag{12-40}$$

式中:I_0 是 P_0 点的强度。α 和 β 分别为

$$\alpha = \frac{kla}{2} \qquad \beta = \frac{k\omega b}{2} \tag{12-41}$$

式(12-39)和式(12-40)就是所求夫琅和费矩孔衍射的强度分布公式。式中包含两个因子,一个因子依赖于坐标 x 或方向余弦 l,另一个因子依赖于坐标 y 或方向余弦 ω,表明所考察的 P 点的强度与它的两个坐标有关。

现在讨论在 x 轴上的点的强度分布。这时 $\omega = 0$,因此强度分布公式(12-40)变为

$$I = I_0 \left(\frac{\sin\alpha}{\alpha}\right)^2 \tag{12-42}$$

根据上式画出的强度分布曲线如图 12-37 所示。它在 $\alpha = 0$ 处(对应于 P_0 点)有主极大,$\frac{I}{I_0} = 1$,而在 $\alpha = \pm\pi, \pm 2\pi, \pm 3\pi, \cdots$ 处,有极小值 $I = 0$。因为 $\alpha = \frac{kla}{2}$,而 $k = \frac{2\pi}{\lambda}$,$l = \sin\theta_x$,所以零强度点(暗点)满足条件

$$a\sin\theta_x = n\lambda, \quad n = \pm 1, \pm 2, \cdots \tag{12-43}$$

相邻两个零强度点之间的距离与宽度 a 成反比。还可以看出,在相邻两个零强度点之间有一个强度次极大,这些次极大的位置由下式决定:

$$\frac{\mathrm{d}}{\mathrm{d}\alpha}\left(\frac{\sin\alpha}{\alpha}\right)^2 = 0$$

或

$$\tan\alpha = \alpha \tag{12-44}$$

这一方程可利用图解法求解。如图 12-38 所示,作出曲线 $f_1(\alpha) = \tan\alpha$ 和直线 $f_2(\alpha) = \alpha$,它们的交点对应的 α 值即为方程的根。前几个次极大的 α 值及相应的强度见表 12-2。

表 12-2 在 x 轴上前几个次极大的位置和强度

极大序号	α	$\frac{I}{I_0} = \left(\frac{\sin\alpha}{\alpha}\right)^2$
0	0	1
1	$1.430\pi = 4.493$	0.04718
2	$2.459\pi = 7.725$	0.01694
3	$3.470\pi = 10.90$	0.00834
4	$4.479\pi = 14.07$	0.00503

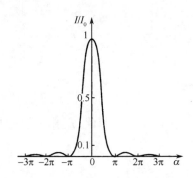
图 12-37 矩孔衍射在轴上的强度分布曲线

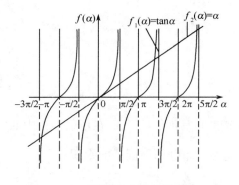
图 12-38 图解法求解方程(12-44)

矩孔衍射在 y 轴上的强度分布由 $I = I_0 \left(\dfrac{\sin\beta}{\beta}\right)^2$ 决定,它可利用同样的方法讨论。如果矩孔的 a 和 b 不等,那么沿 x 轴和 y 轴相邻暗点的间距不同。若 $b>a$,则沿 y 轴较沿 x 轴的暗点间距为密,如图 12-35 所示。在 x 轴和 y 轴外各点的光强度,要根据它们的坐标按照式(12-40)计算。从上面的分析,不难了解强度为零的地方是一些和矩孔边平行的直线,亦即平行于 x 轴和 y 轴的直线,如图 12-39 的虚线所示。在两组正交暗线形成的一个个矩形格子内,各有一个亮斑。图 12-39 表示了一些亮斑的强度极大点的位置及相对强度值。可以看出,中央亮斑的强度最大,其他亮斑的强度比中央亮斑要小得多,所以绝大部分光能集中在中央亮斑内。中央亮斑可认为是衍射扩展的主要范围,它的边缘在 x 轴和 y 轴上分别由条件

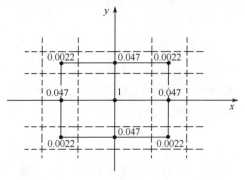
图 12-39 矩孔衍射图样中一些亮斑的强度

$$a\sin\theta_x = \pm\lambda$$

和

$$b\sin\theta_y = \pm\lambda$$

决定。若以坐标表示,则有

$$x_0 = \pm\frac{\lambda}{a}f,\ y_0 = \pm\frac{\lambda}{b}f \tag{12-45}$$

可见,衍射扩展与矩孔的宽度成反比,而与光波波长成正比。当 $\lambda\ll$ 孔宽时,衍射效应可以忽略,所得结果与几何光学的结果一致。所以,在光学中,几何光学可以看成是当波长 $\lambda\to 0$ 的极限情况。

12.3.4 单缝衍射

如果矩孔一个方向的宽度比另一个方向的宽度大得多,比如 $b\gg a$,矩孔就变成了狭缝。单(狭)缝的夫琅和费衍射如图 12-40(a)所示,由于这一单缝的 $b\gg a$,所以入射光在 y 方向的衍射效应可以忽略,衍射图样只分布在 x 轴上。

图 12-40(b)是衍射图样的照片。显然,单缝衍射在 x 轴上的衍射强度分布公式也是

$$I = I_0 \left(\frac{\sin\alpha}{\alpha}\right)^2$$

式中

$$\alpha = \frac{kla}{2} = \frac{ka}{2}\sin\theta$$

θ 是衍射角。因子 $\left(\frac{\sin\alpha}{\alpha}\right)^2$ 在衍射理论中通常称为单缝衍射因子。因此,矩孔衍射的相对强度 I/I_0 是两个单缝衍射因子的乘积。

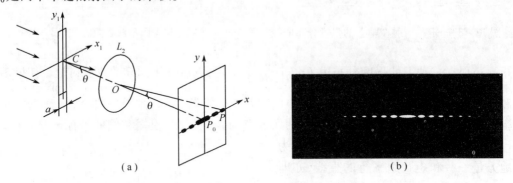

图 12-40 单缝夫琅和费衍射装置

根据前面对式(12-42)的讨论,可知在单缝衍射图样中,中央亮纹是在下式决定的两个暗点范围内:

$$x_0 = \pm \frac{\lambda}{a} f \qquad (12-46)$$

这一范围集中了单缝衍射的绝大部分能量。在宽度上,它是其他亮纹宽度的两倍。

在单缝衍射实验中,常常用取向与单缝平行的线光源(实际是一个被光源照亮的狭缝)来代替点光源,如图 12-41(a)所示。这时,在观察平面上就可得到一些与单缝平行的直线衍射条纹,它们是线光源上各个不相干点光源产生的图样的总和。图 12-41(b)所示是单缝衍射条纹的照片。

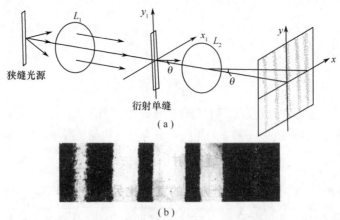

图 12-41 用线光源照明的单缝夫琅和费衍射装置及衍射条纹

在图 12-40 和图 12-41 中,如果用一根不透光的细丝(金属丝或纤维丝)来代替单缝,则可获得细丝的夫琅和费衍射。近年来,细丝衍射有了一些实际的应用,已制成一种激光衍射细丝测径仪来精确测定金属丝或纤维丝的直径。因为直径为 a 的细丝和不透明屏上的宽度为 a 的单缝可看成一对互补屏,所以应用 12.1 节所述的巴俾涅原理很容易找到细丝衍射图样和单缝衍射图样的关系。设单缝衍射在观察屏上 P 点产生的复振幅为 $\tilde{E}_1(P)$,与之互补的细丝的衍射在同一点产生的复振幅为 $\tilde{E}_2(P)$,则按照巴俾涅原理,应有

$$\tilde{E}_1(P) + \tilde{E}_2(P) = \tilde{E}(P)$$

式中:$\tilde{E}(P)$ 是单缝衍射屏和细丝都不存在于系统中时 P 点的复振幅。在夫琅和费衍射情形,如果考虑到透镜的尺寸很大,可以略去它的衍射作用不计,则显然除轴上的 P_0 点外,其他点的复振幅 $\tilde{E}(P)$ 为零。所以,除 P_0 点外,有

$$\tilde{E}_2(P) = -\tilde{E}_1(P)$$

和

$$I_2(P) = I_1(P)$$

这两个式子表明,在夫琅和费衍射装置中,除轴上 P_0 点外,单缝和与之互补的细丝的衍射图样,在复振幅分布上有 π 的相位差,而强度分布完全相同。上述结论不仅适用于单缝及与之互补的细丝,也适用于夫琅和费衍射条件下的其他互补屏。

在单缝衍射的讨论中,已经知道,衍射条纹的间距(相邻两暗纹之间的距离)

$$e = \Delta x = \frac{\lambda}{a}f$$

因此,直径为 a 的细丝的衍射条纹间距也由上式表示。在实际测量中,只要测量出细丝的衍射条纹间距,便可由上式计算细丝的直径。

12.4 圆孔夫琅和费衍射与光学仪器分辨率

12.4.1 夫琅和费圆孔衍射

1. 圆孔夫琅和费衍射光强的计算

圆孔夫琅和费衍射的实验装置如图 12-42 所示,衍射条纹为圆形的明暗条纹。处理问题时可以直接用菲涅耳-基尔霍夫衍射公式,经化简后再求屏幕上每一点的光强分布。但是圆孔衍射的计算较繁,这里计算的关键是要先求出圆孔上各面积元之间光程差的表达式。

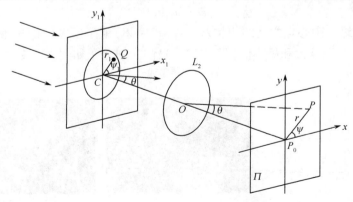

图 12-42 计算圆孔夫琅和费衍射图

如图 12-42 所示，Σ 是衍射屏上的半径为 a 的圆开孔，其上附有直角坐标 x_1Cy_1，坐标原点 C 在孔中心。L_2 是聚光透镜，夫琅和费衍射条纹即在其焦平面 Π 上形成。Π 上附有直角坐标 xP_0y，坐标原点 P_0 在透镜主光轴上，对于圆孔用极坐标计算较方便。为此，设

$$x_1 = r_1\cos\psi_1, y_1 = r_1\sin\psi_1 \\ x = r\cos\psi, y = r\sin\psi$$

且有 $\tilde{E}(x_1,y_1) = A(常数)$，$dx_1dy_1 = r_1dr_1d\psi_1$，$r \approx f\theta$，将上列诸式代入式(12-15)，即得

$$\tilde{E}(x,y) = \frac{e^{ikf}}{i\lambda f}\exp\left[\frac{ik}{2f}(x^2+y^2)\right]$$

$$\cdot \int_0^{2\pi}\int_0^a A\exp[-i2\pi\rho r_1(\cos\psi_1\cos\psi + \sin\psi_1\sin\psi)]r_1dr_1d\psi_1$$

$$= B\int_0^{2\pi}\int_0^a \exp[-i2\pi\rho r_1\cos(\psi_1-\psi)]r_1dr_1d\psi_1$$

$$= B\int_0^a 2\pi R_0 J_0(-2\pi\rho r_1)dr_1 = B\int_0^a 2\pi R_0 J_0(2\pi\rho r_1)dr_1$$

$$= B\pi a^2 \frac{2J_1(ka\sin\theta)}{2\pi\rho a}$$

即

$$\tilde{E}(x,y) = B\pi a^2 \frac{2J_1(ka\sin\theta)}{ka\sin\theta} \qquad (12-47)$$

式中：$B = \frac{e^{-ikf}}{i\lambda f}\exp\left[-\frac{ik}{2f}(x^2+y^2)\right]$；$J_0(x)$、$J_1(x)$ 分别为零阶和一阶贝塞尔函数；$\rho = \sin\theta/\lambda$ 是极坐标形式的空间频率；θ 是衍射光与光轴的夹角。

所以，观察屏上任一点 P 的光强为 $I(P) \propto E(x,y) \cdot E^*(x,y)$，即

$$I(P) = I_0\left[\frac{2J_1(\psi)}{\psi}\right]^2 \qquad (12-48)$$

式中

$$I_0 = \left(\frac{\pi a^2}{\lambda f}\right)^2$$

说明衍射图样某一点上的强度正比于圆孔通光面积的平方。其中，有

$$\psi = ka\sin\theta \qquad (12-49)$$

式中：ψ 是圆孔边缘与中心点之间的相位差。式(12-48)就是所要求的夫琅和费圆孔衍射的光强分布。I/I_0 前几个极大和极小值(见表 12-3)的光强分布如图 12-43 所示。

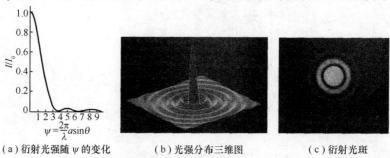

(a) 衍射光强随 ψ 的变化　　(b) 光强分布三维图　　(c) 衍射光斑

图 12-43　夫琅和费圆孔衍射的光强分布

由此可见,圆孔衍射的光强分布规律与单缝的很相似,只是极值的位置有些差别,光能量更集中在中央主极大的范围。表12-3列出了夫琅和费圆孔衍射的各个极值。

表12-3 夫琅和费圆孔衍射的极值

衍射条纹	$\psi = \dfrac{2\pi}{\lambda}a\sin\theta$	I/I_0	能量分配/%
中央亮环	0	1	83.78
第一暗环	$1.22\pi = 3.84$	0	0
第一亮环	$1.64\pi = 5.15$	0.0175	7.22
第二暗环	$2.33\pi = 7.00$	0	0
第二亮环	$2.68\pi = 8.41$	0.0042	2.77
第三暗环	$3.24\pi = 10.2$	0	0
第三亮环	$3.70\pi = 11.6$	0.0017	1.46

2. 艾里斑

夫琅和费圆孔衍射的中央亮斑集中了绝大部分光能量,中央亮斑又称为艾里(B. Airy)斑,如图12-43(b)、(c)所示。其中第一极小(第一暗环)的条件是

$$\psi = 1.22\pi = \dfrac{2\pi}{\lambda}a\sin\theta$$

记为

$$\sin\theta_0 = \dfrac{1.22}{2a}\lambda = \dfrac{0.61}{a}\lambda$$

或

$$\theta_0 \approx \dfrac{0.61}{a}\lambda = \dfrac{1.22}{D}\lambda \tag{12-50}$$

式中:a是圆孔的半径;$D=2a$是圆孔的直径。式(12-50)是中央亮斑(艾里斑)的角宽度公式。在此处,仍然是孔径越小(a小),衍射效应越显著;当$D \gg \lambda$时,衍射效应可忽略。

12.4.2 光学成像系统的衍射和分辨本领

1. 成像系统的衍射现象

在几何光学中,一个理想光学成像系统使点物成点像。但实际上由于任何光学系统都有限制光束的光瞳,它带来的衍射效应是无法消除的,所以光学系统所成的点物的像应是一个衍射像斑。自然,这个衍射像斑非常接近于点像,因为通常光学系统的光瞳都比光波波长大得多,从而衍射效应极小。但是,若用足够倍数的显微镜来观察光学系统所成的衍射像斑,则还是可以清楚地看到像斑结构的。

图12-44所示是望远物镜的星点检验装置,它也是一个成像系统。图中S是一个很小的针孔,由单色光源(实际上是水银灯之类的光源)通过聚光镜照明。S和透镜L_1构成平行光管,透镜L_2是被检的望远物镜,自平行光管射出的平行光经望远物镜成像于P_0。不难看出,这一系统也是夫琅和费衍射系统;如果假定L_2的口径小于L_1的口径(通常是这样),P_0将是由L_2的孔径光阑产生的夫琅和费衍射像斑。像斑的大小可以应用式(12-50)计算:设L_2的光阑直径$D=30$mm,焦距$f=120$mm,照明光波波长$\lambda=546.1$nm,则衍射像斑的艾里斑半径为

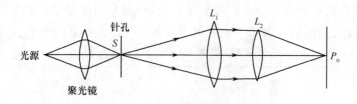

图 12-44 望远物镜的星点检验

$$r_0 = 1.22 \frac{\lambda}{D} f \approx 0.0025 \text{mm} \tag{12-51}$$

这样小的像斑人眼是无法直接看出它的结构细节的,只能通过显微镜放大来观察。

被检验望远物镜通常多少地存在着像差,因而所形成的衍射像斑也反映了像差的影响,使得它与理想系统所成的像斑在衍射条纹形状及强度分布方面有了差别。在光学工厂中,常常通过比较这种差别来判定被检物镜成像质量的优劣。这种方法称为星点检验。

2. 在像面观察的夫琅和费衍射

到目前为止我们讨论的是以平行光入射(相当于点光源在无穷远)、在透镜的焦面上观察的夫琅和费衍射问题。但是,对于光学成像系统,比较多的情形是对近处的点光源(点物)成像(如照相物镜、显微物镜),这时在像面上观察到的衍射像斑是否可以应用夫琅和费衍射公式来计算?下面来讨论这个问题。

考虑图 12-45 所示的成像装置。图中 S 是点物,L 代表成像系统,S' 是成像系统对 S 所成的像,D 是系统的孔径光阑。假定成像系统没有像差,并且略去它的衍射效应,那么像 S' 应为点像。用波动光学来描述这一过程,就是系统 L 将发自 S 的发散球面波改变为会聚于点 S' 的会聚球面波。但是,在图 12-45 所示的装置中,尚有孔径光阑 D,它将限制来自 L 的会聚球面波,所以系统

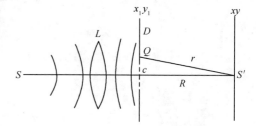

图 12-45 成像系统对近处点物成像

所成的像 S' 应是会聚球面波在孔径光阑 D 上的衍射像斑。通常光阑面到像面的距离 R 虽比光阑的口径 D 要大得多,但一般还不能用夫琅和费衍射公式来计算像面上的复振幅分布,而只能利用菲涅耳衍射的计算公式。如果在孔径光阑面上建立坐标系 $x_1 c y_1$,在像面上建立坐标系 $xS'y$,两坐标的原点 c 和 S' 在光轴上,那么,按照式(12-13),像面上的复振幅分布为

$$\widetilde{E}(x,y) = \frac{\exp(\mathrm{i}kR)}{\mathrm{i}\lambda R} \iint_\Sigma \widetilde{E}(x_1,y_1) \exp\left\{\frac{\mathrm{i}k}{2R}[(x-x_1)^2 + (y-y_1)^2]\right\} \mathrm{d}x_1 \mathrm{d}y_1$$

$$(12-52)$$

式中:Σ 是光阑面积;$\widetilde{E}(x_1,y_1)$ 是光阑面上的复振幅分布。由于光阑受会聚球面波照明,所以在光阑面上的复振幅分布为

$$\widetilde{E}(x_1,y_1) = \frac{A\exp(-\mathrm{i}kr)}{r} \tag{12-53}$$

式中:A 是会聚球面波在离像面坐标原点 S' 单位距离处的振幅;r 是光阑面上坐标为 (x_1,y_1) 的 Q 点到原点 S' 的距离。按照对球面波函数所作的处理,在傍轴近似下,上式分母中的 r 在光阑范围有 $r \approx R$,而球面波相因子在菲涅耳近似下可取为

$$\exp(-ikr) \approx \exp\left[-ik\left(R + \frac{x_1^2 + y_1^2}{2R}\right)\right] \qquad (12-54)$$

因此

$$\tilde{E}(x_1, y_1) = \frac{A}{R}\exp(-ikR)\exp\left[-\frac{ik}{2R}(x_1^2 + y_1^2)\right] \qquad (12-55)$$

把这一结果代入式(12-52),得到

$$\tilde{E}(x, y) = \frac{A'}{i\lambda R}\exp\left[\frac{ik}{2R}(x^2 + y^2)\right]\iint_\Sigma \exp\left[-ik\left(\frac{x}{R}x_1 + \frac{y}{R}y_1\right)\right]dx_1 dy_1 \qquad (12-56)$$

式中:$A' = \frac{A}{R}$是入射波在光阑面上的振幅。把式(12-56)与夫琅和费衍射公式(12-15)相比较,易见两式中的积分是一样的,只是在式(12-56)中用 R 代替了式(12-15)中的 f。因此,式(12-56)也可以解释为单色平面波垂直入射到孔径光阑,并在一个焦距为 R 的透镜后焦面上产生的夫琅和费衍射的复振幅分布(不计积分前的因子)。这说明在像面上观察到的近处点物的衍射像也是孔径光阑的夫琅和费衍射图样,它同样可以应用夫琅和费衍射公式来计算。

至此,我们已经说明了成像系统对无穷远处的点物在焦面上所成的像是夫琅和费衍射像,也说明了成像系统对近处点物在像面上所成的像是夫琅和费衍射像。由于无穷远处的点物和系统的焦点是物像关系,所以上述结论统一起来也可以说:成像系统对点物在它的像面上所成的像是夫琅和费衍射图样。

3. 成像系统的分辨本领

光学成像系统的分辨本领指的是它能分辨开两个靠近的点物或物体细节的能力。从几何光学的观点看来,一个无像差的理想光学系统的分辨本领是无限的,这是因为即便对于两个非常靠近的点物,光学系统对它们所成的像也是两个点,绝对可以分辨开。但是,我们已经指出,光学系统对点物所成的"像"是一个夫琅和费衍射图样。这样,对于两个非常靠近的点物,它们的"像"(衍射图样)就有可能分辨不开,因而也无从分辨两个点物。为了说明这个问题,我们来考察图12-46所示的两个点物的像。图中 L 代表成像系统,S_1 和 S_2 是两个发光强度相等的点物,S_1' 和 S_2' 分别是 S_1 和 S_2 的"像",即衍射图样。当 S_1 和 S_2 相距不很近时,得到图12-46(a)所示的情况:两衍射图样相距较远,可以毫不费力地判断出这是两个点物所成的像。图12-46(a)的右边画出了相应的光强度分布曲线。如果 S_1 和 S_2 相距很近,以致衍射图样 S_1' 和 S_2' 重叠到图12-46(b)所示的程度,即一个衍射图样的中央极大和另一衍射图样的第一极小重合,这时两衍射图样重叠区中点的光强度约为每个衍射图样中心最亮处光强度的75%(假定两个点物是独立发光的,它们发出的光不相干),则多数人的眼睛尚能分辨这种光强度的差别,从而也能判断是两个点物所成的像。但是,如果 S_1 和 S_2 的距离再近些,如图12-46(c)所示,这时像面上两个衍射图样几乎重叠在一起,从叠加图样中已无法分辨出两个衍射图样,因而也就无法分辨开 S_1 和 S_2 两点。图12-46(b)和图12-46(c)两种情况衍射图样的照片如图12-46(d)和图12-46(e)所示。

瑞利把上述第二种情况,即一个点物衍射图样的中央极大与近旁另一个点物衍射图样的第一极小重合,作为光学成像系统的分辨极限,认为此时系统恰好可以分辨开两个点物。直至现在,人们仍沿用该条件作为分辨标准,称为瑞利判据(该判据已在多光束干涉中使用过)。

不同类型的光学成像系统,其分辨本领有不同的表示方法。对于望远物镜,用两个恰能分辨的点物对物镜的张角表示,称为最小分辨角。对于照相物镜,用像面上每毫米能分辨的直线

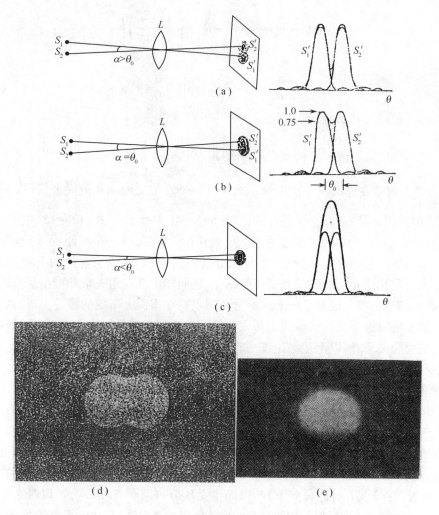

图 12-46 两个点物的衍射像的分辨

数表示。而在显微镜中,用恰能分辨的两点物的距离表示。下面分别对这三种系统进行讨论。

1) 望远镜的分辨本领

望远镜是用于对远处物体成像的。设望远镜物镜的圆形通光孔径的直径为 D,则它对远处点物所成的像的艾里斑角半径为 $\theta_0 = \dfrac{1.22\lambda}{D}$(见式(12-50))。如果两点物恰好为望远镜所分辨,根据瑞利判据,两点物对望远物镜的张角为(参见图 12-47)

$$\alpha = \theta_0 = \frac{1.22\lambda}{D} \tag{12-57}$$

这就是望远镜的最小分辨角公式。此式表明,物镜的直径 D 愈大,分辨本领愈高。天文望远镜物镜的直径做得很大(现在已有直径为 8.2m 的物镜),原因之一就是为了提高分辨本领。

按式(12-57),也可以计算人眼的最小分辨角。在正常照度下,人眼瞳孔的直径约为 2mm,人眼最灵敏的光波波长 $\lambda = 550\text{nm}$,因此人眼的最小分辨角为

$$\alpha_e = \frac{1.22\lambda}{D_e} = \frac{1.22 \times 550 \times 10^{-6}\text{mm}}{2\text{mm}} \approx 3.3 \times 10^{-4}\text{rad} \tag{12-58}$$

通常由实验得到的人眼的最小分辨角约为 $1'$($= 2.9 \times 10^{-4}\text{rad}$),与上面的计算结果基本相符。

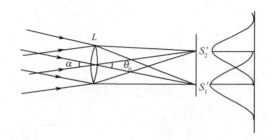

图 12-47 望远镜的最小分辨角

因为望远镜的通光孔径总是大于人眼的瞳孔,所以用望远镜来观察远处物体,除了望远镜的放大作用外,还提高了对物体的分辨本领,所提高的倍数为 D/D_e。在设计望远镜时,为了充分利用望远物镜的分辨本领,应该使望远镜有足够的放大率,使得望远物镜的最小分辨角经望远镜放大后等于眼睛的最小分辨角,显然放大率为

$$M = \frac{\alpha_e}{\alpha} = \frac{D}{D_e} \tag{12-59}$$

2)照相物镜的分辨本领

照相物镜一般都是用于对较远的物体成像,并且所成的像由感光底片记录,底片的位置与照相物镜的焦面大致重合。若照相物镜的孔径为 D,则它能分辨的最靠近的两直线在感光底片上的距离为

$$\varepsilon' = f\theta_0 = 1.22f\frac{\lambda}{D} \tag{12-60}$$

式中:f 是照相物镜的焦距。照相物镜的分辨本领以像面上每毫米能分辨的直线数 N 来表示,易知

$$N = \frac{1}{\varepsilon'} = \frac{1}{1.22\lambda}\frac{D}{f} \tag{12-61}$$

若取 $\lambda = 550\text{nm}$,则又可表示为

$$N \approx 1490\frac{D}{f} \tag{12-62}$$

式中:D/f 是物镜的相对孔径。可见,照相物镜的相对孔径越大,其分辨本领越高。

在照相物镜和感光底片所组成的照相系统中,为了充分利用照相物镜的分辨本领,所使用的感光底片的分辨本领应该大于或等于物镜的分辨本领。

3)显微镜的分辨本领

显微镜物镜的成像如图 12-48 所示:点物 S_1 和 S_2 位于物镜前焦点附近,由于物镜的焦距极短,所以 S_1 和 S_2 发出的光波以很大的孔径角入射到物镜,而它们的像 S_1' 和 S_2' 则离物镜较远。虽然 S_1 和 S_2 离物镜很近,但根据本节前面的讨论,它们的像也是物镜边缘(孔径光阑)的夫琅和费衍射图样,其中艾里斑的半径为

$$r_0 = l'\theta_0 = 1.22\frac{l'\lambda}{D} \tag{12-63}$$

式中:l' 是像距;D 是物镜直径。

显然,如果两衍射图样的中心 S_1 和 S_2 之间的距离 $\varepsilon' = r_0$,则按照瑞利判据,两衍射图样刚好可以分辨,这时两点物之间的距离 ε 就是物镜的最小分辨距离。

由于显微镜物镜的成像满足阿贝(Abbe)正弦条件:

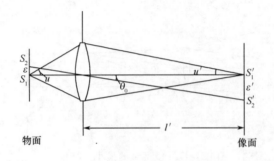

图 12-48 显微镜的分辨本领

$$n\varepsilon\sin u = n'\varepsilon'\sin u' \tag{12-64}$$

式中：n 和 n' 分别为物方和像方折射率。对显微镜 $n'=1$，并且 $\sin u'$ 可近似地表示为（因为 $l' \gg D$）

$$\sin u' \approx u' = \frac{D/2}{l'} \tag{12-65}$$

所以

$$\varepsilon = \frac{\varepsilon'\sin u'}{n\sin u} = 1.22\frac{l'\lambda}{D}\frac{D/2l'}{n\sin u} \tag{12-66}$$

最后得到

$$\varepsilon = \frac{0.61\lambda}{n\sin u} \tag{12-67}$$

式中：$n\sin u$ 称为物镜的数值孔径，通常以 N.A. 表示。由上式可见，提高显微镜分辨本领的途径是：增大物镜的数值孔径；减小波长。增大数值孔径有两种方法，一是减小物镜的焦距，使孔径角 u 增大；二是用油浸没物体和物镜（即油浸物镜）以增大物方折射率。不过，这样也只能把数值孔径增大到 1.5 左右。

应用减小波长的方法，如果被观察的物体不是自身发光的，则只要用短波长的光照明即可。一般显微镜的照明设备都附加一块紫色滤光片，就是这个原因。进一步使用波长在 250nm~200nm 之间的紫外光，较之用紫光（$\lambda \approx 450$nm）可以使分辨本领提高一倍。这种紫外光显微镜的光学系统要用石英、萤石等光学材料制造，并且只能照相，不能直接观察。近代电子显微镜利用电子束的波动性来成像，由于电子束的波长比光波要小得多，比如在几百万伏的加速电压下电子束的波长可达 10^{-3}nm 的数量级，因而电子显微镜的分辨本领比普通光学显微镜提高千倍以上（电子显散镜的数值孔径较小）。

12.5 夫琅和费双缝和多缝衍射

12.5.1 双缝衍射光强的计算

所谓双缝衍射是指将衍射屏上开有两个平行等宽度的狭缝，为计算双缝衍射图样的强度分布，只需考虑狭缝光源的轴上点照明双缝。这相当于双缝受平面波垂直照明，则可用夫琅和费衍射公式来计算观察屏上的复振幅，只是积分区域应包括两个缝的孔径范围。考虑到强度计算可略去积分号外的二次相位因子，即可求出最终的光强分布，仍选取与研究夫琅和费衍射相同的坐标，则观察屏上的复振幅可写为

$$\tilde{E}(x,y) = C'\iint_{\Sigma}\exp\left[-\mathrm{i}\frac{1}{f}k(xx_1+yy_1)\right]\mathrm{d}x_1\mathrm{d}y_1$$
$$= C'\iint_{\Sigma_1+\Sigma_2}\exp\left[-\mathrm{i}\frac{1}{f}k(xx_1+yy_1)\right]\mathrm{d}x_1\mathrm{d}y_1$$

式中:C'为一常数。

与前述单缝衍射问题的处理一样,可以把二维的衍射问题简化成一维的衍射问题。设缝宽、缝长、缝距分别为a、b和d,此时,有

$$\tilde{E}(x) = C'\left(\int_{-\frac{a}{2}}^{\frac{a}{2}}\mathrm{e}^{-\mathrm{i}klx_1}\mathrm{d}x_0 + \int_{-\frac{a}{2}+d}^{\frac{a}{2}+d}\mathrm{e}^{-\mathrm{i}klx_1}\mathrm{d}x_1\right)$$
$$= C'ab\frac{\sin\alpha}{\alpha}(1+\mathrm{e}^{-\mathrm{i}kd\sin\theta}) \tag{12-68}$$

即对于单缝衍射而言,缝的位置的平移将不会影响其衍射图样的强度分布,但复振幅分布将会产生一个与平移距离相对应的相位差。其值为

$$\delta = kd\sin\theta = \frac{2\pi}{\lambda}d\sin\theta = k\Delta \tag{12-69}$$

观察屏上任一点P点的强度为

$$I = 4I_0\left(\frac{\sin\alpha}{\alpha}\right)^2\cos^2\frac{\delta}{2} \tag{12-70}$$

此即为双缝衍射强度分布公式。式中:I_0为条纹中心点的光强;$2\alpha = kl\cdot a = ka\sin\theta$为单缝两边缘点对于$P$点的相位差,其中$\delta = k\Delta = kd\sin\theta$为双缝对于$P$点的相位差。

由式(12-70)可见,双缝衍射实际上是单缝衍射和双缝干涉的双重效应。其光强主要集中在单缝衍射的主极大范围内,即$\sin\theta_1 = \lambda/a$。而在此范围内,当$\sin\theta' = m\frac{\lambda}{d}$ ($m = 0, \pm 1, \pm 2, \cdots$)时,是干涉极大的位置。

例12-2 在图12-49所示的实验中,若双缝的每一缝宽$a = 0.5$mm,双缝间距$d = 1.5$mm,将看到由单缝衍射和双缝干涉的双重效应所产生的衍射图样。

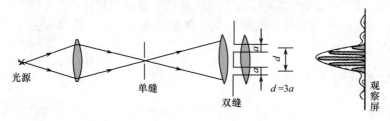

图12-49 平行光的双缝实验

先由式(12-70)可得出,单缝衍射的光强主要集中在$2\theta_1$(两个第1级极小)之间。

$$2\theta_1 = 2\frac{\lambda}{a} = 2\times\frac{0.63}{0.5\times10^3}\mathrm{rad} \approx 2.5\times10^{-3}\mathrm{rad}$$

而双缝干涉所产生的亮纹的角宽度为

$$\theta' = \frac{\lambda}{d} = \frac{0.63}{1.5\times10^3}\mathrm{rad} \approx 0.42\times10^{-3}\mathrm{rad}$$

以上两式中λ、a、d的单位均为μm,并且假设有$m\theta' = \theta_1$,则第m级干涉条纹将消失,所以在衍射的主极大内能产生的干涉条纹数为

$$m' = 2m - 1 = 2\frac{\theta_1}{\theta'} - 1 = 2\frac{d}{a} - 1 = 5$$

图 12-50 给出了 $d=3a$ 时双缝的干涉—衍射光强分布(图 12-50(c))。为了比较,图中同时画出了两个缝干涉的光强分布(图 12-50(a)),以及一个缝的衍射光强分布(图 12-50(b))。由此可见,双缝衍射的光强分布,正是单缝衍射和双缝干涉的双重效应所产生的,而且在干涉极大处($\cos^2(\delta/2)=1$)的光强,是该点单缝衍射光强的 4 倍。所以,双缝干涉的效果是使光能量向干涉极大处集中,且条纹宽度变窄。而且由此分析还可知,单缝的缝宽越窄或双缝的间距越小,衍射的主极大内所包含的干涉条纹数越多。

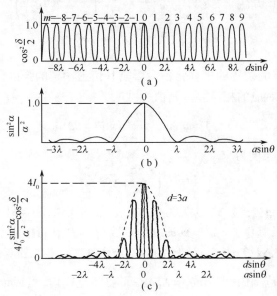

图 12-50 双缝衍射和干涉的光强分布

由以上分析可知,双缝实验中得到的图样都是干涉—衍射的光强分布,犹如在双缝干涉图样上再被单缝衍射的效应所调制。以前讨论的双缝干涉是忽略单缝衍射的情况,这是假设单缝缝宽非常小(亦即衍射的主极大范围很大),则此时的双缝干涉条纹仅是在衍射的主极大范围内的衍射图样。

12.5.2 多缝的干涉和衍射

所谓多缝,就是在一块不透光的屏上刻有很多条等间距、等宽度的通光窄缝。其夫琅和费衍射的实验装置与前述双缝衍射的装置完全类似,只不过是把双缝换成多缝而已。而干涉条纹的形成也和双缝类似,差别只是双光束干涉变成多光束干涉。下面先计算其光强分布,再求亮纹的宽度和强度。

1. N 个缝衍射的光强分布

由图 12-51 可见,入射光照射到多缝($N=10$)上,从每一条缝射到 P 点的光强都相同,其值由单缝衍射的强度分布决定。但相邻两缝在 P 点所引起的振动之间有相位差

$$\delta = k\Delta = kd\sin\theta$$

所以,通过各缝的光波,在 P 点引起的总的复振幅为

$$E_P = E_{0P}[1 + e^{-i\delta} + e^{-i2\delta} + \cdots + e^{-i(N-1)\delta}] = E_{0P}\sum_{j=0}^{N-1} e^{-ij\delta}$$

式中：E_{0P} 是单缝衍射在 P 点复振幅，其值为

$$E_{0P} = E_0 \frac{\sin\alpha}{\alpha}$$

又有

$$\sum_{j=0}^{N-1} e^{-ij\delta} = \frac{1 - e^{-iN\delta}}{1 - e^{-i\delta}} = \frac{e^{-i\frac{N}{2}\delta}(e^{i\frac{N}{2}\delta} - e^{-i\frac{N}{2}\delta})}{e^{-i\frac{1}{2}\delta}(e^{i\frac{1}{2}\delta} - e^{-i\frac{1}{2}\delta})}$$

$$= \frac{\sin\frac{1}{2}N\delta}{\sin\frac{1}{2}\delta} \cdot e^{-i\frac{1}{2}(N-1)\delta}$$

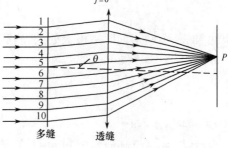

图 12-51　多缝的干涉和衍射

所以 P 点总的复振幅为

$$E_P = E_{0P} e^{-i\frac{1}{2}(N-1)\delta} \frac{\sin\frac{1}{2}N\delta}{\sin\frac{1}{2}\delta}$$

$$= E_0 \frac{\sin\alpha}{\alpha} \frac{\sin\frac{1}{2}N\delta}{\sin\frac{1}{2}\delta} e^{-i\frac{1}{2}(N-1)\delta} \tag{12-71}$$

则 P 点的光强为

$$I_P \propto E_P E_P^*$$

即

$$I_P = I_0 \left(\frac{\sin\alpha}{\alpha}\right)^2 \left[\frac{\sin\frac{1}{2}N\delta}{\sin\frac{1}{2}\delta}\right]^2 \tag{12-72}$$

式中：I_0 为对应 $\theta=0$ 点的光强；α 是单缝边缘两点到达 P 点的相位差，其值为

$$\alpha = \frac{1}{2}k\Delta' = \frac{1}{2}ka\sin\theta \tag{12-73}$$

δ 是相邻两缝到达 P 的相位差，其值为

$$\delta = k\Delta = kd\sin\theta \tag{12-74}$$

式(12-72)就是 N 个缝衍射的光强分布。

2. 衍射条纹的主极大

显然，当

$$\delta = kd\sin\theta = 2m\pi \quad (m = 0, \pm 1, \pm 2, \cdots) \tag{12-75}$$

时，衍射条纹为干涉极大。为了和下面的次极大相区别，特将此干涉极大称为主极大。

又因为

$$\lim_{\delta \to 2m\pi} \left[\frac{\sin\frac{1}{2}N\delta}{\sin\frac{1}{2}\delta}\right] = N$$

因此主极大值时的光强为

$$I_{max} = N^2 I_0 \left(\frac{\sin\alpha}{\alpha}\right)^2 \tag{12-76}$$

由此可知，N 个缝衍射时主极大处的光强是一个单缝衍射光强的 N^2 倍。

3. 衍射条纹的极小

干涉极小的条件是

$$Nd\sin\theta = n\lambda \tag{12-77}$$

式中：$n = \pm 1, \pm 2, \cdots, \pm(N-1), \pm(N+1), \cdots, \pm(2N-1), \pm(2N+1), \cdots$，但是 $n = mN$（$m = 0, \pm 1, \pm 2, \cdots$）除外，因为 $n = mN$ 时，$d\sin\theta = m\lambda$ 是主极大条件。于是可见，在两个主极大之间有 $(N-1)$ 个极小，它们依次是 $n = 1, 2, \cdots, N-1$。

当缝数 N 很大时，相邻极小（$\Delta n = 1$）的角距离 $\Delta\theta$ 很小，由式（12-77）可得

$$\Delta\theta = \frac{\lambda}{Nd\cos\theta}$$

而且，主极大和其邻近极小值之间的角距离也是 $\Delta\theta$，所以主极大的条纹角宽度为

$$2\Delta\theta = \frac{2\lambda}{Nd\cos\theta} \tag{12-78}$$

即主极大的角宽度与缝数 N 成反比。

显然，在相邻两个极小之间必然还存在一个极大，这些极大叫做次极大，因为其强度比主极大要弱得多。由多光束干涉可知，在两个主极大之间有 $(N-1)$ 个极小，所以有 $(N-2)$ 个次极大。图 12-52 给出了多缝的干涉和衍射光强分布情况，同样为了比较，图中也同时画出了多个缝干涉的光强分布，以及一个缝的衍射光强分布。

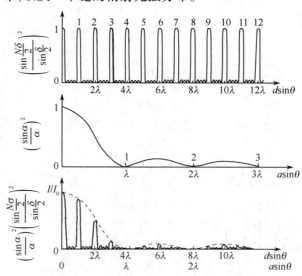

图 12-52 平行光多缝干涉和衍射的光强分布

由此可见，单缝衍射的作用是使光束散开（散开在衍射主极大范围内），而多缝干涉的效应则是使光的能量集中（集中在干涉主极大位置，为单缝光强的 N^2 倍），条纹变细（约为双缝干涉线宽的 $1/N$）。并且 N 愈大，这种效应愈显著。例如 $N = 10^4$ 时，干涉极大的光强增加 1 亿倍，条纹宽度则缩小为 $1/10000$。

另外由式（12-78）还可知，主极大位置随入射光的波长 λ 而变化。因此，同一级次的主

极大方向随波长的增加而增加,且当衍射角不大时,这种变化近似于线性关系。

在夫琅和费多缝衍射中缝数 N 的影响,可由图 12-53 中不同数目狭缝的夫琅和费多缝衍射图样和光强分布清楚地看出。图中分别列出了单缝($N=1$)、双缝($N=2$)以及多缝($N=3,4,5,6$)的情况。这里各缝的缝宽都是相等的,所以光强分布都受到单缝衍射效应的影响,强度分布的包络线与单缝衍射光强曲线的形状一样。同时也可看出缝数 N 的影响,双缝与单缝衍射相比出现了主极大,三缝及多缝则不仅有主极大还出现了次极大(有($N-2$)个次极大和($N-1$)条暗纹)。

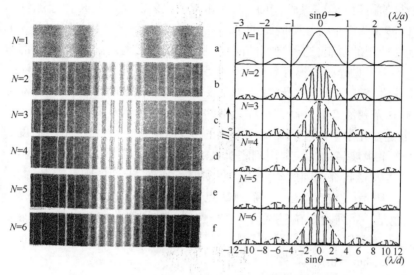

图 12-53 夫琅和费多缝衍射图样光强分布

12.6 衍射光栅与光栅光谱仪

12.6.1 平面衍射光栅

1. 光栅

如上所述,多缝的衍射和干涉,在透镜的焦平面上形成一条条又亮又窄的干涉条纹,并且这些干涉条纹的位置随波长而变化,因此包含不同波长的复色光经过多缝以后,其中每种波长的光都将形成各自的一套干涉条纹(光谱线),且彼此错开一定距离,如图 12-54 所示。所以与三棱镜的分光作用类似,多缝也可用作分光元件,在光学上这类分光元件称为光栅,或称为衍射光栅。

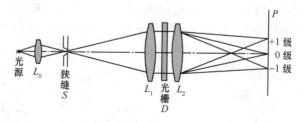

图 12-54 光栅衍射

1) 光栅定义及分类

实际上,衍射光栅可广义地定义为任何一种装置或结构,只要它能够对入射光的振幅或相位,或者同时对于两者施加一个周期性的空间调制,就都可以称为衍射光栅(简称为光栅)。

光栅可分为几种不同的类型。有时把只调制振幅的光栅称为振幅光栅,只调制相位的光栅称为相位光栅。同时,衍射光栅还可以分为透射光栅和反射光栅、平面光栅和凹面光栅、面光栅和体光栅等。

2) 光栅的制作

世界上最早的衍射光栅是1819年由夫琅和费制成的。当时他是把金属丝缠绕在两根平行的螺钉上,以形成两组平行且等间距的金属丝栅网,然后焊住一组,割去另一组,即制成一块透射光栅。因受螺距的限制,这种光栅的间距很大,所以只适用于长波长,目前只偶尔用于红外波段。而适用于可见光的光栅,因波长短则要求光栅的间距很小,并且对其多缝的宽度、间距等精度要求非常高。对于光学光谱区,常常要求达到的光栅间距密度为:每毫米包含100条以上甚至2000多条狭缝。因此制作一块合格的光栅是相当困难的。

后来,光栅是在光学平面玻璃板上用专用的刻划机刻成。先加工出粗糙度、平面度、平行度都很好的平行平板玻璃;然后,利用刻划机上的金刚石刀,在平板玻璃上刻出一道道等宽度且间距、刻痕深度及形状都相同的刻痕。这些刻痕不透光,未刻处则是透光的狭缝,这就制成一块透射光栅。但是由于它存在的一系列缺点,目前作为分光元件已改用反射式衍射光栅。现在的反射光栅是一系列刻划在铝膜上的平行性很好的划痕总和。为了加强铝膜与玻璃的结合力,还需在它们之间镀上一层铬膜或钛膜(图12-55)。在光学光谱区采用的光栅划痕密度为(0.5~2400)条/mm等几种。

由此可见,光栅刻划是一项十分精密的工作,不仅整台机器(包括刻刀等各部件)要求十分精密,对工作环境要求也很高,要防震、恒温等。所以,制作光栅刻划时间长,效率低,成本高,已无法满足光谱仪器发展的需要。

图12-55 反射式衍射光栅的结构

为了解决这个问题,人们早就发明了复制光栅的方法,这种方法的优点是便于大量生产高精度的反射光栅。目前采用的复制方法是先用上述刻划光栅方法制作一块标准光栅,称为"母光栅";然后在母光栅上用真空蒸镀膜的办法镀一层铝膜,其面形与母光栅一样;再把这层铝膜取下,粘贴在一块平玻璃上即可。

3) 光栅的用途

光栅的一个重要且历史悠久的用途是分光,即把复色光分为单色光。由于光栅具有棱镜所无法比拟的优点,如不受材料限制、能用于从远红外线直到真空紫外线的全部波段等。而用棱镜作为分光元件时,它只适用于对棱镜透明的波段,而在红外和紫外区要找到适用的透明材料十分困难。并且近十几年来,由于光栅制造技术的提高、产量的不断增加,所以在各种分光仪器(光谱仪、分光光度计等)中光栅已逐渐取代了三棱镜。除用作分光元件外,光栅亦可用作长度和角度的精密、自动测量(计量光栅)以及激光技术中的调制元件(超声光栅)等。另外,在薄膜光学中,光栅也是一种重要的光学元件。

2. 光栅方程

对于光栅,需要知道其衍射主极大的方向。光栅衍射主极大方向可由下式决定:

$$d(\sin\phi + \sin\theta) = m\lambda \tag{12-79}$$

这就是平面衍射光栅的色散公式,一般称为光栅方程。其中,d 是相邻两缝间的中心距离,一般称为光栅常数,这是标志光栅的一个重要参数;ϕ 是入射角(入射光与光栅平面法线的夹角);θ 是衍射角(第 m 级衍射光与光栅平面法线的夹角),如图 12-56 所示。图中角度的"+"、"-"号规定如下:衍射光和入射光在法线的同一侧时,衍射角与入射角同号(如均取"+"号,为正值),否则为异号(两角度一正一负)。显然,当光波是垂直入射时,上式可简化为

$$d\sin\theta = m\lambda \qquad (12-80)$$

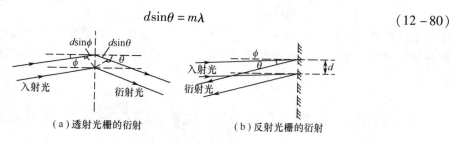

(a) 透射光栅的衍射　　　　(b) 反射光栅的衍射

图 12-56　光栅的衍射

当射入光栅的是复色光时,在入射角 ϕ 给定的情况下,对于每个 m 都有一系列按波长排列的光谱,该光谱就称为第 m 级光谱。当 $m=0$ 时,$\sin\phi = -\sin\theta$,即所有波长的光都混在一起,形成"白光"(即入射的复色光),这就是零级光谱的特点。对于透射光栅,零级光谱的位置相应于入射方向;至于反射光栅,则零级光谱相应于反射光的方向。零级光谱的两边均有光谱:$m>0$ 的为正级光谱;$m<0$ 的为负级光谱。

3. 光栅的主要性能

1) 色散率

光栅的一个重要用途是分光,因此不同波长的光被分开的程度就是其重要性能之一。为此一般用角色散 $\dfrac{d\theta}{d\lambda}$ 来度量,它表示两条纯数学的光谱线在空间分离的角度,其值可将光栅方程式(12-79)对波长取微分求得(此时,设入射角 ϕ 固定):

$$\frac{d\theta}{d\lambda} = \frac{m}{d\cos\theta} \qquad (12-81)$$

此值越大(角色散越大),表示不同波长的光被分得越开。从上式可知:

(1) 当 θ 较小时,对于某一确定的级次 m,$\dfrac{d\theta}{d\lambda} \approx \dfrac{m}{d} = $ 常数。这说明光栅的角色散率在衍射较小时与波长无关,即衍射角的变化与波长变化呈线性关系。这对光谱仪器的波长标定十分方便。

(2) 光栅的角色散率与光谱级次成正比。级次愈高,则角色散率愈大。由于 m 为整数,因此不同级次的角色散率成倍增减。

(3) 光栅的角色散率与光栅刻痕总数 N 无关,而与光栅刻痕的密度 $1/d$ 成正比。

工作中还用线色散率 $\dfrac{dl}{d\lambda}$ 来度量一台光谱仪器色散的大小。线色散率表示两条纯数学的光谱线在光谱成像焦面上分开的距离。因此,它与成像物镜 L 的焦距 f 成正比(图 12-57),即

$$\frac{dl}{d\lambda} = \frac{d\theta}{d\lambda} \frac{f}{\cos\sigma} = \frac{m}{d\cos\theta} \frac{f}{\cos\sigma} \qquad (12-82)$$

式中:σ 是焦面相对于垂平面的倾斜角。为了得到较大的线色散率,一般用长焦距物镜,以使不同波长的光分得更开些。

有时在实际工作中采用线色散率的倒数显得更为方便,即取

$$\frac{d\lambda}{dl} = \frac{1}{dl/d\lambda} \quad (12-83)$$

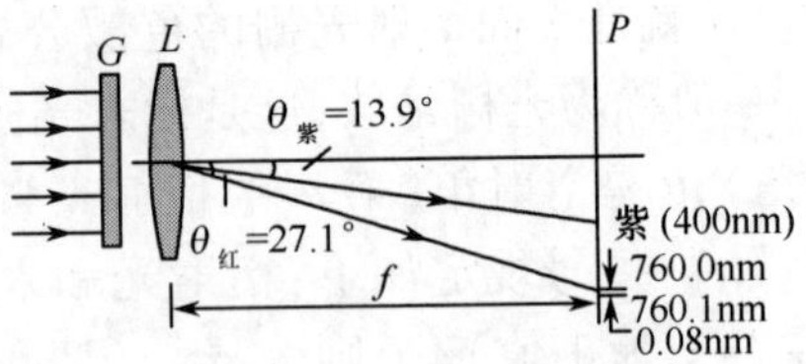

图 12-57 光栅的角色散

来度量光谱仪的色散。例如在发射光谱分析工作中,选择光谱线对的时候就是如此。因为这时已知接收器所能分开的最小距离,需要估计分析线与比较线的最佳波长差值,它的单位是 $\mu m/mm$。

2) 分辨本领

仍用瑞利标准作为两谱线能否分开的判据。由式(12-78)可知,每条谱线的角宽度为

$$\delta\theta = \frac{\lambda}{Nd\cos\theta} \quad (12-84)$$

而由光栅方程则可求出波长差为 $\delta\lambda$ 的两条谱线之间的(衍射)角度差为

$$\delta\theta = \frac{m}{d\cos\theta}\delta\lambda \quad (12-85)$$

上两式的 $\delta\theta$ 相等时,两谱线恰能分辨。由此即得光栅的分辨本领为

$$A = \frac{\lambda}{\delta\lambda} = mN \quad (12-86)$$

式中:m 是干涉的级次;N 是光栅的总刻痕数。显然,N 值越大,即参加干涉的光束数目越多,条纹就越锐,相应的分辨本领 A 也就越大。与法布里-珀罗干涉仪的分辨本领公式相比较,两式形式上完全一样。由此可见,多光束干涉中的精细度 N 相当于光栅中的缝数(等强度相干光的数目)。注意:分辨本领 A 与光栅常数 d 无关,而只与总刻痕数 N 和光谱级次 m 有关。

3) 光栅的色散范围

光栅的色散范围,即其光谱不重叠区,仍由下式决定:

$$m(\lambda + \Delta\lambda) = (m+1)\lambda \quad (12-87)$$

因此光栅的色散范围为

$$G = \Delta\lambda = \frac{\lambda}{m} \quad (12-88)$$

显然,此色散范围与光栅本身无关,只要是同一级次的光谱,则不论光栅常数为何值,其色散范围均相同。

由上述分析可知,一块光栅主要有三个参数:光栅常数 d、总刻痕数 N 和干涉级次 m。其中,d 只与光栅的色散有关,呈反比关系;N 只与光栅的分辨本领有关,呈正比关系;m 与色散、分辨本领、色散范围三者均有关系。所以,使用光栅时要注意这几个量之间的关系。

12.6.2 闪耀光栅

1. 闪耀光栅的特点

前面讨论的由刻线制成多缝而形成的光栅有一个明显的缺点,即从夫琅和费多缝衍射的强度分布可知,干涉的中央零级的亮条纹占有入射的总光能中很大一部分。而从分光的角度看,这一部分光能纯属浪费,因为零级条纹毫无色散作用。为了改变这种情况,需要把光能量

集中到零级以外的某一个级次的条纹上去。为此,人们设计出了一种新型的光栅——闪耀光栅,又称为炫耀光栅或定向光栅。它是通过控制刻线形状来改变各级主极大的相对光强分布,使光强集中到所要求的光谱级上去。习惯上把这种方法称为闪耀,因此这种光栅称为闪耀光栅。

由上面讨论的平面衍射光栅可知,其干涉零级与衍射主极大之所以重合,是因为两者的光程差均由同一衍射角 θ 决定。而由前文已知,单缝衍射时,缝两边缘点之间的光程差为

$$\Delta_D = a(\sin\theta + \sin\phi) \tag{12-89}$$

而多缝干涉时,相邻缝之间的光程差为

$$\Delta_I = d(\sin\theta + \sin\phi) \tag{12-90}$$

式中:a 是单缝的缝宽;d 是相邻缝之间的距离。显然,当 $\theta = -\phi$ 时,两个极大(衍射的主极大和干涉的零级极大)方向一致。因此,如果要把这两个极大分开,就应使衍射和干涉的程差分别由不同的因素决定。改变衍射主极大方向的办法有多种,下面举两例说明。

例 12-3 利用光的折射,使衍射主极大的方向改变。

我们知道,一束平行光通过棱镜后要向厚的一边偏折,如图 12-58(a)所示。由此设想,若把光栅面刻成周期性锯齿形(图 12-58(b)),则平行光通过该光栅后,就被分成很多束细的偏折光束。这就是一种闪耀光栅。该光栅的每一细光束之间的距离为 d,而且每束光本身要发生衍射,各束光之间又要产生干涉,可见这种有周期性锯齿形的光栅和前面所述的多缝衍射光栅一样。

但是两者有差别,其差别在于每一细光束的衍射主极大方向已向下偏折,而干涉极大方向仍保持不变,仍由式(12-90)决定。于是在这种透射式闪耀光栅中,干涉的零级和衍射的主极大方向就分开了。

例 12-4 利用反射的方法,改变衍射主极大的方向。

如图 12-59 所示,光栅面仍为周期性锯齿形,但这里入射光是被锯齿面反射,而分成很多束细的偏折平行光束。显而易见,这时衍射主极大的方向就是入射光的镜反射方向,而相邻光束的干涉程差仍不变,即干涉极大方向保持不变。同样,在这种反射式闪耀光栅中,干涉的零级和衍射的主极大方向也被分开了。

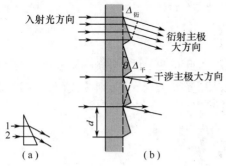
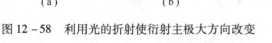
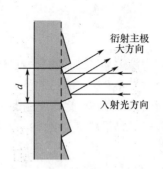

图 12-58 利用光的折射使衍射主极大方向改变　　图 12-59 利用反射使衍射主极大方向改变

由上述两例可见,利用反射、折射的方法,可以使干涉的零级和衍射的中央主极大位置分开。这是因为光栅的干涉极大方向是以光栅面的法线方向作为零级方向,而衍射主极大方向则由刻槽面的法线方向等其他因素决定。由此可知,为了达到闪耀光栅的目的,必须使干涉的零级方向和衍射的主极大方向分开,为此需要改变衍射主极大方向(因一般干涉极大方向保

持不变),从而要求改变光栅的刻槽面的法线方向。所以可以通过选择各种不同形状(如阶梯状)的刻槽面,将衍射主极大的方向改变到其他级次上,从而有多种类型的闪耀光栅。

另外,由刻线而形成的光栅,只有通光部分和不通光部分,所以称为振幅光栅。振幅光栅也可分为透射式(入射光经过光栅由各通光部分透出)和反射式(入射光在光栅面上由各通光部分反射)。而上述闪耀光栅,则是由于光学厚度(几何厚度或折射率)有规则的变化,从而使光的相位得到空间周期性的调制,因此闪耀光栅又称为相位光栅。闪耀光栅同样也可分为透射式和反射式两种。

2. 闪耀光栅和闪耀角

闪耀光栅为了使衍射光的能量向某一干涉级集中,也就是使光栅在某一特定的干涉级闪耀,正如上所述可把光栅面刻成锯齿形,使槽面与光栅平面成 θ_0 角(图12-60)。此 θ_0 角就称为这块光栅的闪耀角。在这种情况下,对于反射光栅,其衍射光的能量大部分是集中在刻线工作面的镜面反射方向。因此闪耀角 θ_0 决定了衍射的中央极大与干涉零级分开的程度。

下面分析如何求得闪耀角 θ_0。由光栅方程式(12-79)知道,按 ϕ 角入射的平行光束,在 θ 方向为 m 级极大。利用三角公式,式(12-79)可改写成

$$2d\sin\frac{1}{2}(\phi+\theta)\cos\frac{1}{2}(\phi-\theta)=m\lambda$$

又由图12-60,有(角度的"+"、"-"号规定同前,图中诸角均在光栅面法线同侧,都取"+"号)

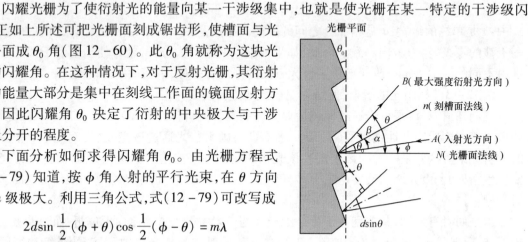

图12-60 闪耀光栅的角度关系

$$\alpha=\theta_0-\phi \text{ 和 } \beta=\theta-\theta_0 \tag{12-91}$$

若希望第 m 级干涉极大与衍射主极大位置重合,则应有 $\alpha=\beta$,即

$$\theta_0-\phi=\theta-\theta_0$$

或

$$\phi+\theta=2\theta_0 \text{ 和 } \phi-\theta=2\alpha$$

所以

$$2d\sin\theta_0\cos\alpha=m\lambda \tag{12-92}$$

这就是希望干涉第 m 级加强时所应满足的关系式。由此可见,如果已知 m(要求在 θ 方向加强的干涉级次)、λ_0(要求加强的波长)、d(光栅常数)和光束入射角 ϕ,则按式(12-92)即可求出刻槽斜面的角度值 θ_0,此即光栅的闪耀角。

假设入射光是沿槽面法线方向入射的,即当 $\alpha=\beta=0$ 时,有

$$\phi=\theta=\theta_0 \tag{12-93}$$

所以式(12-92)可化简为

$$2d\sin\theta_0=m\lambda_{0\max} \tag{12-94}$$

此公式表示的就是主闪耀条件,其中波长 $\lambda_{0\max}$ 称为光栅的闪耀波长。这时光栅的闪耀方向就是光栅的闪耀角 θ_0 的方向。

闪耀光栅的作用是把光能集中到与闪耀角相应的方向,而且只对一定的波长(闪耀波长)有效。因此,每一块闪耀光栅只适用于一定的波长范围,而波长范围主要决定于光栅的能量分

布,其值由光栅制造者给出。

12.6.3 光栅光谱仪

1. 概述

光谱所反映的是光与物质相互作用的结果,这必然带有物质内部粒子的状态及其运动规律的信息,因此光谱分析是研究物质结构的一种有效方法。光谱仪是一种利用光学色散原理设计而成的、专用于分析光谱的光学仪器,由三部分组成:光源和照明系统、分光系统、接收系统。

1) 光源和照明系统

光源可以是研究的对象,也可以是作为研究工具照射被研究的物质。一般而言,发射光谱学中的光源是研究对象,而吸收光谱学中的光源则是照明工具。照明系统是一套精心设计的聚光系统,用于最大限度地收集光源发出的光功率,以提高分光系统的光强度。

2) 分光系统

这是光谱仪的核心部分,由准光管、色散单元和暗箱组成。折射式分光系统的工作原理如图 12-54 所示。由狭缝 S 发出的光束经过准直物镜 L_1 变为平行光射入色散元件 D,它使入射的单束"白光"分解为不同波长的多束单色光,再经过物镜 L_2 按波长的顺序成像于其焦面 P 上。因此,一个由"白光"照明的狭缝,经过物镜成狭缝的高质量像,再利用分光系统把单一的白光平行光束,按波长大小分成一系列不同波长的单色平行光,这就是目前广泛应用的光谱仪分光系统的基本原理。反射式分光系统的装置如图 12-61 所示。整个分光系统置于暗箱中,以消除外界杂散光的干扰。

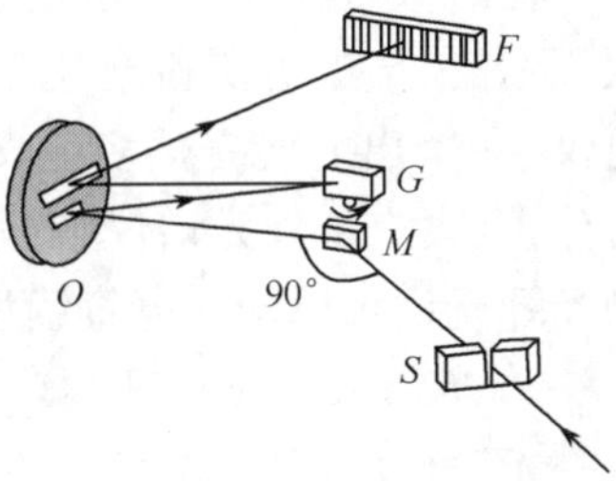

光学系统中的分光单元有三类:一类由棱镜分光,这类光谱仪称为棱镜光谱仪,现已少用;另一类用衍射光栅分光,称为光栅光谱仪,目前广泛应用;第三类是频率调制的傅里叶变换光谱仪,这是新一代的光谱仪。

3) 接收系统

光谱仪的接收系统用于测量光谱组成部分的波长和强度,从而获得被研究物质的相应参数,如物质的成分和含量、物体的温度、星体运动的速度及其质量等。接收系统包括光谱的接收、处理和显示。目前有三类接收系统:一类是基于光化学作用的乳胶底片摄像系统;另一类是基于光电作用的 CCD 等光电接收系统;第三类是基于人眼的目视系统。

图 12-61 光谱仪的分光系统

2. 光谱仪的特性

光谱仪的特性主要有工作光谱区、色散率、分辨率、光强,选用光谱仪时应考虑这些特性是否合适。

1) 工作光谱区

光谱仪所能记录的光谱的波长范围称为光谱仪的工作光谱区,它主要取决于分光元件的特性,单个分光元件只能在一定的波长范围内工作,例如对 $0.4\mu m \sim 0.8\mu m$ 波长范围和 $0.5\mu m \sim 0.9\mu m$ 波长范围要选用不同参数的衍射光栅。

2) 色散率

色散率是光谱在空间按波长分开的程度,可用角色散率或线色散率表示。角色散率的定

义是 $\frac{d\theta}{d\lambda}$ ($d\theta$ 是相距 $d\lambda$ 两条谱线分开的角度)。线色散率的定义是 $\frac{dl}{d\lambda} = \frac{d\theta}{d\lambda} \frac{f}{\cos\theta}$，它是指两条光谱线在光谱平面上的距离。显然它和光谱仪物镜的焦距 f 成正比。一般光谱仪的焦距 f 的范围是几十厘米到几米，相应的色散率倒数 $\frac{dl}{d\lambda}$ 约为 $(10^3 \sim 10)$ nm/mm。

3) 分辨率

由于实际的光谱线本身有一定宽度，因此两条谱线能否分开，不仅取决于仪器的色散率，而且和谱线的强度、分布轮廓以及它们的相对位置有关。在实际工作中两条谱线能否分开还与接收器的灵敏度有关，而谱线的轮廓也是一个复杂的函数，它与谱线的真实轮廓、光谱仪的照明状态、光学系统的像差、接收器的灵敏度等诸多因素有关。

对于光谱仪的实际分辨率的分析已超出本书范围。根据瑞利准则，光谱仪的理论分辨率定义为

$$R = \frac{\lambda}{\delta\lambda}$$

4) 光强

光强是表示光谱仪传递光能量的本领。它与接收元件的感光性质有关，也与光谱仪光学系统的结构(物镜相对孔径的平方、光学系统的透过率、衍射光栅的面积、衍射效率等因素)有关。显然，缩短物镜焦距 f 可增大光强，但会减小色散率。

3. 光谱仪器的分类

光谱仪器的分类方法很多。从应用范围上分，有发射光谱分析和吸收光谱分析用的光谱仪，前者包括摄谱仪和光电直读光谱仪，后者包括各种分光光度计；按光谱仪出射狭缝分，有单色仪(一个出射狭缝)、多色仪(两个以上出射狭缝)和摄谱仪(没有出射狭缝)；按应用的光谱区分，有真空紫外光谱仪、近紫外和可见近红外光谱仪、红外和远红外光谱仪。最近问世的微型光纤光谱仪属于光电直读型光谱仪。

4. 光谱仪器的应用

光谱仪应用范围极广，主要用于以下几个方面：研究物质的辐射；研究光与物质的相互作用；研究物质的结构、物质含量的定量和定性分析；探测遥远星体和太阳的大小、质量、温度、运动速度和方向等。在采矿、冶金、石油、化工等行业，光谱仪用于物质的定性和定量分析，是控制产品质量的主要手段之一；在生物化学和医学中，光谱仪用于微量元素的含量分析；在光电技术中，光谱仪用于分析光源的光谱轮廓。而检测光纤、光纤器件的集成光学器件以及光纤系统的分光传输特性，光谱仪是不可缺少的基本仪器。此外，高分辨率光谱仪也是遥感系统中的重要单元。

12.7 夫琅和费衍射的一般性质及其他孔径的衍射

12.7.1 夫琅和费衍射的一般性质

由于夫琅和费衍射积分可以写成傅里叶变换形式，所以对夫琅和费衍射性质的严格讨论和推证应该借助于傅里叶变换的性质。这里仅从应用的角度对其特点予以简要介绍。

(1) 衍射图样的中央主极大恒为光源的几何光学像。

(2) 平移不变性。若衍射孔径在自身平面内平移，则衍射图样的强度分布不变。

(3) 中心对称性。无论透光孔形状如何,衍射图样总是关于其中心点为对称(即图样绕中心点旋转180°后又恢复原状)。

(4) 尺度反比关系。若衍射孔径的尺度在某一方向放大到原来的 M 倍,则该方向衍射图样的尺度缩小到原来的 $1/M$;反之亦然。作为特例,若衍射孔径形状不变地放大到原来的 M 倍,则相应的衍射图样也形状不变地缩小到原来的 $1/M$;反之亦然。

实际上,性质(1)、(2)已在前文中提到,性质(4)则可视为衍射反比关系对一般二维孔径情况的表述。

12.7.2 某些其他孔径的夫琅和费衍射

1. 如何大致判断某些孔径的衍射图样

利用已有知识及对称性的考虑,可以对某些孔径衍射图样的形状作出大致的判断,这时应特别注意孔径的周期性结构和边缘。例如(参见图 12-62),字母 E 的衍射图样可以看作竖直方向扩展的三缝衍射和水平方向扩展的单缝衍射的组合;字母 A 的衍射则可看作竖直方向扩展的单缝衍射和两个在与 A 的两斜线相垂直的方向扩展的单缝衍射的组合;正六边形孔径有三组对边,其衍射光分别向与其垂直的方向扩展,最后图样呈六角雪花状;正五边形孔径有取向各不相同的五条边,每条边均使衍射光在与其垂直的方

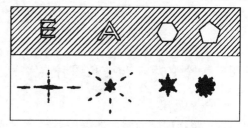

图 12-62 不同形状孔径(上排)衍射图样的大致形状(下排)

向扩展(注意这种扩展亦是双侧而非单侧),故其衍射图样中环绕中心斑有十个辐射状突出部分。换言之,正五边形孔径所形成的衍射斑的光强空间分布要比正六边形孔径所产生的分布(六个突出部分)更加均匀,因此照相机中作为光阑的叶片型快门常把叶片数取为奇数。

2. 相同孔径的阵列的衍射

若衍射屏上分布着 N 个形状、大小及取向均相同的透光孔径(图 12-63 中以圆孔作为代表,但其形状并不限于圆孔),用单色平行光照明,其夫琅和费衍射图样有何特点呢? 对此可从物理图像上作定性的分析。

将每一孔径的衍射光束作为一个单元,屏 Π 上某点光场是 N 个单光束叠加的结果。如果孔径的空间分布具有周期性,则对给定衍射角每相邻两光束间的相位差是相同的。若在某衍射角下两相邻光束产生相长干涉,则所有光束都是相长的,与多缝衍射类似,此时可形成主极强光斑,而衍射图样的最终形式仍可看作是孔间干涉因子受到单孔衍射因子光强分布所调制的结果。

若这些单孔径的空间分布是无规的,结果则有本质的区别。这时除几何像点之外,屏 Π 上其他点相对应的各光束的相位差是无规分布的;只要 θ 不是太小,该变化范围即远大于 2π。对某两束光是相长,对另两束光则可能是相消。当 N 很大时,其平均效果相当于非相干情况。因此,在离几何像点稍远处,衍射图样与单孔径时相同,只是强度增大到 N 倍。在几何像点,则因各光束同相叠加而使光强增至单光束时的 N^2 倍。当然这种说明是比较粗糙的,更仔细地分析必须考虑衍射场中光强分布的无规涨落,即散斑结构。

作为一个有启发性的例子,可以举出双圆孔的夫琅和费衍射。该衍射图样由单孔衍射和双孔干涉两因素所确定,前者给出了图样的整体形状,后者给它叠加上一些亮暗条纹,条纹取

向与双孔中心连线相垂直,如图 12-64 所示。在几何配置给定时读者可自行分析衍射图样的各个参数。

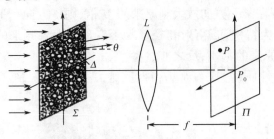
图 12-63　相同孔径阵列的夫琅和费衍射

图 12-64　双圆孔的夫琅和费衍射照片

12.8　全息技术

12.8.1　全息原理和全息图种类

1. 全息原理

普通照相记录的是物体表面各点反射或散射的光强,或者是物体自身发出的光,它能够通过感光胶片(照相底片)记录保存而且可重现物体的图像。但是这种图像已从立体的变成平面的,因此普通照相无法获得立体的图像。

要获得真正立体的图像,就应同时记录物体光波的振幅和相位,它们分别反映了物体各点的明暗程度及其位置和相对距离,并且可以在一定条件下再现,以获得与物体一致的立体图像。然而,记录介质(如照相底片)一般只对光强有响应,所以必须把相位信息转换成强度信息才能记录下来。为此通常是利用干涉法,即把一已知相位和振幅的相干波阵面(参考光波),叠加到另一未知相位和振幅的波阵面(物光波)上,形成反映物体形貌的干涉图样。

由于采用这种方法记录了物理学光波的全部信息,即振幅和相位,因此称为光学全息技术。利用干涉法把物体的光强和相位保存下来,称为全息照相,所获得的反映物体形貌的干涉图样即为全息图。全息原理早在 1948 年就由伽博(D. Gabor)提出,但直到激光问世,有高性能相干光源后全息技术才得以迅速发展。

2. 全息照相

1) 全息照相过程

全息照相的过程分为记录和再现两步。记录即制作全息图,如图 12-65 所示。相干光分成两束,一束光照明被拍摄的物体,从物体上漫反射的光(它带有反映物体状态的原始信息)照射到记录介质上,这部分光称为物光;另一束光直接照射到记录介质上,这部分光称为参考光。物光和参考光叠加形成干涉条纹,记录介质记录的这套干涉条纹图样就是全息图。在透明的记录介质上记录的全息图,实际上是一个复杂的光栅,它记录了物光波的全部信息——振幅和相位。再现时,用相干光按原参考光路照射全息底片,由于全息图上复杂光栅的衍射作用,它将会再现出原物体的像,如图 12-66 所示。

全息图有多种类型,按观察方向分为反射全息和透射全息;按记录介质的厚薄可分为平面全息和体积全息等。

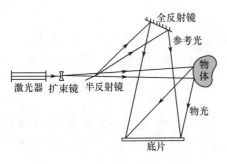
图 12-65 全息图记录装置简图

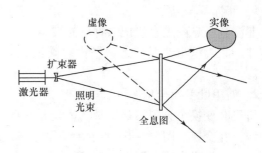
图 12-66 全息图再现装置简图

2) 全息照相的特点

由一张全息图可从多个角度再现不同的全息照片,如图 12-67 所示。与普通照相相比,全息照相有许多特点,如表 12-4 所列。

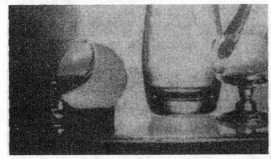

图 12-67 全息图再现的全息照片

表 12-4 普通照相与全息照相的特点

普通照相	全息照相
直接显示二维平面图像,只记录光强,丢失空间位置的相位信息	直显二维干涉图样,再现三维立体图像,可记录光强和相位全部信息
从相片只能看到拍摄角度所成的像	再现时可从许多角度看到不同深度的像
相片上的像各点与物体一一对应,如果相片有损,即丢失部分物体的信息	物的每点信息分布在整个像面上,即使损坏部分全息图,也可再现物的全貌
一张相片只能成一个像,像不能重叠	同一记录介质上可多重成像(拍摄时改变不同角度)而互不干扰,再现时从不同角度就可看到不同的像
一张图片必须有一定的面积,故作为信息存储时其存储密度低	每张全息图可经傅里叶变换压缩成很小的面积,并且由多重成像以及利用体全息,可有很高的存储密度

3. 平面全息图

平面全息图是指记录介质层的厚度(如全息底片乳胶层的厚度)和全息图干涉条纹的间距相近时的全息图。如果介质的厚度比干涉条纹间距大很多,就是体积全息图。平面全息图相对体积全息图简单,两者的差别主要有两点:一是全息图再现时的成像原理,前者可用平面光栅说明,后者则要用体光栅进行分析;二是一般情况下,体积全息图的衍射效率远远高于平面全息图。

平面全息图主要有以下三种结构类型。

1) 菲涅耳全息图

菲涅耳全息图是直接记录物体光波本身,不需要用透镜,只要求用相干光,以及记录介质与物体的距离满足菲涅耳近似条件。其记录光路与再现光路分别如图12-65和图12-66所示。

2) 傅里叶变换全息图

傅里叶变换全息图不是记录物体光波本身,而是记录物体光波的空间频率,或者说是记录它的傅里叶变换。图12-68所示为记录光路,物体放在透镜的前焦面上,在照明光源的共轭像面上放置记录介质。图12-69所示为再现光路。

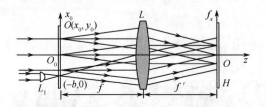 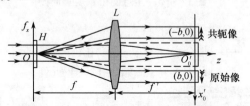

图12-68 傅里叶变换全息图记录光路　　图12-69 傅里叶变换全息图再现光路

3) 像全息图

物体靠近记录介质,或利用成像系统使物体成像在记录介质附近,就可以拍摄像全息图。当物体的像恰好位于记录介质面上时,称为像面全息,所以像面全息是像全息的一种特例。像面全息的特点是可以用宽光源和白光照明再现而能观察到清晰的像。像全息图记录时,一般可有两种方式:一种是透镜成像,如图12-70所示;另一种是用全息图的再现像,这时需要先对物体记录一张菲涅耳全息图H_1,再用与原参考光波共轭的光波照明再现一实像,实像的光波与参考光叠加制成全息图,如图12-71所示。像全息图可以用扩展的白光源照明再现。如果记录时是发散光源,则用一个白光按记录时参考光的方向照明即可;如果是平行光记录,则要加一个准直物镜使照明光变成平行光。

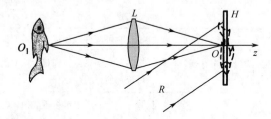

图12-70 用透镜成像记录全息图的光路

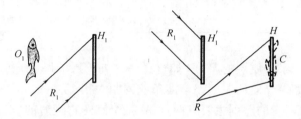

图12-71 用全息图的再现像记录全息图的光路

4) 体积全息图

体积全息图是记录介质的厚度比全息图干涉条纹间距大很多的全息图,用厚乳胶制成,现也可以在一些光学晶体中实现。体积全息对于光的衍射作用和体积光栅的衍射一样。体积全息图分为透射和反射两种。

当物光和参考光在记录介质(底片等)的同一侧入射时,所记录的全息图是透射全息图,这时所形成的峰值强度面与乳胶表面垂直。乳胶层厚度的典型值为 $15\mu m$,当用 $0.63\mu m$ 的氦氖红色激光为光源,物光和参考光之间的夹角为 $30°$ 时,全息图干涉条纹的间距为 $1.22\mu m$。这时若用原参考光束照明此体积全息图,则一部分光被银粒所散射,一部分光透射,各峰值强度面层所散射的光相叠加形成再现光波,对于同一面层的散射光,当满足反射定律 $I=I'$ 时是同向相加。对于不同面层之间的散射光则需满足光栅方程 $2\Lambda\sin\varphi=\lambda$。这是体积全息图波前再现的条件,也称为布喇格条件。此处 Λ 是层间距离,λ 是光波波长。当物光和参考光从记录介质的两侧入射时,就构成反射体积全息图。

在理想情况下,体积全息图与平面全息图再现像的不同点是,对应一束照明光,体积全息图只能成一个再现的像。例如光束以参考光的方向入射时,只能在原来记录物体的位置形成一个原始像。体积全息图的另一个特点是衍射效率高。相位型体积全息图衍射效率的理论值可高达 100%,也就是所有入射的照明光都沿着再现像的方向衍射。

12.8.2 全息技术应用举例

1. 全息干涉测量

全息干涉测量是全息应用的一个重要方面。它和普通干涉十分相似,其干涉理论和测量精度基本相同,只是获得光波相干的方法不同。普通干涉中获得光波相干的方法主要是两类:分振幅法和分波面法。前者是将同一束光的振幅分成两部分或几部分,如迈克尔逊干涉仪、法布里-珀罗干涉仪等;后者是将同一波前分成两部分或几部分,如双缝干涉、多缝干涉等。全息干涉则是将同一束光进行时间分割,而获得光波相干。

全息干涉方法是把反映物体信息的物光束,在不同的时间里记录在同一张全息底片上,然后使这些波前同时再现而发生干涉。因此全息干涉图反映的是被测物体随时间的变化过程,如子弹的爆炸过程、灯泡的发热过程等,这是全息干涉的特点。全息干涉测量的对象广泛,可测透明物体,也可测不透明物体,或表面散射、气流、水流等。

全息干涉可以分单次曝光(实时法)、二次曝光、多次曝光、连续曝光(时间平均法)、非线性记录和多波长法等。此外,在普通干涉中常用的多束光干涉、波前错位干涉等都能用于全息干涉测量。下面以二次曝光法和单次曝光法为例作具体说明。

(1) 二次曝光法是将初始的物光波面与变化以后的物光波面进行比较。记录时在同一张底片分别作两次曝光:一次是记录初始物光波(物变化以前的波面)的全息图;另一次是记录变化以后的物光波(相当于被测试的波面)的全息图。两次曝光后的全息底片经显影、定影后,用照明光波再现时,就会出现反映物体变化前后的两个波面,它们之间的干涉条纹就反映了物体的变化,如物体的变形等。再利用光波的干涉理论,就可以计算出物体的形变大小和方向。

(2) 单次曝光法是先记录一张标准波面(即物体的初始光波面)的全息图。全息底片经显影、定影后,再准确放回拍照时的位置;然后用被测试的物光波和参考光波同时照明此全息图,使直接透过全息底片的被测试物光波面和再现的标准波面相干涉。这时可以根据干涉条纹实时地观察物体的变化,所以这种方法也叫做实时法。

现在,利用高分辨率摄像器件代替全息底片,实时地记录干涉条纹,再用先进的图像处理技术迅速地对它进行处理,就可以构成一台在现场进行无损检测的全息干涉测量系统。

2. 彩色全息

彩色全息是可再现原物体色彩的全息术。它的基本原理如下:在一张全息底片(或其他全息记录介质)上记录三个(或更多个)独立的全息图,其中每一个图分别用不同颜色的光(一般用三基色)记录。再现时用此三色光照明就能获得原物的彩色全息像。此彩色全息像是由三个独立的基色像叠加而成的,这和一般的彩色印刷的原理一样。

和普通全息一样,彩色全息也有反射彩色全息和透射彩色全息之分。图12-72所示为一种记录三色全息图的光路。这是一种记录彩虹全息的光路,它利用彩虹全息技术产生真彩色的全息图,和普通记录全息图光路的差别仅在于现在是用三个波长(相应于三基色)的光进行记录,而且要用一个狭缝S_1,以限制物光的直径。物镜L_2把被拍摄物体O_1成像在全息底片附近。狭缝S_1(宽度为1mm~2mm)放在O_1和L_2之间,S是S_1的像。参考光用平行光束,以使全息底片上各点空间频率相近。拍摄时,要控制三种波长光强的曝光量,按红、绿、蓝的顺序分别进行曝光,并且要用全色的全息底片。三种波长的光,可用氩离子激光器的蓝色和绿色(波长分别为0.488μm和0.514μm)激光以及氦氖激光器的红色(波长为0.633μm)激光,这三束光的每一束都分成物光(用于照明被照射物体)和参考光,它们在底片上形成三种颜色的全息图。显影后的全息图用白光照明时,眼睛在狭缝像S的开孔处观察,可看见明亮的真彩色的原物的像。但是,这种方法制作的彩色图的最大缺点是视场受成像透镜的限制。

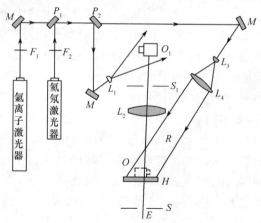

图12-72 彩色全息记录装置简图

利用反射全息图对波长的灵敏性,也可以产生物体的真彩色像。方法是用三种波长的光记录,而用白光照明再现,记录光路同单色光的情况一样。这种方法有两个缺点:一是全息照片经过防缩处理(防止乳胶膜收缩)才能得到真彩色;二是反射振幅全息图的衍射效率低。

3. 全息防伪

全息防伪是利用全息像制成防伪商标的技术。作为防伪商标需要大量复制,而大量复制全息像是一个难度较大的技术,难以仿造。全息图的复制比普通相片的复制要复杂得多。难点在于全息图是由许多极其细密的干涉条纹构成的,这些条纹的间距可能达到1000线对/mm的量级,即使用成像质量极高的复制透镜,也不可能对这样精细的结构成像,所以要采用其他方法。一般可采用再现复制或接触复制的方法,但是这两种复制方法都不适用于制作防伪商标。

适用于大批量复制的是浮雕型相位全息图的压模方法。相位全息图是指全息图的透射系数只改变相位而不改变振幅。相位全息图有两种类型：一种是记录介质(如胶)的厚度改变，折射率不变，称为表面浮雕型；另一种是厚度不变，折射率改变，称为折射率型。前者易于复制，目前已得到广泛应用。用压模方法大量复制浮雕型相位全息图的工艺过程大致如下：

(1) 制作相位全息图。通常是把相位全息图记录在正性的光致抗蚀剂上，而光致抗蚀剂薄层则是涂布在合适的衬底材料上，用通常记录全息图的方法曝光。为了和光致抗蚀剂的光谱灵敏度相匹配，必然使用适合于紫外区工作的短波长激光器。曝光后，光致抗蚀剂用腐蚀液进行显影。曝光量大的地方被腐蚀掉，曝光量小的区域留下了起伏的表面，其结果就是形成与曝光全息条纹结构一致的高分辨率浮雕相位全息图。

(2) 制作相位全息图模板。可以直接将第一步获得的光致抗蚀剂的原始全息图硬化，制作成全息图的复制品。但是，如果要制作大量的复制品，则应该对上述原始的光致抗蚀剂制成的全息图，经化学镀膜、电镀沉积出一个镍的浮雕相位全息图的母板。这类似于制作镍的唱片母板的电沉积的方法。

(3) 复制浮雕型相位全息图。用乙烯树脂等材料，以上述的镍母板为模子，在镍母板上加热模压出透明的乙烯树脂复制片；或者热压成多层转印膜，直接印到纸介质上。这时必须仔细控制温度和压力，以保证复制全息图的质量。这是全息防伪制作的全过程。由于乙烯树脂材料十分便宜，因此用一个镍母板即可大量复制。显然用这种方法制作的是一种反射型相位全息图，这是全息技术的主要应用之一。

12.9 傅里叶光学

12.9.1 概述

傅里叶光学是近代光学中的一个重要分支，它是用傅里叶变换这一数学工具，研究光的衍射问题。其主要内容涉及光波的复数表达、光学透镜的傅里叶变换性质、光学系统(透镜组)的傅里叶变换性质、光学滤波、光学信息处理等。

由于光波空间频率概念及其表达式的引入，以及和傅里叶变换这一数学工具的结合，产生了傅里叶光学的基础：任一光波均可分解成许多沿着空间为 z 轴传播的平面波的组合，每一平面波成分和一组空间频率值 f_x、f_y 对应，其传播方向则为 $\cos\alpha = \lambda f_x$ 和 $\cos\beta = \lambda f_y$，$\cos\alpha$ 和 $\cos\beta$ 为此平面波的波矢 k 的方向余弦，λ 为光波波长。

傅里叶光学已得到广泛应用，其典型应用有光信息处理、光计算、光学全息、光学系统像质评价(光学传递函数)、光学图像处理等。本节将介绍傅里叶光学基础：透镜和透镜系统的傅里叶变换性质。

12.9.2 薄透镜的傅里叶变换性质

由前面夫琅和费衍射积分公式可知，夫琅和费衍射场的光场复振幅分布，反映了某一平面光场复振幅的傅里叶变换。亦即通过傅里叶变换计算，可由物光场的复振幅得到衍射场的复振幅分布。在实验上，可用一正透镜来实现这种变换。这是光学模拟计算的基础，也是相干光信息处理的基础。正透镜的这一特殊性，来源于它能改变光波相位的空间分布，也就是它能对透过它的光波进行相位的空间调制。

1. 透镜的相位调制作用

光波通过透镜的过程如图 12 – 73（a）所示。从几何光学的观点看，平行光通过正透镜后，光线发生偏折，其规律为

$$\frac{1}{f} = (n-1)\left(\frac{1}{R_1} - \frac{1}{R_2}\right) \tag{12-95}$$

式中：f 为透镜焦距；n 为折射率；R_1、R_2 分别为前后两表面的曲率半径（按几何光学的符号规则，R_2 取"$-$"号）。而从物理光学的观点看，则是透镜改变了波面的形状，原因是透镜各处厚度不一，光波通过时有不同的光程和相位，致使平面波变成会聚的球面波。所谓波面变形，也就是光波复振幅的空间分布发生了变化。设入射和出射光波复振幅分别为 $\tilde{U}_1$、$\tilde{U}_2$，则透镜的复振幅透过率定义为

$$t_1(x,y) = \frac{\tilde{U}_2(x,y)}{\tilde{U}_1(x,y)} \tag{12-96}$$

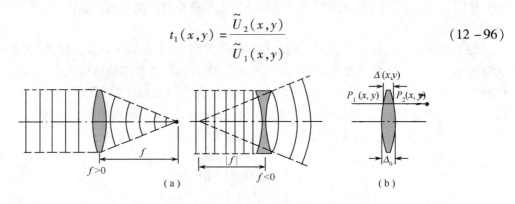

图 12 – 73　透镜对光波的作用示意图

下面推导 $t_1(x,y)$ 的具体表达式，现假设：透镜是薄透镜，即忽略透镜中光线的偏折；透镜无吸收。在图 12 – 73（b）中，入射点 P_1 和出射点 P_2 有相同的坐标 (x,y)。设 $\Delta(x,y)$ 为 P_1 和 P_2 间透镜的厚度，Δ_0 为透镜中心厚度，则有

$$t_1(x,y) = \exp\{ik[\Delta_0 + (n-1)\Delta(x,y)]\} \tag{12-97}$$

式中：设方括号内的 $\Delta_0 + (n-1)\Delta(x,y)$ 为 L，$L = n\Delta + (\Delta_0 - \Delta)$，为 P_1、P_2 两点间的光程。进一步求出厚度函数 $\Delta(x,y)$ 后即可给出 $t_1(x,y)$ 的具体表达式为

$$t_1(x,y) = \exp[ikn\Delta_0]\exp\left[-\frac{ik}{2f}(x^2+y^2)\right] \tag{12-98}$$

式中：f 是透镜焦距。由此可见，透镜的作用是改变入射光波的相位。一般情况下不计算常量相位因子 $kn\Delta_0$，而把上式写成

$$t_1(x,y) = \exp\left[-\frac{ik}{2f}(x^2+y^2)\right] \tag{12-99}$$

这一结果适用于各种形式的薄透镜。只是注意：对于正透镜，$f>0$；而对于负透镜，$f<0$。

2. 透镜的光学傅里叶变换

利用薄透镜对光波相位的调制作用可以进行光学傅里叶变换，下面以物在透镜前焦平面上的情况为例进行分析。在图 12 – 74 所示的光学系统中，在点光源 S 和正透镜 L 之间插入一透光片（物），其透过率为 $t(x,y)$。利用衍射积分并通过一定的推导后，可得输出平面上的光场分布为

$$U_2(x_2,y_2) = C'\exp\left[\frac{\mathrm{i}k}{2}u(x_2^2+y_2^2)\right]T(f_x,f_y) \qquad (12-100)$$

式中

$$f_x = \frac{x_2}{\lambda\sigma}, f_y = \frac{y_2}{\lambda\sigma}$$

$$u = \frac{1}{d_2} - \frac{d_0 d_1}{(d_0-d_1)d_2^2} = \frac{(d_0-f)(f-d_1)}{(d_0-d_1)f^2}$$

$$\sigma = \frac{(d_0-d_1)d_2}{d_0} = \frac{(d_0-d_1)}{d_0-f}f$$

$$T(f_x,f_y) = \iint t(x_1,y_1)\exp\{-\mathrm{i}2\pi(x_1 f_x + y_1 f_y)\}\mathrm{d}x_1\mathrm{d}y_1 \qquad (12-101)$$

上式说明,$T(f_x,f_y)$ 是物 $t(x_1,y_1)$ 的傅里叶变换,即在点光源像平面上的光场复振幅分布,是物振幅透过率 $t(x_1,y_1)$ 的夫琅和费衍射。或者说,除一个相位因子外,是 $t(x_1,y_1)$ 的傅里叶变换。它也说明利用透镜可进行傅里叶变换的模拟计算。显然,当物在透镜前焦平面,且用平行光照射时,在透镜后焦平面上可得物 $t(x,y)$ 的准确傅里叶变换。

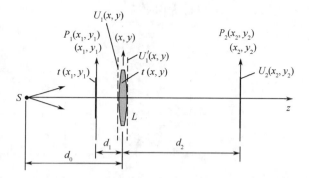

图 12-74 物在透镜前的光学傅里叶变换

当物在透镜之后时,分析方法相似,所得结果也雷同。

3. 薄透镜傅里叶变换的结论

(1) 相干光照明时,点光源的像平面上是物的傅里叶变换,不论物放在透镜前或放在透镜后均如此。

(2) 光源、物、透镜的相对位置改变时,可改变空间谱的尺寸。

(3) 用平行光照明,如果物在透镜前焦平面上,则在透镜后焦平面上可得到物的严格的傅里叶变换。

模拟光学信息处理是把光信号以连续函数的形式进行处理,它包括光学傅里叶变换、相干光处理、散斑图像处理等方面的内容,以及相关卷积运算和矩阵运算等。下面用几个典型例子来说明光学模拟信息处理的内容。

12.9.3 光学傅里叶变换

如前所述,光学傅里叶变换是用光学方法完成数学上的傅里叶变换的运算。它是光信息处理、光计算等的基础,在电子技术中广泛利用傅里叶变换作为信号频谱分析的有力工具。光学中也存在许多满足傅里叶变换的规律,这些规律概括如下:

(1) 任何一个光波(如通过透明图片的光波)都可以看成是一系列平行光的叠加,并且一般情况下,这些平行光的振幅、相位和传播方向各不相同。但是,在这些平行光和原光波之间满足傅里叶变换,这是一种空间傅里叶变换关系。而这些不同方向的平行光,则称为原光波的空间谱。

(2) 平行光经过理想透镜后,将在透镜的后焦平面上会聚成一点,它在焦平面上的位置与入射方向形成对应的关系。不同方向的平行光落在后焦平面上的不同位置,后焦平面上的光波恰好是前焦平面上光波的傅里叶变换。

(3) 在一定条件下,障碍物处的光场分布和通过障碍物后衍射的光场分布之间,满足傅里叶变换的关系。

可见,基于上述规律,一方面可以通过傅里叶变换计算衍射场的分布,另一方面又可以用光学方法来完成一系列的数学运算。

在图 12-75 所示的实验中,透明图片 O 是一个光栅,也就是一个黑白相间的一系列等间距的条纹。点光源 S 经透镜 L_1 成平行光,平行光通过此光栅后将发生衍射,衍射光再通过透镜 L_2 后在焦平面 F_1 处会聚成几个光点(如图 12-75 (b) 所示,光点成一行,且中心点大,两边光点逐渐变小)。这就是光栅的衍射谱,即光栅处光波的空间谱分布,它们满足傅里叶变换的关系,因此 F_1 平面也称为谱平面。

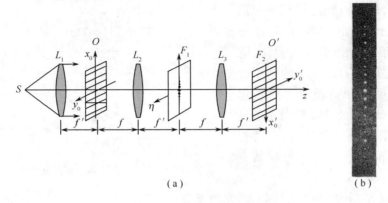

图 12-75　光学傅里叶变换原理图

如果在谱平面之后再放一块同样的薄透镜,谱平面在 L_3 的前焦面上,那么在 L_3 的后焦平面上就会形成一个光栅 O 的像 O'。O 和 O' 是物像的关系,像 O' 和物 O 完全一样,但是这个像 O' 不是直接成的像,而是由谱平面 F_1 上几个不同级次的衍射光(即点光源衍射图样)相互叠加而成的干涉条纹。这个实验表示了空间频谱的概念和二次衍射成像的过程及理论,此理论即为阿贝(Abbe)成像理论。

还可以看另一个相关的实验——阿贝-波特(Abbe-Porter)实验。其实验装置同上,但其中物 O 是一个方格网状物。这时在谱平面 F_1 处将出现会聚成纵横均匀排列的一系列光点(也是中心点大,周边光点逐渐变小),再经透镜 L_3 在后焦平面上形成物 O 的像,如图 12-76 (a) 所示。

这时,如果在谱平面 F_1 处加一个挡光板(可称为滤波器),那么用不同的滤波器,将在 F_2 平面上得到不同的谱像。例如放一个狭缝,只让中间的一行衍射光点通过,挡掉其余的衍射光,则此时在 F_2 平面上出现的像将是直条网。当狭缝水平放置时,得到的是垂直的直条网,如图 12-76 (b) 所示;而当狭缝垂直放置时,得到的是水平的直条网。如果如图 12-76 (c) 所示放一个大圆孔,让中心处的部分衍射光点通过,则此时在像面上看到的是一个模糊的方格网的像。但如果放的是一个小孔,小孔只让中心衍射光通过,挡掉所有其余方向的衍射光,此时在 F_2 平面上就只有一片亮,而看不见方格网的像,如图 12-76 (d) 所示。由阿贝-波特实验可知,在物体 O 的谱平面 F_1 处进行处理后可以改变物体的光场分布,这就是光学傅里叶变换最基本的性质之一,即光学滤波。

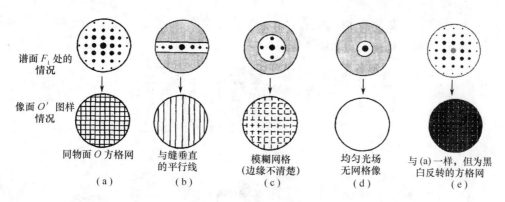

图 12-76 阿贝-波特实验

利用光学傅里叶变换的这个性质以及一些其他性质,已发展出目前广为应用的光信息处理、光计算等一系列新的光学技术。例如用光学滤波的方法进行图像处理,可以把黑白照片变成彩色照片,可以使拍摄时由于大气扰动等原因变模糊的照片变得清晰,也可以用来定量地检查光学镜头成像的好坏(这是目前最先进的检查光学镜头的方法——光学传递函数)等。

12.9.4 光信息处理及其应用

相干光信号处理是利用相干光对信号进行处理的一种技术。处理的内容包括光学图像识别、图像相加、图像相减、图像边缘增强、图像消模糊等。进行这些处理时,利用的技术有光全息技术、光学傅里叶变换技术、光学相关技术等。光信号处理的优点是可同时进行二维处理,即对平面图像进行处理。缺点是难以进行实时图像处理,其困难主要是难以获得分辨率高、响应速度快的光处理器。

图 12-77 是一个典型的光学傅里叶变换系统。利用这一系统可以进行一种典型的图像处理,即改变图形各部分的黑白对比度,甚至把黑白图片变成彩色图片。如图 12-78(a)所示,将一个待处理的图像(房屋)分割成 4 个部分,每个部分的图像用不同取向的光栅取代,图 12-78(b)所示 4 个光栅的方向取向各相差 45°。于是,此图像 4 个部分振幅的大小,被分成由 4 个不同取向的光栅进行调制的 4 个单元。这时把由光栅调制后的图像放在图 12-77 中 O 的位置,再用相干的平行光照明此图像,在 L_2 的后焦平面 F_2 处就可获得此图像的傅里叶变换谱。其中,图 12-78(c)表示在 F_2 处的谱平面,经 L_3 后在其后焦平面 F_3 上再恢复其原来的图像。

如果在 F_2 处放一个振幅滤波器(图 12-78(g)),对此可进行光学滤波。其作用是挡住取向为 45°的谱,则在 F_3 处得到的就是房屋顶和墙面为全黑的图像,如图 12-78(d)所示;如改用取向为 0°和 90°的滤波器(图 12-78(f)),则如图 12-78(e)所示,在 F_3 处得到的就是背景和窗的图像。如果振幅滤波器改为部分透光,则 F_3 处所得的像其相应部分的光强也将按比例改变。

可见,用这种方法可根据需要改变一幅图像某一部分的黑白对比度,进一步,用多色光照明还可以实现空间二维的彩色编码。这时在傅里叶谱面 F_2 处,不同波长的谱和光学系统光轴的夹角不同。由于光栅的衍射作用,波长短的夹角小,波长长的夹角大,因而在谱 F_2 处不同波长的光将依次排开。这时,如果把 F_2 处的滤波器改用开孔的形式,孔的方位相应于光栅的取向 θ 角(即图像的不同部位),孔距坐标中心 O(即光学系统的轴点)的距离则相应于透射光的波长。例如,$\theta = 0°$(相应于水平光栅)的孔让蓝光通过,$\theta = 135°$(相应于斜光栅)的孔让红光通过,最后在像几处将获得一幅彩色像,背景为蓝色,屋顶为红色。这种取向角 θ 调制技术,可用于彩色胶片的存储和用黑白胶片翻拍成彩色图像。

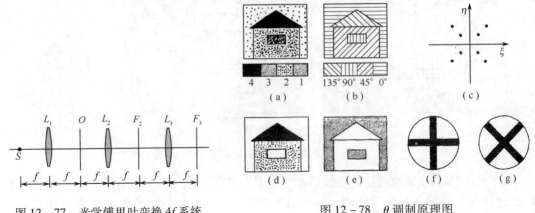

图 12-77　光学傅里叶变换 4f 系统　　　　图 12-78　θ 调制原理图

12.10　二元光学

12.10.1　概述

二元光学是微光学中的一个重要分支。微光学是研究微米、纳米级尺寸的光学元器件的设计、制作工艺,以及利用这类元器件实现光波的发射、传输、变换及接收的理论和技术的新学科。微光学发展的两个主要分支是:基于折射原理的梯度折射率光学;基于衍射原理的二元光学。二者在器件性能、工艺制作等方面各具特色,此处作为衍射光学的新发展只介绍后者。

光学是一门古老的科学,20 世纪 60 年代激光的出现,促进了光学技术的飞速发展。但是目前使用的仍是基于折反射原理的传统光学元(器)件,如透镜、棱镜等,这些元器件大都是以机械的铣磨、抛光等工艺制作而成的,其缺点是工艺复杂,元件尺寸和质量大。在当前仪器走向光、机、电集成化和微型化的趋势中,它们已显得极不匹配相称。因此研制小型、高效、阵列化光学元件,已是光学领域刻不容缓的任务。二元光学就是为了适应这种需要而发展起来的光学中的一个新分支。目前,"二元光学"这一名词有两种含义:一是指学科,二是指(用二元光学理论构成的)器件。为免混淆,对于后者,我们用"二元光学器件"(或元件)一词。

关于二元光学概念的准确定义,至今光学界尚无统一看法。但普遍认为,二元光学是指基于光波的衍射理论,利用计算机辅助设计,并用超大规模集成(VLSI)电路制作工艺,在片基上(或传统光学器件表面)刻蚀产生两个或多个台阶深度的浮雕结构,形成纯相位、同轴再现、具有极高衍射效率的一类衍射光学元件。二元光学是光学与微电子学相互渗透与交叉的前沿学科。实际上二元光学元件是一种复杂的波带片,是一种特殊设计的微相位光栅,故二元光学元件又称为衍射光学元件。二元光学不仅在变革常规光学元件、传统光学技术上具有创新意义,而且能够实现许多传统光学难以达到的目的和功能。二元光学元件源于全息光学元件,特别是计算全息元件。可以认为相息图(Kinoform)就是早期的二元光学元件。但是全息元件效率低,且需离轴再现。相息图虽可同轴再现,但工艺问题长期未能解决,因此进展缓慢,致使使用受限。二元光学技术则同时解决了衍射元件的效率和加工问题,它是多阶相位、近似相息图的连续浮雕结构。

图 12-79 表示了一个普通的折射透镜演变成为两种二元光学元件的过程,一种是 2π 模的连续浮雕结构表面的衍射透镜,另一种是多阶浮雕结构表面的衍射透镜。由此可以看到,二元光学元件类似波带片作用原理,即改造光波的波阵面以改变相位。以一个波长 λ 为间隔来分割透镜的球面,改变了透镜的厚度,这样相邻的波带均透光,但改变了相位差

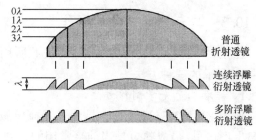

图 12-79 折射透镜和衍射透镜的比较

2π。在每一个波带内采取多阶结构,以获得更接近连续相位的改变,提高衍射的效率。

12.10.2 二元光学的特点

二元光学发展迅速的原因是它除具有体积小、质量小、容易复制等显而易见的优点外,还具有如下许多独特的功能和性质。

1. 衍射效率高

二元光学元件是一种纯相位衍射光学元件,因此可利用相位阶数的多少来控制衍射效率。一般使用 N 块模版可得到 $L(=2^N)$ 个相位阶数,其衍射效率为

$$\eta = |\sin(\pi/L)/(\pi/L)|^2$$

由此计算,当 $L=2$、4、8 和 16 时,分别有 $\eta=40.5\%$、81%、94.9 和 98.6%。如果利用亚波长微结构及连续相位面形,则可达到接近 100% 的效率。

2. 设计自由度大

在传统的折射光学系统或镜头设计中,只能通过改变曲面的曲率或使用不同的光学材料来校正像差,而在二元光学元件中,则可通过波带片的位置、槽宽与槽深及槽形结构的改变来产生任意波面。因此大大增加了设计的变量,从而能设计出许多传统光学所不具有的全新功能。这是对光学设计的一次新变革。

3. 色散性能好

二元光学元件多在单色光下使用,但对于多色光,它具有不同于常规光学元件的色散特殊性,故可在折射光学系统中同时校正球差与色差,构成混合光学系统。先以常规折射元件的曲面提供大部分的聚焦功能,再利用表面上的浮雕相位波带结构来校正像差。这一方法已用于新的非球面设计和温度补偿等技术中。

4. 材料可选性大

二元光学元件是将二元浮雕面形转移至玻璃、电介质或金属基底上,所以可选择使用材料的范围大。此外,在光电系统材料的选取中,一些红外材料(如 ZnSe 和 Si 等),由于它们有一些不理想的光学特性,故经常被限制使用。而二元光学技术则可利用它们在相当宽广的波段上做到消色差,而且,在远紫外波段的应用中,能够使得有用的光学成像波段展宽 1000 倍。

5. 光学功能多

利用二元光学元件可获得一般传统光学元件所不能实现的光学波面,如非球面、环状面、锥面等,并可通过集成工艺制作而构成微型多功能元件。如果使用亚波长结构,则还可得到宽带、大视场、消反射和偏振等特性。

12.10.3 二元光学器件的制作

二元光学器件的制作方法很多,按照所用掩模版及加工表面浮雕结构的特点,可分成图 12-80 所示的三种方法。

1. 标准二元光学制作方法

如图 12-80(a)所示,它是由二元掩模版经多次图形转印、套刻,形成台阶式浮雕表面。这是发展最早、最成熟也是当前最常用的一种方法。

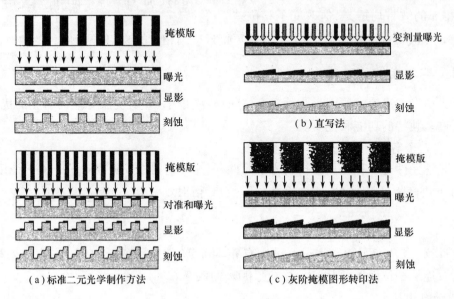

图 12-80 二元光学器件的三种加工方法

2. 直写法

如图 12-80(b)所示,无需掩模版,仅通过改变曝光强度,直接在器件表面形成连续浮雕轮廓。这是一种新兴的二元光学器件加工方法(主要是激光束直写和电子束直写),具有制作连续表面结构的功能。

3. 灰阶掩模图形转印法

如图 12-80(c)所示,所用掩模版透射率分布是多层次的,经一次图形转印,即形成连续或台阶表面结构。这是目前正在探索的一种尚不成熟的方法,具有成本低、周期短、方法简便等优点,但有待于提高加工精度。

12.10.4 二元光学的应用

二元光学透镜和有关器件是微光学系统中的重要器件,下面介绍其主要应用。

1. 成像系统校正色差

二元光学透镜可用于成像。它和折射透镜的主要差别之一是色散特性。二元光学透镜用作正透镜(聚光透镜)时,红光(长波长)比蓝光(短波长)偏折大,这正好和折射透镜相反(折射透镜的红光比蓝光偏折小)。因此两者结合,即可构成一组消色差透镜,如图 12-81 所示。这种消色差透镜的优点是质量小,体积小,消色差性能好(由于二元光学透镜的色散特性与制作透镜的材料无关)。

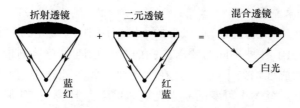

图 12-81 折衍透镜的聚光特性

图 12-82 为传统的目镜(图(a))和折衍混合目镜(图(b))结构比较的示意图,显然前者远比后者复杂。其原因是目镜既要能获得较大的视场角和合适的出瞳位置(即观察者眼睛的位置 Q),又要有较好的消色差效应,致使目镜结构复杂。而由于透镜数目增加,折射面弯曲严重,又加大了单色像差。

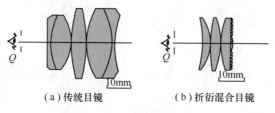

图 12-82 目镜结构示意图

然而,用衍射透镜消色差,可大大减小折射透镜的折射面弯曲。此外,衍射透镜不仅本身不产生场曲,而且可以校正折射透镜的大视场畸变。

图 12-83(a)是传统目镜的各种像差曲线,图 12-83(b)是折衍混合目镜的像差曲线。由两种目镜像差曲线的比较可见,折衍混合目镜的像差有很大的改善。

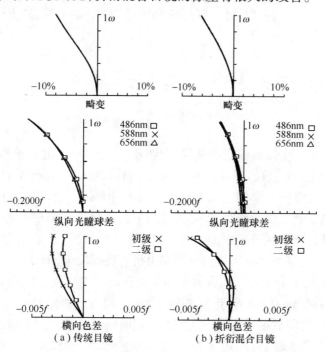

图 12-83 像差曲线比较

2. 波面校正与光束整形

由于激光束波面结构的特殊性,在激光的不同应用中,对激光的波面、光强分布、模式及光斑的形状与大小等提出了各种不同的要求。例如在光互连和光学测量中,要求激光束的振幅和相位为均匀分布(构成准均匀平面波)。在激光加工和热处理中,为高效率地实现一次成型加工,需使用形状各异甚至大小可变的激光光斑(如矩形、环形、长条形等)。在惯性约束核聚变等强激光应用中,则要求聚焦后的微小的激光光斑的不均匀性小于5%。所有这些不同的要求,均可用衍射透镜得到满足。其具体做法是由已知的入射波面和所要求的出射波面的参数,利用衍射理论,设计计算所需衍射透镜结构。图12-84是此过程的示意图。

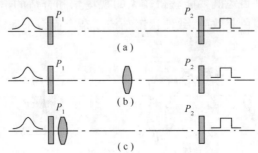

图12-84 衍射透镜对波面的校正作用

3. 光束准直

半导体激光器具有体积小、价格低、使用方便等特点,广泛应用于光纤通信、光纤传感、精密测量、光存储等领域。但由于半导体激光器的结构特点,它所发出的光束是非圆对称,因此极不利于准直。然而一般的折射透镜都是圆对称的,用于半导体激光器准直的缺点是光束质量差,光能利用率低。如果用衍射透镜,则可较好地满足准直的要求,其方法和波面校正相同,可采用非圆对称结构的衍射透镜。

12.11 近场光学

12.11.1 概述

近场光学是光学中一个新兴的研究领域,它涉及量子光学、导波光学和微观物理学等多个学科,是近场光学扫描显微镜(Scanning Near-field Optical Microscopy,SNOM)的基础。SNOM的特点是横向分辨率已突破光学衍射极限,达10mm~100nm。在技术应用上,SNOM为单分子探测、生物结构、纳米微结构的研究、半导体缺陷分析及量子结构研究等多个领域提供了一种有力的工具。近场光学是在研究SNOM的过程中逐渐形成的。

由衍射理论知道,传统光学显微镜的分辨率由衍射极限决定,即$\Delta x \geq 0.61\lambda/n\sin\theta$,式中$\lambda$是照明光波长,$n$和$\theta$分别为物方空间折射率和半角孔径。1928年,赛格(U. H. Synge)提出了突破这一衍射极限的设想:用一个小于半波长的微探测器,在物体表面上进行扫描,即可获得亚微米波长的分辨率,此即近场探测原理。但由于当时的工艺条件无法解决小孔的制作、小孔的精确定位和扫描等技术问题,因而未能予以实现。1972年E. A. Ash用此方法在微波段($\lambda = 3cm$)实现了$\lambda/6(0.5cm)$的分辨率。而SNOM直到1982年,才由D. W. Pohl在技术上予以实现,当时的分辨率据称为25nm($\lambda/20$)。此后SNOM引起人们的极大关注,由于一些技术问题的解决,大大促进了 SNOM 的发展,从 1992 年开始已有讨论近场光学(Near-field Optics)的专题国际学术会议。

12.11.2 近场光学原理

近场探测的原理如图 12-85 所示。当一个孔径为亚微米的微小光源(称为光学探针)在近场范围内照明物体时,照明光斑的面积只和孔径大小有关,而与波长无关。这时在反射光或透射光中,将携带物体亚微米波长尺度结构的信息;再通过扫描采集样品各点的光信号,即可得到分辨率小于半波长的样品的近场图像。由此,近场光学讨论的对象是对微小光源发出的光场,并且是在微区进行探测。

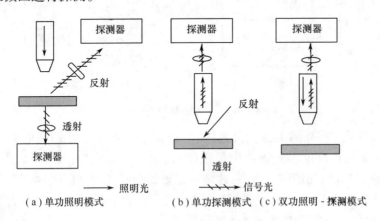

图 12-85 近场探测原理示意图

对这一类物体,在理论上目前使用的方法主要如下:

(1) 在上述特定条件下,求解界面处隐失场(或倏逝场)的分布。首先求电场和磁场,再求总的能量密度。此法的优点是便于通过计算机的数值处理,获得扫描界面处和界面附近的电磁场分布。

(2) 利用惠更斯原理给出的衍射积分。实际上,这个齐次波方程只有在德拜-沃耳夫积分在电介质表面可积的条件下才能求解。

(3) 求解亥姆霍兹方程。这时在照明高斯光束通过界面会聚时,要应用洛仑兹标准条件。上述后两种方法由于涉及复杂的边界积分,不易于用计算机进行数据处理。

近年来研究结果表明:在 SNOM 中遇到的一些理论问题,主要是近场范围内的一些局域特性,用传统光学理论已无法解释。主要是两类问题:

(1) 近场性质的理论探讨。这是有关光学的基本问题,而近场问题在传统光学中常因近似条件而被忽略。事实上,当光照射到一物体时,在物体近场范围(小于一个波长)已包含了辐射(可传到远场)和非辐射(如隐失场)两种成分。对于前者,传统光学已有很好的研究,但对于后者,则存在大量问题有待研究。诸如物体近场的非辐射场中隐含了物体的哪些特征信息,亚波长局域范围内电磁波有什么特性,传统的光学原理及其理论对此的适用性如何,等等。

(2) 光学探针针尖与样品的相互作用。这涉及对一个多体物体进行分析的过程,具体分析时将遇到数学上的困难。目前可以肯定的是,SNOM 光信号强度及分辨率的大小,均与针尖与样品的相互作用有关,但理论上还很难解释 SNOM 中何以获得高分辨率。

12.11.3 近场光学应用举例

SNOM 是近场光学的典型应用实例。SNOM 的工作原理如图 12-86(a)所示,图 12-86(b)是 SNOM 的总体结构图,它包括光学探针 T、样品台 B、探针扫描控制器 C(包括 T~B 间距控制)、光输入系统 L 和信号采集系统 D 五部分。

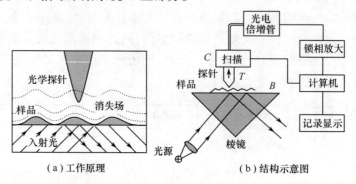

图 12-86 SNOM 总体结构示意图

光学探针(光针)T 是 SNOM 的关键元件,其质量决定了 SNOM 系统图像的分辨率和信噪比。光学探针 T 用作亚波长尺度小光源或信号接收器,由此要求它"小而亮"。因为探针孔径越小,SNOM 分辨率就越高;而照明光越亮,才能有足够的信噪比。实际上这两者往往是矛盾的,所以要视用途作全面考虑。目前,光学探针最常用的是微型光纤探针,主要为光导、连接和光针三部分。为增大光输出,可在针尖外围镀金属膜。

现在 SNOM 和多种光谱技术结合,正成为一种探测介质微观结构特性的有力工具,它的主要应用前景为单分子观测、生物结构的荧光观测、对量子结构的荧光谱进行诊断等。

习 题

12-1 波长为 600nm 的平行光垂直照在宽度为 0.03mm 的单缝上,以焦距为 100cm 的会聚透镜将衍射光聚焦于焦平面上进行观察,求:

(1) 单缝衍射中央亮纹的半宽度;

(2) 第一亮纹和第二亮纹到衍射场中心的距离。

12-2 求矩孔夫琅和费衍射图样中,沿图样对角线方向第一个次级大值和第二个次级大值相对于图样中心的强度。

12-3 在双缝的夫琅和费衍射实验中,所用光波的波长为 632.8nm,透镜的焦距为 80cm,观察到两相邻亮条纹之间的距离为 2.5mm,并且第 5 级缺级,试求:

(1) 双缝的缝宽与缝距;

(2) 第 1、2、3 级亮纹的相对强度。

12-4 平行白光射到在两条平行的窄缝上,两缝相距为 2mm,用一个焦距为 1.5m 的透镜将双缝衍射条纹聚焦在屏幕上。在屏幕上距中央白条纹 3mm 处开一个小孔,在该处检查所透过的光,问在可见光区(390nm~780nm)将缺少哪些波长?

12-5 推导出单色光正入射时,光栅产生的谱线的半角宽度的表达式。如果光栅宽度为

15cm,每 1mm 内有 500 条缝,它产生的波长为 632.8nm 的单色光的一级和二级谱线的半角宽度是多少?

12-6 钠黄光包含 589.6nm 和 589nm 两种波长,问要在光栅的二级光谱中分辨开这两种波长的谱线,光栅至少应有多少条缝?

12-7 设计一块光栅,要求:
(1) 使波长为 600nm 的第二级谱线的衍射角小于等于 30°;
(2) 色散尽可能地大;
(3) 第 4 级谱线缺级;
(4) 对于波长为 600nm 的二级谱线能分辨 0.03nm 的波长差。
选定光栅的参数后,问在透镜的焦面上只能看见波长为 600nm 的几条谱线?

12-8 假设一束直径为 2mm 的氦氖激光(632.8nm)自地球发向月球,已知月球到地面的距离为 380000km,问在月球上接收到的光斑的大小?若此激光束扩束到 0.15m 再射向月球,月球上接收到光斑大小?

12-9 在正常条件下,人眼瞳孔直径约为 2.5mm,人眼最敏感的光波长为 550nm。则:
(1) 人眼最小分辨角是多少?
(2) 要分辨开远处相距 0.6m 的两点光,人眼至少离光点多远?
(3) 讨论眼球内玻璃状液的折射率(1.336)对分辨率的影响。

12-10 一个使用汞绿灯波长为 546nm 的微缩制版照相物镜的相对孔径为 1/4,问用分辨率为每 1mm 400 条线的底片来记录物镜的像是否合适?

12-11 一台显微镜的数值孔径为 0.86:
(1) 试求它的最小分辨距离;
(2) 利用油浸物镜使数值孔径增大到 1.6,利用紫色滤光片使波长减小到 420nm,问它的分辨本领提高多少?
(3) 为利用(2)中获得的分辨本领,显微镜的放大率应设计为多少?

第 13 章　光在晶体中的传播

本章将首先讨论光在各向异性晶体中的传播现象和规律,介绍几种晶体光学器件,然后着重研究光通过一些晶体光学器件后偏振态和强度的改变,最后介绍一些光在各向异性介质中的效应和偏振态及其变换的矩阵描述。

原子(离子或分子)呈空间周期性排列的固体称为晶体。某些天然晶体,如方解石、石英等,呈规则的多面体外形。这种整体上保持空间有序结构的晶体称为单晶体。除立方晶系以外,一般单晶体均具有空间各向异性。另一类晶体是由大量单晶体或晶粒无规则排列而组成的,它们称为多晶体,这种无规则排列的空间平均效应将使得多晶体在整体上呈空间各向同性。以下除非特别说明,所谓晶体皆指单晶体。

方解石和石英是两种常用的光学晶体。方解石又叫冰洲石,它的化学成分是碳酸钙($CaCO_3$)。方解石样品容易裂开,形成的光滑表面称为解理面。解理面是依赖于原子排列的,如果切割方解石时使得每个表面都是解理面,则方解石的外形就和它的原子的基本排列联系起来,这种标本叫做解理形式。方解石的解理形式是斜六面体,如图 13-1(a)所示,每个面都是平行四边形,各面的锐角为 78°5′,钝角为 101°55′,斜六面体有八个顶点,其中两个彼此相对的顶点 A、B 是由三个钝角面会合而成的。石英又叫水晶,它的化学成分是二氧化硅(SiO_2),它的解理形式如图 13-1(b)所示,它有两个尖端,其端点记为 A、B。

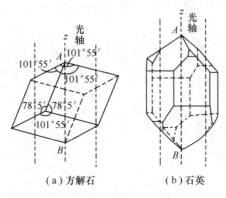

(a)方解石　　(b)石英

图 13-1　方解石和石英的解理形式

13.1　平面光波在晶体中的传播特性

13.1.1　晶体双折射

1. 双折射现象

让一束光由空气射到各向异性晶体表面,一般情况下,在晶体内将产生两束折射光,这种现象称为双折射。此现象首先由巴托莱那斯(E. Bartholinus)于 1669 年在方解石晶体中发现。

将一块方解石晶体放在一张字母表上,则可以通过它看到每个字母的双像。除方解石外,其他许多透明晶体(如石英、云母、冰)也会产生双折射,但属于立方晶系的晶体(如岩盐)不产生双折射。

2. 基本定义与规律

1) o 光与 e 光

实验发现,同一束入射光在晶体内所产生的两束折射光中,其中一束光遵从折射定律,而另一束光一般情况下并不遵从折射定律,即其折射线一般不在入射面内,并且当两种介质一定时,$\sin i_1 / \sin i_2$ 随入射角的改变而变化。按照巴托莱那斯的提议,前者称为寻常光(Ordinary Light),简称 o 光;后者称为非(寻)常光(Extraordinary Light),简称 e 光。让一激光束正入射方解石表面,可以发现 o 光沿原入射方向在方解石内传播,而 e 光一般地会偏离原入射方向;而且 e 光的传播方向不仅取决于入射光的方向,还与晶体的取向有关。以入射线为轴旋转方解石时,则在屏幕上看到 e 光的光点绕 o 光的光点旋转(图 13 - 2)。

2) 晶体光轴

晶体中存在一个特殊方向,沿此方向传播的光不发生双折射,这一特殊方向称为晶体的光轴。实验发现,沿方解石的两个顶点 A、B(图 13 - 1)的连线方向是方解石的光轴;沿石英的两个尖端 A、B 的连线方向是石英的光轴。注意,晶体光轴只表示晶体中的一个方向,并非指某

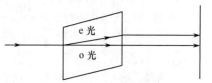

图 13 - 2　o 光和 e 光

一特定的直线,所以在晶体中平行于这个方向的任何直线都是晶体光轴。只有一个光轴的晶体称为单轴晶体,如方解石、石英、冰、红宝石、金红石等;有两个光轴的晶体称为双轴晶体,如云母、硫磺、石膏等。后面将以方解石和石英为代表讨论单轴晶体的双折射,并常以 zz' 标记晶体光轴方向。

3) 晶体主截面

包含晶体光轴并与晶体表面垂直的平面叫做晶体的主截面,它由晶体自身结构决定。方解石和石英的主截面如图 13 - 3 所示。

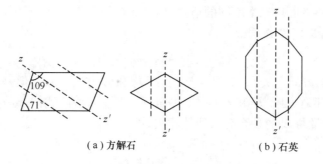

(a)方解石　　　　　　(b)石英

图 13 - 3　方解石和石英的主截面

4) o 光主平面和 e 光主平面

晶体中的 o 光线与晶体光轴构成的平面叫做 o 光主平面;e 光线与晶体光轴构成的平面叫做 e 光主平面。一般情况下,o 光主平面与 e 光主平面并不重合。但是理论与实验均表明,当入射线在晶体主截面内时,o 光主平面和 e 光主平面均与晶体主截面重合。实用中一般均取入射线在晶体主截面内,以使双折射现象的分析大为简化。

5) o 光与 e 光光矢量的振动方向

利用检偏器来观察,可发现 o 光和 e 光都是线偏振光,但它们的光矢量的振动方向各不相同。o 光光矢量的振动方向垂直于 o 光主平面,而 e 光光矢量的振动方向则在 e 光主平面内。自然光在方解石主截面内入射,o 光和 e 光的偏振态如图 13-4 所示。至于方解石中 o 光和 e 光的传播方向的确定,将在后面介绍。

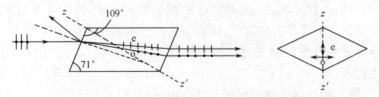

图 13-4　方解石主截面内 o 光和 e 光的偏振态

除上述各向异性晶体外,液晶亦有双折射性质。液晶乃是介于各向同性液体与晶体之间的一种过渡相态。1888 年奥地利植物学家赖尼策尔(F. Reinitzer)在胆甾醇苯酸酯中首先观察到,翌年,德国晶体学家勒曼(O. Lehman)将其命名为液晶。目前所知具有液晶相的材料都是长形分子或盘形分子有机化合物。液晶的特点是同时具有流动性和光学各向异性。光学中经常利用液晶的电光效应作为空间光调制器。后面还会介绍利用人工方法(外加应力、电场、磁场等)可以产生双折射效应。

13.1.2　平面光波在晶体中的传播特性

1. 晶体的介电张量

前几章讨论了光在各向同性介质中的传播。这一节要讨论光在各向异性介质中传播的问题。如 13.1.1 节所述,光学各向异性介质的典型代表是某些固态晶体,如方解石、石英晶体、红宝石等。由于双折射,一个光波在晶体中传播一般有两束折射光,其传播方向、偏振方向及传播速度各有不同。

与各向同性体的光学特性一样,分析晶体中光波的传输问题也是以麦克斯韦方程和物质方程为基础。其中唯一也是基本不同的地方是 D 和 E 的关系,问题的焦点是介质的介电系数 ε 发生了变化。在各向同性介质中

$$D = \varepsilon_0 \varepsilon_r E$$

介质的极化与电场的方向无关,ε_r 是个标量,所以 D 和 E 方向一致。但是对于各向异性介质,极化与电场的方向有关,因此 D 和 E 的方向一般不一致。这样,我们都需要考虑 D 和 E 的各个分量,D 的每个分量与 E 的各个分量线性相关,即

$$D_i = \sum_{j=1}^{3} \varepsilon_0 (\varepsilon_r)_{ij} E_j \tag{13-1}$$

式中:$(\varepsilon_r)_{ij}$ 组成一个二阶张量,称为介电张量。

为了简化标记,令

$$\varepsilon_{ij} = (\varepsilon_r)_{ij} \tag{13-2}$$

则式(13-1)可写成

$$D_i = \sum_{j=1}^{3} \varepsilon_0 \varepsilon_{ij} E_j \tag{13-3}$$

应用能量守恒原理于晶体内部所发生的电磁场过程时,可以证明介电张量是一个二阶对称张量,即 $\varepsilon_{ij} = \varepsilon_{ji}$。因此在张量的九个分量中,有六个独立分量;而在主轴坐标中,只有三个不为零的分量,其矩阵为

$$\begin{pmatrix} \varepsilon_1 & 0 & 0 \\ 0 & \varepsilon_2 & 0 \\ 0 & 0 & \varepsilon_3 \end{pmatrix}$$

当晶体具有对称性时,其介电张量的独立分量的数目还要减少。晶体中包含七个晶系,在主轴坐标系中按介电张量形式可分为三类晶族:各向同性介质——立方晶系(如氯化钠晶体等);单轴晶体——四方、六方、三方晶系(如石英晶体、方解石、$CaCO_3$、红宝石等);双轴晶体——正交,单斜、三斜晶系(如蓝宝石、云母、硫磺等)。现将它们的介电张量形式和独立分量数目表示如下(在本书中矩阵用圆括号( )表示,张量用方括号[ ]表示):

(1) 各向同性介质、立方晶系:

$$\begin{pmatrix} \varepsilon_1 & 0 & 0 \\ 0 & \varepsilon_2 & 0 \\ 0 & 0 & \varepsilon_3 \end{pmatrix}, \varepsilon_1 = \varepsilon_2 = \varepsilon_3$$

(2) 四方、六方、三方晶系:

$$\begin{pmatrix} \varepsilon_1 & 0 & 0 \\ 0 & \varepsilon_2 & 0 \\ 0 & 0 & \varepsilon_3 \end{pmatrix}, \varepsilon_1 = \varepsilon_2 \neq \varepsilon_3$$

(3) 正交、单斜、三斜晶系:

$$\begin{pmatrix} \varepsilon_1 & 0 & 0 \\ 0 & \varepsilon_2 & 0 \\ 0 & 0 & \varepsilon_3 \end{pmatrix}, \varepsilon_1 \neq \varepsilon_2 \neq \varepsilon_3$$

式中:ε_1、ε_2 和 ε_3 称为主介电系数。由 $n = \sqrt{\varepsilon_r \mu_r} = \sqrt{\varepsilon_r}$ 的关系,可以相应地定义晶体的三个主折射率 n_1、n_2、n_3,并有

$$n_1^2 = \varepsilon_1, n_2^2 = \varepsilon_2, n_3^2 = \varepsilon_3 \tag{13-4}$$

在主轴坐标系中,式(13-3)还可以写成

$$D_i = \varepsilon_0 \varepsilon_i E_i \ (i = 1, 2, 3) \tag{13-5}$$

这说明,在主轴 (x_1, x_2, x_3) 方向上,场矢量 D 和 E 是平行的。

2. 各向异性晶体中的单色平面光波

将麦克斯韦方程组应用于各向异性晶体时,与各向同性介质的情况不同,这时 D 和 E 的关系如式(13-5)所示。

设在晶体中传播着一个单色平面波,有

$$E = E_0 \exp\left[i\omega\left(\frac{n}{c}l_k \cdot r - t\right)\right]$$

或

$$D = D_0 \left[i\omega \left(\frac{n}{c} l_k \cdot r - t \right) \right]$$

$$H = H_0 \left[i\omega \left(\frac{n}{c} l_k \cdot r - t \right) \right]$$

式中:$n = \sqrt{\varepsilon_r}$;$c = \frac{1}{\sqrt{\varepsilon_0 \mu_0}}$;$l_k$ 是波法线方向的单位矢量。对于这样一个波,可用 $-i\omega$ 代换算符 $\partial/\partial t$,用 $i(\omega n/c) l_k$ 代换算符 ∇。于是麦克斯韦方程组变成如下形式:

$$H \times l_k = \frac{c}{n} D$$

$$E \times l_k = -\frac{\mu_0 c}{n} H$$

$$l_k \cdot D = 0$$

$$l_k \cdot H = 0$$

由此麦克斯韦方程组可知,在非磁性晶体中的单色平面波,有以下特点:

(1) D、H、l_k 组成右手螺旋正交关系的三矢量组(因 D 垂直于 H 和 l_k),l_k 的方向就是光波的波法线方向,光波的振动矢量是 D 而不是 E。

(2) E、H、l_s 组成具有右手螺旋正交关系的另一个矢量组(其中 l_s 为光能流的方向,即光线方向)。

(3) 矢量 D、E、l_k、l_s 均位于与矢量 H 垂直的同一平面内(其中 l_s 是光能流 s 的单位矢量)。

晶体中单色平面波的各矢量关系,可用图 13 - 5 表示。它给出了晶体中光波的主要特点:光能流的方向 l_s 与光波法线方向 l_k 一般不重合,即在各向异性介质中,光能不是沿波法线方向而是沿光线方向传播。其原因是由于 D、E 两矢量方向不一致。若 D、E 间的夹角为 α,则 l_s 与 l_k 的夹角也是 α。等相面前进的方向(法线方向)既然与光能传播方向(光线方向)不同,那么其所对应的速度(即相速度与光线速度)也就不同,两种速度之间的关系为

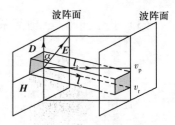

图 13 - 5 晶体中的单色平面图

$$v_p = \frac{c}{n} = v_r \cos\alpha$$

式中:v_r 是光线速度(能量的传播速度);v_p 是相速度(波面运动的速度)。对于光线速度,在形式上可以定义一个光线折射率(或能流折射率)n_r,即有

$$n_r = \frac{c}{v_r} = n\cos\alpha \tag{13-6}$$

由此可知,光波在各向同性介质中传播的相速度与光线速度,两者的方向是一致的;而在各向异性晶体中,相速度与光线速度方向是分离的,这是晶体光学的基本特性之一。

3. 平面光波在晶体中的传播——解析法

由麦克斯韦方程组经过一定的推导,可得到一个关系式,它是讨论在主轴坐标系中光的传

播速度(相速度和光线速度)与传播方向之间关系的基本公式,即著名的菲涅耳公式:

$$\frac{l_{k1}^2}{\frac{1}{n^2}-\frac{1}{\varepsilon_1}}+\frac{l_{k2}^2}{\frac{1}{n^2}-\frac{1}{\varepsilon_2}}+\frac{l_{k3}^2}{\frac{1}{n^2}-\frac{1}{\varepsilon_3}}=0 \tag{13-7}$$

若利用 $v_p=c/n$,再定义

$$v_i=c/\sqrt{\varepsilon_i} \quad (i=1,2,3) \tag{13-8}$$

式中:v_1,v_2,v_3 分别是波沿主轴 x_1,x_2,x_3 方向的传播速度,有时称为主相速,那么式(13-7)可改写成表达相速度 v_p 与波法线方向的关系式,即

$$\frac{l_{k1}^2}{v_p^2-v_1^2}+\frac{l_{k2}^2}{v_p^2-v_2^2}+\frac{l_{k3}^2}{v_p^2-v_3^2}=0 \tag{13-9}$$

式(13-7)和式(13-9)是等效的,均称为菲涅耳波法线方程。它们表达了 n 或 v_p 与晶体性质(主介电常数 ε_1、ε_2、ε_3 或主相速 v_1、v_2、v_3)和传播方向(l_{k1}、l_{k2}、l_{k3})之间的关系。它说明对一定的晶体(ε_1、ε_2、ε_3 一定),n(或 v_p)随 l_{k1}、l_{k2}、l_{k3} 而变化,即沿不同的方向,光波有不同的传播速度,这就是晶体的光学各向异性。

对式(13-7)通分,再利用 $l_{k1}^2+l_{k2}^2+l_{k3}^2=1$,则可得

$$n^4(\varepsilon_1 l_{k1}^2+\varepsilon_2 l_{k2}^2+\varepsilon_3 l_{k3}^2)-n^2[\varepsilon_1\varepsilon_2(l_{k1}^2+l_{k2}^2)+\varepsilon_2\varepsilon_3(l_{k2}^2+l_{k3}^2)+\varepsilon_3\varepsilon_1(l_{k3}^2+l_{k1}^2)]+\varepsilon_1\varepsilon_2\varepsilon_3=0 \tag{13-10}$$

利用麦克斯韦方程组中 **D** 和 **E** 的方向之间的关系,可以得到晶体光学性质的又一重要结论:一般情况下,对于晶体中每一个既定的波法线方向,只允许有两个特定的线偏振光传播,这两个偏振波的振动面相互垂直,并且具有不同的折射率和相速。而且,由于 **E** 与 **D** 不平行,且 **E**、**D**、l_k、l_s 共面,以及 **E** ⊥ l_s,故这两个偏振波有不同的能流(射线)方向 l_s'、l_s'' 和光线速度,如图13-6所示。

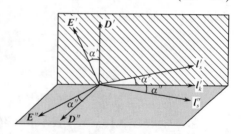

图13-6 与给定波法线 l_k 相应的 **D**、**E** 和 l_s 的两个可能方向

下面举例说明上述菲涅耳方程的应用。

例13-1 求立方晶体中,波法线方向 l_k 上两偏振光的折射率。

解 对于各向同性介质或立方晶体,有 $\varepsilon_1=\varepsilon_2=\varepsilon_3=n_o^2$,代入方程(13-10),并注意到 $l_{k1}^2+l_{k2}^2+l_{k3}^2=1$,则有

$$n^2-n_o^2=0$$

由此可得到重根

$$n'^2=n''^2=n_o^2$$

这说明在各向同性介质或立方晶体中,任何方向上传播的光波,其折射率均等于主折射率 n_o,且有

$$l_{k1}E_1+l_{k2}E_2+l_{k3}E_3=0$$

也就是 **E**·$l_k=0$,因而有 **E**//**D** 和 l_s//l_k。

由此可知,在各向同性介质或立方晶体中,**E** 矢量与 **D** 矢量方向是一致的,能流方向(射

线方向) l_s 与波法线方向 l_k 也是一致的。所以,沿着任何方向传播的光波,虽然只有两个线性不相关的偏振态,但这两个偏振态的振动方向并不局限在某一特许的方向上。换句话说,光的偏振态不受限制。

例 13-2 求单轴晶体中波法线方向 l_k 上两偏振光的折射率。

解 第二类晶族(三方、四方、六方晶系)的晶体是单轴晶体,其介电常数张量为

$$\begin{pmatrix} \varepsilon_1 & 0 & 0 \\ 0 & \varepsilon_1 & 0 \\ 0 & 0 & \varepsilon_3 \end{pmatrix} \text{或} \begin{pmatrix} n_1^2 & 0 & 0 \\ 0 & n_1^2 & 0 \\ 0 & 0 & n_3^2 \end{pmatrix} = \begin{pmatrix} n_o^2 & 0 & 0 \\ 0 & n_o^2 & 0 \\ 0 & 0 & n_e^2 \end{pmatrix} \qquad (13-11)$$

这里,设 $n_1 = n_2 = n_o, n_3 = n_e$ 对于主轴 x_3,介电常数张量具有旋转对称的性质,所以主轴 x_1 和 x_2 的方向可任意选择。现设 l_k 在 $x_2 x_3$ 平面内,l_k 与 x_3 的夹角为 θ,则有

$$l_{k1} = 0, l_{k2} = \sin\theta, l_{k3} = \cos\theta \qquad (13-12)$$

将式(13-11)、式(13-12)代入式(13-10),可得

$$n^4(n_o^2 \sin^2\theta + n_e^2 \cos^2\theta) - n^2 n_o^2 [n_e^2 + (n_o^2 \sin^2\theta + n_e^2 \cos^2\theta)] + n^4 n_e^2 = 0$$

即

$$(n^2 - n_o^2)[n^2(n_o^2 \sin^2\theta + n_e^2 \cos^2\theta) - n_o^2 n_e^2] = 0$$

解此方程得到的两个根是

$$n^2 = n_o^2 \qquad (13-13)$$

$$n^2 = \frac{n_o^2 n_e^2}{n_o^2 \sin^2\theta + n_e^2 \cos^2\theta} \qquad (13-14)$$

第一个解,式(13-13)表示 n 不依赖于 l_k 的射线方向,亦即这种光在晶体中沿任何方向传播时折射率都一样(为 n_o),则与之相应的光线称为寻常光线,或简称为 o 光。第二个解,式(13-14)表示 n 是随着射线方向 l_k(即随 θ)而变化,相应的光线称为非常光线,或简称为 e 光。这种光在晶体中沿不同方向传播时折射率都不一样,当 $\theta = \pi/2$ 时,则有 $n'' = n_e$;而当 $\theta = 0$ 时,则 $n'' = n_o$。可见,在 $\theta = 0$ 时,即 l_k 与 x_3 轴方向重合时,光在晶体中的传播如同在各向同性介质中传播一样,因此把 x_3 轴称为光轴。由于在这类晶体中,只有 x_3 轴是光轴,所以称为单轴晶体。

由此可知,平面光波通过单轴晶体时有两个特点:

(1) 光在晶体中传播同时存在有两个光波,即 o 和 e 光,一般情况下这两光波的传播方向不一致。对于 o 光,折射率与 l_k 的方向无关,与各向同性介质中光传播的情况一样,故称为寻常光线。对于 e 光,折射率随着 l_k 的方向而变,与各向同性介质中光传播情况不同,故称为非常光线。

(2) 对应于一个波法线方向 l_k,可有两条光线,即 o 光和 e 光。o 光和 e 光都是线偏振光,它们的振动方向只局限在某一特殊方向上。并且有 $E_o \perp E_e, D_o \perp D_e$,即 o 光和 e 光的振动方向相互垂直。对于 o 光,$E_o // D_o, l_{so} // l_k$,对于 e 光,一般情况下 E_e 不平行于 D_e, l_{se} 也不平行于 l_k,两者之间的夹角为 α。上述诸矢量的相对取向如图 13-7 所示。

此外,还可求出 e 光的光线与波法线之间的夹角:

$$\tan\alpha = \frac{1}{2}\frac{n_e^2 - n_o^2}{n_o^2\sin^2\theta + n_e^2\cos^2\theta}\sin2\theta \quad (13-15)$$

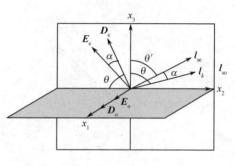

图 13-7 单轴晶体中与 l_k 对应的 o 光和 e 光的各矢量

由此可见:

(1) 当 $\theta=0$ 或 $\pi/2$ 时,有 $\alpha=0$,这说明当波法线 l_k 平行或垂直于光轴时,e 光射线与波法线方向一致。

(2) 对于 $n_e > n_o$ 的情况,这种单轴晶体称为正单轴晶体,有 $\alpha = \theta - \theta' > 0$。这说明,在正单轴晶体中,e 光线较其波法线靠近光轴。反之,对 $n_e < n_o$ 的情况,即为负单轴晶体,有 $\alpha = \theta - \theta' < 0$,此时 e 光线较其波法线远离光轴。

(3) 可以证明,当 $\tan\theta = n_e/n_o$ 时,角 α 有最大值,其值为

$$\alpha_{\max} = \arctan\frac{n_e^2 - n_o^2}{2n_e n_o} \quad (13-16)$$

4. 平面光波在晶体中的传播——图解法

上节用解析法讨论了光在晶体中传播的主要特性,晶体中光波传播的规律还可用几何图形来说明。这些图形能帮助我们直观地看出晶体中光波各矢量间的方向关系,以及与各个传播方向相应的光速或折射率的空间取向分布,这种直观性正是解析法所欠缺的。但应注意,几何方法只是一种表示方法,它是以解析法的物理方程为基础的,它所表示的晶体的折射率空间分布或光波在晶体中各个方向传播的光速情况,只表示其物理意义,在晶体中并不存在这样的几何图形。

我们已知晶体光学的各向异性性质是由于晶体的光频介电常数 $[\varepsilon_{ij}]$ 为二阶对称张量。而二阶对称张量可用示性曲面表示,因此 $[\varepsilon_{ij}]$ 或 $[\beta_{ij}]$ 的示性曲面或与此类似的其他曲面,就是我们所需要的几何图形。晶体光学中根据不同用途,有多种几何图形可用于分析平面光波在晶体中的传播。此处仅介绍光的偏振技术中使用较广的折射率椭球和折射率面(以单轴晶体为例)。

1) 折射率椭球(光率体)

晶体中光波的 E 与 D 矢量之间的关系为 $D_i = \varepsilon_0 \varepsilon_{ij} E_j$ 或 $E_i = \beta_{ij} D_i$,这是张量方程式,其中 ε_{ij} 和 β_{ij} 是二阶对称张量。在主轴坐标系中,其二阶示性曲面方程分别为

$$\varepsilon_1 x_1^2 + \varepsilon_2 x_2^2 + \varepsilon_3 x_3^2 = 1 \quad (13-17)$$

$$\beta_1 x_1^2 + \beta_2 x_2^2 + \beta_3 x_3^2 = 1 \quad (13-18)$$

这两个方程都表示椭球面,其中式(13-17)称为菲涅耳椭球,式(13-18)称为折射率椭球(习惯上称为光率体)。折射率椭球是描述晶体光学性质最常用的几何图形,如图 13-8 所示,一般将其表达式写成

$$\frac{x_1^2}{\varepsilon_1} + \frac{x_2^2}{\varepsilon_2} + \frac{x_3^2}{\varepsilon_3} = 1 \quad (13-19a)$$

或

$$\frac{x_1^2}{n_1^2} + \frac{x_2^2}{n_2^2} + \frac{x_3^2}{n_3^2} = 1 \quad (13-19b)$$

这是一个归一化 D 空间中的椭球,它们的三个主轴方向就是介电主轴方向。

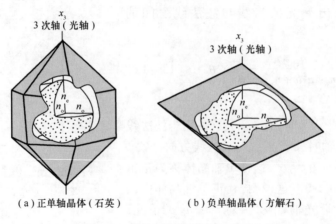

(a) 正单轴晶体(石英)　　　(b) 负单轴晶体(方解石)

图 13-8　晶体折射率椭球(光率体)

折射率椭球的物理意义：它是表示晶体折射率(对光波某个确定的频率)，在晶体空间各方向(光波的 D 矢量方向)上的全部取值分布的几何图形。通过椭球中心的每一矢径的方向，代表 D 矢量的一个方向，其长度即为其 D 矢量在此方向振动的光波的折射率。因此，若设 d 为 D 矢量方向的单位矢量，则折射率椭球可以简称为 (d,n) 曲面。

折射率椭球具有以下重要的性质：从坐标原点(椭球中心)出发作波法线矢量 l_k，再通过坐标原点作一平面(称为中心截面) $\Pi(l_k)$ 与 l_k 垂直(图 13-9)。由图可见，平面 $\Pi(l_k)$ 与椭球的截线为一椭圆，椭圆半长轴和半短轴的矢径分别记为 $r_a(l_k)$ 和 $r_b(l_k)$，则可以证明：

(1) 波法线方向为 l_k 的两个波的折射率 n' 和 n'' 分别等于这个椭圆的两个主轴的半轴长，即

$$n'(l_k) = |r_a(l_k)|, n''(l_k) = |r_b(l_k)| \tag{13-20}$$

(2) 波法线方向为 l_k 的两个波矢量 D 的振动方向分别平行于这个椭圆的两个主轴方向 r_a (折射率为 n') 和 r_b (折射率为 n'')。

利用折射率椭球的上述性质，可用几何方法直观地求出 D、E、l_k 和 l_s 各矢量之间的方向关系。由于这四个矢量都与 H 矢量垂直，因而在同一平面内，它与折射率椭球的交线是一个椭圆，如图 13-10 所示。

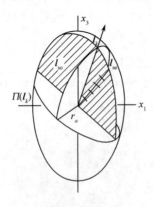

图 13-9　利用折射率椭球确定与 l_k 矢量相应的两个折射率和 D 的两个振动方向

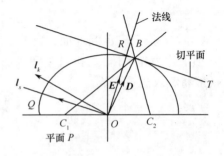

图 13-10　已知 D 方向，求 E 和 l_s 方向的几何作图法

设与 D 平行的矢径端点是 B,则椭球在 B 点处的法线方向平行于该 D 矢量对应的 E 矢量的方向。

若已知波法线 l_k 的方向,则其垂直方向即为 D 方向(图 13-10),而相应的 E 方向即 B 点处椭球的法线方向。可用如下的几何方法作出:设椭圆的两个焦点是 C_1 和 C_2,则 C_1B、C_2B 的外分角线 BT 就是过 B 点的切线。过 O 向 BT 作垂线 OR,则 OR 的方向就是 B 处的法线方向,也就是与 $D(OB)$ 相应的 E 的方向,而 $OQ(//BT)$ 方向就是与 l_k 相应的 l_s 的方向。

2)晶体对称性对折射率椭球的影响

根据各类晶体对称性对折射率椭球的影响,可求其椭球的形状和取向,并由此确定各类晶体的光学性质。

(1)立方晶体的折射率椭球。在立方晶体(各向同性介质)中,有 $\varepsilon_1 = \varepsilon_2 = \varepsilon_3$,即 $n_1 = n_2 = n_3 = n_o$,将其代入折射率椭球方程,得

$$\frac{x_1^2}{n_o^2} + \frac{x_2^2}{n_o^2} + \frac{x_3^2}{n_o^2} = 1 \tag{13-21}$$

可见,这时椭球退化成半径为 n_o 的球。无论 l_k 在什么方向,垂直于 l_k 的平面与球面交线都是一个半径为 n_o 的圆,由于没有特定的长短轴方向,因此立方晶体不会有双折射,与各向同性介质中的光波没有区别。

(2)单轴晶体的折射率椭球。这类晶体的对称特点只有一个高次轴(即 3、4、6 次旋转轴或旋转倒反轴),这个高次轴通常取为 x_3。这时,由于有 $\varepsilon_1 = \varepsilon_2 = n_o^2$,以单轴晶体的折射率椭球方程为

$$\frac{x_1^2}{n_o^2} + \frac{x_2^2}{n_o^2} + \frac{x_3^2}{n_e^2} = 1 \tag{13-22}$$

这显然是一个以光轴 x_3 为转轴的旋转椭球面。它的形态由 n_o 和 n_e 的取值不同而分为两类:若 $n_e > n_o$,称为正单轴晶体(简称正晶体,如石英),其折射率椭球外形是一个沿光轴方向拉长了的旋转椭球(图 13-8(a));若 $n_e < n_o$,称为负单轴晶体(简称负晶体,如方解石),其折射率椭球外形是一个沿光轴方向压扁了的旋转椭球(图 13-8(b))。通过折射率椭球中心的截面,依其对光轴的关系可分为三类:

① 包含光轴的主轴截面——x_3x_1 面(或 x_2x_3 面,实际上,由于折射率椭球是以 x_3 轴为旋转轴的旋转椭球,x_1、x_2 坐标可以任意选取,所以任意包含轴 x_3 的中心截面都是面 x_3x_1 或 x_2x_3 面)。此 x_3x_1 面或 x_2x_3 面与折射率椭球的截线方程为

$$\frac{x_1^2}{n_o^2} + \frac{x_3^2}{n_e^2} = 1 \text{ 或} \frac{x_2^2}{n_o^2} + \frac{x_3^2}{n_e^2} = 1 \tag{13-23}$$

两个主轴的半轴长分别为 n_o 和 n_e。

② 垂直光轴的主截面——x_1x_2 面,此截面与折射率椭球的截线方程为

$$x_1^2 + x_2^2 = n_o^2 \tag{13-24}$$

这是一个半径为 n_o 的圆。

③ 垂直法线方向 N 的中心截面——$x_3'x_1'$ 面,此法线方向 N 与光轴(x_3 轴)成任意夹角 θ。截面与折射率椭球的截线方程为

$$\frac{x_1'^2}{n_o^2} + \frac{x_2'^2}{n_e'^2} = 1 \tag{13-25}$$

式中

$$n_e' = \frac{n_o n_e}{\sqrt{n_o^2 \sin^2\theta + n_e^2 \cos^2\theta}} \tag{13-26}$$

上述三种截面如图 13-11 所示。

3) 利用折射率椭球分析在单轴晶体中传播的单色平面光波的结构

设一个平面光波,在晶体内的波法线方向 l_k 与光轴的夹角为 θ。通过椭球的中心作垂直于 l_k 的平面 P。这一平面和椭球的截线必定是一椭圆(参看图 13-11)。此椭圆的长轴和短轴方向就是波法线方向为 l_k 的两个波的 D 矢量的振动方向,且各半轴的长度等于该振动方向的折射率。由式(13-25)可知,截线椭圆必有一半轴,其半轴长为 n_o,而且如取波法线方向 l_k 在 $x_2 x_3$ 面内,那么这个半轴长为 n_o 的主轴必定在 x_1 轴方向。这就是说,不论 l_k 的方向如何,它总允许有一个偏振成分折射率不变(等于 n_o),其 D 矢量垂直于 l_k 与 x_3 光轴所在的平面(即 D 矢量平行于主轴 x_1 方向),这就是 o 光(寻常光)。由于 o 光的 D 矢

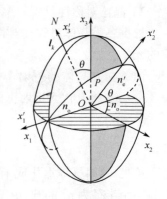

图 13-11 主轴坐标系内单轴晶体折射率椭球的截面

量在主轴方向上,按照作图法,很容易断定 $E//D$,$l_s//l_k$,这些结果与我们用解析法所得的结论完全一致。

另一个半轴必在 l_k 所在的 $x_2 x_3$ 面内,其半轴长 n_e' 由式(13-26)给出。这说明,波法线方向为 l_k 的另一允许的偏振成分,是在 (l_k, x_3) 面内振动,也就是说其 D 矢量在波法线方向与光轴所在的面内。它的折射率随 l_k 与 x_3 轴的夹角 θ 而变化,这就是 e 光(非常光)。由于 e 光的 D 矢量方向不是主轴方向,所以,其 E 矢量与 D 矢量不平行,光射线方向 l_s 与波法线方向 l_k 不平行。所以,e 光的折射率是随着光在晶体中传播方向(夹角 θ)而变化,特殊情况如下:

(1) 当 $\theta = 0$ 时,即波法线方向 l_k 与轴 x_3 方向重合时,有 $n_e' = n_o$。此时相应的 D 矢量方向与光轴垂直,e 光变成 o 光。实际上,此时与 l_k 垂直的折射率椭球中截面就是 $x_1 x_2$ 面,其截线是圆,并无限定的长短轴方向。这说明,沿 x_3 轴方向传播的光线只有一个折射率 n_o,偏振态没有限制;而且 x_3 轴方向可以允许任何偏振态的光以同样的折射率 n_o 传播,故称 x_3 轴为光轴。

(2) 当 $\theta = \frac{\pi}{2}$ 时,即波法线方向 l_k 与 x_3 轴方向垂直时,有 $n_e' = n_e$。对于正单轴晶体,这是 e 光的最大折射率,而对于负单轴晶体,则是 e 光的最小折射率。此时 e 光的 D 矢量方向与 x_3 轴平行,且与 E 矢量平行,光射线方向 l_s 与波法线方向 l_k 平行。

4) 折射率面

折射率面是描述晶体的折射率在晶体空间各方向(沿光波法线 l_k 矢量方向)上全部取值分布的几何图形。折射率面的定义是:矢径 $r = n l_k$,即矢径的方向平行于某一给定的波法线方向 l_k,矢径长度等于相应的两种光波的折射率。

折射率面和折射率椭球的主要差别是:折射率椭球是将折射率值在光波的 D 矢量方向上

以一定长度的线段表示,它是二阶对称张量 β_{ij} 的示性曲面,是一个单层曲面。而折射率面则是将折射率值直接在波法线 l_k 方向上以一定长度的线段表示;由于晶体的各向异性,在 l_k 方向上一般有两个不同的折射率,故折射率面是一个双层曲面(有的书中把沿着光线方向作出的曲面又称为光线面,沿着波法线方向作出的曲面又称为法线面)。

按折射率面的定义可求其表达式。主轴坐标系中,波法线方向为 l_k 的光波的折射率表达式为

$$\frac{l_{k1}^2}{\frac{1}{n^2}-\frac{1}{n_1^2}}+\frac{l_{k2}^2}{\frac{1}{n^2}-\frac{1}{n_2^2}}+\frac{l_{k2}^2}{\frac{1}{n^2}-\frac{1}{n_3^2}}=0 \tag{13-27}$$

折射率面是将折射率直接在波法线 l_k 方向上以一定长度的线段表示的双壳面。由于 $k=n\omega/c$,因此对于一定波长的光,n 就代表了 k,这时折射率曲面称为波矢曲面。在上述折射率曲面的方程式中,只要按 $n \to k, n_i \to k_i$ 的关系代换,即成为相应的波矢曲面的方程。

下面分析各类晶体的折射率面的形式。

1. 立方晶体的折射率面

这类晶体有 $n_1=n_2=n_3=n_o$,因此式(13-27)变为

$$x_1^2+x_2^2+x_3^2=n_o^2 \tag{13-28}$$

这是一个半径为 n_o 的球面。

2. 单轴晶体的折射率面

对于单轴晶体,有 $n_1=n_2=n_o$,$n_3=n_e$,因此,单轴晶体的折射率曲面由一个球面和一个以 x_3 为轴的旋转椭球构成,即

$$\left. \begin{array}{r} x_1^2+x_2^2+x_3^2=n_o \\ \dfrac{x_1^2+x_2^2}{n_e^2}+\dfrac{x_3^2}{n_o^2}=1 \end{array} \right\} \tag{13-29}$$

式(13-29)中,第一式表示的是半径为 n_o 的球面,这说明在单轴晶体中,沿任一方向传播的两光波中,总有一个波的折射率与方向无关,其值为 n_o,这就是 o 光,可见 o 光的折射率曲面是球面;第二式所表示的是旋转椭球面,这说明另一光波的折射率与波法线方向和 x_3 轴的夹角有关,这就是 e 光,可见 e 光的折射率曲面是一个以 x_3 轴为旋转轴的旋转椭球面。

对于正单轴晶体,$n_e>n_o$,折射率面中球面内切于椭球面,如图 13-12 所示。对于负单轴晶体,$n_e<n_o$,折射率面球面外切于椭球面,如图 13-13 所示。这两种情况下的切点都在 x_3 轴上,所以 x_3 轴是光轴。当任一波法线方向 l_k(其与 x_3 轴夹角为 θ)与折射率面相交时,得到长

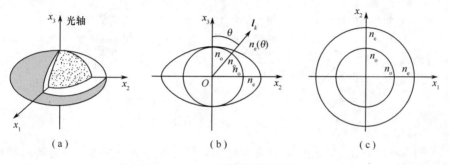

图 13-12 正单轴晶体折射率面

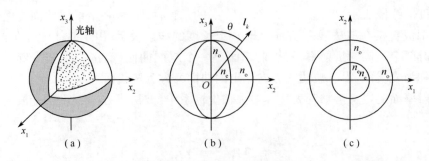

图 13-13 负单轴晶体折射率面

度为 n_o 和 $n'_e(\theta)$ 的矢径,它们分别代表 $\boldsymbol{l}_k$ 方向的两个折射率值。由于 n_o 就是对一般光波晶体介质的折射率,所以 $n'_e(\theta)$ 的值可由下式求出:

$$n'_e(\theta) = \frac{n_o n_e}{\sqrt{n_o^2 \sin^2\theta + n_e^2 \cos^2\theta}} \tag{13-30}$$

这与式(13-26)的结果一致。

13.1.3 单轴晶体中的波面——惠更斯假设

惠更斯于 1678 年完成并于 1690 年在莱顿出版的《论光》中,对光的波动说大大地加以改进和补充,提出了一个原理,即现在的惠更斯原理,并借助该原理成功地推导出反射定律和折射定律。此外,惠更斯对晶体中的波面作出一个基本假设后,利用该原理成功地解释了双折射现象。

关于单轴晶体中的波面,惠更斯假设:单轴晶体中一点光源所激发的 o 光与 e 光两种扰动分别形成两个波面;o 光波面为球面,e 光波面为旋转椭球面,它们在晶体光轴上相切。在这个假设中,点光源可以是一真正的点光源,也可以是惠更斯原理中的次波源。所谓波面是指晶体中点光源激发的扰动同时到达的空间各点的轨迹,亦即等相面。o 光波面为球面,这意味着在晶体中,光的传播规律与光在各向同性介质中的传播规律无异,它沿各方向传播的速度均相同,记为 v_o(图 13-14(a))。e 光的波面为旋转椭球面,它体现了在晶体中 e 光沿各方向传播的速度 v'_e 不同;两波面相切,表明 e 光沿晶体光轴方向的传播速度与 o 光的传播速度相同,也是 v_o;e 光沿垂直光轴方向的传播速度则取另一数值,记为 v_e。总之,e 光的传播速度随其传播方向与晶体光轴的夹角不同而变化(图 13-14(b))。

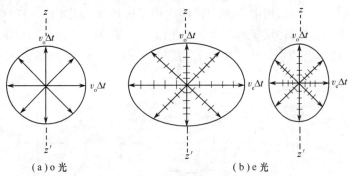

图 13-14 单轴晶体中的波面

从图 13-14 不难看出,单轴晶体中的 o 光线处处正交于 o 光波面,这与各向同性介质中情况无异。值得注意的是,e 光线与 e 光波面已不再是处处正交,只是在沿晶体光轴或垂直于光轴的方向上两者正交。

我们知道，介质折射率 n 等于真空中光速 c 与介质中光速 v 的比值。单轴晶体的寻常折射率或 o 光折射率 $n_o = c/v_o$ 为一常数值，与方向无关；但是，e 光在不同方向上的传播速率不同，故在不同方向上非(寻)常折射率或 e 光折射率亦不同。沿晶体光轴方向传播时，e 光折射率为 n_o；沿垂直于晶体光轴方向传播时，e 光折射率记作 n_e'，且 $n_e' = c/v_e$；沿其他方向，e 光折射率 n_e' 介于 n_o 与 n_e 之间。通常将 n_o、n_e 称为晶体的主折射率。表 13-1 列出了几种单轴晶体的主折射率。

表 13-1 单轴晶体的主折射率

	晶体种类及名称	入射光波长 /nm	n_o	n_e
负晶体	方解石	589.3	1.6584	1.4864
	电气石	589.3	1.669	1.638
	硝酸钠	589.3	1.5854	1.3369
	红宝石	700.0	1.769	1.761
正晶体	石英	589.3	1.54424	1.55335
	冰	589.3	1.309	1.310
	金红石	589.3	2.616	2.903
	锆石	589.3	1.923	1.968

前文已指出，依 v_o、v_e 的相对大小可将单轴晶体分为两类：一类以方解石为代表，$v_e > v_o$，即 $n_o > n_e$，其复合波面图中旋转椭球面的短半轴与球面半径相等，旋转椭球面外切于球面(图 13-15(a))，这类晶体称为负晶体。另一类以石英为代表，$v_o > v_e$，即 $n_e > n_o$，其复合波面图中旋转椭球面的长半轴与球面半径相等，旋转椭球面内切于球面(图 13-15(b))，这类晶体称为正晶体。

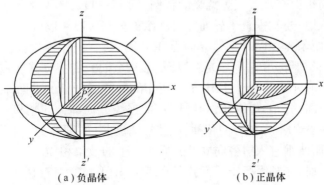

(a) 负晶体　　　　　　　　(b) 正晶体

图 13-15 单轴晶体中的复合波面

13.1.4 平面波在单轴晶体内的传播——惠更斯作图法

平面波入射到晶体表面时，波面上的每一点都可视为次波源，并同时发出波面为球面和旋转椭球面(在晶体内实际上是半球面和部分旋转椭球面)的次波，利用上述复合波面图和惠更斯作图法，可以确定晶体内 o 光和 e 光的传播方向。

设有一方解石晶体，其表面为一平面 MN，光轴在纸面内并与 MN 成一夹角。今有一平面波斜入射到方解石表面，入射线亦在纸面内(图 13-16)。为确定方解石内 o 光和 e 光的传播方向，作图的具体步骤如下：

(1) 画出斜入射平面波中的两条平行光线，它们与界面的交点分别为 A、B'。

(2) 从以上两条光线中首先到达界面的光线与界面的交点 A 作另一光线的垂线 AB，AB 即入射光波的波面。显然 B 到 B' 的时间 $t = \overline{BB'}/c$，c 为真空或空气中的光速。作出在此时间内 A 点次波源在方解石内产生的两个次波面：一个是以 $v_o t$ 为半径的半球面——o 光次波面；另一个是与球面在光轴方向上相切的部分旋转椭球面——e 光次波面，它与光轴垂直的那个长半轴长度为 $v_e t$（注意：当 $\lambda = 589.3\text{nm}$ 时，$v_e t / v_o t = v_e / v_o = n_o / n_e \approx 1.1157$，画图时稍可夸大，但勿过分夸大）。在此时间内 A、B 之间各点次波源在方解石内形成半径或半轴逐渐减小的次波面。

(3) 通过 B' 点作上述球面的切面 $B'A_o'$ 和旋转椭球面的切面 $B'A_e'$。这两个平面就是界面 AB' 各点次波源所发次波波面的包络面，它们分别代表方解石中 o 光和 e 光的折波面。

(4) 从 A 点分别连接折射波面与该点次波面的切点 A_o'、A_e'，则射线 AA_o' 和 AA_e' 的方向就分别表示方解石中 o 光和 e 光的传播方向。

在图 13-16 中，入射线在晶体的主截面内，这时晶体主截面 o 光主平面和 e 光主平面均与入射面重合，可将 o 光和 e 光的光矢量振动方向标记在

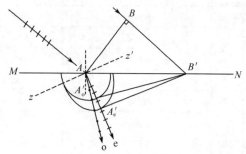

图 13-16　方解石中 o 光和 e 光的传播

图上。当入射线不在晶体主截面内，即光轴不在入射面内时，若仍以图面表示入射面，则光轴与 e 光次波面相交点便不在图面内，因此 e 光主平面也不在图面内，它不再与方解石主截面或 o 光主平面重合。

下面讨论几个简单但有重要实际意义的特例（图 13-17）。

(1) 平面波正入射，光轴垂直于界面并且在纸面内（图 13-17(a)）。按照上述惠更斯作图法可知：入射波中两条光线同时到达界面上 A、B 两点，它们作为次波源在晶体内同时产生两个 o 光次波面（半径相等）和两个 e 光次波面（形状全同），并且 o 光次波面与 e 光次波面分别相切于光轴方向上的 A' 与 B' 点，过 A'、B' 点所作的垂直于纸面的平面即是 A、B 之间各点次波源产生的两种次波面的公共包络面，AA' 和 BB' 的连线方向即为 o 光和 e 光的传播方向。由图可以看到，o 光和 e 光均沿光轴方向传播，故传播速度相同，即均为 v_o，所以在此特例中没有双折射发生，这与平面波垂直入射各向同性介质时产生的效果相同。

(2) 平面波正入射，光轴平行于界面并且在纸面内（图 13-17(b)）。与图 13-17(a) 不同的是，此时相应的两种次波面的包络面沿纵向（入射方向）分离开来，即 o 光和 e 光仍然都沿垂直于光轴的方向传播，但是它们的传播速度不同，分别为 v_o 和 v_e，此种现象仍属双折射。

(3) 平面波正入射，光轴平行于界面并且垂直于纸面（图 13-17(c)）。因为光轴是旋转椭球面的旋转轴，所以在这种情况下，e 光次波面被纸面截成圆形，其半径大于 o 光次波面被纸面截成的圆形半径。由图可以看到，尽管 o 光和 e 光传播方向相同，但是它们的传播速度并不相同。此种现象也属双折射，它与情况(2)在效果上并无差异。

(4) 平面波斜入射，光轴平行于界面并且垂直于纸面（图 13-17(d)）。这时由 A 点产生的两种次波面在纸平面内的截线是同心圆，o 光和 e 光分别以速度 v_o 和 v_e 传播。在这个特殊情况下，o 光和 e 光都遵从折射定律，只不过折射率分别为 n_o 和 n_e。

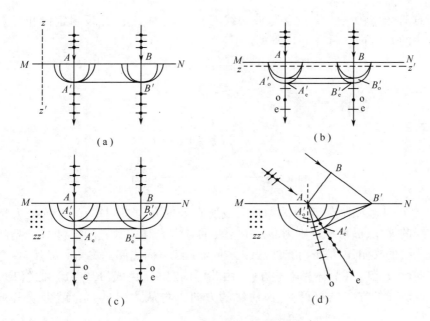

图 13-17 平面波在方解石中传播的特例

以上分析均以负晶体为例,正晶体的分析与此完全类似。

例 13-3 一束平行的钠黄光以 50° 的入射角从空气射到方解石制成的厚度为 4.20cm 的平行平板的上表面上。设光轴与平板表面平行,并垂直入射面(图 13-17(d)),试求 o 光和 e 光射到平板下表面时两光束的分离量。已知对钠黄光方解石的 $n_o = 1.65836, n_e = 1.48641$。

解 在此特殊情况下,o 光线与 e 光线在方解石内的传播均服从折射定律,即

$$\sin i = n_o \sin i_o, \quad \sin i = n_e \sin i_e$$

以 $i = 50°, n_o = 1.65836, n_e = 1.48641$ 代入以上两式,可以算出

$$i_o = 27°31', \quad i_e = 30°1'$$

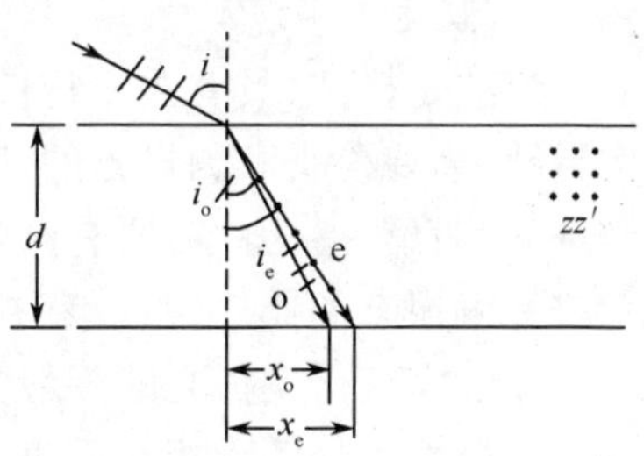

由此可对某一入射光线求出 o 光线和 e 光线在方解石平板下表面两出射点的位置坐标(图 13-18):

$$x_o = d\tan i_o = 4.20 \times 0.5210 = 2.188 \text{cm}$$
$$x_e = d\tan i_e = 4.20 \times 0.6013 = 2.525 \text{cm}$$

所以两光束的分离量为

$$\Delta x = x_o - x_e = 0.337 \text{(cm)}$$

图 13-18 例 13-3 图

13.1.5 单轴晶体中的光路计算

从上面的讨论可知,可用两种方法确定晶体中反射波与折射波的方向,一种是计算法,另一种是作图法。作图法即利用折射率椭球、折射率面等几何图形,通过惠更斯作图法,可以方便地求出 o 光和 e 光的 l_k 矢量和 l_s 矢量的方向(与前述同);计算法则是利用反射定律和折射定律,可直接计算晶体中折射光波和反射光波的方向。

必须注意的是：晶体中折射率会随波法线 l_k 的方向而变化，用反射定律和折射定律求出的只是波法线的 l_k 方向。具体计算公式如下：

$$n_i \sin i_1 = n_r \sin i_1' = n_t \sin i_2 \tag{13-31}$$

$$n'^2 = n_o^2 \tag{13-32}$$

$$n''^2 = \frac{n_o^2 n_e^2}{n_o^2 \sin^2\theta + n_e^2 \cos^2\theta} \tag{13-33}$$

$$\tan\alpha = \frac{1}{2} \frac{n_e^2 - n_o^2}{n_o^2 \sin^2\theta + n_e^2 \cos^2\theta} \sin 2\theta \tag{13-34}$$

式中：n_i、n_r、n_t 分别为入射波、反射波和折射波所在处的介质折射率；i_1、i_1' 和 i_2 为相应的波矢与分界面法线的夹角；n' 和 n'' 分别为晶体中光波的寻常光和非常光的折射率；θ 是晶体中光轴与入射光波法线的夹角；α 是折射光波法线方向与光线方向之间的夹角。显然，只要给出入射光波矢的方向（i_1 已知）和晶体光轴的方向（由此可确定 θ），由式(13-31)和式(13-33)就可求出折射光波法线的方向（或反射光波法线的方向），再从式(13-34)就可求出相应的光线方向。

13.2 晶体光学器件　偏振光的检验

13.2.1 晶体光学器件

1. 概述

光波是横波，具有偏振特性；同一方向传播的光，其偏振态可以不同。在光学和激光技术中，经常需要检查和测量光的偏振特性，或者改变光的偏振态，以及利用偏振特性进行一些物理量的测量等。为此需要有产生和检验光束偏振态的器件（偏振器——起偏器、检偏器），以及改变偏振态的器件（波片和补偿器）。

实验室获得偏振光的一般方法：利用光的反射、折射、吸收、散射等过程的"不对称性"，把入射的自然光分解为相互垂直的两线偏振光，然后选出其中之一即为所需的线偏振光；然后，再利用波片和补偿器获得圆偏振光、椭圆偏振光。因此可根据获得偏振光的原理把偏振器分成反射型、双折射型、吸收型和散射型等几种类型。在激光技术中，广泛应用的是双折射型偏振器，其余几类偏振器（反射型、折射型等），由于存在消光比差、抗损伤能力低、有选择吸收等缺点，因此较少使用。

这里必须强调，下面讨论的这几类偏振器并不能制造偏振光，而只是具有对入射光进行分解与选择偏振光两个功能。但是，有些激光器却能发出偏振度很高的线偏振光，例如，装有布儒斯特窗的氦-氖激光器是获得偏振光最简便的方法，也是激光器的另一个特点。

2. 反射型偏振器

由前面讨论可知，光波在两个介质的分界面上反射和折射时，不仅其能量要进行再分配，其偏振度也会产生相应的变化。而且在自然光以布儒斯特角入射时，反射光为全偏振光（线偏振光），折射光也有最大的偏振度（光波中含有偏振光成分的程度）。因此在光学技术中，经常利用这一特性来获得完全的线偏振光。但是由单次反射来获得偏振光有致命的弱点：光束的高强度与高偏振度两者不可兼得。例如，在玻璃面上的单次反射，反射光虽有最高的偏振度,但光强仅为入射光强的 7.5%,光能利用率太低。而折射光光强虽很大,但偏振度又太低,并无实用价值。

人们为解决这一矛盾,利用折射光光强大和多次折射的方法,设计出一种称为反射偏振器的光学元件,习惯上又称为玻片堆。这种偏振器由一组平行平板玻璃片(或其他透明的薄片,如石英片等)叠在一起构成,如图 13-19 所示。当自然光以布儒斯特角入射并通过玻片堆后,因透过玻片堆中每一片玻璃的折射光连续以相同条件反射和折射(即每通过一次界面,都从折射光中反射掉一部分垂直振动的分量),所以最后使通过玻片堆的折射光接近于一个平行于入射面的平面偏振光。一般使用时都是把玻片堆放在圆筒中,玻片堆表面的法线和圆筒轴构成布儒斯特角,这样就制成一个简单而又实用的偏振元件。

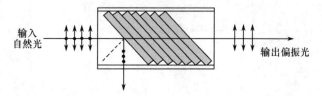

图 13-19 用玻片堆产生偏振光

反射型偏振器的优点:适用的波长范围较大,制作简单。几乎所有的透光材料都可用来制作反射型偏振器,因此这种偏振器在红外和紫外波段有其独特的优越性。

3. 双折射型偏振器

1) 工作原理

由 13.1 节的讨论可知,光通过单轴晶体时,晶体中一束光可分成两束光(o 光和 e 光),通常两束光的传播速度不等,传播方向不同;而且两光束均为 100% 线偏振光,其光振动方向相互垂直。因此只要能把晶体内的这两个正交模式光在空间分开,就可利用它制成产生线偏振光的偏振器,或者能把 o 光和 e 光分开的偏振分光棱镜。将 o 光和 e 光分开的方法有以下两种。

(1) 利用全反射角随折射率而变的原理,把两光束分开。大部分双折射型偏振器,都用这种办法制成。常用的格兰 - 汤姆生(Glan - Thompson)棱镜就是一例,如图 13-20 所示。它是由两块用方解石制成的直角棱镜,沿其斜面相对胶合而成;让两块晶体的光轴与通光的直角面平行,且都与 AB 棱平行(或都与之垂直)。光线正入射时,由于垂直于光轴传播,o 光和 e 光都不偏折地射向胶合面,因此入射角 i_1 等于棱镜底角 θ。进行胶合制作时,选择其折射率 n 与 n_e 尽量接近但小于 n_o($n \geq n_e$,$n < n_o$)的胶合剂(如加拿大树胶),并让 θ 大于或等于 o 光胶合面上的临界角。

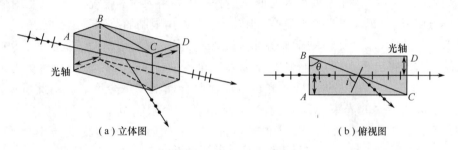

(a) 立体图　　　　(b) 俯视图

图 13-20 格兰 - 汤姆生棱镜

这样，o 光在胶合面处将发生全反射，并被涂在直角面 AC 上的镀层所吸收，而 e 光由于折射率几乎不变而无偏折地通过棱镜射出。

在上述结构的棱镜中，如果侧面 AC 对 o 光吸收不够，则 o 光仍有可能从棱侧反射而透过胶合层，这就降低了透过棱镜的光的偏振度。为避免此类现象发生，可将其改为如图 13-21 所示的改进型，让 CE 面与 o 光成直角，这样 o 光就能很好地被引出棱镜。

（2）利用晶体中折射角与光振动方向有关的原理，把两光束分开。偏振分束器都是利用这种办法制成，渥拉斯顿（Wollaston）棱镜是其中一例。它是由同一材料但光轴相互垂直的两块三棱镜胶合而成。其原理如图 13-22 所示，材料一般为方解石晶体。

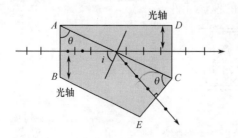

图 13-21　格兰-汤姆生棱镜改进型

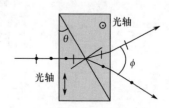

图 13-22　渥拉斯顿棱镜

正入射的平行光束在第一块棱镜内，垂直于光轴传播，o 光、e 光将以不同的相速度向同一方向传播。进入第二块棱镜时，因光轴旋转了 90°，所以 o 光、e 光易位，第一块棱镜中的 o 光现在变成 e 光。由于方解石为负单轴晶体（$n_o > n_e$），所以远离界面法线偏折；而第一块棱镜中的 e 光现在变成 o 光，所以靠近法线偏折。这两束线偏振光在穿出棱镜时，再偏折一次。这样，它们被对称地分开一个角度 ϕ，此分束角 ϕ 的大小与棱镜的材料及底角 θ 有关，对于负晶体近似地为

$$\phi \approx 2\arcsin[(n_o - n_e)\tan\theta] \tag{13-35}$$

棱镜材料为方解石时，分束角 ϕ 一般为 10°~40°，有的棱镜做成分束角可在 $\phi < 45°$ 范围内连续可调。

2）器件特性

偏振棱镜的特性由下列主要参量表示：

（1）通光面积。偏振棱镜所用材料（如方解石等），一般为稀缺贵重材料，因此偏振棱镜一般通光面积都不大，其直径约为 5mm~20mm。

（2）孔径角。由于偏振棱镜有一定的通光面积，因此只适用于入射光束是平行光而不是发散光或会聚光，而且平行光是垂直入射而不是有一偏角斜入射的情况。所以，利用全反射原理制成的偏振棱镜，对于入射光束锥角有个限制，这个锥角限制的范围就是孔径角。

如图 13-23 所示，设上、下入射角分别为 δ 和 δ'。当下入射角 δ' 大于某值时，其中 o 光在胶合面上的入射角将会小于临界角，致使不能发生全反射，而部分地透过棱镜；当上入射角 δ 大于某值时，由于 e 光折射率的增大，e 光也可能在胶合面上发生全反射。由此可见，这种棱镜不宜用于发散或会聚的光束，对于入射光束锥角有一个限制范围 $\delta_{\min}$（δ 和 δ' 中较小的一个），称为偏振棱镜的有效孔径角。对于给定的晶体，该孔径角与使用波段、棱镜底角 θ，以及胶合剂的折射率有关，这些也是在设计棱镜时所需要考虑的。

（3）消光比。在偏振器作为起偏或检偏时用。对于偏振态为相互正交的两个偏振光，往

往希望其中一个能够完全通过,另一个不能通过,但实际中的偏振器还做不到,因此消光比就是指通过偏振器后两正交偏振光的强度比,即让垂直于偏振器的起偏或检偏方向的偏振光通过的光强愈小愈好。一般偏振棱镜的消光比为 $10^{-5} \sim 10^{-4}$。

(4) 抗损伤能力。现在偏振器已用于强激光的调制中,由于强激光会损伤两棱镜之间的胶合面,因此偏振棱镜对入射光能密度有限制。一般其抗损伤能力,对连续激光为 10W/cm^2,对脉冲激光为 10^4W/cm^2。为提高偏振棱镜的抗损伤能力,可把两棱镜中间层改为空气隙,这种棱镜也称为傅克(Foucault)棱镜,如图 13-24 所示。这种偏振器的优点是抗损伤能力强,对连续激光为 100W/cm^2,对脉冲激光为 $2 \times 10^8 \text{W/cm}^2$。但其透过率低,孔径角也变小(小于 $10°$)。

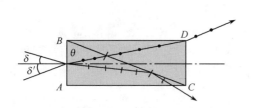

图 13-23 孔径角的限制

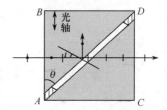

图 13-24 傅克棱镜

4. 二向色型偏振器

制造偏振棱镜需较大块的单晶材料,不仅造价昂贵,也不易得到,此外,偏振棱镜的使用还受到有效孔径角的限制。因此,在更多对偏振度要求不很高的场合,常常都是用二向色型偏振器(一般通称为偏振片)来产生偏振光。所谓二向色性,就是晶体对于在它内部垂直于光轴方向传播的 o 光和 e 光,具有极不相同的吸收本领,因而使其中一种光在通过晶体很短的距离后被完全吸收。天然晶体电气石就有二向色性,但现在用作偏振片的一些有机化合物晶体,如碘化碳酸奎宁(图 13-25)。这是一种带有墨绿色的塑料偏振片,是用在含碘溶液中浸泡过的聚乙烯醇薄膜拉制而成。这种浸碘的有机高分子薄膜经拉伸后,每个长键的高分子都被拉直而规则地择优排列在拉伸方向上,它具有强烈的二向色性。

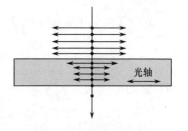

图 13-25 二向色型偏振片

这种偏振片对振动沿拉伸轴(光轴)方向的偏振光强烈吸收,所以通过它的光是垂直于拉伸方向振动的。它的缺点是有颜色,透过率低,对黄色自然光的透过率约为 30%。优点是很薄,面积可以做得大,孔径角几乎是 $90°$,分束角约为 $180°$,而且制作工艺简单、成本低。

5. 波片和补偿器

光波可以具有不同的偏振态,在实际应用中经常需要改变光波的偏振态(例如从线偏振光变成圆偏振光,从椭圆偏振光变成线偏振光等),或者检查光波的偏振态。由于光波的偏振态是由其两正交振动的振幅比与相位差所决定,因此改变这两个参量,就可改变光波的偏振态。晶体具有双折射特性,我们利用光通过晶体可以改变入射光波的振幅和相位差的特点,从而改变光波的偏振态。这一类光学器件统称为推迟器(Retarder)。下面介绍几种常用的推迟器:波片、补偿器。

1) 波片

波片(又称波晶片)是可使通过的光产生相位延迟的光学元件。它是将各向异性透明材料按一定方式切割成具有一定厚度的平行平面板。此波片厚度与相位延迟的大小有关。波片所用材料视通光面积的大小而异,小面积的用晶体(如云母、石膏、石英等),大面积的可由玻璃或高分子薄膜拉制而成。为简便,假定材料都是晶体。所谓切割方式,指的是晶体主轴或光轴与通光表面的关系;波片的切割是使得晶体的两个折射率不等的主轴,与晶片通光表面平行。对于单轴晶体,晶片表面与光轴(x_3轴)平行;对于双轴晶体,晶片表面可与任一主轴平面平行。

垂直入射的平面波在进入波片后方向不变,但要分解为两个偏振成分,它们的 D 矢量必须分别与两个主轴平行,折射率分别为 n' 和 n''。厚度为 h 的波片,对这两个偏振成分将有不同的光学厚度 $n'h$ 和 $n''h$,因此,它们透过波片时有光程差 $(n'-n'')h$,因而有相位差

$$\delta = \frac{2\pi}{\lambda}(n'-n'')h \qquad (13-36)$$

式中:λ 是光在真空中的波长,通常把这个相位差叫做波片的相位延迟。显然,如果入射光是偏振光,那么它在通过波片后,由于其两个垂直分量附加了一个相位差 δ,一般地说,因相位延迟就会改变它的偏振态。

波片按其相位延迟的大小划分,在激光技术中常用的有下列两种:

(1) 半波片。这种波片相位延迟为

$$\delta = (2m+1)\pi, \quad m = 0, \pm 1, \pm 2, \cdots$$

则相应的厚度为

$$h = \frac{\lambda}{2}\left|\frac{2m+1}{n'-n''}\right|, \quad m = \pm 1, \pm 2, \cdots \qquad (13-37)$$

(2) $\lambda/4$ 波片。这种波片相位延迟为

$$\delta = \frac{\pi}{2}(2m+1), \quad m = \pm 1, \pm 2, \cdots$$

则相应的厚度为

$$h = \frac{\lambda}{4}\left|\frac{2m+1}{n'-n''}\right|, \quad m = \pm 1, \pm 2, \cdots \qquad (13-38)$$

一般的晶体,其折射率差 $(n'-n'')$ 的数值很小。例如,在单轴晶体中,$n'-n''=n_e-n_o$。石英折射率差是 $+0.009$,KH_2PO_4 折射率差是 -0.01,方解石是 -0.172。云母是双轴晶体,当光垂直通过云母片时,其折射率差 $n'-n''=n_3-n_2=0.004$。另外,由于波长 λ 的值也很小(为 μm 量级),所以对应于 $m=0$ 的波片的厚度也很小。例如当波长是 $0.5\mu m$ 时,石英半波片仅有 $28\mu m$ 厚,这给制造和使用都带来很大困难。而实际使用的波片其厚度为 mm 量级,所以 m 取值都较大。

波片的使用要注意两个问题:一是任何波片都是对光波特定波长而言。例如对波长为 $0.5\mu m$ 的半波片,对波长 $0.633\mu m$ 就不是半波片;对波长为 $1.06\mu m$ 的 $\lambda/4$ 波片,对 $0.53\mu m$ 则恰好是半波片。所以在使用波片前,一定要了解其工作波长。其次,要知道波片所允许的两个振动方向(即两个主轴方向)及其相应波速的快慢。这通常在制造波片时都已把它标在波片边缘的框架上,波速快的主轴方向称为快轴,与之垂直的方向称为慢轴。波片的 δ 是沿快轴方向振动的分量比沿慢轴方向振动的分量超前的相位。下面举例说明如何利用波片来改变入射光的偏振态。

例 13-4 利用半波片将线偏振光的振动方向转动 90°角。

设振幅为 E_0 的偏振光的振动方向,与波片的一个主轴方向的夹角为 α。当该线偏振光垂直入射进入波片时,将分解为沿两个主轴方向振动的分量(图 13-26),并有相同的相位,其振幅分别为 $E_0\cos\alpha$ 和 $E_0\sin\alpha$。

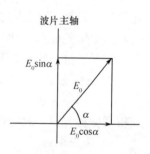

图 13-26 两个主轴方向振动的分量

当这两个垂直分量从半波片射出时,产生了 $(2m+1)\pi$ 的相位差,叠加后的合矢量仍形成一个线偏振光;其振动方向与同一主轴夹角为 α,并且入射半波片前后的两线偏振光振动面之间的夹角为 2α(通过该主轴量度)。因为现在要求光的振动方向转动 90°,即 $2\alpha = 90°$,则 $\alpha = 45°$,所以只需要使入射的线偏振光的振动方向,与半波片的主轴(快轴或慢轴)方向成 45°即可。

2) 巴比涅-索累(Babinet-Soleil)补偿器

这是一种可以调节其相位延迟的波片,能够产生并可以检验各种椭圆偏振光。巴比涅-索累补偿器是由两个叠加在一起的石英楔 A 和 A',以及另一片石英 B 组成,如图 13-27 所示。这一对石英楔 A 和 A' 的光轴都平行于折射棱边,而且它们可以彼此相对移动形成一个厚度可变的石英片;B 是一块厚度均匀的石英平行平板,其光轴与石英楔 A 和 A' 的光轴垂直。当光垂直入射到石英楔后分成 o 光和 e 光,并与渥拉斯顿棱镜的原理相似:在第 1 片石英楔中为 o 光,则到第 2 片石

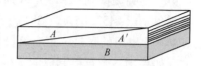

图 13-27 巴比涅-索累补偿器

英楔中为 e 光;反之亦然。但在渥拉斯顿棱镜中 o 光和 e 光可以分得很开,而这里由于石英楔的顶角很小(其折射角非常小),所以实际上 o 光和 e 光分不开,仍为一束光。当光在石英楔中心处通过时,由于在两楔中的厚度 h(光程)相等,因此 o 光和 e 光之间不产生相位差;移动一片石英楔,使得通过两楔的厚度(光程)不等,则 o 光和 e 光之间产生相位差,即有一个相位延迟。如果在一片石英楔上安装精密调节螺杆,则可通过调节螺杆来移动石英楔,从而能得到连续变化的相位延迟。这种补偿器的相位延迟是

$$\delta = (n_e - n_o)[h_B - (h_A + h'_A)]\frac{2\pi}{\lambda_0} \qquad (13-39)$$

当用精密螺丝带动光楔 A 沿 A' 的斜面左右移动时,其厚度 $(h_A + h'_A)$ 也将随之变化,由此即可得到正的、负的和零相位延迟。只用一对石英楔就可做成补偿器,但这种补偿器存在的缺点是只适用于极细的光束,因为宽光束的不同部位会发生不同的相位差。为此,加上一块石英平行平面薄板(图 13-27 中的 B)即可克服,这种补偿器称为巴比涅-索累补偿器。

这种补偿器有多种用途:可以用这样的器件在任何波长上产生所需要的相位延迟;可以补偿及抵消一个元件的自然双折射;可以在一个光学器件中引入一个固定的延迟偏置;校准定标后,可用它来测量待求波片的相位延迟。

例 13-5 利用巴比涅-索累补偿器测量晶体的折射率之差。

解 这里,实际上是利用补偿器测定入射光的偏振态,由其相位差获知折射率之差 $n_o - n_e$。此测量装置由两个正交的线偏振器(前者称为起偏器,后者称为检偏器),及巴比涅-索累补偿器组成,补偿器放在起偏器和检偏器中间。先调整好,即让入射光通过后,在观察中

处看到亮光点,再把待测的一片已知厚度的晶片插在起偏器后面,此时出射光的光强则因晶片引入的相位差而有变化。然后,利用调节螺杆移动石英楔补偿这一相位差,使出射的光回到原来的情况。再由移动量精确测得晶片引入的相位差,从而求出晶体的折射率之差 $n_o - n_e$。

6. 圆偏振器

一个偏振片和一个 $\lambda/4$ 波片组成一个圆偏振器,它既可以作为起偏器,从入射自然光中获得圆偏振光,也可以作为检偏器来确定入射圆偏振光的旋向。

1) 圆起偏器

如图 13-28(a) 所示,P 表示偏振片的透振方向,$\lambda/4$ 波片由方解石制成,其 e 轴(光轴)与 P 方向所夹锐角 $\theta = 45°$,并在其上建立 eoz 坐标系。一束单色自然光沿 z 轴通过偏振片后为线偏振光。设该线偏振光光矢量为 E(振幅为 A),在 $\lambda/4$ 波片输入面 A 上,E 分解成 E_e 和 E_o(图 13-28(b)),其振幅 $A_e = A\cos 45°$,$A_o = A\sin 45°$,两振幅相等,其相差 $\delta_A = 0$;在 $\lambda/4$ 片输出面 B 上,出射光振幅仍为 A_e 和 A_o,相差 $\delta_B = \delta_A + \delta_C = \pi/2$,其中 $\delta_C = \dfrac{\pi}{2}$ 为方解石 $\lambda/4$ 波片引起的相位差。根据前面 10.3.5 节建立的确定光的偏振态的判据,可知从 $\lambda/4$ 波片出射的光是一束左旋圆偏振光,图 13-28 所示装置称为左旋圆起偏器。假如 $\lambda/4$ 波片的 e 轴与 P 方向所夹锐角 $\theta = -45°$(图 13-28(c)),振幅 A_e 仍然等于 A_o,但 $\delta_A = \pi$,$\delta_B = 3\pi/2$(或 $-\pi/2$),故从 $\lambda/4$ 波片出射的光是一束右旋圆偏振光,此时圆起偏器称为右旋圆起偏器。

如果用一个石英制成的 $\lambda/4$ 波片代替图 13-28(a) 中的方解石 $\lambda/4$ 波片,那么该装置变成一右旋圆起偏器;假如 $\theta = -45°$,则该装置成为一个左旋圆起偏器。

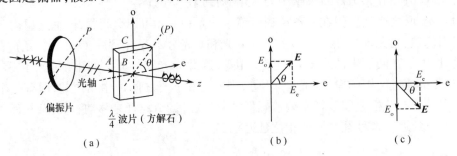

图 13-28 圆起偏器原理图

综上所述,一个圆起偏器是左旋的还是右旋的,由两个因素决定:一个是制成 $\lambda/4$ 波片的晶体的正负性,它决定了 δ_C 的正负;另一个是 $\lambda/4$ 波片的 e 轴与偏振片透振方向所夹锐角 θ 的正负性,它决定了 δ_A 是 0 或 π;两者共同决定 δ_B。不难发现,两者同性为右旋圆起偏器,两者异性为左旋圆起偏器。

2) 圆检偏器

若将圆起偏器的输出端作为输入端,而将其输入端作为输出端使用,这个圆偏振器就转化成一个圆检偏器。对应于图 13-28 所示的圆起偏器,相应的圆检偏器如图 13-29 所示。

一束单色左旋圆偏振光沿 z 轴入射,其光矢量 E 在 $\lambda/4$ 波片输入面 A 上分解成 E_e 和 E_o,两振幅 A_e 和 A_o 相等,E_e 和 E_o 之间的相差 $\delta_A = \pi/2$;在 $\lambda/4$ 波片输出面 B 上,出射光振幅仍为 A_e 和 A_o,相差 $\delta_B = \delta_A + \delta_C = \pi$。根据前面建立的确定光的偏振态的判据,可知从 $\lambda/4$ 片出射的光是一束线偏振光,其光矢量振动方向与 e 轴夹角 $\theta = 45°$,此方向恰好与偏振片透振方向一致,故可以完全透过偏振片。假如正入射 $\lambda/4$ 波片的是一束右旋圆偏振光,通过分析不难得

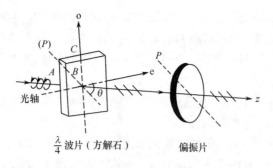

图 13-29 圆检偏器原理图

知,从偏振片无光射出。故通过出射光的有无,可判断入射圆偏振光的旋向。若将偏振片旋转 90°,则结论相反。

例 13-6 利用 $\lambda/4$ 波片将一束线偏光变成一束右旋圆偏振光。

解 设光的传播方向为 x_3,圆偏振光是由分别在 x_1、x_2 方向上振动的两个振幅相等、相位差为 $\pi/2$ 的线偏振光叠加而成。并且对于右旋圆偏振光,x_2 向偏振分量较之 x_1 向偏振分量相位要超前 $\pi/2$。因此,只要使 $\lambda/4$ 波片的快轴方向为 x_2,并使入射线偏光的振动方向与波片主轴成 45°即可,从 $\lambda/4$ 波片射出的将是右旋圆偏振光。

另外不难理解,圆偏振光通过一个 $\lambda/4$ 波片后可变成线偏振光,再用偏振器可观察到消光位置。而自然光通过 $\lambda/4$ 波片后,仍是无规则偏振光。由此,即可把圆偏振光和自然光区分开。

所以可知,波片的作用是可以使入射光在波片主轴方向上得到相位超前或延迟,不同波片有不同的波片相位超前或延迟。虽然波片给入射光的两个分振动增加了一个相位差 δ,但在不考虑波片表面反射时,因为振动相互垂直的两束光不发生干涉,总的光强度为 $I = I_1 + I_2$,与 δ 无关,所以,波片只能改变入射光的偏振态,而不改变其光强。

例 13-7 利用线偏振器和 $\lambda/4$ 波片组合制成的圆偏振器。

解 波片是重要的光学元件,利用波片可组合成多种偏振器件。由例 13-6 知,利用 $\lambda/4$ 波片可将一束线偏振光变成一束圆偏振光,因此利用一个线偏振器和 $\lambda/4$ 波片就可以组合成圆偏振器。

圆偏振器常用来做光隔离器,以消除光路中由于反射面之间的来回反射所引起的光噪声。例如,由激光器发出的光束直接射入一个光学系统,其光学表面会有反射光反馈回到激光器,这样将严重影响激光器输出激光的稳定性。为了避免光反馈,可在激光器前加入一个圆偏振器。这时出射光先经过线偏振器和 $\lambda/4$ 波片成为一圆偏振光(如右旋),再射入一个光学系统的表面,经表面反射后仍是圆偏振光。只是由于光的传播反向,使原圆偏振光也转向(都以迎着入射光的方向来看,如原为右旋光则变成左旋)。然后再经过圆偏振器又成为线偏振光,但其振动方向旋转 90°,这正好与线偏振器的偏振方向垂直,从而反馈光不能再返回进入激光器。这就是光隔离器的工作原理。

光隔离器还可用两片 $\lambda/4$ 波片和一个旋光器组合而成,这两片 $\lambda/4$ 波片的主轴方向是正交的,在其中间放入旋光器。该旋光器一般采用法拉第(Faraday)室,这是利用法拉第效应做成的光学元件。法拉第效应又称为磁致旋光效应,即偏振光通过处于磁场作用下的透明介质时,会产生偏振面发生偏转的旋光现象;而且偏振面的旋转方向、角度只取决于磁场方向和强度,与光的传播方向无关。其中的介质常用磁致旋光性(即费尔德(Verdet)常数)大的材料,如重火石玻璃、石英等。这样,在施加合适的磁场(即产生适当的旋转角度)下,正、反向通过法拉第室隔离器的光,就不可能具有相同的偏振方向。例如,可以只让偏振光中垂直分量正向通过,而反向通过的只能是水平分量的光,这已在气体激光陀螺的四频偏频方式中得到应用。

例 13-8 右旋圆偏振光正入射通过两个全同的石英 $\lambda/4$ 波片,当两晶片的光轴夹角 θ 分别为 $0°$、$45°$、$90°$ 时,求出射光的偏振态。

解 (1) $\theta=0°$ 时,两个 $\lambda/4$ 波片的共同作用相当于一个 $\lambda/2$ 波片,它所引起的 o、e 光相差 $\delta_C = -\pi$ 或 π。对入射的右旋光,$\delta_A = -\pi/2$,故通过两晶片后 o、e 光相差 $\delta_B = \delta_A + \delta_C = -\pi/2 + \pi = \pi/2$,故出射光为左旋圆偏振光。

(2) $\theta=45°$ 时,两晶片光轴方位如图 13-30(a)所示。已知 $\delta_{A1} = -\pi/2$,对正晶体 $\lambda/4$ 波片,$\delta_{C1} = \delta_{C2} = -\pi/2$。从晶片 C_1 出射的光有 $\delta_{B1} = \delta_{A1} + \delta_{C1} = -\pi$,它等效于 π,故其偏振态为振动方向沿 o_2 轴方向的线偏振光。此线振偏光在通过晶片 C_2 时并不分解,最终出射光仍为该方向的线偏振光。

(3) $\theta=90°$ 时,两晶片光轴方位如图 13-30(b)所示。从 C_1 出射的光仍为位于 e_1o_1 坐标系二、四象限且与 e_1 轴成 $45°$ 角的线偏振光。该线偏振光位于 e_2o_2 坐标系一、三象限,故对晶片 C_2 而言入射光的 $\delta_{A2}=0$,又 $\delta_{C2} = -\pi/2$,$\delta_{B2} = \delta_{A2} + \delta_{C2} = -\pi/2$,故出射光为右旋圆偏振光。此情况亦可从另一角度说明,因两晶片性质全同,只是 e、o 轴互易,同一振动在 C_1 中为 e 光,在 C_2 中则为 o 光,反之亦然。故二者互相补偿,对入射两正交振动引入的总的有效相差为零,因此出射光的偏振态不变。

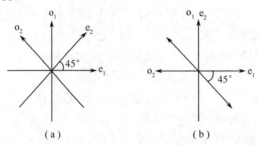

图 13-30 例 13-8 图

7. 退偏器

退偏器(Depolarizer)是将偏振光变成非偏振光的一种偏振器件。它的原理比把自然光变成偏振光的偏振器(Polarizer)要复杂得多。为了了解它的构造原理,我们先给出非偏振光的定义,再讨论如何才能把偏振光变成非偏振光。

非偏振光是指偏振分量的时间平均值为零的光。此定义最早由 Perrin 给出。其数学表达式为

$$\left. \begin{array}{l} \overline{M} = \dfrac{1}{T}\displaystyle\int_0^T M\mathrm{d}t = 0 \\[4pt] \overline{C} = \dfrac{1}{T}\displaystyle\int_0^T C\mathrm{d}t = 0 \\[4pt] \overline{S} = \dfrac{1}{T}\displaystyle\int_0^T S\mathrm{d}t = 0 \end{array} \right\}$$

式中：M、C、S 是光的斯托克斯矢量的瞬间值。非偏振光的另一个定义是光的偏振态的变化速度比所用光探测器的响应速度要快。由以上非偏振光定义可知：当非偏振光通过一旋转的偏振器件或波片时，其强度不变。对于单位强度的非偏振光，其斯托克斯矢量为

$$\begin{bmatrix} I \\ M \\ C \\ S \end{bmatrix} = \begin{bmatrix} 1 \\ 0 \\ 0 \\ 0 \end{bmatrix}$$

按退偏器的原理，退偏器可分为单波长退偏器和白光退偏器两大类。

1) 单波长退偏器

单波长退偏器的理想性能应为：工作波长的光通过时无衰减，任何偏振态的光通过此退偏器后出射光均为非偏振光。

理论上，用两个延迟量不同的延迟器串联，即可构成一退偏器。可以证明：如果此两延迟器的延迟量均从零变到 2π，但两者的变化频率不同，为 2:1 时，则上两个延迟器即构成一个单波长的退偏器。

实际工作中，可用两电光晶体（如 ADP）作为延迟器，利用加在晶体上的电压连续改变光波的延迟量。这时延迟量随时间的变化可以是线性的，也可以是正弦。两晶体特征方向之间的夹角为 45°。

2) 宽光谱（白光）退偏器

对宽谱光波（白光），Lyot 退偏器是目前较适用的一种。Lyot 退偏器是由石英波片串联而成，两波片的厚度为 2:1，且特征轴的夹角为 45°。这种宽谱退偏器（Lyot 退偏器）和单波长退偏器的差别有二：其一，Lyot 退偏器只适用于宽光谱，不适用于单色光；其二，Lyot 退偏器中两石英片是固定的，延迟量不随时间而变。

13.2.2 偏振光的检验

1. 光通过波晶片后偏振态的变化

在圆偏振器工作原理及例 13-8 中，已初步涉及到这个问题，现将研究光通过波晶片后偏振态变化的方法和步骤归纳如下：

(1) 将入射光的电矢量正按照波晶片的 e 轴和 o 轴分解成 E_e 和 E_o，求其振幅 A_e 和 A_o，并根据入射光的偏振态确定在波晶片输入面 A 上 o 光相对 e 光的相差 δ_A。

(2) 在波晶片输出面 B 上出射 o 光和 e 光的振幅仍为 A_o 和 A_e；其相差为 $\delta_B = \delta_A + \delta_C$，其中 $\delta_C = \frac{2\pi}{\lambda}(n_o - n_e)d$ 是波晶片所引起的 E_o 相对于 E_e 的相差。

(3) 出射光的偏振态可根据前面建立的确定光的偏振态的判据判定。

现将几种偏振光经负晶体（如方解石）制成的 $\lambda/4$ 片和 $\lambda/2$ 波片后偏振态的变化情况列在表 13-2 及表 13-3 中。对正晶体（如石英）制成的 $\lambda/4$ 波片可作类似分析。显然，正、负晶体 $\lambda/2$ 波片对光的偏振态的影响是相同的，而任何偏振态的光经全波片后其偏振态并不发生变化。

表 13-2　偏振光经 $\lambda/4$ 波片（$\delta_C = \pi/2$）后偏振态的变化

入射光偏振态	经 $\lambda/4$ 波片	说明
线偏振光（沿 e 轴）	线偏振光（沿 e 轴）	入射光为线偏振光，$\theta=0$ 或 $\pi/2$，则在 $\lambda/4$ 波片或任何波晶片中只存在一种振动方向的线偏振光，经 $\lambda/4$ 片或任何波晶片，出射光偏振态均不变
线偏振光 $\delta_A=0$	正椭圆偏振光 $\delta_B=0+\pi/2=\pi/2$	入射光为线偏振光，出射光为正椭圆偏振光；当 $0<\theta<\pi/2$ 时，左旋；当 $-\pi/2<\theta<0$ 时，右旋
圆偏振光 $\delta_A=-\pi/2$	线偏振光 $\delta_B=-\pi/2+\pi/2=0$	入射光为右旋圆偏振光，经 $\lambda/4$ 波片后变为 $\theta=45°$ 的线偏振光；入射光为左旋圆偏振光，经 $\lambda/4$ 波片后变为 $\theta=-45°$ 的线偏振光
正椭圆偏振光 $\delta_A=-\pi/2$	线偏振光 $\delta_B=-\pi/2+\pi/2=0$	入射光为右旋正椭圆偏振光，经 $\lambda/4$ 波片后变为 $0<\theta<\pi/2$ 的线偏振光；入射光为左旋正椭圆偏振光，经 $\lambda/4$ 波片后变为 $-\pi/2<\theta<0$ 的线偏振光
斜椭圆偏振光 $0<\delta_A<\pi/2$	斜椭圆偏振光 $\pi/2<\delta_B<\pi$	入射光为斜椭圆偏振光，出射光仍为斜椭圆偏振光，但是旋向或长轴所在象限二者之一发生变化
斜椭圆偏振光 $-\pi/2<\delta_A<0$	斜椭圆偏振光 $0<\delta_B<\pi/2$	

表 13-3 偏振光经 $\lambda/2$ 波片($\delta_C = \pi$)后偏振片的变化

入射光偏振态	经 $\lambda/2$ 波片	说　明
$\delta_A = 0$	$\delta_B = 0 + \pi = \pi$	入射光为线偏振光，出射光仍为线偏振光，不过振动面相对 e 旋转 2θ 角，即转向关于光轴对称方位
$\delta_A = -\pi/2$	$\delta_B = -\pi/2 + \pi = \pi/2$	入射光为圆偏振光，出射光仍为圆偏振光，但旋向反转
$\delta_A = -\pi/2$	$\delta_B = -\pi/2 + \pi = \pi/2$	入射光为正椭圆偏振光，出射光仍为正椭圆偏振光，但旋向反转
$0 < \delta_A < \pi/2$	$\pi < \delta_B < 3\pi/2$	入射光为斜椭圆偏振光，出射光仍为斜椭圆偏振光，但是旋向相反，同时椭圆长轴方向转向关于光轴对称的方位
$-\pi/2 < \delta_A < 0$	$\pi/2 < \delta_B < \pi$	

最后应指出，自然光通过任何厚度的波晶片后仍然是自然光。为说明这一点，可利用正交模型并参照波晶片光轴的方位，将自然光分解成两个强度相等、振动方向分别平行于波晶片的 e 轴和 o 轴、相位彼此无关的两束线偏振光。它们经过波晶片后仍保持各自的强度和振动方向不变，只是其相位关系在原来彼此无关的基础上又加上一个常量相差 δ_C，显然，若两个量本来独立无关，则每个量加上一个常量后，二者仍保持独立无关。因此，透过波晶片后的光仍是自然光。由于部分偏振光可看作自然光与偏振光的混合，而通过任意厚度的波晶片后自然光仍是自然光，偏振光仍是偏振光（其偏振态可能发生变化），故部分偏振光通过波晶片后仍是部分偏振光。

2. 偏振光的检验

迄今为止，我们已分别介绍了各种偏振光通过偏振片后光强的变化以及光通过波晶片后偏振态的变化。现在以此为基础来讨论偏振光的检验问题。

前面把偏振光分为三类七种，即非偏振光（自然光）、完全偏振光（线偏振光、圆偏振光和椭圆偏振光)和部分偏振光(部分线偏振光、部分圆偏振光和部分椭圆偏振光)。根据入射光通过旋转的偏振片时,光强无变化及有变化可以将它们初步分成两大组:自然光、圆偏振光和部分圆偏振光为一组,余者为另一组。再配合运用一块 λ/4 波片即可将每组中各种光的偏振态区别开来,具体方法见表 13-4 及表 13-5。

表 13-4　偏振光检验法(一)(单用旋转偏振片,光强无变化时)

把 λ/4 波片置于偏振片前,如旋转偏振片时光强无变化,则为自然光	把 λ/4 波片置于偏振片前,旋转偏振片时光强有变化	
	a. 如有消光位置,则为圆偏振光	b. 如无消光位置,则为部分圆偏振光

表 13-5　偏振光检验法(二)(单用旋转偏振片,光强有变化时)

旋转偏振片时,如有消光位置,则为线偏振光	旋转偏振片时,如无消光位置,则将偏振片置于透射光强最大位置,并把 λ/4 波片置于偏振片前,使其光轴与偏振片透射光强最大方位平行		
	a. 如旋转偏振片时有消光位置,则为椭圆偏振光	b. 如旋转偏振片时无消光位置	
		偏振片在原来的位置时,光强最大,则为部分线偏振光	偏振片不在原来的位置时,光强最大,则为部分椭圆偏振光

13.3　偏振光的干涉

由前面介绍的光的干涉技术可知,同频率、同振动方向、有固定相位差的两光波叠加时,产生干涉现象。其中同振动方向,即要求两光波的偏振态相同。但在前面的讨论中,都认为是自然光的情况,即回避了光波的偏振态,本节专门来讨论偏振光的干涉问题。

当线偏振光通过波晶片时,出射光分解为 o 光和 e 光,它们频率相同,相差恒定,但振动方向互相垂直,故不会发生干涉效应,一般情况下出射光为椭圆偏振光。若在出射光中置一偏振片,此两束光通过偏振片后变成振动方向相同的线偏振光,这时稳定干涉三条件均得到满足,故它们可以发生干涉。这种产生相干光的方法称为分振动面法,相应的干涉现象称为偏振光的干涉。

偏振光的干涉可分为平行偏振光的干涉和会聚偏振光的干涉两种情况,下面分别加以讨论。

13.3.1　平行偏振光的干涉

1. 干涉装置及干涉光强的计算

平行偏振光干涉装置如图 13-31 所示,一波晶片 C 置于两个偏振片 P_1 和 P_2 之间,后面放置一观察屏幕 Π,其中 P_1 将入射自然光变成线偏振光,C 使该线偏振光分解为振动方向互相垂直的 o 光和 e 光并产生确定的相差,P_2 则从这两束光中取出振动方向与其透振方向相同的分量使得干涉可以发生。

干涉光强的计算可分为以下步骤:

1) 振幅分析

根据图 13-31 所示干涉装置,迎着光源或光传播方向,正确画出 P_1、e、o 正交坐标轴和 P_2 在空间中的相对取向,如图 13-32 所示。设波晶片 C 的 e 轴与 P_1 和 P_2 所夹锐角分别为 θ_1 和 θ_2(这里均取正值),并设经 P_1 出射的线偏振光的光矢量为 $\boldsymbol{E}_1$(振幅为 A_1),在波晶片中它按 e、o 正交轴分解成 $\boldsymbol{E}_{1e}$ 和 $\boldsymbol{E}_{1o}$,它们的振幅分别是

$$A_{1e} = A_1\cos\theta_1, \quad A_{1o} = A_1\sin\theta_1$$

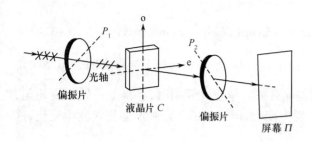
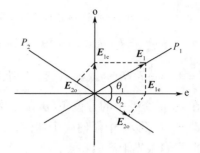

图 13-31 平行偏振光干涉装置　　图 13-32 空间相对取向和光矢量的分解

E_{1e} 和 E_{1o} 在偏振片 P_2 的透振方向上的投影分别为 E_{2e} 和 E_{2o}，它们的振幅分别是

$$\left.\begin{array}{l}A_{2e} = A_{1e}\cos\theta_2 = A_1\cos\theta_1\cos\theta_2 \\ A_{2o} = A_{1o}\sin\theta_2 = A_1\sin\theta_1\sin\theta_2\end{array}\right\} \tag{13-40}$$

上式即是干涉装置分振动面所得两束相干的线偏振光的振幅表达式。

2）相差分析

将由 P_2 出射的光束 E_{2o} 相对于 E_{2e} 的相差用 δ 标记，它由三部分构成：

（1）o 光和 e 光在波晶片 C 前表面的相差 δ_A，即

$$\delta_A = \begin{cases} 0 \\ \pi \end{cases} \quad (当 P_1 方向在 eo 平面的 \begin{matrix}1,3\\2,4\end{matrix} 象限时) \tag{13-41}$$

（2）厚度为 d 的波晶片 C 所引起的 o、e 光的相差 δ_C，即

$$\delta_C = \frac{2\pi}{\lambda}(n_o - n_e)d \tag{13-42}$$

（3）e 轴和 o 轴正向 P_2 在上投影时引起的附加相差 δ'_A，即

$$\delta'_A = \begin{cases} 0 \\ \pi \end{cases} \quad (当 P_2 方向在 eo 平面 \begin{matrix}1,3\\2,4\end{matrix} 象限时) \tag{13-43}$$

因此，两相干光间的最终相差为

$$\delta = \delta_A + \delta_C + \delta' \tag{13-44}$$

在图 13-32 所示的情况下，$\delta = 0 + \frac{2\pi}{\lambda}(n_o - n_e)d + \pi$。

δ 尚有另一种更为简单的表达方式，即

$$\delta = \delta_C + \delta'' \tag{13-45}$$

式中：δ'' 为将入射线偏振光在晶片的 o、e 轴及 P_2 方向两次投影所产生的附加相差，其数值

$$\delta'' = \begin{cases} 0 \\ \pi \end{cases} \quad (当 E_{2o} 和 E_{2e} \begin{matrix}同\\反\end{matrix} 向时) \tag{13-46}$$

不难看出，以上两种表达方式是等价的，实际上有 $\delta'' = \delta_A + \delta'$。

3）强度公式推导

最后，不难得到偏振光干涉强度公式为

$$I = A_{2e}^2 + A_{2o}^2 + 2A_{2e}A_{2o}\cos\delta$$
$$= I_1(\cos^2\theta_1\cos^2\theta_2 + \sin^2\theta_1\sin^2\theta_2 + 2\cos\theta_1\cos\theta_2\sin\theta_1\sin\theta_2\cos\delta) \tag{13-47}$$

式中:$I_1 = A_1^2 = \frac{1}{2}I_0$,$I_0$ 为入射自然光的强度。由上式可知,平行偏振光干涉强度的分布与两块偏振片在 eo 正交系中的方位角(θ_1,θ_2)及相差 δ 有关。单色光照明时,屏幕上各处强度均匀,如果转动 P_1、C 及 P_2 中任何一个器件,θ_1、θ_2 发生变化,屏幕上的干涉强度亦相应发生变化,这是单色平行偏振光干涉的特点。

2. 几种干涉现象的讨论

1) 波晶片旋转时光强的变化与偏振片旋转时的光强互补现象

设两偏振片正交,即 $P_1 \perp P_2$,波晶片的光轴方向位于 P_1、P_2 透振方向之间(图 13-33(a)),易知此时有 $\theta_1 + \theta_2 = \pi/2$,$\delta'' = \pi$,由式(13-47)及式(13-45)可得干涉光强为

$$I_\perp = \frac{1}{2}I_1\sin^2 2\theta_1(1 + \cos\delta) = \frac{1}{2}I_1\sin^2 2\theta_1(1 - \cos\delta_C) \tag{13-48}$$

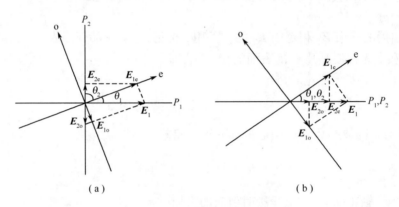

图 13-33 光强互补现象

由上式可知旋转波晶片时,θ_1 变化,$I_\perp$ 亦随之变化。当 $\theta_1 = 0, \pi/2, \cdots$ 时消光;当 $\theta_1 = \pi/4, 3\pi/4\cdots$ 时光强极大。

若两偏振片平行,即 $P_1 // P_2$,波晶片的光轴方向位于 P_1、P_2 透振方向同侧(图 13-33(b)),则有 $\theta_1 = \theta_2$,$\delta'' = 0$,由式(13-47)及式(13-45)可得干涉光强为

$$I_{//} = I_1\left[1 - \frac{1}{2}\sin^2 2\theta_1(1 - \cos\delta)\right] = I_1\left[1 - \frac{1}{2}\sin^2 2\theta_1(1 - \cos\delta_C)\right] \tag{13-49}$$

由上式同样可分析波晶片旋转时 θ_1 变化所引起的 $I_{//}$ 的变化。另外可以看到

$$I_\perp + I_{//} = I_1 \tag{13-50}$$

即对于同一波晶片方位角 θ_1,当转动 P_2 使其位置从与 P_1 正交变为与 P_1 平行时,相应的干涉强度呈互补关系。此互补关系对于各种波晶片及各种方位角 θ_1 均适用。读者可自行分析不同 δ_C 及 θ_1 时 $I_\perp$ 及 $I_{//}$ 的数值,以确定不同波晶片 $I_\perp$ 与 $I_{//}$ 的极值方位,当其中一个为极大时,另一个必为极小。

2) 显色偏振

由 δ_C 的表达式可知,当 n_o、n_e、d 给定时,δ_C 是光波长 λ 的函数。当白光照明时,不同 λ 的色光具有不同的 δ_C,故有不同的干涉强度。设当 $P_2 \perp P_1$ 时,某一波长 λ_1 具有最大的干涉强

度,另一波长 λ_2 具有最小的干涉强度,则由互补关系,当 $P_2 /\!/ P_1$ 时,λ_1 和 λ_2 分别具有最小和最大的干涉强度。这两种情况下屏幕上的颜色(干涉色)称为互补色。自然地,当转动 P_2 时,屏幕上色彩将随之变化,这种现象称为显色偏振。

显色偏振在晶体分析中十分有用。根据是否出现显色偏振现象,可以判断样品片是否为晶片。若为晶片,则还可以进一步根据屏幕上出现的干涉色,判断出产生消光的光的波长,从而求出晶片的 $(n_o - n_e)$ 或 d 的值。

3) 尖劈形晶片的干涉现象

在图 13-31 所示的装置中,将平行平面波晶片用一尖劈形晶片 C 代替(图 13-34),并令单色自然平行光正入射。光束透过偏振片 P_1 后变成线偏振光,在晶片 C 中它分解为 o 光和 e 光,出射为两束振动方向互相垂直的线偏振光,它们相对于入射方向的偏向角分别为

$$\left.\begin{array}{l}\delta_o \approx (n_o - 1)\alpha \\ \delta_e \approx (n_e - 1)\alpha\end{array}\right\} \quad (13-51)$$

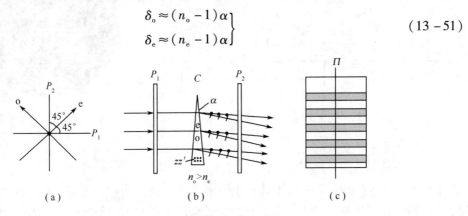

图 13-34 尖劈形晶片的干涉

式中:α 为尖劈形晶片顶角。这两束线偏振光通过偏振片 P_2 后振动方向变为一致,故屏幕 Π 上产生平行等距的干涉条纹,条纹的取向与劈棱方向平行,条纹间距则为

$$e = \frac{\lambda}{|\sin\delta_o - \sin\delta_e|} \approx \frac{\lambda}{|\delta_o - \delta_e|} = \frac{\lambda}{|(n_o - n_e)\alpha|} \quad (13-52)$$

这种干涉条纹亦可看作是等厚条纹。当 $P_1 \perp P_2$ 时,$\delta'' = \pi$,在 δ_c 等于 π 的奇数倍,即晶片相当于半波片处,入射晶片的线偏振光经过晶片后其振动方向转到了关于光轴的对称方位,即与 P_2 透振方向一致,故该处出现亮纹;在 δ_c 等于 π 的偶数倍,即晶片相当于全波片处,透过晶片的光仍保持从 P_1 出射时的偏振状态,它无法透过 P_2,故该处出现暗纹。由此得到的条纹间距仍为式(13-52)。

若用白光照明,因 δ_c 与 λ、d 两因素有关,不同 d 处有不同 λ 满足极大值条件,故屏幕上出现彩色条纹,等色线对应于等厚线。对尖劈形晶片,等色条纹仍平行于劈棱;若晶片厚度不规则,则等色线具有不规则形状。转动 P_1、C、P_2 中任一元件,彩色条纹分布均发生变化。当 P_2 从垂直于 P_1 转到平行于 P_1 时,在同一处色彩变为其互补色。

13.3.2 会聚偏振光的干涉

13.3.1 节讨论了平行偏振光的干涉,相差 δ_c 随波晶片的厚度而改变。对于厚度均匀的波晶片而言,δ_c 也可随晶片内光线的倾角而改变,会聚偏振光的干涉的特点就在于此。

1. 实验装置及干涉现象

会聚偏振光干涉的实验装置如图 13-35 所示,图中 S 是点光源,L_1、L_2、L_3、L_4 是透镜,P_1、

P_2 是正交偏振片，C 是光轴与晶体表面垂直的晶片，Π 是屏幕。短焦距透镜 L_2 将透过 P_1 的平行偏振光转化成一束会聚偏振光入射到晶片 C 上，从 C 出射的光再经同样的透镜 L_3 后转化为平行光入射到偏振片 P_2，最后透镜 L_4 把 L_3 的后焦面成像于屏幕 Π 上。这样，凡以相同方向通过晶片 C 的光线，最后将会聚到 Π 上同一点。易知该光路对轴线 SO 具有轴对称性。这种装置产生的干涉图样如图 13-36 所示，它也具有中心对称性，是一组以 O 点为中心的明暗相间的同心圆环。圆环上有一个与 P_1 方向平行及垂直的黑十字形"刷子"。白光照明时，干涉图样呈彩色。

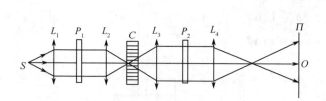

图 13-35 会聚偏振光干涉装置

图 13-36 会聚偏振光干涉图样的照片

2. 干涉图样的分析

1）干涉强度公式

图 13-37(a) 为图 13-35 中几种主要部件的立体视图。入射平行自然光经 P_1 后变为振动方向沿 P_1 透振方向的线偏振光，它经 L_2 后会聚于晶片 C 上的 Q 点。除沿光轴方向前进的主光线外，其他光线在晶片内均可分解为 o 光和 e 光。图 13-37(a) 中，从透镜 L_2 上一点 B 射向晶片的光线，它与晶片光轴方向所成平面用阴影区表示，此平面方位即可代表以 BQ 方向入射的光所对应的晶片内的主截面方位。以该主截面作参考平面，可以将光线 BQ 的光矢量 $\boldsymbol{E}_1$（它平行于 P_1）分解为在该平面内的分量 $\boldsymbol{E}_{1e}$ 和垂直于该平面的分量 $\boldsymbol{E}_{1o}$。设该主截面与 P_1 透振方向夹角为 θ，$\boldsymbol{E}_1$ 的振幅为 A_1，显然 $\boldsymbol{E}_{1e}$ 和 $\boldsymbol{E}_{1o}$ 的振幅分别为

$$A_{1e} = A_1\cos\theta, \quad A_{1o} = A_1\sin\theta$$

由于 o 光和 e 光在晶片内折射率不同，在晶片内的传播方向也稍有差别（图 13-37(b)），两光出射时晶片使它们产生了相差 δ_C。这两束光通过 P_2 时再次在 P_2 的透振方向投影，得到 $\boldsymbol{E}_{2e}$ 和 $\boldsymbol{E}_{2o}$ 两分量，图 13-37(c) 为各量关系的平面投影图。易知

$$A_{2e} = A_{1e}\sin\theta = A_1\cos\theta\cos\theta$$

$$A_{2o} = A_{1o}\cos\theta = A_1\sin\theta\sin\theta$$

考虑到 $\boldsymbol{E}_{2e}$ 和 $\boldsymbol{E}_{2o}$ 方向相反，此时存在附加相差 $\delta'' = \pi$，故沿 BQ 方向入射的光束经 P_2 后的干涉光强为

$$I = A_{2e}^2 + A_{2o}^2 + 2A_{2e}A_{2o}\cos(\delta_C + \pi) = \frac{1}{2}I_1\sin^2 2\theta(1 - \cos\delta_C) \tag{13-53}$$

式中：$I_1 = A_1^2$。

2）干涉圆环的成因

根据干涉装置绕光轴方向的旋转对称性，并由图 13-37(b) 可知，以同样角度 i_1 入射到晶

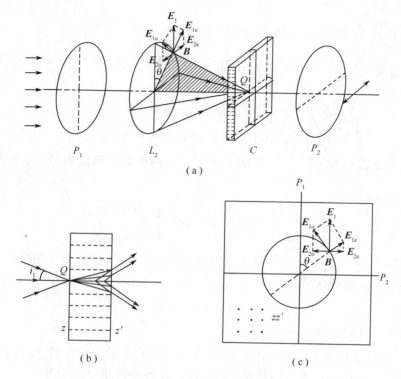

图 13-37 会聚偏振光干涉的分析

片的光线在出射时 o、e 光的相差 δ_C 是相同的;当入射光线的倾角 i_1 发生变化时,它在晶片内所分解的 o、e 光的传播方向发生变化,相应 δ_C 亦随之变化。若暂不考虑上式中因子 $\sin^2 2\theta$ 的影响,干涉图样的等强度线应为等 δ_C 线,即等 i_1 线,故干涉条纹为等倾圆环条纹。其中心点 O 相应的 $\delta_C = 0$,由式(13-53),知 O 点为零级暗点。沿径向向外,i_1 逐渐增大,δ_C 随之增大,干涉级次逐渐升高。考虑到 i_1 增大时不仅晶片内 o、e 光的传播路程增加,而且 e 光的折射率 n'_e 与 n_o 的差别也逐渐增大,所以光程差随倾角增加非线性地上升,从中心向外干涉环越来越密。

3) 十字"刷子"的成因

式(13-53)说明等倾圆环条纹的强度受到了因子 $\sin^2 2\theta$ 的调制。对上述 $P_1 \perp P_2$ 的情况,易知当 $\theta = 0$ 和 $\pi/2$ 时,$I = 0$,所以干涉图样中在 P_1 和 P_2 的透振方向出现了暗"十字"。从物理图像看,当 θ 为上述值时,经 L_2 后会聚光对晶片来说只是一种 o 光或 e 光,不发生双折射,晶片不起作用,故 $P_1 \perp P_2$ 使得出射光消失。若装置中 $P_1 // P_2$,读者可自行分析,这时干涉圆环形状不变,但强度分布与 $P_1 \perp P_2$ 时互补,即暗纹处变为亮纹,暗"十字"也变成了亮"十字"。

4) 白光条纹

当白光入射时,易知干涉图样为彩色圆环,每级条纹内紫外红。在亮或暗的"十字"线方位由于各色光的交叠而呈白或黑色。由 $P_1 \perp P_2$ 变为 $P_1 // P_2$ 时"十字"处黑白互易,其他各处色彩互补。

13.4 偏振态及其变换的矩阵描述

1941 年,琼斯(R. C. Jones)提出了一种用列矢量和矩阵描述偏振态和偏振器件的方法,这种方法具有形式简明、运算方便的优点,以下予以简要介绍。

13.4.1 偏振态的表示——琼斯矢量

取单色波的传播方向为直角坐标系的 z 轴正向，不论该光波的偏振态如何，其光矢量 E 总可用其 x、y 分量表示，即

$$\left.\begin{array}{l}E_x = E_{x0}\exp(i\varphi_x) = E_{x0}\exp[i(kz-\omega t+\varphi_{x0})]\\ E_y = E_{y0}\exp(i\varphi_y) = E_{y0}\exp[i(kz-\omega t+\varphi_{y0})]\end{array}\right\} \qquad (13-54)$$

式中：E_{x0}、E_{y0} 和 φ_{x0}、φ_{y0} 均为实数，分别表示 x、y 方向振动的振幅及初相。上式亦可写成列矢量形式：

$$E = \begin{bmatrix} E_x \\ E_y \end{bmatrix} = \exp[i(kz-\omega t)]\begin{bmatrix} E_{x0}\exp(i\varphi_{x0}) \\ E_{y0}\exp(i\varphi_{y0}) \end{bmatrix} \qquad (13-55)$$

因两分量的共同因子 $\exp[i(kz-\omega t)]$ 并不影响光的偏振态，所以在考虑偏振态的表示时此因子可以略去不计，从而得到

$$|E|^2 = E_{x0}^2 + E_{y0}^2 \qquad (13-56)$$

这种表示偏振态的列矢量称为琼斯矢量。

由于同一偏振态的光可以具有不同强度，为了使偏振态的表示是确定的，通常取光波的强度为一个单位，即将式(13-55)用其强度归一化。容易看到，该光波强度为

$$|E|^2 = E_{x0}^2 + E_{y0}^2$$

故归一化后的琼斯矢量为

$$E = \frac{1}{\sqrt{E_{x0}^2 + E_{y0}^2}}\begin{bmatrix} E_{x0}\exp(i\varphi_{x0}) \\ E_{y0}\exp(i\varphi_{y0}) \end{bmatrix} \qquad (13-57)$$

若引入 y 振动与 x 振动的振幅比

$$\gamma = \frac{E_{y0}}{E_{x0}} \qquad (13-58)$$

和相位差

$$\delta = \varphi_y - \varphi_x = \varphi_{y0} - \varphi_{x0} \qquad (13-59)$$

并略去共同的相因子 $\exp(i\varphi_{x0})$，则归一化的琼斯矢量亦可表示为

$$E = \frac{1}{\sqrt{1+\gamma^2}}\begin{bmatrix} 1 \\ \gamma\exp(i\delta) \end{bmatrix} \qquad (13-60)$$

可见，γ 与 δ 两参数即决定了光的偏振态。

以下用式(13-60)求出几种偏振光的归一化琼斯矢量。

1. 线偏振光

设 E 与 x 轴成 θ 角（图13-38），其振幅为 E_0，无论从 $E_{x_0} = E_0\cos\theta$；$E_{y_0} = E_0\cos\theta$，或是从 $\gamma = \tan\theta, \delta = 0$ 均可得到其琼斯矢量为

$$E = \begin{bmatrix} \cos\theta \\ \sin\theta \end{bmatrix} \qquad (13-61)$$

这里规定 θ 在第一象限为正,第四象限为负。由此式容易得到 $\theta=0,\pm\pi/2,\pm\pi/4$ 时的一些特例。

2. 圆偏振光

1) 左旋圆偏振光

$\gamma=1,\delta=\pi/2$,故有

$$E_L = \frac{1}{\sqrt{1+1}} \begin{bmatrix} 1 \\ \exp(i\pi/2) \end{bmatrix} = \frac{1}{\sqrt{2}} \begin{bmatrix} 1 \\ i \end{bmatrix} \quad (13-62)$$

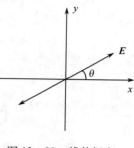

图 13-38 线偏振光

2) 右旋圆偏振光

$\gamma=1,\delta=-\pi/2$,故有

$$E_R = \frac{1}{\sqrt{1+1}} \begin{bmatrix} 1 \\ \exp(-i\pi/2) \end{bmatrix} = \frac{1}{\sqrt{2}} \begin{bmatrix} 1 \\ -i \end{bmatrix} \quad (13-63)$$

对一般椭圆偏振光,γ 与 δ 可任意取值,必须利用式(13-60)进行具体运算。为比较方便,现将各种偏振光的归一化琼斯矢量综合于表 13-6 中列出。

表 13-6 偏振态的归一化琼斯矢量

偏振光		琼斯矢量
线偏振光	一般式(E 与 x 轴成 θ 角)	$\begin{bmatrix} \cos\theta \\ \sin\theta \end{bmatrix}$
	E 沿 x 轴	$\begin{bmatrix} 1 \\ 0 \end{bmatrix}$
	E 沿 y 轴	$\begin{bmatrix} 0 \\ 1 \end{bmatrix}$
	E 与 x 轴成 $\pm 45°$ 角	$\frac{1}{\sqrt{2}}\begin{bmatrix} 1 \\ \pm 1 \end{bmatrix}$
圆偏振光 ($\gamma=1$)	左旋 $\left(\delta=\frac{\pi}{2}\right)$	$\frac{1}{\sqrt{2}}\begin{bmatrix} 1 \\ i \end{bmatrix}$
	右旋 $\left(\delta=-\frac{\pi}{2}\right)$	$\frac{1}{\sqrt{2}}\begin{bmatrix} 1 \\ -i \end{bmatrix}$
正椭圆偏振光 ($\gamma \neq 1$)	左旋 $\left(\delta=\frac{\pi}{2}\right)$	$\frac{1}{\sqrt{1+\gamma^2}}\begin{bmatrix} 1 \\ \gamma i \end{bmatrix}$
	右旋 $\left(\delta=-\frac{\pi}{2}\right)$	$\frac{1}{\sqrt{1+\gamma^2}}\begin{bmatrix} 1 \\ -\gamma i \end{bmatrix}$
一般椭圆偏振光 (γ 为任意正数,δ 为任意实数)		$\frac{1}{\sqrt{1+\gamma^2}}\begin{bmatrix} 1 \\ -\gamma e^{i\delta} \end{bmatrix}$

13.4.2 正交偏振

设两束光的偏振态可分别用琼斯矢量表示为

$$E_1 = \begin{bmatrix} X_1 \\ Y_1 \end{bmatrix}, \quad E_2 = \begin{bmatrix} X_2 \\ Y_2 \end{bmatrix} \tag{13-64}$$

若它们满足

$$E_1^* \cdot E_2 = X_1^* \cdot X_2 + Y_1^* \cdot Y_2 = 0 \tag{13-65}$$

这里矢量上的 * 号表示转置共轭,分量上的 * 号表示共轭,则此二偏振态 E_1 和 E_2 称为是正交的。

对正交偏振可作如下说明:

(1) 对两线偏振光 E_1 和 E_2,X_1、Y_1、X_2、Y_2 皆为实数,这时二者正交简单地意味着 $E_1 \perp E_2$。

(2) 更一般地说,正交偏振态并不仅仅局限于振动方向相互垂直的两线偏振光。例如,由式(13-9)及式(13-10)二式可知

$$E_L^* \cdot E_R = \frac{1}{\sqrt{2}}[1, -i] \cdot \frac{1}{\sqrt{2}} \begin{bmatrix} 1 \\ -i \end{bmatrix} = \frac{1}{2}[1 + (-i)(-i)] = 0$$

所以左、右旋圆偏振光是互相正交的。

(3) 两偏振态 E_1、E_2 正交说明此二态是线性无关或独立的,故任一偏振态均可以它们为基矢展开成线性叠加的形式,即

$$E = C_1 E_1 + C_2 E_2 \tag{13-66}$$

式中:C_1、C_2 为二复常数。

例如,偏振光 $E = \begin{bmatrix} X \\ Y \end{bmatrix}$ 既可分解为两个正交线偏振光的叠加,即

$$E = \begin{bmatrix} X \\ Y \end{bmatrix} = X \begin{bmatrix} 1 \\ 0 \end{bmatrix} + Y \begin{bmatrix} 0 \\ 1 \end{bmatrix}$$

也可分解为左、右旋两个圆偏振光的叠加,即

$$E = \begin{bmatrix} X \\ Y \end{bmatrix} = \frac{1}{2}(X - iY) \begin{bmatrix} 1 \\ i \end{bmatrix} + \frac{1}{2}(X + iY) \begin{bmatrix} 1 \\ -i \end{bmatrix}$$

在前文讨论界面的反射与折射时我们曾将入射光分解为 s 光和 p 光,在讨论晶体双折射时将入射光分解为 e 光和 o 光,在讨论旋光性时则分解为左旋圆偏振光和右旋圆偏振光。不难看出,所有这些分解方式均是将一偏振态分解为两个互相正交的偏振态,其根据则为正交偏振态的线性独立性。至于在某一问题中究竟应取何种分解方式,则视该问题的具体性质而定。对光学器件,总有某些振动方式通过其后不改变自身的偏振态,这种振动方式称为该器件的本征振动。一般地,器件的两个本征振动是互相正交的,任一振动方式可以以这两个本征振动作为基矢进行分解。

13.4.3 偏振器件的表示——琼斯矩阵

当光通过偏振器件时,由于光与物质的相互作用,透射光的偏振态可以不同于入射光的偏振态。设入射光和透射光的偏振态分别用 $E_1 = \begin{bmatrix} X_1 \\ Y_1 \end{bmatrix}$ 和 $E_2 = \begin{bmatrix} X_2 \\ Y_2 \end{bmatrix}$ 表示,如图 13-39 所示,在线性光学范围内,可以认为偏振器件 M 的输出与输入呈线性关系,即

$$X_2 = aX_1 + bY_1 \brace Y_2 = cX_1 + dY_1$$

上式可用矩阵形式写为

$$E_1 = \begin{bmatrix} X_1 \\ Y_1 \end{bmatrix} \rightarrow \boxed{\text{偏振器件 } M} \rightarrow E_2 = \begin{bmatrix} X_2 \\ Y_2 \end{bmatrix}$$

图 13-39 偏振器件使偏振态发生变化

$$\begin{bmatrix} X_2 \\ Y_2 \end{bmatrix} = \begin{bmatrix} a & b \\ c & d \end{bmatrix} \begin{bmatrix} X_1 \\ Y_1 \end{bmatrix} \quad (13-67)$$

式中矩阵

$$M = \begin{bmatrix} a & b \\ c & d \end{bmatrix} \quad (13-68)$$

称为该偏振器件的琼斯矩阵。由于不同的偏振器件可以以不同方式改变入射光的偏振态,故它们具有不同的琼斯矩阵。以下介绍几种偏振器件的琼斯矩阵。

1. 线偏振器

偏振片即线偏振器,它只允许某一方向的光振动通过。设其透振方向与 x 轴成 θ 角,如图 13-40 所示,入射光琼斯矢量的 x、y 分量分别为 X_1、Y_1,将它们在透振方向的投影叠加起来,再分解为 x、y 分量,可以得到出射光为

$$E_2 = \begin{bmatrix} X_2 \\ Y_2 \end{bmatrix} = \begin{bmatrix} (X_1\cos\theta + Y_1\sin\theta)\cos\theta \\ (X_1\cos\theta + Y_1\sin\theta)\sin\theta \end{bmatrix} = \begin{bmatrix} \cos^2\theta & \frac{1}{2}\sin2\theta \\ \frac{1}{2}\sin2\theta & \sin^2\theta \end{bmatrix} \begin{bmatrix} X_1 \\ Y_1 \end{bmatrix}$$

因此线偏振器的琼斯矩阵为

$$M = \begin{bmatrix} \cos^2\theta & \frac{1}{2}\sin2\theta \\ \frac{1}{2}\sin2\theta & \sin^2\theta \end{bmatrix} \quad (13-69)$$

由上式可得到 θ 为不同角度时 M 的具体表达式。

2. 波晶片

设晶片快轴与 x 轴成角度 θ,如图 13-41 所示,由于振动方向沿慢轴方向的光速较小,折射率及光程较大,故相位延迟量较大,记波晶片所引起的慢轴方向相对于快轴方向光振动的相

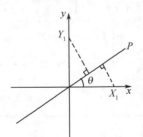

图 13-40 偏振片对偏振态的影响 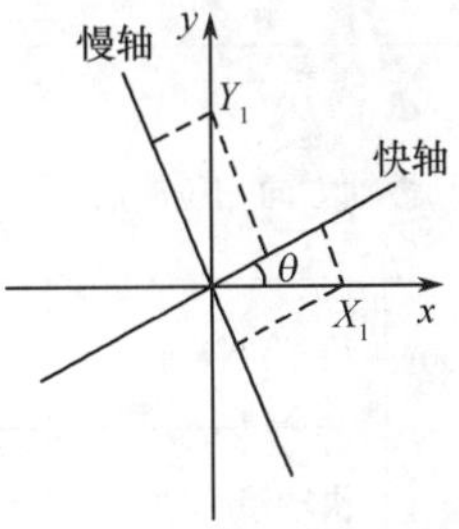　　图 13-41 晶片对偏振态的影响

位差为 δ,将入射光琼斯矢量两分量 X_1、Y_1 投影到快、慢轴上,考虑到相位差 δ 后再重新沿 x、y 方向分解,可以得到出射光为

$$E_2 = \begin{bmatrix} (X_1\cos\theta + Y_1\sin\theta)\cos\theta + (X_1\sin\theta - Y_1\cos\theta)\exp(i\delta)\sin\theta \\ (X_1\cos\theta + Y_1\sin\theta)\sin\theta - (X_1\sin\theta - Y_1\cos\theta)\exp(i\delta)\cos\theta \end{bmatrix}$$

$$= \begin{bmatrix} \cos^2\theta + \exp(i\delta)\sin^2\theta & \frac{1}{2}[1-\exp(i\delta)]\sin2\theta \\ \frac{1}{2}[1-\exp(i\delta)]\sin2\theta & \sin^2\theta + \exp(i\delta)\cos^2\theta \end{bmatrix} \begin{bmatrix} X_1 \\ Y_1 \end{bmatrix}$$

$$= \exp\left(\frac{i\delta}{2}\right)\cos\frac{\delta}{2} \begin{bmatrix} 1 - i\tan\frac{\delta}{2}\cos2\theta & -i\tan\frac{\delta}{2}\sin2\theta \\ -i\tan\frac{\delta}{2}\sin2\theta & 1 + i\tan\frac{\delta}{2}\cos2\theta \end{bmatrix} \begin{bmatrix} X_1 \\ Y_1 \end{bmatrix}$$

略去上式中绝对值为 1 的公共因子 $\exp(i\delta/2)$,可得波晶片的琼斯矩阵为

$$M = \cos\frac{\delta}{2} \begin{bmatrix} 1 - i\tan\frac{\delta}{2}\cos2\theta & -i\tan\frac{\delta}{2}\sin2\theta \\ -i\tan\frac{\delta}{2}\sin2\theta & 1 + i\tan\frac{\delta}{2}\cos2\theta \end{bmatrix} \tag{13-70}$$

由此普遍表达式可得出各种波晶片(如 $\lambda/4$ 波片、$\lambda/2$ 波片)在各种方位下琼斯矩阵的具体形式。

表 13-7 中列出了各种偏振器件的琼斯矩阵。应该指出,琼斯矩阵的形式并非是唯一的,可以相差一个绝对值为 1 的复常数因子。另外,依惯例常将其中第一行第一列的元素 a 取为 1。

表 13-7 偏振器件的琼斯矩阵

偏振器件			琼斯矩阵
线偏振器	一般形式: 透振方向与 x 轴成 θ 角		$\begin{bmatrix} \cos^2\theta & \frac{1}{2}\sin2\theta \\ \frac{1}{2}\sin2\theta & \sin^2\theta \end{bmatrix}$
	透振方向沿 x 轴		$\begin{bmatrix} 1 & 0 \\ 0 & 0 \end{bmatrix}$
	透振方向沿 y 轴		$\begin{bmatrix} 0 & 0 \\ 0 & 1 \end{bmatrix}$
	透振方向与 x 轴成 $\pm 45°$ 角		$\frac{1}{2}\begin{bmatrix} 1 & \pm 1 \\ \pm 1 & 1 \end{bmatrix}$
波晶片	一般形式: 快轴与 x 轴成 θ 角,慢轴方向相位滞后 δ		$\cos\frac{\delta}{2}\begin{bmatrix} 1 - i\tan\frac{\delta}{2}\cos2\theta & -i\tan\frac{\delta}{2}\sin2\theta \\ -i\tan\frac{\delta}{2}\sin2\theta & 1 + i\tan\frac{\delta}{2}\cos2\theta \end{bmatrix}$
	$\lambda/4$ 片 $\delta = \frac{\pi}{2}$	快轴沿 x 轴	$\begin{bmatrix} 1 & 0 \\ 0 & i \end{bmatrix}$
		快轴沿 y 轴	$\begin{bmatrix} 1 & 0 \\ 0 & -i \end{bmatrix}$
		快轴与 x 轴成 $\pm 45°$ 角	$\frac{1}{\sqrt{2}}\begin{bmatrix} 1 & \mp i \\ \mp i & 1 \end{bmatrix}$
	$\lambda/2$ 片 $\delta = \pi$	快轴沿 x 轴或 y 轴	$\begin{bmatrix} 1 & 0 \\ 0 & -1 \end{bmatrix}$
	$\lambda/2$ 片 $\delta = \pi$	快轴与 x 轴成 $\pm 45°$ 角	$\begin{bmatrix} 0 & 1 \\ 1 & 0 \end{bmatrix}$

偏振器件		琼斯矩阵
圆偏振器	左旋	$\dfrac{1}{2}\begin{bmatrix} 1 & -i \\ i & 1 \end{bmatrix}$
	右旋	$\dfrac{1}{2}\begin{bmatrix} 1 & i \\ -i & 1 \end{bmatrix}$

13.4.4 利用琼斯矢量和琼斯矩阵的运算

当入射光 E 连续通过多个偏振器件时（图 13-42），易知输出光可表示为

$$E' = M_N M_{N-1} \cdots M_1 E \tag{13-71}$$

式中：$M_1, M_2, \cdots, M_N$ 为依次通过的各偏振器件的琼斯矩阵。这时偏振态的变化可简单地化为矩阵运算。

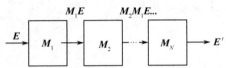

图 13-42 入射光连续通过多个偏振器件

例 13-9 设有一束振幅为 A、振动方向沿 x 轴的线偏振光，先通过一透振方向与 x 轴成 45°的偏振片，再通过一快轴沿 x 方向放置的方解石 $\lambda/4$ 波片（图 13-43），求出射光的偏振态及强度。

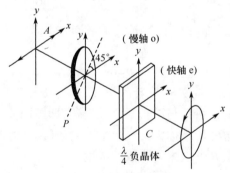

图 13-43 例 13-9 图

解 依题意，输入光的琼斯矢量为 $E = A\begin{bmatrix} 1 \\ 0 \end{bmatrix}$，偏振片 P 和晶片 C 的琼斯矩阵分别为

$$M_1 = \frac{1}{2}\begin{bmatrix} 1 & 1 \\ 1 & 1 \end{bmatrix}, \quad M_2 = \begin{bmatrix} 1 & 0 \\ 0 & i \end{bmatrix}$$

代入式(13-71)，可得到出射光的琼斯矢量为

$$E' = M_2 M_1 E = \begin{bmatrix} 1 & 0 \\ 0 & i \end{bmatrix} \frac{1}{2}\begin{bmatrix} 1 & 1 \\ 1 & 1 \end{bmatrix} \begin{bmatrix} A \\ 0 \end{bmatrix} = \frac{1}{2}\begin{bmatrix} 1 & 0 \\ 0 & i \end{bmatrix} \begin{bmatrix} A \\ A \end{bmatrix} = \frac{A}{2}\begin{bmatrix} 1 \\ \exp\left(i\dfrac{\pi}{2}\right) \end{bmatrix}$$

上式表明，输出光的 x、y 分量振幅均为 $A/2$，但 y 振动与 x 振动的相位差为 $\pi/2$，故出射光为左旋圆偏振光。此结论亦可以由将上式结果与表 13-4 相比较而直接看出。出射光的强度则为

$$I' = \left(\frac{A}{2}\right)^2 + \left(\frac{A}{2}\right)^2 = \frac{1}{2}A^2 = \frac{1}{2}I$$

式中：I 为入射光强度。

13.5 晶体的磁光、电光和声光效应

由外界机械力、电场和磁场作用产生的双折射或双折射性质的变化与外界作用的性质和大小密切联系，测定所发生的电光效应、磁光效应和声光效应中的双折射大小或变化可以推断外界作用的大小和方向；反之，通过控制外界作用，产生所需要的双折射，可以实现对透射光的相位、强度或偏振态的调制。这些效应近些年在激光技术、光学信息处理和光通信等领域的应用更加广泛。本节将简要介绍其原理及应用。

13.5.1 旋光和磁光效应

1. 固有旋光现象

人们发现，某些晶体（光轴垂直于表面切取），当入射平行线偏振光在晶体内沿着光轴方向传播时线偏振光的光矢量随传播距离逐渐转动，这种现象称为旋光现象。具有这种性质的介质称为旋光物质。它们以双折射晶体（如石英、酒石酸等）、各向同性晶体（砂糖晶体、氯化钠晶体等）和液体（砂糖溶液、松节油等）等各种形态存在着，且不同的旋光物质可以使线偏振光的振动面向不同的方向旋转。

实验表明，线偏振光通过旋光物质时，光矢量转过的角度 θ 与通过该物质的距离 l 成正比，即

$$\theta = \alpha l \tag{13-72}$$

式中：α 为该物质中 1mm 长度上光矢量旋转的角度，称为旋光系数。表 13-8 给出了几种物质的旋光系数。实验发现，旋光系数与波长平方成反比，即不同波长的光波在同一旋光物质中其光矢量旋转的角度不同，这种现象称为旋光色散。对于旋光的液体，转角 θ 还与溶液的浓度成正比。据此，通过测定转角 θ 可以测定溶液的浓度。

表 13-8 几种物质的旋光系数（对 D 光）

物质	$\alpha/(°)\cdot mm^{-1}$	物质	$\alpha/(°)\cdot mm^{-1}$
辰砂 HgS	+32.5	尼古丁蒎碱（液态，10℃~30℃）	-16.2
石英 SiO$_2$	+21.75	胆甾相液晶	1800

实验还发现，旋光物质有左旋和右旋之分，对着光的传播方向观察，使光矢量顺时针方向旋转的物质为右旋物质，逆时针旋转的物质为左旋物质。大多数旋光物质都具有这两种状态，如石英、糖溶液等。它们的旋光本领在数值上相等，但旋向相反；它们的分子组成相同，但成镜对称结构排列。

菲涅耳曾对旋光现象作出唯像解释。菲涅耳假设沿晶体光轴传播的线偏振光可以看作由两个等频率、不同传播速度的左旋和右旋的圆偏振光组成。右旋物质中，右旋圆偏振光的传播速度大于左旋圆偏振光的传播速度，左旋物质则正好相反。据此，当通过厚度为 l 的旋光物质

时,这两个圆偏振光之间产生一个相位差

$$\delta = \frac{2\pi}{\lambda}l(n_{左} - n_{右}) \quad (13-73)$$

容易知道,相应的转过的角度为

$$\theta = \frac{\delta}{2} = \frac{\pi}{\lambda}l(n_{左} - n_{右}) \quad (13-74)$$

可知,当 $n_{左} > n_{右}$,即 $v_{左} < v_{右}$ 时,光矢量顺时针旋转 θ 角,对应右旋物质;当 $n_{左} < n_{右}$,即 $v_{左} > v_{右}$ 时,光矢量逆时针旋转 θ 角,对应左旋物质;同时偏转角 θ 与深入晶体的厚度 l、波长 λ 及两圆偏振光传播速度 $v_{左}、v_{右}$ 有关。菲涅耳同时在实验上证实了这种假设。

人们利用同一种旋光物质有右旋、左旋两种状态,且物质的这种固有旋光的旋向与光的传播方向有关的结论,提出了采用由右旋、左旋物质组成的组合光学元件。如图 13-44 所示,左、右旋石英做成组合棱镜可以消除旋光的影响,并在光谱仪器中得到应用。图 13-45 是大型石英自准摄谱仪光路图,光经 30° 自准棱镜 P,相当于通过 60° 的科纽棱镜,由于光在其中两次通过时传播方向相反,因此使得在光谱面上不产生旋光影响。

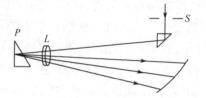

图 13-44　旋光光学元件(石英晶体)　　图 13-45　大型石英自准摄谱仪光路图(用于紫外波段)

石英是一种在晶体光学中应用十分普遍的双折射材料,又是一种旋光材料。我们发现,石英晶体沿光轴方向只表现旋光性而无双折射性,而在垂直光轴方向只表现双折射性而无旋光性。这是因为沿光轴方向两种圆偏振光的折射率 $n_{左}$ 和 $n_{右}$ 之差比沿垂直光轴方向传播的 $o、e$ 光的折射率 n_o 和 n_e 之差要小得多,因此,除了晶体切面在垂直光轴的一个很小范围外,石英晶体的作用基本上与普通单轴晶体相同。

另外,旋光晶片能使入射线偏振光的振动面发生偏转这一点似乎同于半波片的作用,但两者是有区别的。首先,晶片的取向不同,半波片光轴平行于晶面,而旋光晶片的光轴取向垂直于晶面,光在晶体中沿光轴方向传播;其次,半波片只对某一波长,其出射光是线偏振光,而旋光晶片对任何波长均为线偏振光,只是转角不同而已;再者,对于半波片,入射光振动面旋转的角度与振动面相对于波片快、慢轴夹角有关,可以左转也可以右转,而对于旋光晶片,对于确定旋向的晶片,光的振动面只向一个方向转动一定的角度,这在使用时必须注意。当只需把线偏振光的振动面转过一个角度时,通常用旋光晶片比用半波片更优越。

2. 磁致旋光效应

所谓磁光效应就是在强磁场的作用下,物质的光学性质发生变化。这里介绍主要的磁致旋光效应。

1864 年,法拉第发现在强磁场作用下,本来不具有旋光性的物质产生了旋光性,即线偏振光通过加有外磁场的物质时,其光矢量发生了旋转。这就是磁致旋光效应或法拉第效应。

在图 13-46 所示的系统中,将样品(如玻璃)放进螺线管的磁场中,并置于正交偏振器 P、A 之间。使光束顺着磁场方向通过玻璃样品,此时检偏器 A 能接收到通过样品的光,表明光矢量的方向发生了偏转;旋转的角度可以由检偏器重新消光的位置测出。实验发现,入射光矢量旋转角 θ 与沿着光传播方向作用在非磁性物质磁感应强度 B 及光在磁场中所通过的物质厚度 l 成正比,即

$$\theta = VBl \qquad (13-75)$$

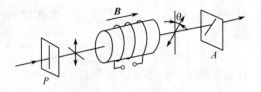

图 13-46 法拉第效应

式中:V 是物质特性常数,称为维尔德(Verdet)常数,它与波长有关,且非常接近该材料的吸收谐振,故不同的波长应选取不同的材料。大多数物质的 V 值都很小,几种材料的维尔德常数见表 13-9。近年出现了一些具有极强磁致旋光能力的新型材料,这些材料属于铁磁性物质,线偏振光通过在磁场中被磁化的材料时,振动面会发生旋转。当磁化强度未达到饱和时,振动面旋转角度 θ 与磁化强度 M 及通过距离 l 成正比,即

$$\theta = F \frac{M}{M_0} l \qquad (13-76)$$

式中:M_0 是饱和磁化强度;F 称为法拉第旋光系数,表示磁化强度达到饱和后光振动面每通过单位距离所转过的角度。这些材料中的强磁性金属合金及金属化合物(如 Fe、Co 及 Ni)有极高的 F(单位(°)/cm)值,但同时吸收系数 α(单位 cm^{-1})的值也非常大;强磁性化合物由于一般存在极小的波长区域,使得它具有很高的旋光性能指数,例如强磁性化合物 YIG 在 $\lambda = 1.2\mu m$ 时其性能指数高达 10^3((°)/dB),是磁光器件的理想材料。

表 13-9 几种材料的维尔德常数

物 质	(20℃,λ = 589.0nm) $V/[(')\cdot(10^{-4}T\cdot cm)^{-1}]$	物 质	(20℃,λ = 589.0nm) $V/[(')\cdot(10^{-4}T\cdot cm)^{-1}]$
冕玻璃	0.015 ~ 0.025	金刚石	0.012
火石玻璃	0.030 ~ 0.27	水	0.013
稀土玻璃	0.13 ~ 0.27	TGG	0.12(λ = 1064nm)
氯化钠	0.036		

实验表明,磁致旋光的方向只与磁场的方向有关,而与光的传播方向无关,光束往返通过磁致旋光物质时,旋转角度往同一方向累加。显然,这与天然旋光性物质产生的旋光度 θ 不同。

3. 磁光效应的应用

1) 自动测量

磁致旋光的转角与磁场大小成正比,改变电流的大小可以控制磁场,从而控制光矢量的偏角,实现自动测量。图 13-47 是量糖计自动测量原理图。正交偏振器 P、A 间放入法拉第盒 F 和待测糖溶液 K,由于糖液的旋光性质,入射光矢量经 K 后发生偏转,控制 F 上的电流以控制磁致偏转的大小和方向,再次消光。测出所加电流大小可求得光在糖溶液中的转角,实现糖溶液浓度的自动测量。这种测量方法还广泛用于化学、制药等工业。许多有机物也具有旋光性,

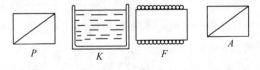

图 13-47 量糖计

例如抗菌素氯霉素,其天然品是左旋,而人工合成的"合霉素"却是左、右旋各半的混合旋化合物,其中只有左旋成分有疗效;驱虫药四咪唑也是左、右旋混合物,其中只有左旋成分有效。人们在分析研究这些旋光异构体时需要使用量糖计。

2) 磁光调制

固定起偏器和检偏器的相对方位,按一定方式改变置于其间的磁致旋光物质上外加电流的大小,能够改变入射到检偏器上的光矢量的方位,使出射光强按马吕斯定律发生相应的变化,这就是磁光调制,相应的器件称为磁光调制器。磁光调制技术有着广泛的应用。

(1) 光纤安培计。应用于高压输电线上的磁光式光纤安培计是法拉第效应的应用例子。图 13 - 48 是其原理图,线偏振激光经显微物镜耦合到单模光纤中,作为电流传感元件的光纤绕在高压输电母线上,光纤线圈中传送的线偏振光在电流磁场的作用下发生法拉第旋转。考虑到安培环路定律,可以导出待测电流 I 与光纤中光振动面旋转角 θ 间的关系式:

$$\theta = VNI$$

式中:V 为维尔德常数;N 为高压母线上光纤的匝数。旋转角与光纤线圈的形状、大小及其中的导体位置无关,因此检测不受输电母线振动的影响。出射的线偏振光由显微物镜耦合到渥拉斯顿棱镜,被分解成振动方向互相垂直的两束线偏振光,分别由两个光电探测器接收其光强 I_1 和 I_2 并转换为电信号,经电子测量器运算出参数 P,有

$$P = \frac{I_1 - I_2}{I_1 + I_2} = K\theta$$

式中:K 是与光纤性能有关的系数。这样,在 V、K、N 确定及测出参数 P 后,即可求出母线中的待测电流 I。

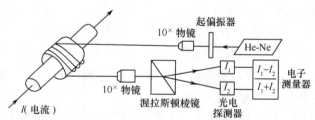

图 13 - 48 磁光式光纤安培计

这种安培计测量范围大,灵敏度高,且与高压不接触,实现了输入、输出端的电绝缘。据报道,光纤安培计用于 15kV ~ 40kV 的高压输电线上,电流测量范围为 0.5A ~ 2000A,其精度为 1% ~ 5%。磁光式检测方法有望成为高压大电流测量技术的一个新方向。

(2) 磁光空间光调制器(MOSLM)。近年开发的磁光空间光调制器是基于法拉第效应的电寻址器件,具有实时地对光束进行空间调制的重要功能而成为实时光学信息处理、光计算和光学神经网络等系统的关键器件。MOSLM 是由磁光薄膜调制单元、寻址电极组成的一维或二维的像元阵列及外围电路和附件构成。这里不详细讨论它的结构和制造技术,而主要介绍法拉第效应在其中的应用。

图 13 - 49 中的 MOSLM 芯片是由被刻蚀成矩形像元阵列的磁光薄膜和用光刻技术制作在像元间的器件的寻址电极组成。磁光调制芯片被固定在铝基底上,封装于起偏器和检偏器之间,并可以相对转动。当有弱电流通过寻址电极时,像元即被寻址,薄膜的磁化状态随寻址磁场而发生变化。一般薄膜内磁场方向垂直于薄膜表面,当线偏振光垂直薄膜入射时(即平

行于磁化方向入射),线偏振光的振动面将发生旋转,即呈现法拉第效应(图13-50)。当光束的传播方向与薄膜的磁化方向相同或相反时,光振动面将分别向两个相反方向旋转 $\pm\theta_F d$(d 为调制层厚度,θ_F 为法拉第旋光系数),表明光束通过薄膜后一般具有二值化的偏振方向。若使检偏器的透光轴方向与其中某一偏振方向垂直,则相应的光束不能通过,相应的调制像元处于关态;而另一种偏振方向的光则可部分或全部($\theta=45°$)透过,即对应像元处于开态,入射到开像元上的光可"全部"透过。实际上,磁光调制薄膜具有的"开"、"关"或"中间状态"三种调制状态取决于磁化状态,也即受视频编码信号控制,从而可以实现信息的写入和读取。

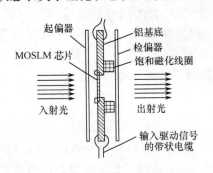

图 13-49 MOSLM 的侧视结构图

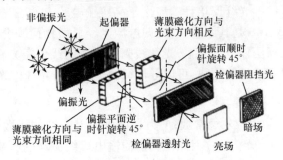

图 13-50 MOSLM 工作原理示意图

13.5.2 电光效应

在外界强电场的作用下,某些本来是各向同性的介质会产生双折射现象,而本来有双折射性质的晶体,它的双折射性质也会发生变化,这就是电光效应。

1. 泡克耳斯效应(一级电光效应)

泡克耳斯效应又称一级电光效应,此时外加电场引起的双折射只与电场的一次方成正比。用作电光晶体的有 ADP(磷酸二氢铵)、KDP(磷酸二氢钾)。新近使用的 KD*P(磷酸二氘钾)晶体,它所需的外界电压低于 KDP 的一半,但产生与 KDP 相同的相位延迟。此外,铌酸锂、钛酸钡、铌酸钡钠等也纷纷进入电光晶体的行列。

随外加电场与传播方向平行还是垂直,泡克耳斯效应分为纵向和横向两种。现以 KDP 单轴晶体为例,对于电场平行于光轴加入的情况讨论这两种效应的特点。

KDP 晶体是负单轴晶体,取垂直于 z 轴(光轴)切割的情况。在与晶轴方向一致的主轴坐标系中,据晶体光学理论,当平行于 z 轴加入电场时,KDP 晶体的折射率椭球方程为

$$\frac{x^2}{n_o^2} + \frac{y^2}{n_o^2} + \frac{z^2}{n_e^2} + 2\gamma E_z xy = 1 \tag{13-77}$$

式中:γ 是 KDP 晶体的电光系数,一般为 10^{-12} m/V 量级。上式表明,z 轴仍是主轴,但 x、y 轴已不再是新椭球的主轴了。分析式(13-77)可知,因为方程中 x、y 可以互换,所以新椭球的另外两个主轴并 x' 和 y' 必定是 x、y 轴的角分线,即在 $z=0$ 的平面内 x、y 轴转过 45°的方向上(图 13-51)。在新的主轴系 $x'y'z'$ 中,方程式(13-77)变为

$$\left(\frac{1}{n_o^2} + \gamma E_z\right)x'^2 + \left(\frac{1}{n_o^2} - \gamma E_z\right)y'^2 + \frac{z^2}{n_e^2} = 1 \tag{13-78}$$

于是,得到新椭球主轴方向上的三个主折射率为

$$n_{x'} = n_o - \frac{1}{2}n_o^3 \gamma E_z, \quad n_{y'} = n_o + \frac{1}{2}n_o^3 \gamma E_z, \quad n_z = n_e \qquad (13-79)$$

可以知道,平行于光轴方向的电场使 KDF 晶体从单轴晶体变成了双轴晶体,折射率椭球在 $z = 0$ 平面内的截面由圆变成椭圆(图 13-51(b)),其椭圆主轴长与外加电场 E_z 大小有关。分析式(13-79)可知,外加电场引起的双折射与光的传播方向有关。

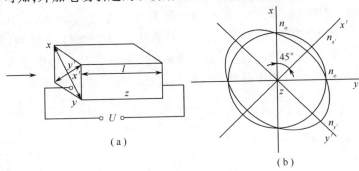

图 13-51　KDP 晶体的纵向泡克耳斯效应

在纵向电光效应中,外加电场的方向与光的传播方向(沿 z 轴)一致,则在感应主轴 x' 和 y' 方向振动的两束等振幅的线偏光有着不同的传播速度,由此引起的相位差为

$$\delta = \frac{2\pi}{\lambda}(n_{y'} - n_{x'})l = \frac{2\pi}{\lambda}n_o^3 \gamma E_z l = \frac{2\pi}{\lambda}n_o^3 \gamma U \qquad (13-80)$$

式中:λ 是真空中波长;l 是光在晶体中通过的长度;U 是外加电压。

由式(13-80)可知,纵向电光效应产生的相位延迟与光在晶体中通过的长度 l 无关,仅由晶体的性质 γ 和外加电压 U 决定。

在电光效应中,使相位差 δ 达到 π 所需施加的电压称为半波电压,常用 U_π 或 $U_{\lambda/2}$ 表示。半波电压与电光系数是表示晶体电光性能的重要参数。显然,γ 越大,$U_{\lambda/2}$ 就越小,这是我们所希望的。表 13-10 给出了某些电光晶体的半波电压和电光系数。

表 13-10　某些电光晶体的电光系数和半波电压(室温下,$\lambda = 546.1\text{nm}$)

晶体	$\gamma/(\text{m}\cdot\text{V}^{-1})$	n_o	$U_{\lambda/2}/\text{kV}$
ADP($\text{NH}_4\text{H}_2\text{PO}_4$)	8.5×10^{-12}	1.52	9.2
KDP(KH_2PO_4)	10.6×10^{-12}	1.51	7.6
KDA(KH_2AsO_4)	$\sim 13.0 \times 10^{-12}$	1.57	~ 6.2
KD*P(KD_2PO_4)	$\sim 23.3 \times 10^{-12}$	1.52	~ 3.4

在横向电光效应中,光沿垂直于电场(z 向)的 x' 方向传播(图 13-52),此时沿着两主振动方向 z 和 y' 方向上振动的线偏振光有不同的传播速度,由式(13-80)可知,通过长度为 l 的晶体后产生的相位差为

$$\delta = \frac{2\pi}{\lambda}(n_{y'} - n_e)l = \frac{2\pi}{\lambda}|n_o - n_e|l + \frac{\pi}{\lambda}n_o^3 \gamma E_z l$$

$$= \frac{2\pi}{\lambda}|n_o - n_e|l + \frac{\pi}{\lambda}n_o^3 \gamma \left(\frac{l}{h}\right)U \qquad (13-81)$$

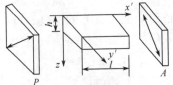

图 13-52　KDP 晶体的横向电光效应

式中:h 为晶体在电场方向(z 向)的厚度;U 是外加电压。

式(13-81)第一项表示自然双折射的影响,第二项是外加电场引起的双折射。由式(13-81)第二项看到,此时电场引起的相位差 δ 与外加电压 U 成正比,同时与晶体的长度和厚度有关,可以通过增加比值 l/h(纵横比)使半波电压比纵向运用时大大降低,同时纵向运用时必须有低光损耗的透明电极。因此除了有大视场、大口径要求的情况,一般都利用横向电光效应。但横向运用中,总存在一项自然双折射的影响,此项对环境温度敏感。实验表明,长 30mm 的 KDP 晶体,温度每变化 1℃,相位差变化为 $\Delta\delta = \pi$,如要求 $\Delta\delta < 20 \times 10^{-3}$ rad,则温度变化 $\Delta T < 0.05$℃。为此,通常采用光学长度严格相等、光轴方向互相垂直的两块晶体串联形式,如图 13-53(a)所示,z 向加电场时,前一块中的 o、e 光在后一块中变为 e、o 光,光先后通过两块晶体时,自然双折射及温度变化产生的相位延迟被抵消,而电光延迟累积相加。

图 13-53 横向、纵向运用的形式

纵向运用时,为改善外加电压高的缺点,可以采用多块晶体串接的形式(图 13-53(b)),各晶体上电极并联(即光学上串联),此时电光相位延迟累加,而电压可降为单块晶体时的 $1/N$(N 为块数)。

2. 克尔效应(平方光电效应)

克尔效应的实验装置如图 13-54 所示,装有一对平行板电极的克尔盒放在正交偏振器 P、A 之间,盒内装有硝基苯($C_6H_5NO_2$)或二硫化碳(CS_2)等电光液体。当两极板间加上强电场时,盒内的各向同性液体变成了各向异性介质,表现出如同单轴晶体的光学特性。光轴的方向沿着外加电场的方向。实验发现,线偏振光沿着与电场垂直的方向通过液体时,被分解成沿着电场方向振动和垂直于电场方向振动的两束线偏振光,其折射率差 Δn 与外加电场强度 E 的平方成正比,即

$$\Delta n = n_{//} - n_{\perp} = K\lambda E^2 \quad (13-82)$$

相应的电光延迟为

$$\delta = \frac{2\pi}{\lambda}(\Delta n)l = 2\pi K l \frac{U^2}{h^2} \quad (13-83)$$

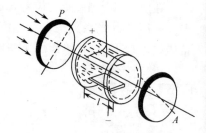

图 13-54 克尔效应实验装置

式中:K 是物质的克尔常数;h 是极板间距;l 是光在电光介质中经过的长度;$U = Eh$ 是外加电压。

克尔效应的特点是弛豫时间极短,约 10^{-9} s 量级,是理想的高速电光开关。因为加上调制信号后能改变光的强度,故也作为电光调制器,用于高速摄影和激光通信等领域。但一般克尔效应的半波电压高达数万伏,使用不便,已逐渐被利用泡克耳斯效应的固体电光器件所替代。

3. 电光效应的应用

由上述讨论可知,外加电场的作用可以人为地改变介质(包括晶体和各向同性介质)的光学性质。利用这些电光材料制成的电光器件可以实现对光束的振幅、相位、频率、偏振态和传播方向的调制,使电光效应在现代光学技术中得到广泛应用。

1) 电光调制

外加电场作用下的电光晶体犹如一块波片,它的相位延迟随外加电场的大小而变,随之引起偏振态的变化,从而使得检偏器出射光的振幅或强度受到调制。这就是电光调制器的工作原理。

图 13-55 是电光光强调制器的一种典型装置。电光晶体(如 KDP 类晶体)置于正交偏振器 P、A 之间,考虑纵向运用的情况,则 KDP 晶体的感应主轴 x'、y' 与未加电场时 KDP 单轴晶体的两主振动方向 x、y 成 $45°$ 角,且与起偏器 P 的透光轴成 $45°$ 角。利用式(13-80)、式(13-48)可知,通过检偏器的相对光强为

$$I/I_0 = \sin^2 \delta/2 = \sin^2\left(\frac{\pi}{\lambda}n_o^3 \gamma U\right) = \sin^2\left(\frac{\pi}{2}\frac{U}{U_{\lambda/2}}\right) \tag{13-84}$$

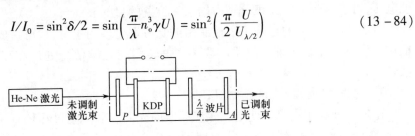

图 13-55 电光光强调制器

把透射的相对光强随外加电压变化关系用 $I/I_0 \sim U$(或 δ)曲线表示,称此曲线为晶体的透射比曲线(图 13-56(a))。当加入的电压是交流调制电压信号时,它对输出光强的调制作用可以利用晶体管电路原理知识由 U/I 曲线来分析。当调制器工作在透射比曲线的非线性部分时,输出光信号失真(图 13-56(b)中曲线 1);工作点选在透射比曲线线性区($\delta = \pi/2$ 附近)时,得到不失真的基频信号(图 13-56(b)中曲线 2);其输出光强的调制频率就等于外加电压的频率。调制器中 $\lambda/4$ 波片的作用是引入固定的偏置相位差 $\delta = \pi/2$(光偏置法),以代替晶体管线路中的直流偏压,使调制器工作点移至透射比曲线的线性区。$\lambda/4$ 波片的快、慢轴应与电光晶体的感应主轴一致,且与 P 的透光轴成 $45°$。$\lambda/4$ 波片置于电光晶体之前或后均可。

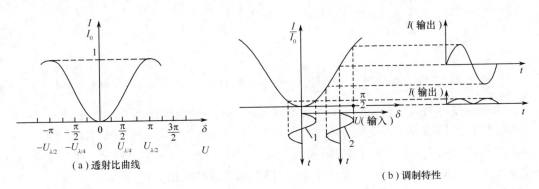

图 13-56 电光光强调制器的输出特性

这样,对于交流调制信号电压 $U = U_0 \sin\omega t$,由于引入了 $\pi/2$ 的偏置相位差,P、A 间总的相位差变为 $(\pi/2 + \delta)$,相应的输出光强为

$$I = I_0 \sin^2\left(\frac{\pi}{4} + \frac{\pi U_0}{2U_{\lambda/2}}\sin\omega t\right) \tag{13-85}$$

以上电光调制原理可用于实现激光通信,也可用于测定高电压及用作电光开关。

2) 电光偏转

利用电光效应实现光束偏转的技术称为电光偏转技术。数字(阶跃)式偏转是在特定的间隔位置上使光束离散。这种偏转器由起偏器、电光晶体和双折射晶体组成。图 13-57 是一级一维数字式电光偏转器原理图。采用 z 向切割的 KDP 或 KD*P 晶体的纵向电光效应。光沿着电光晶体 z 轴方向传播，双折射晶体的光轴、起偏器透光轴和电光晶体的 y 轴或 x 轴均在图面内。电光晶体上不加电压时，入射光在双折射晶体内作为 o 光无偏转地通过；当施加半波电压时，则同样的入射光通过电光晶体后其光矢量转过 90°，再进入双折射晶体时变为 e 光而发生折射，这两束光平行出射，但在空间位置上发生分离。这样通过在电光晶体上加或不加半波电压，可以达到控制光束分别占据某一位置的目的。

显然，通过适当的组合可以控制出射光占据更多的位置，也可拼成 x-y 二维电光偏转器，能在二维空间控制光斑的位置。数字式偏转器在光学信息处理和存储技术中有很好的应用前景。

3) 泡克耳斯读出光调制器(PROM)

这是一种利用泡克耳斯电光效应的空间光调制器。它可在随时间变化的电驱动信号控制下，或在任一种空间光强分布的作用下改变空间上光分布的相位、偏振、振幅(或强度)和波长，被广泛应用于光学信息领域。

典型的 PROM 采用具有电光效应和光电导性的硅酸铋 $Bi_{12}SiO_{20}$(BSO)晶体材料，BSO 具有较低的半波电压($U_{\lambda/2}=3.9kV$)，且易于生成大块晶体。BSO 晶体属于立方晶系，不加电场时是各向同性的，沿 z 轴施加电压后变为类似于 KDP 的晶体，其感应主轴如图 13-58 中 x'、y'

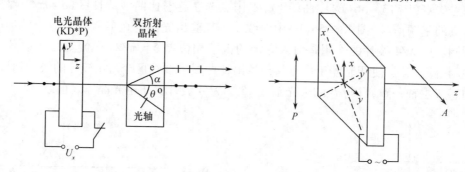

图 13-57　数字式电光偏转器　　　图 13-58　泡克耳斯空间调制器原理

方向。当垂直振动的线偏振光通过 z 向切割的 BSO 晶体时，经检偏器透过的光强为零。若沿着 z 向(纵向运用)加上一直流电压 U，由于晶体的电光效应产生双折射，其感应主轴方向上的双折射与外加电场成正比。随着外界电场正、负极性的反转，折射率也随之交换。此时，垂直振动的线偏振光通过晶体后变为椭圆偏振光，得检偏器后的输出光强为

$$I = I_0 \sin^2\left(\frac{\pi U}{2U_{\lambda/2}}\right)$$

当外加电压等于半波电压时，输出光强最大。

PROM 的工作过程如图 13-59 所示。当晶体充分绝缘时，在电极间施以电压 U_0(约为 1.2kV)，该电压被分配到各层间(图 13-59(a))。擦除时，用一短持续时间的氙灯照射器件，由于 BSO 晶体的光电导性，产生移动电子，电子漂移于晶体和绝缘层界面之间，在每一绝缘层间建立一电位差(图 13-59(b))，器件中以前所有的图像已被擦除。关掉擦除光(氙灯)，并

使电压 U_0 反转(图 13-59(c)),这时晶体上的电压变为 $2U_0$ 量级,分配于晶体与绝缘层之间。接着在图 13-59(d)中,用蓝光(写入光)开始对图像曝光,蓝光在晶体照明面积内由于光电导效应而使存储电场衰减,器件内则形成了相应于原图像光强模式的电荷分布图形,并被存储下来,于是图像在器件的负极面写入。最后用线偏振的红光(读出光)进行图像读出(图 13-59(e)),红光对光导性不敏感,即不能产生新的空间电荷。读出光振动面平行于晶面,经晶体的电光效应使光的偏振态发生变化,再被正交的偏振器检偏,使器件存储的电荷图像再次转换成光的图像。在记录图像的亮区,外加电场被光生电荷屏蔽,因而晶体双折射效应最弱,光束在这些区域其偏振方向几乎不变;在记录图像的暗区,双折射效应最强,因而读出图像为记录图像的反转像。图 13-59(a)~(e)为基本循环过程。

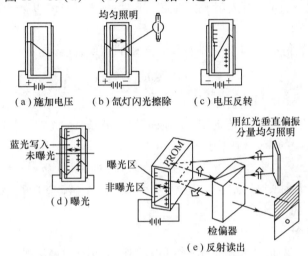

图 13-59 PROM 的操作过程

13.5.3 声光效应

介质在外力作用下发生弹性应变,从而导致介质光学性质改变的现象称为弹光效应。声波是一种弹性波。声波在介质中传播时,由于应变的缘故,使介质的折射率随空间和时间周期性地变化。光通过这种介质时会发生衍射,这种现象称为声光效应。声光效应是声场与光波场在声光介质中的相互作用,是弹光效应的一种表现形式。基于声光效应原理制作的器件广泛应用于光学、光电子学和声学中。

弹光效应可以采用与电光效应类似的方法进行讨论。各向同性介质在受到应力作用时,介质具有应力方向为光轴的单轴晶体的性质,在应力方向及与之垂直方向上产生折射率差

$$\Delta\left(\frac{1}{n^2}\right) = ps \tag{13-86}$$

式中:p 为弹光系数;s 表示应变。介质为各向异性介质时,p 为弹光系数张量,s 是应变张量。

一个纵声波在声光介质中传播,介质只在纵声波传播方向受到压缩或拉长。若介质中的纵声波沿 z 方向传播,则介质粒子沿 z 方向的位移所引起的应变可表示为

$$s = s_0\cos(k_s z - \omega_s t) \tag{13-87}$$

式中:s_0 是应变幅值;$\omega_s = 2\pi/T_s$ 和 $k_s = 2\pi/\lambda_s$ 分别代表声波的圆频率和波数。由式

(13-86)得

$$\Delta n = -\frac{1}{2}n^3 ps = -\frac{1}{2}n^3 ps_0 \cos(k_s z - \omega_s t) \qquad (13-88)$$

因此,介质的折射率为

$$n(z,t) = n + \Delta n = n - \frac{1}{2}n^3 ps_0 \cos(k_s z - \omega_s t) \qquad (13-89)$$

式中:n 是无声波时介质的折射率。由上式可知,当纵声波在介质中传播时,介质折射率随空间位置和时间呈周期变化,此时介质可视为一运动的声光栅,它以声速移动。因为声速仅为光速的十万分之一,所以对入射光波来说,运动的声光栅可以认为是静止的,不随时间变化。

光波通过声光栅的衍射类似于一般的光学光栅的衍射,其光栅方程为

$$\lambda_s (\sin\theta - \sin\theta_i) = m\lambda \qquad (13-90)$$

声光栅的光栅常数等于声波的波长 λ_s(空间周期),θ_i 和 θ 分别为入射光波和衍射光波与光栅平面的夹角,m 是衍射级次,λ 是光波波长。根据超声波长 λ_s、光波波长 λ 和声光互作用长度 L 的大小,存在两种典型的声光衍射现象。喇曼-奈斯(Raman-Nath)衍射可以认为是 $\theta_i \approx 0$、超声频率较低(声波长 λ_s 较长)、声光互作用长度较短(即 $2\pi L\lambda/n\lambda_s^2 \leqslant 1$)时产生的声光衍射;布喇格(Bragg)声光衍射则是 $\theta_i \neq 0$、超声频率较高(λ_s 较小)、声光互作用长度大(即 $2\pi L\lambda/n\lambda_s^2 \geqslant 1$)时产生的衍射。

1. 布喇格声光衍射

布喇格衍射时纵声波通过的声光介质可以看作是间距为声波波长的一排排反射层(图13-60),根据相邻波面衍射光的光程差等于光波波长的整数倍的条件,由式(13-90)可得出布喇格衍射条件为

$$\theta_i = \theta = \theta_B, \quad 2k\sin\theta_B = mk_s \qquad (13-91)$$

由于声波为正弦波,声光介质折射率的空间分布也是正弦函数,因此,布喇格衍射条件应为

$$2k\sin\theta_B = k_s \text{ 或 } 2\lambda_s \sin\theta_B = \frac{\lambda}{n} \qquad (13-92)$$

表明出射波中只有唯一的峰(衍射级次 $m = +1$ 或 -1),这就是布喇格衍射波。当入射方向偏离式(13-91)确定的布喇格角时,入射波转换成衍射波的衍射效应将大大降低。可以推得,布喇格声光衍射的零级和一级衍射光强可分别表示为

$$\left. \begin{array}{l} I_0 = I_i \cos^2 \dfrac{\delta}{2}, \quad I_1 = I_i \sin^2 \dfrac{\delta}{2} \\[6pt] \delta = \dfrac{2\pi}{\lambda}(\Delta n) \dfrac{L}{\cos\theta_B} \end{array} \right\} \qquad (13-93)$$

式中:I_i 是入射光强;δ 为零级与一级衍射光之间的相位延迟,即光波通过超声场所产生的附加相位差。可知,当 $\delta = \pi$ 时,$I_1 = I_i$,入射光的全部光能由于布喇格衍射全部转移到1级衍射上。理想的布喇格声光衍射效率可达100%。

由于声波波面的运动,衍射光的频率因多普勒效应要产生频移。这时可将声波面理解为运动的光源或运动的光接收器,它们的运动方向都使光频增加或缩小。因此,当声波沿如 z 方

向运动时,应得到数值为声频的频移(图 13-60),即

$$\Delta\omega = \pm\omega_s \tag{13-94}$$

当声波在各向异性介质中传播时,介质的折射率一般与光的传播方向有关,声光衍射时的入射光与衍射光,一般情况下方向不同,因而相应的折射率也不同。可以解得各向异性介质中的布喇格衍射条件为

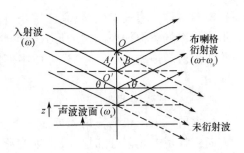

图 13-60 布喇格衍射

$$\left. \begin{array}{l} 2k\sin\theta_i = k_s - \dfrac{k'^2 - k^2}{k_s} \\ 2k'\sin\theta_i = k_s + \dfrac{k'^2 - k^2}{k_s} \end{array} \right\} \tag{13-95}$$

式中:k' 为与衍射光波相应的波矢。以单轴晶体(如铌酸锂晶体)中的布喇格衍射为例,设入射光波与声波的传播方向均位于垂直晶体光轴的平面内,由式(13-95)可得满足布喇格衍射条件的入射角和衍射角应为

$$\left. \begin{array}{l} \sin\theta_i = \dfrac{1}{2n_e}\left[\dfrac{\lambda}{\lambda_s} - \dfrac{\lambda_s}{\lambda}(n_o^2 - n_e^2)\right] \\ \sin\theta = \dfrac{1}{2n_o}\left[\dfrac{\lambda}{\lambda_s} + \dfrac{\lambda_s}{\lambda}(n_o^2 - n_e^2)\right] \end{array} \right\} \tag{13-96}$$

式中:n_o、n_e 分别表示单轴晶体的 o、e 光的折射率。一般情况下,应使 $|n_o - n_e| \leqslant \lambda/\lambda_s \leqslant |n_o + n_e|$,以使布喇格衍射能够实现。

2. 喇曼-奈斯声光衍射

喇曼-奈斯声光衍射(图 13-61)产生于声波强度较弱且声光相互作用长度较短的情况。光束通过声光介质后方向改变小,仍可将出射波看成是平面波,但声波通过介质时,波的相位在空间将受到调制,声光介质犹如一块相位光栅。由光栅衍射原理,可知各级衍射波最大值方向满足条件

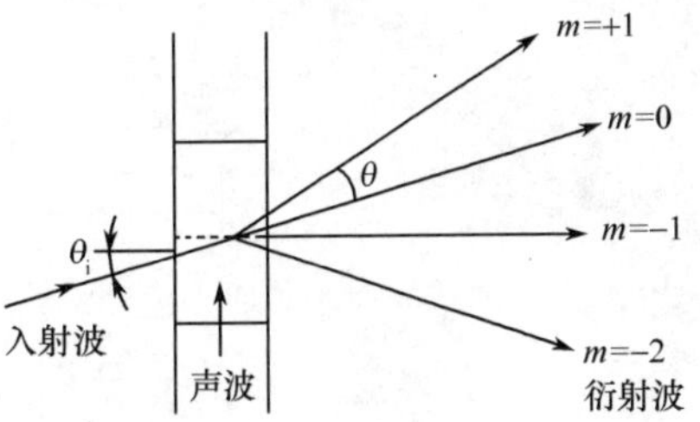

$$\sin\theta - \sin\theta_i = m\lambda/\lambda_s = mk_s/k, \quad m = 0, \pm 1, \pm 2, \cdots \tag{13-97}$$

图 13-61 喇曼-奈斯声光衍射

在入射光两侧出现与 $m = 0, \pm 1, \pm 2, \cdots$ 相联系的一些衍射极大值,并且由于运动的声波,其衍射光产生多普勒效应,故相应的光波的频率分别为 $\omega, \omega \pm \omega_s, \omega \pm 2\omega_s, \cdots$,其中零级衍射光是入射光的延伸,第 m 级衍射光强为

$$I_m \propto J_m^2(\delta) \tag{13-98}$$

式中:J_m 是 m 阶贝塞尔函数;$\delta = k(\Delta n)L$,与超声场的作用相联系。

喇曼-奈斯声光衍射的衍射效率低,目前已较少被采用。

3. 声光效应的应用

产生声光效应的器件叫声光器件。声光器件包括声光介质、电-声换能器和声吸收材料等(图 13-62)。声光介质是声光相互作用的媒介,可以是各向同性或各向异性介质;电-声

换能器也称超声波发生器，其作用是将高频振荡器输入的电功率转换成声功率，使得在介质中形成超声场。根据换能器的形式与形状可以产生平面波或球面波。吸声或反射材料则用于吸收或反射超声波，以使在声光介质中形成行波场或驻波场。基于声光原理的声光器件有各种应用。

1) 声光调制器

入射光束以布喇格角入射至声光介质，同时在其对称方向接收衍射光束，此时一级衍射光强与声波强度呈简单的线性关系。若对声波强度加以调制，衍射光强也就被调制，这样就能够将需传输的信息加载于光波上。工作方式除一级输出外也可以是零级输出的形式。布喇格衍射的效率较高，理论上一级衍射效率可达100%，一般可达60%以上。喇曼－奈斯声光衍射也能用于光强调制，其一级衍射效率为34%，相对比较低。

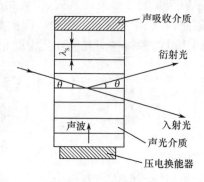

图 13－62　声光器件结构示意图

图13－63是声光调Q装置示意图。声光调制器由换能器、声光介质、吸声材料和电源组成。一般换能器由压电材料（如铌酸锂、石英等）制成。由换能器获得的超声波耦合到声光介质（如玻璃、熔融石英和钼酸锂等），并在其中形成超声场。吸声材料一般用金属铝。声光调制器在激光器谐振腔中按布喇格条件设置。当超声波存在时，光束将以布喇格条件决定的衍射方向行进，偏离谐振腔的轴线，使得腔内损耗严重。但一旦撤去超声波，光束将在均匀的声光介质中沿腔轴线传播，不发生偏转，使得Q值升高。这种调Q方法有获得输出稳定且重复频率高的优点，大多用于中等功率、重复频率高的脉冲激光器中。

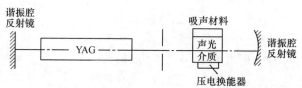

图 13－63　声光调 Q 装置示意图

2) 声光偏转器

布喇格声光衍射时，可以通过改变超声波的频率来改变衍射光的偏转方向。在通常应用的声频范围内，布喇格角 θ_B 一般很小，故可将式(13－96)的第二式近似写成

$$\theta_B = \frac{\lambda}{2n\lambda_s} = \frac{f_s\lambda}{2nv_s} \tag{13－99}$$

式中：n 是声光介质的折射率；v_s 为声速；f_s 为声波频率。

易知，θ_B 与声频 f_s 呈简单的线性关系，当 f_s 随时间变化时，θ_B 也将发生变化。利用此原理的布喇格衍射装置构成声光偏转器。声光偏转器可用作激光电视扫描、$x-y$ 记录仪等快速随机读出装置等。多频声光偏转器还可用作高速激光字母数字发生器，用于计算机、显微胶卷、输出打印机等。

3) 可调谐声光滤波器

利用声光效应可以制作波长可调谐的光谱滤波器。当满足布喇格衍射条件时，光波长 λ 与声波长 λ_s 之间满足一定的关系。当改变声频(声波长)时，将使相应的最大衍射效率的输出光波长随之改变,从而实现可调谐光谱滤波。

可调谐光谱滤波实际上是声光偏转的一个应用,一般用各向异性介质作为声光介质,此时布喇格衍射条件为

$$\frac{2\pi}{\lambda}(n_2\sin\theta_2 - n_1\sin\theta_1) = \pm\frac{2\pi}{v_s}f_s \tag{13-100}$$

式中:n_1、n_2 分别为入射波与衍射波对应的折射率;θ_1 和 θ_2 为对应入射角和衍射角;v_s 和 f_s 分别为声速和声频。声频和调谐波长满足式(13-100)。

由于用电子学方法改变声频,所以声光可调谐滤波器较之光学方法的调谐器更为简单。

4) 声光频谱分析器

声光布喇格衍射也可用来分析输入信号的频谱。如图 13-64 所示,若被分析的输入信号加在换能器上,设某一频率为 f 的分量其对应的布喇格衍射光的偏转角 $2\theta_B$ 由式(13-99)决定,经透镜后聚焦在频谱面(后焦面)上。该点的衍射光强正比于此声波频率分量的功率,因而会聚光点的强度与施加到换能器上的信号功率成正比。因此输入信号中的不同频率分量将在透镜的焦面上得到一个输入信号的频谱分布(不同的光点分布)。焦面上的光强分布正是代表了施加在换能器上的输入信号的功率谱。需要实时分析时,一般在频谱面上布置光电二极管阵列(或光电 CCD 探测器),可由探测器阵列直接给出 θ_B 值及光强,获得输入信号的频谱。

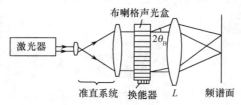

图 13-64 声光频谱分析器

声光频谱分析器区别于传统的扫描式外差检测频谱分析器,能够并行一次给出信号频率和功率分布,对复杂的电信号分析很有用。这一技术在雷达信号处理中有着重要应用。

13.6 偏振光仪器

13.6.1 旋光仪

旋光率是物质的基本光学参量之一,旋光仪是测量物质旋光性(旋光率)的一种仪器。它实质上是测量线偏振光或椭圆偏振光的方位角,理论上可用一个旋转的检偏器进行测量。当检偏器的透光轴和线偏振光或椭圆偏振光的特征方向(透光轴或半长轴)平行时,透过检偏器的光强为最大;两者垂直时,透过的光强为最小。所以由检偏器旋转的角度可确定待测的方位角,但此法准确度仅为1°的量级。

一般可利用"半阴"的方法来获得较准确的方位角的测量值。其原理是人眼对视场明暗值的绝对判断灵敏度很低,即难于准确判断一个视场均匀的明或暗程度和亮度的极大或极小,但是对于同一视场中存在的明暗差别却灵敏度甚高,即对于判断同一视场中各部分明暗是否一致的灵敏度很高。

为此,可用许多不同方法构成准确测量方位角的"半阴"偏振计,图 13-65 是其中最简单的一种。由光源 L 发出的单色光经准直物镜 L_1 变成平行光,再依次通过起偏器 P_1、待测旋光物 S、半波片 W、检偏器 P_2,再用目镜 L_2 进行观测。注意,为构成"半阴"的视场,半波片 W 只能占视场的一半。即通过"半阴"偏振计的光束,其中一半光通过 W,再透过 P_2,而另一半光则不通过 W,直接射向 P_2,如图 13-66 所示。此时通过 W 的一半,其光矢量的振动方向将旋转一个小角度,其值为 W 和 P_1 夹角 θ 的 2 倍(即为 2θ)。因此通过半波片 W 后,视场是由光矢量振动方向夹角为 2θ 的两光束构成。这时旋转检偏器,只有当检偏器 P_2 的透过方向处于 2θ 的等分线方向,两半视场才能明暗一致,从而可较精确地测定方位角,测定误差可小于 0.1°。

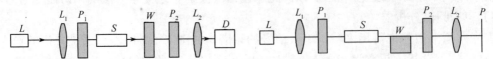

图 13-65 "半阴"偏振计光路图　　图 13-66 "半阴"偏振计"半阴"视场

为了进一步提高测量的准确度,可采用两块半波片把视场分割成三部分,如同上述的测量方法,旋转检偏器以构成一个三部分的"半阴"。图 13-67 表示检偏器转动到不同位置时的视场:图 13-67(a)是视场中间亮,两侧暗;图 13-67(b)是视场三部分明暗一致;图 13-67(c)是视场中间暗,两侧亮。对三部分"半阴"方法,由于同一视场中存在两条可判别的明暗界线(即一条明暗的条纹),这将增加人眼的明暗判断灵敏度,因此提高了测定的准确度。

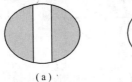

(a)　　　　　　　(b)　　　　　　　(c)

图 13-67 三部分的"半阴"视场

13.6.2 椭偏仪

1. 椭偏仪的原理和特点

椭偏仪用于测量椭圆偏振光的 χ 和 Δ 这两个主要参量。$\tan\chi = E_p/E_s$,即垂直分量和平行分量的振幅比;$\Delta = \delta_p - \delta_s$,即垂直分量和平行分量之间的相位差。图 13-68 是椭偏仪光路简图,由光源 S 发出的单色光,经准直透镜 L_1 变成平行光,依次透过起偏器 P_1、$\lambda/4$ 波片 W 后,以入射角 θ 入射到被测样品厚膜 F 上;经 F 反射后通过检偏器 P_2,由聚光镜 L_2 会聚在光探器 D 的光敏面上。

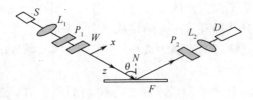

图 13-68 椭偏仪光路简图

一般情况下,经厚膜 F 反射后的光为椭圆偏振光。在实际测量中,为简化计算,总是调节起偏器 P_1、检偏器 P_2,使从膜层 F 反射后的光成为线偏振光;再经 P_2 后消光,由此 P_1 和 P_2 的

方位角可确定 φ 和 Δ,如图 13-68 所示。波片 W 的方位取向是其快轴和入射光波的 p 分量(或 s 分量)成 45°夹角,图中光的传播方向为 z 轴,入射面(即图面)为 x 轴(p 分量),y 轴(s 分量)垂直于入射面。

利用椭偏仪可测定薄膜对单色光波的光学常数,若要测定不同波长下的光学常数,则椭偏仪的光源部分应由单色仪代替单一的单色光源。此时,由单色仪输出的单色光,经透镜 l_1 准直后输入椭偏仪,其余测试同上;逐一改变单色仪的输入波长,即可获得薄膜 F 的光学常数随波长 λ 的变化曲线(即色散关系)。

2. 椭偏仪应用举例

如果一个光学性质或者物理现象与椭圆偏振光有关,则可以应用椭偏仪测出有关的椭圆偏振光的参量及其变化量,再由此求知待测的性质或现象。

1) 金属光学性质(折射率 n 和消光系数 k)的测量

金属对光波有强烈的吸收,因此椭偏仪是测量金属光学性质的重要工具,这些测量都是在真空中对完全未暴露于大气的新鲜蒸镀膜进行的。现在对金(Au)、银(Ag)、钙(Ca)、镁(Mg)、铍(Be)等金属的光学常数(n,k)随波长的变化关系均已测量过,此外还有人测量了由于应力、电场或温度这些周期扰动所引起的金属光学性质的变化。

椭偏仪也是研究薄膜光学特性的重要工具之一。利用椭偏仪,既可以测量薄膜本身的一些重要光学参数,如复折射率、吸收系数、膜层厚度等,又可以通过对这些参数的测量,来研究薄膜形成的动力学过程及外界因素(温度、压力、电场等)对薄膜形成的影响。

由于薄膜的光学参数和诸多因素有关,因此用椭偏仪对它进行测量时,就应特别仔细地消除(或扣除)诸多因素对测量结果带来的影响。其中包括:

(1) 周围环境。被测薄膜周围的环境对膜层光学性能影响极大,有时会形成附加的、不希望有的膜层;为此有时在真空状态或是膜层形成的条件下对它进行测量,有时则把被测样品置于氮气等保护气体中进行测量。

(2) 基片质量。被测薄膜不能单独存在,必定要附着在某一基片上,于是基片的质量,诸如表面粗糙度、表面清洁程度、表面应力以及基片的材料等,都对被测薄膜有重要影响。

(3) 外界的温度、压力、电场等因素,也对被测薄膜有不同程度的影响。

上述这些影响在测量过程中都应仔细加以分析。

利用椭偏仪测量薄膜的优点如下:

(1) 对象广泛。可以测量众多性能不同、厚度不同、吸收程度不同的薄膜,甚至是强吸收(如金属膜)的膜。

(2) 被测膜尺寸小。被测样品小到直径为 1mm 都可测量。

(3) 方式灵活。既可测反射膜,也可测透射膜。

(4) 测量速度快。可用于测量膜层光学性质随外界因素的变化关系,如膜层厚度和膜生长时间的关系、膜层和外界温度的关系等,便于研究分析有关的动力学过程。也有人测量了淀积在金属基片上的气体薄膜或有机薄膜的折射率 n 和消光系数 k,测量了这两个系数随波长的变化。例如,对于凝结在金(Au)镜面上的气体薄膜(氩、二氧化碳、氪、氖、氮、氧等),它对 $\lambda = 0.5460$nm 的绿光,其折射率 $n = 1.19 \sim 1.28$。

2) 半导体表面和金属表面的氧化

椭偏仪广泛用于研究处于不同工艺条件下半导体表面和金属表面的氧化问题,它对改进工艺,提高器件性能和产品质量十分重要。例如,利用椭偏仪可以研究氧化层随时间变化的情况(在一定温度和相对湿度的条件下),从而得到氧化膜厚度随薄膜生长的规律;还可进一步研究生长规律和环境温度、气体压力的关系,从而了解薄膜生长的动力学过程,以解决薄膜的最佳生长条件问题。

3) 生物学和医学中的生物膜研究

椭偏仪是研究生物学和医学中的生物膜的重要手段。例如,用椭偏仪可以研究血和外表面的相互作用(即血凝)的机理,该机理对人造器官系统的研究十分重要;用椭偏仪还可研究抗原—抗体反应,测定细胞表面(膜)的材料等。

4) 物理吸附和化学吸附

用椭偏仪可以在现场无损地研究与气态、液态周围介质相接触的表面上,吸附分子或原子的物质形态的问题。椭偏仪可以用于研究吸附和外界因素的关系,研究吸附表面的制作工艺、表面材料的选择等问题,具有广泛的应用前景。例如,利用不同表面材料的吸附效应,可以构成不同气体的气敏传感器。

13.6.3 光测弹性仪

本来是各向同性的介质,不但在强电场或强磁场作用下会表现出各向异性的光学性质,在应力的作用下也会表现出各向异性的光学性质,但是,这种双折射是暂时的,应力解除即消失。这就是所谓的光弹效应或应力双折射效应。对于平面物体来说,当受到应力作用时,物体上每一点都有两个主应力方向。当光入射到这样的透明物体上时,就分解为两束线偏振光。它们的光矢量分别沿两个主应力方向,它们的折射率之差与主应力之差成正比。把受有应力的透明薄片 C 插入如图 13-69 所示的两个正交偏振片 P_1 和 P_2 之间,就像把波片放入两个正交偏振片之间一样,在屏 M 上会出现由于偏振光的干涉造成的干涉花样。如果用白光照明,干涉花样是彩色的。条纹的形状由光程差相等亦即主应力差相等的那些点的轨迹决定。这样,根据这些条纹可以确定物体中各点的主应力之差。再用其他方法测出各点的主应力之和及主应力的方向,就可以定量测出物体中的应力分布。制造各种光学元件(透镜、棱镜)的玻璃中不应有内应力,因为内应力会大大影响光学元件的性能。上述方法是检查光学玻璃退火后是否有残存内应力的一种有效方法。

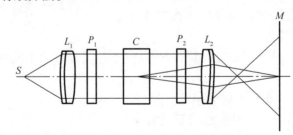

图 13-69 光测弹性仪原理示意图

如果一块玻璃或塑料,其中本来没有应力,当我们给它施加外加的应力时,在屏 M 上就会观察到干涉条纹。应力集中的地方,各向异性越强,干涉条纹越细密。光测弹性仪就是利用这种原理来检查应力分布的仪器,它在实际中有很广泛的应用。例如,为了设计一个机械工件、水坝或桥梁,可用光弹灵敏度高的透明材料制成模型,并且模拟它们的实际受力情况按比例加上应力,然后利用偏振光的干涉图样分析其中的受力分布。图 13-70 所示就是模拟一哥特式教堂某个截面建筑架构的光测弹性术照片,图 13-71 所示是光盘盒的光测弹性照片。我们知道,一些形状和结构复杂的部件,在不同负荷下的应力分布是很复杂的,用力学的方法计算往往是不可能的。但是,用光测弹性方法就可以迅速地从实验中做出定性判断,进而做出定量计算。

图 13-70　哥特式教堂的光测弹性照片

图 13-71　光盘盒的光测弹性照片

13.6.4　偏光显微镜

大多数矿物都具有光学的各向异性,而这种各向异性直接反映了矿物本身结构的特点。偏光显微镜结构是在一般显微镜的基础上增添了使普通光转变成线偏振光和检测偏振光的装置及特殊的透镜,是一种常用的对矿物质光学特性进行研究和鉴定的重要光学仪器之一,它的目的是检测偏振光通过透明光学晶体材料后偏振态的变化,通过检测样品的偏振特性确定样品的结构。另外偏光显微镜也可以对具有双折射性的晶体、液晶物质进行观察,也可以分析细胞、组织的变化过程。例如正常的细胞对偏振光是左旋性的,多肿瘤细胞是右旋性的,用过观察标本的旋光性可以初步鉴别正常与肿瘤细胞。对于无机化学中的盐类结晶状况,偏光显微镜应用更广泛。

偏光显微镜分为透射式和反射式两种,反射式主要用于不透明的矿物质、合金和陶瓷的观测。下面以透射式为例进行说明,图 13-72 所示是透射式偏光显微镜的简单原理图,偏光显微镜的主要结构是由起偏器 P_1、聚光镜 L_1、显微镜物镜 L_2、检偏器 P_2 和显微镜目镜 L_3 构成。L_1、L_2 和 L_3 构成一台显微镜,用于观察放置在 AB 处的(矿物薄片)C 的显微结构。而 P_1 和 P_2 构成偏光计,用于检测显微镜视场范围内矿物 C 的偏振特性,所以偏光显微镜是偏光计和显微镜的结合。但偏光显微镜中的透镜系统不会对待测物 C 带来附加的双折射。

偏光显微镜是一种较复杂的光学系统,因此其成像过程较为复杂,下面简要介绍一下像的形成过程。光首先射到反光镜上,经反射进入偏光镜的光学系统,在聚光镜的光圈平面上,第一次经透镜组折射,聚光镜的光阑成为偏光显微镜的入射光瞳,这里可以调节进入光学系统的光通量。光通过聚光镜会聚在矿物薄片 C 上,通过薄片的光又进入物镜,薄片 C 经物镜成像于目镜的前焦平面处,即得一个倒置实像,最后经过目镜成像于人眼明视距离 250mm 处,得到一放

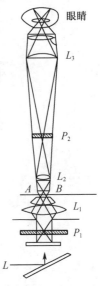
图 13-72　偏光显微镜原理图

大的虚像。

下面以正交偏光镜成像为例说明其工作原理。在偏振片正交的情况下,视场是黑暗的,如果被检物体在光学上表现为各向同性,无论怎样旋转载物台,视场仍为黑暗,这是因为起偏镜所形成的线偏振光的振动方向不发生变化,仍然与检偏器的振动方向互相垂直的缘故。若被检物体表现出双折射特性,则视场就会变亮。这是因为从起偏器射出的线偏振光进入双折射体后,产生振动方向互相垂直的两种线偏振光,当这两种光通过检偏镜时,由于互相垂直,总有部分光可透过检偏器,就能看到明亮的像。光线通过双折射物质时,所形成的两种偏振光的振动方向,依物体的种类而有不同。双折射体在正交情况下,旋转载物台时,双折射体的像在360°的旋转中有四次明暗变化,每隔90°变暗一次。变暗的位置是双折射体的两个主轴方向与两个偏振器的振动方向相一致的位置,称为"消光位置"。根据上述基本原理,利用偏光显微术就能判断各向同性和各向异性物质。

当双折射样品不在消光位置时,从样品出射的o、e光将会在检偏器处发生干涉。由于o、e光的折射率不同,在不同厚度的地方,就对应了不同的光程差。光程差具体取决于o、e光的折射率之差和厚度。如果使用单色光作为光源,不同的光程差就对应了干涉条纹的不同颜色(亮暗)。当白光照明的时候,由于不同波长的单色光发生的干涉相消位置和极大位置不一样,因此多种单色光的明暗干涉条纹相互错位叠加就构成了与光程差相对应的特殊混合色,称为干涉色。干涉色的颜色只取决于光程差的大小,即只取决于双折射体的种类和它的厚度,如果被检物体的某个区域的光程差和另一区域的光程差不同,则透过的干涉色也就不同。图 13-73 所示为土豆淀粉颗粒的偏光显微照片,图中不同的灰度代表了不同的颜色。

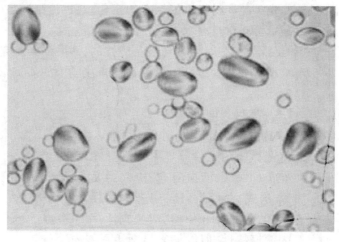

图 13-73 土豆淀粉的偏光显微照片

习 题

13-1 一束波长为 589.3nm 的光以 45°角入射到电气石晶体表面,晶体的折射率为 $n_o = 1.669, n_e = 1.638$,设光轴与晶体平行,并垂直于入射面,试求晶体中 o 光和 e 光的夹角。

13-2 一束右旋圆偏振光垂直入射到一块石英 $\lambda/4$ 波片,波片光轴沿 x 轴方向,试求透射光的偏振光。如果圆偏振光垂直入射到一块 $\lambda/8$ 波片,则透射光的偏振状态又如何?

13-3 推导出长、短轴之比为 2∶1,长轴沿 x 轴的右旋和左旋椭圆偏振光的琼斯矢量,并计算两个偏振光相加的结果。

13-4 自然光通过透光轴与 x 轴夹角为 45°的线偏振器后,相继通过 $\lambda/4$ 波片、半波片和 $\lambda/8$ 波片,波片的快轴均沿 y 轴。试用琼斯矩阵计算透射光的偏振态。

13-5 利用一束自然光、起偏器、$\lambda/4$ 波片、检偏器和待测波片。测定待测波片的相位延迟角,说明检测方法,并利用琼斯矩阵计算法说明这一原理。

13-6 利用惠更斯作图法作出 o 光和 e 光的传播方向和振动方向(图 13-74)(晶体为负单轴晶体)。

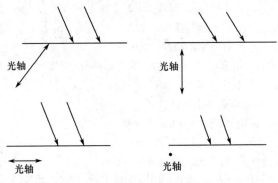

图 13-74　题 13-6 图

参 考 文 献

[1] 张以谟. 应用光学. 北京:机械工业出版社,1982.
[2] 郁道银,谈恒英. 工程光学. 北京:机械工业出版社,2006.
[3] 张以谟. 应用光学. 3版. 北京:电子工业出版社,2012.
[4] 安连生. 应用光学. 北京:北京理工大学出版社,2002.
[5] 高凤武,李继祥. 应用光学. 北京:解放军出版社,1986.
[6] 波恩 M,沃尔夫 E. 光学原理. 杨葭荪,等译. 北京:科学出版社,1978.
[7] 姚启钧. 光学教程. 北京:高等教育出版社,1981.
[8] 赵凯华,钟锡华. 光学. 北京:北京大学出版社,1984.
[9] 蔡履中,王成彦,等. 光学. 济南:山东大学出版社,2002.
[10] 徐家骅. 工程光学基础. 北京:机械工业出版社,1988.
[11] 郁道银,谈恒英. 工程光学. 北京:机械工业出版社,1999.
[12] Milton Laikin. 光学系统设计. 周海宪,等译. 北京:机械工业出版社,2012.
[13] 顾培森,等. 应用光学例题与习题集. 北京:机械工业出版社,2009.
[14] 刘钧,高明. 光学设计. 北京:国防工业出版社,2012.
[15] 石顺祥,等. 应用光学与物理光学. 西安:西安电子科技大学出版社,2000.
[16] 梁铨廷. 物理光学. 北京:机械工业出版社,1987.
[17] 赵达尊,张怀玉. 波动光学. 北京:宇航出版社,1988.
[18] 谢敬辉,赵达尊,等. 物理光学教程. 北京:北京理工大学出版社,2005.
[19] 钟锡华. 现代光学基础. 北京:北京大学出版社,2003.
[20] 赵凯华. 光学. 北京:高等教育出版社,2004.
[21] 田芊,廖延彪,等. 工程光学. 北京:清华大学出版社,2006.
[22] 宣桂鑫. 光学教程学习指导书. 北京:高等教育出版社,2004.
[23] 韩军,段存丽. 物理光学学习指导. 北京:国防工业出版社,2012.
[24] 王永仲. 现代军用光学技术. 北京:科学出版社,2003.
[25] 廖延彪. 偏振光学. 北京:科学出版社,2003.
[26] 张永德. 物理题典(光学分册). 北京:科学出版社,2005.